Spring+Spring MVC +MyBatis 整合开发实战

陈学明◎编著

机械工业出版社
China Machine Press

图书在版编目（CIP）数据

Spring+ Spring MVC+ MyBatis整合开发实战/陈学明编著. —北京：机械工业出版社，2020.6（2022.1重印）

ISBN 978-7-111-65878-8

Ⅰ. S… Ⅱ. 陈… Ⅲ. JAVA语言－程序设计 Ⅳ. TP312.8

中国版本图书馆CIP数据核字（2020）第110840号

Spring是Java开发的首选开源框架。Spring、Spring MVC与MyBatis的组合（简称SSM）更是Java Web开发的利器，适用于复杂的企业级应用开发，尤其是互联网企业级应用开发。本书从实战入手，通过大量示例介绍了SSM整合开发的相关内容，可提升读者对框架的掌握度和理解度，从而实现对框架会用、用对及精用的目标。

本书共18章，分为5篇。第1篇“Spring核心框架”，涵盖Spring概述，Spring IoC容器初探，Web项目环境搭建与项目创建，Spring IoC容器进阶，基于注解和代码的配置，Spring测试；第2篇“Spring MVC框架”，涵盖Spring Web MVC概述，数据类型的转换、验证与异常处理，Spring MVC进阶，Spring MVC测试框架；第3篇“数据技术”，涵盖数据库与Java数据访问技术，MyBatis入门，MyBatis进阶，Spring数据访问与事务管理；第4篇“SSM整合开发”，涵盖SSM整合概述，SSM整合实例；第5篇“高级开发技术”，涵盖Spring AOP与MVC拦截器，以及Spring Security框架与多线程。

本书适合具备Java基础的SSM初学者和进阶开发人员阅读，也适合Java Web开发工程师阅读；对于探究Spring及Spring Boot框架机制与原理的资深工程师也具有参考意义。

Spring+Spring MVC+MyBatis 整合开发实战

出版发行：机械工业出版社（北京市西城区百万庄大街 22 号 邮政编码：100037）
责任编辑：李华君　　责任校对：姚志娟
印　　刷：中国电影出版社印刷厂　　版　　次：2022 年 1 月第 1 版第 2 次印刷
开　　本：186mm×240mm 1/16　　印　　张：36.5
书　　号：ISBN 978-7-111-65878-8　　定　　价：159.00 元

客服电话：（010）88361066 88379833 68326294　　投稿热线：（010）88379604
华章网站：www.hzbook.com　　读者信箱：hzjsj@hzbook.com

前言

本书写作背景

Spring 自 2002 年诞生至今，已有近 20 年的历史，虽然几经变迁，但始终在继续发展和精进。Spring 目前由 Pivotal 维护和开发。Pivotal 是 PaaS（平台即服务）的领导者，也是消息中间件 RabbitMQ 的缔造者。12306 的流量销峰平台 Gemfire，也是该公司的手笔。另外，其与知名的 NoSQL 数据库 Redis 也渊源颇深。

Spring 简化了应用系统的开发，IoC 和 AOP 是它的两大核心理念。IoC 容器用来管理组件和注入依赖，AOP 进一步降低了模块的耦合性，提高了重用性和开发效率。Spring 从最初搭配 Structs 开发 Java Web 应用，到 Spring MVC 的横空出世和成熟，始终保持着良好的扩展性和兼容性。除了默认支持的第三方库之外，其他库也容易实现与 Spring 的整合，这其中就包括 MyBatis。相比 Hibernate 的全自动 ORM 框架，MyBatis 更加灵活和有弹性，其性能也更容易得到提升。

本书从实战入手，在使用框架开发的基础上，对框架的原理和实现机制做了深入探讨和呈现，让读者知其然也知其所以然。“上士闻道，勤而行之”，技术学习最快捷的方式是在理解的基础上进行实战，在实战的基础上提升对框架的掌握度和理解度，从而实现对框架会用、用对及精用的目标。

本书特色

1. 从简到繁，由浅入深

本书按照 Spring、Spring MVC、MyBatis 及 SSM 整合的逻辑顺序组织章节，对书中的知识点从简单示例入手，进而展开详细的介绍和对内部机制的解密。

2. 给出简单、细致、详尽的示例代码，方便读者快速学习和理解

本书立足实战，书中每个章节的知识点都配备了简单的示例，可以辅助读者快速入门和理解。本书中的示例代码与章节一一对应，方便读者学习和查阅。

3. 全面涵盖Java Web开发技术，并对Java底层技术及其他主流库和框架做了介绍

本书主要对 Spring、Spring MVC 和 MyBatis 及其整合进行了介绍。另外，本书还对 Java Web 的相关技术和框架进行了介绍，包括 Java 注解、单元测试（JUnit 和 TestNG）、

Java 反射与代理、Java 多线程及 ThreadLocal、HTTP、Servlet、REST 与主流的 JSON 库（Json-lib、Gson、Fastjson 和 Jackson）、Commons FileUpload、数据库连接池（C3P0、DBCP2）、Spring 与 Hibernate 整合以及 Spring 与 JPA 整合等。

4．注重对原理和机制进行解析，并通过简单的逻辑图示进行展示

本书注重对框架内部的实现机制和原理进行解密，包括 DispatcherServlet 技术细节、MyBatis 运作原理、AOP 实现机制及 Spring Security 解密等。对于这些内容，作者通过逻辑关系图或流程图进行简化和呈现，便于读者更加直观地理解。

5．项目案例典型，实战性强，可作为实际项目的模板

本书介绍了一个源自实际需求的项目实例，从需求分析开始，完整地呈现了整个项目的分析、设计、架构和开发过程。该项目架构可以作为 SSM 架构的模板，同类型的项目可以在此之上继续开发。

本书内容

第1篇　Spring核心框架（第1～6章）

本篇首先对 Spring 框架的发展史、体系和生态进行介绍，从宏观上整体俯瞰 Spring，然后对 Spring 的核心框架进行了介绍，具体包括 IoC/DI 概念浅析、容器配置与初始化、Bean 实例化的多种方式、Bean 配置属性、依赖注入及前置依赖和循环依赖配置、容器扩展点等。本篇还对 Java 注解、Spring 容器注解及 Java 代码配置等进行了介绍，另外还介绍了 Java 测试框架及 Spring 测试框架等内容。

第2篇　Spring MVC框架（第7～10章）

本篇首先从 HTTP 和 Java Web 开始讲起，对 Spring MVC 的技术细节进行了剖析，包括中央控制器、处理器映射器、处理器适配器及视图解析器等；然后在此基础上对 Spring MVC 的配置和注解开发进行了介绍，并对 MVC 项目的类型转换、数据绑定、数据验证和 MVC 异常处理进行了专题介绍；最后在进阶部分介绍了 Spring 父子容器、REST 风格服务、JSON 格式数据返回及文件上传等内容。

第3篇　数据技术（第11～14章）

本篇首先介绍了关系型数据库、MySQL 与 Java 数据访问技术、ORM 框架、JPA 统一接口等内容，然后重点介绍了 MyBatis 核心接口、XML 全局配置及映射配置，并介绍了 MyBatis 的内部运作、动态 SQL、缓存、SQL 构造器及基于注解的开发方式等。另外，本篇还对 Spring 的数据访问技术做了介绍，包括 Spring JDBC 模板类、Spring DAO、Spring

整合 ORM 及 JPA、Spring 事务管理等。

第4篇　SSM整合开发（第15、16章）

本篇首先介绍了 Spring 与 Spring MVC，以及 Spring 与 MyBatis 整合开发的相关内容，并对异常处理和日志的整合方式进行了分析，然后以一个报表项目为案例，对项目的需求分析、系统分析、系统设计、系统框架搭建及代码开发等整个流程进行了全面介绍。

第5篇　高级开发技术（第17、18章）

本篇主要对 Spring AOP 框架和 Spring Security 框架进行了介绍。首先在对 Java 代理和 AspectJ 框架介绍的基础上对 Spring AOP 进行了剖析，并对 MVC 项目中的拦截器和过滤器进行了比较；然后对 Spring Security 用户请求和调用方法两个层级的用户认证和授权开发进行了介绍，并对多线程的相关内容及其在 Spring 框架中的应用进行了介绍。

本书配套资源

为了方便读者阅读，本书提供以下配套资源：

- 书中用到的各种工具；
- 书中所有示例的源代码；
- 书中项目案例的源代码及相关设计文档。

这些配套资源需要读者自行下载。请在华章公司的网站 www.hzbook.com 上搜索到本书，然后单击“资料下载”按钮，即可在本书页面上找到配书资源下载链接进行下载。

本书读者对象

- 需要全面学习 Spring、Spring MVC 及 MyBatis 整合开发的人员；
- Spring、Spring Web 及 Spring Boot 开发人员；
- Java Web 系统架构与设计师；
- Java EE 开发工程师；
- Java 系统分析师与设计师；
- 希望提高项目开发水平的人员；
- 专业培训机构的学员；
- 软件开发项目经理。

阅读本书的建议

- 没有 SSM 框架基础的读者，建议从第 1 章顺次阅读并演练每一个示例；
- 有一定 SSM 框架基础的读者，可以根据实际情况略去基础部分的学习和演练；

- 对于原理和实现机制及部分进阶内容可以多思考、多理解；
- 先阅读和理解基础理论并演练相关示例，再参考提供的配套示例代码自行开发和测试，这样学习效果会更好，理解也会更加深刻。

勘误与售后支持

由于写作时间所限，书中可能还存在错漏和不严谨之处，恳请同行专家和各位读者不吝指正。阅读本书时若有疑问，请发电子邮件到 hzbook2017@163.com。对于同行专家和读者提出的问题笔者会一一核实，并在后续加印时改正这些错漏。

目录

第 2 篇　Spring MVC 框架

第 3 篇 数据技术

第 4 篇 SSM 整合开发

第 5 篇 高级开发技术

第1篇
Spring 核心框架

- 第1章　Spring 概述
- 第2章　Spring IoC 容器初探
- 第3章　Web 项目环境搭建与项目创建
- 第4章　Spring IoC 容器进阶
- 第5章　基于注解和代码的配置
- 第6章　Spring 测试

第 1 章　Spring 概述

Java 是一种面向对象的跨平台编程语言，其引入了 JVM（Java 虚拟机），能够一次编译，处处运行，开发人员不需要再为操作系统和处理器的不同而导致应用出错或者无法启动而烦恼。就应用开发本身而言，不管使用哪种开发语言，为保证应用代码的可读性、可靠性和可重用性，就需要在单一职责原则、开闭原则、里氏替换原则、依赖倒置原则、接口隔离原则、迪米特法则等设计原则的指导下，遵循一定的设计模式进行设计和开发。对设计模式的总结，最著名的当属 GoF 的 23 种设计模式。

Spring 框架是为解决企业应用开发的复杂性而诞生，它简化了 Java 应用开发，提高了应用开发的可测试性和可重用性。Spring 的核心理念是控制反转（IoC），其通过依赖注入（DI）的方式来实现控制反转。作为轻量级的 IoC 容器，Spring 框架可以轻松实现与其他多种框架的整合，其逐步成为 Java 企业级开发最流行的框架，而且由基础框架衍生了从 Web 应用到大数据平台等诸多项目，形成了以框架为核心的生态圈，成为 Java 应用开发的一站式解决方案。

1.1　Spring 的由来与发展

面向过程的编程将需要解决的问题分拆成解决步骤，使用函数将这些步骤实现，并依次调用。20 世纪 60 年代开发的 Simula 67 语言首次提出了面向对象的编程思想，并引入了类、对象和继承等基础概念，被公认为面向对象语言的“鼻祖”。

Simula 67 之后出现的 Smalltalk 语言迅速引领了面向对象的设计思想的浪潮，被认为是历史上第二个面向对象的程序设计语言和第一个真正的集成开发环境（IDE），被称为“面向对象编程之母”，它对其他面向对象编程语言的产生也起了极大的推动作用。

Java 语言即是在 Smalltalk 语言的影响下横空出世并迅速发展的。出于统一化和标准化的目的，JCP 官方针对 Java 企业级开发制定了一系列的规范，这其中就包含服务端组件模型标准 EJB，但早期 EJB 标准开发需要遵循严格的 Bean 定义规范，部署烦琐且对应用服务器有严格要求，对大多数的应用开发来说显得沉重，Spring 在这种背景下应运而生并蓬勃发展，由此逐步形成了系统的 Spring 生态圈。

1.1.1　Java 简史

Java 自 1995 年以 JDK 1.0 版本发布为诞生标志以来，就受到了全世界开发者的推崇和热爱，并迅速成为企业级应用平台开发的“霸主”。特别是在手机等移动终端普及的今天，作为 Android 系统的开发语言，更是助推了 Java 语言的发展。在每年的“世界编程语言排行榜”（TIOBE）中，Java 语言一直遥遥居上，近年来更是稳坐头名的位置。

JDK（Java Development Kit）是一个 Java 开发工具包，是 Java 官方提供的 Java 运行和开发软件包，主要包含 Java 运行环境（JRE）、Java 基础类库和工具，官方会定期或不定期地发布更新包。在最初发布的 JDK 1.0 版本中，仅包括 Java 虚拟机、基本语法和 AWT 等，在 1997 年 JDK 1.1 版本中形成了 Java 技术的基本支撑点，包括内部类、反射、JDBC、JavaBeans 和 RMI 等。为了促进 Java 的发展和规范 Java 开发，1998 年，由 Java 的缔造者 Sun 公司主导成立了 JCP（Java Community Process）组织。

JCP 是一个开放的组织，最初由 Sun 公司和欧美的一些大厂商组成，全世界的商业公司、非盈利组织、学校乃至个人都有机会加入其中。2018 年 5 月 17 日，阿里巴巴获邀加入 JCP 的最高执行委员会。JCP 使用 JSR（Java Specification Requests）作为规范文档，描述 Java 中的规范和技术。

在 JCP 成立的当年年底，在与 IBM 成员的共同努力下，Sun 公司发布了 JDK 1.2，并使用新的名字：Java 2 Platform。从这一版开始，Java 技术体系被拆分成 3 个方向：面向桌面应用开发的 J2SE（Java 2 Platform Standard Edition）、面向企业级应用开发的 J2EE（Java 2 Platform Enterprise Edition）和面向移动终端的 J2ME（Java 2 Platform Micro Edition），Swing、Java Plug-in 和 EJB 等技术也是在这个版本中发布的。

2005 年 6 月的 JavaOne 大会上，Sun 公司将 J2XE 系列修改为 Java XE，发布的新版本分别命名为 Java EE 6、Java SE 6 和 Java ME 6。因为使用习惯，目前业界仍然有沿用 J2EE 称谓的情况。

在 Java 企业级应用开发中，有一些功能模块是通用和可以重用的，如数据库连接、邮件服务和事务处理等。一些有实力的大公司如 Sun 公司自身开发出了可以重用的模块服务，被称作中间件。

为统一 Java 开发的标准，JCP 定义了 Java EE 的开发框架，作为 Java 企业级应用开发的规范和指南，也包括中间件的标准。具体技术包括 Servlet、JSP（Java Server Pages）、JDBC（Java Database Connectivity）、JNDI（Java Naming and Directory Interface）、RMI（Remote Method Invocation）、Java IDL/CORBA、XML、JMS（Java Message Service）、JTA（Java Transaction API）、JTS（Java Transaction Service）、Java Mail、JAF（JavaBeans Activation Framework）和 EJB（EJB-Enterprise JavaBean）。Java EE 体系结构如图 1.1 所示。

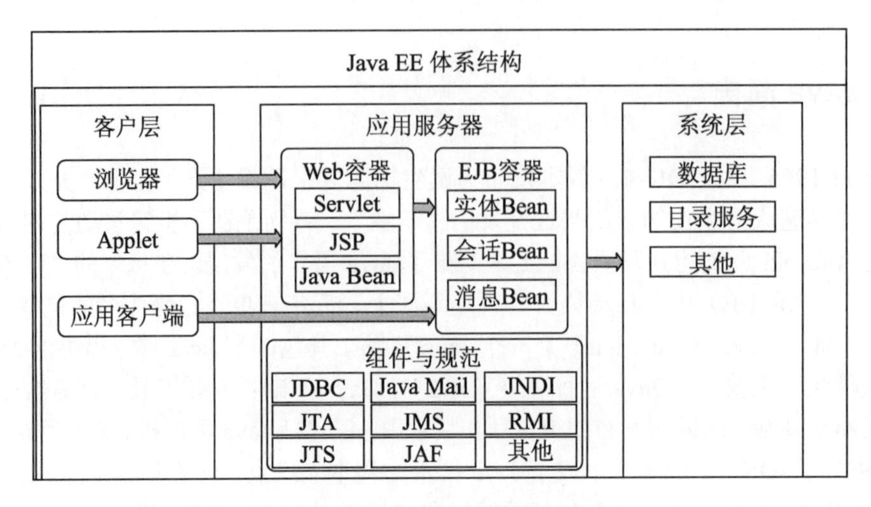

图 1.1　Java EE 体系结构图

EJB 是 Java EE 服务器端组件模型，最初在 Java EE 体系中被寄予厚望，其目标与核心是开发和部署分布式应用程序。将业务逻辑从客户端抽取出来，封装在一个组件中并运行在一个独立的服务器上，客户端软件通过网络调用服务端的组件实现业务逻辑，这个运行在独立服务器上且封装了业务逻辑的组件被称为 EJB。对于开发人员来说，这里的组件可以简单地理解为类，也就是把执行业务逻辑的类打包放在服务器上，通过网络进行调用。实现 EJB 技术的核心是 RMI（Remote Method Invocation），更底层的技术就是 Socket 编程和 TCP。

EJB 除了处理分布式应用的优势外，还有一个关键作用是简化了代码开发，开发人员不必处理低级事务、状态管理、多线程和连接池等，这些统统交给 EJB 容器管理。但是 EJB 的开发较为复杂，学习成本高，包含的内容多，也就是常说的重量级，而且 EJB 调试比较困难，频繁地序列化和反序列化导致其性能不佳。基于 EJB 的这些缺陷，逐步出现了一些替代的组件和框架，例如远程调用上 Web Service 标准逐步盛行，出现了类似于 Apache CXF 的 Web Service 框架，JavaBean 的管理上则出现了 Spring。

轻松一刻：Java 名字的由来

Java 语言的原名是 Oak，即橡树，这个名字是创始人 Gosling 看到自己办公室外的一棵橡树而得来。但是 Oak 这个名字被其他公司使用了，于是 Gosling 通过公开征集的方式进行命名，排名第一的是 Silk，但没有得到他的青睐，排名第二、第三的命名又被律师否决了，最后选中了排名第四的 Java。

1.1.2　Spring 编年简史

Spring 的出现要追溯到 2002 年一本著作的出版问世，这本著作中的代码后来逐渐演变成了 Spring 项目，并于 2004 年 3 月在 Apache 2.0 开源协议下发布正式的 1.0 版本。Spring 发布之后即受到广大 Java 开发者的采纳和推崇，虽几经变迁，但始终保持强大的生命力和发展势头。Spring 近 20 年的发展历程如图 1.2 所示。

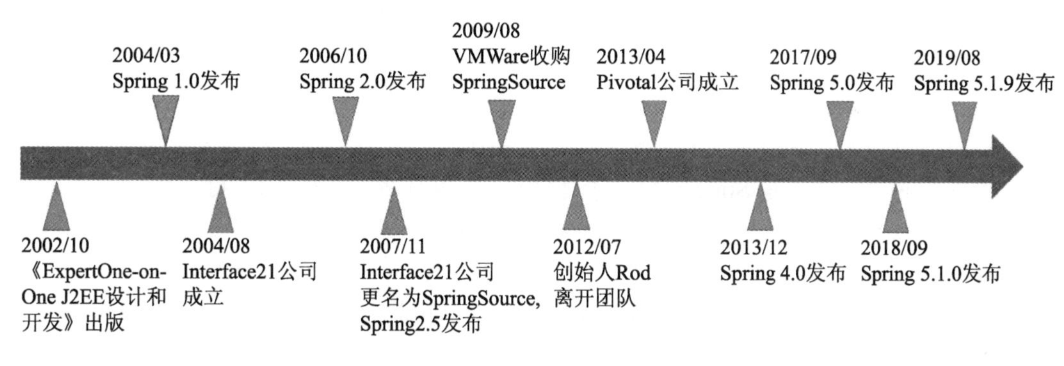

图 1.2　Spring 发展图谱

- 2002 年 10 月，Rod Johnson 出版了名为《Expert One-on-One J2EE 设计和开发》一书。书中指出了 EJB 组件和 Java EE 框架的一些主要缺陷，提出了基于 POJO（Plain Old Java Objects，简单 Java 对象）和 DI（依赖注入）的解决方案。“不要打电话给我，我会打电话给你”，这个好莱坞原则被生动地应用在软件开发中。书中提出了依赖注入的简单解决方案，在不使用 EJB 的情况下，构建了一个完整的在线座位预定系统，编写了超过 30 000 行的基础代码，其中就包括 ApplicationContext 和 BeanFactory。
- 《Expert One-on-One J2EE 设计和开发》一书发布不久，Red Johnson 创建了一个开源项目，并且与另外两个开发者 Juergen 和 Yann 开始合作，项目命名为 Spring，寓意 Spring 是传统 J2EE 的“冬天”之后的又一春。2003 年 6 月，Spring 0.9 在 Apache 2.0 许可下发布；2004 年 3 月，发布了标志性的 1.0 版本；也就是这一年 8 月，Rod、Juergen、Keith 和 Colin 创立了公司 Interface21，专注于 Spring 的支持、培训和支持。
- Spring 1.0 发布之前就广受关注并且已经有开发者在使用，发布之后便被广泛使用，在 2006 年 10 月发布 Spring 2.0 版本时，其下载量就已经破百万了。Spring 2.0 版本发布的功能包括可扩展的 XML 配置、对 IoC 容器进行了扩展、支持动态语言（如 groovy）。
- 在 2007 年 11 月发布 Spring 2.5 版本的同时，Interface21 公司更名成现在我们熟悉的 SpringSource。Spring 2.5 的主要新功能包括支持 Java 6/Java EE 5、支持注解配置、

组件自动检测和兼容 OSGi 的 bundle。

- 2009 年 8 月，以虚拟机技术闻名的 VMWare 公司以 4.2 亿美元收购了 SpringSource。同年 12 月，Spring 3.0 发布，新功能包括 SpEL（Spring 表达式语言）、JavaConfig（基于 Java 的 Bean 配置）、模型验证、REST 支持和支持嵌入式数据库。
- 2012 年 7 月，Spring 创始人 Rod 离开了团队；2013 年 4 月 VMware 和 EMC 合资创立了一家公司 Pivotal，Spring 及相关项目也转到这家公司，现在在官网上看到的 Spring by Pivotal 即源于此。
- 2013 年 12 月，Pivotal 发布了 Spring 4.0，全面支持 Java 8，对其他的第三方库支持的版本也更及时（Hibernate 3.6+、Ehcache 2.1+、Groovy 1.8+）；支持 Java EE 7；支持 Websockets 等。
- 2017 年 9 月，Spring 5.0 发布。
- 目前的稳定版本是 Spring 5.2，于 2020 年 2 月发布，支持 JDK 11。

Spring 最初由 Rod Johnson 创建，之后被 VMware 收购，最终归于 Pivotal 旗下。在近 20 年的发展历程中，Spring 的发展与发扬绝不是逆袭，而是有着雄厚的技术和资本背景。首先来看看 Pivotal 母公司的 VMware、EMC 的背景和关联。VMware 成立于 1998 年，总部位于美国加州的帕洛阿尔托，提供云基础架构和移动商务解决方案，其最有名的就是 VMware 的虚拟机产品。

EMC（易安信）是位于美国马萨诸塞州霍普金顿市的一个主营信息存储的科技公司，成立于 1979 年，是全球第六大企业软件公司和美国财富 500 强公司之一。2003 年，EMC 收购了 VMware；2007 年 8 月，VMware 在纽约证券交易所公开上市。2015 年，戴尔收购了 EMC，戴尔虽然是一个老牌的科技公司，但是直到 2018 年才上市。

接下来就是 Spring 和 Pivotal 出场了。Pivotal 公司的前身是 Pivotal Labs，这个实验室由 Rob Mee 于 1989 年创建，专注于快速的互联网软件开发，也就是大名鼎鼎的敏捷编程。2009 年，VMware 收购了 Spring；2012 年，EMC 又收购了 Pivotal Labs 公司；2013 年 EMC、VMware 和 Pivotal Labs 公司重新组建了新的公司 Pivotal。

Pivotal 是含着金钥匙出生的，其首轮融资 10.5 亿美元，2018 年于纽交所上市，上市市值达 60 多亿美元。Pivotal 公司除了 Spring 及衍生的产品之外，还有很多耳熟能详的产品，例如缓存中间件 Redis、消息中间件 RabbitMQ 和平台即服务（PaaS）Cloud Foundry。另外，Pivotal 公司还有大名鼎鼎的 GemFire，12306 就是使用它来解决尖峰高流量的并发问题。

1.2　Spring 的概念及理念

Spring 是为了解决企业应用开发的复杂性而诞生，它在对 Java EE 框架的思考和改善之上，实现了对 EJB 重量级容器的替换。Spring 是一个轻量级的依赖注入（DI）和面向切面编程（AOP）的容器框架，极大地降低了企业应用系统开发的耦合性，提高了灵活性。Spring 框架开发的原则和理念如下：

- Spring 的目标是提供一个一站式轻量级的应用开发平台，抽象应用开发遇到的共性问题。其提供了各个层级的支持，包括 Web MVC 框架、数据持久层、事务处理和消息中间件等。
- Spring 提供了与其他中间件的广泛支持，开发者可以尽可能晚地决定使用哪种方案。以数据持久化框架为例，可以通过配置切换持久层框架，而无须修改代码，其他的基础框架和第三方 API 的集成也是如此。
- 保持强大的向后兼容性。Spring 版本的演变经过精心设计，实现功能升级的同时对旧版本也保持了很好的兼容性。
- 关心 API 设计。Spring 官方提供了全面和易用的 API 参考文档，这些 API 文档的稳定性较高，在多个版本中维持不变。Spring 框架强调有意义的、及时的和准确的 Java Doc。这也得益于 Spring 清晰、干净的代码结构，它的包之间不存在循环依赖。

1.3　Spring 框架体系结构

Spring 框架包含 20 多个模块，每个模块由 3 个左右的 JAR 文件组成，这 20 多个模块按照功能划分为 7 大类。Spring 框架的整体体系结构如图 1.3 所示。

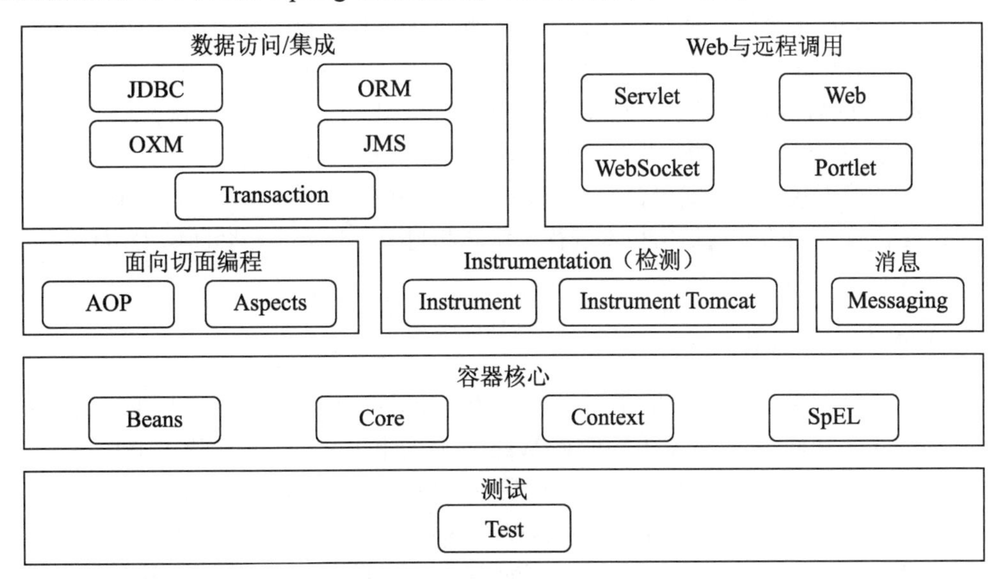

图 1.3　Spring 体系结构

接下来就以上分类模块进行简单介绍。

1．容器核心

容器是 Spring 框架的基础，负责 Bean 的创建、拼接、管理和获取的工作。Beans 和 Core 模块实现了 IoC/DI 等核心功能，BeanFactory 是容器的核心接口。

Context 模块在核心模块之上进行了功能的扩展，添加了国际化、框架事件体系、Bean 生命周期管理和资源加载透明化等功能。此外，该模块还提供了其他企业级服务的支持，包括邮件服务、JNDI 访问、任务调度和 EJB 集成等。

SpEL 表达式语言模块是统一语言表达式（Unified EL）的一个扩展，用于查询和管理容器管理对象、获取和设置对象属性、调用对象方法、操作数据等。此外，SpEL 表达式还可具备逻辑表达式运算和变量定义等功能。基于此表达式，就可以通过字符串与容器进行交互。

2．面向切面编程

在 AOP 模块中，Spring 提供了面向切面编程的支持，类似于事务和安全等关注点从应用中解耦出来。AspectJ 是一个面向切面编程的框架，Spring Aspects 模块提供了对它的集成。

3．数据访问/集成

数据访问/集成分类包括 JDBC、ORM、OXM、JMS 和事务处理 5 个模块。JDBC 模块实现了对 JDBC 的抽象，简化了 JDBC 进行数据库连接和操作的编码；ORM 模块对多个流行的 ORM 框架提供了统一的数据操作方式，包括 Hibernate、MyBatis、Java Persistence API 和 JDO；OXM 模块提供了对 OXM 实现的支持，比如 JAXB、Castor、XML Beans、JiBX 和 XStream 等；JMS 模块提供了对消息功能的支持，可以生产和消费消息；事务处理模块提供了编程式和声明式事务管理，支持 JDBC 和所有的 ORM 框架。Spring 在 DAO 的抽象层面，对不同的数据访问技术进行了统一和封装，建立了一套面向 DAO 的统一异常体系。

4．Web与远程调用

Servlet 模块包含一个强大的 MVC 框架，用于 Web 应用实现视图层与逻辑层的分离。Web 模块提供了面向 Web 的基本功能和 Web 应用的上下文，例如使用 Servlet 监听器的 IoC 容器初始化、文件上传功能等。此模块还包括 HTTP 客户端和 Spring 远程调用等。Portlet 模块提供了用于 Portlet 环境的 MVC 实现。WebSocket 模块支持在 Web 应用中客户端与服务端基于 WebSocket 双向通信。同时，Spring 提供了与其他流行 MVC 框架的集成，包括 Struts、JSF 和 WebWork 等。

除了 Web 应用外，Spring 还提供了对 REST API 的支持。Spring 自带一个远程调用框架 HTTP invoker，其集成了 RMI、Hessian、Burlap 和 JAX-WS。

5. Instrumentation（检测）

Instrument 模块提供了在应用服务器中使用类工具的支持和类加载器实现。Instrument Tomcat 是针对 Tomcat 的 Instrument 实现。

6. 消息

Messaging 模块用于消息处理，也包含了一系列用于映射消息的注解。

7. 测试

Test 模块通过 JUnit 和 TestNG 框架支持的单元测试和集成测试，提供了一系列的模拟对象辅助单元测试。另外，Spring 提供了集成测试的框架，可以很容易地加载和获取应用的上下文。

以上模块都已经通过 Maven 进行管理，组名（groupId）是 org.springframework，各模块分别对应不同的项目（artifactId），详细参见表 1.1。

表 1.1　Spring 框架模块的Maven对应

模　块　名	Maven项目名	描　　述
Core	spring-core	核心库
Beans	spring-beans	Bean支持
Context	spring-context	应用的上下文
Context	spring-context-support	集成第三方库到上下文
SpEL	spring-expression	Spring表达式语言
AOP	spring-aop	基于代理的AOP
Aspects	spring-aspects	与AspectJ集成
Instrumentation	spring-instrument	JVM引导的检测代理
Instrumentation Tomcat	spring-instrument-tomcat	Tomcat的检测代理
Messaging	spring-messaging	消息处理
JDBC	spring-jdbc	JDBC的支持和封装
Transaction	spring-tx	事务处理
ORM	spring-orm	对象关系映射，支持JPA和Hibernate
OXM	spring-oxm	对象XML映射
JMS	spring-jms	JMS消息支持
Servlet	spring-webmvc	MVC框架及REST Web
Portlet	spring-webmvc-portlet	Portlet环境的MVC实现
Web	spring-web	客户端及Web远程调用
WebSocket	spring-websocket	WebSocket和SockJS实现
Test	spring-test	测试模拟对象和测试框架

1.4　Spring 生态圈

Spring 是一个发展和开放的体系。在 Spring 框架项目的基础上，提供了企业应用级开发的一站式服务。其主要包括基于 Spring Framework 之上的快速开发框架 Spring Boot、对服务进行管理和治理的 Spring Cloud，以及通过 Spring Cloud Data Flow 进行服务的连接。从配置到安全，从 Web 应用到大数据项目，Spring 都提供了相应的项目。包括 Spring 的核心框架在内，Spring 生态圈的主要项目如图 1.4 所示。

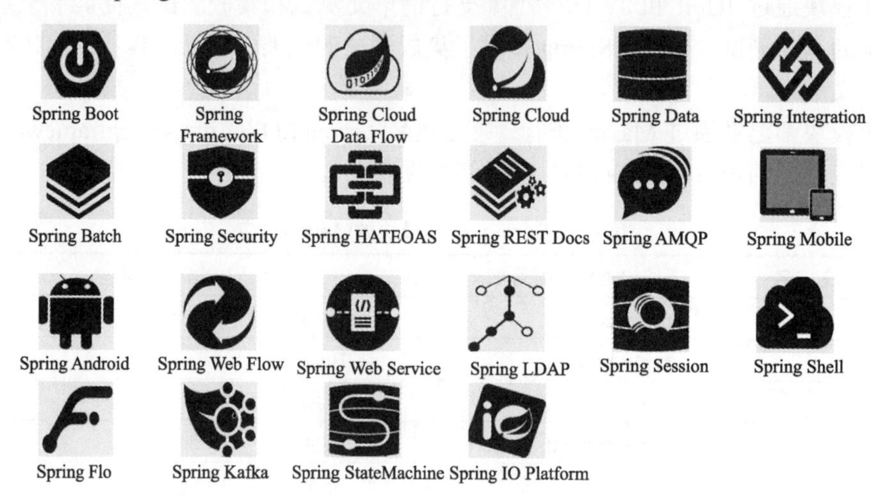

图 1.4　Spring 生态圈

- Spring Framework（Core）：Spring 项目的核心。Spring Framework 中包含了一系列的 IoC 容器设计，提供了依赖反转模式的实现。除此之外，Spring 框架还包括 MVC、JDBC、事务处理及 AOP 等模块。
- Spring Boot：简化了基于 Spring 的应用开发，通过少量的代码就能创建一个独立的、产品级别的 Spring 应用。Spring Boot 为 Spring 平台及第三方库提供了开箱即用的设置，这样可以快速地搭建项目并开始开发。
- Spring Cloud Data Flow：用于开发和执行大数据处理、批量运算的统一编程模型和托管服务，简化了大数据应用开发。
- Spring Cloud：一系列框架的有序集合。其包含了很多子项目，主要有分布式/版本化配置 Spring Cloud Config、服务注册和发现 Spring Cloud Eureka、路由 Spring Cloud Zuul、服务到服务的调用 Spring Cloud Feign、负载均衡 Spring Cloud Ribbon、断路器 Spring Cloud Hystrix、分布式消息传递 Spring Cloud Bus。
- Spring Data：提供了对 JDBC 和 ORM 的良好支持，同时实现对非关系型数据库、

MapReduce 框架等统一的方式进行数据访问。

- Spring Integration：体现了“企业集成模式”的具体实现，并为企业的数据集成提供解决方案。Spring Integration 为企业数据集成提供了各种适配器，通过这些适配器来转换各种消息格式，并帮助 Spring 应用完成与企业应用系统的集成。
- Spring Batch：提供构建批处理应用和自动化操作的框架。简化及优化大量数据的批处理操作，支持事务、并发、流程、监控、纵向和横向扩展，提供统一的接口管理和任务管理。
- Spring Security：广泛使用的基于 Spring 的认证和安全工具，其前身是 Acegi 框架，用于认证和授权；它使用 Servlet 规范中的 Filter 限制 URL 级别的访问，保护 Web 请求，还可以使用 AOP 保护方法的调用。
- Spring HATEOAS：HATEOAS（Hypermedia as the engine of application state）即超媒体即应用状态引擎，相对 REST 的最大区别是返回结果中包含下一步的链接。此项目提供了对 HATEOAS 的支持。
- Spring REST Docs：可以快速生成可读的 RESTful Service 文档。Spring 官方文档就是由此生成。
- Spring AMQP：基于 Spring 框架的 AMQP 消息解决方案。它使得在 Spring 应用中使用 AMQP 消息服务器变得更为简单。这个项目支持 Java 和.NET 两个版本。
- Spring Mobile：基于 Spring MVC 构建，为移动终端的服务器应用开发提供支持。例如，使用 Spring Mobile 可以在服务器端自动识别连接到服务器的移动端的相关设备信息，从而为特定的移动端实现应用定制。
- Spring Android：提供一个在 Android 应用环境中工作的基于 Java 的 REST 客户端。
- Spring Web Flow：构建在 Spring MVC 基础上，用于开发包含流程的应用程序。定义了一种特定的语言来描述工作流，同时高级的工作流控制器引擎可以管理会话状态，支持 AJAX 来构建丰富的客户端体验，并且提供对 JSF 的支持。
- Spring Web Service：Spring Boot 的 Web Service 项目。
- Spring LDAP：用于操作 LDAP 框架，基于 Spring 的 JdbcTemplate 模式，简化轻量目录访问协议功能的开发。
- Spring Session：用来创建和管理 Servlet HttpSession 方案，提供了集群 Session 的功能，默认使用 Redis 来存储 Session 数据，可以解决 Session 共享等问题。
- Spring Shell：提供交互式 Shell，使用简单的命令来开发。
- Spring Flo：一个 JavaScript 库，是基于 Spring Cloud Data Flow 中的流构建器。
- Spring Kafka：Kafka 是一种高吞吐量的分布式发布订阅消息系统，是 Apache 开发的一个开源流处理平台，Spring Kafka 对其提供了封装和集成。
- Spring StateMachine：用于简化状态机的开发过程。
- Spring IO Platform：一个依赖包的维护平台，用于解决依赖包的版本冲突问题。在引入第三方依赖的时候，不需要写版本号，该平台可以自动选择一个对应的版本。

除了以上项目之外，Spring 社区还提供了快速创建 Spring 项目的命令工具项目 Spring Roo，以及在 Scala 语言中使用 Spring 框架的 Spring Scala。另外还有一些托管在 Apache Attic 上不再维护的项目，包括与 Adobe Flex 技术集成的 Spring BlazeDS Integration、用于 JVM 代理的 Spring Loaded、与 REST 交互的命令行项目 REST Shell、大数据产品 Spring XD，以及与 Facebook、Twitter 和 LinkedIn 等社交网络服务集成的 Spring Social。

1.5　Spring 资源与社区

Spring 官方网站是学习 Spring 的最权威资源，其网址是 https://spring.io。针对不同的项目，官方都提供了与版本对应的参考文档和 API 文档，有的项目还提供了一个或多个示例，可以直接下载运行，如 Spring Boot、Spring Cloud 及 Spring AMQP 等。Spring 框架的参考和 API 地址是 https://spring.io/projects/spring-framework。Spring 及相关项目的源码都在 GitHub 中托管，地址是 https://github.com/spring-projects。

Spring 早期有一个论坛：http://forum.spring.io/。不过目前这个论坛只是一个历史的存档，只能读，其注册、发布和评论的功能都已经关闭了。开发者可以转到 http://spring.io/questions 提问，这个问答社区是 StackOverflow 的映射。也就是说，现在所有关于 Spring 的问答都是在 StackOverflow 中进行的。

Spring 官方虽然没有提供中文版的网站或资源，但是有 Spring 框架的官方文档翻译书籍，也有在线翻译，比如 https://lfvepclr.gitbooks.io/spring-framework-5-doc-cn/content/。官方文档虽然权威，但与中文书籍的结构和思维有一些差异，加之翻译得不够准确，这些文档对于初学者来说理解起来较为困难，对于高级开发者来说深度又不够。

此外，网络上有一些快速入门 Spring 的教程，如易百教程中的 Spring 框架学习，地址是 https://www.yiibai.com/spring。这些教程是不错的快速学习 Spring 的资料，不过其知识点较为零散，没有系统性。与 StackOverflow 类似的中文技术社区 CSDN 上也有很多 Spring 相关的文章和资源，开发者也可在其论坛上提问。对于 Spring 的其他项目，有如下一些在线学习的中文社区或网站。

- http://www.spring4all.com/：涵盖 Spring Boot、Spring Cloud、Spring Security 和 Spring JPA 的一些文章，也有对 Spring 官方文档的翻译，是一个比较活跃的社区。
- http://springboot.fun/：Spring Boot 的专题介绍，包括相关文章、一些博客文章和项目实例的收集。
- http://www.springcloud.cn/：Spring Cloud 中国社区，是 Spring Boot 和 Spring Cloud 技术分享与交流的一个平台。

1.6　Spring 综述

Spring IoC 容器框架是 Spring 体系的基础和核心，也是 Spring 生态体系的发源。一般场景下提到的 Spring 基本上指的就是 Spring 核心框架。Spring 出于解决企业应用系统开发的复杂性而诞生，常被用来与官方标准的 EJB 进行比较，并被作为 EJB 的有效替代产品。

虽然 Spring 和 EJB 的应用场景不一定相同，但针对大部分的企业级应用开发，使用 Spring 框架可以快速搭建应用系统的架构，简化应用开发，理清和解耦应用代码的逻辑和层级，大大提高应用系统开发的效率。为简化配置，Spring 推出了 Spring Boot，不再需要定义样板化的配置就可以快速建立一个基于 Spring 的应用，进一步简化了开发模式。

Spring 是一个开源框架，诞生之初就基于 Apache 2.0 开源协议发布，其源码目前控管在 GitHub 上，官方提供了完整的入门资料和参考文档；Spring 是一个开放的框架，其不排斥其他的框架，而是提供了良好或内生的支持，包括 Structs、Hibernate、Mybatis、JUnit 和 TestNG 等。

Spring 的某些子项目就是对其他框架的集成与整合，例如 Spring Kafka。Spring 框架所包含的思想除了使用 Java 语言实现外，也有.NET 语言对应的项目 Spring.NET。因为 Spring 的框架简单、开发高效和生态丰富，很多需求都可以找到基于 Spring 的官方或非官方解决方案，其逐渐成为个人开发者或中小团队的不二之选。

Spring 与微软之缘

在 VMware 收购 Spring 的前一年的愚人节，Spring 创始人发布了一则声明，称已经同意微软收购的请求。也就是在这个时间点前后，Spring 的焦点一度在.NET，甚至考虑将 Spring 框架纳入 Windows 系统。也就是这个阶段，Spring.NET 等项目也取得了很大程度的发展。不过最终 Spring 被 VMware 收购，留在了 Java 阵营。

第 2 章 Spring IoC 容器初探

IoC 容器是 Spring 最核心的概念和内容。它替代了传统的 new 方式初始化对象，通过读取在 XML 文件中配置的 Bean 定义，自动创建并管理容器的 Bean 实例及其生命周期；最重要的是可以在 Bean 的定义中进行依赖对象的配置，并根据依赖配置自动注入相关依赖，降低对象之间的耦合程度，以达到解耦的效果。Spring 提供了多种依赖注入方式，包括构造函数注入和设置值注入等。

为了更好地理解 Spring IoC 的概念，本章首先对组件、容器、框架及 Bean 的相关概念、控制反转和依赖注入等概念做简单的介绍，然后再对 Spring 容器核心进行介绍。

2.1 Spring IoC 容器及相关概念

在 Spring 的学习和使用中，不可避免地会遇见一些专有名词和术语，这些名词和术语有的意思相近，有的被相互比较，开发者经常会混淆这些概念。某些概念和技术本身并没有很强的关联，只是更偏重设计和架构面。这些概念具体如下：

- 在系统开发中的组件、框架和容器的概念是什么？它们之间有什么关联？
- Java 领域的 JavaBean、EJB 和 POJO 的定义是什么？三者有什么区别？
- Spring 的控制反转（IoC）和依赖注入（DI）究竟是不是同一个概念？如果不是，区别又是什么？
- 总是拿来与 Spring 比较的 EJB 到底是什么？和 Spring 到底有没有可比性和可替代性？孰好孰坏？

本节在对这些概念做介绍的基础上，将理清它们之间的区别和联系，以帮助读者对 Spring 的理解和学习。

2.1.1 组件、框架和容器

组件、框架和容器是所有开发语言都适用的概念。组件是为了代码的重用而对代码进行隔离和封装；框架在提供一系列组件的基础上，定义了更高层级的规范和开发方式；容器对不同层级的对象进行存放和管理。

1. 组件

组件是实现特定功能、符合某种规范的类集合。组件是一个通用概念，适合所有的开发语言，例如，C#语言的 COM 组件、JavaScript 中的 JQuery 库、Java 语言 AWT 的 UI 组件、文件上传的 Apache Commons FileUpload 组件及处理 Microsoft Office 的 Apache POI 组件等。从组件实现功能的角度可以将组件划分为两类：实现特定逻辑的功能组件和用来进行界面呈现的 UI 组件。

在 Java 中，实现数据库连接的 JDBC 驱动和实现日志的 Log4j 都可以称为逻辑功能组件；AWT、Swing 等界面开发库提供的输入框、按钮和单选框等是 UI 组件。从 UI 呈现上来理解组件会比较直观，只是随着 B/S 架构的流行，基于 Java 开发的 C/S 模式的客户端逐渐减少，取而代之的是 B/S 模式下使用 JavaScript 开发的前端 UI 组件。此外，组件可以自行开发，用来提高代码的重用性。组件最终呈现方式是单个或多个.class 类文件，或者打包的.jar 文件。

2. 框架

框架一般包含具备结构关系的多个组件，这些组件类相互协作构成特定的功能。Java EE 是官方定义的 Java 企业级开发的一系列标准规范。这些标准规范中，有的只是定义了规范和接口，有的除了规范和接口外，官方也提供了实现框架，这其中有一些基于 Java EE 的子标准的实现框架，具体包括 Enterprise JavaBean 管理的 EJB 框架、Java Web 应用程序开发的 JSF 框架等。

除了 Java 官方 JCP 提供的框架之外，一些开源组织和厂商根据 Java EE 规范的接口，也提供了实现框架，如实现 JMS 规范接口的 ActiveMQ 和 RabbitMQ 的消息队列框架，实现 JPA 规范的 Hibernate 和 MyBatis 的对象数据映射框架。此外，还有一些框架没有完全遵循 Java EE 的标准，而是用一种更贴近现实和便捷的方式来规范和实现，典型代表就是 Spring Bean 管理的依赖注入框架。

3. 容器

容器的字面意思是盛放东西的器皿。在 Java 语言中，容器的概念可以应用在多种场景中，具体如下：

- Java 基本数据类型中的容器类型，如 List、Set 和 Map，这些集合类型用于存放其他对象。
- Java UI 组件的容器类型，如 AWT 中的 Windows 容器，用来盛放 Button 和 TextField 等组件。
- 用来存放 Java 对象的 Bean 容器，并且对其中的 Bean 实例进行管理。与基本的容器类型不同，除了存放，还可以对该 Bean 实例的生命周期和依赖进行管理，比如 Spring Bean 容器、EJB 容器等。

- Java 程序运行所需要的环境，如支持 Servlet 的 Web 容器（比如 Tomcat）、运行 EJB 的容器（比如 JBoss）。这里的容器更多地被称为服务器。

从对象的容器角度来看，EJB 容器和 Spring Bean 容器本质上功能是一致的，不同的是 EJB 装载的是需要符合 EJB 规范，需要继承特定类和接口的类对象；Spring 装载 POJO 即可。EJB 容器和 Web 容器都是 J2EE 容器的组成部分，同时具备 Web 容器和 EJB 容器功能的软件才能被称为 Java EE 应用服务器。EJB 需要运行在应用服务器中，Spring Bean 容器只需要在开发端导入相关的 jar 文档就可以，其可以运行在一般的 Java Web 服务器中。

一般而言，框架的范围大于组件，组件可以包含在框架里，二者与容器的关系需要结合容器所对应的应用场景。仅以 Spring 来说，它是一个 Java 开发的框架，包含了一个 IoC 类型的 Bean 管理容器，另外还提供了切面编程（AOP）、数据访问事务管理等组件。

2.1.2　JavaBean、POJO 和 EJB 简介

JavaBean、POJO 和 EJB 都是对 Java 类定义的规范，目的是提高代码的规范性和重用性。

1．JavaBean对象

JavaBean 是 JCP 定义的一种 Java 类的标准，包括属性、方法和事件三方面的规范。规范提案编号是 JSR 303，内容如下：

- 是一个公共作用域的类。
- 这个类有默认的无参数构造函数。
- 这个类需要被序列化且实现自 Serializable 接口。
- 可能有一系列可读写属性、通过 getter 或 setter 方法存取属性值。

此外，对于使用 Java 进行桌面开发的 UI 组件 Bean，还需要支持发送外部或者从外部接收的事件，包括 Click 事件和 Keyboard 事件等。

对应以上每条规范，出发点和目的分别如下：

- 定义成公共作用域的类是为了提供给其他类使用。
- 无参构造函数是让框架和容器可以使用反射机制进行实例化。
- Serializable 接口是为了可以序列化和反序列化来进行对象的传输或保存到文件中。
- 使用 getter 和 setter 方法读写属性，是为了不暴露属性。容器可以通过反射机制来进行属性值的读写。

2．POJO（简单Java对象）

POJO（Plain Old Java Object）是 Martin Flower（DI 概念的提出者）、Josh MacKenzie 和 Rebecca Parsons 在 2002 年提出的概念，习惯称作“简单 Java 对象”。具体含义是指没

有继承任何类，也没有实现任何接口，不需要遵从框架的定义，更没有被其他框架侵入的 Java 对象。其不依赖于任何框架，不担当任何特殊的角色，不需要实现任何 Java 框架指定的接口。一句话，POJO 基本上不需要遵循任何规范。当一个 POJO 可序列化，有无参构造函数，使用 getter 和 setter 方法来访问属性时，它就是一个 JavaBean。

3. EJB（企业JavaBean）

EJB（Enterprise JavaBean）习惯称作企业 Bean，是 Java EE 服务器端的组件模型。EJB 是一种规范，最早出现于 1997 年，当时是 J2EE 官方规范中的主要规范。EJB 定义的组件模型，开发人员不需要关注事务处理、安全性、资源缓存池和容错性。

EJB 是用来定义分布式业务逻辑的组件 Bean。EJB 规定的 Bean 定义需要遵循 EJB 定义的规范，继承特定的接口，所以 EJB 也常用来指这种类型的 Bean 的规范。EJB 包含 3 种类型 Bean，分别是会话 Bean（Session Bean）、实体 Bean（Entity Bean）和消息驱动 Bean（MessageDriven Bean）。

在最新的 EJB 3 规范中，实体 Bean 拆分出来形成了 JPA 规范。EJB 设计的目标是分布式应用。EJB 基于 RMI 和 JNDI 等技术实现。RMI 使用的 JRMP 协议是位于 TCP 协议之上封装的一层协议。综合来看，EJB 是一般 JavaBean 规范的强化和提升。

轻松一刻：Bean（豆子）在 Java 中的地位

Java 本来是位于印度尼西亚的一个小岛，中文称为爪哇岛，因其盛产咖啡而闻名遐迩，很多咖啡店喜欢以 Java 为店名寓意其咖啡的品质。Java 语言的命名者马克·奥颇门（Mark Opperman）也是在一家咖啡店品尝咖啡时得到了灵感。Java 的 Logo 是一杯热气腾腾的咖啡，而用来制作咖啡的原料就是咖啡豆 Bean。Java 语言中的许多库类名称，多与 Bean 有关，如 JavaBeans（咖啡豆）、NetBeans（网络豆）及 ObjectBeans（对象豆）等。

2.1.3 IoC 与 DI 简介

IoC（Inversion of Control，控制反转）是一种编程思想，或者说是一种设计模式。说到设计模式自然就要提到 GoF（四人组）于 1995 年出版的著名的《设计模式》一书，书中介绍了 23 种设计模式来实现系统的松耦合，提高代码的可维护性。但是书中并没有提到 IoC 的设计模式，有一种说法是 IoC 的理论出现在这本书之后。

设计模式中的抽象工厂方法从工厂类中获取同一接口的不同实现，一定程度上缓减了耦合，但是代码耦合的实质还存在。IoC 模式将耦合从代码中移出去，放入配置中（比如 XML 文件），容器在启动时依据依赖配置生成依赖对象并注入。使用 IoC 容器后，代码从内部的耦合转到外部容器，解耦性更高，也更灵活。下面以实例来说明解耦的实现。

（1）实例场景：有 ClassA、ClassB 两个类，ClassA 中的方法 methodA()需要调用 ClassB 中的 mthodB()方法，传统的方式是先在 ClassA 的方法中通过 new ClassB()的方式获取 ClassB 的实例后调用 mthodB()方法。

（2）初步改进：使用单例或工厂模式获取 ClassB 的实例。

（3）进一步改进：使用 IoC 模式，由容器创建和维护 ClassB 的实例，ClassA 需要的时候从容器中获取就可以。这样，创建 ClassB 的实例的控制权就由程序代码转到容器。

控制权的转移即所谓的反转，依赖对象创建的控制权从应用程序本身转移到外部容器。控制反转的实现策略一般有如下两种：

- 依赖查找（Dependency Lookup）：Java EE 中传统的依赖管理方式，Java EE 的 JNDI（Java Naming and Directory Interface）规范对服务和组件的注册和使用类似于这种策略。首先需要将依赖或服务进行注册，然后通过容器提供的 API 来查找依赖对象和资源。该策略是中央控管的方式，具体使用示例包括 EJB 和 Webservice 等。
- 依赖注入（Dependency Injection）：依赖对象通过注入进行创建，由容器负责组件的创建和注入，这是更为流行的 IoC 实现策略，根据配置将符合依赖关系的对象传递给需要的对象。属性注入和构造器注入是常见的依赖注入方式。

虽然 Spring 从创建之初就实现了依赖注入的方式，但是明确的 DI 概念是由 Martin Flow 在 2004 年才提出的。在这之前，Spring 一直以 IoC 著称（由于习惯等原因，IoC 的称呼一直沿用至今）。对于容器而言，包括 EJB 容器等，基本上都实现了 IoC，所以用 IoC 作为 Spring 的标签其实不是很准确，直到 Martin 将其正名。

IoC 是一种软件设计思想，DI 是这种思想的一种实现。控制反转乃至依赖注入的目的不是提升系统性能，而是提升组件重用性和系统的可维护性。依赖注入使用“反射”等底层技术，根据类名来生成相应的对象，注入依赖项和执行方法。但是与常规方式相比，反射会消耗更多的资源并导致性能的衰减，虽然 JVM 改良优化后，反射方式与一般方式的性能差距逐渐缩小，但在提升代码的结构性和可维护性的同时，需要牺牲一定的系统性能为代价。

轻松一刻：从依赖查找与依赖注入想到区块链与中心化

早期的互联网 Web 1.0 时代，页面和网站的内容由网站管理者和特定人群发布和维护，网民只能被动查看和接受；在 Web 2.0 时代，所有人都可以通过网络发布内容，表达自己的观点，每一个网民都可以成为独立的内容提供者。区块链技术的快速发展和应用，让信任和安全的机制发生了变革，可以不需要依赖中心化平台。技术发展的路线方向，似乎与实际应用异曲同工：依赖对象的获取方式从依赖查找转到依赖注入，类似的网络服务和信任机制从集中式走向分布式。

2.1.4　Spring 与 EJB 简介

Spring总是被拿来和EJB来做比较，比较的角度是两者同样作为Bean托管容器。Spring管理的是一般的 POJO，EJB 管理的是继承特定接口的 Enterprise JavaBean。

在 EJB 的框架下开发的 EJB 组件必须继承指定的接口或类，并把编写好的类打包放到 EJB 服务器上运行，业务逻辑相关的实现集中在 EJB 中完成，而 EJB 容器则负责提供重复性质的和系统级的功能，通过开放接口的方式对外提供完整的业务服务。因为需要配置很多 XML 文件，而且需要打包部署到 EJB 容器，EJB 被看成是重量级框架。

基于 Spring 框架开发，组件不需要继承特定的类和接口，通过配置容器创建和管理对象并装载依赖对象，而且与 Web 开发无缝集成，被称为轻量级容器。

EJB 是 JCP 官方提出的简化大型企业级应用开发的框架，目标和核心是分布式应用，但是对于中小应用来说，分布式与远程访问不是必须要有的甚至根本不需要，所以 Spring 更受开发者的推崇。因其对于 Bean 的管理更轻量级，更适合企业级开发的大部分场景，所以成为了这个领域的无冕之王。

Spring 和 EJB 两者并不是单纯的对立与竞争关系，从渊源上看，两者是相互借鉴、相互促进的。Spring 借鉴了 EJB 的容器托管和 IoC 的设计理念，EJB 的新版 EJB 3 也充分参考了 Spring 的简洁进行设计。从适用性上看，Spring 适用于中小型应用特别是 Web 应用，EJB 适用于大型分布式项目。

从归属来看，EJB 是 JCP 官方规范，Spring 诞生于“草莽”，但是 Spring 的创始人 Rod Johnson 也是 JSR-154（Servlet 2.4）和 JDO 2.0 规范的专家，同时也是 JCP 的活跃成员。Spring 和 EJB 各有侧重，也各有所长，在很长一段时间内会共存。Spring 和 EJB 在出现时间、归属的组织、容器管理的 Bean 类型及对 Web 服务器的要求如表 2.1 所示。

表 2.1　EJB与Spring对比表

	EJB	Spring
出现时间	1997	2003
组织	Sun、Oracle	SpringSource、VMware、Pivotal
管理的Bean类型	Session Bean Entity Bean MessageDrivenBean	POJO
Web服务器要求	J2EE容器（JBoss、WebLogic）	Web容器（Tomcat、Resin）

软件项目的开发和传统建筑项目的建造很类似，建筑材料和建筑的工艺对应到软件开发的语言和框架。高斯林发明了用来构建 Java 类型应用的材料：Java 基本语言包和开发工具包（JDK），开发者和商业公司使用 JDK 开发了很多可重用组件，但是需要遵循各自特定的规则。为了对开发进行统一和提高组件的重用性，JCP 官方对组件的编写提出了

JavaBean 规范，而为了简化大型分布式项目的开发，官方又进一步强化了 Bean 的规范，并且可以将 Bean 放到容器中运行并由其管理，对应的就是 EJB 和 EJB 容器。EJB 容器提供事务和日志等系统级服务，开发者可以关注在业务逻辑上，代价是需要遵循一些较为复杂的 EJB 规范。而现实是企业级应用很多是中小型且无须分布式的状况，于是在保留以上功能的基础上，弱化规范却更灵活的框架 Spring 应运而生，很快就被广大开发者接受并迅速占据主流，只是这个框架不是来自于官方，而是来自于一位名为 Rod Johnson 的音乐学博士。

2.2　Spring 容器初始化

Spring IoC 容器用来创建和管理类的实例称为 Bean。根据 Bean 的配置，使用 Bean 工厂（BeanFactory 接口实现类的对象）创建和管理 Bean 实例。除了创建和管理 Bean 实例，Spring 容器最重要的作用是根据配置注入依赖对象。配置支持多种方式，早期使用 XML 文件进行配置。

BeanFactory 和 ApplicationContext 是 Spring 进行对象管理的两个主要接口。BeanFactory 沿袭了传统的对象工厂模式来进行命名，ApplicationContext 扩展了 BeanFactory，除了基本的对象管理之外，还提供了应用程序所需要的其他上下文信息。

2.2.1　BeanFactory 与 ApplicationContext

作为 IoC 容器，Spring 也提供了依赖查找的实现方式，类似于 EJB 使用 JNDI 查找组件和服务，Spring 可以通过 Bean 配置 id 或者 Bean 类来获取 Bean 实例。BeanFactory 是 Spring IoC 容器的一个重要接口，字面上看是属于 Bean 的工厂类，功能类似于设计模式的工厂模式获取类的实例。基于 Spring 框架的应用在启动时会根据配置创建一个实现 BeanFactory 接口的类对象，这个对象也就是所谓的容器。

ApplicationContext 是 IoC 容器的另一个重要接口，被称为应用上下文，它继承自 BeanFactory，包含了 BeanFactory 的所有功能，同时也提供了一些新的高级功能，如下：

- MessageSource（国际化资源接口），用于信息的国际化显示。
- ResourceLoader（资源加载接口），用于资源加载。
- ApplicationEventPublisher（应用事件发布接口）等，用于应用事件的处理，在第 4 章中会详细介绍此功能。

BeanFactory 和 ApplicationContext 位于框架的不同包中。BeanFactory 位于 org.springframework.beans 包中，而 ApplicationContext 位于 org.springframework.context 包中。ApplicationContext 除了继承自 BeanFactory 接口，还继承了 EnvironmentCapable、MessageSource、ApplicationEventPublisher 和 ResourcePatternResolver 等接口。

BeanFactory 和 ApplicationContext 都支持 BeanPostProcessor、BeanFactoryPostProcessor 的使用，但使用方式是有差别的。BeanFactory 需要手动注册，而 ApplicationContext 是自动注册。也就是说，BeanFactory 要在代码里写出来才可以被容器识别，而 Applicationcontext 是直接配置在配置文件即可。BeanPostProcessor 和 BeanFactoryPostProcessor 可以实现容器初始化的回调，也被称为容器的扩展点，相关细节会在第 4 章介绍。

相比于 BeanFactory，Applicationcontext 提供了更多的功能，对于开发者来说，基本上使用 Applicationcontext 就可以，BeanFactory 则主要是 Spring 框架本身在使用。如果是 Web 项目，则使用继承自 Applicationcontext 的 WebApplicationContext，原因是后者增加了对 Web 开发的相关支持，像 ServletContext、Servlet 作用域（request、session 和 application）等支持。

2.2.2　ApplicationContext 初始化方式

作为 Bean 管理的容器接口，ApplicationContext 定义了初始化、配置和组装 Bean 的方法，由继承接口的类实现。Spring 提供了多种 ApplicationContext 接口的实现方式，使用 XML 配置的实现类包括 ClassPathXmlApplicationContext 和 FileSystemXmlApplication-Context。两者的差别是配置文件读取位置的不同，从字面上就可以看出，ClassPathXml-ApplicationContext 是从类的根路径开始获取 XML 的配置文件，FileSystemXmlApplication-Context 则默认从项目根路径查找配置文件。第一种方式更简洁，第二种方式较为灵活，除了从项目路径开始定位外，还可以通过 file:///协议来定位配置文件。

在 Spring 中，使用“classpath:”来表示类的根路径，如果加上*号，也就是“classpath*:”，则除了自身的类路径之外，同时也会查找依赖库（.jar）下的目录。

Spring 配置文件最简单的就是以 applicationContext.xml 来命名，在大型项目配置较多的时候，一般会拆分为多个文件并以相应的功能来命名。这里以在 Eclipse IDE 下开发为例，讲解项目路径位于 D:\devworkspace\ecpphoton\ssmi，配置文件名为 application-Context.xml，对应不同配置文件的位置。容器的初始化方法如下：

（1）配置文件位于项目的类的根路径下：

```
//方式 1：使用类路径应用上下文初始化类，配置文件在类的根路径下
ApplicationContext context = new ClassPathXmlApplicationContext
("applicationContext.xml");
//方式 2：使用文件路径应用上下文初始化类，配置文件在类的根路径下
ApplicationContext context = new
            FileSystemXmlApplicationContext("classpath:application
Context.xml ");
```

（2）配置文件位于类的根路径的子目录下，比如位于 cn.osxm.ssmi.chp2 下，使用“/”作为路径分割符，如下：

```
//方式 1：使用类的路径应用上下文初始化类，配置文件在类的根路径的子路径下
ApplicationContext context=new
        ClassPathXmlApplicationContext("cn/osxm/ssmi/chp2/application
Context.xml");
//方式 2：使用文件路径应用上下文初始化类，配置文件在类的根路径的子路径下
ApplicationContext context = new
     FileSystemXmlApplicationContext("classpath:cn/osxm/ssmi/chp2/
applicationContext.xml ");
```

（3）配置文件位于项目的根路径下：

```
//使用文件路径应用上下文初始化类，配置文件在项目的根路径下
ApplicationContext  context  = new FileSystemXmlApplicationContext
("applicationContext.xml");
```

（4）配置文件在项目根路径的子目录下，例如在 config 目录下：

```
//使用文件路径应用上下文初始化类，配置文件在项目的根路径的子目录下
ApplicationContext context = new
     FileSystemXmlApplicationContext("config/applicationContext.xml");
```

使用 File 协议访问方式如下：

```
//使用文件路径应用上下文的初始化类，使用 File 协议定位配置文件
ApplicationContext context  = new
    FileSystemXmlApplicationContext("file:///D:/devworkspace/ssmi/
application Context.xml ");
```

（5）动态加载 Bean：

```
GenericApplicationContext context = new GenericApplicationContext();
new  XmlBeanDefinitionReader(context).loadBeanDefinitions("services.xml",
"daos.xml");
context.refresh();
```

需要注意，以上类的路径是指编译后的 class 文件的目录，在 Web 项目中是 WEB-INF/classes 目录。如果是在 IDE 中开发，以 Eclipse 为例，可以通过右键属性，在 Java Build Path 中查看开发的类路径，如图 2.1 所示。需要确保源文件目录包含有配置文件并被复制到相应的类路径下，否则测试的时候会找不到配置文件。

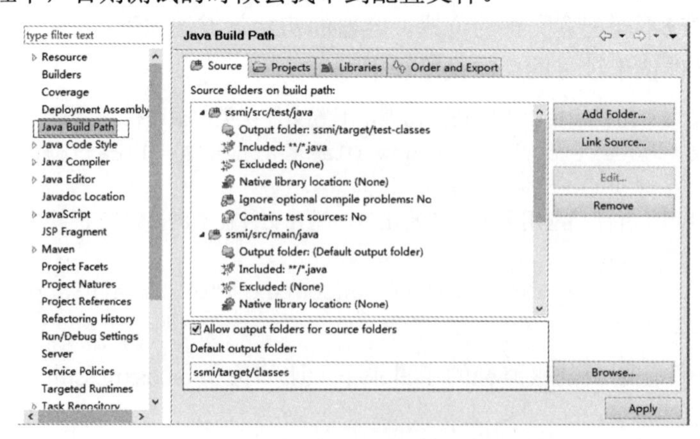

图 2.1　Eclipse 开发编译类的路径设置

在实际项目中，如果配置文件最终位于类路径下（在使用 Eclipse 等 IDE 开发时，配置文件直接放在源代码目录下即可，IDE 会自动将其复制到编译后的类路径下），推荐使用 ClassPathXmlApplicationContext；如果配置文件和源代码文件分开，位于项目的其他路径，则考虑使用 FileSystemXmlApplicationContext。

2.2.3　Spring 基于 XML 的配置文件结构

XML 是 Spring 最早使用，也是最为常见的配置方式。Bean 定义是 XML 配置的主要内容之一。Spring 基于一个或多个 XML 配置文件进行容器初始化，对配置的 Bean 进行创建和依赖的注入。一个简单的 XML 配置文件结构如图 2.2 所示。

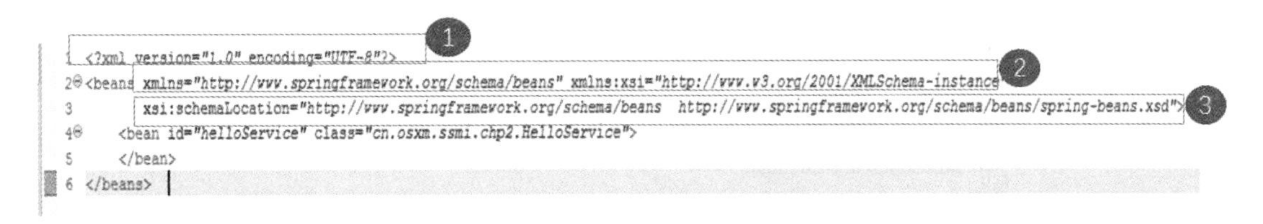

图 2.2　Spring 配置文件结构

图 2.2 中，标识①处是 XML 的版本和编码，供 XML 解析器使用。根元素是<beans>，通过<beans>元素的属性定义对根元素下子元素的定义进行规范，<beans>的基本属性包括 xmlns、xmlns:xsi 和 xsi:schemaLocation。

图 2.2 中，标识②处的 xmlns 是 XML Namespace 的缩写，即 XML 命名空间。命名空间是为了解决 XML 元素重名的问题，类似于 Java 中类的包名的作用。xmlns 定义了默认的命名空间。除了默认的命名空间外，还有带有前缀的命名空间。xmlns:xsi 表示使用 xsi 作为前缀的命名空间，这个属性是为了下面的 xsi:schemaLocation 的定义。

图 2.2 中，标识③处的 xsi:schemaLocation 用于定义命名空间和对应的 XSD（XML 结构定义）文档的位置关系，两者是成对配置的。Schema 处理器将从指定的位置读取 Schema 文档，根据描述的文档结构验证 XML 文件是否符合规范。

如果要使用 Spring 的 Bean 之外的其他元素配置，比如使用 context 元素开启基于注解配置 Bean 的功能（也就是<context:component-scan/>元素），则需要添加以下两处代码：

（1）添加带前缀的命名空间到 beans 的属性。代码如下：

```
xmlns:context="http://www.springframework.org/schema/context
```

（2）在 xsi:schemaLocation 中增加命名空间和 XML 结构定义的 URL 地址。代码如下：

```
http://www.springframework.org/schema/context
                                    http://www.springframework.org/schema/context/
spring-context.xsd
```

在浏览器中输入 XML 结构定义的 URL 地址就可以看到详细的 XML 结构定义的内容，

进入上一级地址可以看到提供的各个版本的 XML 结构定义的列表。以 Spring context 为例，输入地址 http://www.springframework.org/schema/context/，看到的列表效果如图 2.3 所示。

不安全 | www.springframework.org/schema/context/

Index of /schema/context

Name	Last modified	Size	Description
Parent Directory		-	
spring-context-2.5.xsd	2018-11-27 07:25	17K	
spring-context-3.0.xsd	2018-11-27 07:25	19K	
spring-context-3.1.xsd	2018-11-27 07:25	22K	
spring-context-3.2.xsd	2018-11-27 07:25	22K	
spring-context-4.0.xsd	2018-11-27 07:25	22K	
spring-context-4.1.xsd	2018-11-27 07:25	22K	
spring-context-4.2.xsd	2018-11-27 07:25	23K	
spring-context-4.3.xsd	2018-11-27 07:25	23K	
spring-context.xsd	2018-11-27 07:25	23K	

图 2.3　Spring 配置文档结构定义地址及版本

一般使用不带版本号的 XML 结构定义即可。不带版本号的定义即是官方最新版本的结构定义。在实际项目中也会经常看到 spring-context-4.0.xsd 这样的带版本的结构定义，原因可能是为了兼容旧系统。需要注意的是，Spring 配置文件的 XML 结构定义和 Spring 框架的版本并不是一一对应的，目前 Spring 框架最新的版本号是 5，对应的 XSD 的最新版都是 4.3 版。如果是新的项目或者需要使用最新的文档结构定义的话，推荐使用不带版本号的结构定义。

Spring 使用 SAX 解析 XML 配置文件，如果不设置 xsi:schemaLocation，在运行的时候就会报找不到元素的声明错误。在集成开发环境（类似 Eclipse）中，默认开启 XML 有效性验证会实时对 XML 进行验证，可以及早发现错误。

2.2.4　Bean 的配置方式

Bean 的配置方式就是直接在根元素<beans>下增加<bean>的子元素，配置示例如下：

```
<bean id="helloService" class="cn.osxm.ssmi.chp2.HelloService"/>
```

一个 Bean 元素包含两个基本属性：class 和 id。class 的值是包含包名的全路径类名，这个类的要求很简单，不需要特定规范，也不需要继承任何接口，一般的 POJO 即可，但是必须是类，不能使用接口。

id 属性给这个类的实例一个标识，以方便容器和程序查找使用。如果不设定 id 的属性和值，则容器默认会以类名的首字母小写作为标识，对于上面的实例，设置 id 的值为 helloService 和不设定 id 属性值的效果是一样的。Bean 可以有多个标识，除了 id，name 属性也可以用来指定 Bean 的名字，还可以使用 alias 配置别名的方式给 bean 指定其他的标识名称，例如：

```
<alias name="fromName" alias="toName"/>
```

默认状况，容器根据每个 Bean 的配置创建和维护一个单例对象。与单例工厂不同的是，不同的 Bean 可以使用相同的类，设定不同的 id，容器就会维护该类的多个实例。实际开发中，最好是按照一定的规则明确指定 Bean 的 id，为保持简洁，建议尽量少使用多个标识。

除了使用 XML 配置 Bean 之外，从 Spring 2.5 开始支持基于注解的配置，从 Spring 3.0 开始支持直接使用 Java 代码进行配置，相关的内容会在第 4 章中介绍。

2.2.5 哪些类需要配置成 Bean

理论上，符合 JavaBean 规范的类和不符合 JavaBean 规范的 POJO 都可以配置成 Bean，也就是说，基本上所有的类都可以配置成 Bean 并交由 Spring 控管。容器使用反射机制来创建对象和注入依赖，过度地使用对系统的性能会产生不必要的浪费。对于细粒度的域对象，类似于实体类就没有必要交由容器管理。从类实现的功能上看，交由容器控管的对象主要包括以下几种：

- 服务层对象：包括桌面应用中的逻辑功能类，以及 Web MVC 应用中的控制类、服务类。
- 数据访问对象：和数据库进行操作，对数据进行增、删、改、查的类对象及事务处理的相关类对象。
- 框架基础对象：例如框架用于注解支持的类和持久化框架整合的基础对象等。

Spring 容器主要是对对象的生命周期和对依赖关系进行管理。从类的特征上看，具备单例特性的类都适合交由容器管理，依赖关系较为复杂或者依赖会发生变化的类也适合 Spring 进行控管。

2.2.6 容器的关闭

基于 Web 的 ApplicationContext 实现会在 Web 应用关闭时恰当地关闭 Spring IoC 容器。但是对于非 Web 应用，建议使用 close()方法关闭容器。容器关闭会释放一些容器占用的资源，类似于数据库的连接。close()方法是 AbstractApplicationContext 抽象类才开始具有的，这个类继承自 AbstractApplicationContext 接口。容器初始化和关闭的示例代码如下：

```
AbstractApplicationContext context = new ClassPathXmlApplicationContext
("spring-beans.xml");
context.close();                              // 关闭容器
```

在实际场景中，很多时候应用程序并不是正常关闭的，有可能遇到 RuntimeException 异常关闭或者使用操作系统强制关闭。Java 从 JDK 1.3 开始就提供了关闭钩子（ShutdownHook）的解决方案，在 Spring 中可以很容易地使用这种方式，确保容器在任何状况下恰当地关闭及释放占用的资源。注册关闭钩子只需要加入以下代码即可：

```
context.registerShutdownHook();
```

注意：registerShutdownHook()同样是 AbstractApplicationContext 类中才具有的。

2.2.7 Spring 容器的定义

不直接创建对象，而是由容器创建，并设定一个或多个标识，需要的时候通过 Bean 名字从容器中获取，这看上去是类似于 EJB 的服务查找方式，但 Spring 真正的核心是对于依赖的处理，使用配置的方式注入依赖。

将对象交由容器管理，可以实现一定程度的解耦。以 A、B、C 三个类为例，B、C 都是单例模式的类，A 需要调用 B、C 类的方法，这样 A 就和 B、C 形成了依赖，如果 B、C 交由容器管理，A 虽然和容器产生依赖，但依赖程度降低了。

使用类的名字在 XML 中配置 Bean，并给这个 Bean 设置一个标识，容器基于配置来创建相应的类的对象，之后就可以通过标识（也可以通过类）从容器中获取该对象，实现所谓的容器对 Bean 的托管。在早期的 Spring 版本中，对应的 Bean 类必须定义为空的构造器，因为容器是通过调用空的构造器来进行实例化的。在新的 Spring 版本中，如果没有依赖项注入，或者依赖使用构造函数注入，在定义了对应参数的构造器状况下，可以不定义空构造器。

基于 XML 配置初始化容器是较为常见的方式，也可以直接使用代码的方式进行配置。容器对 Bean 和资源进行创建和管理，在非 Web 项目中，建议使用关闭钩子的方式对容器进行显式的关闭。

2.3 依赖注入与方式

依赖关系注入使用配置的方式，而不是固定写在代码里，以实现系统的解耦。构造函数注入和设置值注入是 Spring 中两种常见的依赖注入方式，在同一个 Bean 配置中，可以独立使用，也可以同时使用两种方式。Spring 官方推荐使用构造器注入方式，而且对于一些第三方的类没有暴露 setter 方法，就只能使用构造器注入了。实际项目中，推荐使用构造器注入方式注入强制依赖项；使用设置值方式注入可选依赖项。除了以上两种注入方式外，还可以使用方法进行依赖关系注入。

本节以一个用户的服务类（UserService）和用户的数据持久类（UserDao）为例来进行依赖注入的介绍。UserDao 仅负责 User 对象基本的增、删、改、查的持久化操作，UserService 提供对应的服务方法，除了调用基本的数据操作方法之外，还可能附加一些其他的功能，类似于创建、更新时的数据有效性检验，权限验证及日志写入等。

2.3.1　构造函数注入

在 Bean 的配置中，使用 constructor-arg 的子元素配置依赖的对象，对应的 Bean 类需具备对应参数的构造函数。容器反射调用带参数的构造函数进行依赖对象的初始化。下面以服务类（UserService）构造依赖数据访问类（UserDao）为例进行讲解。UserDao 类代码如下：

```
01  public class UserDao {                              //定义 User 的数据访问对象类
02      public void add(User user) {                    //添加 User 的方法
         //方法体是简单打印日志
03       System.out.println("Insert User to Db Table :"+user.getName());
04      }
05  }
```

在 UserService 中定义一个带有 UserDao 参数的构造函数，并在 add()方法中调用 UserDao 的添加用户方法，完整代码如下：

```
01 public class UserService {                           //用户服务类定义
02     private UserDao userDao;                          //用户数据访问对象属性
03     public UserService(UserDao userDao) {             //构造器初始 userDao
04        this.userDao = userDao;
05     }
       //服务类方法，调用 userDao 的对应方法
06     public void add(String userName) {
07        User user = new User();
08        user.setId(userName);
09        userDao.add(user);
10     }
11 }
```

到这里，和一般类的定义并没有什么区别。如果在另外一个类中需要调用 UserSevice 的 add()方法，传统的开发方式是先新建一个 UserDao 实例，再将这个实例作为参数新建一个 UserService 实例。使用 Spring 容器，UserDao 的依赖直接在 XML 中配置，而不需要在代码中显式地传递。

在 Spring 配置文件中增加 UserDao 和 UserService 的配置，其中，在 UserService 中增加 constructor-arg 配置子元素对应到构造函数的参数，在 ref 子元素的 bean 属性中设置依赖 bean 的 id。XML 配置如下：

```
    <!--用户数据访问对象 bean -->
01 <bean id="userDao" class="cn.osxm.ssmi.chp2.UserDao" />
```

```
    <!--用户服务 -->
02  <bean id="userService" class="cn.osxm.ssmi.chp2.UserService">
03      <constructor-arg>                          <!--构造参数注入 -->
04          <ref bean="userDao" />
05      </constructor-arg>
06  </bean>
```

以上 constructor-arg 的子元素配置也可以简写如下：

```
<constructor-arg ref="userDao"/>
```

注意：userDao 和 userService 在配置文件中的先后顺序没有特定的要求。

2.3.2 设置值注入

设置值注入使用的是属性的 setter 方法来注入依赖对象。使用 setter 方法设置依赖也是传统开发中较为常见的方式，使用 Spring 容器注入也不需要显式地调用 setter 方法，仅需要进行配置，由容器完成注入。同样以 UserDao 和 UserService 为例，代码如下：

```
01  public class UserService {              //用户服务类定义
02      private UserDao userDao;            //用户数据访问对象属性
        //用户数据访问对象属性的 setter 方法
03      public void setUserDao(UserDao userDao) {
04          this.userDao = userDao;
05      }
        //服务类方法，调用 userDao 的对应方法
06      public void add(String userName) {
07          User user = new User();
08         user.setName(userName);
09      userDao.add(user);
10      }
11  }
```

在配置文件中使用<bean>元素的 property 子元素注入依赖对象，name 对应 bean 类中的属性名，ref 设置为依赖 bean 的 id。如下：

```
01  <bean id="userService" class="cn.osxm.ssmi.chp2.UserService">
02      <property name="userDao" ref="userDao" /> <!--属性注入依赖 -->
03  </bean>
```

由容器负责类对象的创建并对这些对象的生命周期进行管理，对象的依赖关系基于配置的方式进行注入，可以很大程度降低系统的耦合性，提高组件的重用性，使项目结构更为清晰。总结为容器实例 Bean，配置要先行，依赖控制转，系统耦合散。

Spring 中的容器是一个继承 ApplicationContext 接口的类实例。基于 XML 配置需要一个符合 Spring 规范的 XML 文档，也可以使用多个类似的 XML 文档，容器依据配置初始化 Bean 并注入依赖对象。Spring 容器可以管理几乎所有类型的 Bean，包括最简单的 Bean——POJO。容器中 Bean 实例和配置文件的关系如图 2.4 所示。

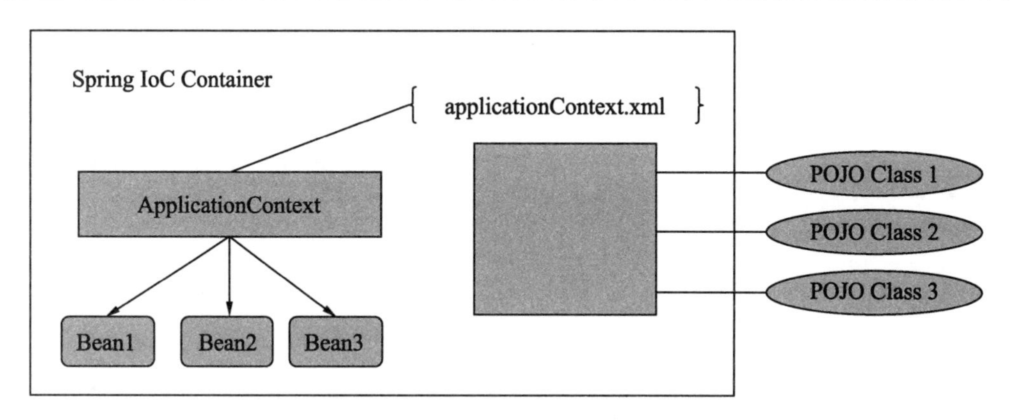

图 2.4　Spring 容器的简单结构

构造器参数注入和设置值注入是常见的两种依赖关系注入方式，设置 ref 属性为 bean 的 id，也可以使用 value 属性设置字符串的值，Spring 会自动将字符串的值转换为所有的内置类型，如 int、long、String 和 boolean 等。

第 3 章　Web 项目环境搭建与项目创建

一门开发语言或一个应用框架的最直观和最快速的学习方法就是搭建好环境，写一个入门的 Hello World 示例。本章首先从搭建开发环境入手，紧接着创建一个 Maven Web 的项目（项目名称为 ssmi），随后将此 Web 项目配置成基于 Spring 框架的项目，进行初步的容器配置，最后以一个简单的实例演示初始化容器和从容器获取 Bean 的操作。

本书其他章节的代码示例都包含在 ssmi 项目中，按照章节进行区分。本章中提到的软件工具在本书的配套资源中可以找到。

3.1　环境与前置准备

Java 及 Java Web 的开发既可以在 Windows 下进行，也可以在 Linux 下进行，针对不同的平台，安装各平台对应的 JDK 和 IDE 即可。本书基于 Windows 64 位系统进行介绍，使用 JDK 8 版本，在 Eclipse 集成开发平台之上开发，数据库是 MySQL，Web 服务器使用 Tomcat，Maven 用来做依赖包管理和项目管理。具体配置清单如下：

- 操作系统：Windows 8，64 位；
- Java 版本：JDK 8u65，64 位；
- Eclipse：2019-06（4.12.0）；
- Tomcat：9.0.12；
- MySQL：8.0.13；
- Maven：3.5.4。

3.1.1　JDK 的下载与安装

JDK 目前最新的版本是 JDK 11.0.1，是 2018 年发布的版本，官方长期支持到 2026 年。JDK 11 之前的版本 JDK 9 和 JDK 10 使用的人较少，而 JDK 8 则是广泛使用的版本，也是官方支持的长期版本，支持到 2025 年。Oracle 官方计划在 2019 年开始对商业使用的 Oracle JDK 进行收费，不过不包括 OpenJDK，对个人开发和 JDK 8 的旧版使用不受影响。JDK 最新版本及 JDK 8 的官方下载地址如下：

https://www.oracle.com/technetwork/java/javase/ downloads/index.html

如果要下载其他的旧版本，地址如下：

https://www.oracle.com/technetwork/java/javase/ archive-139210.html。

JDK 的下载需要注册 Oracle 网站的用户并进行登录，进入下载页面，勾选接受许可协议进行下载，下载页面如图 3.1 所示。

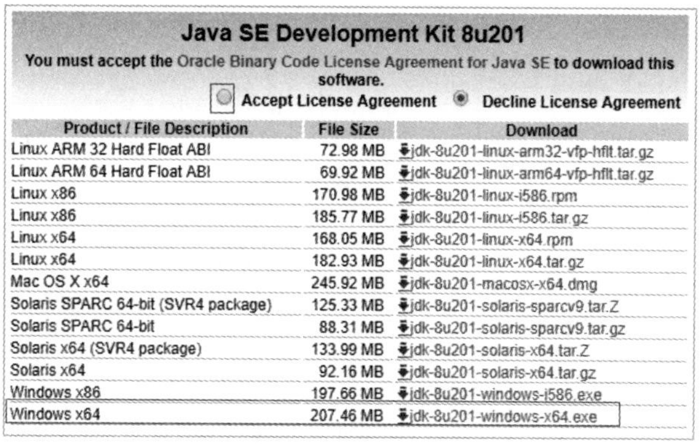

Java SE Development Kit 8u201

You must accept the Oracle Binary Code License Agreement for Java SE to download this software.

Accept License Agreement　Decline License Agreement

Product / File Description	File Size	Download
Linux ARM 32 Hard Float ABI	72.98 MB	jdk-8u201-linux-arm32-vfp-hflt.tar.gz
Linux ARM 64 Hard Float ABI	69.92 MB	jdk-8u201-linux-arm64-vfp-hflt.tar.gz
Linux x86	170.98 MB	jdk-8u201-linux-i586.rpm
Linux x86	185.77 MB	jdk-8u201-linux-i586.tar.gz
Linux x64	168.05 MB	jdk-8u201-linux-x64.rpm
Linux x64	182.93 MB	jdk-8u201-linux-x64.tar.gz
Mac OS X x64	245.92 MB	jdk-8u201-macosx-x64.dmg
Solaris SPARC 64-bit (SVR4 package)	125.33 MB	jdk-8u201-solaris-sparcv9.tar.Z
Solaris SPARC 64-bit	88.31 MB	jdk-8u201-solaris-sparcv9.tar.gz
Solaris x64 (SVR4 package)	133.99 MB	jdk-8u201-solaris-x64.tar.Z
Solaris x64	92.16 MB	jdk-8u201-solaris-x64.tar.gz
Windows x86	197.66 MB	jdk-8u201-windows-i586.exe
Windows x64	207.46 MB	jdk-8u201-windows-x64.exe

图 3.1　JDK 下载页面

下载后的文件是以.exe 为后缀的可执行文件，文件名为 jdk-8u65-windows-x64.exe。双击文件进行安装，一直单击下一步就可以了。需要注意的是，JDK 和 JRE 不要选择相同的安装路径。

安装完成后，新增 JAVA_HOME 和 CLASSPATH 环境变量，改动 PATH 的变量设置。不同版本的操作系统，环境变量配置的方式略有不同，在大部分 Windows 版本中，右击“我的电脑”，在属性里就可以找到相关的按钮；在 Windows 8 中也可以右击左下角的“开始”按钮，选择“系统(Y)”进入环境变量设置页面。

（1）新增 JAVA_HOME 环境变量。

在打开的环境变量窗口中单击“新增”按钮，变量名输入 JAVA_HOME，环境变量的值直接复制 Java 安装的目录，如 C:\Program Files\Java\jdk1.8.0_65。配置步骤如图 3.2 所示。

（2）修改 PATH 环境变量。

PATH 是操作系统已经存在的环境变量，在用户变量或者系统变量里找到这个变量（也可以能是 Path 或 path），在变量值的合适位置加上如下设置：

```
%JAVA_HOME%\bin;
```

注意： 最后有一个分号。

（3）新建 CLASSPATH 环境变量。

与 JAVA_HOME 的配置方式类似，新增 CLASSPATH 环境变量，变量值如下：

```
.;%JAVA_HOME%\lib\dt.jar;%JAVA_HOME%\lib\tools.jar
```

JAVA_HOME 对应的是 Java 的安装根目录，对于 Java 本身，只需要将 Java 安装目录的 bin 子目录加到 Path 变量即可，配置 JAVA_HOME 的意义不大。但是对其他 Java 开发工具和软件来说，比如 Ant、Maven 或 Eclipse，JAVA_HOME 环境变量就会被用到。

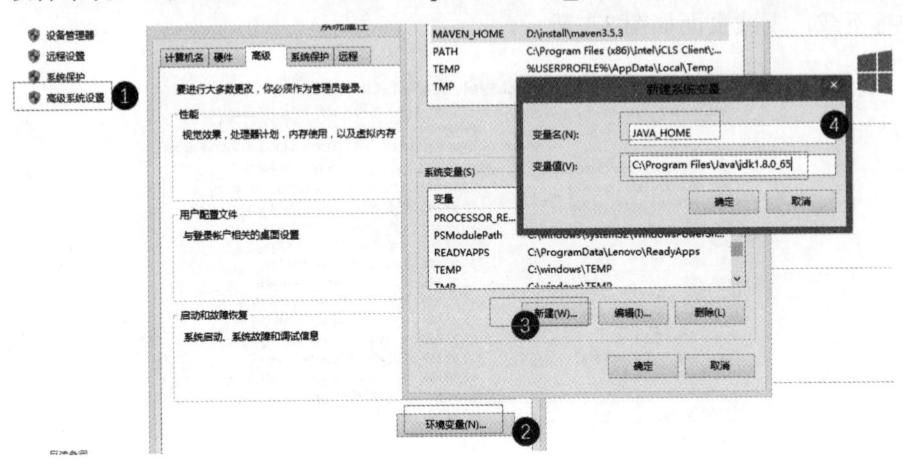

图 3.2　JAVA_HOME 环境变量配置步骤

Java 的 bin 路径下面放置的是 Java 的.exe 可执行程序，将 bin 加入系统的 Path 变量，是让 Java 相关的一些命令，比如编译命令 javac、运行命令 java 可以被系统自动找到。最直接的表现就是 cmd 的命令行方式，要运行 java 命令，如果没有配置 Path，则需要切换到 Java 的 bin 目录或者使用 Java 的全路径；配置 Path 之后，则在任何路径下都可以执行 Java 命令。

CLASSPATH 配置的是 Java 类文件的路径。Java 需要将.java 的源码文件编译成.class 的类文件执行，“.”代表的是当前路径，dt.jar 主要是 Swing 开发需要的，可以不用导入；tools.jar 包含了远程调用、安全和其他的一些工具的类。这里并没有看到 Java 基本类被加入进来，原因是 Java 的基本类（以 java.*开头的类）和扩展类（以 javax.*开头的类）分别位于 jre\lib(rt.jar)和 jre\lib\ext 目录下，是由 Java 自动加载的，不需要特别指定。

配置完成后，需要验证是否安装和配置成功，可以新打开一个 cmd 命令窗口，在命令行中输入 java –version，如果出现以下版本信息，说明安装和配置成功。

```
C:\>java -version
java version "1.8.0_65"                          //Java 的版本信息
//Java 运行时的环境信息
Java(TM) SE Runtime Environment (build 1.8.0_65-b17)
Java HotSpot(TM) 64-Bit Server VM (build 25.65-b01, mixed mode)
```

3.1.2　Eclipse 的下载与安装

Eclipse 的下载地址为 https://www.eclipse.org/downloads/。单击下载按钮进入选择下

载映像页面，选择国内的映像下载会比较快，比如选择中科大的下载映像，页面如图 3.3 所示。

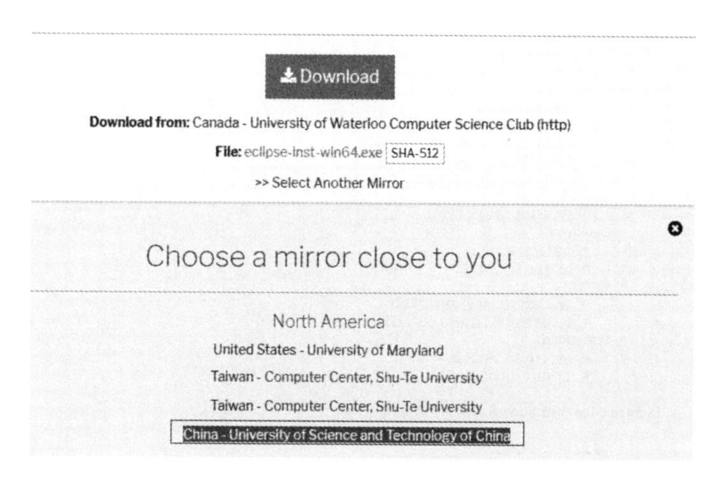

图 3.3　Eclipse 下载及镜像选择

Eclipse 的版本更新较为频繁，而且每次版本更新除了版本号，都会有个独特的名字，比如 Eclipse Photon 和 Eclipse SimRel 等。但自 2019 年开始，发布的版本名字就开始以日期来标识，这里使用 2019-06 版本。如果要下载其他的版本，地址如下：

https://www.eclipse.org/downloads/packages/release

Eclipse 下载后是后缀为 exe 的可执行文件，文件名为 eclipse-inst-win64.exe，文件大小不到 50MB，单击下载后在线安装当前最新版本的 Eclipse。如果已经安装过旧的版本，则会升级到最新版。在 2017 及以前的版本中，Eclipse 提供的是解压包下载的方式，解压包的大小约 200MB，下载后解压到目录就可以使用。

3.1.3　Tomcat 的下载与安装

对于开发者来说，Tomcat 是不错的 Web 服务器，开源且性能也不错。对于开发、测试或一般的 Web 项目来说足够使用。如果对服务器有较高要求的话，可以考虑使用 WebLogic 等商用服务器。

Tomcat 下载地址为 https://tomcat.apache.org/download-90.cgi，目前的最新版本是 9.0.12。下载页面如图 3.4 所示。

这里下载的是 32/64 位系统通用的安装版，安装文件会根据操作系统自行安装对应的版本。下载完成后，双击安装文件即开始安装。建议安装在 D 盘目录下，安装目录以 tomcat9 为佳，默认安装路径包含空格，建议删除空格。默认使用的访问端口是 8080，安装启动后通过 http://localhost:8080 访问进行验证。

如果同一台机器需要同时运行多个 Tomcat，可以另外下载解压版（.zip 结尾的），解压后自行修改需要的端口即可。

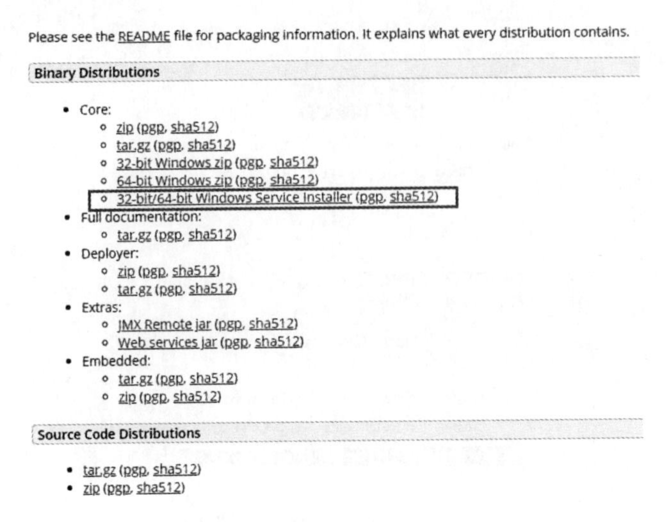

图 3.4　Tomcat 下载页面

3.1.4　MySQL 的下载与安装

常见的关系型数据库有 MySQL、SQL Server、Oracle 和 Sybase。MySQL 应该是当之无愧的最受欢迎的数据库管理系统，在 Web 开发中也最流行。MySQL 曾经是 Sun 公司的产品，后来转入 Oracle，除了与 Java 天生的关联外，其本身开源、跨平台、快速、多线程、多用户和健壮等特性也是其为广大开发者所喜欢的原因。MySQL 8.0 版本的下载地址为 https://dev.mysql.com/downloads/windows/installer/8.0.html，下载页面如图 3.5 所示。

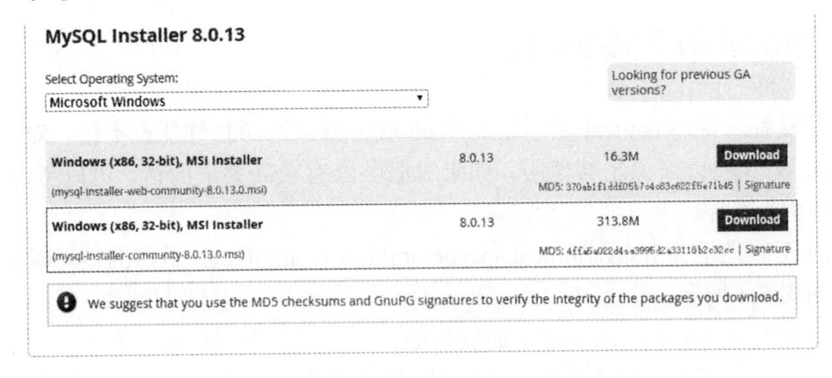

图 3.5　MySQL 下载页面

这里虽然显示的是 32 位的下载安装包，但是 32 位和 64 位的计算机都可以安装。MySQL 需要先用 Oracle 注册的账号登录才能下载，下载完成后单击安装，安装过程需要设置 root 用户的密码。安装完成后进入 MySQL 命令行客户端进行验证。为了更方便地进行数据库管理，可以安装数据库管理工具，下载地址为 https://dev.mysql.com/downloads/workbench/。

3.1.5　Maven 的下载与安装

Maven 是一款开源的软件项目管理工具。其最重要也是最直接的功能是可以帮助我们维护依赖包。Maven 还可以帮我们维护多项目的结构，进行自动测试和部署等。Maven 下载地址为 http://maven.apache.org/download.cgi，目前的最新版本是 3.6.0。我们下载 Binary zip 的版本，如图 3.6 所示。

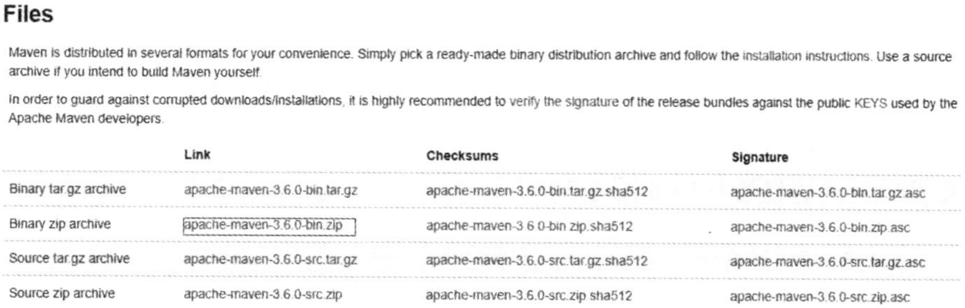

Files

Maven is distributed in several formats for your convenience. Simply pick a ready-made binary distribution archive and follow the installation instructions. Use a source archive if you intend to build Maven yourself.

In order to guard against corrupted downloads/installations, it is highly recommended to verify the signature of the release bundles against the public KEYS used by the Apache Maven developers.

	Link	Checksums	Signature
Binary tar.gz archive	apache-maven-3.6.0-bin.tar.gz	apache-maven-3.6.0-bin.tar.gz.sha512	apache-maven-3.6.0-bin.tar.gz.asc
Binary zip archive	apache-maven-3.6.0-bin.zip	apache-maven-3.6.0-bin.zip.sha512	apache-maven-3.6.0-bin.zip.asc
Source tar.gz archive	apache-maven-3.6.0-src.tar.gz	apache-maven-3.6.0-src.tar.gz.sha512	apache-maven-3.6.0-src.tar.gz.asc
Source zip archive	apache-maven-3.6.0-src.zip	apache-maven-3.6.0-src.zip.sha512	apache-maven-3.6.0-src.zip.asc

图 3.6　Maven 下载页面

如果要下载历史版本，下载地址为 https://archive.apache.org/dist/maven/maven-3/。下载后是 zip 后缀的压缩文件，如 apache-maven-3.6.0-bin.zip，解压之后进行环境变量设置。环境变量的设置包括新增环境变量 MAVEN_HOME 和 M2_HOME，变量的值为 maven 解压的目录；在 Path 环境变量中添加 bin 目录，比如%M2_Home%/bin。

MAVEN_HOME 和 M2_HOME 是 Maven 不同版本的环境变量的值，MAVEN_HOME 对应 1 版本，M2_HOME 对应 2 版本，一般状况下设置一个就可以了，但为防止出现问题，可以两个同时设置。此外，Eclipse 中默认也带了 Maven，在项目中可以通过配置进行设定。

解压设置完成后，在命令行使用 mvn -version 进行验证。Maven 默认使用的是其官方提供的资源库，为加快依赖包的下载速度，也可以配置成其他资源库的地址，比如阿里提供的资源库。配置方式是修改 conf/settings.xml，在 mirrors 元素中新增子元素，如下：

```
<mirror> <!--Maven 配置阿里的资源库 -->
  <id>nexus-aliyun</id>
  <mirrorOf>*</mirrorOf>
  <name>Nexus aliyun</name>  <!--资源库的名字 -->
  <!--资源库地址 -->
  <url>http://maven.aliyun.com/nexus/content/groups/public/</url>
</mirror>
```

3.2　基于 Maven 和 Eclipse 建立项目

一个 Java Web 项目的结构搭建，在不使用 IDE 的状况下，可以通过手动的方式来创建。主要步骤包括：

（1）新建项目的目录，这里以 myweb 为例。

（2）在项目的根目录下创建 index.jsp 文件。

（3）在项目的根目录下创建 WEB-INF 子目录，在该子目录中新增 web.xml 文件。

（4）对需要的 Java 源码文件进行编译，把编译后的类文件放到 WEB-INF 目录下的 classes 子目录中。

（5）如果要用到其他的依赖包，则在 WEB-INF 下新建 lib 子目录，并把依赖包的 jar 文档放到此目录下。

（6）将项目放到 Web 服务器中（比如 Tomcat 的 webapps 目录），启动服务器就可以测试效果了。文件的目录结构如图 3.7 所示。

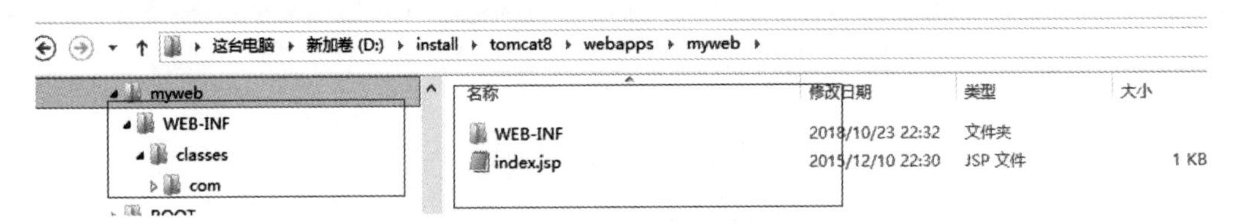

图 3.7　Java Web 项目部署目录结构

使用 IDE 开发不需要手动维护目录，编译也可以自动化。而且 IDE 中显示的目录结构更为直观，类似于 Eclipse 提供了 Dynamic Web Project 类型的项目模板。在项目视图中，将 Java 资源和前端的资源进行逻辑分离，创建后的目录结构如图 3.8 所示。

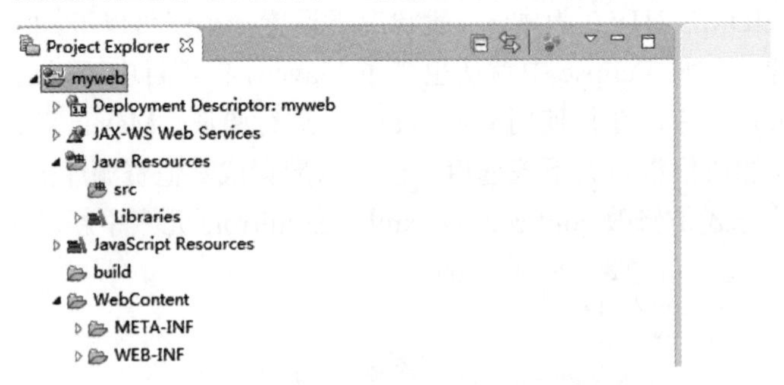

图 3.8　Eclipse Web 项目目录结构

此外，IDE 提供了与 Web 服务器的整合，在 IDE 中就可以启动 Web 服务器并测试，而且改动也可以及时生效，大大提高了开发效率。如果要打包和部署到正式环境，可以使用 Ant 将编译、测试、部署集中起来自动运行。如果对工程项目想进行更多的管理，自动下载依赖包及进行统一的管理，Maven 就是不错的选择。

本节将创建一个项目名为 ssmi 的 Web 项目，用于存放本书各章节的代码示例。这里基于 Eclipse 和 Maven 来演示创建与初始化项目，Eclipse 自带 Maven 并且提供了 Maven 的插件，所以可以直接在 Eclipse 中创建 Maven 的不同类型项目，使用 Maven 独自创建的项目也可以很容易地导入 Eclipse。

3.2.1　在 Eclipse 中创建 Maven Web 项目

使用项目创建向导可以在 Eclipse 中轻松创建 Maven Web 的项目。选择项目类型，输入项目的 Group Id 和 Artifact Id。具体创建步骤如下：

（1）在 Eclipse 中选择创建项目，选择 File | New | Project 命令。

（2）在弹出的窗口中选择 Maven 目录下的 Maven Project，创建 Maven 类型的项目。如果曾经创建过 Maven 类型的项目，选择 File | New 命令就可以看到 Maven Project 的菜单项。

（3）选择 Maven Project 的模板，Artifact Id 选择 maven-archetype-webapp，如图 3.9 所示。

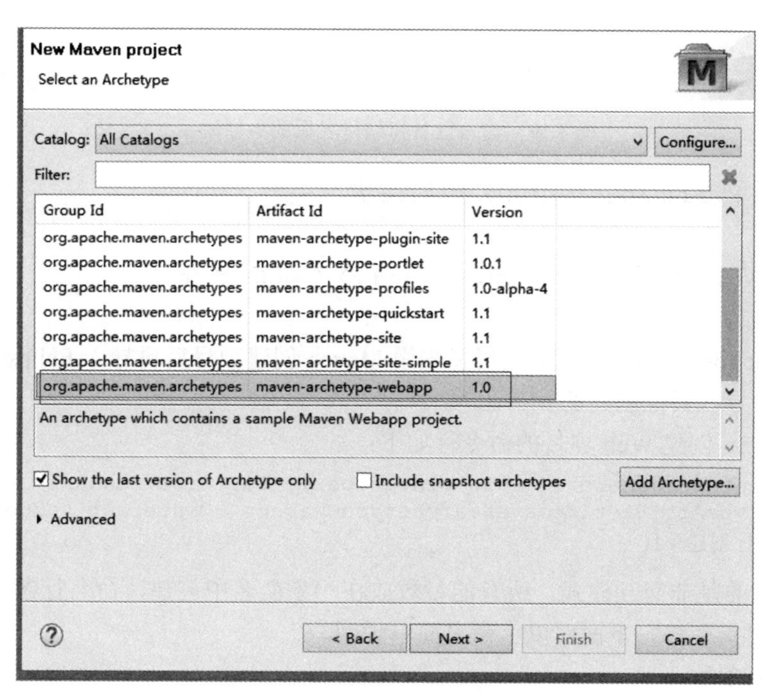

图 3.9　Maven 的 Web 项目模板选择

（4）输入项目名称和包的名字。

Maven 使用 Group Id 和 Artifact Id 来保证项目的唯一性。Group Id 是用来标识项目组织，分为多个段，第一段为域，常见的有 com（商业组织），org（非营利组织），cn（中国）；第二段为组织或公司名称，比如 apache、springframework 和 alibaba；第三段为项目名称。一般使用前两段，如果有项目下面还有子项目的话会使用第三段。Artifact Id 用来标识项目，一般就是项目的名称；Group Id +Artifact Id 对应项目的包名，实际项目中使用 Group Id 直接作为包名比较常见。

这里 Group Id 使用 cn.osxm，Artifact Id 就是项目的名称 ssmi。Eclipse 会默认填充 Group Id +Artifact Id 作为 Package 的值，这里简化目录结构直接使用 cn.osxm。设置效果如图 3.10 所示。

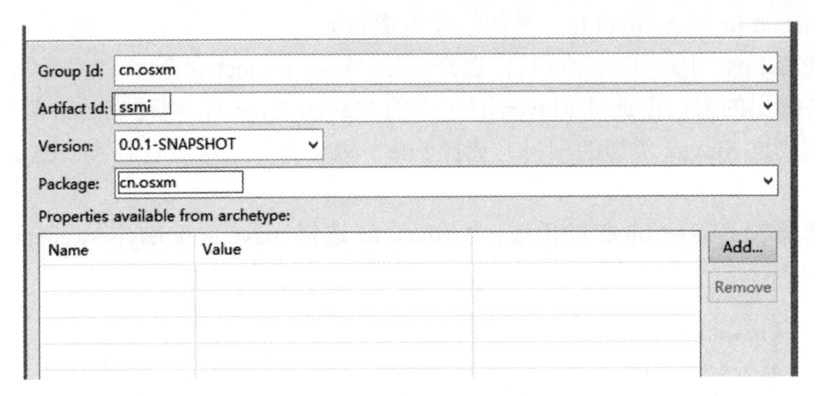

图 3.10　输入包名和项目名后的页面展示

（5）最后单击 Finish 按钮即完成项目的创建。

3.2.2　将 Maven 创建的 Web 项目导入 Eclipse 中

除了在 Eclipse 中创建项目，还可以先用 Maven 创建项目后再导入 Eclipse 中，这种场景较多适用于导入其他创建的 Maven 项目。

使用 Maven 创建 Web 项目的命令行如下：

```
mvn archetype:generate -DgroupId=cn.osxm -DartifactId=ssmi
-DarchetypeArtifactId=maven-archetype-webapp -DinteractiveMode=false
<!--命令行创建项目 -->
```

这里使用的是非交互模式，所有的参数放在一条命名中创建，命名行参数包括组 id、项目 id 和项目类型等。下面对以上命名简单说明。

- -D 代表参数。
- groupId、artifactId 和 archetypeArtifactId 分别是项目的组名、项目名和项目类型。
- interactiveMode 是交互模式设置，false 代表不需要交互，该命令行直接执行创建项目。

也可以使用交互式方式进行创建，输入 mvn archetype:geneate 后，其他的信息通过命令行提示交互输入的方式完善，类似于安装向导，好处就是不需要记录一长串的命令。通过 Maven 命令行创建项目时，最好保持网络通畅。

项目创建完成之后，就可以导入 Eclipse 中了。选择 Eclipse 菜单的 File | Import 命令，然后选择 Maven 目录下的 Existing Maven Projects，最后选择对应的项目目录即可进行导入，页面如图 3.11 所示。

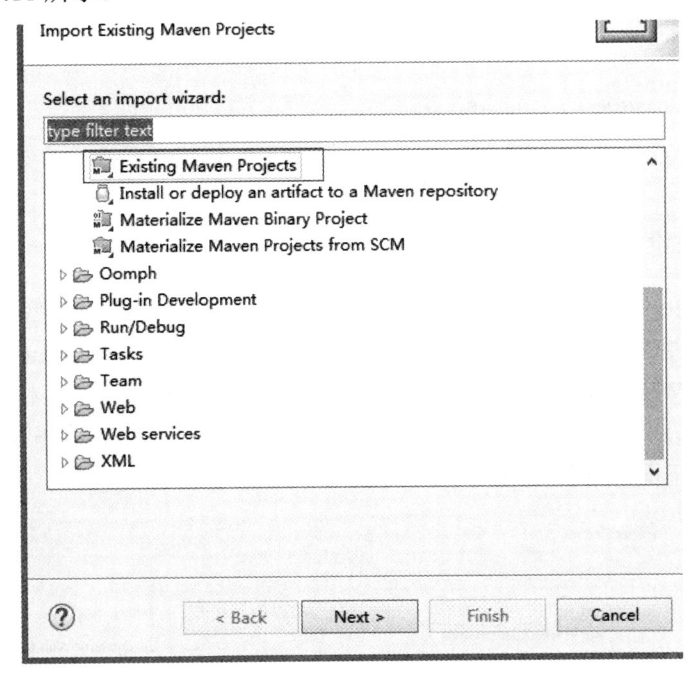

图 3.11　Eclipse 导入 Maven 项目页面

3.2.3　Eclipse 编译器和项目特性修改

项目创建完成后，需要确认或修改以下部分。

1. Java编译器版本修改

示例项目基于 Java 8 版本开发和编译，而 Eclipse 自带多个 Java 版本的编译器，创建的项目不一定使用的是环境对应的 JRE，需要进行确认。

右击项目，在弹出的快捷菜单中选择 Properties，打开项目属性设置对话框，单击左边的 Java Compiler 选项，如果看到 Java 编译器使用的是 Eclipse 自带的 1.5 或其他版本，选中 User compliance 复选框之后，设置成 1.8，如图 3.12 所示。

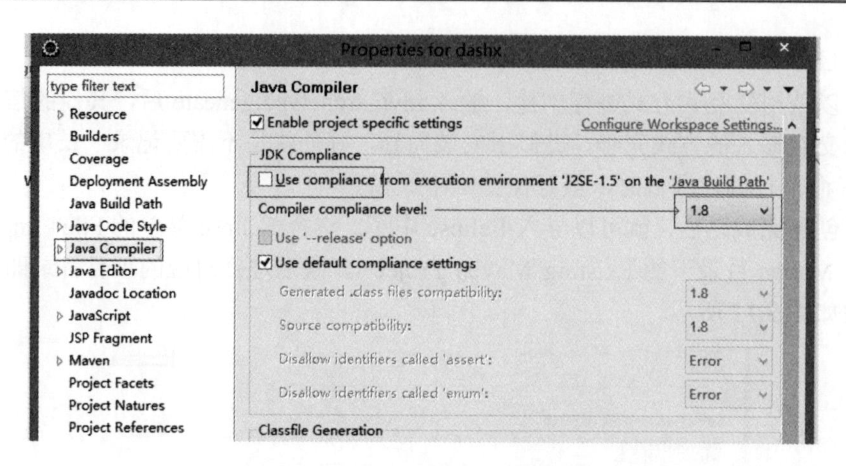

图 3.12　项目的编译器版本设置页面

2．项目特性设置

Project Facets 用于设定项目的类型，设定之后项目会以对应类型的项目结构进行展示。同样是在图 3.12 所示的项目属性页面，单击左边的 Project Facets 选项，可以看到项目的 Dynamic Web Module 版本是 2.3，Java 版本是 1.5，JavaScript 版本是 1.0，如图 3.13 所示。将以上 Java 的版本修改成 1.8 后单击 Apply 保存。Dynamic Web Module 的修改会稍微有点不同，下面再单独介绍。

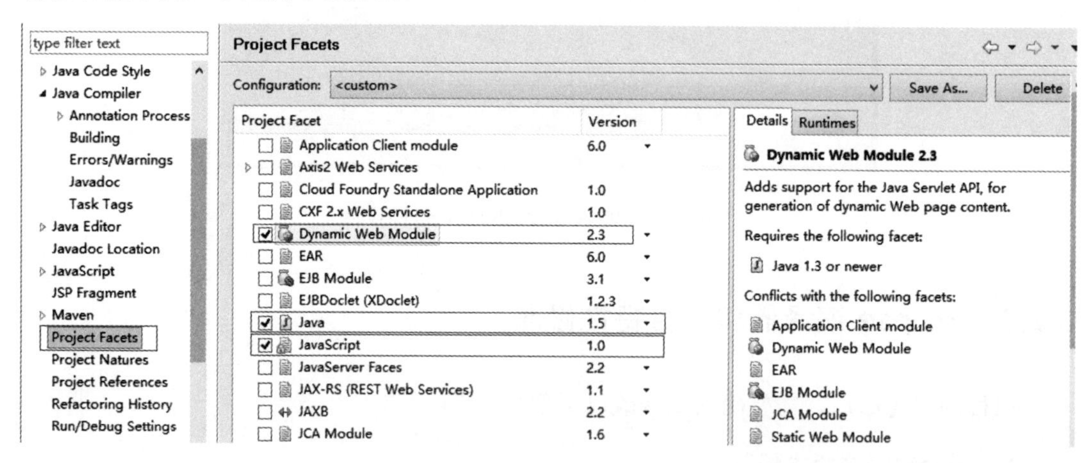

图 3.13　项目特性设置页面

Dynamic Web Module 动态网页模型，也就是 Servlet 的版本，反映在 web.xml 文件的根元素 webapp 的版本属性上（类似于 version="4.0"），也对应到不同的 Web 服务器版本。Servlet 在 2.4 版的发布中做了较大的改动，更改成使用 XML Schema 定义 web.xml 的文档结构。

但 Maven 构建 web-app 项目时默认的 web module version 是 2.3，在 Eclipse 中直接修改会报 Cannot change version of project facet Dynamic Web Module to 4.0 无法修改的提示，可以通过修改项目设置的配置文件进行修改。打开项目路径的文件.settings\org.eclipse.wst.common.project.facet.core.xml，修改成如下结果：

```
<?xml version="1.0" encoding="UTF-8"?>
<faceted-project>
  <fixed facet="wst.jsdt.web"/>
  <installed facet="jst.web" version="4.0"/>
  <installed facet="wst.jsdt.web" version="1.0"/> <!--Web 项目-->
  <installed facet="java" version="1.8"/> <!--Java 版本 -->
</faceted-project>
```

修改后重启 Eclipse 使其生效。在项目创建的时候默认的 Servlet 版本是 2.3，虽然通过手动修改项目的 Project Faces 的 Dynamic Web Module 版本为 4.0 版本，但已经产生的 web.xml 还是基于旧版本，文件的头部内容如下：

```
<!DOCTYPE web-app PUBLIC
"-//Sun Microsystems, Inc.//DTD Web Application 2.3//EN"
<!--Servlet 2.3 的 web.xml 的头部 -->
"http://java.sun.com/dtd/web-app_2_3.dtd" >
```

修改成 4.0 版对应的格式，完整的内容如下：

```
<?xml version="1.0" encoding="UTF-8"?>
<web-app xmlns:xsi=http://www.w3.org/2001/XMLSchema-instance
xmlns="http://java.sun.com/xml/ns/javaee"
   xmlns:web="http://java.sun.com/xml/ns/javaee/web-app_4_0.xsd"
   xsi:schemaLocation="http://java.sun.com/xml/ns/javaee
   <!--4.0 的头部设定 -->
   http://java.sun. com/xml/ns/javaee/web-app_4_0.xsd" version="4.0">
</web-app>
```

至此，项目创建和相关项目设置已完成。接下来导入项目需要的依赖包和创建此项目的目录结构。

3.3　Spring 框架导入与项目目录

本书章节的示例代码会在前面创建的项目 ssmi 上进行，按照需要依次导入框架等依赖包。虽然创建的是一个 Web 类型的项目，但本书前面章节是对框架的核心容器模块等的介绍，不涉及 Web 相关模块，所以前面章节是以桌面开发实例进行展示，示例演示的主类（包含 main 入口方法）以 Demo 为后缀。示例源码按照章节放在不同的包下，为避免重复，各章节共用的部分放在 com 包下。

3.3.1　Spring 核心包及相关依赖包的导入

使用 Maven 维护依赖项，只需要在项目根目录的 pom.xml 中添加需要的依赖配置即可。项目创建时，默认会将 JUnit 的依赖项导入。在导入 Spring 核心包之前，在项目中看到 index.jsp 文件上有一个错误标识，原因是 Web 项目需要 servlet-api 的依赖包，这个依赖包在 Tomcat 的 lib 目录下可以找到，也可以使用 Maven 进行导入，在 pom.xml 文件中加入：

```
<dependency> <!--依赖导入 servlet-->
    <groupId>javax.servlet</groupId><!--组名 -->
    <artifactId>javax.servlet-api</artifactId><!--组件名 -->
    <version>4.0.1</version><!--版本 -->
    <scope>provided</scope><!--范围-->
</dependency>
```

接下来正式导入 Spring 核心包。Spring 框架的核心模块包括 Beans、Core 和 Context 等，使用 Maven 导入 Spring 的核心包，只需要导入 spring-context 就可以了，导入方式是直接在 pom.xml 中新增如下代码：

```
<dependency>
    <groupId>org.springframework</groupId><!--组名 -->
    <artifactId>spring-context</artifactId><!--组件名 -->
    <version>5.0.8.RELEASE</version><!--版本 -->
</dependency>
```

这里可能有读者会问，为什么不导入 core、beans 包？因为 Maven 具备传递依赖的功能，Maven 会自动下载依赖包，而 spring-context 是依赖在 core 和 bean 包之上的，所以只需要加上以上代码，其他的就会自动导入。当然，如果显式地增加 core 和 bean 的其他包的导入，也没有问题。

spring-context 除了会自动导入 spring-core 和 spring-beans 等模块之外，还会导入 AOP 支持的包 spring-aop、Spring 表达式功能的包 spring-expression，以及 Spring 封装的通用日志包 spring-jcl。

3.3.2　项目目录结构及创建

项目创建及设置完成之后的目录结构如图 3.14 所示。

对上面项目视图的主要文件及目录的解释如下：

- pom.xml 是 Maven 的配置文件，用于配置依赖项等。
- Java Resources 是放置 Java 源码和配置文件视图的虚拟目录，对应实际目录 src 目录下的 Java 代码和配置部分。
- JavaScript Resources 是前端代码放置的地方，对应实际目录 src 下的 Web 代码部分。
- src 目录下实际的文件目录结构对应磁盘中实际存储的文件夹。
- target 是编译结果文件产生的地方。
- 项目创建时，默认会在 Java Resources 下创建 src/main/resources 目录，用于存放项目的配置文件，需要手动添加 Java 源码和单元测试的包路径。创建方式如下：

（1）在 src/main 目录下新增 java 目录用于存放 Java 源码文件。

（2）在 src 下新增 test 目录，在 test 目录下添加 java 包用于存放测试代码。

实际项目中一般以功能模块和业务模组来进行包的拆分和命名，本书的各章节知识点的源码按章节名进行拆分，包括 Java 源码、单元测试代码和配置文件都会放到对应章节的包和目录下，但为了避免过多地重复，各章节共用的代码会提取在 cn.osxm.com 包下。完整的项目目录结构如图 3.15 所示。

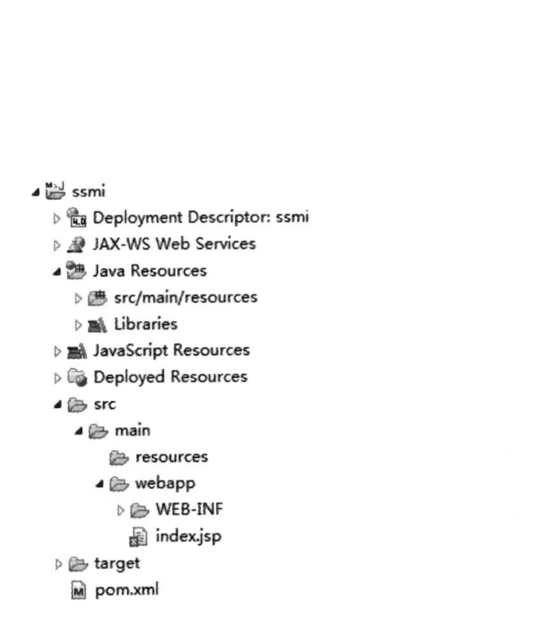

图 3.14　初始项目目录结构

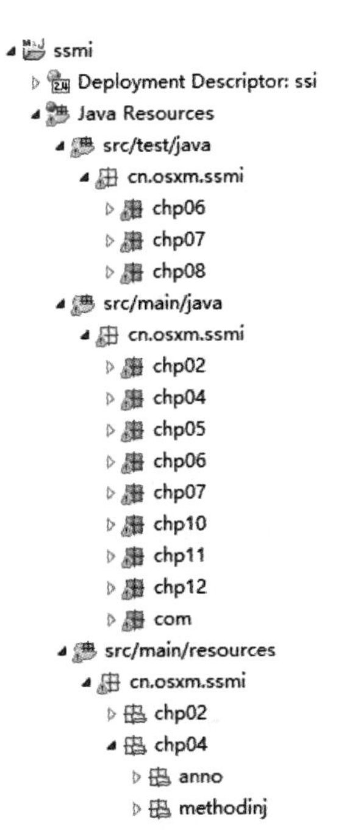

图 3.15　完整的项目目录结构

3.4　简单的完整实例

接下来在第 2 章中对 Spring 容器初始化介绍和使用的基础上演示一个完整的 IoC 容器的初始化以及 Bean 实例获取和依赖注入的入门示例。主要的源码和配置位于 cn.osxm.chp03 包下。主要步骤如下：

（1）创建数据访问类和服务类 HelloDao 和 HelloService。

HelloDao 是一个简单的 JavaBean 类，只包含一个 insert ()方法。

```
01 public class HelloDao {                              //类定义
02   public void insert() {                             //定义一个方法
03     System.out.println("Hello Dao,insert");          //打印输出
```

```
04    }
05  }
```

HelloService 有两个属性：name 和 helloDao，分别通过构造器和属性注入。

```
01  public class HelloService {           //类定义
02    private String name;                //定义一个字符串变量
03    private HelloDao helloDao;          //定义一个上面定义的 HelloDao 类的变量
04    public HelloService(String name) {    // 构造器注入 name
05      this.name = name;
06    }
07    public void setHelloDao(HelloDao helloDao) {  //setter 方法注入 helloDao
08      this.helloDao = helloDao;
09    }
10    public HelloDao getHelloDao() {
11      return helloDao;
12    }
13    public void sayHello() {            //对使用构造器和属性注入的依赖进行测试
14      System.out.println("Hello," + this.name);
15      helloDao.insert();
16    }
17  }
```

（2）增加配置文件 applicationContext.xml，位于 resources 的 cn.osxm.chp03 目录下，在配置文件中进行 HelloDao 和 HelloService 的 Bean 配置。

```
01  <?xml version="1.0" encoding="UTF-8"?> <!--XML 文件头 -->
    <!--配置根元素 -->
02  <beans xmlns=http://www.springframework.org/schema/beans
      xmlns:xsi="http://www.w3.org/2001/XMLSchema-instance"
       xsi:schemaLocation="http://www.springframework.org/schema/beans
                  http://www.springframework.org/schema/beans/spring-
                  beans.xsd">
      <!--bean 配置 -->
03    <bean id="helloDao" class="cn.osxm.ssmi.chp03.HelloDao" />
04    <bean id="helloService" class="cn.osxm.ssmi.chp03.HelloService">
      <!--构造器注入依赖 -->
05      <constructor-arg name="name" value="Spring IoC Container" />
06      <property name="helloDao" ref="helloDao" /><!--属性注入依赖 -->
07    </bean>
08  </beans>
```

（3）测试主文件 HelloDemo。

```
01  public class HelloDemo {                          //定义类
02    public static void main(String[] args) {  //main()入口方法
03      ApplicationContext context = new          //使用 XML 文件初始化容器
          ClassPathXmlApplicationContext("applicationContext.xml",
          HelloDemo.class);
      //获取 Bean
04    HelloService helloService = (HelloService) context.getBean("helloService");
05    helloService.sayHello();                        //执行 Bean 中的方法
06    }
07  }
```

在 Eclipse 中直接运行程序，看到如下的输出即大功告成。

```
Hello,Spring IoC Container
Hello Dao,insert
```

轻松一刻：代码开发中的张三、李四和韩梅梅

HelloWorld 与 foo、bar 和 baz：很多语言和入门教程都以 HelloWorld 作为入门编写的第一个程序。“你好，世界”这个基本程序来自于《C 程序设计语言》并被广泛应用。此外，foo、bar 和 baz 以及三者的组合也经常出现在一些计算机编程的数据和文档中，用于定义变量、函数或类名，代表的意思就是没有什么实际意义，相当于汉语中的“张三、李四”。对于 foo 的翻译，有人说是来自于中国的“福”。此外，foo 对应的是 first object oriented(第一个面向对象)的首字母，bar 对应的是 binary arbitrary reason（任意二进制原因），是有意为之还是牵强巧合就无从考证了。

第 4 章　Spring IoC 容器进阶

本章在第 2 章初步介绍 Bean 和依赖配置的基础上，将进一步介绍 Bean 实例化的多种配置方式，以满足更多的 Bean 初始化场景。除了 id 和 class 属性之外，可以设置 Bean 的更多属性定义 Bean 的特性和行为，包括作用域属性（scope）、懒加载属性（lazy-init）、初始化和销毁方法（init-method、destroy-method）等。

Bean 的依赖注入类型除了一般的 Java 对象类型之外，也可以是简单类型或集合类型，同一个 Bean 注入多个依赖，可以指定匹配的规则和顺序。本章最后将介绍容器和 Bean 的扩展点，用于在 Bean 的不同生命周期进行功能的扩展。

4.1　Bean 实例化的更多方式

配置 Bean 的 class 属性，Spring 容器启动的时候使用反射机制调用该类的构造函数创建一个类的对象。在 Spring 的旧版中，强制要求在类中定义一个空的构造器。在新版的框架中，在简单状况下（没有依赖注入且类没有其他带参数的构造器），默认的不带参数的构造器可以不用定义，容器会自行处理。

除了使用构造器实例化 Bean 之外，Spring 允许配置 Bean 类的静态内部类来初始化该内部类实例，也可以使用 Bean 类的静态工厂方法和实例工厂方法进行实例化。这些方式比较典型的使用场景：项目中使用的一些第三方或他人提供的工厂方法类，这些类使用工厂方法来创建和获取对象，需要将这些类实例交由 Spring 控管。

4.1.1　静态内部类

内部类是在类的内部定义的另一个类，静态内部类是内部类的一种，是使用 static 关键字修饰的内部类，可以通过“外部类名.静态内部类名”的方式访问。举例来说，有一个外部类 OuterClass 里面定义了一个静态内部类 InnerClass，代码如下：

```
01 public class OuterClass {                    //一般类定义
02    static class InnerClass {                 //静态内部类
03      public void innerMethod() {             //静态内部类的方法
04         System.out.println("This is InnerClass's Innermethod");
05      }
```

```
06     }
07  }
```

Java 语言静态内部类的方法调用方式如下：

```
//静态内部类实例
OuterClass.InnerClass  inner = new OuterClass.InnerClass();
inner.innerMethod();                              //静态方法调用
```

如果要使用 Spring 容器来初始化和管理该内部类的实例，则可以在配置文件中做如下配置：

```
<bean id="innerObject" class="cn.osxm.ssmi.chp4.OuterClass $InnerClass" />
<!--bean 配置 -->
```

与代码使用“.”连接外部类和内部类不同，Bean 的配置使用“$”来进行连接。

4.1.2　静态工厂方法

静态工厂方法使用该类的一个静态方法返回该类的唯一静态对象。静态对象在整个应用中是唯一的，在类加载的时候产生，使用“类名.静态方法”的方式引用，速度相对比较快。对于高频使用且全局唯一的某些类对象，比如配置类的实例，就可以使用这种方式。示例如下：

```
01  public class StaticFactoryService {                //包含静态方法的类
02    public static StaticFactoryService service = new StaticFactory
      Service();
      //静态方法，返回该类的静态实例
03    public static StaticFactoryService getInstance() {
04        return service;
05    }
06  }
```

使用 Spring 配置时，除了需要指定 Bean 的 id 和 class 属性之外，还要使用 factory-method 属性指定获取静态对象的方法，以上面的类为例，配置如下：

```
<bean id="staticFactoryService" class="cn.osxm.ssmi.chp4.StaticFactoryService"
factory-method="getInstance" /> <!--静态方法的 Bean 定义 -->
```

注意：使用静态工厂方法配置的 Bean 也可以配置 Bean 的 constructor-arg 元素进行构造函数参数的注入。

4.1.3　实例工厂方法

相对于以上静态工厂方法同一个类中获取该类的静态实例，使用另外一个类作为工厂类的方式获取目标类的状况更为常见。将目标类实例的创建放在另外一个工厂类的方法中，通过配置工厂类的 Bean 实例和方法得到目标类实例。

下面以 Foo 和 InstanceFactory 为例，Foo 是目标类，InstanceFactory 是获取 Foo 的工厂类。Foo 类定义如下：

```
public class Foo {                                  //普通的 JavaBean 类
}
```

工厂类 InstanceFactory 定义如下：

```
01 public class InstanceFactory {                   //包含工厂方法的类
02   public static Foo foo = new Foo();
03   public Foo getFooInstance() {                  //工厂方法
04       return foo;
05   }
06 }
```

在配置文件中，需要配置工厂类的 Bean 和目标类的 Bean。工厂类的 Bean 按一般配置即可，目标类的 Bean 配置不需要 class 属性，但需要使用 factory-bean 属性指定工厂类的 Bean 的 id、使用 factory-method 属性指定获取对象实例的工厂类的方法。配置实例如下：

```
<bean id="instanceFactory" class="cn.osxm.ssmi.chp4.InstanceFactory" />
<!--工厂类 bean -->
<!--使用工厂类的方法实例目标类的 Bean -->
<bean id="foo" factory-bean="instanceFactory" factory-method="getFooInstance" />
```

在现实状况中，工厂类一般用来对多个不同的目标类实例化，对应不同的实例化方法，相应的只需要增加对应的配置，例如：

```
<bean id="bar" factory-bean="instanceFactory" factory-method="getBar
Instance" />
```

对比静态工厂方法和实例工厂方法，静态工厂方法获取实例的方法是静态的；实例工厂方法使用专门的工厂类的方法获取实例，这个获取实例的方法可以不是静态的。一般而言，应用程序本身直接使用类名（class）进行配置的方式较为直观和简单，以上方式主要是在整合第三方库提供的获取特定对象的场景中使用。

4.2　Bean 的配置属性

在<bean>的标签元素中，除了 class 和 id 属性之外，还可以通过设置更多的属性来进行个性化的设定。常见的包括使用 scope 属性指定 Bean 的作用域范围；使用 init-method 和 destroy-method 指定该 Bean 在初始化和销毁时回调的方法；如果希望推迟该 Bean 初始化以加快容器初始化的速度，可以使用 lazy-init 属性来声明懒加载；使用 parent 属性可以从父 Bean 继承配置数据。

4.2.1 Bean 的作用域配置

作用域在面向对象语言的定义是对象和变量的可见范围，在 Spring 中指的是当前配置创建的 Bean 相对于其他 Bean 的可见范围。scope 属性用来进行 Bean 的作用域配置，可以配置 6 种类型的作用域，分别是 singleton、prototype、request、session、application 和 websocket。singleton 和 prototype 是较为常见的类型，后面 4 种使用在 Web 应用程序中。此外，如果有需要，也可以定制自己的作用域。scope 属性的配置方式很简单，示例如下：

```
<bean id="prototypeFourService" class="cn.osxm.ssmi.chp4.FourService"
scope="prototype" />
```

接下来对 6 种类型的作用域进行详细说明。

1．singleton——单例作用域

Spring IoC 容器只创建和维护一个该类型的 Bean 实例，并将这个实例存储到单例缓存中（singleton cache）中，针对该 Bean 的请求和引用，使用的都是同一个实例。从容器启动或者第一次调用实例化开始，只要容器没有退出或者销毁，该类型的单一实例就会一直存活。

singleton 作用域类似于设计模式中的单例模式。区别是单例模式基本上是一个类对应一个单例对象，而 Spring 可以同一个类进行多个单例 Bean 的配置，也就是一个类可以对应到多个不同 id 的对象。

singleton 是最常使用的作用域，也是默认的类型。也就是说，如果没有设置 Bean 的 scope 属性，则默认就是单例作用域。

2．prototype——原型作用域

原型作用域的 Bean 在使用容器的 getBean()方法获取的时候，每次得到的都是一个新的对象，作为依赖对象注入到其他 Bean 的时候也会产生一个新的类对象。在代码层级来看，相当于每次使用都使用 new 的操作符创建一个新的对象。

需要注意的是，容器不负责原型作用域 Bean 实例的完整生命周期，在初始化或装配完该 Bean 的类对象之后，容器就不再对该对象进行管理，而需要由客户端对该对象进行管理，特别是如果该对象占用了一些昂贵的资源，就需要手动释放。此外，对于 singleton 类型的 Bean，如果有配置对象的生命周期回调方法，则容器会根据配置进行调用，类似于 singleton Bean 使用后置处理器释放被 Bean 占用的资源，而 prototype Bean 即使配置了回调方法也不会调用。

3．request——请求作用域

针对每次 HTTP 请求，Spring 都会创建一个 Bean 实例。

4．session——会话作用域

使用于 HTTP Session，同一个 Session 共享同一个 Bean 实例。

5．application——应用作用域

整个 Web 应用，也就是在 ServletContext 生命周期中使用一个 Bean 实例。

6．websocket

WebSocket 是 HTML 5 支持的一种协议和新特性，websocket 作用域的配置是在一个 WebSocket 连接的生命周期中共用一个 Bean 实例。

4.2.2　Bean 初始化或销毁的生命周期回调

如果要在 Bean 实例化时完成更多的初始化操作，而偏偏这些初始化操作又依赖于注入对象，那么仅通过构造函数无法实现这些功能，可以使用回调的方式解决这个问题，在容器实例化对象并设置完属性值之后执行自定义的初始化方法。销毁方法也类似，在 Bean 销毁的时候进行一些额外的处理，类似于资源处理或日志写入等。通过设置 Bean 的 init-method 和 destroy-method 属性配置对应的初始化和销毁回调方法，配置实例如下：

```
<bean id="cfgCallbackService" class="cn.osxm.ssmi.chp4.CfgCallbackService"
init-method="init"  destroy-method="destroy" /> <!--初始化和销毁属性配置 -->
```

在 Bean 类定义中完成对应的初始化和销毁回调方法体。方法的名字可以任意取，保持配置和类方法名一致即可。

额外说明一下，除了这种方式，在 Spring 中还可以使用另外两种方式进行初始化和销毁回调，即用继承特定接口和 Java 注解的方式实现回调。

继承接口方式可以继承 InitializingBean 和 DisposableBean 两个接口，实现对应的初始化和销毁的方法：afterPropertiesSet()和 destroy()。这种方式是 Java 语言早期较为常见的回调处理方式，比如早期版本的 JUnit 单元测试类，需要继承自 TestCase，在 setUp()和 tearDown()方法中完成一些资源的创建和释放。继承接口实现回调的实例代码如下：

```
    //继承接口
01  public class ImplCallbackService implements InitializingBean,DisposableBean{
02    @Override
      //实现初始化回调方法
03    public void afterPropertiesSet() throws Exception {
04        System.out.println("初始化方法回调. . . ");
05    }
06    @Override
07    public void destroy() throws Exception {          //实现销毁回调方法
08      System.out.println("销毁方法回调. . . . ");
```

```
09     }
10 }
```

这种方式的业务代码和框架发生耦合，违背了框架解耦合的初衷，所以逐渐发展成使用注解代替继承的方式。

从 Java 5 开始，Servlet 增加了两个生命周期的注解:@PostConstruct 和@PreDestroy，用来修饰一个非静态的 void 方法。@PostConstruct 注解的方法在构造函数之后 init-method 配置方法之前执行；@PreDestroy 注解的方法在 destroy-method 配置方法之后执行，这两个注解类位于 JRE 的 rt.jar 中。

使用以上两个注解时需要注意，要让这两个注解的方法被执行，需要开启 Spring 的注解配置，开启方式是在 XML 文件中加入<context:annotation-config />。关于注解部分，后续章节会进行详细介绍。

以上 3 种方式可以在同一个类上同时使用，执行顺序依次是注解方式、接口方式、配置方式。对于初始化来说，首先执行的是@PostConstruct 注解方法，这个方法在类构造器之后被调用；其次是继承接口 InitializingBean 的 afterPropertiesSet()方法；最后是通过 init-method 配置的方法。对于销毁来说，首先执行@PreDestroy 注解方法；其次是继承 DisposableBean 的 destroy()方法；最后才是配置 destroy-method 属性的方法。

在基于 XML 配置的开发中，推荐使用 Bean 的 init-method 和 destroy-method 属性配置来实现初始化和销毁方法的回调。这种方式的方法名可以自行定义，不需要继承框架特定的接口和类，更灵活，耦合度也更低。

4.2.3　懒加载 Bean

默认状况下，Spring 容器在启动时会将所有的单例（singleton）Bean 实例化。这样做的好处是，如果配置有问题，实例化出错在容器启动的时候就可以提前发现。但是，对于大中型的应用项目，特别是 Web 项目，从控制器到业务服务，从数据访问接口到数据库连接，一次需要实例的 Bean 太多，势必会延缓服务启动的速度，影响系统的性能。

为此，Spring 提供了懒加载的方式创建对象，对于一些不需要在容器启动的时候就创建的对象，可以推迟到需要用的时候才去加载和创建。Bean 的懒加载可以全局设置，也可以个别设置。

1．全局设置

设置配置文件根元素<beans>的属性 default-lazy-init 的值，配置实例如下：

```
<beans default-lazy-init="true" > </beans>                //全局懒加载配置
```

设置 true 代表懒加载；不设置 default-lazy-init 或设置 false 或 default 则是非懒加载。全局设置会应用在所有的 Bean 上，一般比较少使用。

2. 个别设置

个别设置通过设置每个 Bean 的 lazy-init 属性实现懒加载，配置实例如下：

```
//个别懒加载
<bean id="helloService" class="cn.osxm.ssmi.chp2.HelloService" lazy-init= "true"/>
```

lazy-init 的取值有以下 3 种：

- default，从 default-lazy-init 继承；
- true，懒加载；
- fasle，非懒加载。

建议使用个别设置的方式设置 Bean 的懒加载行为。如果同时使用两种方式，则个别设置会覆盖全局设置，优先使用 Bean 的 lazy-init 设置。需要注意，对于原型作用域（prototype）的 Bean，始终是以懒加载的方式创建，即使设置 lazy-init="false"也要等到使用时才会对 Bean 进行实例化。也就是说，对于 prototype 作用域的 Bean，lazy-init 的配置无效。

懒加载 Bean 不会在容器初始化的时候就创建，而是使用 getBean 方法获取该 Bean 实例时创建。但是，如果某个懒加载 Bean 作为依赖注入其他非懒加载的 Bean 时，则容器在初始化的时候就会创建该懒加载 Bean 的实例。可以通过设置懒加载 Bean 的 init-method 来验证此状况，配置方式如下：

```
<bean id="lazyInitService" class="cn.osxm.ssmi.chp04.callback.CfgCallback
Service"
    lazy-init="true" init-method="init"/> <!--懒加载 Bean-->
<!--依赖上面懒加载 Bean-->
<bean id="useLazyService" class="cn.osxm.ssmi.chp04.UseLazyService">
    <property name="lazyInitService" ref="lazyInitService" />
</bean>
```

懒加载除了可以加快容器乃至应用的速度（这种特性也可以使用在开发阶段，因为会频繁启动容器），还可以用来解决循环引用的问题。

4.2.4　Bean 定义的继承

Spring 支持 Bean 的继承，子 Bean 从父 Bean 的定义继承配置数据。与 Java 类继承不同，Java 类继承是类之间的关系，是方法、属性的延续；而 Bean 的继承用于 Bean 实例之间的参数值的延续，也可以覆盖父 Bean 中的某些定义。Bean 的继承类似于一种模板，可以减少配置的工作量。

Bean 继承通过配置 Bean 的 parent 属性实现，parent 的值设置为其他 Bean 的 id。简单的示例如下：

```
<!--父 bean 包含 name 属性-->
<bean id="parentBean" class="cn.osxm.ssmi.chp4.ParentBean">
```

```
    <property name="name" value="张三" />
</bean>
<!--使用继承配置，子 Bean 的 name 的值从父 Bean 继承-->
<bean id="childBean" class="cn.osxm.ssmi.chp4.ChildBean" parent="parentBean">
    <property name="age" value="18"/>
</bean>
```

对于上面的例子，子 Bean（childBean）继承自父 Bean（parentBean），子 Bean 的类需要包含父 Bean 类的属性（name），则子 Bean 实例的属性值就会包含子 Bean 和父 Bean 的所有依赖注入（name 和 age）。

如果父Bean仅仅是作为一个配置模板的话，则可以设置父Bean的abstract属性为true，容器就不会实例化这个 Bean。作为模板的父 Bean，也可以不指定 class 属性，但是需要定义 abstract 的属性值为 true。

```
<bean id="parentBean" abstract="true"> <!--抽象父 bean -->
    <property name="name" value="张三" />
</bean>
```

在父 Bean 指定了 class 属性的状况下，子 Bean 也可以不指定 class 属性，此时子 Bean 使用的就是父 Bean 的 class。

继承的应用场景有很多，举例来说可以应用在数据库的数据源配置上。使用 profile 的特性可以将不同环境（开发、生产、测试）的数据源配置在同一份配置文件中，也就是在同一个配置文件中，对应多个数据源配置，这些数据源配置除了 url、username 和 password 这些连接信息不一致外，其他类似于 maxActive 和 maxWait 等数据源的设定都是相同的，这种状况下就可以定义一个父 Bean 用于继承，从而减少配置的冗余。

4.3　依赖注入的配置

构造器注入和参数注入是主要的依赖注入方式，对于同一个 Bean，这两种方式都可以用来注入多个依赖对象，容器会根据依赖的对象类型进行一定程度的自动匹配，这两种方式也可以混合使用。如果所依赖的 Bean 只是该 Bean 所特有的，不需要托管给容器供其他 Bean 使用的话，可以使用内部 Bean 注入。

除了注入对象类型的Bean外，也可以注入String、int这样的简单类型和集合类型（List、Set 和 Map 等）的依赖。Spring 还提供了自动装配依赖的功能，不需要在<bean>的配置中进行依赖配置就可以由容器自动完成依赖注入。另外，除了配置 Bean 的依赖注入，使用子标签元素<replaced-method>可以实现方法替换的配置。

4.3.1　多个对象的依赖注入

对于构造器注入和属性注入依赖，叠加多个构造器参数配置和属性配置即可以对多个依赖 Bean 进行注入。多依赖对象的构造器注入在<bean>标签元素下定义多个 constructor-arg，在 Bean 类中定义对应参数的构造器；属性注入在<bean>下增加多个 property 子标签元素，到 Bean 类新增对应属性及 setter/getter 方法。

1．多个依赖对象的构造器注入

使用 constructor-arg 配置的构造器注入依赖对象是最典型的依赖注入方式，constructor-arg 的数量可以是一个，也可以是多个，在 Bean 类中定义一个对应参数的构造器即可。

举例：有一个类 TwoService 使用构造器的方式注入 ThirdService 和 FourService 的类对象依赖。首先定义包含对应参数的构造器方法的类，如下：

```
01 public class TwoService {                       //包含两个依赖对象的类定义
02   private ThirdService thirdService;   //依赖对象 1
03   private FourService fourService;     //依赖对象 2
04   //带有多个参数的构造器
05   public TwoService(ThirdService thirdService, FourService fourService) {
06     this.thirdService = thirdService;
07     this.fourService = fourService;
08   }
09 }
```

接着在 XML 做如下配置：

```
    <!--构造器依赖注入-->
01 <bean id="twoService" class="cn.osxm.ssmi.chp4.TwoService">
02     <constructor-arg ref="thirdService" />
03     <constructor-arg ref="fourService" />
04 </bean>
```

因为 thirdService 和 fourService 是不同的类， 配置文件中的 constructor-arg 元素和构造函数中参数的顺序可以是随意的，容器会根据 Bean 对应的类和构造参数的类自动对应，但是建议严格按照对应的顺序进行配置。

2．多个对象的属性注入

和构造器注入多个依赖类似，多个对象的属性注入首先在配置文件中添加多个 property 元素，接着在 Bean 类中完成对应属性和属性的 setter\getter 方法定义，如下：

```
01 <bean id="baz" class="cn.osxm.ssmi.com.Baz"><!--多个依赖的属性注入-->
02     <property name="foo" ref="foo" />
03     <property name="bar" ref="bar" />
04 </bean>
```

对于属性注入而言，虽然只需要添加 setter 方法容器就可以进行依赖的注入，但是一方面为遵循 JavaBean 规范，保持代码的一致性和规范性，另一方面，注入的 Bean 有可能需要通过 getter 方法获取，所以建议还是两个方法都加上。

4.3.2 简单类型的依赖注入

对象的依赖注入使用ref属性设置对应Bean的id，虽然这个值是一个id的字符串，但是容器在初始化的时候会根据这个id查找相应的Bean实例并注入。某些场景下，希望注入的是字符串和整型等基本类型，而不是Bean的实例，比如数据源的Bean配置以及数据库、用户名和密码等String类型字符串。idref是一种特殊的字符串，其代表的是一个合法的Bean的id。和其他字符串不同的是，容器会检查idref值的Bean是否存在。

1．简单类型依赖的构造器注入

constructor-arg除了可以是Bean的实例之外，也可以是简单数据类型。简单数据类型包括Java的基本数据类型和一般的对象类型，比如整型（int）、字符串（String）或布尔型（Boolean）等。下面以包含一个整型和字符串类型属性的类为例示范，使用构造函数注入依赖的代码如下：

```
01 public class SimpleTypeDepService {     //类定义
02   private int iFoo;                       //整数型属性
03   private String sBar;                    //字符长型属性
04   public SimpleTypeDepService(int iFoo,String sBar) { //构造函数注入值
05     this.iFoo = iFoo;
06     this.sBar = sBar;
07   }
08   public void fooBar() {                  //调用方法
09     System.out.println("iFoo="+iFoo);
10     System.out.println("sBar="+sBar);
11   }
12 }
```

在XML中的构造器依赖的配置如下：

```
01 <bean id="simpleTypeDepService" class="cn.osxm.ssmi.chp4.SimpleType
   DepService">
02     <constructor-arg value="2" /> <!--注入整型值 -->
03     <constructor-arg value="Hello World!" /> <!--注入字符型值 -->
04 </bean>
```

对于简单类型，如果某个Bean有两个或多个的构造器参数且没有指定type和name等属性，则在XML配置的constructor-arg与在类的构造函数的参数按顺序一一对应。如果出现参数类型不匹配，则会报Error creating bean with name错误，实例化Bean会失败。

因为value属性设置的值都是字符串的值，容器会根据对应参数转换为不同的简单类型的值，而且即使是同类型，顺序出现错误也不会像依赖对象那样提示错误，所以可以通过设置constructor-arg的type、index和name的属性值指定constructor-arg元素与构造函数参数的匹配方式。

（1）type指定的是构造参数的类型，比如：

```
<constructor-arg type="java.lang.String" value="Hello World!" />
```

此方式适合配置参数的类型都不相同的情况。

（2）index 指定配置参数与类函数参数匹配的顺序，编号与数组下标的逻辑类似，即从 0 开始，例如：

```
<constructor-arg index="0" value="3" />
```

对于构造器参数类型存在相同类型时可以使用这种方式。

（3）使用 name 属性，name 的值对应的参数名称。

```
<constructor-arg name="username" value="3" />
```

以上 3 种方式同时使用也不会有问题，但一般来说，使用其中的一种就可以了。建议整个应用系统保持一致的风格。

2．简单类型依赖的属性注入

和构造函数注入类型一样，设置值注入的依赖类型也可以是简单类型，例如：

```
<bean id="simpleTypePropertyDepService"
      class="cn.osxm.ssmi.chp4.SimpleTypePropertyDepService"><!--Bean 定义 -->
   <property name="sBar" value="Hello World!" /> <!--根据属性名注入值 -->
   <property name="iFoo" value="2" /> <!--根据属性名注入值 -->
</bean>
```

在对应的类的定义中完成标准的属性 Setter 方法即可。这种方式也可以有简写，将 property 的子元素配置成 Bean 的属性。首先导入 xmlns:p 的命名空间，在根元素<beans>后加上 xmlns:p=http://www.springframework.org/schema/p，之后就可以写成如下形式了：

```
<bean id="simpleTypePropertyDepService2"
      class="cn.osxm.ssmi.chp4.SimpleTypePropertyDepService" p:sBar="Hello
World!" p:iFoo="2"/> <!--属性值注入简写 -->
```

3．idref的使用

依赖注入 Bean 使用的是 ref 属性传入其他 Bean，也可以使用 value 属性注入其他 Bean 的 id，再通过容器的 getBean 获取相应的 Bean。例如：

```
<property name="baz" value="fourService" /><!--fourService 作为字符串注入 -->
```

这种写法也可以写成：

```
<property name="baz">
   <!--会检查 fourService 是否是一个有效的 Bean 实例的 id -->
   <idref bean="fourService"/>
</property>
```

这样写的好处是在容器初始化 Bean 的时候，就会检查 idref 的 Bean 是否是一个有效的 Bean 的 id。idref 属性和 ref 属性都可以用在 constructor-arg 元素和 property 元素中完成注入。

4．简单类型注入的应用场景

简单类型作为依赖进行注入，在实际项目中可以用来做环境参数设置的配置类，或者做第三方类的配置信息的输入，类似于数据库连接的访问，实例配置如下：

```
01  <bean  class="org.apache.commons.dbcp.BasicDataSource" destroy-method=
    "close">
        <!--驱动类-->
02      <property name="driverClassName" value="com.mysql.jdbc.Driver"/>
        <!--数据源地址-->
03      <property name="url" value="jdbc:mysql://localhost:3306/mydb"/>
04      <property name="username" value="root"/> <!--用户名 -->
05      <property name="password" value="123456"/><!--密码 -->
06  </bean>
```

这里对此应用场景做进一步介绍。为提高系统的灵活性和安全性，value 的值不直接设置在配置中，而是使用占位符（也可以理解为变量）。例如：

```
<property name="jdbcUrl" value="${jdbc.url}" />
```

通过配置 PropertyPlaceholderConfigurer 类的 bean 来替换，PropertyPlaceholderConfigurer 是 BeanFactoryPostProcessor 的子类，PropertyPlaceholderConfigurer 会拦截 Bean 的初始化，在 Bean 初始化的时候对占位符（${namne}）进行替换。关于 BeanFactoryPostProcessor 的内容，后面章节会进一步介绍。属性和值的对应可以在 PropertyPlaceholderConfigurer 类的 Bean 里直接定义，例如：

```
01  <bean class="org.springframework.beans.factory.config.PropertyPlaceholder
    Configurer">
02    <property name="properties">
03      <value> <!--属性配置-->
04          jdbc.driver.className=com.mysql.jdbc.Driver
05          jdbc.url=jdbc:mysql://localhost:3306/mydb
06      </value>
07  </property>
08  </bean>
```

更常见的方式是将属性值对应放入一个或多个.properties 的属性文件中，引入属性文件即可，单个文件直接配置在<value>元素中，例如：

```
<value>classpath: conf/sqlmap/jdbc.properties</value>
```

通过<list>元素，可以配置多个属性文件。

```
01   <property name="locations"> <!--locations 指定使用文件方式配置属性 -->
02      <list><!--文件列表 -->
03         <value>classpath:cfg.properties</value> <!--文件的全路径名 -->
04         <value>classpath:cfg2.properties</value>
05      </list>
06   </property>
```

另外，Spring 还提供了更简化的标签配置方式，只需要在配置文件中加入以下部分即可。

```
<context:property-placeholder  location="classpath:cfg.properties,classpath:
cfg2.properties"/>
```

注意：Spring 框架不仅会读取配置文件中的键值对，而且还会读取 JVM 初始化的一些系统的属性信息。为避免和系统的属性冲突，给自定义的键的命名定义一套统一的规范为佳。

4.3.3　集合类型的依赖注入

除了 Java 的简单类型之外，Spring 也支持 List、Set、Map 和 Propertis 的集合类型的依赖注入，分别对应使用<list>、<set>、<map>和<props>元素定义。

<list>和<set>的配置方式类似，使用<value>子元素配置字符串等简单类型；使用<ref>元素的 Bean 属性配置其他 Bean 的依赖，以属性注入，示例如下：

```
01  <property name="myList"> <!--属性及属性名 -->
02     <list> <!--列表类型 -->
03       <value>List Item 1</value> <!--字符串元素 -->
04       <value>List Item 2</value><!--字符串元素 -->
05       <ref bean="foo" /><!--bean 实例元素 -->
06     </list>
07  </property>
```

<map>使用<entry>子元素配置键值对的元素，属性 key 指定键的名称，value 配置对应的值，如果值的类型是一个其他 Bean 的引用的话，则使用 value-ref 属性。以属性注入，示例如下：

```
01  <property name="myMap"><!--属性及属性名 -->
02    <map><!--键值对类型 -->
03       <entry key="Key 1" value="Value 1"/><!--字符串元素定义方式 1-->
04       <entry key="Key 2"> <!--字符串元素定义方式 2 -->
05           <value>Value 2</value>
06        </entry>
07        <entry key ="bean ref" value-ref="foo"/><!--Bean 实例元素 -->
08     </map>
09  </property>
```

<props>对应的是 java.util.Properties 的对象，用来配置字符串类型的键和值的属性，可以看成是对<map>的简化。使用< prop>子元素的 key 指定键，子元素的内容为值，同样以属性注入为例，示例如下：

```
01  <property name="myProperties"><!--属性及属性名 -->
02     <props><!--Java 属性类型 -->
03        <prop key="Properties  Key 1"><!--键值对属性配合 -->
04          Properties Value 1
05        </prop>
06     </props>
07  </property>
```

<list>、<set>和<map>中的元素可以是简单类型，也可以是其他 Bean 的引用，还可以是集合类型。如果参数注入依赖较多，可以考虑使用 index/name/type 属性进行对应。此外，如果使用了继承特性，可以实现对集合合并的功能。

4.3.4 内部 Bean 的依赖注入

在前面的章节中，使用 ref 属性指定外部 Bean 的 id 或别名注入依赖 Bean。当依赖 Bean 只是该外部 Bean 独立使用，而不需要暴露成一个独立的 Bean 提供给其他的 Bean 使用时，则可以直接以内部 Bean 的方式进行注入。

内部 Bean 是匿名的，不能独立访问，不需要指定 id 或 name 作为标识，即使指定了，容器也不会使用。内部 Bean 可以使用在构造器中注入和在属性中注入两种方式中，配置方式是直接在<bean>配置元素中进行嵌套的 Bean 的定义。例如，以构造器注入内部 Bean 的方式如下：

```
   <!--Bean 定义 -->
01 <bean id="outBeanClass" class="cn.osxm.ssmi.chp4.OutBeanClass">
02     <constructor-arg> <!--构造参数注入依赖 -->
          <!--内部 Bean 定义 -->
03        <bean class="cn.osxm.ssmi.chp4.InnerBeanClass">
             <!--内部 Bean 属性-->
04           <property name="name" value="Inner Bean Class" />
05        </bean>
06     </constructor-arg>
07 </bean>
```

4.3.5 Bean 方法的替换

属性和方法是类的主要组成部分，Spring 可以对属性值进行注入配置，也提供了对方法替换的配置。方法替换配置的使用场景：第三方提供的类方法无法满足应用需求，但是又不想通过反编译改写这个类的方法或此方法还在其他地方使用，就可以配置 Bean 的 replaced-method 元素来实现对方法的覆写。下面以一个实例进行该特性的演示。

有一个类 OldEraPeople，包含一个 eat()的方法（一般只需要知道该类方法的输入参数和返回类型即可），通过定义一个新的类 NewEraPeople，替换旧类的执行方法。代码如下：

```
01 public class OldEraPeople {            //旧的类定义
02   public String eat(String name){      //旧的类方法，这里仅返回一个空的字串
03     String str = "";
04     return str;
05   }
06 }
```

新的类需要实现 MethodReplacer 接口并完成 reimplement 方法。代码如下：

```
    //继承 MethodReplacer 接口的类
01  public class NewEraPeople implements MethodReplacer {
02    @Override                                    //方法重载注解
03    public Object reimplement(Object obj, Method method, Object[] args)
      throws Throwable {
04      String inputParam = (String)args[0];
05      System.out.println("传入参数: "+inputParam);
06      String newStr =  inputParam+"在新时代吃肉";
07      System.out.println("替换返回新的字符串或对象");
08      return newStr;
09    }
10  }
```

在 XML 中增加新类的 Bean 配置，并且在旧 Bean 配置中通过< replaced-method >元素配置方法替换，replacer 是新方法的 Bean 的 ID，name 指定需要替换的方法，如下：

```
01  <bean id="oldEraPeople" class="cn.osxm.ssmi.chp4.methodinj.OldEraPeople">
        <!--方法替换配置 -->
02      <replaced-method name="eat" replacer="newEraPeople">
03          <arg-type>String</arg-type>
04          </replaced-method>
05  </bean>
06  <bean id="newEraPeople" class="cn.osxm.ssmi.chp4.methodinj.NewEraPeople"/>
```

4.3.6　自动装配

使用构造器和属性注入的依赖项，需要在<bean>元素下手动配置需要注入的对象。Spring 也提供了自动装配（autowire）的配置，可以省去依赖注入的配置。自动装配可以在全局范围内设定，也可以对单个 Bean 进行个别设定。

1. 全局设定

在 beans 根元素设置 default-autowire 的值可以开启整个应用中配置 Bean 的依赖自动注入，容器会根据 default-autowire 设置的匹配类型自动查找符合的 Bean 实例进行注入。default-autowire 属性可以设置的值有 3 种，即 byName、byType 和 constructor，分别对应根据 Bean 的标识（id、name 和别名）、类的类型和构造器中参数类型来查找依赖对象。以 byName 为例，假定 Bar 类中有 Foo 类型的属性 foo，并有 setter/getter 方法。代码如下：

```
01  public class Bar {                            //类定义
02    private Foo foo;                            //Foo 类型的属性
03    public Foo getFoo() {                       //foo 属性的 getter 方法
04      return foo;
05    }
06    public void setFoo(Foo foo) {               //foo 属性的 setter 方法
07      this.foo = foo;
08    }
09  }
```

使用全局自动装配的配置实例如图 4.1 所示。

```
<?xml version="1.0" encoding="UTF-8"?>
<beans xmlns="http://www.springframework.org/schema/beans"
    xmlns:xsi="http://www.w3.org/2001/XMLSchema-instance"
    xsi:schemaLocation="http://www.springframework.org/schema/beans http://www.springframework.org/schema/beans/spring-beans.xsd"
    default-autowire="byName"> <!-- default-autowire="byType" default-autowire="constructor" -->
    <bean id="foo" class="cn.osxm.ssmi.com.Foo" />
    <bean id="bar" class="cn.osxm.ssmi.com.Bar" />

</beans>
```

图 4.1　全局自动装配及装配类型配置

全局设定对所有 Bean 会自动生效，如果希望某个 Bean 不作为依赖被其他 Bean 使用的话，可以在该 Bean 上设置 autowire-candidate 的属性值为 false。

2．个别设定

全局的自动装载智能化程度很高，但其隐藏了装配的细节，在开发中很容易出错，要谨慎使用。基于这个原因，Spring 也提供了对单个 Bean 进行依赖自动装配的设定，通过配置<bean>的 autowire 来指定依赖自动装配的方式，autowire 可设置的值和全局的 default-autowire 是相同的。示例如下：

```
<bean id="bar" class="cn.osxm.ssmi.com.Bar" autowire="byName"/>
```

自动装配配置自动处理依赖项的注入，可以减少配置工作量，但是不能对 Bean 类中的依赖进行个别控制。在实际开发中，更为常见的是在代码中使用@Autowired 的注解进行依赖的装配，在本章的后面会进行详细介绍。

4.4　特殊的依赖配置

在依赖注入配置的时候，总会遇到一些特殊的状况。例如，非显式的依赖关系如何配置？在单例作用域（singleton）的 Bean 里如何注入原型作用域（prototype）的 Bean？遇到循环依赖该如何处理？

4.4.1　depends-on 前置依赖配置

有时候 Bean 对象之间虽然没有明显的依赖关系，也就是依赖 Bean 并不是当前 Bean 的属性，但是却有前后的逻辑关系。举例来说，有两个 Bean，A 和 B，A 不是 B 的属性，但是 B 的某些值的初始化又是依赖于 A 的，这种特殊类型的依赖关系称作前置依赖。

因为彼此之间没有属性的强连接，无法使用 ref 属性进行关联配置，所以 Spring 提供了 depends-on 属性用于这种关系的配置。和 ref 属性一样，depends-on 的值设置为前置依赖 Bean 的 id，示例代码如下：

```
<bean id="beanB" class="cn.osxm.ssmi.chp4.BeanAClass" depends-on="beanA"/>
```

前置依赖 Bean 会在本 Bean 实例化之前创建，在其之后被销毁。前置依赖 Bean 的个数可以是多个，通过分号、逗号或空格进行分割。

4.4.2　方法注入——不同作用域 Bean 的依赖配置

<bean>默认是单例作用域（singleton），使用 scope 属性可以进行其他作用域的配置，对于非 Web 应用来说，一般需要额外配置的是原型（prototype）作用域的 Bean。在前面的章节中，默认依赖注入的是单例 Bean。如果依赖和被依赖的 Bean 作用域不同会出现什么状况呢？以两个不同作用域的 Bean 为例：A 的作用域是 singleton；B 的作用域是 prototype。

如果 B 依赖 A（A 是 B 的属性），通过容器 getBean()获取 B 的时候，每次取得都是一个新的 B 实例，但 A 是同一个，这自然不会有什么问题。如果相反，A 依赖于 B，A 是单例，只会初始化一次，那么作为 A 属性的 B 也只会在初始化的时候注入，之后就不会更改了，这显然和定义 B 为 prototype 作用域的预期不符。实际场景中有可能 A 是一个功能服务类的 Bean，B 是登录用户相关信息的 Bean。

考虑 prototype 作用域的 Bean 通过容器 getBean()方法每次从容器中获取的都是一个新的 Bean 实例，如果在 Bean 类中能够获取容器对象（ApplicationContext），以上问题也就迎刃而解了。Spring 提供了一系列 Aware 接口，继承这些接口就可以获取容器的相关资源，其中最主要的就是 ApplicationContextAware 接口，关于 Aware，后面章节会做进一步介绍，这里仅关注 ApplicationContextAware 的使用。

Bean 类继承 ApplicationContextAware 接口，在接口方法里就可以得到容器的上下文，之后就可以使用它来获取 Bean 了。示例如下：

```
    //继承 Aware 接口的 Bean 类
01  public class ClassA implements ApplicationContextAware {
02     private ApplicationContext applicationContext;   //应用上下文对象属性
03     @Override                            //重载注解
04     public void setApplicationContext(ApplicationContext application
       Context) throws
05      BeansException {                    //设置上下文属性的值
06        this.applicationContext = applicationContext;
07      }
08      public ClassB getBeanB() {          //通过应用上下文从容器中获取 Bean 实例
09        return applicationContext.getBean("beanB");
10      }
11  }
```

容器本身的对象（ApplicationContext）是单例的，在实际开发中，为避免每个类都通过继承接口的方式获取 ApplicationContext，建议定义一个获取容器对象的 Bean 类并配置成单例 Bean（比如类名是 ApplicationContextHelper），该 Bean 用来维护 ApplicationContext 实例。

继承容器提供的接口虽然可以获取应用上下文的对象，但是却使应用代码和容器耦合。后面章节介绍的注解开发可以实现和容器解耦的状况下，获取容器的应用上下文。除此之外，Spring 还提供了@Lookup 注解用来解决不同作用域的依赖。

@Lookup 是一个作用在方法上的注解，被其标注的方法会被重写，然后根据其返回值的类型，容器调用 BeanFactory 的 getBean()方法来返回一个 Bean 实例。示例如下：

```
01 public class ClassALookUp {      //类定义
02   @Lookup                        //注解，处理实际返回
03   public ClassB getClassB() {    //返回 ClassB 的方法，返回空对象即可
04     return null;
05   }
06 }
```

对于方法体内的实际返回不重要，一般返回空对象就可以。因为实际的返回是在@Lookup 注解的处理类中替换，该注解通过容器的 getBean()方法返回对应类的对象。@Lookup 所注解的方法是非 private，有返回类型且不需要参数，格式如下：

```
<public|protected> [abstract] <return-type> theMethodName(no-arguments);
```

注意：要使@Lookup 注解功能生效，需要在配置文件中开启注解的功能，简单的就是在 XML 配置文件中添加<context:annotation-config />，相关内容在后面章节中会进一步介绍。

4.4.3 循环依赖的解决

方法的循环调用会造成死循环，导致资源耗尽，进而系统崩溃，这是在系统开发时一定不能犯的错误。使用 Spring 框架开发时，如果设计不够好或因外部无可避免的原因，有时候会出现循环依赖的场景，比如有 C、D 两个 Bean，C 使用构造注入的方式依赖 D，D 也使用构造注入的方式依赖 C，Spring 在容器启动的时候会自动发现这个问题并报错提示：

```
Error creating bean with name 'beanC': Requested bean is currently in
creation: Is there an unresolvable circular reference?
```

上面的错误显示 Bean 创建失败，提示有循环依赖的错误。但有时候必须要使用的话，则可以将其中的一个或两个依赖注入修改成属性注入的方式：

```
01 <bean id="beanC" class="cn.osxm.ssmi.chp4.BeanCClass"><!--bean 定义 -->
02    <property name="beanD"  ref="beanD"/> <!--属性注入 -->
03 </bean>
04 <bean id="beanD" class="cn.osxm.ssmi.chp4.BeanDClass"><!--bean 定义 -->
05    <constructor-arg ref="beanC"/> <!--构造器注入，也可以换成属性注入 -->
06 </bean>
```

注意： 虽然修改成属性注入的方式可以让容器正常启动，但是不建议出现循环依赖。在代码开发阶段，循环依赖虽然对于代码功能没有什么影响，但是在大型的项目团队中，特别是在代码维护阶段，循环依赖所隐藏的风险还是很大的。最好的解决方式还是修改设计，去除循环依赖。

4.5　XML 配置进阶

使用构造器注入和属性注入，一般是在配置文件中通过在<bean>元素下增加<property>和<constructor-arg>的子元素来达成，也可以将其作为<bean>的属性进行简化配置。在大型应用开发中需要配置的 Bean 较多的时候，可以按照一定的逻辑将配置文件拆分成多个 XML 文件进行配置和导入。

4.5.1　依赖注入配置的简写

使用 c、p 命名空间可以分别对构造器注入（constructor-arg）和属性注入（property）进行简写，即从定义子元素换成定义属性的方式。首先需要将<beans>根元素加入相应的命名空间，如下：

```
xmlns:c="http://www.springframework.org/schema/c"
xmlns:p="http://www.springframework.org/schema/p"
```

注： xsi:schemaLocation 不需要加入文档结构的定义，因为这还是属于 Bean 元素的定义。

下面以简单类型的构造器注入为例，Bean 的配置如下：

```
01  <bean id="user" class="cn.osxm.ssmi.com.User"><!--Bean 配置 -->
02      <constructor-arg name="name" value="Oscar" /> <!--注入字符串属性 -->
03  </bean>
```

使用简写方式只需要在<bean>增加：c:构造参数名="值"，代码如下：

```
<bean id="user" class="cn.osxm.ssmi.com.User" c:name="Oscar"/>
```

如果注入的依赖是对象类型，则在参数名后加上-ref 即可，值对应的就是 Bean 的 id。属性注入的用法是一样的，将 c 换成 p 即可。两者也可以混合使用，例如：

```
<bean id="user" class="cn.osxm.ssmi.com.User"
    c:name="Oscar" c:parent-ref="user1" p:age="30" p:child-ref="user2"/>
```

4.5.2　多 XML 配置文件

在团队开发的大中型应用中，需要配置的 Bean 数量越多，配置文件也就越来越大，维护的难度和成本也越来越高。而且团队协作分模块开发的状况下，所有的配置维护在一份 XML 配置文件中会严重影响系统开发的效率。实际开发中一般会维护一个主配置，按一定的逻辑将配置文件进行拆分，使用 import 导入拆分的配置。

拆分的逻辑可以是系统的逻辑分层，比如控制层（Controller）和服务层（Service）等；也可以是根据功能模块来划分，如服务类和资源类等。下面来看一个配置的例子：

```
01 <beans> <!--主配置的根目录 -->
02   <import resource="services.xml"/> <!--导入服务类的配置 -->
     <!--导入消息的配置 -->
03   <import resource="resources/messageSource.xml"/>
04   <import resource="/resources/themeSource.xml"/>
05   <bean id="bean1" class="..."/> <!--其他 Bean 的配置 -->
06   <bean id="bean2" class="..."/>
07 </beans>
```

注：import 也常被用来导入第三方包提供的配置。

4.6　容器与 Bean 扩展点

容器读取 Bean 的配置定义，根据配置实例化 Bean，随后对 Bean 进行管理。Spring 提供了容器层级和类层级的扩展，在 Bean 被初始化或销毁等不同生命周期进行功能的扩展。在容器层级，Spring 提供接口 BeanFactoryPostProcessor 和 BeanPostProcessor，用于容器实例化每个 Bean 的前后进行功能的扩展。在类的层级可以用继承 InitializingBean 和 DisposableBean 接口等方式来进行回调，实现 Bean 在初始化和销毁时的功能扩展。

4.6.1　全局与容器生命周期回调

Bean 在容器中的基本生命周期包括加载、创建、存活和销毁。很多场景下，需要在 Bean 实例创建的时候进行一些其他的操作，比如占位符的替换，在 Bean 销毁的时候进行一些相关资源的释放，这时候就可以使用容器或类层级的扩展点达成。

一般状况下，使用构造函数或 Setter 方法注入依赖。在 4.2.2 节中介绍过 Bean 类继承 InitializingBean 和 DisposableBean 接口、定义 Bean 的 init-method 和 destroy-method 配置及方法、使用@PostConstruct 和@PreDestroy 来实现 Bean 在初始化和销毁时的功能扩展。这是类层级的扩展，只对当前类或 Bean 生效，如果需要对所有的 Bean 进行全局的初始化和销毁的方法，则在配置根元素<beans>中定义 default-init-method 和 default-destroy- method 属性，定义如下：

```
<!--默认命名空间-->
<beans xmlns="http://www.springframework.org/schema/beans"
```

```
<!--xsi: schemaLocation 使用到-->
xmlns:xsi="http://www.w3.org/2001/XMLSchema-instance"
<!--context 前缀命名空间-->
xmlns:context=http://www.springframework.org/schema/context
<!--beans 命名空间-->
xsi:schemaLocation="http://www.springframework.org/schema/beans
<!--beans XML 文档结构-->
http://www.springframework.org/schema/beans/spring-beans.xsd
<!--context 命名空间与文档结构对应-->
http://www.springframework.org/schema/context
http://www.springframework.org/schema/context/spring-context.xsd"
  <!--全局配置-->
  default-init-method="initEvery" default-destroy-method="destroyEvery">
```

以上配置的全局初始化和销毁方法需要在各个 Bean 类中实现。如果在某个 Bean 中配置了 init-method 和 destroy-method，则 Bean 上的配置会覆盖全局的配置。

以上回调方法的配置虽然是全局，但需要在每个 Bean 类中定义各自的方法。如果希望仅通过某个类的某个方法处理相应的功能，也就是一个单独的类实例来处理应用中所有 Bean 的生命周期方法回调，就需要定义实现 BeanFactoryPostProcessor 和 BeanPostProcessor 接口的类，并配置成 Bean。继承这两个接口之后，就可以获取容器的配置和资源，进而进行 Bean 和容器的更多功能扩展，这也是严格意义上的容器层级的扩展。

除此之外，单个 Bean 类实现 Aware 相关接口，也可以获取容器的资源，类似于获取应用上下文（ApplicationContext）等。

4.6.2　容器加载定义扩展——BeanFactoryPostProcessor

BeanFactoryPostProcessor 是在容器初始化之后 Bean 实例化之前，在容器加载 Bean 的定义阶段执行，此扩展点可以对 Bean 配置的元数据读取和修改，比如 Bean 的 scope、lazy-init 属性和依赖注入对象等。

框架本身实现的典型应用就是 PropertyPlaceholderConfigurer，这个类继承自 Bean-FactoryPostProcessor，其作用是对所有 Bean 定义的占位符替换成对应的值。以数据库的配置为例，常将数据库的连接信息配置在一个.properties 后缀的属性文件中，这里的文件名为 cfg.properties，内容如下：

```
01 jdbc.driverClassName=com.mysql.cj.jdbc.Driver  //数据库驱动
   //MySQL 数据源地址
02 jdbc.url=jdbc:mysql://localhost:3306/ssmi?serverTimezone=UTC
03 jdbc.username=root                                //数据库用户名
04 jdbc.password=123456                              //密码
```

在 Spring 配置文件中增加如下配置：

```
   <!--占位符替换 Bean 定义，使用 properties 指定属性文件 -->
01 <bean id="propertyConfigurer"
02     class="org.springframework.beans.factory.config.PropertyPlaceholder
```

```
        Configurer">
03        <property name="properties" value="classpath:cfg.properties">
          </property>
04  </bean>
05  <bean  id="dataSource" <!--数据源 Bean 配置 -->
06     class="org.apache.commons.dbcp2.BasicDataSource" destroy-method=
       "close">
      <!--${}占位符 -->
07    <property name="driverClassName" value="${jdbc.driverClassName}" />
08    <property name="url" value="${jdbc.url}" /> <!--${}占位符 -->
09    <property name="username" value="${jdbc.username}" />
10     <property name="password" value="${jdbc.password}" />
11  </bean>
```

配置 PropertyPlaceholderConfigurer 的 Bean，依赖注入属性文件之后，在其他 Bean 的定义中就可以使用${变量名}这样的占位符注入简单类型。在每个 Bean 初始化之前，会对每个 Bean 的定义做一次调整和修改，PropertyPlaceholderConfigurer 将对应的变量替换成实际的值。这样在 Bean 实例化的时候使用的就是替换后的值。占位符的格式符“$”可以进行配置。

也可以自定义继承 BeanFactoryPostProcessor 的实现类，同样是替换简单类型的依赖注入值，例如一个简单的 Bean 定义如下：

```
01  <bean id="helloService" class="cn.osxm.ssmi.chp2.HelloService">
02      <property name="name" value="张三" />
03  </bean>
```

使用 BeanFactoryPostProcessor 的实现类将属性 name 的值由“张三”改为“李四”。实现过程主要有两步：定义实现接口类和在文件中配置该类的 Bean。

（1）定义实现接口的类如下：

```
01  public class HelloBeanFactoryPostProcessor implements BeanFactory
    PostProcessor {
02    @Override                                      //重载方法注解
03    public void postProcessBeanFactory(ConfigurableListableBeanFactory
      beanFactory)
04    throws BeansException {
05     BeanDefinition beanDefinition=beanFactory.getBeanDefinition
      ("helloService");                              //Bean 定义
        //获取 Bean 属性配置
06      MutablePropertyValues pv =  beanDefinition.getPropertyValues();
07      pv.addPropertyValue("name", "李四");       //替换设置值注入的值
08     }
09  }
```

实现 BeanFactoryPostProcessor 接口，覆写方法 postProcessBeanFactory()，该方法有一个 BeanFactory 的输入参数，通过该 BeanFactory 对象可以得到 Bean 的定义并进行修改，类似于上面替换属性注入的值。

（2）将实现类注册成一个 Bean 如下：

```
<bean class="cn.osxm.ssmi.chp4.HelloBeanFactoryPostProcessor" />
```

与普通 Bean 的配置类似，在配置文件中注册该类的 Bean，一般不需要特别指定该 Bean 的 id。在其他 Bean 的定义被容器读取的时候都会调用该 Bean 的 postProcessBeanFactory()方法。注意，BeanFactoryPostProcessor()方法只能对 Bean 的定义进行扩展或更改，不能进行 Bean 实例化及相关操作。如果有多个 BeanFactoryPostProcessor()方法，则通过实现 Ordered 接口，设置 order 属性来设置类的处理顺序。

4.6.3　容器扩展点——BeanPostProcessor

BeanPostProcessor 接口有两个方法：postProcessBeforeInitialization()和 postProcessAfterInitialization()。postProcessBeforeInitialization()在 Bean 实例化、依赖注入之后调用初始化方法(inti-method)之前调用，postProcessAfterInitialization()在初始化方法之后执行。

这里同样以前面设置 Bean 的属性为例，继承 BeanPostProcessor 接口，覆写接口的两个方法并注册 Bean。

（1）定义实现接口的类，代码如下：

```
//类定义
01 public class HelloBeanPostProcessor implements BeanPostProcessor {
02   @Override
03    public Object postProcessBeforeInitialization(Object bean, String
      beanName) throws
04      BeansException { //实例化、依赖注入完毕，在初始化(inti-method)之前调用
05       if(bean instanceof HelloService)
06      {
07         ((HelloService) bean).setName("王五");
08      }
09      return bean;
10    }
11  @Override
12   public Object postProcessAfterInitialization(Object bean, String
     beanName) throws
13     BeansException {     //实例化、依赖注入、初始化完毕时执行
14     return bean;
15   }
16 }
```

（2）将实现类在配置文件中注册 Bean，如下：

```
<bean  class="cn.osxm.ssmi.chp4.HelloBeanPostProcessor" />
```

与 BeanFactoryPostProcessor 接口的方法不同，此接口的两个方法都是在 Bean 实例化之后执行，方法的参数是实例化之后的 Bean 对象。

4.6.4　Aware 接口——获取容器资源

Spring IoC 容器通过依赖注入降低应用系统的耦合性，所以在应用代码中尽量不要使

用容器的对象，但是有时候不可避免地需要获取 Spring 容器的一些资源。Spring 提供的一系列 Aware 后缀的接口用于获取容器的资源和对象，继承这些接口的类能得到 Aware 接口前面命名部分的容器对象。Aware 的意思是知道的、感知的，使用这个命名很形象，是对容器对象的感知。Spring 提供的 Aware 接口如下：

（1）ApplicationContextAware：能获取应用上下文，通过 setApplicationContext()方法获取 ApplicationContext。在 4.4.2 节中有示例介绍。

（2）BeanFactoryAware：获取对象工厂，通过 setBeanFactory()方法得到和获取容器对象。

（3）BeanNameAware：获取 Bean 实例的标识。默认情况下，Bean 在容器中的名字是首字母小写的类名，使用 id、name 属性可以指定名字，还可以使用 alias 指定别名，这些名字是维护在容器中的，Bean 对象本身并不知道。如果 Bean 需要获取或修改 Bean 的名字，就可以继承 BeanNameAware 接口，覆写 setBeanName()方法。

（4）ApplicationEventPublisherAware：获取事件发布器。ApplicationEventPublisher 是 ApplicationContext 的父接口之一，该接口有两个不同参数的 publishEvent()，重载用于发布事件，通知与事件匹配的监听器。

以用户注册为例，用户信息写入之后，发布用户注册成功的事件（ApplicationEvent 的子类），由监听器（ApplicationListener 的子类）捕获事件进行通知发送等后续操作。因为用户服务类（UserService）需要使用 ApplicationEventPublisher 发布事件，所以需要继承 ApplicationEventPublisherAware 接口代码如下：

```
01 public class UserService implements ApplicationEventPublisherAware {
     //应用事件发布器属性
02   private ApplicationEventPublisher applicationEventPublisher;
03   @Override                                    //重载方法设置应用事件发布器
04   public void setApplicationEventPublisher
             (ApplicationEventPublisher applicationEventPublisher) {
05       this.applicationEventPublisher = applicationEventPublisher;
06   }
07   public boolean register(User user) {  //用户注册方法
08     // 用户注册处理，保存数据库等操作(略)
09     System.out.println("用户[" + user + "]注册成功! ");
10     applicationEventPublisher.publishEvent(new UserRegisterEvent(this,
    user));                                    // 事件发布
11     return true;
12   }
13 }
```

以上代码获取 applicationEventPublisher 之后，使用 publishEvent()方法发布事件，自定义的事件类型 UserRegisterEvent 的类扩展自 ApplicationEvent，代码如下：

```
   //用户注册事件类
01 public class UserRegisterEvent extends ApplicationEvent {
02   private static final long serialVersionUID = 1L;
03   private User user;                         //属性
```

```
        // Source 是发布事件的对象
04      public UserRegisterEvent(Object source, User user) {
05        super(source);
06        this.user = user;
07      }
08      public User getUser() {
09        return user;
10      }
11  }
```

事件监听类 UserEventListener 用来监听发布的 UserRegisterEvent 时间，在方法 onApplicationEvent()中对监听到的事件进行处理。

```
01  public class UserEventListener implements ApplicationListener<User
    RegisterEvent> {                             //监听器
02      @Override
        //监听注册成功后的处理
03      public void onApplicationEvent(UserRegisterEvent event) {
04         System.out.println("注册成功后发送邮件："+event.getUser().getName());
05       }
06  }
```

需要注意，事件发布类（UserService）和事件监听类（UserEventListener）都需要在容器中进行配置，交由容器管理。

（5）BeanClassLoadAware：获取类加载器。

（6）MessageSourceAware：获取 MessageSource，用于国际化消息处理。

（7）ResourceLoaderAware：获取资源加载器，可以获得外部资源文件。

因为 ApplicationContext 接口继承了 MessageSource 接口、ApplicationEventPublisher Aware 接口和 ResourceLoaderAware 接口，所以类继承 ApplicationContextAware 就可以获得 Spring 容器的所有服务，但一般是用到什么接口就实现什么接口。

依赖注入主要就是用于解决代码的耦合问题，Spring 的理念也是让应用系统对容器的依赖程度很低，也就是说换个容器，应用代码很容易就可以运行。实际开发中，应尽量减少对 Aware 的使用，以避免应用的代码和 Spring 框架紧耦合，这并不是 Spring 设计的初衷，毕竟 Spring Aware 是 Spring 设计用来框架内部使用的。在后面章节中会介绍使用注解的方法获取容器资源的方式，除了写法上比较简洁外，也降低了和容器的耦合度。

4.7 Spring IoC 容器综述

Spring 框架学习的基本内容就是<bean>的属性和子元素的配置。属性包括 Bean 的 id、class 和 scope 等属性，子元素主要是构造器和属性的依赖注入的配置。掌握了 Bean 配置及原理，也就掌握了 Spring 框架的核心。Bean 主要的配置如表 4.1 所示。

表 4.1　Bean配置主要属性和元素

分　　类	属　性　名	说　　明
属性配置	id	Bean标识，默认类名首字母小写
	class	Bean对应的Java类，一般情况下是必要的，实例工厂方式不需要
	factory-method	静态工厂和实例工厂配置使用
	factory-bean	实例工厂配置使用
	scope	作用域配置，默认为singleton
	init-method	初始化方法
	destroy-method	销毁方法
	lazy-init	懒加载
	autowire	自动装置
	parent	定义继承
元素	constructor-arg	构造器依赖注入name、ref和value
	property	属性依赖注入name、ref和value
	replaced-method	方法替换

在以上对<bean>的基本配置之外，Spring 框架也对外开放了类似于 Aware 接口和容器扩展点等高级功能用于满足更复杂的开发需要。在应用开发中，对于这些功能需要统筹考虑和规划，避免错用与滥用而导致对系统结构或性能产生不利影响。

Spring 提供了双层级、多方式的扩展用于 Bean 在不同生命周期的功能实现和扩展，包括基本的构造器和属性注入依赖，大致分为以下 4 类：

- Bean 的构造器和属性注入依赖。
- Bean 的初始化和销毁方法回调，包括继承 InitializingBean 和 DisposableBean 接口，实现对应的初始化和销毁的方法：afterPropertiesSet()及 destroy()；在 Bean 上设置 init-method 和 destroy-method 属性，并在 Bean 类定义对应的方法；使用 Java 注解 @PostConstruct 和@PreDestroy。
- Bean 继承 Aware 相关接口，获取容器资源进行功能扩展，最常使用的是 ApplicationContextAware 等。
- 实现容器层级的扩展点接口：BeanFactoryPostProcessor 和 BeanPostProcessor，配置成 Bean，对其他 Bean 进行功能扩展。

BeanFactoryPostProcessor 是生命周期中最早的扩展点，其作用在 Bean 定义的读取阶段；接着是构造函数和属性 setter 方法注入依赖对象；随后是 Aware 接口的实现；在 BeanPostProcessor 的前置和后置处理中间，会依次进行 InitializingBean 接口方法和自定义的 init-method 属性方法处理。至此，Bean 实例化工作完成，Bean 由容器管理并被使用。在容器销毁时，再进行 DisposableBean 接口方法和自定义 init-method 属性方法的调用。处理顺序流程如图 4.2 所示。

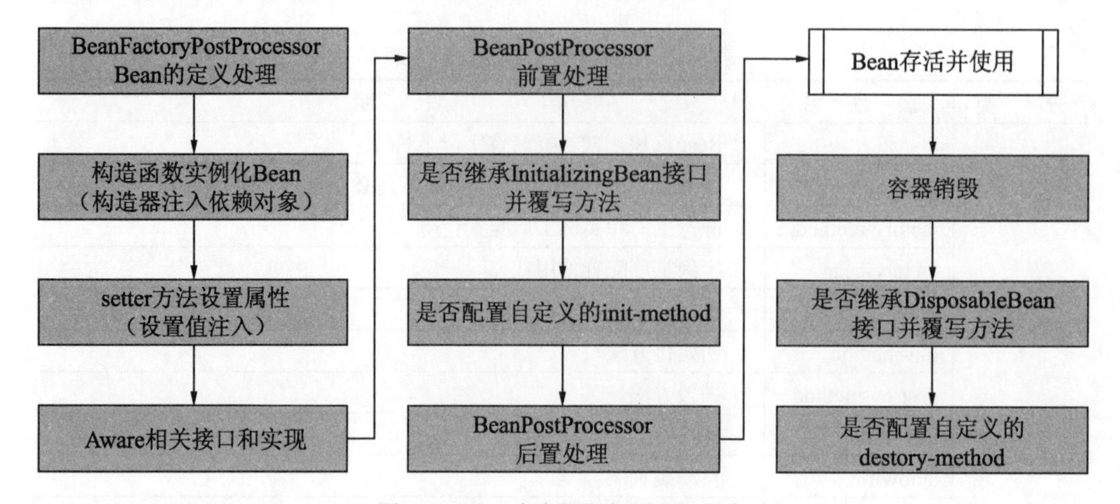

图 4.2　Bean 生命周期与回调扩展点

Spring 提供了多样的、全面的基于 XML 文件的依赖配置，可以对一般对象、简单类型和集合类型及内部 Bean 进行依赖注入的配置，甚至可以配置单个 Bean 乃至整个应用的自动依赖注入。依赖事无巨细地完全配置在配置文件中，导致配置文件显得臃肿、啰嗦和繁杂，影响开发效率，特别是对于大型应用，可读性和可维护性都不好，但如果使用完全的自动配置，则依赖对开发者来说不可视，代码难于理解，追踪性也差。@Autowired 的注解有效地解决了这个问题。

第 5 章　基于注解和代码的配置

使用 XML 文件配置是 Spring 最早的配置方式，大中型项目依据功能或不同的命名空间拆分成多个配置文件，每个配置文件的配置内容都可能比较多，导致配置文件的维护工作量大，也容易出错。

从 Spring 2.5 开始，在以 XML 文件作为主要配置的同时，可以将某些配置以注解的方式在代码中直接配置，极大地减少了配置的烦琐度，提高了配置的效率，Java 开发人员也更容易熟悉和适应。从 Spring 3.0 开始可以完全脱离 XML 文件，使用 Java 代码的方式进行容器和框架的配置。

5.1　Java 注解

注解（Annotation）是 Java SE 5.0 开始引入的概念，与类（Class）和接口（Intertface）一样，也属于一种类型。注解本身的定义规范是 JSR-175，这个规范的作用是提供注释库支持功能，在 JDK 5 中包含了定义的接口并提供了@Override 等基本注解。在 JSR-175 基础之上，JCP 又定义了一系列的注解使用标准，包括 Java 平台公共注解（JSR-250）和依赖注入的标准（JSR-330）。

5.1.1　Java 基本注解

注解是一种可以应用于类、方法、参数、变量、构造器及包的特殊修饰符，是源代码的元数据。区别于注释对源码的描述给人以提示，注解是 Java 编译器或代码用来读取和理解的。Java 从 JDK 5 开始引入注解，位于 java.lang.annotation 中。最早引入的基本注解如下：

- @Override：注解在方法上，说明当前方法是覆盖超类的方法；
- @Deprecated：弃用或不建议使用的代码；
- @SuppressWarnings：忽略编译器的警告。

以上注解主要用于编译检查，也可以自定义注解。在 Java 中，注解与类、接口和枚举是在同一个层次，所以可以像定义接口一样来定义注解。Java 提供了 4 种用于创建注解的注解，称之为元注解，分别如下：

- @Documented：注解是否包含在 JavaDoc 中；
- @Retention：什么时候使用该注解；
- @Target：注解用于什么地方；
- @Inherited：是否允许子类继承该注解。

注解通过@interface 关键字进行定义。注解可以像类属性和方法一样，通过反射获取，结合反射就可以对标注注解的类和方法进行功能扩展。下面以一个注解定义和使用的具体实例进行演示。步骤如下：

（1）定义一个应用在类和方法上的运行时注解。代码如下：

```
01 @Retention(RetentionPolicy.RUNTIME)                      //运行时注解
   //可以使用在类和方法上
02 @Target({ ElementType.METHOD, ElementType.TYPE })
03 public @interface MyAnnotation {                         //注解定义
04 }
```

（2）在类和方法中添加注解并通过反射获得类和方法的注解。代码如下：

```
01 @MyAnnotation                                   //自定义注解使用在类上
02 public class MyAnnotationDemo {
03    @MyAnnotation                                //自定义注解使用在方法上
04   public void annoMethod() {
05     System.out.println("方法本身执行");
06    }
07    public static void main(String[] args) throws Exception { //入口方法
08        MyAnnotationDemo myAnnotationDemo = new MyAnnotationDemo();
09        //获取使用在类上的自定义注解
10        if (myAnnotationDemo.getClass().isAnnotationPresent(MyAnnotation.
          class)) {
11            MyAnnotation annotation = (MyAnnotation) myAnnotationDemo.
              getClass().getAnnotation(MyAnnotation.class);
12          System.out.println(annotation);
13        }
14        // 获取使用在方法上的自定义注解
15        Method annoMethod = myAnnotationDemo.getClass(). getMethod
          ("annoMethod");
16        annoMethod.invoke(myAnnotationDemo, null);
17        Annotation[] methodAnnotations = annoMethod.getAnnotations();
18        if (annoMethod.isAnnotationPresent(MyAnnotation.class)) {
19         System.out.println("方法添加了 MyAnnotation 注解，再干点其他事.....");
20        }
21    }
22 }
```

通过反射获取的 Java 类（Class）、方法（Method）和属性（Field）对象，都提供了获取注解的方法（类似于 getAnnotations()等）。注解功能具有使用方便和解耦等特性，因而逐渐受到开发者的青睐，很多著名的第三方包和框架对注解的使用也逐渐增多，比如 Hibernate、Spring 和 JUnit 使用注解来替换继承框架的特定接口。

5.1.2　Java 注解标准

JCP 官方除了在 JDK 中提供并实现@Override 等基本注解和功能之外，还规范了一系列的注解标准，可以由其他容器或框架去实现。本节仅介绍在 Spring 框架中实现的部分注解，包括 Java 平台的公共注解标准（JSR-250）、依赖注入的注解标准（JSR-330）和软件缺陷检测注解（JSR-305）。JSR-250 定义的标准注解主要如下：

- @Resource：声明对资源的引用（类似于数据库资源）；
- @PostConstruct：使用在 Servlet 上，在 init()方法之前执行；
- @PreDestroy：使用在 Servlet 上，在 destroy()方法之后执行。

以上注解定义的注解类文件位于 JRE 的 rt.jar 中，对应目录是 javax.annotation。JSR-250 定义的注解规范基本是关于“资源”的构建、销毁和使用。

JSR-330 是 JCP 官方定义的依赖注入的注解标准。相关注解定义文件位于 javax.inject.jar 中，这个 jar 包没有包含在 JDK 中，需要额外下载或使用 Maven 导入。其主要定义了 5 个注解（Inject、Qualifier、Named、Scope 和 Singleton）和 1 个接口（Provider）。

- @Inject：标识需要由注入器注入的类成员，用于类的构造器、方法和属性上，可以与 Spring 依赖配置结合使用；
- @Qualifier 和@Named：限制器，用于限制可注入依赖的类型；
- @Scope 和@Singleton：定义作用域；
- Provider 接口用于提供类型 T 的实例。

JSR-305 是软件缺陷检测注解标准，该注解不是来自于 Java 官方标准，而是来自于 Java 代码的静态分析工具（包括 FindBugs、IntelliJ 和 CheckStyle 等）的使用需求。静态分析工具开发人员可以通过注解定义代码的健壮性，例如哪些值不能为空，哪些值不能为负。在 FindBugs 的创始人 Bill Pugh 的带领下制定了该注解标准。该标准包括@Nonnull 和@Nullable 等注解，下面分别介绍。

- @Nonnull：注解的元素不能为 Null。用在属性上，表示在对象构造完成之后，属性的值不能为空；用在方法上，表示方法的返回值不能为空；
- @Nullable：注解的元素可以为空。

JSR-305 的注解没有包含在 JDK 中，需要额外导入 jsr305 的依赖包。Maven 的导入方式如下：

```
01 <dependency><!-- 导入 JSR305 依赖包 -->
02     <groupId>com.google.code.findbugs</groupId><!--组名-->
03     <artifactId>jsr305</artifactId><!--组件名-->
04     <version>3.0.2</version> <!--版本-->
05 </dependency>
```

5.2　Spring 支持的注解类型与开启方式

Spring 总被看成是 Java 官方标准之外的框架，但是从 Spring 注解功能来看，Spring 实现了 JCP 官方定义的注解标准（如 JSR-250），Spring 定义的注解也被 JCP 组织参考并定义成标准。从这点来看，两者正逐步走向融合。

Spring 除了提供对多种 Java 注解标准接口（JSR-250、JSR-330 和 JSR-305 等）的支持和实现之外，也定义了用于容器配置等功能的注解。另外，对这些注解的功能可以灵活控制。默认状况下，注解功能是关闭的，通过简单配置即可开启类的注解功能。

5.2.1　Spring 支持的注解类型

本章所讨论的 Spring 注解类型基本是限定在容器配置方面的注解，从功能角度，可将注解分为组件注解和依赖注解。

- 组件注解有 Spring 提供的@Component、@Controller 和@Service 等，也有 Java 标准注解@Resource、@Name 等；
- 依赖注解有 Spring 提供的@Autowired、@Lookup 和@Value，也有 Java 标准注解@Inject 等。

从实现的方式上来看，有的注解是在容器初始化的时候完成的，比如@Component 等组件注解；有的注解是通过 BeanPostProcessor 的容器扩展方式来实现的。通过 BeanPostProcessor 扩展实现的注解，根据其对应的注解处理类，包含以下 4 种：

- Java 公共注解（注解的处理类 CommonAnnotationBeanPostProcessor）：提供对 Java 平台公共注解标准 JSR-250 的实现，包括@PostConstruct、@PreDestroy 和@Resource 等。除此之外还提供了 EJB 注解接口（@EJB）和 Web Service 相关注解接口的实现（@WebServiceRef）。
- 自动装配注解（注解的处理类 AutowiredAnnotationBeanPostProcessor）：用来进行依赖注入的注解，有对官方注解标准 JSR-330 的支持（比如@Inject、@Named 等，从 Spring 3.0 开始支持），也有 Spring 自定义的注解（@Autowired、@Value 和@Lookup）。
- 非空检查注解（注解的处理类 RequiredAnnotationBeanPostProcessor）：对依赖进行检查的注解@Required 的功能实现。
- 持久化注解（注解的处理类 PersistenceAnnotationBeanPostProcessor）：用来处理对象关系映射及注解 JPA 资源 EntityManagerFactory 和 EntityManager，支持@PersistenceUnit 和@PersistenceContext 等 JPA 注解。

AutowiredAnnotationBeanPostProcessor 和 RequiredAnnotationBeanPostProcessor 在

spring-beans 模块中，对应的包路径是 org.springframework.beans.factory.annotation；Common-AnnotationBeanPostProcessor 位于 spring-context 模块的 org.springframework.context.annotation 包中；PersistenceAnnotationBeanPostProcessor 位于 spring-orm 模块中。

5.2.2　Spring 注解功能的开启方式

Spring 提供或实现的容器配置注解，在默认状况下使用并不会立即生效，需要配置相关的处理类进行处理。Spring 提供了 3 种方式开启此类型注解的功能，分别是配置实现注解功能的 BeanPostProcessor 的 Bean、使用<context:annotation-config>标签和配置<context:component-scan>标签。

1．配置实现注解功能的BeanPostProcessor的Bean

对于使用容器扩展点 BeanPostProcessor 实现的注解来说，注解功能的开启，只需要在配置文件中加上注解处理类的 Bean 配置。以 Java 公共注解为例，在配置文件中加入以下配置：

```
<!--公共注解的处理类的 Bean 定义-->
<bean class="org.springframework.beans.factory.annotation.CommonAnnotation
BeanPostProcessor">
</bean>
```

AutowiredAnnotationBeanPostProcessor、RequiredAnnotationBeanPostProcessor 和 Persistence-AnnotationBeanPostProcessor 的配置方式相同，需要注意使用正确的包名。

2．使用<context:annotation-config>标签

为了简化配置，Spring 提供了一种更简捷的方式开启注解功能，在配置文件中加入一行即可开启 4 种注解的支持：

```
<context:annotation-config/> <!--开启注解配置-->
```

这个标签的实质是一次性在容器中注册以上 4 种 PostProcessor 的 Bean。

注意： *在使用 context 标签时，需要在<beans>根元素中添加 context 的命名空间等。*

3．使用<context:component-scan>标签

前面两种方式并不会开启@Component 等组件的注解功能。要开启此类型注解，需要进行路径扫描的配置，示例配置如下：

```
<!--包扫描配置-->
<context:component-scan base-package="cn.osxm.ssmi.chp4.anno" />
```

以上配置的 base-package 属性用于设置扫描的路径，多个路径间使用逗号分隔。使用该配置，容器对该包及子包下标注@Component 注解的类进行实例化。

除了扫描和处理@Component 注解外，context:component-scan 默认还会注册 Autowired-AnnotationBeanPostProcessor、CommonAnnotationBeanPostProcessor 和 RequiredAnnotation-BeanPostProcessor，也就是开启@Autowired、@ Required 和@Resource 等注解功能，这和配置 context:annotation-config 的作用是类似的，如果配置了 component-scan，就不需要增加 annotation-config 的配置了。

此外，component-scan 也可以通过设置属性 annotation-config 的值为 false 禁用@Autowired、@Required 和@Resource 等注解功能，而仅处理@Component 等组件注解。

在实际项目中，如果使用 XML 配置组件 Bean，可以使用<context:annotation-config/>开启依赖注入、非空检查等注解的功能，但更为常见的是使用<context:component-scan>开启包括@Component、@Named 等组件注解的功能。

5.3　Spring 支持的 Java 标准注解

Spring 提供了对 Java 标准注解的支持和实现，包含生命周期回调注解@PostConstruct 和@PreDestroy，以及组件注解@Named 和依赖注入注解@Inject 及@Resource。

5.3.1　@PostConstruct 和@PreDestroy

从 Java 5 开始，Servlet 增加了两个生命周期的注解：@PostConstruct 和@PreDestroy，这两个注解可以用来修饰一个非静态的 void 方法，注解相关的类位于 JRE 的 rt.jar 中。Spring 提供了对这两个注解的实现，@PostConstruct 注解的方法会在 Bean 的构造函数之后 init()方法之前执行；@PreDestroy 注解的方法在 destroy()方法执行之后执行。使用示例如下：

```
01 public class LifeCycleCallbackAnno {     //定义一个使用注解的类
02    @PostConstruct                        //该注解方法在该类实例初始化时调用
03    public void startAnno() {
04    }
05    @PreDestroy                           //该注解方法在该类实例销毁时调用
06    public void endAnno() {
07    }
08 }
```

@PostConstruct 和@PreDestroy 注解用于 Bean 的生命周期回调，除使用标准注解方式之外，Spring 本身也提供了实现生命周期回调的更多方式，可以参见上一章的相关介绍。

5.3.2　@Named——组件注解

@Inject 和@Named 是 JSR-330 定义的依赖注入的标准注解。与@PostConstruct、@PreDestroy 和@Resource 不同，这两个注解没有包含在 JRE 中，需要额外导入，使用

Maven 导入的配置如下：

```
01  <dependency> <!--导入 JSR330 依赖包 -->
02    <groupId>javax.inject</groupId> <!--组名 -->
03    <artifactId>javax.inject</artifactId> <!--组件名 -->
04    <version>1</version><!--版本 -->
05  </dependency>
```

@Named 使用在属性和参数上，作用是根据名字查找容器中对应的对象；也可以使用在类上，用于对该类进行组件的标注，功能类似于在 XML 文件中配置 Bean。使用方式如下：

```
@Named("namedBeanAnno")                    //定义该类的实例在容器中的名字
public class NamedBeanAnno {
}
```

与 XML 配置一样，如果不指定 Bean 的名字，默认以首字母小写的类名作为 Bean 的名字。除了@Name 注解外，Spring 也支持 JSR-250 的@ManagedBean 的组件注解。

5.3.3　@Resource——依赖注入注解

@Resource 是 JSR-250 的注解，用来标注系统或容器中资源类型的对象引用，包括持久层访问对象资源（DAO）、文件或容器等资源。@Resource 注解的定义在 rt.jar 中。Spring 支持这个注解来引用被 Spring 容器管理的对象，包括自定义的 Bean 实例和容器对象。@Resource 可以使用在属性和属性的 Setter 方法上，使用示例如下：

```
01  public class ResoureAnno {
02      @Resource                    //注解使用在属性上，注入注解自定义类的对象
03      private cn.osxm.ssmi.com.Foo foo;
04      @Resource                    //注解使用在属性上，注入容器类的对象
05      private ApplicationContext context;
06      @Resource                    //注解使用在 setter 方法上，注入参数定义的对象
07      public void setBar(Bar bar) {
08        this.bar = bar;
09      }
10  }
```

@Resource 注解的属性或 Setter 方法，默认会以属性名或 Setter 方法参数名去查找容器中的对象，如果没找到，则使用类来查找和注入。也可以显式地使用属性 name 来查找指定名称的 Bean 实例，例如：

```
@Resource(name="foo")              //通过名字查找容器中对应的对象
private cn.osxm.ssmi.com.Foo foo;
```

5.3.4　@Inject——依赖注入

@Inject 可以使用在构造函数、属性和属性的 Setter 方法上，用来注入依赖对象，使用示例如下：

```
01  @Inject                                  //1.构造函数注入依赖对象
02  public InjectNamedAnno(Foo foo) {
03    this.foo = foo;
04  }
05  @Inject                                  //2. 属性注入依赖对象
06  private Bar bar;
07  @Inject                                  //3. 属性 Setter 方法注入依赖对象
08  public void setBaz(Baz baz) {
09    this.baz = baz;
10  }
```

@Inject 注解的属性、函数和方法，默认会以属性或参数的名称查找容器中的对象。参数也可以结合@Named 注解，指定需要注入的 Bean 的名字，代码示例如下：

```
@Inject
public void setBaz(@Named("baz") Baz baz) { //结合@Named 注入指定名字的依赖
    this.baz = baz;
}
```

注意：如果注入的 Bean 没找到，则容器在初始化时会抛出 UnsatisfiedDependency-Exception 的异常提示。

5.4　Spring 容器配置注解

除了对 Java 标准注解的支持和实现之外，Spring 自身也提供了诸多的容器注解，包括依赖自动注入的@Autowired 注解、组件注册的@Component 及其子注解和@Bean 注解、依赖项检查的注解@ Required。

5.4.1　@Required——依赖项检查

@Required 用于属性的 Setter 方法上，以检查该属性是否进行了依赖注入。以 XML 配置 Bean 和注入依赖的方式来说，就是检查该属性对应的<property>是否被正确地配置。该注解的配置可以帮助我们及早发现依赖配置的问题。

下面以 RequiredAnno 的 Bean 的配置为例，其需要通过属性注入一个 Foo 类的 Bean，对应的 XML 配置如下：

```
<bean id="foo" class="cn.osxm.ssmi.com.Foo" />  <!--定义一个 Foo 类的 bean-->
<bean id="requiredAnno" class="cn.osxm.ssmi.chp4.anno.RequiredAnno">
   <!-- <property name="foo" ref="foo" />--> <!--将依赖项注释-->
</bean>
```

在 RequiredAnno 类的 foo 属性的 Setter 方法中增加@ Required 注解。

```
01  public class RequiredAnno{          //定义一个使用@Required 注解的类
02      public Foo foo;                 //属性
```

```
03     @Required                        //对依赖对象是否有配置进行检查
04     public void setFoo(Foo foo) {
05       this.foo = foo;
06     }
07  }
```

如果 foo 属性注入 foo 的部分忘记配置（类似于上面的 XML 配置的注释部分），则在容器启动的时候就会抛出 BeanInitializationException 的异常提示，提示以下错误信息：

```
Property 'foo' is required for bean 'requiredUsage'
```

5.4.2　@Autowired——依赖对象的自动装配

在 XML 中通过<constructor-arg>和<property>标签进行构造器注入和属性注入依赖对象是传统的依赖注入方式，但这种方式较为烦琐，特别是对于依赖项特别多的状况，Bean 的配置就显得冗杂，容易出错，整个 XML 文件的维护也比较麻烦。Spring 提供了@Autowired 注解，直接在代码中进行依赖对象的自动装载，大大简化了配置，提高了开发效率。

@Autowired 注解可以使用在类构造器、属性和属性 Setter 方法甚至一般的方法上，也可以混合使用。

1．在构造器中使用@Autowired

下面以 AutowiredUsage 这个类的构造器为例，使用方式如下：

```
01  @Autowired                          //自动装载注解使用在构造器中
02  public AutowiredUsage(Foo foo) {
03   this.foo = foo;
04  }
```

构造器的参数名和容器中存在的该类的实例名可以不一样，此时，容器会通过类型查找，如果该类的实例存在多个的话会出错。一般而言，建议保持参数的名称与需要注入的依赖的 Bean 名称一致。

另外，从 Spring 4.3 开始，如果该 Bean 类只有一个构造器，在该构造器包含参数的状况下，不加@Autowired 注解，容器也会自动查找对象并注入。如果该类有多个构造器，则至少需要在某一个构造器上添加该注解。

2．在方法中使用@Autowired

@Autowired 可以使用在属性的 Setter 方法中，也可以用在一般的方法中，例如：

```
01  @Autowired                          //在属性的 Setter 方法中使用
02  public void setBar(Bar bar) {
03    this.bar = bar;
04  }
05  @Autowired                          //使用在一般方法中
06  public void myInitBar(Bar bar) {
```

```
07    this.bar = bar;
08  }
```

注意：这里注解@Autowired 的一般方法虽然没有被调用，容器也会将依赖对象注入，对应上面会设置 bar 属性的值。

3. 在属性中应用@Autowired

可以在任何作用域的属性中使用@Autowired 注解，包括 private、public 和 protected，使用方式如下：

```
//使用在属性定义上
@Autowired
private Baz baz;
```

使用@Autowired 自动装配的注解后，Bean 在 XML 中的配置就不需要再处理依赖项的注入了，而只需要配置一行代码即可，举例来看：

```
<!--在类里面使用依赖自动装载注解，Bean 的配置就可以很简单 -->
<bean id="autowiredUsage" class="cn.osxm.ssmi.chp05.anno.AutowiredUsage"/>
```

@Autowired 默认根据类来查找和注入容器中管理的对象，对于注解的属性和参数依赖要确保相应的 Bean 被容器托管（对于 XML 配置的方式，要在配置文件中有定义相应的 Bean），否则容器在初始化的时候就会找不到依赖对象而无法正常启动。如果多个 Bean 对应同一个类的话，则使用该类集合类型装载就可以得到该类的所有 Bean 的集合，集合类型包括该类的 Array[]、Set 和 Map。集合类型也可以应用在构造器和方法的自动装载的注解方式中，以属性注解方式来看：

```
01  @Autowired                        //自动装载数组类型的依赖
02  private Baz[] bazs;
03  @Autowired                        //自动装载集合类型的依赖
04  private Set<Baz> bazSet;
05  @Autowired                        //自动装载键值对类型的依赖
06  private Map<String,Baz> bazMap;
```

Map 的键和值分别是 Bean 的 id 和根据 Bean 配置产生的实例。@Autowire 是 Spring 中使用较为频繁的注解，其本身提供了更多的用法并可以结合其他注解使用，相关内容会在后面的章节做进一步的介绍。

5.4.3 @Component——组件注解

通过@Autowired 注解将依赖注入从 XML 配置转到 Java 代码中，更进一步，可以将 Bean 的定义也放到 Java 代码中使用注解的方式进行配置。前面介绍到，Spring 支持 Java 标准注解@Named 和@ManagedBean 来注解组件，但使用 Spring 本身的@Component 注解组件是更为常见的方式。

在类中使用@Component 注解，容器可以在启动时进行该类的实例化。@Component

是通用的组件注解，在 Java Web 开发中对应不同的组件层级，Spring 在@Component 元注解的基础上定义了不同类型的子注解，常用的包括@Controller、@Service 和@Repository，分别对应到控制层、服务层和数据访问层的组件。相比@Component，这 3 个注解提供了对应层级的一些附加功能，比如@Repository 提供了持久层处理异常的自动转换。

通过配置<context:component-scan>标签即可开启@Component 的注解功能，默认状况下会扫描 base-package 包下的所有@Component 和子注解（@Controller、@Service 和@Repository）标注的类进行实例化并注册。如果需要对扫描和注册的类及注解做一些过滤，有两种方式可以做到，分别是使用<context:exclude-filter>子标签，以及使用<context: incluce-filter>子标签和 use-default-filters 属性。

1. <context:exclude-filter>组件扫描的排除过滤

<context:exclude-filter>用于排除组件扫描的条件。举例来说，如果不需要扫描某个包下的@Controller 注解的类，配置如下：

```
    <!--组件扫描配置 -->
01  <context:component-scan base-package="cn.osxm.ssmi.com.anno">
02    <context:exclude-filter type="annotation"   <!--排除某种类型的注解 -->
          expression="org.springframework.stereotype.Controller" />
03  </context:component-scan>
```

2. <context: include -filter>结合use-default-filters实现组件扫描的包含过滤

use-default-filters 是<context:component-scan>标签可以配置的属性，默认值为 true。如果只是想扫描某种类型的注解，可以先将 use- include -filters 设为 false，之后再进行包含的过滤条件<context: include -filter>的配置。举例来说，如果只想扫描@Repository 注解的类，可以使用如下方式：

```
01 <context:component-scan base-package="cn.osxm.ssmi.com.anno" use-
   default-filters="false">
02   <context:include-filter type="annotation"   <!--包含某种类型的注解 -->
           expression="org.springframework.stereotype.Repository" />
03 </context:component-scan>
```

注意：以上必须设置 use-default-filters 的值为 false，如果不设置或设置为 true，即使定义了 incluce-filter 子标签，其他的注解也会被扫描。

<context:incluce-filter>和<context:exclude-filter>标签有两个主要属性：type 和 expression。type 用于指定过滤的类型，除了注解类型 annotation 之外，还支持 assignable、regex、aspectj 和 custom 这 4 种过滤的类型。expression 的值对应的是不同类型过滤器的匹配表达式，包含 annotation 类型在内的 5 种过滤类型和表达式的描述如下：

（1）annotation：对应 expression 的值设置为注解类的全路径类名，例如：

```
<!--根据注解类型进行过滤-->
<context:exclude-filter type="annotation"expression="org.springframework.
stereotype.Controller"/>
```

（2）assignable：expression 的值设置为类和接口的全路径名，例如：

```
<!--根据类的类型进行过滤-->
<context:exclude-filter type="assignable" expression="cn.osxm.ssmi.com.
anno.UserController" />
```

（3）regex：表达式可以使用正则表达式匹配包的路径或类。例如，对 cn.osxm.ssmi.com.anno 下面的所有类都排除：

```
<!--根据正则表达式过滤 -->
<context:exclude-filter type="regex" expression="cn.osxm.ssmi.com.anno.*" />
```

（4）aspectj：表达式使用 AspectJ 类型表达式匹配包或类。例如：

```
<!--根据 AspectJ 表达式过滤 -->
<context:exclude-filter type="aspectj" expression="cn.osxm..*Controller" />
```

（5）custom：表达式使用自定义的过滤器类，这个类需要继承 org.springframework.core.type.TypeFilter 接口。下面的例子中定义了一个类型过滤器 MyTypeFilter，根据类的名称进行过滤。

```
01 public class MyTypeFilter implements TypeFilter {  // 自定义过滤器类
02    @Override                                        //覆写 match()方法
03    public boolean match(MetadataReader metadataReader, MetadataReader
      Factory metadataReaderFactory)   throws IOException {
04      //得到注解定义元数据
05      AnnotationMetadata annotationMetadata = metadataReader.get
        AnnotationMetadata();
        //得到类元数据
06      ClassMetadata classMetadata = metadataReader.getClassMetadata();
07      Resource resource = metadataReader.getResource();
08      String className = classMetadata.getClassName();   //得到类的名字
09      System.out.println("Class:-->" + className);
10      if (className.contains("UserController")) {
11         return true;              //如果类名匹配，则返回 true
12      }
13      return false;
14    }
15 }
```

容器对每个组件注解类进行实例化时，都会调用以上过滤器的 match()方法进行判断，在< context:component-scan >中的配置如下：

```
<!--自定义过滤器的配置 -->
<context:exclude-filter type="custom" expression="cn.osxm.ssmi.chp05.anno.
MyTypeFilter" />
```

除了使用子标签<context:exclude-filter>和<context:incluce-filter>进行组件扫描的过滤之外，<context:component-scan>标签还提供了两个属性 nameGenerator 和 scope-resolver，分别用来自定义 Bean 的命名产生规则和 Bean 的 Scope 的自定义规则。

@Component 除了可以注解类之外，也可以作为元注解来定义新的注解，@Service、@Repository 和@Controller 就是使用@Component 定义的。如果需要，可以使用@Component

自定义其他的组件注解。

5.4.4 @Bean——方法层级的组件注解

@Component 及其子注解是使用在类层级的组件注解，也可以在类方法上使用@Bean 注解来注册 Bean，例如：

```
01  @Component                          //组件注解
02  public class Foo {
03     @Bean                            //在组件类中使用@Bean 定义组件
04      public Bar myInifBar() {
05        return new Bar();
06      }
07  }
```

@Bean 注解的方法需要有非空的返回类型，返回的对象就是注册 Bean 的对象。该注解只有在其方法对应的类被注册为 Bean 的状况下才有效（可以通过 XML 配置或@Component 注解配置）。

默认状况下，@Bean 注解方法注册的 Bean 的 id 是方法名。可以使用 name 属性指定名称，value 属性指定别名。name 和 value 可以单独分别使用，也可以一起使用，共同使用需要保持 name 和 value 的值一致，否则会出错。

```
@Bean(name="barBean",value="barBean")
```

容器在执行@Bean 注解方法实例化 Bean 时，如果该方法有输入参数，则容器会根据参数名查找 Bean 并作为依赖项进行注入，没找到，则容器启动失败。

XML 配置的 Bean 使用 init-method 和 destroy-method 属性设置初始化和销毁的回调方法，与此类似，@Bean 注解使用 initMethod 和 destroyMethod 属性定义回调方法（从这里也可以看出 XML 中的命名和 Java 中的命名的区别，XML 使用全小写和“-”分隔，Java 使用的是驼峰命名法）。@Bean 注解默认注册的是 singleton 作用域的 Bean 实例，结合@Scope 注解，可以定义其他的作用域范围，比如原型作用域定义@Scope("prototype")。

使用@Description 注解可以对该 Bean 做一些详细的描述，注解的描述内容通过 beanDefinition.getDescription()方式获取。下面是一个较为完整的示例：

```
@Description(value = "这是一个通过@Bean 注解方法产生的 bean") //给 Bean 添加说明
@Bean(name="userByMethod",initMethod="userInit",destroyMethod=
"userDestroy")                              //Bean 配置
@Scope("singleton")                         //作用域配置
public User user(Foo foo) {
   System.out.println("@Bean 注解方法的参数是依赖注入对象："+foo);
   return new User("Oscar");
}
```

@Bean 较常使用在 Java 代码配置类中（使用@Configuration 注解的类），@Configuration 在下面的章节中会进行介绍。

5.5　自动装配的更多介绍

自动装配的功能在 XML 配置方式中就可以实现，在<beans>和<bean>配置元素中配置 default-autowire 和 autowire 属性可以进行应用全局和 Bean 级别的依赖自动装配。使用@Autowired 注解可以对 Bean 类中的属性进行个别的依赖装配。

@Autowired 注解用于依赖对象的注入，是 Spring 的核心注解之一，其本身也提供了很多弹性和进阶的使用方式。

5.5.1　自动装配的 required 配置

@Autowired 默认是 required 的，也就是被注解的依赖对象必须已经在容器中注册。如果没有，则抛出 UnsatisfiedDependencyException 异常，容器初始化失败。这和@Required 注解的效果是一致的，区别是@Required 是对 XML 文件中的配置依赖项进行检查，@Autowired 会自动在容器中查找依赖项并注入。使用了@Autowired 注解的构造器和 Setter 方法一般不再需要注解@Required。

如果要取消依赖 required 的检查，最直接的就是删除@Autowired 注解。实际项目中经常会遇到运行时才需要注入 Bean，而不是在容器初始化的时候进行装配注入，这种状况可以通过设置 required 属性的值为 false 取消在容器初始化时对依赖对象的检查，定义方式如下：

```
01  @Autowired(required=false)                      //依赖检查
02  public void setFoo(Foo foo) {
03    this.foo = foo;
04  }
```

除了使用@Autowired 的 required 属性的方式，还可以在方法参数上使用@Nullable 注解以达到同样的效果，例如：

```
01  @Autowired
02  public void setFoo(@Nullable Foo foo) {     //使用@Nullable 检查非空
03    this.foo = foo;
04  }
```

这里的@Nullable 对应的注解类可以是 Spring 提供的 org.springframework.lang.Nullable，也可以直接使用 JSR 305 的标准注解类 javax.annotation.Nullable。此外，Java 8 提供了 java.util.Optional 用来处理类似的功能，但相比以上两种方式，处理起来较为烦琐。

5.5.2　自动装配的顺序和选择

在同一个类被注入多个 Bean 实例的状况下，使用@Autowired 可以注入该类的依赖对象和该类对象的集合。

- 注入该类的对象时，需要在某一个 Bean 的配置上使用@Primary 注解标注该 Bean 实例优先被使用，也可以结合@Autowired 和@Qualifier，通过名称等限定标识符查找某一个 Bean 实例。
- 注入该类的对象时，在 Bean 配置中使用@Order 注解可以设定各 Bean 实例在集合中的顺序。

1. @Primary——依赖的主候选

@Autowired 默认根据类来查找和注入容器中的对象，如果存在同一个类的多个 Bean 实例被容器管理的状况，在使用@Autowired 装配该类的依赖对象时会报 Unsatisfied-DependencyException 的异常，提示 expected single matching bean but found X，容器初始化失败。可以在该类的某个 Bean 的配置中设置该 Bean 作为依赖注入的主候选解决此问题，对应 XML 配置和 Java 注解配置的方式分别为：

- 在 XML 的<bean>配置中使用 primary 属性设置是否是主候选 Bean，ture 表示优先使用。组件和依赖完全通过 XML 元素配置，在 XML 中显式注入 Bean，基本上不会使用此属性。但对于组件的配置，在 XML 中依赖使用@Autowired 注解自动装配的场景，就有可能使用到。
- 在使用 Java 注解进行组件和依赖配置的方式下，可以将@Primary 注解使用在类和方法上。

@Primary 可以使用在@Component 注解的类中，也可以使用在@Bean 注解的方法上。使用在@Component 注解类的场景有：A 是一个接口，BA、CA 是 A 接口的实现类，并且这两个实现类使用@Component 注解为组件，如果通过@Autowired 注入 A 接口类型的依赖，会找到两个 Bean，此时可以在 BA 或 CA 之一中使用@Primary 注解。

在方法中使用@Bean 注解，可以达成对同一个类的多个 Bean 实例的注册，这也是@Primary 更为常见的使用方式。使用效果如下：

```
01  @Bean         //组件注解
    //如果 User 类对应的 Bean 在容器中有多个，其他 Bean 实例使用这个进行依赖注入
02  @Primary
03  public User secondUser() {
04    return new User("second");
05  }
```

2. @Qualifier——精确查找依赖

除了使用 Primary 指定主候选之外，可以结合@Qualifier 和@Autowired 根据 Bean 的名字来查找依赖对象，进行细粒度的配置。

Qualifier 的意思是候选者，在找到多个同类型的依赖时，@Qualifier 用来筛选候选者，@Qualifier 可以使用在属性、方法和参数中。属性的使用例子如下：

```
@Autowired
@Qualifier("thirdUser")                              //使用名字筛选候选者
private User user;
```

@Qualifier 注解后面的括号内是限定标识符。对应的是 Bean 的名称或别名，这是一种简写方式，也可以使用 value 属性：

```
@Qualifier(value="thirdUser")
```

在 XML 配置中可以使用 qualifier 标签对限定标识符进行 bean 名称之外的命名，比较好的做法是使用能描述组件特性的标识符，使用方式如下：

```
01 <bean id="jdbcTemplate" class="org.springframework.jdbc.core.Jdbc
Template">
02   <property name="dataSource" ref="dataSource"></property>
03   <qualifier value="springJdbc"/> <!--定义限定标识符的名字 -->
04 </bean>
```

实际项目中有这样一种场景：同一接口实现了不同的方法，在依赖注入该接口时，因为该接口对应不同的实现实例，需要使用@Qualifier 进行明确的标注，比如数据源接口的不同实现或服务接口的不同实现。下面以通知发送的服务为例，通知发送的形式可以是邮件、微信或其他方式，对应有一个通知服务的接口和不同类型的通知服务的实现。对应的步骤如下：

（1）服务的接口，定义共用方法。代码如下：

```
01 public interface Notice {
02   public void send();                    //接口方法
03 }
```

（2）邮件服务实现，并注解为 Bean。代码如下：

```
01 @Service                                 //组件注解
02 public class MailNotice implements Notice {
03   @Override
04   public void send() {
05     //方法体略
06   }
07 }
```

（3）微信服务实现，并注解为 Bean。代码如下：

```
01 @Service                                 //组件注解
02 public class WechatNotice implements Notice {
03   @Override
04   public void send() {
05     //方法体略
06   }
07 }
```

使用@Autowired 注解使用 Notice 接口，因为对应到多个实例，容器初始化会失败并报错，结合@Qualifier 注解可以解决这个问题。例如：

```
@Autowired
@Qualifier("mailNotice")
```

```
private Notice notice;
```

现在来比较一下@Primary 和@Qualifier 的区别。@Primary 是结合组件注解@Component 和@Bean 使用，容器对该类型 Bean 的依赖使用都是同一个；@ Qualifier 是在依赖注入的时候选择合适的 Bean 实例，结合@Autowired 一起使用。在实际开发中，@Primary 比较少使用，@Qualifier 应用频次较高。

3. @Order——同类型的集合注入顺序

如果同一个类注册了多个 Bean 实例，则通过@Autowired 注解可以自动装配该类的集合类型的依赖，集合中元素的顺序默认是以定义和注入的顺序，也就是在 XML 文件中的配置顺序或以@Bean 注解的顺序进行排序。使用@Order 注解可以指定 Bean 注入的顺序，使用示例如下：

```
01  @Bean                          //组件注解
02  @Order(1)                      //类实例集合的顺序
03  public User thirdUser() {
04    return new User("third");
05  }
```

@Order 后面的数值越小，优先级越高，在集合中的位置越靠前。在集合类型自动装配时，容器会依据@Order 注解对集合中的元素进行排序。集合类型的自动装配的示例如下：

```
@Autowired          //自动装载时，集合中元素的顺序会根据@Order 注解的值来排序
private List<User> userList;
```

5.5.3　自动装配的使用

@Autowired 可以用来自动装配自定义类的 Bean，也可以用来装配容器的上下文和容器对象，包括 BeanFactory、ApplicationContext、Environment、ResourceLoader、ApplicationEventPublisher 和 MessageSource 等。

自动装配可以简化依赖注入的配置，加快开发的速度，但是也存在一些限制和缺点，例如，简单类型不能自动装配，不精确且对象之间的关系没有记录，无法产生文档。自动装配和显式依赖注入配置可以共存，显式依赖注入配置会覆盖自动装配。在实际项目中，建议使用统一的风格进行依赖注入，个别使用自动装配会导致混乱。

5.6　基于 Java 代码的配置

传统的 Spring 开发，使用 XML 文件进行自定义类的 Bean 配置、容器提供类的 Bean 配置、Bean 的依赖注入配置和其他一些基本配置。配置注解功能支持类 BeanPostProcessor 的 Bean 或配置标签<context:annotation-config>后，就可以将依赖注入的功能从在

XML 中配置移到 Java 代码中通过注解实现。

配置<context:component-scan>路径扫描标签后，可以在 Java 类和方法中使用注解，以实现 Bean 的配置，自定义类的 Bean 的配置也就可以从 XML 移到 Java 代码的注解中实现了。但是，还有一些配置留在 XML 中，比如容器类的 Bean 配置，类似 BeanPostProcessor 等，以及<context:component-scan>等标签功能的配置。Spring 也提供了完全脱离 XML 的容器配置方式，也就是所有的配置都通过 Java 代码达成。

5.6.1　@Configuration——配置类注解

在类中使用@Configuration 注解 Spring 的配置类时，@Configuration 使用@Component 元注解定义的注解，说明@Configuration 也是一种组件类型的注解。使用@Configuration 注解的类相当于 XML 配置的<beans>元素，该类中的方法使用@Bean 注解注册组件，相当于 XML 配置中的<bean>元素。一个简单的配置类的注解如下：

```
01 @Configuration                          //配置类注解
02 public class AppConfig {
03    @Bean                                //组件注解
04    public Foo foo() {
05       return new Foo();
06    }
07 }
```

以上效果等同于 XML 配置：

```
<beans>  <!--XML 配置文件根元素 -->
   <bean class="cn.osxm.ssmi.com.Foo"/> <!--Bean 配置 -->
</beans>
```

@Bean 注解的方法不能是 private 或 final，注册 Bean 的 id 就是方法名，@Bean 注解虽然也可以用在@Component 注解的方法或其他的普通方法中，但是使用在@Configuration 注解类中是更为常见和推荐的用法。在非@Configuration 注解类的@Bean 注解方法中不能定义 Bean 间的依赖关系，如果定义在非@Configuration 注解类的依赖关系中，则有可能被当作一般的方法被调用，而不是用来作为 Bean 定义的方法。

5.6.2　Java 代码配置的容器初始化

XML 的容器配置方式使用 ClassPathXmlApplicationContext、FileSystemXmlApplication-Context 或 GenericXmlApplicationContext 来读取配置文件并初始化容器，代码配置的方式使用 AnnotationConfigApplicationContext 根据配置类初始化容器。

从类名上可以看出，这个容器初始化类是通过读取配置注解也就是@Configuration 来初始化容器的。和 XML 配置的注解支持类似，它还可以识别和处理@Bean、@Component、@Autowired 及 Java 的标准注解。代码配置方式的容器初始化代码如下：

```
//代码配置的容器初始化
ApplicationContext context = new AnnotationConfigApplicationContext
(AppConfig.class);
```

以上 AnnotationConfigApplicationContext 的构造器参数是一个@Configuration 注解的配置类，也可以使用@Component 注解的组件类，比如：

```
//一般组件注解类作为代码配置容器初始化的参数
ApplicationContext context = new AnnotationConfigApplicationContext
(Foo.class);
System.out.println(context.getBean("foo"));
```

以上的 Foo 类是使用@Component 注解的类。如果有多个配置类或组件类，则直接在参数中以逗号分隔即可。构造参数的类型是 Class<?>... annotatedClasses。

配置类也可以在上下文初始化之后通过方法 register()进行注册，效果类似，代码如下：

```
AnnotationConfigApplicationContext context = new AnnotationConfig
ApplicationContext();
context.register(AppConfig.class);              //注解配置类
context.register(Foo.class);                    //注册注解类
context.refresh();                              //更新容器
```

虽然 Spring 支持@Component 注解类作为容器初始化参数和使用 register()进行组件注册，但更好的方式是使用类似于 XML 配置中路径扫描的方式来进行组件的注册。

注意：register()方法是 AnnotationConfigApplicationContext 的应用上下文的类才有的方法，在添加完注解类之后，需要调用 refresh()方法更新容器。

5.6.3　@ComponentScan——组件扫描注解

XML 配置方式中使用<context:component-scan>标签配置自动扫描@Component 等注解的组件，base-package 属性设置需要扫描的路径。与此类似，在代码配置方式中可以结合@ComponentScan 与@Configuration 实现此功能，使用属性 basePackages 设置扫描的路径。代码示例如下：

```
01  @Configuration                                          //配置类注解
02  @ComponentScan(basePackages = "cn.osxm.ssmi.com.anno") //包扫描注解
03  public class AppConfig {
04  }
```

AnnotationConfigApplicationContext 还提供了 scan()方法在容器初始化之后对包中的组件进行扫描注册，例如：

```
01  AnnotationConfigApplicationContext context = new AnnotationConfig
    ApplicationContext();
02  context.scan("cn.osxm.ssmi.com.anno");                 //组件扫描方法
03  context.refresh()                                       //更新容器
```

因为@Configuration 是@Component 的子注解，所以@Configuration 注解的类也会被扫描并处理。在实际项目中，一般是将@Configuration 和@Component 注解的类放在不同的包中。

在前文@Bean 的使用中介绍过，@Bean 注解方法的参数是依赖项，会在容器中查找对应的对象并注入。也可以在实参中使用@Bean 注解方法进行依赖的注入，类似于以下使用 foo()方法注入 Foo 类型的对象。

```
01  @Configuration                                          //配置类注解
02  public class ConfigurationAnno {
03      @Bean
04      public Bar bar() {
05         return new Bar(foo());                           //使用方法获取 bean
06      }
07     @Bean  /
08     public Foo foo() {
09      return new Foo();
10     }
11  }
```

在官方说明中，以上的@Bean 用法只能在@Configuration 的注解类中才生效，实测发现在@Component 中同样生效，不过建议@Bean 的定义还是放在@Configuration 注解类中。

5.6.4　@Import——配置类导入注解

@Import 使用在@Configuration 的注解类中，用于导入其他的注解类。示例如下：

```
@Configuration                                                  //配置注解
@Import({AppConfig.class})                                      //导入其他的配置类
public class ImportAnnoConfig {}
```

除了注解类外，@Import 也可以导入普通的实体类。使用@Import 注解有一个好处是初始化的参数只需要指定一个类就可以，@Import 类似于 XML 中的<import>标签。此外，Spring 还提供了另外一个标签@ImportResource，可以导入 XML 的配置文件。

5.7　容器注解汇总

注解因其解耦特性在 Java 中特别是在一些 Java 框架中被广泛使用，Spring 更是将注解功能使用得淋漓尽致，提供了组件、依赖注入和容器其他配置的注解，可以完全取代传统的 XML 配置文件。

这些注解有的是遵循 Java 标准在框架中实现功能，有的是 Spring 自身提供的功能。对本章介绍的三个类别的注解进行归纳，如表 5.1 所示。

表 5.1　Spring容器注解汇总与说明

类　别	注　解	归　属	功　能
组件	@Named	Java标准	组件注册
	@Component	Spring	组件注册（类）
	@Bean	Spring	组件注册（方法）
	@Scope	Spring	组件作用域
	@PostConstruct	Java标准	组件初始化方法回调
	@PreDestroy	Java标准	组件销毁方法回调
依赖注入	@Resource	Java标准	依赖注入
	@Inject	Java标准	依赖注入
	@Required	Spring	依赖检查
	@Autowired	Spring	依赖自动装配
	@Nullable	Java标准或Spring	非空检查
	@Primary	Spring	依赖注入Bean优先级，结合@Component和@Bean使用
	@Qualifier	Spring	依赖注入限定符，结合@Autowired使用
	@Order	Spring	组件注入顺序，结合@Component和@Bean使用
配置	@Configuration	Spring	配置类注解
	@ComponentScan	Spring	组件扫描注解
	@Import	Spring	导入其他配置类

虽然完全可以使用注解替换 Spring 的 XML 文件配置，而且在 Spring 提供的 Spring Boot 框架中也是使用注解解析配置，但是并不代表在 Java 应用中使用配置文件就完全不好，即使在 Spring Boot 中也还是存在其他类型的配置文件。相比而言，某些 XML 配置方式显得更为简单，也更为直观。对于中小型项目，建议要么全部采用 XML 配置，要么组件和依赖注入使用注解，容器配置使用 XML。对于稍大型或大型项目，组件和依赖注入使用注解，容器配置可以结合@Configuration 和 XML 配置的方式，以某一个为中心，比如 XML 引导 Spring 容器，辅助@Configuration。具体如何选择还要依据项目特性及开发团队的技术风格而定。

除了本章介绍的组件、依赖注入和配置等注解外，Spring 还提供了用于事务管理和 Web 相关的其他更丰富的注解，这些内容在后面的章节中会逐步介绍。

第 6 章　Spring 测试

单元测试和集成测试一般是开发者需要进行的测试。Spring 的测试模块 spring-test 对这两种测试都提供了良好的支持。对于单元测试，在基础测试框架（JUnit、TestNG）和 Mock 框架之上，使用 Spring 提供的高级模拟对象和便捷的测试共用方法达成对 Spring 应用中的单个类的隔离测试。对于集成测试，Spring 扩展了基本测试框架，提供了一个基于注解的测试框架，在测试类中通过配置即可以完成容器初始化、容器缓存、环境选择和数据库事务管理等功能，大大地简化了测试工作，提高了测试效率。

6.1 关于测试

软件测试是软件开发中不可或缺的组成部分，测试阶段包括单元测试、集成测试、系统测试和验收测试，如图 6.1 所示。

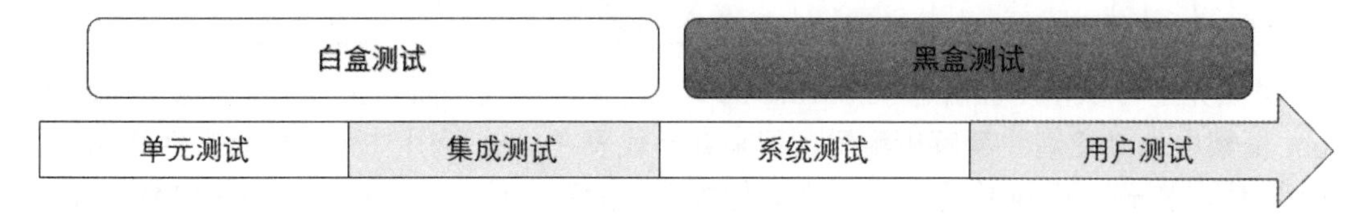

图 6.1　软件测试阶段

- 单元测试对最小的可验证单元（Java 的类及方法）进行测试。
- 集成测试测试系统的各个模块和子系统集成的功能验证。
- 系统测试是将软件部署到服务器之后，对软件的整体功能和性能进行测试。
- 验收测试主要是用户和客户的测试，从需求层次进行验证。

在开发过程中，单元测试和集成测试一般通过编写测试代码来实现，但在实际开发中，很多软件项目并没有很好地利用测试功能，原因有下面两个方面：

- 缺乏测试的意识，只使用 System.out.println 或者 IDE 的 Debug 来进行测试。
- 出于生产率和项目时程的考虑，没有时间进行单元测试程序的编写。

在笔者看来，单元测试和集成测试的编写很有必要。在代码开发阶段，开发人员对代码逻辑了然于胸，看起来测试的作用不大，但是在项目维护后期，对于系统问题的调试以及功能改动对整个系统的影响测试都是很有作用的，可以大大降低查找问题的难度。

大中型项目的分阶段开发、小型项目的功能变更和升级，某段代码修改是否会影响到其他的功能，只需要运行一下已有的单元和集成测试就可以很容易地进行验证。虽然在企业级应用中，基于 TDD（测试驱动开发）的场景并不多见，但是完备的单元测试和集成测试对于系统的验证和维护还是大有裨益的。

6.1.1　单元测试

单元测试（Unit Test）简称 UT，是对软件的基本组成单元（最小单元）进行正确性校验的测试工作。这里的基本组成单元可以是面向过程的函数或面向对象的类的方法，在软件开发的 V 模型中单元测试对应系统详细设计部分的验证。

单元测试一般由相应的开发人员编写，基于代码进行，测试方法基本上是白盒测试。但在测试驱动开发中，也可以是黑盒测试。

单元测试的原则是尽量保持测试用例的独立，并且应该全部在内存中完成，单元测试的代码和其所依赖的代码需要进行隔离。在 Java 语言开发中，单元测试是对类中的方法进行单独测试，但这个方法有可能出现如下状况：

- 该方法调用同一个类的其他方法；
- 该方法调用同一模块的其他类的方法；
- 该方法调用不同模块的其他类的方法；
- 该方法需要使用到容器的依赖对象。

严格意义上来说，为了确保独立性，对于被测试方法调用的其他方法和对象都要进行隔离。那么就出现了两个问题：对没有入口 main()方法的类如何测试？对其他类依赖的状况怎么处理？

针对上面两个问题，相应地就产生了驱动模块和桩模块的概念。驱动模块和桩模块都是复制被测模块来完成单元测试的模块。

- 驱动模块（Driver）：相当于被测模块的主模块，用来调用被测模块；
- 桩模块（Stub）：用于代替被测模块调用的子模块。

首先解决驱动模块的问题。单元测试框架简化和统一了驱动模块的定义方式，不同的开发语言对应不同的 XUnit 系列，包含 Java 的 JUnit 和 TestNG、.NET 的 NUnit、C/C++ 的 CppUnit，以及 PHP 语言的 PHPUnit。以 Java 语言来说，最原始的驱动模块就是一个带 main()主方法的类。但在 JUnit 测试框架中，通过继承特定的接口或在方法上使用注解之后，就可以作为主模块来调用被测的模块方法。

接着要解决桩模块的问题。以 Java 语言为例，要解决被测类所依赖的其他类的对象，最原始的方式就是继承依赖类的接口，实现一个替代的依赖类。举例来说，UserDao 是数据访问层的接口，可以通过实现这个接口完成一个假的类（UserDaoStub）专门用于测试，示例代码如下：

```
01 public class UserDaoStub implements UserDao {  //用于测试模拟的桩模块
02   @Override                                    //重载注解
03   public User get(String userId) {             //桩模块的方法覆写
04       User user = new User();
05       return user;
06   }
07 }
```

Stub 模块只关注最终的状态值，对最终的状态进行校验。以上面的例子来说，只能验证 get()方法执行的结果。但如果要想知道这个虚拟的模块本身是否被调用，或者除调用结果之外的其他信息就无法进行检验。于是，Mock 技术应运而生。

Mock 用在测试过程中，对一些不容易构造或获取的对象，创建一个模拟的对象。相比 Stub 关注状态，Mock 可以关注到行为，这也是状态测试和行为测试的区别。Mock 比 Stub 做的工作更多，除了保证 Stub 模拟外部依赖的功能之外，还可深入地模拟对象之间的交互方式。也就是 Mock 约等于 Stub + Expectation（期待）。

期待方法有没有被调用、期待适当的参数、期待调用的次数、期待多个 Mock 对象之间的调用顺序。所有的期待都是事先准备好，在测试过程中和测试结束后验证是否和预期一致。使用 Mock 测试的步骤主要如下：

（1）创建指定类的 Mock 对象，指定输入返回对应的响应内容。

（2）当被测函数调用到该 Mock 对象时，针对输入进行预期返回。

（3）验证该 Mock 对象是否被调用。

实现 Mock 技术的框架很多，如较早出现的 EasyMock 和较为流行的 Mocktio，以及在以上两个框架之上进行扩展的 PowerMock，还有类似于 PowerMock 的 Jmokit。EasyMock 是出现较早的也是最流行的 Mock 框架之一，Spring 也提供了对其良好的支持。下面以 EasyMock 为例，创建一个 UserDao 的模拟对象。代码如下：

```
   //1.使用接口创建 Mock 对象
01 UserDao userDao= EasyMock.createMock(UserDao.class);
   //2.设定参数预期和返回
02 EasyMock.expect(userDao.get("001")).andReturn(new User("Oscar"));
03 EasyMock.replay(userDao);                    //3.结束录制
04 UserServiceImpl userService = new UserServiceImpl();
05 userService.setUserDao(userDao);             //4.使用模拟对象
06 userService.get("001");
07 EasyMock.verify(userDao);                    //5.回放录制
```

从上面的示例代码可以看出，使用 EasyMock.createMock 的静态方法可以很容易地创建一个模拟对象（userDao），expect()方法设定这个对象的某个方法以传入某个参数值被调用的期望，andReturn()返回期望方法被调用的返回结果。replay()结束模拟的录制，在测试内容执行完成之后，使用 verify()会验证 expect()中的方法是否调用了期望传入的参数。如果调用方法换成 userService.get("002")，在 Eclipse 中执行会报如图 6.2 所示的错误提示。

```
Exception in thread "main" java.lang.AssertionError:
  Unexpected method call UserDao.getUserById("002"):
    UserDao.getUserById("001"): expected: 1, actual: 0
        at org.easymock.internal.MockInvocationHandler.invoke(MockInvocationHandler.java:44)
        at org.easymock.internal.ObjectMethodsFilter.invoke(ObjectMethodsFilter.java:101)
        at com.sun.proxy.$Proxy0.getUserById(Unknown Source)
        at cn.osxm.ssmi.com.UserServiceImpl.getUserById(UserServiceImpl.java:33)
        at cn.osxm.ssmi.chp06.stubmock.EasyMockDemo.main(EasyMockDemo.java:42)
```

图 6.2　EasyMock 验证非期望的错误

6.1.2　集成测试

集成测试（Integration Test）是在单元测试的基础上，将所有组件和模块按照概要设计要求组装成为子系统或系统，验证组装后的功能及模块间的接口是否正确的测试工作。

集成测试的范围较宽泛，小到一个涉及多个类的单元测试，大到整个系统，包括前端、后台、数据库和文件系统等，甚至可以超出本系统，跨越多个系统。一般来说，集成测试会涉及外部组件，包括数据库、硬件和网络。

集成测试的方式可以是白盒，也可以是黑盒，更常见的是两者的结合。集成测试可以由专门的测试人员和开发人员完成，对于开发人员，较多的是模块类之间、系统内部模块之间，以及结合外部组件进行基于代码的测试。在实际状况中，同一模块内、系统内部模块间的集成测试常与单元测试相混淆。

6.1.3　测试的一些概念

在测试中有一些常用的概念，这些概念在使用单元测试等测试框架中经常被用到，本节将从满足开发人员测试的角度进行简单介绍，包括：

（1）测试用例 Test Case：为某个特殊目标而编制的一组测试输入、执行条件及预期结果，以便测试某个程序是否满足某个特定需求。

- 对于软件测试，会使用专门的文档对测试用例进行描述并且基于测试用例文档进行测试。测试文档内容包括测试用例编号、用例描述、测试步骤编码、相关依赖、测试分类、负责人、是否自动化测试等。
- 对于 Java 单元测试框架，Test Case 基本对应到一个被测试的类。

（2）测试套件 Test Suite：是测试用例集合，一般将一组相关的测试放入测试套件。

- 对于软件测试，按照测试计划所定义的各个阶段和目标将测试用例划分成不同的部分，每个部分就是一个 Test Suite。
- 对于 Java 单元测试框架，在一个类中包含其他的测试类，比如，JUnit 对应的是 TestSuite。

（3）测试固件 Test Fixture：测试需要的固定环境。

- 对于软件测试，包括软硬件资源和外部系统等。
- 对于 Java 单元测试框架，是一些用来创建测试需要的对象的方法。以 JUnit 4 为例，提供了以下方法注解用于设置测试的环境：
  - @Before：在每个@Test 方法之前运行。
  - @After：在每个@Test 方法之后运行。
  - @BeforeClass：在所有的@Test 方法之前运行一次。
  - @AfterClass：在所有的@Test 方法之后运行一次。

（4）测试驱动：调用测试的主模块，在 JUnit4 中对应 TestRunner 类。

单元测试用于测试最小的功能单元，关注的是一个特定的功能，在 Java 中对应类及其方法的测试。单元测试一般的原则是独立，不调用其他的方法。但是在实际中，这个方法会调用外部的方法或依赖于外部的对象，甚至会出现访问网络、访问数据库、使用文件系统和创建新的线程等状况。这样就需要使用模拟方式创建依赖对象，将被测试类和其他类隔离开，以此简化测试，可以尽早发现错误。

单元测试应尽可能覆盖类中的方法，对于 private 方法可以使用反射机制调用，覆盖率可以根据项目实际状况制定，也可以结合 Cobertura 自动检测 UT 覆盖率并生成报告。

集成测试是在单元测试基础上，组装成模块、子系统或系统，集成测试界于单元测试和系统测试之间，起到“桥梁”的作用，一般由开发小组采用白盒加黑盒的方式来测试，既验证“设计”，又验证“需求”。在实际开发中，对于同一模块内部的测试，有的会归入单元测试范围，也有的会放到集成测试中。

6.2 Java 测试框架

JUnit 和 TestNG 是 Java 中常用的两个基本测试框架，基于注解进行测试。JUnit 目前使用的有两个版本：JUnit 4 和 JUnit Jupiter（也就是 JUnit 5），两者的差异较大。TestNG 是在 JUnit 4 基础上衍生出来的，提供更高级的功能。这 3 个框架也是 Spring 集成支持的测试框架。

6.2.1 JUnit 单元测试框架

JUnit 是 Java 中使用最为广泛的单元测试框架之一，最新版是 JUnit 5，于 2017 年 9 月发布。旧版本的 JUnit 4 仍在广泛使用，原因之一就是 JUnit 5 的架构整体改动较大，API 和测试注解都做了变化。

虽然 JUnit 的不同版本的架构和使用方式不一样，但基本概念是一致的。JUnit 的基本概念包括 TestRunner、TestCase、TestSuit、Test 和 Assert。

- TestCase：测试用例，在 JUnit 中对应一个类。早期版本的测试用例继承自 TestCase

类；在新版本中基本上是包含@Test 注解方法的类。

- TestSuite：测试集，也称为测试套件，将多个测试归到一个组，是使用@TestSuit 注解的类。
- TestRunner：测试运行器，执行测试的驱动模块。JUnit 4 默认使用的运行器类是 BlockJUnit4ClassRunner。
- Test：测试，对应的是测试类中的某个方法。
- Assert：断言，对执行结果的判断，是测试方法中的测试语句。

1. JUnit依赖包的导入

JUnit 需要导入对应的 jar 包才能使用，一般 IDE 类似 Eclipse 有默认集成 JUnit，可以不需要导入直接使用，也可以手动加入其他版本。导入方式可以下载 jar 包后 import 到项目中，更方便的是使用 Maven 进行配置导入。JUnit 4 的配置导入如下：

```
01  <dependency>
02      <groupId>junit</groupId>  <!--组名 -->
03      <artifactId>junit</artifactId> <!--组件名 -->
04      <version>4.12</version> <!--版本 -->
05      <scope>test</scope>
06  </dependency>
```

JUnit 5 的导入不是简单地修改版本号就可以，JUnit 5 对测试框架作了结构调整，拆分为 JUnit Platform、JUnit Jupiter 和 JUnit Vintage 3 个模块。

- JUnit Platform 是测试的基础平台，包括基本的 API、执行引擎、命令行界面及 Maven 等集成。
- JUnit Jupiter 是 JUnit 5 的一个测试引擎，Jupiter 也是 JUnit 5 的别名（Jupiter 的翻译是木星，Eclipse 有一款用来做 Code Review 的插件也叫 Jupiter，不过两者没有关系）。
- JUnit Vintage 是为了对旧的 Junit 3 和 JUnit 4 的兼容而提供的一个测试引擎。

也就是说，JUnit 5 需要同时导入以下 3 个模块：

```
01      <dependency> <!--JUnit 5 基础平台 -->
02          <groupId>org.junit.platform</groupId>
03          <artifactId>junit-platform-launcher</artifactId>
04          <version>1.3.2</version>
05          <scope>test</scope>
06      </dependency>
07      <dependency><!--JUnit 5 测试引擎 -->
08          <groupId>org.junit.jupiter</groupId>
09          <artifactId>junit-jupiter-engine</artifactId>
10          <version>5.3.2</version>
11          <scope>test</scope>
12      </dependency>
13      <dependency><!--JUnit 5 兼容 JUnit 4、JUnit 3 的测试引擎 -->
14          <groupId>org.junit.vintage</groupId>
15          <artifactId>junit-vintage-engine</artifactId>
16          <version>5.3.2</version>
```

```
17          <scope>test</scope>
18      </dependency>
```

2．JUnit的使用

在 JUnit 3 及之前的版本中，测试类需要扩展 JUnit 的 TestCase 类，并且覆写 setUp()方法用于设置一些公用的变量和环境，代码示例如下：

```
01 public class JUnit3Test extends TestCase {        //扩展 TestCase 的测试类
02   private int iNo = 0;                            //定义一个整型变量
03   @Override                                       //重载测试环境初始化方法
04   protected void setUp() {
05       // "Initial Some ...."                      //初始化动作
06       iNo = 1;
07   }
08   public void testStr() {                         //测试方法以 test 开头
09       assertEquals(iNo, 1);                       //断言
10   }
11 }
```

在 JUnit 3 及之前版本的测试框架中，单元测试的代码需要扩展 JUnit 框架的类，环境初始化方法及测试方法都要遵循框架的规定（方法名需要以 test 开头）。也就是说测试代码和测试框架紧耦合，这样代码的重用性不高、结构性不好，也难以管理。JUnit 4 版本对这些问题进行了改善，测试类不需要继承 TestCase，测试方法也不需要遵循特定的规范，使用注解即可进行测试。JUnit 4 的简单示例如下：

```
01 public class JUnit4Test {                         //测试类
02     private int iNo = 0;                          //定义一个整型变量
03     @Before                                       //环境初始化注解
04     public void mySetUp() {
05       // "Initial Some ...."                      //初始化动作
06       iNo = 1;
07     }
08     @Test                                         //测试方法注解
09     public void tStr() {
10       assertEquals(iNo, 1);                       //断言
11     }
12 }
```

JUnit 3 和 JUnit 4 的测试方法都需要是 public void 且无参。JUnit 3 通过分析方法名称来识别测试方法，方法名称前缀必须是 test。JUnit 4 基于注解、静态导入的方式构建，不需要继承或扩展特定的测试框架类，需要测试的方法也不需要遵循固定的格式，只需要加上@Test 注解，用于变量及环境的方法只需要加上@Before 等注解即可，但需要注意的是这些方法需要是 public 的。此外，JUnit 4 还可以在测试类上使用@RunWith 注解指定特定的测试运行器，默认使用的是 BlockJUnit4ClassRunner。

JUnit 5 的使用方式虽然和 JUnit 4 类似，但 JUnit 5 对启动和测试注解都做了较大改动，一个简单的 JUnit 5 的示例如下：

```
    //导入 JUnit 5 的测试环境初始化的类
01  import org.junit.jupiter.api.BeforeEach;
02  import org.junit.jupiter.api.Test;                  //导入 JUnit 5 的框架类
03  public class JUnit5Test {                           //JUnit 5 的测试类
04    private int iNo = 0;                              //定义一个整型变量
05    @BeforeEach                                       //测试环境初始化注解
06    void mySetUp() {                                  //测试环境初始化方法
07        // "Initial Some ...."                        //初始化动作
08        iNo = 1;
09     }
10    @Test                                             //测试方法注解
11    @DisplayName("start test tStr method....")        //测试的名称
12    void tStr() {                                     //测试方法
13        assertEquals(iNo, 1);                         //断言
14    }
15  }
```

JUnit 5 与 JUnit 4 的区别如下：

- 注解导入的类不一样，JUnit 5 的类位于包 org.junit.jupiter 中。
- 环境设置和测试的方法不强制要求 public。
- 默认一个测试的名字就是方法名，在 JUnit 5 中可以使用@DisplayName 标签指定测试的名字。
- 测试使用的标签有较大差异。比如，JUnit 4 的每个测试的环境设置方法注解@Before，在 JUnit 5 中使用的是@BeforeEach，更多的注解差异在后面章节中会进一步介绍。

3. JUnit的运行

单个 JUnit 测试类可以通过命令行方式运行，更方便的方式是在 IDE 中（类似 Eclipse）中直接运行。

（1）命令行运行方式

和一般的 Java 源文件类似，可以使用 javac 和 java 命令分别对 JUnit 测试的源文件进行编译和运行。以一个位于包 test 中、类名是 JUnit4Test.java 的 JUnit 4 的测试源文件为例，编译和运行的命令如下：

```
javac -cp .;junit4lib/junit-4.12.jar;junit4lib/hamcrest-core-1.3.jar
test/JUnit4Test.java                                            \\编译
java -cp .;junit4lib/junit-4.12.jar;junit4lib/hamcrest-core-1.3.jar
org.junit.runner.JUnitCore test.JUnit4Test                      \\运行
```

对以上命令说明如下：

- 编译和运行都需要使用-cp 指定 JUnit 4 的依赖包，hamcrest-core 是 JUnit 4 需要使用的依赖包。这里为了方便，将以上两个文件复制到和源码同级的目录 junit4lib 中。
- javac 命令中的包和源文件使用斜线“/”分割，源文件需要带后缀.java。
- java 命令中的包和源文件使用“.”分割，类文件不需要带后缀。JUnitCore 是 JUnit

的主函数类（main）。

（2）Eclipse 运行方式

Eclipse 等 IDE 提供了集成的测试运行方式，直接在编辑器中就可以执行，右击代码 Run As，在弹出的菜单栏中选择 JUnit Test 即可。IDE 还提供了更直观的测试结果的显示，效果如图 6.3 所示。

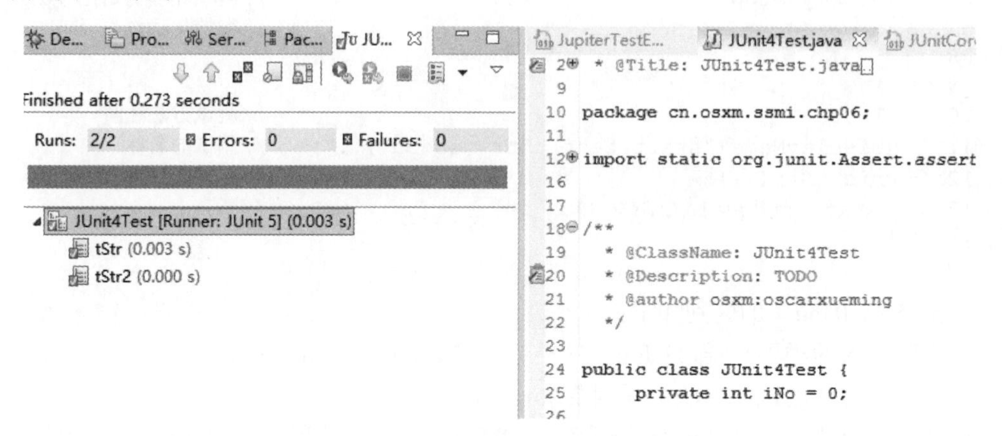

图 6.3　Eclipse 中的 JUnit 测试运行效果

6.2.2　JUnit 批量测试

如果仅是单个文件的测试，在 IDE 中就可以了，如果需要批量地自动化运行并产生测试报告，就可以通过 Maven 来完成。

Maven 安装后默认有一个插件 surefire 用来执行单元测试，产生测试报告。这个插件由 Maven 官方提供，地址是 http://maven.apache.org/surefire/。Surefire 已经有 3 版本（比如 3.0.0-M2），一般使用 2.22.1 版本即可。在 Maven 3.5.3 中默认使用的是 maven-surefire-plugin:2.12.4。也可以在 pom.xml 指定需要的版本，代码如下：

```
01  <plugins>
02     <plugin> <!--Maven 单元测试插件 -->
03      <groupId>org.apache.maven.plugins</groupId> <!--插件的组名 -->
04      <artifactId>maven-surefire-plugin</artifactId>  <!--插件名 -->
05      <version>2.22.1</version> <!--版本 -->
06     </plugin>
07  </plugins>
```

JUnit 3.8 以下的版本不支持 Surefire，JUnit 4 及之上版本支持。JUnit 曾提供 junit-platform-surefire-provider 用于 Surefire 的支持，不过现在不需要这个配置，直接使用 Maven 提供的配置就可以，而且 JUnit 计划在新版中废弃这个配置。maven-surefire-plugin:2.12.4 不支持 JUnit 5 的测试，需要使用 2.22.1 及以上的版本。

增加以上依赖项之后，在 Eclipse 中右击项目的 pom.xml，选择 Run As | Maven test 命令，在控制台可以看到使用的 maven-surefire-plugin 及版本和测试的结果统计。

```
[INFO] ------------------------------------------------------- //测试标识
[INFO]  T E S T S
[INFO] -------------------------------------------------------
[INFO] Running cn.osxm.ssmi.chp6.JUnit5Test    //运行的测试类
[INFO] Tests run: 1, Failures: 0, Errors: 0, Skipped: 0, Time elapsed: 0.02
s - in cn.osxm.ssmi.chp6.JUnit5Test            //测试运行的结果、时间统计
[INFO] Running JUnit3Test                      //运行的测试类
[INFO] Tests run: 1, Failures: 0, Errors: 0, Skipped: 0, Time elapsed: 0.012
s - in JUnit3Test
[INFO] Running JUnit4Test                      //运行的测试类
[INFO] Tests run: 1, Failures: 0, Errors: 0, Skipped: 0, Time elapsed: 0
s - in JUnit4Test
[INFO]
[INFO] Results:
[INFO]
[INFO] Tests run: 3, Failures: 0, Errors: 0, Skipped: 0    //汇总统计
[INFO]
[INFO] ------------------------------------------------------------------------
[INFO] BUILD SUCCESS
[INFO] ------------------------------------------------------------------------
[INFO] Total time: 17.467 s
[INFO] Finished at: XX
[INFO] ------------------------------------------------------------------------
```

以上测试同步会在 target\surefire-reports 目录下产生测试报告。每个测试类对应 txt 和 XML 两种格式的测试报表。

注意：把所有单元测试批量执行并不就是集成测试，集成测试往往需要调用其他接口和类的方法，需要编写特定的 Test Suite 和 Test Case，而且集成测试的目录建议和单元测试分开。

6.2.3 JUnit 运行器

@RunWith 是 JUnit 4 用来指定测试的运行器类的注解。实际中使用 JUnit 单独测试时比较少用，但在 Spring 测试中这个注解会频繁使用。JUnit 4 默认使用的运行器类是 org.junit.runners.JUnit4，这个类是 BlockJUnit4ClassRunner 的简单继承（没有任何扩展方法），也可以显式地指定运行器类，示例如下：

```
01  @RunWith(JUnit4.class)                    // 注解使用的运行器
02  public class TestRunnerTest {             //测试类
03      @Test                                 //注解测试方法
```

```
04      public void hello() {                     //测试方法
05        int iNo = 1;
06        assertEquals(iNo, 1);                   //断言
07      }
08  }
```

如果默认的运行器不能满足需求，可以自定义运行器，比如基于 Spring 测试时需要进行容器初始化。自定义的运行器类继承自 BlockJUnit4ClassRunner 类，在构造器函数和 runChild()方法中就可以增加自定义的逻辑代码，例如：

```
    //自定义运行器
01  public class MyTestRunner extends BlockJUnit4ClassRunner {
        //构造方法
02      public MyTestRunner(Class<?> klass) throws InitializationError {
03        super(klass);                                   //调用父类构造器
04      }
05      protected void runChild(final FrameworkMethod method, RunNotifier
        notifier) {                                       //运行方法
          //可以是自定义逻辑
06        System.out.println("自行定义的测试运行器 : " + method.toString());
07        super.runChild(method, notifier);               //调用父类方法
08      }
09  }
```

完成自定义的测试运行器类的定义之后，就可以通过@RunWith 注解使用该运行器了，使用方式如下：

```
01  @RunWith(MyTestRunner.class)     //自定义运行器的使用
02  public class MyTestRunnerTest {
03      @Test                        //注解测试方法
04      public void testMethod() {   //通过自定义运行器的 runChild 方法执行
05          int iNo = 1;
06          assertEquals(iNo, 1);
07      }
08  }
```

在 JUnit 5 中，运行器使用的注解是@ExtendWith，Spring 的测试框架就是通过扩展运行器进行应用上下文初始化等工作的。

6.2.4　JUnit 4 与 JUnit 5 的比较

JUnit 4 和 JUnit 5 在内部结构上做了较大的改动，对于开发者而言，在使用上的差别主要包括：依赖包的导入不同、import 的类不同和注解名称的变化。其中，注解名称的变化是对开发者影响最大的部分，两者的主要注解对比和说明如表 6.1 所示。

表 6.1　JUnit 4 与 JUnit 5 的注解比较表

JUnit 4	JUnit 5	说　　明
@Test	@Test	测试方法注解。JUnit 5与JUnit 4的@Test注解不同的是，JUnit 5的该注解没有声明任何属性（JUnit 4的该注解支持timeout属性）
@BeforeClass	@BeforeAll	该注解的方法在当前类中@Test注解的测试方法之前执行，只执行一次
@AfterClass	@AfterAll	该注解的方法在当前类中@Test注解的测试方法之后执行，只执行一次
@Before	@BeforeEach	该注解的方法在当前类中@Test注解的测试方法之前执行，每个测试方法执行一次
@After	@AfterEach	该注解的方法在当前类中@Test注解的测试方法之后执行，每个测试方法执行一次
@Ignore	@Disabled	禁用一个测试类或测试方法
@Category	@Tag	声明过滤测试，该注解可以用在方法或类中
@Parameters	@ParameterizedTest	表示该方法是一个参数化测试
@RunWith	@ExtendWith	就是放在测试类名之前，用来确定这个类怎么运行
@Rule	@ExtendWith	Rule是一组实现了TestRule接口的共享类，提供了验证、监视TestCase和外部资源管理等能力
@ClassRule	@ExtendWith	用于测试类中的静态变量，@ClassRule必须是TestRule接口的实例，并且访问修饰符必须为public

6.2.5　TestNG 简介及与 JUnit 的比较

TestNG 寓意 Next Generation Text，即下一代的测试，也是一个开源自动化测试框架。TestNG 与 JUnit 4 很相似，其很多思想来自于 JUnit，也依赖于 JUnit 4。TestNG 解决了 JUnit 4 的侵入性、不能依赖测试、配置不好和不适合复杂项目的缺点，不过这些问题在 JUnit 5 的新版中都予以解决了。

此外，TestNG 支持并行测试、负载测试、多线程测试和分组功能等，其可以覆盖所有的测试类别，包括：单元测试、功能测试、端到端测试及集成测试等。一个简单的 TestNG 基本上和 JUnit 4 的测试是类似的，代码示例如下：

```
01 public class TestNGHelloWorld {          //测试类
02   private int iNo = 0;                   //定义一个整型变量
     // TestNG的环境初始化注解：org.testng.annotations.BeforeClass
03   @BeforeClass
04   public void mySetUp() {
05     // "Initial Some ...."
06     iNo = 1;
07   }
08   @Test()        // TestNG的测试方法注解： org.testng.annotations.Test
```

```
09    public void tStr() {
10      Assert.assertEquals(iNo, 1);
11    }
12  }
```

JUnit 4 着重于测试隔离，TestNG 则可以通过在@Test 注解上使用 dependsOnMethods 属性进行依赖测试：

```
01  @Test                                          //注解测试方法
02  public void method1() {
03     System.out.println("This is method 1");
04  }
05  @Test(dependsOnMethods={"method1"})            //依赖测试
06  public void method2() {
07      System.out.println("This is method 2");
08  }
```

TestNG 涵盖了 JUnit 4 的核心功能，在参数化测试、依赖测试和套件测试（分组概念）方面更加突出。但 JUnit 是目前使用较为广泛的测试框架，Eclipse 默认集成了 JUnit 插件，Test NG 需要另外安装插件。开发者可以根据实际需要进行选择，Spring 测试框架对两者都提供了良好的支持。

6.3　基于 Spring 的测试

针对 Spring 某个类及方法的单元测试，结合单元测试框架（比如 JUnit）和 Mock 的框架（比如 EasyMock）就足以完成，当前 Bean 需要的依赖对象通过 Mock 创建，隔离所有的依赖，不需要使用到 Spring IoC 容器。但实际开发中所进行的 Spring 测试并不是完全意义上的单元测试，而是依赖于容器的测试。

Spring 提供的测试框架严格意义上是侧重集成测试的框架，这在 Spring 官方文档中有明确的区分。但 Spring 针对单元测试提供了一些支持，包括用于单元测试的一些共用方法和模拟类，这些方法和模拟类使用在一般应用和 Web 应用中，让测试变得非常方便。

6.3.1　JUnit 中加入 Spring 容器进行测试

结合单元测试框架和 Mock 框架基本可以对 Spring 进行单元测试，比如 JUnit+EasyMock 的组合。在 JUnit 框架中，使用 EasyMock 模拟依赖对象对某个组件类或服务类进行脱离容器的单元测试。

如果要结合容器进行集成测试，在测试类中的固件初始化时（比如@Before 注解方法）就需要始化容器，之后才能获取需要的 Bean 实例进行测试。以 JUnit 4 初始化容器进行测试为例，代码如下：

```
01  public class JunitSpringTest {                    //单元测试类
02    private ApplicationContext context;             //定义上下文变量
03     @Before                                        //测试环境初始化注解
04     public void initSpring() {                     //环境初始化方法
05        context = new ClassPathXmlApplicationContext("applicationContext.
          xml");                                      //初始化上下文
06     }
07     @Test                                          //注解测试方法
08     public void testMethod1() {                    //测试方法
          //从容器获取 Bean 实例
09        HelloBean bean1 = (HelloBean)context.getBean("bean1");
10     }
11  }
```

以上在 initSpring()方法中，通过 ClassPathXmlApplicationContext 初始化容器后就可以从容器中获取 Bean 进行测试。上面的代码段是较为常见的 Spring 测试示例，虽然可以完成测试效果，但是存在着如下问题：

1．频繁初始化容器，开销大、效率低且浪费资源

在 JUnit 4 中，@Before 注解在每个标准@Test 方法之前都会执行，这就意味着这个测试类中有多少个@Test 标识的方法，Spring 容器就会被重复初始化多少次。如果容器在初始化时要加载 ORM 映射和数据源，这个开销还是很大的。这个问题虽然可以通过使用@BeforeClass 注解修改成类层级的初始化，但是在整个项目使用 Maven 进行批量测试时，对应每个测试类，都会初始化一个新的容器。

这种效果可以在 Eclipse 中使用 Maven 批量测试进行验证。新建两个测试类，打印 ApplicationContext 对象的 id，可以看到每个测试类的应用上下文都不一样，验证代码如下：

```
01  public class JUnitSpring1Test {                       //测试类
02     private static ApplicationContext context;         //静态应用上下文
03     @BeforeClass                                       //类层级环境初始化注解
04     public static void initSpring() {                  //类层级环境初始化
05        context = new ClassPathXmlApplicationContext("application
          Context.xml");                                  //上下文
06     }
07     @Test                                              //注解测试方法
08     public void testMethod() {                         //测试方法
09        System.out.println("JUnitSpring1Test, applicationContext=" +
          context.toString());
10     }
11  }
```

2．测试代码烦琐、冗余

对每个 Bean 的测试都要先通过 getBean()方法从容器中先获取对应的实例，之后做强制类型转换之后方可使用和测试。在涉及多个 Bean 的集成测试的时候，这样重复额外的代码会极大的影响测试效率。

3．在数据持久化处理上不便捷

在开发过程中的单元测试，或使用工具批量进行的单元测试，很多情况下希望测试方法不要将数据操作持久化到数据库中。虽然可以在方法层级上添加事务的处理，但是针对测试的特别改动有可能出现忘记回退而影响实际的功能。

针对上面这些问题，Spring 提供了专门的测试模块来简化测试工作，加快测试的效率。

6.3.2　Spring 测试模块

Spring 提供了通用的、注解驱动的测试模块（spring-test）辅助进行 Spring 相关的测试。spring-test 支持结合 JUnit 或 TestNG 框架来进行单元测试和集成测试。spring-test 测试模块需要导入，Maven 的导入方式是直接在 pom.xml 中加入依赖项，例如：

```
01      <dependency>
02          <groupId>org.springframework</groupId>  <!--组名 -->
03          <artifactId>spring-test</artifactId> <!--组件名 -->
04          <version>5.0.8.RELEASE</version> <!--版本 -->
05      </dependency>
```

此外，Spring 是结合 JUnit 或 TestNG 进行测试，所以需要确保对应的测试框架已导入。

spring-test 测试模块的代码目录结构如图 6.4 所示。

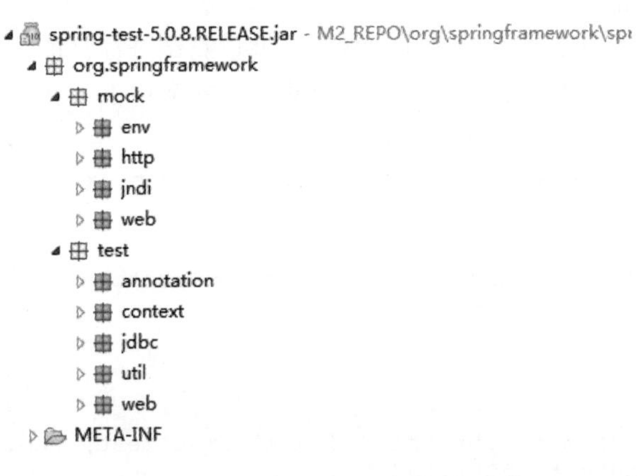

图 6.4　Spring 测试模块的目录结构

测试模块分为 mock 和 test 两大部分，mock 包里面提供了 4 种类型的模拟对象，可以单独使用于单元测试。在 test 包中，context 和 web 分别对应核心框架和 Web 框架的测试支持；annotation 是用于测试的注解定义；jdbc 包提供了数据库测试的支持；util 包提供了一些公用方法，可以用于脱离 Spring 测试框架进行独立的单元测试。

Spring 测试模块可以结合单元测试框架，对一般的桌面应用和 Web 应用进行测试。

针对两种不同类型应用的测试，Spring 对应的有通用测试框架和 MVC Web 的测试框架。使用 Spring 测试框架，应用上下文可以一次性加载并进行缓存，大大提高了测试的速度。更方便的是其提供了很多便捷的注解辅助测试。

6.3.3　Spring 测试模块对单元测试的支持

Spring 对单元测试的支持主要有两个方面：提供了多种类型的模拟对象，提供了用于单元测试的一些共用方法。

1．Spring测试模块的模拟类

对于简单的 POJO 和服务端的类和方法，可以使用 Mock 框架模拟创建，但对于复杂的状况，Mock 框架不易处理。Spring 提供了更高层级的类的模拟，具体介绍如下：

（1）环境的模拟

Java 中的 Property 是以键值对方式存储的数据类型，PropertyResolver 是 Spring 提供的属性解析器，可以通过 key 查找对应的值，Environment 继承自 PropertyResolver，但是额外提供了 Profile 特性，即可以根据不同环境（比如：开发、测试和正式环境）得到相应的数据。MockEnvironment 就是对 Environment 的模拟，可以在测试时设置需要的属性键和值。使用示例如下：

```
01  //代码方式的 Bean 配置和注册
    //Bean 工厂
02  DefaultListableBeanFactory bf = new DefaultListableBeanFactory();
    //Bean 定义
03  GenericBeanDefinition beanDefinition = new GenericBeanDefinition();
04  beanDefinition.setBeanClass(User.class);            //设置 Bean 定义类
    //设置 Bean 属性，使用占位符
05  beanDefinition.getPropertyValues().add("name", "${name}")
06  bf.registerBeanDefinition("user", beanDefinition); //注册 Bean
07  //模拟环境并设置属性后，对 Bean 中的占位符进行替换
08  PropertySourcesPlaceholderConfigurer pc = new PropertySources
    PlaceholderConfigurer();
    //设置环境属性
09  pc.setEnvironment(new MockEnvironment().withProperty("name", "Oscar"));
10  pc.postProcessBeanFactory(bf);                      //替换占位符
```

在上面的示例代码中，使用 GenericBeanDefinition 类进行 Bean 的配置和注册，对应的 Bean 类是 User，使用占位符${name}设置该类的属性值。接着创建 MockEnvironment 并设置了属性 name 的值，最后设置 PropertySourcesPlaceholderConfigurer 的环境为创建的模拟环境并替换占位符为模拟环境中设置的属性值。

（2）JNDI 的模拟

JNDI（Java Naming and Directory Interface），Java 命名与目录接口。直观的理解就是给资源（比如数据库资源）一个通用的名字，通过这个名字就可以查找这个资源了。

在开发和测试时，数据源可以通过配置 url、name 和 password 在 XML 中配置，但在正式环境中，为了保障安全，数据源更多的是使用 JNDI 的方式配置在应用服务器上，而且除了数据源以外的其他资源，如 EJB 等就必须使用 JNDI 的方式了。Spring 提供了根据 JNDI 名称查找资源对象的类 JndiObjectFactoryBean，以 JNDI："java:comp/env/jdbc/mydatasource"为例，通过 XML 配置数据源 Bean 的方式如下：

```
01  <bean id="jndiDataSource" class="org.springframework.jndi.JndiObject
    FactoryBean">
02      <property name="jndiName"> <!--JNDI 属性定义 -->
03          <value>java:comp/env/jdbc/mydatasource</value>
04      </property>
05  </bean>
```

现在的问题是：测试的时候不希望开启应用服务器，怎么找到 JNDI 对应的资源呢？Spring 提供了使用 SimpleNamingContextBuilder 来构造 JNDI 资源的模拟。以前面配置的数据源的 JNDI 模拟为例：

```
    //模拟 JNDI 方法
01  public void initForTest() throws IllegalStateException, NamingException {
        //创建数据源
02      DriverManagerDataSource ds = new DriverManagerDataSource();
03      ds.setDriverClassName("com.mysql.cj.jdbc.Driver"); //驱动类设置
        //数据源 URL
04      ds.setUrl("jdbc:mysql://localhost:3306/ssmi?serverTimezone=UTC");
05      ds.setUsername("root");                          //用户名
06      ds.setPassword("123456");                        //密码
07      SimpleNamingContextBuilder builder = new SimpleNamingContextBuilder();
08      builder.bind("java:comp/env/jdbc/mydatasource", ds); //绑定数据源
09      builder.activate();                              //激活
10  }
```

上面的代码中通过 DriverManagerDataSource 创建了一个数据源，使用 SimpleNaming-ContextBuilder 给该资源绑定一个 JNDI 的名字。以上方法可以使用@Before 注解后，读取包含以上 JNDI 的配置文件就可以使用模拟的数据源了。DB 及数据源相关的部分内容会在后面章节深入介绍。

（3）HTTP 和 Web 相关的模拟

Spring 提供了 HTTP 和 Servlet 的模拟对象类用于 Web 测试，相关部分的内容会在后面 Spring Web 测试中介绍。另外，Spring 还提供了 Spring Web Reactive 的响应式 Web 测试的模拟对象，本书不做探讨。

2. Spring测试模块的共用方法

org.springframework.test.util 包中的 ReflectionTestUtils 类提供了基于反射机制的方法，可以修改变量、非公有的属性和访问非公有的方法，还可以调用生命周期回调方法。在基于 Spring 框架的开发中，经常使用注解（包括@Autowired、@Inject 和@Resource 等）对私有的方法或属性进行依赖注入，这些私有的变量和方法不能直接获取和调用。举例来看，

组件类 Foo 定义如下：

```
01 public class Foo {                                  //组件类
02    @Autowired                                       //自动装载注解
03    private String name;                             //字符串变量
04    @PostConstruct                                   //组件初始化注解
05    private void onInit(){                           //组件初始化回调方法
06      System.out.println("onInit... " + name);
07    }
08    @PreDestroy                                      //组件销毁注解
09    private void onDestroy(){                        //组件销毁方法回调
10      System.out.println("onDestroy... " + name);
11    }
12 }
```

该组件类使用@Autowired 注解了一个私有的属性 name，@PostConstruct 和@PreDestroy 分别注解了两个私有的回调方法。这种代码风格是实际开发中常见的风格，可是在单元测试中不启动 Spring 容器、无法得到依赖对象也无法执行注解的生命周期回调方法下如何测试呢？答案就是通过 ReflectionTestUtils，测试代码如下：

```
01 @Test                                                   //测试方法注解
02 public void test () {                                   //测试方法
03     Foo foo = new Foo();                                //组件创建
       //设置私有变量的值
04     ReflectionTestUtils.setField(foo, "name", "Oscar");
       //调用组件初始化方法
05     ReflectionTestUtils.invokeMethod(foo, "onInit");
       //调用组件销毁方法
06      ReflectionTestUtils.invokeMethod(foo, "onDestroy");
07 }
```

6.3.4　Spring 测试框架

Spring 测试框架在 JUnit 和 TestNG 框架的基础上进行了扩展。在测试类中使用 JUnit 的@RunWith（JUnit4）或@ExtendWith（JUnit5）指定 Spring 提供的运行器扩展之后，就可以在测试类中很容易地进行上下文的初始化和缓存。通过测试执行监听器，可以在测试类中使用依赖注入和事务管理等注解，也可以自定义注解，简化测试。

1．Spring测试框架的使用

使用 Spring 框架开发，常使用的是对容器初始化之后的测试，也就是严格意义上的集成测试。Spring 测试框架主要位于 org.springframework.test.context 包中，提供了通用的、注解驱动和集成测试支持，其无缝集成了 JUnit 和 TestNG 的测试框架。

以 JUnit 4 为例，在 Spring 测试框架下编写测试类的步骤如下：

（1）在测试类中使用@RunWith 注解测试运行器。

（2）使用@ContextConfiguration 注解指定 Spring 的配置（可以是 XML 配置文件，也可以是配置类）。

（3）装载需要的 Bean 并完成 JUnit 标签@Test 注解的测试方法。

完整的代码示例如下：

```
01 @RunWith(SpringJUnit4ClassRunner.class)                    //运行器注解
02 @ContextConfiguration(locations="classpath:cn/osxm/ssmi/chp6/
   applicationContext.xml")                                   //配置
03 public class SpringTest {                                  //测试类
04    @Autowired                                              //自动装载注解
05    private HelloService helloService;
06    @Test                                                   //测试方法注解
07    public void hello() {                                   //测试方法
08       helloService.sayHello();
09    }
10 }
```

@RunWith 是 JUnit 的注解，用于标注测试运行器类。Spring 扩展了 JUnit 4 的 Block-JUnit4ClassRunner 类，额外实现了容器的测试上下文的初始化和维护（JUnit 5 使用的是@ExtendWith）。初始化容器依据的配置通过注解@ContextConfiguration 指定。在测试类中也可以使用 Spring 容器依赖注入等（类似@Autowired）注解。这些类在使用 Maven 批量执行时，应用上下文（容器）会缓存，不需要重复创建，节省了测试开销，加快了测试效率。

2．Spring测试框架原理

Spring 提供的测试运行器 SpringJUnit4ClassRunner 会创建测试上下文管理类 Test-ContextManager。TestContextManager 主要维护测试上下文 TestContext 和测试执行的监听 TestExecutionListener。TestContext 维护了根据配置初始化的容器应用上下文 Application-Context 和测试类、方法、和异常等信息，TestExecutionListener 则是测试类和方法执行前后的一些操作，这几个类的关系如图 6.5 所示。

对 Spring 测试框架的核心类说明如下：

- TestContextManager：测试上下文管理器类，在每次测试时都会创建。提供对测试上下文（TestContext）实例的管理，还负责测试过程中更新 TestContext 的状态并代理到 TestExecutionListener，用来监测测试的执行，在测试执行点向每个注册的 TestExecutionListener 发送信号事件。
- TestContext：测试上下文类，封装测试执行的上下文。提供访问容器和应用上下文的能力，并对 applicationContext 进行缓存。
- TestExecutionListener：测试执行监听器，与 TestContextManager 发布的测试事件进行交互，这个监听器就是注册到 TestContextManager 上的。提供依赖注入、事务管理等能力。

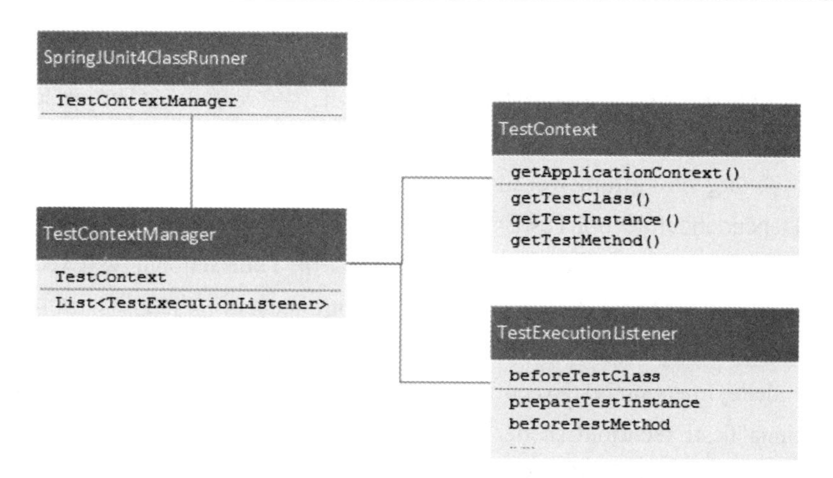

图 6.5　Spring 测试框架的核心类及关系

除了上面的核心类之外，还有以下一些重要的类。

- ContextLoader：负责根据配置加载 Spring 的 Bean 定义，以构建 applicationContext 实例对象。ContextLoader 是 Spring 2.5 中引入的一个策略接口，用于为 Spring Test-Context Framework 管理的集成测试加载 ApplicationContext。
- SmartContextLoader：Spring 3.1 中引入的 ContextLoader 接口的扩展。可以选择处理资源位置，带注释的类或上下文初始值设定项。支持按照 profile 加载。

@TestExecutionListeners 注解使用在测试类上，用于指定需要的测试执行监听器。测试执行监听器用于实现类执行之前被执行，或实现类的测试方法之前进行一些额外的处理。Spring 默认提供了 TestExecutionListener 的 3 个实现，包括：事务管理的 Transactional-TestExecutionListener、依赖注入的 DependencyInjectionTestExecutionListener 和上下文检查的 DirtiesContextTestExecutionListener。

- TransactionalTestExecutionListener：事务测试执行监听器，用于对事务进行管理，负责解析@Transaction、@NotTransactional 及@Rollback 等事务注解的注解。@Transaction 注解让测试方法工作于事务环境中。可以使用@Rollback(false)让测试方法返回前提交事务。而@NotTransactional 注解则可以让测试方法不工作于事务环境中。此外，还可以使用类或方法级别的@TransactionConfiguration 注解改变事务管理策略。
- DependencyInjectionTestExecutionListener：依赖注入测试执行监听器，该监听器提供了自动注入的功能，它负责解析测试用例类中的@Autowried 注解并完成依赖对象自动注入。
- DirtiesContextTestExecutionListener：上下文测试执行监听器，一般情况下测试方法并不会对 Spring 容器上下文造成破坏（比如改变 Bean 的配置信息等）。如果某个测试方法确实会破坏 Spring 容器上下文，可以显式地为该测试方法添加 @Dirties-

Context 注解，以便 Spring TestContext 在测试该方法后刷新 Spring 容器的上下文。

DirtiesContextTestExecutionListener 监听器的工作就是解析 @DirtiesContext 注解。

除了以上监听器外，开发者也可以实现自己的监听器类完成需要的操作。自定义的监听器需要继承类 org.springframework.test.context.support.AbstractTestExecutionListener，具体可以参照 DependencyInjectionTestExecutionListener 的实现。

默认 DependencyInjectionTestExecutionListener 和 TransactionalTestExecutionListener 是开启的，也就是在测试类上不添加@TestExecutionListeners 注解配置，就可以在测试类上直接使用@Autowried 和@Transaction 等注解。但是如果有自定义的新增注解的话，则需要把 DependencyInjectionTestExecutionListener 或 TransactionalTestExecutionListener 加上，TransactionalTestExecutionListener 可以不加。

接下来自定义一个注解@MyLogTestAnno，如果在测试方法中使用了此注解，则添加测试日志的功能，通过添加一个测试执行监听的实现 MyLogTestExecutionListener 来达成此功能。

（1）注解定义类 MyLogTestAnno。

```
01  @Retention(RetentionPolicy.RUNTIME)               //运行时注解
02  @Target(ElementType.METHOD)                      //注解使用在方法中
03  @Inherited                                       //允许继承
04  @Documented                                      //注解包含在 Java Doc 中
05  public @interface MyLogTestAnno {                //注解定义
06      public String logFileName();
07  }
```

（2）日志测试执行监听实现类。

```
01  public class MyLogTestExecutionListener implements TestExecution
    Listener {
02    public void prepareTestInstance(TestContext testContext) throws
      Exception {                                    //准备测试实例
03    }
      //测试类之前执行
04    public void beforeTestClass(TestContext testContext) throws Exception {
05        System.out.println("测试类之前执行");
06    }
      //测试类之后执行
07    public void afterTestClass(TestContext testContext) throws Exception {
08        System.out.println("测试类之后执行");
09    }
   //测试方法之前执行
10  public void beforeTestMethod(TestContext testContext) throws Exception {
11    System.out.println("测试方法之前执行");
12    MyLogTestAnno myLogTest = testContext.getTestMethod().getAnnotation
      (MyLogTestAnno.class);                         //获取注解
13      if (myLogTest == null) {
14          return;
15      }
16      String logfile = myLogTest.logFileName();
```

```
17          System.out.println("注解参入的参数"+logfile);
18  }
    //测试方法之后执行
19  public void afterTestMethod(TestContext testContext) throws Exception {
20          System.out.println("测试方法之后执行");
21    }
22  }
```

在完成 beforeTestMethod()的接口方法后，获取该方法中标注的注解，如果找到了@MyLogTestAnno，则执行日志相关的逻辑代码。

（3）在测试类中配置自定义测试执行监听类。

```
01  @RunWith(SpringJUnit4ClassRunner.class)              //测试运行器注解
02  @ContextConfiguration(locations = { "classpath:cn/osxm/ssmi/chp6/
    applicationContext.xml" })
    //测试执行监听器注解
03  @TestExecutionListeners({DependencyInjectionTestExecutionListener. class,
    TransactionalTestExecutionListener.class, MyLogTestExecutionListener.class,})
04  public class MyExecutionListenerTest{                  //测试类
05      @Autowired                                         //自动装载注解
06      private UserController userController;
07      @Test                                              //测试方法注解
        //自定义注解使用，logFileName 赋值
08      @MyLogTestAnno(logFileName = "testLog.txt")
09      public void test() {
10      }
11  }
```

在@TestExecutionListeners 注解中指定自定义的监听器，同时需要将框架本身的依赖注入测试执行监听器和事务测试执行监听器一并加上。

从测试执行监听实现类的代码中可以看到，可以在测试类或测试方法之前和之后进行预置或善后操作。这个和 JUnit 的@Before、@BeforeClass 很相似，只是这里处理的是自定义的注解。

3．Spring测试框架的优点

Spring 测试框架在不依赖应用服务器和其他部署环境的状况下，可以进行基于容器的集成测试。Spring 测试框架与主流的测试框架 JUnit 或 TestNG 的整合使用，学习成本较低。此外，Spring 测试框架还支持：

- 在测试类中使用依赖注入；
- 测试类的自动化事务管理；
- 使用各种注解，提高开发效率和代码简洁性。

除此之外，Spring 测试框架还可以管理测试之间的 Spring IoC 容器缓存。特别是在 Web 应用中可以大大提高测试的方便性和效率性。

6.4　Spring 测试注解

Spring 测试类更多的是属于 JUnit/TestNG 等范畴，Spring 的容器也就是应用上下文（ApplicationContext）不会管理测试类，反而是在测试类中需要使用到应用上下文。所以，Spring 测试框架定义了一些专门使用在测试类中的注解。除此之外，在 Spring 的测试中也可以使用 Spring 框架的标准注解。

6.4.1　Spring 测试专用的注解

对于不同的测试框架，Spring 提供了对应的测试运行器扩展（比如 JUnit 4 的 SpringRunner），在这些扩展运行器中会结合@ContextConfiguration 或@ContextHierarchy 指定的配置进行容器的初始化，使用@ActiveProfiles 指定的环境属性。另外，Spring 通过测试执行监听器的方式提供了可以在测试类和方法中使用的注解，包括数据库事务@Transactional、@Commit 和@Rollback，事务方法的执行点@BeforeTransaction、@AfterTransaction，以及在测试方法中执行指定 SQL 的@Sql、@SqlConfig 等。

1. @ContextConfiguration：上下文配置指定

Spring 测试框架提供了开发用于测试的专用注解，类似前面示例中使用的@ContextConfiguration，该注解用于指定 Spring 配置 XML 文件和或配置类。@ContextConfiguration 使用在类中时，使用属性 locations 指定 XML 文件，属性 classes 指定配置类。使用示例如下：

```
01  RunWith(SpringRunner.class)                              //运行器注解
02  //@ContextConfiguration(locations ="classpath:cn/osxm/ssmi/chp6/
    applicationContext.xml")
03  @ContextConfiguration(classes = MyAppConfig.class)       //配置类
04  public class ContextConfigurationTest {                  //测试类
05  }
```

@ContextConfiguration 注解可以指定多个配置文件或配置类，使用逗号“,”进行分隔。除了 XML 配置文件和配置类之外，@ContextConfiguration 也可以使用 ContextLoader 的实现类自定义上下文的加载，还可以结合 locations 和 Loader 的方式，例如：

```
01  @ContextConfiguration(locations = "/test-context.xml", loader = Custom
    ContextLoader.class)
    //使用了 loader 的测试类
02  public class CustomLoaderXmlApplicationContextTests {
03  }
```

此外，在 SpringBoot 项目使用，还可以配置 ApplicationContextInitializer 接口的实现类。

2. @ContextHierarchy：上下文层级配置

在@ContextConfiguration 注解中可以使用逗号分隔指定多个配置文件，但是如果每个配置文件使用的应用上下文有先后层级关系的话，也就是常说的父子容器（例如，在 Web MVC 项目中，核心容器是父容器、Web 容器是子容器），在此状况下可以在@ContextHierarchy 注解下面配置多个@ContextConfiguration。

```
01 @RunWith(SpringRunner.class)                    //运行器
02 @ContextHierarchy({                              //层级上下文配置
03   @ContextConfiguration(locations =" parent-config.xml"), //父容器
04   @ContextConfiguration(locations =" child-config.xml"),  //子容器
05 })
06 public class ContextHierarchyTest {
07 }
```

也可以在上面代码中设置@ContextConfiguration 的 name 属性来指定一个名字，配置类用 classes 属性指定。关于父、子容器的内容，会在后面章节介绍。

3. @ActiveProfiles：环境配置

@ActiveProfiles 注解使用在类中时，结合@ContextConfiguration 用于在测试中加载指定的 Bean，Bean 定义配置文件应该处于活动状态。

比如使用代码配置 Bean 通过@Profile 设定是开发环境的 Bean。

```
01 @Bean                                    //组件的方法注解
02 @Profile("dev")                          //开发环境使用
03 public Foo fooDev() {                    //返回 Foo 对象的方法
04   return new Foo("dev");
05 }
```

在测试类中使用@ActiveProfiles 时，会加载 profile 匹配的和没有设定 profile 的 Bean。示例如下：

```
01 @ContextConfiguration                    //上下文配置设置
02 @ActiveProfiles("dev")                   //测试类设定的环境属性
03 public class DeveloperTests {            //测试类中
04 }
```

4. @TestPropertySource：测试属性配置

@PropertySource 使用在@Configuration 注解的配置类中时，用于进行属性配置和占位符替换，@TestPropertySource 则是使用于测试类的属性源的配置。可以使用 properties 属性直接定义属性的键值，也可以指定属性文件，示例如下：

```
01 @RunWith(SpringRunner.class)                         //运行器
02 @ContextConfiguration(locations = { "classpath:cn/osxm/ssmi/chp06/
   testAnno.xml" })                                     //配置
```

```
    //属性文件
03  //@TestPropertySource("classpath:cn/osxm/ssmi/chp05/placeholder.properties")
04  @TestPropertySource(properties = { "jdbc.driver.className = com.mysql.
    jdbc.Driver","jdbc.url : jdbc:mysql://qa:3306/mydb" }) //属性键值设定
05  public class TestPropertySourceAnnoTests {                //测试类
06  }
```

5. @DirtiesContext：上下文清除配置

@DirtiesContext 用于在每个测试类或方法执行完成后清除当前上下文并重建一个全新的上下文，也就是不缓存应用上下文。在 JUnit 3.8 版本中其只能在方法中使用，在 JUnit 4 之后的版本中可以应用到类级别和方法级别。

- 应用在测试类上，测试类的所有测试方法执行结束后，该测试的 Application Context 会被关闭，同时缓存会清除。类层次有 4 种配置：BEFORE_CLASS、BEFORE_EACH_TEST_METHOD、AFTER_EACH_TEST_METHOD 和 AFTER_CLASS，默认是 AFTER_CLASS。
- 应用在方法上，需要使用在@Test 注解的测试方法上。有两种配置：BEFORE_METHOD 和 AFTER_METHOD，默认是 AFTER_METHOD。

使用@DirtiesContext，可以保证每个测试类或方法执行上下文的独立性、隔离性，但是其会让测试运行速度变慢，所以在使用@DirtiesContext 前应慎重考虑。

6. 数据库事务及相关注解

测试框架使用事务测试执行监听（TransactionalTestExecutionListener）实现测试的事务注解功能，包括@Transactional、@Commit 和@Rollback。另外，还可以使用@Before-Transaction、@AfterTransaction、@Sql 和@SqlGroup 等数据库相关的注解。

@Transactional 是 Spring 容器的标准注解，使用在测试类上可以结合测试框架的@Commit 和@Rollback 注解进行测试的事务管理。

@Commit 可以使用在测试类和测试方法上，表示在测试方法完成后提交事务。

@Rollback 也可以使用在测试类和测试方法上，表示方法执行完成后回滚事务，后面加上括号设置 true/false 可以设定是否回滚。比如@Rollback(false)设置不回滚，也就是提交事务，如果提交的话，建议使用@Commit 作为@Rollback（false）的直接替换，以更明确地传达代码的意图。

@Commit 和@Rollback 都可以使用在测试类和方法中，当使用在类中时，@Commit 和@Rollback 会对所有测试方法提交或回滚；但使用在方法中时，会覆盖类级别的@Rollback 或@Commit 语义。如果没有显式声明@Rollback，使用 Spring 测试框架进行的集成测试默认会回滚。

@BeforeTransaction 和@AfterTransaction 在 void 方法中用于事务开始前和事务结束时运行。

@Sql 用于测试类或测试方法中，在运行测试方法之前执行对应的 SQL 脚本，比如：

```
     //测试前运行的 SQL 脚本
01   @Sql({"classpath:cn/osxm/ssmi/chp06/test-data.sql"})
02   @Test                                         //测试方法注解
03   public void testGetUser() {                   //测试方法
04       System.out.println(userService.getUserByName("oscar999"));
05   }
```

@SqlConfig 定义元数据，用于确定如何解析和运行使用@Sql 批注配置的 SQL 脚本。配置注解前缀和分割符的示例如下：

```
01  @Sql(
02   scripts = "/test-user-data.sql",
     //SQL 文件解析规则
03   config = @SqlConfig(commentPrefix = "`", separator = "@@")
04  )
```

@SqlGroup 是一个容器注解，它可以聚合几个@Sql 注解。

7. @BootstrapWith：上下文引导注解

@BootstrapWith 是类级别的注解，用于测试上下文初始化。该注解后面配置一个实现 TestContextBootstrapper 接口的类，TestContextBootstrapper 定义了引导测试上下文框架的 SPI，TestContextBootstrapper 被 TestContextManager 用来加载 TestExecutionListener 的实现和创建 TestContext。使用@BootstrapWith 标签可以自定义测试上下文的引导并根据需要对测试上下文等功能进行扩展。如果不显式配置@BootstrapWith 引导程序类，则测试框架默认使用 DefaultTestContextBootstrapper 和 WebTestContextBootstrapper 引导类，这两个类分别对应桌面应用和 Web 应用场景。配置示例如下：

```
    //桌面应用上下文引导类配置注解
01  @BootstrapWith(DefaultTestContextBootstrapper.class)
    //Web 应用上下文引导类配置注解
02  //@BootstrapWith(WebTestContextBootstrapper.class)
03  @SpringJUnitConfig(locations = "classpath:cn/osxm/ssmi/chp06/testAnno.
    xml")                                       //配置文件
04  public class BootstrapWithTests {            //测试类
05    @Test                                     //测试方法注解
06    public void testMethod() {                //测试方法
07       System.out.println("testMethod");
08    }
09  }
```

由于 TestContextBootstrapper SPI 未来可能会发生变化，官方建议不要直接实现此接口，而是扩展 AbstractTestContextBootstrapper 或其中一个具体的子类。

6.4.2 测试支持的标准注解

除了在测试类中可以使用 Spring 测试框架提供的专用注解，前面章节介绍的 Java 标准注解和容器的标准注解也可以在测试类中使用。

1．@PostConstruct和@PreDestroy的支持

@PostConstruct 和@PreDestroy 是 Java 定义的标准注解，Spring 容器对这两个注解提供了实现，用于组件的初始化和销毁的回调。

在测试类的方法中使用@PostConstruct 注释，则该方法在基础测试框架的任何 before 方法之前运行（例如 JUnit4 的@Before、JUnit5 的@BeforeEach 注释的方法），并且该方法适用于测试类中的每个测试方法。在测试类的方法中使用@PreDestroy 注释，则该方法永远不会运行。下面来看一个 JUnit 4 基础框架的例子：

```
01  ContextConfiguration(locations = { "classpath:cn/osxm/ssmi/chp06/
    testAnno.xml" })                                    //配置文件
02  public class TestJSR330Anno {                       // JSR 330 注解支持测试
03      @PostConstruct                                  //初始化回调
04      public void postConstruct() {
05          System.out.println("PostConstruct:每个测试方法前调用，在@Before 之前");
06      }
07      @PreDestroy                                     //销毁回调
08      public void preDestroy() {
09          System.out.println("preDestroy:不会被执行");
10      }
11      @BeforeClass                                    //类层级测试环境初始化
12      public static void beforeClass() {
13          System.out.println("BeforeAll");
14      }
15      @Before                                         //方法层级测试环境初始化
16      public void before() {
17        System.out.println("BeforeEach");
18     }
19     @Test                                            //测试方法注解
20     public void testMethod1() {                      //测试方法 1
21         System.out.println("testMethod1");
22     }
23     @Test                                            //测试方法注解
24     public void testMethod2() {                      //测试方法 2
25         System.out.println("testMethod2");
26     }
27  }
```

上面的测试类 TestJSR330Anno 分别定义了类层级的@BeforeClass、方法层级的@Before 用于测试环境的初始化，testMethod1()和 testMethod2()是两个测试方法，另外定义了使用@PostConstruct 和@PreDestroy 注解的两个方法。执行结果@BeforeClass 会先执行，每个测试方法执行前会依次执行@PostConstruct 和@Before 注解的方法。以上执行代码后的输入如下：

```
BeforeAll
PostConstruct:每个测试方法前调用，在@Before 之前
BeforeEach
testMethod1
```

```
PostConstruct:每个测试方法前调用，在@Before 之前
BeforeEach
testMethod2
```

虽然可以在测试类中使用@PostConstruct 和@PreDestroy 这两个注解，实际测试类中的使用很有限，也不建议这样使用。一般情况下，使用测试框架的测试生命周期回调是比较好的做法。

2. 其他标准注解

在测试类中除了不建议使用@PostConstruct 和@PreDestroy 的注解外，其他标准注解的使用和在 Spring 容器 Bean 的使用是类似的，包括：

- @Inject：JSR-330 标准注解，测试类中用来注入依赖，功能类似于 Spring 的@Autowried。
- @Named：JSR-330 标准注解，用来定义组件，功能类似于@Component 注解用来声明一个 Bean。例如：

```
@Inject @Named("foo")
private Foo foo;
```

- @Resource，JSR-250，注入依赖。
- @Autowired、@Qualifier，Spring 提供的依赖注入和限定符注解。

除了以上常用的依赖注入，在测试类中还可以使用@PersistenceContext 和@PersistenceUnit 等 JPA 注解及前面介绍的数据库事务@Transactional 等注解。以上注解的细节区别可以参考第 5 章的相关介绍。

6.4.3 基于 JUnit 4 支持的注解

在使用 JUnit 4 作为基础测试框架时，也就是使用 SpringRunner 作为测试运行器，可以使用 JUnit 4 的标准注解，Spring 框架也提供了一些其他的注解来定制测试的行为。

1. @IfProfileValue注解

@IfProfileValue 是 Spring 框架提供的注解，用来指定该测试在特定的环境中才被开启。该注解的 name 和 value 分别设置查找的属性和对应的值，@IfProfileValue 从@ProfileValueSourceConfiguration 注解配置查找对应的属性值，默认查找系统属性。举例来说，通过 JDK 的 System 设置属性 env 的值是 dev，在测试方法中通过@IfProfileValue 匹配属性和值来决定是否执行此测试方法。示例代码如下：

```
01  @BeforeClass                                  //测试环境初始化注解
02  public static void beforeClass() {            //测试环境初始化方法
03      System.setProperty("env", "dev");         //设置系统属性 env 的值为 dev
04  }
```

```
    //如果系统属性 env 的值是 dev，才执行测试
05  @IfProfileValue(name = "env", value = "dev")
06  @Test                                          //测试方法注解
07  public void testMethod() {
08      System.out.println("testMethod");
09  }
```

@IfProfileValue 表示为特定测试环境启用了带注释的测试。如果配置的 ProfileValueSource 返回所提供名称的匹配值，则启用测试；否则测试被禁用，并且有效地被忽略。

@IfProfileValue 注解也可以使用在测试类上，如果类层级不满足的话，则即使类方法中的@IfProfileValue 注解配置满足条件也不会执行。在 Eclipse 中可以通过图 6.6 所示的方式设置类的参数。

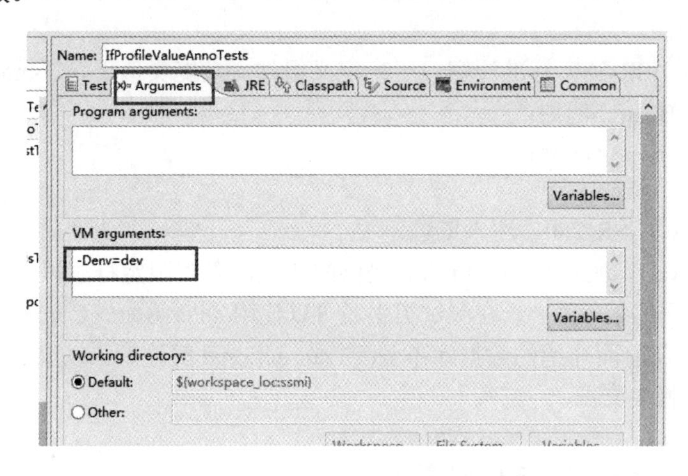

图 6.6　在 Eclipse 中执行测试类时设置属性及其值

除了使用 value 进行属性值匹配外，还可以使用 values 指定一个列表，属性值匹配其中任意一个就开启测试，例如：

```
@IfProfileValue(name = "env", values = {"dev","prd"})
```

@IfProfileValue 类似于 JUnit 4 的@Ignore 注解的功能，相比@Ignore，该注解在使用上更为灵活。

2. @ProfileValueSourceConfiguration注解

@ProfileValueSourceConfiguration 是 Spring 提供的注解，在测试类中用于环境属性源的配置。如果不配置该注解时，默认使用 SystemProfileValueSource，也就是系统的环境变量。该注解可以配置自定义的环境属性源类，例如：

```
    //属性源配置
01  @ProfileValueSourceConfiguration(CustomProfileValueSource.class)
02   public class CustomProfileValueSourceTests {        //测试类
03   }
```

3. @Timed注解

@Timed 注解用于指定测试方法必须在设置的时间段内（以毫秒为单位）完成执行。如果超过指定的时间段，则测试失败。这个时间段包括运行测试方法本身、测试的重复（参见@Repeat）及测试工具的初始化或删除。在@Timed 注解中使用 millis 属性设置超时的时间，这里设置某个方法的@Timed 时间为 1s，在方法中停止 2s 就可以看到测试失败的效果了，代码如下：

```
01  @Test                                                  //测试方法注解
02  @Timed(millis = 1000)                                  //超时设置 1s
03  public void testSpringTimeOut() throws InterruptedException {
04      System.out.println("begin testSpringTimeOut");  //打印日志
05      Thread.currentThread().sleep(2000);                //暂停 2s
06      System.out.println("end testSpringTimeOut");     //打印日志
07  }
```

在 JUnit 4 中可以通过@Test(timeout=...)设置超时时间，如果超时，虽然都会报错，但是两者还是有区别的。JUnit 出错时会提前抛出异常并中断；而@Timed 即使出错，也会把其他的测试执行完成。

4. @Repeat注解

@Repeat 注解用于指定该测试方法被重复执行的次数。

```
01  @Test                                    //测试方法注解
02  @Repeat(5)                               //重复 5 次
03  public void testMore() {                 //测试方法
04      System.out.println("testMore");
05  }
```

注意：重复执行方法会对@Before 等注解的测试环境的初始化和销毁方法重复调用。

6.4.4 基于 JUnit Jupiter（JUnit 5）支持的注解

1. @SpringJUnitConfig注解

@SpringJUnitConfig 是基于 JUnit Jupiter 的测试注解，使用在测试类中。该注解是@ExtendWith(SpringExtension.class)和@ContextConfiguration 的组合注解，可以代替这两个注解。

@ExtendWith 是 JUnit Jupiter 的注解，是 JUnit 的测试运行器注解@ RunWith 的替换，@ContextConfiguration 用来指定配置 XML 文件或配置类。

@ContextConfiguration 可以直接指定配置文件，或者使用 locations 属性指定配置文件，使用属性 classes 指定配置类；@SpringJUnitConfig 可以直接配置类，或使用属性 classes 指定配置类，使用 locations 属性指定配置文件。此外，@SpringJUnitConfig 还可以使用 value 属性声明配置类，例如：

```
01  //@SpringJUnitConfig(locations = "classpath:cn/osxm/ssmi/chp06/testAnno.
    xml")                                                //配置文件
    //使用 classes 属性指定配置类
02  //@SpringJUnitConfig(classes = AppConfig.class)
03  //@SpringJUnitConfig(AppConfig.class)          //指定配置类
04  @SpringJUnitConfig(value=AppConfig.class)   //使用 value 属性指定配置类
05  public class SpringJUnitConfigAnnoTests {   //测试类
06  }
```

2. @SpringJUnitWebConfig注解

@SpringJUnitWebConfig 是 Spring Web 应用测试使用的注解，在测试类中使用，是@ExtendWith(SpringExtension.class)、@ContextConfiguration 和@WebAppConfiguration 的组合注解，可以用来作为这 3 个注解的替换。

@SpringJUnitWebConfig 注解的使用和@SpringJUnitConfig 类似，差别是@SpringJUnitWebConfig 使用 resourcePath 属性覆盖@WebAppConfiguration 中的 value 属性。关于 Web 应用测试的内容会在后面章节中对 Spring MVC Web 介绍之后再详细介绍。

3. @EnabledIf和@DisabledIf

@EnabledIf 和@DisabledIf 这两个注解的作用类似@IfProfileValue，根据条件判断是否启动或忽略测试。使用@EnabledIf 的 JUnit Jupiter 注解测试类或测试方法时，如果该注解后面的表达式的计算结果为真（包括布尔型的 TRUE 和忽略大小写的字符串 ture），则会启动测试。JUnit Jupiter 本身也有@Disabled 来禁用测试，Spring 对其进行了扩展。这两个注解都可以使用在测试类和测试方法中，使用在类级别时，默认会自动启用或停用该类中的所有测试方法。注解后面的表达式类型可以是字符串类型的值、属性占位符或 SpEL 表达式。

（1）字符串值：

```
@EnabledIf("false")
```

（2）属性占位符：

```
@EnabledIf("${tests.enable}")
```

（3）Spring Expression Language（SpEL）表达式：

```
@EnabledIf("#{systemProperties['tests.enable'].toLowerCase().equals('tr
ue')}")
@EnabledIf("#{systemProperties['os.name'].toLowerCase().contains('windo
w')}")
```

注意：@EnabledIf("false")等同于@Disabled，@EnabledIf("true")在逻辑上毫无意义，不需要使用。

6.5　测试框架注解汇总

Spring 的测试框架不是独立的测试框架，而基于基础测试框架（JUnit 或 TestNG）的扩展，可以在桌面应用和 Web 应用的单元测试和集成测试中使用。测试代码与基础测试框架的使用类似，基本上都是基于注解的测试。除了基础测试框架提供的注解之外，Spring 测试框架可以使用的注解汇总如表 6.2 所示。

表 6.2　Spring测试框架注解汇总表

注　解	基础测试框架	使 用 层 级	功　能
@BootstrapWith	All	测试类	测试上下文引导
@ContextConfiguration	All	测试类	配置文件或类的指定
@ContextHierarchy	All	测试类	有层级的配置文件指定
@ActiveProfiles	All	测试类	根据环境加载Bean
@TestPropertySource	All	测试类	用于属性占位符替换的属性源
@DirtiesContext	All	测试类或方法	上下文清除
@TestExecutionListeners	All	测试类	实现自定义测试注解功能
@Transactional	All	测试类	事务开关
@BeforeTransaction	All	测试方法	事务开始前执行的方法
@AfterTransaction	All	测试方法	事务开始后执行的方法
@Commit	All	测试类或方法	事务提交
@Rollback	All	测试类或方法	事务回滚
@Sql	All	测试类或方法	测试前执行SQL脚本
@SqlConfig	All	测试类或方法	SQL脚本的解析配置
@SqlGroup	All	测试类或方法	@Sql注解的聚合
@Repeat	JUnit 4	测试方法	重复执行测试方法
@Timed	JUnit 4	测试方法	测试的超时设置
@IfProfileValue	JUnit 4	测试类或方法	根据环境中某个变量的值决定是否执行测试
@ProfileValueSourceConfiguration	JUnit 4	测试类	环境属性源配置
@SpringJUnitConfig	JUnit Jupiter	测试类	@ExtendWith与@ContextConfiguration组合
@SpringJUnitWebConfig	JUnit Jupiter	测试类	@ExtendWith(SpringExtension.class) @ContextConfiguration @WebAppConfiguration三者组合

（续）

注　　解	基础测试框架	使 用 层 级	功　　能
@EnabledIf	JUnit Jupiter	测试类或方法	根据条件判断是否启用测试
@DisabledIf	JUnit Jupiter	测试类或方法	根据条件判断是否禁用测试

以上测试的注解可以作为元注释来创建自定义的组合注解，从而简化测试中的配置。

在实际开发中，可以通过测试类的继承方式简化测试类的配置。具体的方式是定义一个父类，配置好需要的类级别的注解，继承此类的子类就不需要进行相关的配置了。父类定义如下：

```
01  @RunWith(SpringJUnit4ClassRunner.class)
02  @ContextConfiguration(locations="classpath:applicationContext.xml")
03  public class BaseTest {                                    //测试的父类
04    //不需要测试方法
05  }
```

继承子类如下：

```
01  public class UserServiceTest extends BaseTest {     //测试的继承子类
02     //测试方法（略）
03  }
```

此外，在实际项目中，维持统一的测试目录和测试类及方法命名也是比较好的做法，比如，测试类命名为需要测试的类+Test；测试方法命名为 test+需要测试的方法或直接使用方法名。在 Maven 项目中，对应用代码和测试代码的目录做了很好的区分，而且在编译测试时会根据类文件是否包含 Test 进行编译。

第2篇 Spring MVC 框架

第 7 章　Spring Web MVC 概述

Spring 与 Structs 的组合一度是 Java Web 开发框架的流行组合，Spring 作为 Bean 及依赖的管理容器，Structs 负责前端的处理和展示。Spring MVC 在 Spring 核心框架上实现了一个以中央控制器（DispatcherServlet）为核心的 MVC 框架，与 Spring 核心容器无缝整合。

和 Spring 核心容器一样，Spring MVC 也支持基于注解的开发，甚至可以做到在 Web 项目中零 XML 配置开发。本章首先对学习 Spring MVC 需要的 Web 相关知识做简单的介绍，然后对 Spring MVC 的相关技术细节和注解进行详细阐述。

7.1　HTTP Web 基础知识

Spring MVC Web 是一个 Java Web 的后端框架，基于框架开发虽然主要使用 Java 语言，但对 Web 知识的了解有助于对框架的底层更好地理解。本节主要对 HTTP 协议的请求报头与响应报头、HTTP 请求方法类型、MIME 类型和返回响应的状态码进行简单介绍。

7.1.1　HTML 与 HTTP

HTML（HyperText Markup Language，超文本标记语言）是一种标记语言，使用<html>、<head>、<title>和<body>等标签开发网页。该类型文档使用.html 为后缀名，使用浏览器打开后可以直接查看页面效果。如果要让某个.html 文档可以被更多人看到，就需要把这个文档放在服务器上，通过 BS（浏览器—服务器）的模式进行开发和访问。服务器和浏览器的传输需要遵循一定的规则彼此才能认识和沟通，这个规则就是 HTTP 协议。

HTTP（Hyper Text Transfer Protocol，超文本传输协议）是位于应用层的协议，其底层基于 TCP 通信。在此协议下，浏览器端发出一个遵循协议的请求，服务器返回浏览器可以识别的响应。在浏览器端，通过 URL（Uniform Resource Locator，统一资源标识符）来建立连接和获取数据。浏览器发出的请求不仅是一个地址，还有请求的头部和请求体等部分。HTTP 请求具体如下：

- 请求行：包括请求类型、请求的资源地址和使用的 HTTP 协议版本等信息。常见的请求类型有 GET 和 POST，资源地址对应的是 URL 地址，请求地址和请求类型是客户端请求需要指定的。

- 请求头：包括客户端主机 IP 和端口（HOST）、浏览器信息（User-Agent）、客户端能接收的数据类型（Accept）、客户端字符编码集（Accept-charset）和 Cookie 等内容。这些信息有的由浏览器来定义，并且在每个请求中自动发送，类似于 HOST 和 User-Agent 等；有的可以通过代码进行处理，类似于 Accept 和 Cookie 等。
- 请求体：也称为主体或消息体，一般是请求的参数。

与请求消息类似，HTTP 协议响应消息的格式也包含以下几个部分：

- 状态行：主要包括响应成功或失败的状态。
- 响应头：返回的响应消息报头，包括服务器响应的内容类型和字符类型（Content-Type）、响应时间（date）、服务器类型（server）和响应内容的长度（Content-Length）等。
- 响应正文：即响应给客户端的文本信息。

7.1.2　HTTP 请求类型

GET 和 POST 是最常使用的 HTTP 请求类型，也称为请求方法。两者在使用上的最大差异就是参数传递方式的不同。

GET 请求参数通过 URL 直接传递，放在 HTTP 的请求头中，以“?”分隔 URL 和参数数据，使用“=”连接参数变量和值，多个参数之间使用“&”分隔。示例如下：

```
http://localhost:8080/ssmi/login.action?name=myname&password=mypassword
```

POST 请求的参数数据放在 HTTP 的请求体中，不会显示在地址中。请求体中的参数存在的格式也是 key=value 的键值对格式。

除了请求参数传递方式的差异之外，从规范使用来看，不同请求方法对应不同类型的功能。GET 请求一般用于资源的获取（比如打开某个页面），PSOT 请求常用于资源的建立或修改（比如提交表单或文件上传）。

除了这两种请求方法之外，HTTP 协议在版本演化中逐步完善了其他类型的请求方法，完善的历程如下：

- HTTP 0.9：1991 年发布，只定义了 GET 方法；
- HTTP 1.0：1996 年开始使用，在 GET 方法中引入了 POST 和 HEAD 方法；
- HTTP 1.1：1997 年发布（RFC2616），在原协议定义的方法中新增了 5 种请求方法，分别是 OPTIONS、PUT、DELETE、TRAC 和 CONNECT 方法，2010 年加入了 PATCH 方法（RFC5789）。

关于 PUT、PATCH 及 DELETE 的相关内容，在后面的 REST 部分会进一步介绍。

7.1.3　MIME 类型

MIME（Multipurpose Internet Mail Extensions，多用途互联网邮件扩展）最初使用在

电子邮件中，用来附加多媒体类型的数据，比如图片和声音等，目的是让邮件的客户端程序可以根据不同的多媒体类型调用不同的软件进行处理。

在早期的 HTTP 协议中，传送的数据都会被浏览器解释为超文本的 HTML 文档，为了使页面更丰富多彩，HTTP 协议也开始支持 MIME 类型。服务端返回不同类型的内容，浏览器使用不同的应用程序处理。比如后端返回一个 Excel 文件，内容类型使用 application/vnd.ms-excel，则在浏览器端会使用 Excel 打开该文件。

MIME 类型的定义由两部分组成，使用“/”分隔，前面是大类，后面是具体的类型。MIME 主要的大类有文本（Text）、程序（Application）、图片类（Image）、声音（Audio）和视频（Viedo）等。在不同的大类下再细分为不同的具体类型，常见的具体 MIME 类型如下：

- text/html：HTML 格式文档；
- text/plain：纯文本格式；
- image/jpeg：JPEG 格式的图片；
- image/gif：GIF 格式的图片；
- application/vnd.ms-powerpoint：微软的 PowerPoint 文件；
- application/xml：XML 数据格式；
- application/json：JSON 数据格式；
- application/msword：Word 文档格式；
- application/octet-stream：二进制流数据（如常见的文件下载）；
- application/x-www-form-urlencoded：Form 表单数据，被编码为 key/value 格式发送到服务器上（是表单默认的提交数据的格式）；
- multipart/form-data：文件上传的媒体格式类型，数据被编码为一条消息；
- video/quicktime：Apple 的 QuickTime 电影格式类型。

MIME 类型一般与文档的后缀有对应关系，比如，text/html 对应.html 的文档，image/gif 对应.gif 的图片文档。

在 HTTP 协议中，请求头的 Content-Type 属性除了指定 MIME 类型外，还可以用来指定字符编码，类似于 text/html; charset=utf-8。在页面的 Form 表单中，使用 enctype 属性指定 MIME 类型，默认值是 application/x-www-form-urlencoded，如果要发送大量的二进制数据，可以使用 multipart/form-data 类型，也就是文件上传的方式。

7.1.4　状态码

状态码是服务端返回响应状态的编码，由三位数字组成，首位数字定义响应类别。具体分类如下：

- 1xx：已接收，表示请求已接收并继续处理。
- 2xx：成功，表示请求被成功接收、处理和返回。

- 3xx：重定向，表示请求需要更进一步地处理。
- 4xx：客户端错误，一般是由于请求有语法错误或请求无法实现。
- 5xx：服务器端错误，一般是服务器未能处理合法的请求。

在 Web 开发中，常见的状态代码如下：

- 200：状态信息 OK，请求和处理成功。
- 400：状态信息 Bad Request，错误的请求，客户端的请求有语法错误，服务器不能理解。
- 401：状态信息 Unauthorized，请求未经授权。
- 403：状态信息 Forbidden，服务器接收到请求，但拒绝提供服务。
- 404：状态信息 Not Found，请求的资源不存在。
- 500：状态信息 Internal Server Error，服务器发生了内部错误。
- 503：状态信息 Server Unavailable，因服务器尚未开启等原因不能处理客户端的请求。

7.2　Java Web 开发

Java 在 Web 端的技术应该包括两个方面：Java Web 客户端和 Java Web 服务端。Java 在 Web 客户端的应用主要是 Applet，俗称为 Java 小程序，Applet 是可以在浏览器中运行的 Java 程序，不过现在已经比较少使用。Java Web 服务端则包含了大家耳熟能详的 Servlet、JSP、开发模式和 MVC 开发框架等技术。

7.2.1　Servlet 技术

早期浏览器向服务器请求的都是静态的资源，类似 HTML 静态页面、图片文件等，后来出现了 CGI 技术用于动态页面的展示，但是 CGI 存在速度慢、资源消耗多的缺陷，所以 Java Web 在诞生之初就提出了 Servlet 的替代方案。

1. Applet：小程序技术

Applet 是 Java 的 Web 客户端技术，是可以在浏览器上运行的客户端程序，Applet 的翻译是小程序，小是因为其完成的是局部的一些功能。Applet 的开发需要继承 Applet 类，相关的类位于 JDK 目录的 rt.jar 文件中，其使用 AWT 等 UI 技术进行客户端的开发。下面以一个显示 Hello World 字符串的 Applet 为例来介绍：

```
01 public class HelloWorldApplet extends Applet {      //Applet 的类定义
02    private static final long serialVersionUID = 1L;//序列化字段
03    public void paint(Graphics g) {               //重载方法实现需要的功能
```

```
04          g.setColor(Color.RED);                          //设置画笔的颜色
05          g.drawString("Hello World!", 5, 35);            //显示一个字符串
06      }
07  }
```

对以上代码说明如下：

- paint()是页面显示开发的接口方法。
- Graphics 是 AWT 中用来绘图和显示格式化文字的一个类，相当于画笔的作用。
- setColor()和 drawString()分别用来设置画笔的颜色和绘制一个该颜色的字符串。

Applet 类没有 main 的主入口方法，不能使用 Java 命令直接运行，需要使用 Applet Viewer 运行或嵌入到 HTML 文件中打开浏览器运行。在 Eclipse 等 IDE 中，可以使用 Run As | Java Applet 的方式运行，运行的效果类似使用 AWT/SWT 编写的富客户端程序，界面如图 7.1 所示。

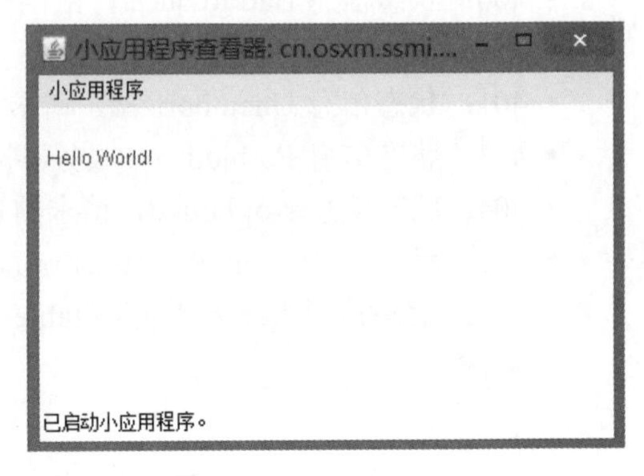

图 7.1　Java Applet 独立运行页面展示

此外，在 HTML 文件中添加<applet>标签，指定 applet 类所得的路径和全类名之后，就可以在浏览器中打开 HTML 文件查看 Applet 的效果，嵌入代码如下：

```
01  <html>
02  <title>Hello World, Applet</title>
    <!--全路径类名-->
03  <applet code="cn.osxm.ssmi.chp07.applet.HelloWorldApplet.class"
           <!--类的位置 -->
           codebase="D:/devworkspace/ecpphotonspace/ssmi/target/classes"
           width="300" height ="300"></applet><!--显示的高度和宽度 -->
04   </html>
```

因为 Applet 使用的是本地机器的 JDK 来运行，上面的 HTML 文件可以直接在客户端运行，无须放入 Web 服务器。也可以将其放在 Web 服务器，codebase 使用项目的相应路径，或者将 Applet 的类文件打包成 .jar 的打包文件，使用 ARCHIVE 指定包文件的名字。放入服务器之后，通过“http://地址”的方式访问网页时，浏览器会把需要执行的类文件或.jar 文件从服务器下载到本地机器上，由本地机器的 JRE 管理和运行。

虽然 Applet 可以在网页中嵌入动态的内容，但这种机制和运行方式存在着一些问题，主要如下：

- 安全性问题。Applet 的类和文件会被下载到客户端，而且使用反编译可以直接获取程序的相关信息，虽然可以通过数字签名等技术进行改善，但是对于要连接数据库操作等功能，存在很大的安全性。
- 通用性问题。Applet 的运行依赖于客户端机器的 JDK，如果开发使用的 JRE 与客户端机器的版本存在差异且不兼容，则 Applet 在该客户端就无法运行。此外，要保证

所有的客户端机器的 JRE 与服务端一致且不进行升级的话，基本上是不可能的。

- 兼容性问题。虽然早期的各大浏览器厂商都对 Applet 支持，但近年来对 Applet 的支持变得逐渐弱化，像 Chrome 等主流浏览器就默认不支持 Applet 了。

鉴于 Applet 的客户端运行的诸多缺点，现在 Applet 已经很少使用了，更多地转向 Web 的前端技术和框架，数据使用 Servlet（服务端小程序）处理。

2．Servlet：服务端小程序技术

Servlet 是一个复合词，是 Server+Applet 的组合，翻译为小服务程序，也就是运行在服务端的小程序。Servlet 规范的完整定义是：服务器端的 Java 应用程序，可以生成动态 Web 页面，作为客户请求（包括浏览器和其他基于 HTTP 的客户端程序）和后端服务的中间层。

Java EE 标准对 Servlet 的接口规范位于 javax.servlet-api.jar 压缩档中，主要包含两个接口包 javax.servlet 和 javax.servlet.http。

- javax.servlet 包提供了实现 Servlet 的接口。
- javax.servlet.http 包提供了从 Servlet 接口派生出的专门用于处理 HTTP 请求的抽象类和一般的工具类，HttpServlet 是目前使用的 Servlet 接口的主要类型。

javax.servlet.Servlet 是一个接口，要实现这个接口，就要实现接口里的所有方法。Servlet 接口除了定义了处理请求方法，还定义了控制 Servlet 生命周期的方法，包括初始化、服务和销毁等。下面以一个简单的 Servlet 的实现类为例，示例代码如下：

```
01 public class HelloWorldServlet implements Servlet {  //Servlet 实现类
02     @Override                                    //重写注解，重写初始化方法
       //Servlet 初始化方法
03     public void init(ServletConfig config) throws ServletException {
04       System.out.println("初始化");
05      }
06     @Override                                    //重写注解
07     public void service(ServletRequest req, ServletResponse res) throws
       ServletException, IOException {             //Servlet 提供的服务方法
08       System.out.println("提供服务");
09     }
10     @Override
11     public void destroy() {                      // Servlet 销毁时执行的方法
12       System.out.println("销毁");
13      }
14     @Override
15     public String getServletInfo() {             //获取 Servlet 的信息
16       return null;
17     }
18     @Override
19     public ServletConfig getServletConfig() {    //获取 Servlet 的配置
20       return null;
21     }
22 }
```

上面代码中的 init()、service()和 destroy()方法分别对应 Servlet 的初始化、处理请求和销毁生命周期的处理。

- service()方法用来处理请求，包括获取请求的参数和返回请求执行的结果等。
- 在服务器销毁 Servlet 时，调用 destroy()释放 Servlet 所占用的资源。Servlet 被销毁的场景包括 Web 应用终止、Servlet 容器终止运行或者 Servlet 容器重新装载 Servlet 新实例等。

Servlet 在服务器启动之后，在收到对应的请求时进行实例化，也可以配置该 Servlet 在服务器启动时就实例化（配置 load-on-startup）。在 web.xml 文件中配置的 Servlet 会被 Web 服务器找到并加载，一个 Servlet 的配置包括两部分：Servelt 本身的配置和访问路径映射配置。

- 使用<servlet>标签用来配置 Servlet，子元素<servlet-name>指定该 Servlet 的名字，<servlet-class>指定全路径的类名。另外，使用<load-on-startup>来配置该 Servlet 是否随 Web 容器的启动一起实例化。
- 使用<servlet-mapping>标签配置 Servlet 的路径映射。<servlet-name>对应<servlet>指定的名字，<url-pattern>就是访问的相对路径。

以上面的 Servlet 为例，在 web.xml 的配置示例如下：

```
01  <servlet>
02      <servlet-name>helloWorldServlet</servlet-name><!--Servlet 名字 -->
03      <servlet-class>cn.osxm.ssmi.chp04.HelloWorldServlet</servlet-
        class><!--全路径类 -->
04      <load-on-startup>1</load-on-startup> <!--容器启动时加载 -->
05  </servlet>
06  <servlet-mapping>
07      <servlet-name>helloWorldServlet</servlet-name>
08      <url-pattern>/helloWorldServlet</url-pattern><!--请求路径映射 -->
09  </servlet-mapping>
```

完成以上配置，启动服务器之后，通过路径 http://localhost:8080/ssmi/helloWorldServlet 访问该 Servlet。运行以上示例就可以验证这些行为：在服务器启动的时候执行了 init()方法（load-on-startup 配置为 1），在浏览器访问地址时执行了 service()方法，在关闭服务器的时候，执行了 destroy()方法。

在 Servlet 接口之上，Java 提供了更上层的 GenericServlet 抽象类和用于 HTTP 协议请求的 HttpServlet。继承 GenericServlet 的 Servlet 不强制要求实现初始化和销毁方法，只需要实现 service()方法即可。

HttpServlet 继承自 GenericServlet，对应不同的 HTTP 请求方法（Get 和 Post），分别使用 doGet()和 doPost()进行处理。HttpServlet 对应的请求和返回的对象类型也封装为适用于 HTTP 协议的 HttpServletRequest 和 HttpServletResponse。扩展 HttpServlet 类的实例代码如下：

```
    // HttpServlet 实现类
01  public class HelloWorldHttpServlet extends HttpServlet {
```

```
02    private static final long serialVersionUID = 1L;
03    @Override                                              //重写注解
04     protected void doGet(HttpServletRequest req, HttpServletResponse
       resp) throws ServletException, IOException {     //Get 请求处理方法
05             System.out.println("处理 Get 请求");
               //响应到前端的输出
06             resp.getWriter().println("Hello World, HttpServlet");
07       }
08       @Override
09       protected void doPost(HttpServletRequest req, HttpServletResponse
         resp) throws ServletException, IOException {    //POST 请求处理方法
10          System.out.println("处理 Post 请求");
11       }
12  }
```

Java 官方使用 GenericServlet 可能是考虑扩展其他的协议，不过目前基本使用的都是基于 HTTP 协议的 HttpServlet，Servlet 相关的类层级结构如图 7.2 所示。

图 7.2　Servlet 类层次结构图

3．Servlet容器

Servlet 没有 main()方法不能独立运行，必须被部署到 Servlet 容器中，由容器来实例化和调用请求处理方法（如 doGet()和、doPost()），Servlet 容器还负责 Servlet 加载和 Servlet 的生命周期管理。Servlet 项目在普通的 Web 服务器（比如 IIS、Apache 等）中无法运行，需要部署运行在包含 Servelt 容器的 Web 服务器中。常见的包含 Servlet 容器的 Web 服务

器有 Tomcat、Jetty 和 WebLogic 等。以 Tomcat 的服务器逻辑模型来看，结构如图 7.3 所示。

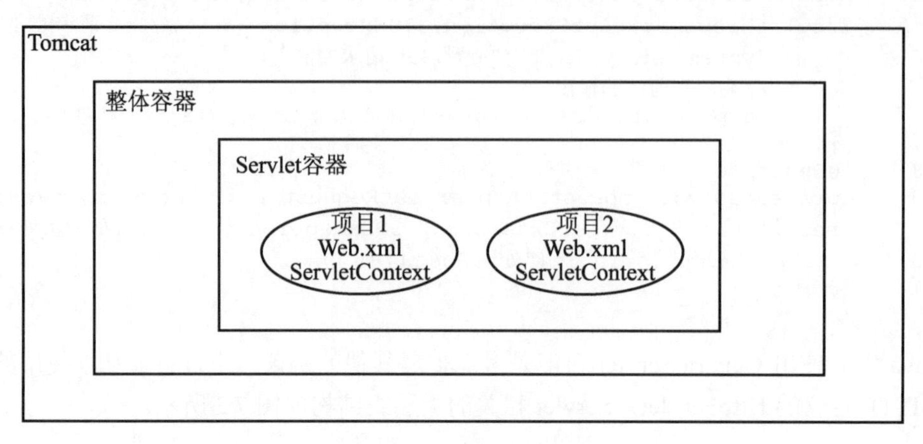

图 7.3 Tomcat 容器模型

Tomcat 启动时，会识别 webapps 目录下的每个 Web 应用，读取 web.xml 文件并给每个 Web 应用创建一个 ServletContext（Servlet 上下文）对象。ServletContext 使用键值对（Map）的方式存放配置数据，存放的数据包括服务器全局的 web.xml 和当前 web.xml 的配置。可以通过方法 ServletContext.getAttribute 得到这些数据，比如根据请求资源的后缀名获取对应的 MIME 类型，下面是获取在全局 tomcat/conf/web.xml 文件中配置的 MIME 类型的代码：

```
String value=servletContext.getMimeType("index.html");
```

在 tomcat/conf/web.xml 中的配置片段如下：

```
01    <mime-mapping>
02        <extension>html</extension> <!--文件后缀 -->
03        <mime-type>text/html</mime-type> <!--MIME 类型 -->
04    </mime-mapping>
```

除了获取 Servlet 上下文中的属性，通过方法 ServletContext.setAttribute(name,object) 也可以设置上下文的键和值。

服务器启动之后，用户通过单击某个链接或者直接在浏览器的地址栏中输入 URL 来访问 Servlet 服务，请求处理和响应的步骤如下：

（1）Web 服务器接接收到 HTTP 请求。

（2）Web 服务器将请求转发给 Servlet 容器。

（3）容器查找对应的 Servlet，如果容器中不存在所需的 Servlet，容器就会加载该 Servlet。如果存在，则跳到步骤（5）。

（4）容器调用 Servlet 的 init()方法对 Servlet 进行初始化。

（5）容器调用 Servlet 的 service()方法（HttpServlet 使用 doGet()或 doPost()等方法）来处理 HTTP 请求。加载过的 Servlet 会被保留在容器中，下次该 Servlet 的请求就不需要初始化了。

（6）Web服务器将动态生成的结果返回。

4．RequestDispatcher的转发与重定向

RequestDispatcher为请求的派发器。看起来和Spring的Dispatcher分发器有点相像，Spring中Dispatcher的最后处理环节就是交由RequestDispatcher处理。RequestDispatcher将客户端的请求从一个Servlet转发给应用内的其他资源处理（包括Servlet、HTML或JSP文件），实现Servelt内部之间相互通信。

RequestDispatcher是Servlet的标准接口，位于javax.servlet包中，功能由各Servlet容器提供实现，比如Tomcat的实现类是org.apache.catalina.core.ApplicationDispatcher。RequestDispatcher对象由Servlet容器创建，通过ServletContext或HttpServletRequest的对象获取，HttpServletRequest获取方式是httpServletRequest.getRequestDispatcher(path)，实参path是一个服务器资源的路径，比如一个jsp文件/index.jsp。

RequestDispatcher接口中定义了两个方法：forward和include。这两个方法的参数都是(ServletRequest request,ServletResponse response)。

- forward将请求直接转到其他资源进行响应。一般用于某个Servlet对一个请求进行初步处理，而另一个资源进行响应处理的场景。
- include在一个Servlet中包含其他的资源，请求的处理权还在原Servlet中。

接下来以一个HttpServlet的继承类HelloHttpServlet为例，通过URL传递一个myDispatcherMethod参数，在doGet()方法中获取参数和进行响应，参数值为include和forward时，分别调用include()和forward()方法，请求的URL地址如下：

```
http://localhost:8080/ssmi/helloHttpServlet?myDispatcherMethod=include
```

HelloHttpServlet中的doGet()方法代码如下：

```
01 protected void doGet(HttpServletRequest req, HttpServletResponse resp)
   throws
      ServletException,IOException {          //GET类型请求处理方法
02   RequestDispatcher requestDispatcher = req.getRequestDispatcher
     ("/index.jsp");                           //转发器
03   PrintWriter pw = resp.getWriter();        //输出
     //请求参数
04   String myDispatcherMethod = req.getParameter("myDispatcherMethod");
     //参数判断
05   if (myDispatcherMethod != null && myDispatcherMethod.equals("forward")) {
       //不包含在输出中
06     pw.println("Before RequestDispatcher Forword ...");
       //转发处理，转到index.jsp页面处理
07     requestDispatcher.forward(req, resp);
       //不包含在输出中
08     pw.println("After RequestDispatcher Forword ...");
09   } else if (myDispatcherMethod != null && myDispatcherMethod.equals
     ("include")) {/
```

```
10        pw.println("Before RequestDispatcher Include ...");//包含在输出中
          //包含处理，将 index.jsp 包含进来显现
11        requestDispatcher.include(req, resp);
12        pw.println("After RequestDispatcher Include ..."); //包含在输出中
13      }
14      pw.flush();                    //清空输出区进行响应
15  }
```

假定以上 index.jsp 页面是一个简单的 HTML 页面，<body>标签只包含字串 Hello World!。forward()方法的输出就是 index.jsp 的内容 Hello World!，在 forward()前后的 response 都不会输出。如果调用 include()方法，则在 include()前后的输出都会被包含进来，index.jsp 的内容会附加进来，响应的效果如图 7.4 所示（这里因为在<html>标签前后输出了其他字串，所以不会被浏览器解析成正确的 HTML 类型的文档来显示）。

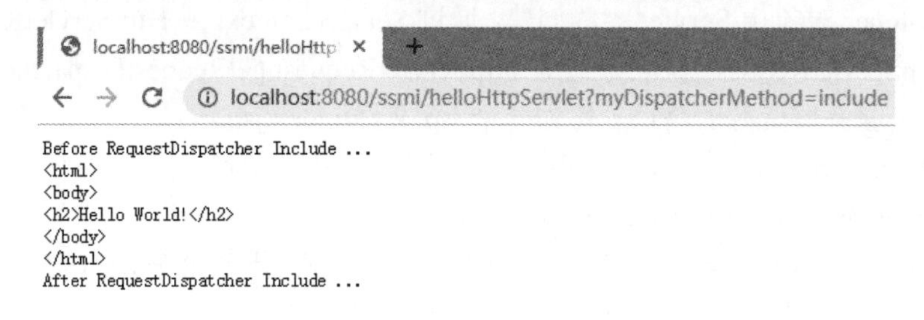

图 7.4　使用 requestDispatcher.include 包含页面的执行效果

使用 RequestDispatcher 的 forward()方法可以实现服务重定向的功能，此方式在浏览器上显示的 URL 还是最先请求的目标资源的 URL，浏览器地址不会变更，也就是对用户来说是透明的。除了这种方式外，还可以使用 HttpServletResponse 的 sendRedirect(path)方法进行重定向，代码类似 resp.sendRedirect("index.jsp")。sendRedirect 一般用于重定向外部资源。使用 sendRedirect 时，浏览器会根据设定的地址进行重新访问，浏览器的地址会变化成新的路径。

注意： sendRedirect 的路径和 getRequestDispatcher 使用的路径的差别，以上 sendRedirect 的路径参数没有“/”。

7.2.2　JSP 技术

Servlet 用来响应 HTML 页面显示时，通过 Java 代码组成 HTML 并输出，在处理一些简单页面显示时还可以应付，但在处理复杂样式（CSS）和动态效果较多（JS）的页面响应时就显得捉襟见肘。把一个.html 页面源码使用字串连接起来使用 HttpServletResponse 返回，可读性和维护性都极差，容易出错且难于追踪。于是，Java 官方推出了 JSP 技术。

JSP 的全称是 Java Server Pages，是一种动态网页开发技术，与 ASP 技术类似，动态

网页是相对于 HTML 静态网页而言。相比 Server 在代码中写 HTML，JSP 则是在 HTML 中插入 Java 代码。JSP 文件以.jsp 后缀命名，使用<%%> 标签插入 Java 代码。一个简单的 JSP 文件的示例代码如下：

```
01  <%@ page language="java" contentType="text/html; charset=UTF-8"
                     pageEncoding="UTF-8"%>
02  <!DOCTYPE html>
03  <html>
04  <head>
05  <meta charset="utf-8">
06  <title>JSP</title>
07  </head>
08  <body>
09  Hello World!
10  <%
11    out.println("Hello " + request.getRemoteAddr());  <!-- 获取服务器地址 -->
12  %>
13  </body>
14  </html>
```

除了直接写 Java 代码外，JSP 提供了<%@ page ... %>，<%@ include ... %>的指令和 JSTL（JSP 标准标签库）的标签，结合 HTML 标签使用可以让 JSP 更简洁，避免大量的 Java 代码。此外，JSP 还提供了 4 种作用域、总共 9 种内置对象，在每个 JSP 页面中可以直接使用，具体见表 7.1 所示。

表 7.1　JSP内置对象

作　用　域	内 置 对 象	对 应 的 类	描　　述
request（请求）	request	javax.servlet.http.HttpServletRequest	请求
page（页面）	response	javax.servlet.http.HttpServletResponse	响应
	pageContext	javax.servlet.jsp.pageContext	页面上下文
	config	javax.servlet.ServletConfig	Servlet配置信息
	out	java.servlet.jsp.JspWriter	页面对象
	page	java.lang.Object	当前页面
	exception	java.lang.Throwable	异常
session（会话）	session	javax.servlet.http.HttpSession	会话对象
application（应用）	application	javax.servlet.ServletContext	应用对象

在以上内置对象中，开发中常用的有 request、response、page、session、application 和 pageContext。

- request 和 response 对应的是 HTTP 请求和响应。
- page 对应的是当前的页面，一个 JSP 页面实质是一个 Servlet，对应的 page 对象的类型是 java.lang.Object。
- session 是会话对象，在客户端第一次请求时创建，超过一定时间没有访问就会被销毁。超时时间可以自行设置。

- application 就是 ServletContext，每个应用维护一个。
- pageContext 是页面上下文，通过它可以获得 page、session 和 application 对象，也可以用来执行类似 RequestDispatcher 的 forward()和 include()的方法。

下面以一个例子来演示这几种内置对象的使用，该 JSP 文件名为 jspBuildInObjests.jsp，内容如下：

```
01  <%@ page language="java" contentType="text/html;
                    charset=UTF-8" pageEncoding="UTF-8"%> <!--JSP 文件头 -->
02   <!DOCTYPE html>
03   <html>
04  <head>
05  <meta charset="UTF-8">
06  <title>JSP 内置对象演示</title>
07  <%
        //通过 page 获取页面类的名字
08      String pageClass = page.getClass().getSimpleName();
        //通过 requste 获取请求的 URL
09      String requestUrl = (request.getRequestURL()).toString();
        //通过 session 获取最后访问的时间
10      long lastAccessedTIme = session.getLastAccessedTime();
        //应用字符集
11      String characterEncode = application.getResponseCharacterEncoding();
12  %>
13  </head>
14  <body> <!--页面输出 -->
15     page 的类：<%=pageClass%><br>  <!-- jspBuildInObjests_jsp -->
16     request 请求 URL：<%=requestUrl%><br><!--请求完整路径-->
17     session 最近访问时间：<%=lastAccessedTIme%><br>
18     application 响应字符编码：<%=characterEncode%><br>
19  </body>
20  </html>
```

JSP 是如何被执行的呢？因为 JVM 只能识别和处理 Java 类型文件，并不能识别 JSP，JSP 最终是由 Servlet 容器转化为 Servlet 类，所以 JSP 的本质还是 Servlet。以 Tomcat 为例，有一个应用的名字是 myApp，包含一个 hello.jsp 文件，则编译后的.class 文件放置在 work\Catalina\localhost\myApp\org\apache\jsp 目录中，编译后的文件名是 hello_jsp.class。

JSP 没有也不会完全取代 Servlet，因为 Servlet 和 JSP 各有所长，也互补缺点，Servlet 适合控制逻辑和数据处理，用来做页面展示则可读性差且维护困难；JSP 擅长页面显示，如果混入业务逻辑那么显示效果也不好。这种状况也导致了很多时候对 JSP 和 Servlet 的使用界限比较模糊甚至二者混用，而 MVC 模式的出现，有效规避了 JSP 和 Servlet 各自的短板，Servlet 只负责业务逻辑而不会通过 out.append()动态生成 HTML 代码；JSP 专注页面展示，不混入大量的业务代码，提高了代码的可读性和可维护性。

7.2.3　MVC 模式

MVC 是一种框架模式，是美国施乐公司 20 世纪 80 年代为 Smalltalk-80 编程语言发明的一种软件设计框架，后来被 PHP、Java 等语言广泛借鉴和使用。MVC 模式最早并不是使用在 Web 项目中，而是使用在桌面应用程序中。MVC 分别对应 Model、View 和 Controller 的首字母，是将数据模型、视图展现和业务逻辑进行分离的方式来组织代码，以此提高代码的结构性、可重用性、可读性和可维护性。

- Model：模型，要展示的数据，包括数据及其行为。
- View：视图，复杂模型的展示，也就是页面。
- Controller：控制器，负责应用的流程控制，用于接收用户请求，然后委托模型进行处理，再将处理后的结果交给视图展示。

SUN 公司先后指定了两种 Java Web 开发模式，即 Model1 和 Model2，Model1 分离了视图层和模型层，Model2 则进一步的分离了控制层，也就是使用 JSP+Servlet+JavaBean 的技术来实现 MVC 架构。

- JavaBean 作为模型分为两种，一种是数据模型封装业务数据，另一种是业务逻辑模型处理业务操作。
- JSP 作为视图层，提供页面展示数据。
- Servlet 作为控制器，接收用户请求，实现转换业务模型数据及调用业务模型的相关方法，执行完成后将执行结果返回给视图。

轻松一刻：施乐公司和 Smalltalk 编程语言

施乐公司（Xerox）是美国的一家科技公司，于 1906 年成立，是距今已超过百年的一家全球 500 强企业，其复印机和彩印机的市场占有率全球第一。该公司旗下有一个 PARC（帕洛阿尔托）研究中心，该研究中心和苹果公司及乔布斯关系密切，乔布斯的很多想法都和其有一定的关联。也正是帕洛阿尔托研究中心在 20 世纪 70 年代开发了 Smalltalk 编程语言，该编程语言被称为“面向对象编程之母”，被公认为是历史上第二个面向对象的程序设计语言和第一个真正的集成开发环境（IDE），对 Objective-C、Actor、Java 和 Ruby 的出现和发展起到了很大的推动作用。此外，20 世纪 90 年代的流行开发思想如设计模式、极限编程和重构等都是由其发起和主导的（补充：第一个面向对象的语言是 Simula 67，出现于 20 世纪 60 年代）。

7.3　Spring MVC 介绍与实例

Spring MVC 的正式名称应该是 Spring Web MVC，在 Spring 框架体系中的模组名是

spring-webmvc，习惯上称作 Spring MVC 并一直沿用。Spring MVC 在 Spring 框架的早期版本中就已存在，只是当时有一个更出名的 MVC 框架 Structs，当时很多项目采用 Spring+Structs+Hibernate 的组合开发框架，也就是风靡一时的 SSH 框架组合。

在 SSH 框架中，Spring 主要用来作为依赖注入的容器使用，但随着 Spring MVC 的逐步发展，及其与 Spring 容器的无缝整合和开发及性能上的优势，Spring MVC 逐渐占据了 Java MVC 框架的主流地位。在 Spring 5.0 版本发布时，同步还发布了一个响应式编程的 Web 框架 Spring WebFlux。

7.3.1 Spring MVC 框架处理流程

Spring 使用 Servlet 技术提供了一个中央控制器 DispatcherServlet，用于统一接收客户端请求，DispatcherServlet 根据配置的映射规则将请求分派到不同业务处理的控制器中，各业务控制器调用相应的业务逻辑模型处理后返回模型数据，中央控制器将模型数据交由视图解析器获得最终的视图进行请求的响应。标准的请求和处理流程如图 7.5 所示。

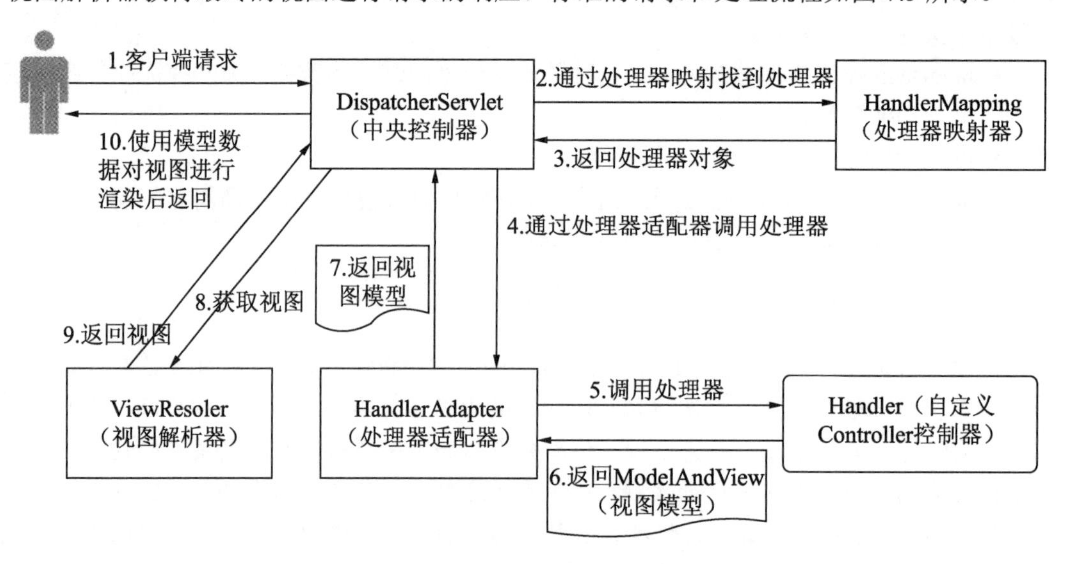

图 7.5　Spring MVC 请求与处理流程

对图中的步骤说明如下：

（1）中央控制器（DispatcherServlet）统一接收用户端发来的请求。DispatcherServlet 因为用于分发前端的请求，所以也被称为前端控制器或分发器。

（2）DispatcherServlet 解析接收到的请求地址或参数，调用处理器映射器（HandlerMapping）处理。

（3）处理器映射器根据请求 URL 找到具体的处理器，生成处理器对象及处理器拦截器（如果有则生成）并一并返回给 DispatcherServlet。

（4）DispatcherServlet 通过处理器适配器（HandlerAdapter）调用处理器（中央控制器为什么不直接调用处理器，而是通过适配器进行调用？适配器的作用是什么?这些内容将会在后面详细介绍）。

（5）处理器适配器调用执行处理器（Handler），处理器对应的也就是具体的 Controller 类，也称作后端控制器。

（6）Controller 执行完成返回模型视图对象（ModelAndView）。模型视图对象包含了逻辑数据和视图的名称。

（7）HandlerAdapter 将 Controller 执行的结果（ModelAndView）返回给 DispatcherServlet。

（8）DispatcherServlet 将 ModelAndView 传给 ViewReslover 视图解析器，通过视图名称获取对应的视图对象。

（9）ViewReslover 解析后返回具体视图对象（View）。

（10）DispatcherServlet 对视图对象进行渲染（即将模型数据填充至视图中）后返回。

7.3.2　Spring Web 快速 Demo 实例

本节以一个简单的 Spring MVC 项目开发为例，完成模型、视图和控制部分代码，并在 Spring 配置文件和 web.xml 中进行配置。实例的效果是在浏览器中输入 http://localhost:8080/ssmi/mvcHello，在页面显示如图 7.6 所示。

以上实例的代码包含实体类（User）、服务类（UserService）和控制类（MvcHelloController），配置包含 Spring 组件配置及 web.xml 的中央控制器的配置。为保持实例的独立性，该实例未使用自动扫描组件的方式，Controller 及 Service 组件使用 XML 文件进行配置，具体的开发步骤及代码如下：

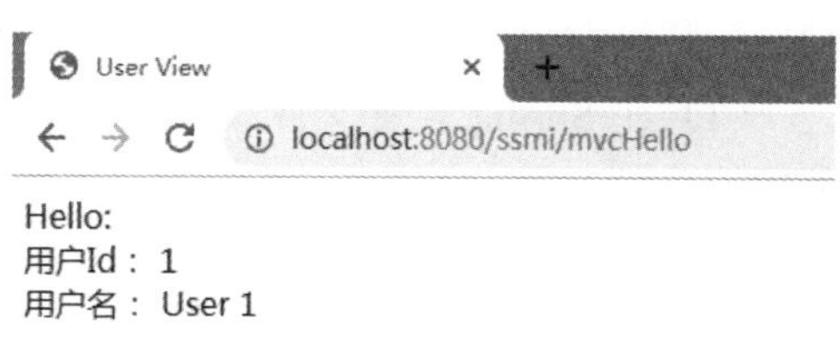

图 7.6　Spring MVC 实例运行效果

（1）模型（Model）。模型包括数据及业务逻辑处理，也就是包括开发中的实体类和业务服务类两部分。用户实体类（User.java）包含 id 和 name 两个属性及其 Setter/Getter 方法，代码如下：

```
01 public class User{                       //用户实体类
02    private int id;                       //定义一个整型变量 id-用户 id
03    private String name;                  //定义一个字符串变量-用户名
04    //setter 和 getter 方法(略)
05 }
```

用户服务类（UserService.java）包含一个 get()方法，返回一个 User 类型的对象。

```
01 public class UserService {               //用户服务类
02    public User get() {                   //获取用户对象
03     return new User("1", "User 1");
```

```
04     }
05  }
```

（2）后端控制器（MvcHelloController.java）需要实现 Controller 接口，并完成用于处理请求的 handleRequest()方法来提供服务。

```
    //集成 Controller 的后端控制器类
01  public class MvcHelloController implements Controller {
02     @Override                                         //实现处理方法
03      public ModelAndView handleRequest(HttpServletRequest request, Http
        ServletResponse response) throws Exception {
          //初始化模型视图对象
04        ModelAndView modelAndView = new ModelAndView();
05        modelAndView.setViewName("hello");           //设置视图名
06        User user = new User("1", "User 1");          //初始化 User 对象
          //将 User 对象添加到模型数据中
07        modelAndView.addObject("user", user);
08        return modelAndView;                           //返回视图模型
09      }
10  }
```

后端控制器是相对于前端控制器而言的，一般而言，控制器指的也是后端控制器。handleRequest()方法有两个参数 HttpServletRequest 和 HttpServltResponse，可以用于接收请求、参数和处理返回，该方法返回一个 ModelAndView 类型的对象。

ModelAndView 可以设置页面和添加返回的模型对象。在 ModelAndView 中添加的模型对象可以在相应的 view 中获取。

（3）在 Spring 配置文件（springmvc.xml）中配置控制器 Bean、请求处理映射和视图处理的映射

```
01 <bean id="mvcHelloController" class="cn.osxm.ssmi.chp07.MvcHello
   Controller"/><!--控制器 -->
02 <bean class="org.springframework.web.servlet.handler.SimpleUrlHandler
   Mapping">
03     <property name="mappings"><!--路径映射 -->
04         <props>
05             <prop key="/mvcHello ">mvcHelloController</prop>
06             </props>
07     </property>
08 </bean> <!--视图解析器 -->
09 <bean class="org.springframework.web.servlet.view.InternalResource
   ViewResolver">
10     <property name="prefix" value="/WEB-INF/view/" /> <!--视图前缀 -->
11     <property name="suffix" value=".jsp" /> <!--视图后缀 -->
12 </bean>
```

控制器组件的 Bean 配置和一般的 Bean 配置类似。这里使用 URL 处理器映射器（SimpleUrlHandlerMapping）进行映射处理，通过设置 mappings 属性配置不同的 URL 请求地址和不同的处理器的映射。

InternalResourceViewResolver 是视图处理器，属性 prefix 用于指定视图文件的路径，

suffix 属性指定视图文件的后缀。以逻辑属性名 hello 为例，对应的视图文件的完整路径名是/WEB-INF/view/hello.jsp。

（4）依据前面视图处理器的配置，视图文件位于/WEB-INF/view/下，文件名是 hello.jsp。内容如下：

```
01 <%@ page language="java" contentType="text/html; charset=UTF-8"page
   Encoding="UTF-8"%>
02 <!DOCTYPE html> <!--文档类型 -->
03 <html>
04   <head>
05     <meta charset="UTF-8"> <!--字符编码元信息-->
06     <title>User View</title> ><!--标题 -->
07   </head>
08   <body>  <!--内容-->
09     Hello:<br>
10     用户 Id:  ${user.id} <br> <!--获取模型数据的 user 对象的 id 属性值 -->
11     用户名:  ${user.name}<!--获取模型数据的 user 对象的 name 属性值 -->
12   </body>
13 </html>
```

使用${user.name}这样的变量获取模型中的数据是因为上面在 ModelAndView 中加入了 User 的对象（modelAndView.addObject("user", user)），id 和 name 是 User 对象的属性。视图在渲染时会根据模型数据替换成实际的值。

（5）在 web.xml 配置中央控制器 DispatcherServlet。Web 容器/服务器读取 web.xml 配置进行 Servlet 的注册和初始化。DispatcherServlet 是 Spring MVC 提供的用于前端请求分发的 Servlet，所有的前端请求首先由其进行处理。通过设置 contextConfigLocation 参数指定 Spring MVC 的配置文件。配置代码如下：

```
01 <servlet> <!--Servlet 配置-->
02     <servlet-name>dispatcherServlet</servlet-name>  <!--Servlet 名字 -->
03     <servlet-class>org.springframework.web.servlet.DispatcherServlet
       </servlet-class>
05      <init-param>
06         <param-name>contextConfigLocation</param-name> <!--参数名 -->
           <!--参数的值 -->
07         <param-value>classpath:springmvc.xml</param-value>
08      </init-param>
09      <load-on-startup>1</load-on-startup> <!--容器启动时加载-->
10 </servlet>
11 <servlet-mapping> <!--Servlet 与请求 URL 映射-->
12     <servlet-name>dispatcherServlet</servlet-name> <!-- Servlet 名字 -->
13     <url-pattern>/</url-pattern> <!--匹配 URL 路径-->
14 </servlet-mapping>
```

DispatcherServlet 最好是在容器启动时一并启动，也就是 Servlet 的<load-on-startup>值设置为 1，这样 Spring 配置的 Bean 可以在容器启动时一并实例化。contextConfigLocation 的参数用于指定 Spring 的配置文件，参数值是 Spring MVC 的配置 XML 文件。

如果在 Eclipse 中进行开发，以上代码文件和配置文件添加完毕后，右击项目，选择 Run As | Run on Server 命令，服务启动后，在浏览器中输入地址就可以看到图 7.6 所示的效果了。

7.4　Spring MVC 技术细节

从上一节中介绍的 Spring MVC 的请求和处理流程及实例中可以看出，Spring MVC 的处理流程包括中央处理器对请求进行统一的处理和转发，HandlerMapping 映射器处理器通过 URL 查找合适的处理器，HandlerAdapter 处理器适配器进行统一的处理器调用，最后由视图处理器和视图进行页面的最终展示。本节将对这些细节进行详细介绍。

7.4.1　DispatcherServlet——中央控制器

基本上，所有的 Web 框架都是以前端控制器的方式进行设计，Spring 对应的这个中央控制器类就是 DispatcherServlet。因为其负责请求的分发，所以常被称为请求分发器。DispatcherServlet 的本质就是 Servlet，间接从 HttpServlet 继承，和一般 Servlet 一样，需要配置在 web.xml 中，用于拦截匹配的路径请求，并将拦截的请求依据规则分发到不同的业务控制器中进行处理。分发器的配置示例如下：

```
01  <servlet>
        <!--控制器 Servlet 名称 -->
02      <servlet-name>dispatcherServlet</servlet-name>
03      <servlet-class>org.springframework.web.servlet.DispatcherServlet
        </servlet-class>
04       <init-param><!--指定 Spring MVC 配置文件 -->
05          <param-name>contextConfigLocation</param-name><!--参数名 -->
            <!--参数值 -->
06          <param-value>classpath:springmvc.xml</param-value>
07       </init-param>
08       <load-on-startup>1</load-on-startup><!--容器启动时加载此 Servlet-->
09  </servlet>
10  <servlet-mapping><!--Servlet 与请求 URL 映射-->
11       <servlet-name>dispatcherServlet</servlet-name> <!-- Servlet 名字 -->
12       <url-pattern>/</url-pattern><!--匹配 URL 路径-->
13  </servlet-mapping>
```

servlet-name 用于指定 Servlet 的名字，这个名字会在 servlet-mapping 时使用。此外，默认情况下，DispatcherServlet 也会使用这个名字去找对应的 Spring 配置文件。中央控制器（DispatcherServlet）可以配置多个，但大部分的应用配置一个就足够。

1. Spring配置文件读取

默认情况下，DispatcherServlet 会根据配置的 servlet-name 到项目的 WEB-INF 目录下查找名为[servlet-name]-servlet.xml 的 Spring 配置文件。也可以通过 contextConfigLocation 参数指定 Spring 配置文件的路径和文件名。

如只指定文件名，则默认从 WEB-INF 路径查找配置文件。配置文件如果放置在类文件的路径下，可以使用 classpath:的方式，如 classpath:springmvc.xml，包之间使用斜线“/”进行分隔。多个配置文件之间使用逗号“,”分隔。

注意： classpath:等同于/WEB-INF/classes。

2. load-on-startup：Servlet加载配置

load-on-startup 用于标记是否在容器启动时就实例化和加载这个 Servlet。其配置的值是一个整数。

- 当 load-on-startup 的值＜0 或没有配置时，表示该 Servlet 被请求时容器才去加载它。
- 当 load-on-startup 的值=0 或＞0 时，表示容器启动时就会加载。值的大小表示 Servlet 被载入的顺序，值越小，优先级越高，越容易被容器先加载。

DispatcherServlet 在容器启动时加载，可以避免第一个请求需要较长时间来响应的问题，这也是推荐的配置。

3. <servlet-mapping>：路径拦截匹配

Servlet 容器在接收到浏览器发起的一个 URL 请求后，会把应用上下文去除后，以剩余的字符串来映射相应的 Servlet。例如，URL 请求地址是 http://localhost/ssmi/index.html，其应用上下文是 ssmi（也是项目名），容器会将 http://localhost/ssmi 去掉，用/index.html 部分拿来做 Servlet 的映射匹配。

当一个 URL 与多个 Servlet 的匹配规则可以匹配时，按照“精确路径→最长路径→扩展名”的优先级匹配 Servlet，匹配到一个 Servlet 之后，就不会去理会剩下的 Servlet 了。下面列举一些路径匹配的实际场景：

- 例 1：servletA 的 url-pattern 为/test，servletB 的 url-pattern 为/* ，如果访问的 URL 是 http://localhost/test，这个时候容器就会先进行精确路径匹配，/test 被 servletA 精确匹配，就去调用 servletA，不去管 servletB 的配置了。
- 例 2：servletA 的 url-pattern 为/test/*，而 servletB 的 url-pattern 为/test/a/*，此时访问 http://localhost/test/a 时，容器会选择路径最长的 Servlet 来匹配，也就是 servletB。
- 例 3：servletA 是扩展名匹配*.do，servletB 配置的是路径匹配/*，此时访问的 URL 如果是 http://localhost/test.do，则容器就会优先进行路径匹配，调用 servletB。

每个<url-pattern>元素代表一个匹配规则，从 Servlet 2.5 开始，同一个 Servlet 可以使用多个 url-pattern 的规则，需要注意的是路径匹配和扩展名匹配不能同时设置。

因为 DispatcherServlet 负责前端所有请求的拦截和分发，一般是配置一个<url-pattern>用于拦截所有的请求进行转发，常见的配置方式如下：

（1）传统方式：*.do

传统方式使用一个特别的扩展名来映射需要转发和处理的请求，对于其他的请求则不处理。典型的就是早期 Structs 使用的*.do 的扩展名，另外，*.action 也经常被使用。这种方式的好处是不会导致静态文件（js、css、png 等）被拦截。

（2）流行方式：/（REST 风格）

REST 风格的 URL 类似/user/add，在基于注解映射的开发方式中，在 Controller 类上使用类似“/user”的路径，在该 Controller 类的不同处理方法使用类似“/add”的动作映射。

将 url-pattern 设置为/，只要是在 web.xml 文件中找不到匹配的 URL，它们的访问请求都将交给 DispatcherServlet 处理。这种配置会覆盖 Tomcat 默认的拦截请求，也就是也会拦截*.js、*.png 等静态文件。不过可以通过 web.xml 或 Spring 的配置放行这些资源，相关内容会在后面章节介绍。

（3）错误方式：/*

在开发中，有时会看见使用“/*”进行 DispatcherServlet 的映射，这是一种错误的配置方式。“/*”会匹配所有的请求，会覆盖所有的扩展名匹配，会对所有的请求都进行拦截，包括 jsp、png 和 css 等。在 DispatcherServlet 中应避免使用这种方式。

7.4.2 HandlerMapping——处理器映射器

前面的例子中使用了 SimpleUrlHandlerMapping 来进行请求处理的映射，包括 SimpleUrlHandlerMapping 在内，Spring 内置了 3 种类型的处理器映射器，另外两种是 BeanNameUrlHandlerMapping 和 RequestMappingHandlerMapping。DispatcherServlet 会根据配置的路径和处理器的对应，将请求交给配置的处理器映射器进行处理。这 3 种处理器映射可以并存且互不影响。

1. 简单的URL处理器映射器：SimpleUrlHandlerMapping

简单的 URL 处理器映射器配置 URL 和 Controller 处理器的对应，通过配置 SimpleUrlHandlerMapping 类的<bean>来实现，使用属性 mappings 进行请求的 URL 路径和处理器的显式映射，配置示例如下：

```
01 <bean class="org.springframework.web.servlet.handler.SimpleUrlHandler
   Mapping">
02   <property name="mappings"> <!--URL 路径与控制器对应 -->
03     <props>
04         <prop key="/user">userController</prop> <!--映射 1 -->
```

```
05         <prop key="/test">testController</prop><!--映射 2 -->
06      </props>
07    </property>
08  </bean>
```

注意：多个 URL 可以对应同一个处理器。

2．组件名URL处理器映射器：BeanNameUrlHandlerMapping

组件名 URL 处理器映射使用 Bean 的 name 属性来配置 URL 映射的地址，Spring 使用 BeanNameUrlHandlerMapping 处理这种类型的映射，Bean 的配置示例如下：

```
<bean id="mvcHelloController" name="/mvcHello"
                    class="cn.osxm.ssmi.chp07.MvcHelloController" />
```

BeanNameUrlHandlerMapping 是默认的映射器，Spring 默认会创建一个 BeanNameUrlHandlerMapping 的实例，所以不需要进行 BeanNameUrlHandlerMapping 的 Bean 配置就可以进行映射，不过如果显式配置了，也不会出错。

注意：Bean 的 name 需要是一个路径地址，也就是需要以“/”开头，如果不加“/”的话则无法访问。

3．请求映射处理器映射：RequestMappingHandlerMapping

前面两种映射器都是类层级的映射，实际开发中更常使用的是方法层级的注解映射。也就是在@Controller 注解类的方法上使用@RequestMapping、@GetMapping 和@PostMapping 等注解进行请求的映射。

在 Spring 3.1 之前的版本中使用 DefaultAnnotationHandlerMapping 和 AnnotationMethodHandlerAdapter 进行注解类型的处理器映射和注解方法的处理器适配，在 Spring 3.1 及之后的版本中相关的类进行了变更，包括：

- DefaultAnnotationHandlerMapping 变更为 RequestMappingHandlerMapping；
- AnnotationMethodHandlerAdapter 变更为 RequestMappingHandlerAdapter。

以上注解映射处理器和处理器适配器在使用<mvc:annotation-driven/>配置元素后会自动初始化和注册。除了使用 annotation-driven 配置元素外，也可以分别定义映射处理器和处理器适配器的<bean>配置达成相同的效果，例如：

```
01  <bean class="org.springframework.web.servlet.mvc.method.
              annotation.RequestMappingHandlerMapping"> <!--映射处理器-->
02  </bean>
03  <bean class="org.springframework.web.servlet.mvc.method.
                    <!--处理器适配器-->
                    annotation.RequestMappingHandlerAdapter">
04  </bean>
```

此外，Spring 提供了抽象的映射处理器和处理器适配器（AbstractHandlerMethodMapping

和 AbstractHandlerMethodAdapte），可以根据需求实行自定义的实现类。

7.4.3　HandlerAdapter——处理器适配器

适配器模式（Adapter）是设计模式的一种，定义是把一个类的接口变换成客户端所期待的另一种接口，从而使原本因接口不匹配而无法在一起工作的两个类能够在一起工作。简单地说就是使用一个新的类对原来类的方法进行封装。适配器模式主要是为了解决接口不兼容问题。

在 Spring MVC 中，一个 HTTP 请求会由映射到某个类中的方法来处理，不直接调用处理器而通过 HandlerAdapter 进行调用，可以为处理器统一提供参数解析、返回值处理等适配工作。从请求被接收到 HandlerAdapter 进行处理器调用的具体细节如下：

- DispatcherServlet，接收请求调用 doDispatch()方法进行处理。
- doDispatch()方法中，通过 HandlerMapping 得到 HandlerExecutionChain，HandlerExecutionChain 包含处理请求的处理器（或处理器链），处理器可以是一个方法或一个 Controller 的对象。
- 根据不同的 Handler 类型得到不同的 HandlerAdapter。
- HandlerAdapter 的 handle()方法使用反射机制调用 handler 对象，除此之外，HandlerAdapter 还负责一些类型转换等工作。

对应不同类型的处理器，Spring 内置了对应的处理器适配器，主要包括 4 类：继承 Controller 接口的处理器适配器 SimpleControllerHandlerAdapter、继承 HttpRequestHandler 接口的处理器适配器 HttpRequestHandlerAdapter、继承 Servlet 接口的处理器适配器 SimpleServletHandlerAdapter 和在@Controller 注解类中的注解方法处理器适配器 RequestMappingHandlerAdapter，这 4 种适配器的类层级关系如图 7.7 所示。

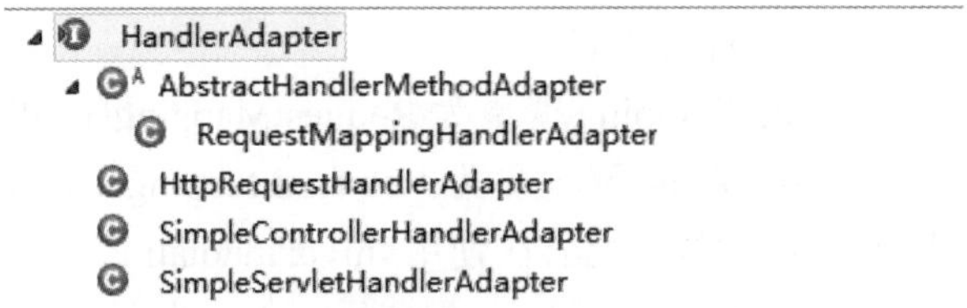

图 7.7　Spring MVC 处理器适配器的种类

1．简单的控制器处理适配器：SimpleControllerHandlerAdapter

SimpleControllerHandlerAdapter 是默认的处理器适配器，用于适配实现 org.springframework.web.servlet.mvc.Controller 接口的处理器，最终调用处理器类的 handlerRequest(request,response)方法。该适配器不会处理请求参数的转换。对应的类和组件配置方式如下：

```
<bean  class="org.springframework.web.servlet.mvc.SimpleControllerHandler
Adapter"/>
```

2．HTTP请求处理器适配器：HttpRequestHandlerAdapter

适配的处理器的类是继承自 HttpRequestHandler 接口，主要处理普通的 HTTP 请求的处理器，比如访问静态资源时，HttpRequestHandlerAdapter 会调用 DefaultServletHttp-RequestHandler 的 handleRequest(request,response)方法，将请求交给 Web 容器的 Default-Servlet 处理。也可以自定义 HttpRequestHandler 接口实现类，代码如下：

```
    //处理器实现类
01  public class MyHttpRequestHandler implements HttpRequestHandler {
02    public void handleRequest(HttpServletRequest request, HttpServlet
      Response response)
03            throws ServletException, IOException {    //处理方法，无返回值
04      request.setAttribute("name", "value");          //设置请求参数
05      request.getRequestDispatcher("/WEB-INF/view/hello.jsp").forward
        (request, response);
06    }
07  }
```

虽然 HttpRequestHandler 和 Controller 接口都有 handlerRequest()处理方法，但 Controller 接口中的方法的返回值是一个 ModelAndView 对象，而 HttpRequestHandler 中的方法无返回值。此外，Controller 接口的 handlerRequest()方法有标注@Nullable 注解，也就是可以返回空的返回值，因此可以使用 Controller 接口方式取代继承 HttpRequestHandler 接口的方式。以下 Controller 接口实现类的 handlerRequest()方法体的两种写法的作用是一致的。

写法 1：

```
01  @Override                                        //覆写注解，实现接口的方法
02  public ModelAndView handleRequest(HttpServletRequest request,
    HttpServletResponse response) throws Exception {    //请求处理接口方法
        //初始化模型视图对象
03      ModelAndView modelAndView = new ModelAndView();
04      modelAndView.setViewName("hello");              //设置视图的逻辑名称
05      User user = userService.get();                  //获取用户对象
06      modelAndView.addObject("user", user);           //设置模型数据
07      return modelAndView;                            //返回视图模型对象
08  }
```

写法 2：

```
01  @Override                                        //覆写注解，实现接口的方法
02  public ModelAndView handleRequest(HttpServletRequest request,
    HttpServletResponse response) throws Exception {    //请求处理接口方法
03      User user = userService.get();                  //获取用户对象
04      request.setAttribute("user", user);             //设置请求参数
05      request.getRequestDispatcher("/WEB-INF/view/hello.jsp").forward
```

```
        (request, response);
06      return null;                                    //转发请求后，返回空值
07  }
```

3．Servlet处理器适配器：SimpleServletHandlerAdapter

SimpleServletHandlerAdapter 处理器适配器支持的是继承自 Servlet 接口的类，也就是适配 Servlet，Servlet 使用 service(request, response)进行请求的处理。在 SimpleServletHandler-Adapter 中的适配器处理方法 handle()的方法体如下：

```
01  @Override
02  @Nullable
    //适配器的处理方法
03  public ModelAndView handle(HttpServletRequest request,
    HttpServletResponse response, Object handler) throws Exception {
        //调用 Servlet 的 service()方法处理
04      ((Servlet) handler).service(request, response);
05      return null;                                    //返回空对象
06  }
```

4．请求映射处理器适配器：RequestMappingHandlerAdapter

RequestMappingHandlerAdapter 是最常用的处理器适配器，支持的是 HandlerMethod 类型的处理器，也就是适配@RequestMapping 等请求映射注解的方法。invokeHandlerMethod()是该适配器的关键方法，该方法通过 ServletInvocableHandlerMethod 实例调用 invoke-AndHandle 方法处理请求（invokeForRequest）和响应（handleReturnValue）。该适配器的具体作用包括：

- 获取当前 Spring 容器的 Bean 类中标注了@ModelAttribute 注解但是没标注@RequestMapping 注解的方法，在真正调用具体的处理器方法之前会将这些方法依次调用（@ModelAttribute 注解在本章的后面会详细介绍）。
- 获取当前 Spring 容器的 Bean 类中标注了@InitBinder 注解的方法，调用这些方法对一些用户自定义的参数进行转换并且绑定。
- 根据当前 Handler 的方法参数标注的注解类型（如@RequestParam，@ModelAttribute 等），获取其对应的参数处理器（ArgumentResolve），并将请求对象中的参数转换为当前方法中对应注解的类型。
- 通过反射调用具体的处理器方法。
- 通过 ReturnValueHandler 对返回值进行适配，比如，ModelAndView 类型的返回值就由 ModelAndViewMethodReturnValueHandler 处理，最终将所有的处理结果统一封装为 ModelAndView 类型的对象返回。

不同类型的处理器适配器对应相应的映射器，对应关系如表 7.2 所示。

表 7.2　处理器映射器、处理器适配器和处理器之间的对应关系表

处理器映射器	处理器适配器	处　理　器
BeanNameUrlHandlerMapping SimpleUrlHandlerMapping	SimpleControllerHandlerAdapter	实现Controller的接口类
BeanNameUrlHandlerMapping SimpleUrlHandlerMapping	HttpRequestHandlerAdapter	实现 HttpRequestHandler 的接口类
BeanNameUrlHandlerMapping SimpleUrlHandlerMapping	SimpleServletHandlerAdapter	Servlet
RequestMappingHandlerMapping	RequestMappingHandlerAdapter	HandlerMethod使用@Controller注解类中，@RequestMapping等注解的方法

以上几种处理器适配器也可以并存使用，但在基于注解的开发中，一般使用 RequestMappingHandlerAdapter 就可以了。

注意：如果在配置文件中配置了 BeanNameUrlHandlerMapping 和 SimpleUrlHandlerMapping 的 Bean，那么就不需要显式地配置对应的适配器，因为容器会自行注册。但如果在配置文件中配置了 RequestMappingHandlerMapping 和 RequestMappingHandlerAdapter 的情况下，如果还需要其他类型的适配器（比如 SimpleControllerHandlerAdapter），则需要显式地配置。

7.4.4　视图与视图解析器

Controller 中的请求处理方法执行完成会返回一个 ModelAndView 类型的对象（这个对象包含一个逻辑视图名和模型数据），接着执行 DispatcherServlet 的 processDispatchResult 方法，结合视图和模型进行请求的响应，具体步骤包括：

- 使用容器中注册的视图解析器，根据视图的逻辑名称，实例化一个 View 子类对象。并返回给 DispatcherServlet。
- DispatcherServlet 调用视图的 render()方法，结合模型数据对视图进行渲染后，把视图的内容通过响应流，响应到客户端。

注意：对于返回 String、View 或 ModelMap 等类型的映射方法，Spring MVC 也会在内部将它们装配成一个 ModelAndView 对象。

InternalResourceViewResolver 是基本的视图解析器，用于 JSP 视图的解析，在前面的实例中已用过。除此之外，Spring 提供还了一些其他的视图类型和视图解析器，可以满足大部分项目的对于不同类型视图的需求。此外，也可以自定义视图及解析器。

1. 视图

视图（View）的作用是渲染模型数据，将模型数据里的数据以某种形式呈现给客户端。视图的类型可以是 JSP，也可以是 JSON 或 Excel 等其他类型。以 JSP 视图来说，可以理解为将 JSP 文件中的${}占位符替换成模型的实际值，通过 HttpServletResponse 输出流的方式响应到客户端。

Spring 提供了统一的视图接口 View，该接口定义的方法包括：

- getContentType()：得到内容的类型，也就响应到客户端的类型，比如 HTML 的页面类型 text/html、JSON 格式的数据类型 application/json、PDF 格式的文件类型 application/pdf 或其他的 MIME 类型。
- render()：结合模型数据渲染视图。这个方法会实际调用 HttpServletResponse 的数据流输出方法 out.write()，或者使用 RequestDispatcher 进行请求的派发。

Spring 默认内置了继承 View 接口的不同类型视图，包括：

- InternalResourceView：这是较为常见的视图，对应 JSP 文件；
- JstlView：继承自 InternalResourceView，是包含 JSP 标准标签的 JSP 页面；
- FreeMarkerView：FreeMarker 模板引擎视图；
- VelocityView：Velocity 模板引擎视图；
- MappingJackson2JsonView：JSON 数据格式的视图；
- MarshallingView：XML 内容类型的视图；
- RedirectView：重定向视图。

除以上视图之外，Spring MVC 还提供了 PDF、Excel 等文档类型的视图。一般的应用开发主要使用两种：JSP 相关的视图和 JSON 数据格式的视图。JSP 页面使用 InternalResourceView 视图，如果使用模板引擎（FreeMarker 或 Velocity）则可使用对应的模板引擎视图；对于前后端分离的架构，前端使用 AJAX 方式获取数据，Spring 后端则更多使用 JSON 相关的视图 MappingJackson2JsonView。视图对象由 ViewResolver（视图解析器）根据视图的逻辑名称处理后返回。

2. 视图解析器

视图解析器（ViewResolver）是把一个逻辑上的视图名称解析为一个真正的视图，Spring 提供了视图解析器的统一接口 ViewResolver，该接口只有一个方法 resolveViewName (String viewName, Locale locale)，即根据不同的视图名称找到具体的视图实现类。对应不同类型的视图，Spring 也实现了不同的视图处理器，常见的视图处理器如下：

- AbstractCachingViewResolver：带缓存功能的 ViewResolver 接口的基础实现抽象类，将解析过的视图进行缓存，下次再次解析的时候就会在缓存中直接寻找该视图；
- InternalResourceViewResolver：根据视图名字返回 InternalResourceView 视图的视图，继承自 AbstractCachingViewResolver；

- FreeMarkerViewResolver：返回 FreeMarkerView；
- BeanNameViewResolver：根据逻辑视图名称去匹配定义好的视图 Bean 对象，BeanNameViewResolver 不会进行视图缓存。

除此之外，还有 ResourceBundleViewResolver 和 XmlViewResolver 等视图解析器。

在一个 Spring MVC 项目中可以同时使用多个视图解析器组成一个视图解析器链。在同等优先级的情况下，遍历的顺序是由视图解析器在 Spring MVC 配置文件中配置的顺序决定，谁在前谁先遍历。因为 ViewResolver 实现了 Ordered 接口，可以进行排序，所以可以通过设置 ViewResolver 的 order 属性来指定优先级，order 属性的类型是 Integer 型，值越小，优先级越高。比如，当 Controller 处理器方法返回一个逻辑视图名称后，视图解析器链就会根据其中视图解析器的优先级来进行处理。

当一个视图解析器在视图解析后返回一个非空的 View 对象，视图解析完成，后续的 ViewResolver 将不会再用来解析该视图。当一个 ViewResolver 在进行视图解析后返回的 View 对象是 null，此时如果还存在其他的 order 值比它大，那么 ViewResolver 就会调用剩余的 order 值中最小的那个来解析该视图，以此类推，当所有的 ViewResolver 都不能解析该视图的时候，Spring 就会抛出一个异常。

注意：因为 InternalResourceViewResolver 的解析器总是会返回一个非空的 View 对象，所以一定要放在 ViewResolver 链的最后面，也就是 order 要设置得足够大。

7.5　Spring MVC 注解配置

在 Spring 基础框架中，使用<context:annotation-config/>或<context:component-scan>配置标签开启组件注册（@Component、@Service、@Controller）或依赖自动装载（@Autowried）等注解功能。在 Spring MVC 项目中，<context:component-scan>配置标签还会开启@Request-Mapping、@GetMapping 等映射注解功能（也就是会注册 RequestMappingHandler-Mapping 和 RequestMappingHandlerAdapter 等请求映射和处理等组件），但是<context:component-scan>不支持数据转换或验证等注解功能。

Spring MVC 提供了<mvc:annotation-driven/>配置标签用于全面开启 MVC 相关的注解功能，该配置会注册用于处理请求映射相关的组件，支持请求注解映射注解（@Request-Mapping、@GetMapping 和@PostMapping 等）和参数转换注解（@RequestParam、@PathVariable 和@ModelAttribute 等）。注册的组件类型包括：

- RequestMappingHandlerMapping：请求映射处理器映射器；
- RequestMappingHandlerAdapter：请求映射处理器适配器；
- ExceptionHandlerExceptionResolver：处理异常信息的异常解析器。

除此之外，<mvc:annotation-driven/>配置还会加载一些数据转换支持的注解实现类，包括：

- 支持使用了 ConversionService 的实例对表单参数进行类型转换；
- 支持使用@NumberFormat、@NumberFormat 注解的作用是对数据类型进行格式化；
- 支持使用@Valid 对 JavaBean 进行 JSR-303 验证；
- 支持 JSON 数据类型转换注解@RequestBody 和@ResponseBody。

7.5.1　组件与依赖注解

与 Spring 核心容器一致，配置<context:component-scan>就可以自动扫描和注册对应包下的组件和依赖注入的注解。相比@Component 的通用组件注解，Spring MVC 项目中可以使用对应不同层级更为精确的组件注解，具体使用如下：

- @Controller：控制器组件；
- @Service：服务组件；
- @Repository：DAO 组件；
- @Component：组件的泛型，使用于不好归类的组件类，如一些用于和配置文件对应的类。

依赖注入的注解和核心容器基本上相同：

- @Resource：依赖注入，Java 标准，默认按名称装配；
- @Autowired：依赖注入，Spring 自定义，默认按类型装配。

关于 Spring 容器注解可以参见第 5 章介绍。

7.5.2　请求映射与参数注解

请求映射注解可以使用在类和方法上，基本的注解是@RequestMapping，根据不同的请求类型有不同的子注解，类似@GetMapping、@PostMapping，特定请求注解只接受特定类型的 HTTP 请求方法，而@RequestMapping 可以通用。参数注解包括请求参数@RequestParam 和路径变量@PathVariable 等。

1. @RequestMapping：请求映射注解

@RequestMapping 可以使用在@Controller 注解类的类和方法中。应用在类中作为请求路径的前缀，结合方法中的路径组成完整的请求路径。例如：

```
01  @Controller                                          //控制器注解
02  @RequestMapping("/anno-demo")                        //类中的请求映射注解
03  //@RequestMapping(value="/anno-demo")                //使用 value 属性指定路径
04  public class AnnoDemoController {                    //控制器类
05      @RequestMapping("/hello")                        //方法层级的请求注解
06      public ModelAndView hello() {                    //映射方法
```

```
           //视图模型对象初始化
07         ModelAndView modelAndView = new ModelAndView();
08         return modelAndView;                    //返回视图模型
09      }
10  }
```

（1）不同请求类型的映射

@RequestMapping 后面可以直接指定路径，也可以使用 value 属性来指定路径。@RequestMapping 是一个通用类型的请求映射，可以对应不同类型的请求（Spring 中使用 RequestMethod 枚举类维护请求类型），包括 GET、HEAD、POST、PUT、PATCH、DELETE、OPTIONS 和 TRACE。method 属性用于指定匹配不同类型的请求，例如：

```
@RequestMapping(value="/helloWithParamObject",method=RequestMethod.GET)
```

Spring MVC 还提供了不同类型的子注解可以直接使用，包括@GetMapping、@PostMapping、@PutMapping、@DeleteMapping 和@PatchMapping。下面示例的@GetMapping 写法和上面@RequestMapping 的使用是等效的。

```
@GetMapping (value="/helloWithParamObject")
```

在实际应用开发中，对应 HTTP 的 Get 和 POST 类型的请求，基本上使用@GetMapping 和@PostMapping 较为多见。有时为了简化配置或兼容同一个请求地址，不同请求类型全部使用@RequestMapping 来进行配置，需要区分再配合 method 属性。

@RequestMapping 的匹配地址也支持 ant 风格的通配符，匹配规则如下：

- ？：匹配任意一个字符；
- *：匹配任意多个字符；
- **：匹配多层路径。

（2）请求内容的类型配置

在请求映射注解中，可以通过 consumes 和 produces 属性指定请求和返回的媒体格式类型。

- consumes：处理请求的提交内容类型（Content-Type），例如 application/json、text/html。使用此属性可以缩小请求映射的范围。consumes 也支持反向表达，比如!text/plain，指除 text/plain 以外的任何内容类型。
- produces ：返回的内容类型。

以上两个属性除了设置 MIME 类型外，还可以通过 charset 设置字符集，使用示例如下：

```
01  @RequestMapping(value = "/users", method = RequestMethod.POST,
          consumes="application/json", produces="application/json;charset=
          UTF-8")                                          //JSON 类型
02  @ResponseBody                                          //返回 json 格式数据注解
03  public List<User> addUser(@RequestBody User user1) {
04     return null;
05  }
```

（3）请求头限制

设置@RequestMapping 等注解的 headers 属性，可以限定映射包含此请求头参数的请求，缩小映射方法的映射范围。

```
    //映射请求头属性
01  @RequestMapping(path = "/request", headers = "type=withHeaderAttr")
02  public ModelAndView requestWithHeader() {                //请求映射方法
03    ModelAndView modelAndView = new ModelAndView(); //模型视图对象初始化
04    modelAndView.setViewName("hello");                     //设置视图名
05    return modelAndView;                                   //返回视图模型
06  }
```

可以通过 Spring MVC 的测试框架进行测试，测试代码如下：

```
MvcResult mvcResult = mockMvc.perform(                       //执行请求
     MockMvcRequestBuilders.get(url)                         //构造请求
     .header("type", "withHeaderAttr"))                      //设置请求头属性
     .andExpect(MockMvcResultMatchers.status().is(200))    //执行期望
     andDo(MockMvcResultHandlers.print()                     //打印请求
     ).andReturn();                                          //返回执行结果
```

对 Spring MVC 的 Controller 类的映射方法的模拟测试会在后面章节详细介绍。

（4）请求参数限制

通过对请求参数的匹配来缩小映射的范围，比如某个映射地址通过 URL 传递一个名为 name 的参数，完整请求的 URL 是：

```
/request?name=value1
```

在映射注解@RequestMapping 中除了可以使用 path 属性匹配路径，还可以使用 params 匹配传递的参数，映射方法的写法如下：

```
    // params 匹配参数
01  @RequestMapping(path = "/request", params = "type=withParams")
02  public ModelAndView requestWithParams() {                //映射方法
03    ModelAndView modelAndView = new ModelAndView(); //模型视图对象初始化
04    modelAndView.setViewName("hello");                     //设置视图名
05    return modelAndView;                                   //返回视图模型对象
06  }
```

2．请求参数匹配注解

@RequestParam 使用在映射方法的形参中，用来匹配一些简单类型和没有被其他参数解析器解析的请求参数。默认情况下，请求参数与映射方法参数需要同名，如果在请求参数或请求体中不存在同名的参数，则会出错。也就是说，默认@RequestParam 注解的参数是必须传值的，否则会抛出异常，请求处理的方法也不会执行。可以通过设置 required 属性为 false 取消这个限制，还可以通过 value 属性设置映射到的前端请求的参数名。例如：

```
01  @RequestMapping("/helloWithParam")                       //映射注解
02  public ModelAndView helloWithParam(@RequestParam(value="userName",
```

```
    required=true) String userName) { //value指定前端请求参数名，required必须检查
03    ModelAndView modelAndView = new ModelAndView(); //模型视图对象初始化
04    modelAndView.setViewName("hello");              //设置视图名
05    return modelAndView;                            //返回视图模型对象
06 }
```

请求参数可以通过 GET 方式直接在 URL 中传入，也可以通过 POST 方式传入。GET 在 URL 中传递的示例如下：

```
/anno-demo/helloWithParam?userName=Oscar
```

注意：required 不设置，默认参数是必须传值的，所以一般参数非必须时才进行 required=false 的设置。

映射方法参数的@RequestParam 也可以不使用，容器会根据参数名称自动进行匹配。如果方法参数是一个对象类型的话，容器还会将请求中的参数自动装箱，也就是创建该类型的对象，并将前端传递的参数自动匹配到对象的属性中。举例来看注解方法的定义如下：

```
01 @RequestMapping("/helloWithParamObject")          //映射注解
   //User类型对象的参数自动装箱
02  public ModelAndView helloWithParamObject(User user) {
03      //方法体略
04
```

在使用地址/anno-demo/helloWithParamObject?name=Oscar 请求时，映射方法的 User 类型的参数对象会被创建，并且会把前端的 name 值设置给对象。

3．路径变量注解：@PathVariable

@PathVariable 注解使用在映射方法参数中，用来绑定映射注解中的 URL 占位符的值并赋给该参数，占位符使用{}的格式。示例如下：

```
   //包含占位符的映射配置
01 @RequestMapping(value="/helloPathVariable/{userName}")
   //参数路径映射
02 public ModelAndView helloPathVariable(@PathVariable String userName) {
03    //方法体略
04 }
```

当使用/helloPathVariable/user1 进行请求访问时，会将路径中的 user1 的值绑定给上面方法中的参数。@PathVariable 和@RequestParam 都是用来传递参数的，@PathVariable 常用在 REST 风格请求的服务中。

4．矩阵变量注解：@MatrixVariable

在使用@PathVariable 注解映射路径变量时，可以结合@MatrixVariable 注解在请求 URL 路径中附加键值对方式的参数传递，路径和参数以分号（;）分隔，参数的键和值以等号（=）分隔。例如，请求路径是/helloMartrixVariable/user1;id=1，这里的 user1 是路径，

id 是键值对的参数。在映射方法中的写法如下：

```
    //包含路径占位符的映射注解
01  @RequestMapping(value="/helloMartrixVariable/{userName}")
02  public ModelAndView helloMartrixVariable(          // 映射方法
        @PathVariable String userName,                 //路径占位符匹配
        //矩阵变量匹配
        @MatrixVariable(name="id", pathVar="userName") String userId) {
03      System.out.println("PathVariable userName: "+userName);  //user1
04      System.out.println("MartrixVariable userId: "+userId);   //1
05      ModelAndView modelAndView = new ModelAndView();
06      return modelAndView;
07  }
```

@MatrixVariable 注解的 name 属性指定参数的键的名字，pathVar 指定路径变量的名字，在包含多个路径变量时需要使用。如果参数的键和方法的@MatrixVariable 注解变量同名且只有一个路径变量时，可以省略 name 和 pathVar 属性的配置。

同一个路径地址，可以包含多个路径变量。在同一个路径变量中，可以包含多个键值对的参数，以分号（;）分割。@MatrixVariable 注解的方法参数可以得到所有的矩阵变量，键值相同的会合并成集合。如果不同路径变量中都包含同一个键值，在不使用 pathVar 指定具体哪个路径变量的状况下，返回的键值是一个集合。以某个映射注解的路径配置为例：

```
/depts/{deptId}/users/{userId}
```

该路径有两个路径占位符，使用矩阵变量的请求路径如下：

```
/depts/dept001;att1=value1/users/user001;att1=value11;att2=value2
```

使用 MultiValueMap<String, String>类型的参数可以匹配所有的矩阵变量，如果指定@MatrixVariable 注解的 pathVar 属性，则会返回该路径变量的所有矩阵变量，示例如下：

```
01  @RequestMapping(value="/depts/{deptId}/users/{userId}")
02  public ModelAndView helloMultiMartrixVariable(
       @MatrixVariable MultiValueMap<String, String>matrixVars,
       @MatrixVariable(pathVar="userId")  MultiValueMap<String, String>
       userAtts) {
03         // matrixVars 匹配的值是  {att1=[value1,value11], att2=[value2]}
           // userAtts 匹配的值是  {att1=[value11], att2=[value2]}
04         ModelAndView modelAndView = new ModelAndView();
05         return modelAndView;
06  }
```

7.5.3　@ModelAttribute 模型属性注解

@ModelAttribute 注解将数据添加到模型中，用于视图展示。该注解一般使用在控制器中，控制器可以包含任意数量的@ModelAttribute 注解方法，这些方法会在同一控制器中的@RequestMapping 注解方法之前被调用。

@ModelAttribute 方法也可以通过@ControllerAdvice 在控制器之间共享。@Model-

Attribute 可以使用在控制器的普通方法、方法参数或注解了@RequestMapping 的请求映射处理方法中，在不同场景下所使用的含义也不相同。

1．使用在控制器普通方法中

这里的普通方法是没有使用@RequestMapping 等请求映射注解标注的方法。@ModelAttribute 注解的普通方法会在每个映射请求方法之前执行，可以使用@RequestParam 获取请求参数，通过 Model 类型的参数设置模型的属性值。

下面的例子通过两个@ModelAttribute 注解方法设置模型中的属性值，在请求映射方法中返回视图的名字，代码如下：

```
01  @Controller                                          //控制器注解
02  public class ModelAttributeAnnoController {          //控制器类
03    @ModelAttribute                                    //设置模型数据
04    public void modelAttrMethod(@RequestParam String name, Model model) {
05       model.addAttribute("name", name);               //设置模型中的属性
06    }
07    @ModelAttribute                                    //设置模型数据
08    public void modelAttrMethod2(@RequestParam String id, Model model) {
09       model.addAttribute("id", id);
10    }
11    @RequestMapping("/modelAttrInMethod")              //请求映射注解
12    public String modelAttrInMethod() {
13       return "modelattribute";                        //返回视图名
14    }
15  }
```

在上例的@ModelAttribute 注解方法中，通过@RequestParam 获取参数后，通过 model.addAttribute 添加模型对象的属性值，@ModelAttribute 标注的方法有两个，使用 /modelAttrInMethod/?name=oscar&id=001 的地址进行请求时，两个方法分别设置 name 和 id 的模型属性值。这些属性值在请求映射返回的视图最终对应的 modelattribute.jsp 文件中，可以使用${name}和${id}进行获取。

以上@ModelAttribute 注解方法包含了一个 Model 类型的参数，方法的返回值类型是 void。返回值也可以是一个具体类型的对象，框架会将返回对象的类名首字母小写作为键值加入模型对象中，比如 Java 基本类型的键值 string、int、float，更多使用的是自定义的类。使用具体类型的返回值之后，就可以不用加 Model 类型的参数了。例如：

```
01  @ModelAttribute
02  public User modelAttrMethod3(@RequestParam String name, @RequestParam
    String id) {
03    return new User(name, id);              //返回 User 类型对象
04  }
```

模型对象中的键值也可以显式指定，方式是@ModelAttribute("attributeName")。

2. 使用在映射注解的方法中

@ModelAttribute 和@RequestMapping 可以同时注解同一个方法，如果该方法返回的是一个字符串类型，这个字符串代表的就不是一个视图的名字，而是模型的属性的值。比如：

```
01  @RequestMapping("/modelAttrInMethod")        //方法映射注解
02  @ModelAttribute("modAttr")                   //模型属性键
03  public String modelAttrInMethod() {
04    return "modelattribute";                    //返回的是模型属性值
05  }
```

在上面的例子中，会把@ModelAttribute 注解中的 modAttr 作为键，返回的返回值 modelattribute 作为值写入模型数据。而返回的视图名称则通过转换映射的请求地址得来，也就是会去找与/modelAttrInMethod 路径对应的同名的 jsp 文件 modelAttrInMethod.jsp。

3. 使用在方法参数中

在方法的形参前使用@ModelAttribute 注解，则会从隐含的模型对象中获取键是参数名的属性值，并将这个值赋给注解的参数。上面实例中@ModelAttribute 注解的 modelAttrMethod3()方法的返回类型是 User，则会在模型数据中加入键是 user 的属性，在以下方法参数中使用@ModelAttribute 可以映射到 user 属性。

```
01  @RequestMapping("/modelAttrInMethod3")
02  public String modelAttrInMethod3(@ModelAttribute User user) {
03    user.setName("New Oscar");
04    return "modelattribute";
05  }
```

7.6 基于代码配置的 Spring MVC 项目

在传统的 Spring MVC 项目中，基本使用 XML 作为配置方式，包括使用 XML 文件配置 Spring 容器、使用 web.xml 文件作为项目的入口配置文件。也可以通过@Configuration 注解类来进行容器的配置，自定义实现 WebApplicationInitializer 接口的类来替代 web.xml 的配置，从而实现在项目中零 XML 配置。

7.6.1 Java 代码进行 Spring MVC 的容器配置

在 Spring 核心容器中使用@Configuration 的注解类替代 XML 进行容器相关的配置，使用 AnnotationConfigApplicationContext 根据容器配置类进行应用上下文（Application-Context）的初始化。与核心容器类似，MVC 容器也可使用类似的方式进行 Web 应用上下文的配置和初始化。

Spring MVC 提供了 Web 的应用上下文接口 WebApplicationContext，该接口继承自 ApplicationContext，除了管理 Bean 之外，还提供了 Web 相关的一些特性，包括维护 ServletContext 对象和处理不同请求范围的 Bean（request、session 和 application）。对应 XML 和代码注解配置方式，分别提供了 XmlWebApplicationContext 和 AnnotationConfigWebApplicationContext 的 Web 应用上下文实现类。

使用@Configuration 的类进行 Spring MVC 容器的配置，需要在 web.xml 中需要设置 dispatcherServlet 的 contextClass 参数值为 AnnotationConfigWebApplicationContext 的类，contextConfigLocation 参数值则是@Configure 注解的类。

7.6.2　Java 代码替代 web.xml 文件的入口配置

早期的 Java Web 项目，必须要有一个 web.xml 的入口配置文件，Servlet 才能被 Tomcat 等服务器识别、运行并在浏览器中访问。但在 Servlet 3.0 标准中提供了一个新的接口 ServletContainerInitializer，允许在容器启动阶段通过代码进行 Servlet、Filter 和 Listener 等注册以及初始化参数配置等工作，也就是可以取代 web.xml 的配置。Tomcat 从 7 版本开始支持 Servlet 3.0。

ServletContainerInitializer 接口中只定义了一个接口方法 onStartup(Set<Class<?>> c, ServletContext ctx)，在 ServletContainerInitializer 接口的实现类中通过该方法进行 Servlet 等初始化的工作。这种方式使用的是 Java SPI 的实现机制，开发的主要步骤包括：

（1）定义一个继承 ServletContainerInitializer 接口的实现类。

（2）在该实现类上标注注解@HandlesTypes(XX.class)，括号里的类名是一个自定义的接口，该接口子类可以用来进行 Servlet 配置等工作。onStartup()方法的第一个参数就是这些该接口的所有实现类的集合。

（3）完成 ServletContainerInitializer 实现类的 onStartup()方法，基本是调用@HandlesTypes 注解类的方法。

（4）在项目的 META-INF/services/javax.servlet.ServletContainerInitializer 文件中加上实现类的全路径类名。

通过以上配置，将应用部署到服务器中，则服务器在启动时，会扫描应用中的 META-INF/services/javax.servlet.ServletContainerInitializer（包括.jar 文件中的文件）配置的实现类，启动对应的 onStartup()方法完成 Servlet 注册和加载等工作。

Spring MVC 就是使用 Servlet 3.0 的机制实现 web.xml 的替代，在 spring-web-XX.jar 文件中定义了接口 ServletContainerInitializer 的实现类 SpringServletContainerInitializer，该类的定义如下：

```
01  @HandlesTypes(WebApplicationInitializer.class)      //处理类型注解
02  public class SpringServletContainerInitializer implements Servlet
```

```
   ContainerInitializer {                                //实现类
03   @Override                                           //覆写方法
04   public void onStartup(@Nullable Set<Class<?>> webAppInitializerClasses,
       ServletContext servletContext) throws ServletException {
05       //省略调用 WebApplicationInitializer 的 onStartup()方法
06   }
07 }
```

WebApplicationInitializer 是 Spring 提供的用于取代 web.xml 相关配置的接口，该接口定义了一个和 ServletContainerInitializer 同名的 onStartup()方法，用于初始化工作。

综上分析，在 Spring MVC 中使用代码配置替代 web.xml 的配置方式就是：实现一个继承自 WebApplicationInitializer 接口的类，在该类的 onStartup()方法中进行上下文配置加载、中央控制器 Servlet 注册和启动等工作。示例如下：

```
01 public class MyWebApplicationInitializer implements WebApplication
   Initializer {                                     //启动类实现
02   @Override                                       //接口方法实现
03   public void onStartup(ServletContext servletContext) throws Servlet
     Exception {                                     //启动方法
04     // 加载 Spring Web 的配置文件（也可以是配置类）
05     XmlWebApplicationContext appContext = new XmlWebApplication
       Context();
06     appContext.setConfigLocation("/WEB-INF/springmvc.xml");
       //中央控制器初始化
07     DispatcherServlet servlet = new DispatcherServlet(appContext);
08     ServletRegistration.Dynamic registration =
                  //注册中央控制器 Servlet
                  servletContext.addServlet("dispatcher", servlet);
09     registration.setLoadOnStartup(1); //设置容器启动即加载该 Servlet
10     registration.addMapping("/");     //路径拦截映射
11   }
12 }
```

使用代码注解进行 Web 上下文初始化的方式如下：

```
01 AnnotationConfigWebApplicationContext annoAppContext =
                   new AnnotationConfigWebApplicationContext();
02 annoAppContext.register(AppConfig.class);
03 annoAppContext.refresh();
```

在使用代码进行 Spring MVC 应用入口配置时，除了以上对 Spring 容器和 Dispatcher-Servlet 的配置之外，还可以进行过滤器、监听器及日志等相关的配置。

7.7 MVC 注解汇总

Spring MVC 框架基于中央控制器 DispatcherServlet 展开，在该 Servlet 初始化时进行 Spring MVC 应用上下文的初始化，该 Servlet 中也维护了默认的处理器映射器、处理器适配器和视图解析器及异常处理等相关对象。开发中一般进行简单配置即可，有需要也可以对映射器和适配器等进行自定义的配置，既简单又灵活。

Spring MVC 也支持完全的基于注解的开发，在 Spring MVC 项目中，除了使用核心容器提供的组件、依赖注入和容器配置的注解之外，还可以使用 Spring MVC 特有的组件、请求映射及参数匹配等注解，常用的 Spring MVC 注解如表 7.3 所示。

表 7.3　Spring MVC常用的注解汇总表

类　别	注　解	应用的目标	功　能
组件	@Controller	类	后端控制器
	@Service	类	服务类组件
请求映射	@RequestMapping	类或方法	通用请求映射
	@GetMapping	类或方法	GET请求映射，获取数据
	@PostMapping	类或方法	POST请求映射，创建数据
	@PutMapping	类或方法	PUT请求映射，修改数据
	@PatchMapping	类或方法	PATCH请求映射，修改部分数据
	@DeleteMapping	类或方法	DELETE请求映射，删除数据
参数匹配	@RequestParam	方法参数	请求参数
	@PathVariable	方法参数	路径变量
	@MatrixVariable	方法参数	矩阵变量
	@ModelAttribute	方法或方法参数	模型属性

在基于注解的开发中，可以使用代码方式代替 XML 方式的 Spring 容器配置，也可以使用代码方式替代 web.xml 入口文件的配置。当然，也可以搭配 XML 的容器配置和代码方式的入口配置，具体可根据项目需要进行选择。Spring Boot 框架使用的就是代码配置的方式。

第 8 章　数据类型的转换、验证与异常处理

字符串类型的属性值在 XML 的 Bean 配置中直接注入，日期等对象类型的属性值也可以在 Bean 配置中通过字符串类型值注入。Spring 容器可以将字符串类型的属性值自动转换成对象类型的属性值。框架内部使用属性编辑器（PropertyEditor）和转换器服务（ConversionService）实现。

在 Spring 框架中，使用验证器（Validation）可以对属性值进行有效性校验，验证方式整合了 JavaBean Validator 标准验证的支持，也可以定义 Spring 自身的验证器。在 Spring MVC 项目 Controller 类的请求映射方法的参数中，使用注解@Validated 即开启前端参数匹配的有效性检验。数据有效性验证和异常处理在局部和全局范围内都可以实现。

8.1　类 型 转 换

JDK 在界面 Bean 开发技术中提供了 PropertyEditor 接口，实现该接口的类可以达成字符串类型和特性类型的转换。Spring 核心框架提供了基本类型的属性编辑器实现。另外，Spring 还提供了转换器（Converter）和转换器服务（ConversionService）用来实现任意对象类型之间的转换。Converter 和 PropertyEditor 的功能类似，ConversionService 则是不同类型转换器的容器，包含不同类型的转换器。

8.1.1　属性编辑器：PropertyEditor

属性编辑器是 JavaBean 范畴的概念。之所以称为编辑器，是因为其可以用来进行 AWT 的 Java 等图形界面开发，不过因为 Java 界面开发已经较少使用，属性编辑器现在主要用来进行字符串类型和对象类型之间的转换。Java 在 java.beans 包中提供了属性编辑器的接口 PropertyEditor，该接口的主要方法如下：

- setAsText(String text)：使用字符串转换成需要的属性对象；
- Object getValue()：得到转换后的属性对象；
- String getAsText()：将属性对象以字符串返回。

在 PropertyEditor 接口中，Java 提供了实现类 PropertyEditorSupport，该类实现了接口的所有方法，也可以扩展该类自定义属性编辑器。

下面实现一个日期类型的属性编辑器 MyDatePropertyEditor，该编辑器用于将 yyyy-MM-dd 格式的字符串转换成 Date 类型的日期对象。编辑器的代码如下：

```
    //自定义日期属性编辑器
01  public class MyDatePropertyEditor extends PropertyEditorSupport {
02  @Override
    //字符串转换成日期
03  public void setAsText(String text) throws IllegalArgumentException {
04      SimpleDateFormat format = new SimpleDateFormat("yyyy-MM-dd");
05      Date date = null;
06      try {
07          date = format.parse(text);           //字符串转换为日期
08      } catch (ParseException e) {
09      }
10      setValue(date);                          //设置属性值
11    }
12  }
```

初始化编辑器、调用 setAsText(String)方法传入字符串的值之后，就可以通过 getValue()获取日期类型的对象了。上面定义的日期属性编辑器的调用代码如下：

```
    //初始化编辑器
01  PropertyEditorSupport dataPropertyEditor = new MyDatePropertyEditor();
02  dataPropertyEditor.setAsText("2019-06-30");//字符串转换成日期类型的对象
03  Date date = (Date) dataPropertyEditor.getValue(); //获取日期类型的属性
```

Spring 提供了很多实现 PropertyEditorSupport 接口的属性编辑器，位于 org.springframework.beans.propertyeditors 包中，这些编辑器可以实现字符串类型与日期类型、布尔类型和数字等类型之间的转换，具体如下：

- 布尔类型编辑器（CustomBooleanEditor）；
- 日期类型编辑器（CustomDateEditor）；
- 集合类型编辑器（CustomCollectionEditor）；
- 映射类型编辑器（CustomMapEditor）；
- 数字类型编辑器（CustomNumberEditor）；
- URL 地址编辑器（URLEditor）。

以日期类型编辑器为例，该编辑器类有一个构造函数 CustomDateEditor(DateFormat dateFormat, boolean allowEmpty)，第一个形参是日期格式的对象，第二个参数是是否允许空字串。使用 CustomDateEditor()可以完全替换上面自定义的 MyDatePropertyEditor，而且更灵活。调用示例如下：

```
01  CustomDateEditor  customDateEditor =         //初始化日期类型属性编辑器
            new CustomDateEditor(new SimpleDateFormat("yyyy-MM-dd"), false);
02  customDateEditor.setAsText("2019-06-10");  //设置 String 类型值
03  Date date = (Date) customDateEditor.getValue();    //得到转换后的日期对象
```

8.1.2 转换器服务：ConversionService

Java 的 PropertyEditorSupport 类最初用于界面开发，该类包含一些与界面 Bean 相关的方法，比如 paintValue()和 isPaintable()等。因为这些方法不需要被使用，所以自 Spring 3.0 之后使用转换器（Converter）替代 PropertyEditor 的机制。除了接口更干净之外，相比 PropertyEditor 提供 String 和 Object 类型的转换，Convert 可以实现任意对象之间的类型转换。

转换器服务（ConversionService）是各种类型转换器的容器，Spring 核心框架提供了转换器服务接口类 ConversionService，针对该接口有以下两种类型的实现：

- DefaultConversionService：默认转换器服务。维护不同类型的转换器（Converter）进行数据类型的转换。
- DefaultFormattingConversionService：带格式化支持的转换器服务。在 DefaultConversionService 基础上进行了功能的延伸，支持国际化（Locale）的格式化和解析。

转换器服务、转换器及格式化转换器服务的逻辑关系如图 8.1 所示。

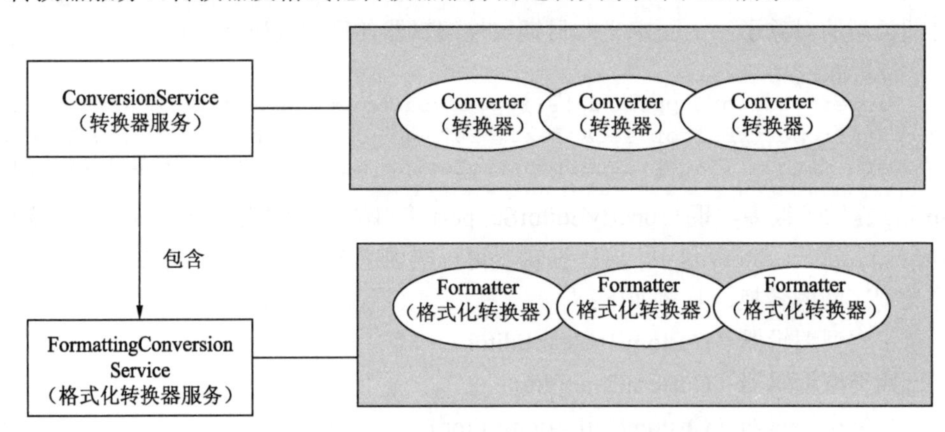

图 8.1 转换器、格式化转换器服务及转换器服务关系图

在类的层级结构上，DefaultConversionService 实现了 ConversionService 和 ConverterRegistry 接口；ConversionService 的 convert()进行数据类型的转换；ConverterRegistry 中的 addConverter()用于添加转换器。DefaultFormattingConversionService 除了会调用 DefaultConversionService 的 addDefaultConverters()方法添加默认的转换器之外，还实现了 FormatterRegistry()，可以进行格式化转换器的添加。类的层级结构和关系如图 8.2 所示。

1. DefaultConversionService（默认转换器服务）

转换器(Converter)用来进行数据转换，通过转化器服务进行统一的管理和调用。Spring 核心框架提供了基本类型之间的转换器类，包括数组、字符、集合、枚举、整型、数字型、对象型和字符串类型之间的转换器。这些转换器类继承自 Converter 接口，以 Converter 结尾。在 DefaultConversionService 中将这些转换器分为三组进行注册和添加：

- 标尺转换器组（Scalar）：主要是基本类型之间的转换，包括 String、Number、Boolean、Enum、Charset、Properties 和 UUID。
- 集合转换器组（Collection）：主要包括 String、Object 和 Array、Collection、Map 之间的转换。
- 其他：包括 Byte 与 Buffer、String 与 TimeZone、Object 与 Object 等类型之间的转换。

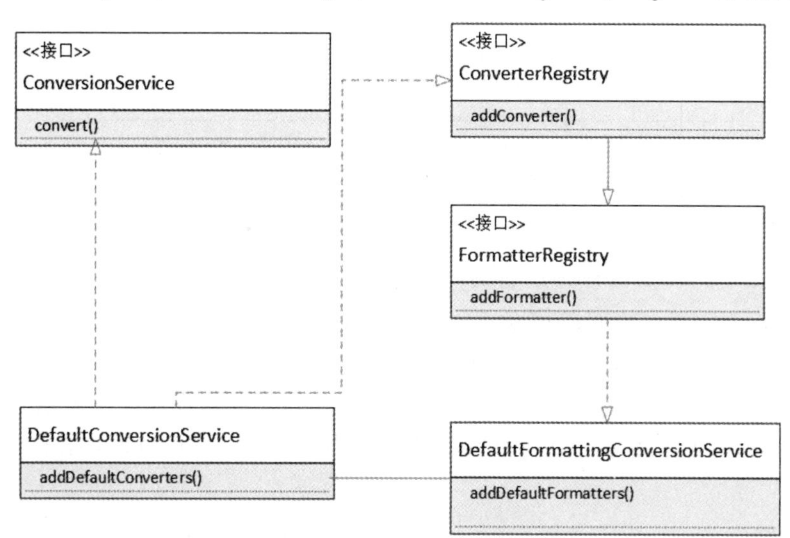

图 8.2　转换器服务类层级结构

具体展开看，Spring 默认提供的类型转换器如表 8.1 所示。

表 8.1　Spring默认支持的类型转换对照表

	Array	Character	Collection	Enum	Integer	Number	Object	String
Array	ArrayTo-Array		ArrayTo-Collection				ArrayTo-Object	ArrayTo-String
Character						Character-To-Number		
Collection	Collection-To-Array		Collection-To-Collection				Collection-To-Object	Collection-To-String
Enum					EnumTo-Integer			EnumTo-String

（续）

	Array	Character	Collection	Enum	Integer	Number	Object	String
Integer				IntegerTo-Enum				
Map								
Number		NumberTo-Character				NumberTo-Number		
Object	ObjectTo-Array		ObjectTo-Collection				ObjectTo-Object	Object-To-String
String	StringTo-Array	StringTo-Character	StringTo-Collection	StringTo-Enum		StringTo-Number		

注：表8.1中的类型是一个整体，但限于表格宽度，需要转行才能放得下，此处用连字符“-”表示转行。

除了表 8.1 中的转换器外，还有 ByteBufferConverter、StringToPropertiesConverter、StringToUUIDConverter、StringToCurrencyConverter、StringToTimeZoneConverter、StringToBooleanConverter 和 MapToMapConverter。

转换器服务可以脱离 Spring 容器单独使用，以字符串和日期类型的转换为例，DefaultConversionService 默认支持将 yyyy/mm/dd 格式的字符串转换为 Date 类型的对象，转换示例代码如下：

```
01  @Test                                               //JUnit 测试注解
02  public void convertIndepUse() {                     //测试方法
        //初始转换器
03      ConversionService conversionService = new DefaultConversionService();
        //字符串转换为日期
04      Date date = conversionService.convert("2019/06/10", Date.class);
05      System.out.println(date);                       //打印日期
06  }
```

如果 Spring 默认提供的转换器不够使用，可以继承 Converter 接口自定义转换器，并将此转换器添加到 DefaultConversionService 的对象中。下面以实现一个 String 类型和 User 类型转换的例子来演示转换器的定义与使用，将逗号分隔的字符串转换为 User 对象中的属性值。开发步骤及代码如下：

（1）User 类包含两个属性：String 类型的属性 name 和 Date 类型的属性 birthDay。示例如下：

```
01  public class User {                         //User 类定义
02    private String name;                      //字符串类型用户名
03    private Date birthDay;                    //日期类型属性
04    //属性 Set、Get 方法（略）
05  }
```

（2）转换器实现类 MyUserConvert 将“,”分割的字符串解析后，设置到 User 类型对象的属性中，日期字符串通过 SimpleDateFormat 转换成日期类型，转换器代码如下：

```
   //继承特定接口的转换器类
01 public class MyUserConvert implements Converter<String, User>{
02   @Override                                        //重写 convert()方法
03   public User convert(String source){
04       String[] strArray = source.split(",");       //逗号分隔的字符串解析
05       User user = new User();                      //User 类型对象初始化
06       user.setName(strArray[0]);                   //设置 name 属性值
         //日期格式转换器
07       SimpleDateFormat format = new SimpleDateFormat("yyyy/MM/dd");
08     Date birthDay = null;
09     try {
10        birthDay = format.parse(strArray[1]);       //字符串转换为日期
11     } catch (ParseException e) {
12        e.printStackTrace();
13     }
14      user.setBirthDay(birthDay);                   //设置 birthDay 属性
15       return user;                                 //返回
16   }
17 }
```

（3）转换器注册和调用。通过转换器服务的 addConverter()方法将新定义的转换器类型的实例添加到转换器服务的实例中之后，就可以调用 convert()方法进行转换。示例如下：

```
01 @Test                                              //测试注解
02 public void convert() {                            //测试方法
03   DefaultConversionService conversionService = new DefaultConversion
     Service();                                       //初始化
    //添加自定义转换器
04  conversionService.addConverter(new MyUserConvert());
    //进行转换
05  User user = conversionService.convert("User 1,2019/09/10", User.class);
06 }
```

2. DefaultFormattingConversionService（格式化转换器服务）

格式化转换器服务（DefaultFormattingConversionService）调用了 DefaultConversionService 的 addDefaultConverters()方法注册默认的转换器。此外，其还提供了两个扩展功能：

- 支持国际化的格式化和解析；
- 可以使用注解（比如@DateTimeFormat）对 Bean 的属性进行细粒度的配置。

DefaultFormattingConversionService 通过注册格式化转换器 Formatter 支持国际化的打印和解析，默认提供日期类型格式转换器（DateFormatter、MonthDayFormatter 和 YearFormatter）和数字类型的日期转换器（NumberStyleFormatter、CurrencyStyleFormatter 和 PercentStyleFormatter）。格式化转换器的类层次结构如图 8.3 所示。

```
Formatter<T>
  AbstractNumberFormatter
    CurrencyStyleFormatter
    NumberStyleFormatter
    PercentStyleFormatter
  CurrencyUnitFormatter
  DateFormatter
  DurationFormatter
  DurationFormatter
  InstantFormatter
  MonetaryAmountFormatter
  MonthDayFormatter
  MonthDayFormatter
  MonthFormatter
  NumberDecoratingFormatter
  PatternDecoratingFormatter
  PeriodFormatter
  PeriodFormatter
  YearFormatter
  YearMonthFormatter
  YearMonthFormatter
```

图 8.3　Spring 提供的格式化转换器类

Format 提供消息、日期等国际化的支持，以日期格式化转换器 DateFormatter 为例，在中国区和英国区转换的差异如下：

```
01 DateFormatter dateFormatter=new DateFormatter();    //日期格式转换器
   //中国区时间
02 String chinaDateStr = dateFormatter.print(new Date(), Locale.CHINESE);
   //英国区时间
03 String englishDateStr = dateFormatter.print(new Date(), Locale.ENGLISH);
04 System.out.println(chinaDateStr); //2019-09-23
05 System.out.println(englishDateStr); //Sep 23, 2019
```

格式化转换器也可以通过继承 Formatter<T>接口自定义，实现接口的 print()和 parse()接口方法。以模仿日期的格式转换器为例，实现代码如下：

```
   //继承接口定义格式化转换器
01 public class MyDateFormatter implements Formatter<Date> {
02   @Override          //实现 print()方法，将日期对象进行国际化的日期字串转换
03   public String print(Date object, Locale locale) {
04     SimpleDateFormat  dateFormat= new SimpleDateFormat("yyyy-MM-dd",
       locale);
05     return dateFormat.format(object); /
06   }
07  @Override            //实现 parse()方法，将字符串转换为日期对象
08  public Date parse(String text, Locale locale) throws ParseException {
09     SimpleDateFormat  dateFormat= new SimpleDateFormat("yyyy-MM-dd",
       locale);
10     return dateFormat.parse(text);
11  }
12 }
```

在实际开发中，如果需要显式配置和使用转换器服务，一般使用格式转换器服务的工厂 Bean 进行配置，对应的类是 FormattingConversionServiceFactoryBean，相关配置及 Bean 类的属性使用注解对该属性进行细粒度的设置部分的内容将在 Bean 包装器的章节中进行介绍。

8.1.3　类型转换在容器中的使用

在实际开发中，属性编辑器和转换器服务很少单独使用，而是由容器调用进行 Bean 的组装。在 Spring MVC 项目中，常见的使用方式是对前端请求参数进行自动类型转换，组装成后端需要的对象类型。

核心容器默认使用属性编辑器进行类型转换，如果配置了转换器服务的 Bean，则会使用转换器服务。Spring MVC 开启 MVC 注解驱动之后，会默认注册一个转换器服务 Bean。

1．Spring核心容器的类型转换

回顾一下 Bean 的配置，以上面的 User 类型为例，包含了一个字符串属性（name）和一个日期类型的属性（birthDay）。在 XML 中的 Bean 配置如下：

```
01 <bean id="user" class="cn.osxm.ssmi.chp08.User"> <!--Bean 配置 -->
02     <property name="name" value="Zhang San"/> <!--注入 name 属性值-->
       <!--以字符串注入日期型属性值 -->
03     <property name="birthDay" value="2019/09/10"/>
04 </bean>
```

birthDay 是日期型的属性，在配置中使用 yyyy/MM/dd 字符串注入值。容器在初始化 Bean 的时候会将字符串方式的值转换成 Date 日期型。Spring 容器默认使用本身定义的属性编辑器进行转换，Spring 默认提供的属性编辑器参见 8.1.1 节。

除了 Spring 默认提供的属性编辑器之外，也可以向容器中加入自定义的编辑器。以上面的日期转换为例，如果日期字符串是 yyyy-mm-dd 或 yyyy+mm+dd 等格式，是不能被默认日期属性编辑器识别和转换的，需要增加自定义的属性编辑器。实现方式是配置 CustomEditorConfigurer 类的 Bean，在属性 propertyEditorRegistrars 中注入自定义编辑器类型的 Bean，示例如下：

```
01 <bean class="org.springframework.beans.factory.config.CustomEditor
   Configurer">
02   <property name="propertyEditorRegistrars"> <!--注册自定义属性编辑器 -->
03     <list><!--自定义属性编辑器 Bean 列表 -->
04       <bean class="cn.osxm.ssmi.chp08.propertyeditor.MyDate
         PropertyEditor"/>
05     </list>
06   </property>
07 </bean>
```

🔔注意：MyDatePropertyEditor 除了继承 PropertyEditorSupport 之外，还需要实现 PropertyEditorRegistrar 接口及其 registerCustomEditors()方法。对于本例来说，该方法的内容如下：

```
01  @Override        //在注册器中进行类型和属性编辑器的对应关系注册
02  public void registerCustomEditors(PropertyEditorRegistry registry) {
03      registry.registerCustomEditor(Date.class, this);
04  }
```

此外，也可以通过设置 CustomEditorConfigurer 的 scustomEditors 属性达成类似的效果。

如果在容器中定义了 id 值是 conversionService 的 Bean，则会使用转换服务器进行类型转换，和属性编辑器一样，也可以添加自定义的转换器实现特殊的类型转换。我们同样以前面的日期转换为例，定义一个 MyDataConvert 的转换器替换 MyDatePropertyEditor。示例如下：

```
    //继承接口的转换器
01  public class MyDataConvert implements Converter<String, Date> {
02    @Override                                   //实现转换方法
03    public Date convert(String source) {
        //日期格式化器
04      SimpleDateFormat format = new SimpleDateFormat("yyyy-MM-dd");
05      Date date = null;
06      try {
07         date = format.parse(source);         //字符串转换为日期
08      } catch (ParseException e) {
09         e.printStackTrace();
10      }
11      return date;
12    }
13  }
```

通过配置 ConversionServiceFactoryBean 类型的 Bean 之后，容器就会使用该 Bean 进行类型转换，转换器服务默认也维护了基本类型的类型转换器，设置 converters 属性可以增加自定义的转换器，示例如下：

```
01  <bean id="conversionService" <!--转换器服务 Bean 的配置 -->
        class="org.springframework.format.support.FormattingConversion
        ServiceFactoryBean">
02      <property name="converters"><!--增加自定义的转换器 -->
03          <list> <!--自定义的转换器 Bean 列表 -->
04              <bean class="cn.osxm.ssmi.chp08.convertservice.MyDataConvert"/>
05          </list>
06      </property>
07  </bean>
```

🔔注意：

（1）Bean 的 ID 需要指定，而且必须是 conversionService。

（2）Bean 的类使用的是 FormattingConversionServiceFactoryBean，也可以使用

ConversionServiceFactoryBean，但不能使用 FormattingConversionService 等。也就是说，必须使用转换器服务的工厂 Bean 类。

FormattingConversionServiceFactoryBean 是 FactoryBean<FormattingConversion-Service>的实现。FactoryBean（工厂 Bean）是 Spring 提供的普通 Bean 之外的另外一种 Bean，该 Bean 提供了 getObject()返回实际的对象，也就是可以返回不同类型的实际对象。此类可以实现单例工厂，而且在 AOP 开发中很有用。

FactoryBean（工厂 Bean）经常和 BeanFactory(Bean 工厂)产生混淆。二者的区别如下：

- BeanFactory: Bean 工厂，通过其可以得到不同类型的 Bean，也就是 Bean 容器；
- FactoryBean: 工厂 Bean，是一种类型的 Bean，是单一 Bean 的工厂模式。

2. Spring MVC容器的类型转换

在 Spring MVC 项目中，如果开启了 MVC 注解功能，则 WebMvcConfigurationSupport 会自动注册名字是 mvcConversionService 的 FormattingConversionService 的 Bean 和 FormattingConversionServiceFactoryBean 类型的 Bean。MVC 注解可以使用 XML 和类配置的方式开启。

采用 XML 配置开启方式时，如果只是使用默认的转换器服务，则只需要如下配置：

```
<mvc:annotation-driven />
```

<mvc:annotation-driven>默认会装配 FormattingConversionServiceFactoryBean，如果要增加自定义的转换器，则需要给该配置标签的 conversion-service 属性指定一个转换器服务的 Bean，该转换器服务 Bean 的配置与核心容器的转换器服务配置类似，配置效果如下：

```
    <!--MVC 注解驱动开启-->
01  <mvc:annotation-driven conversion-service="conversionService" />
02  <bean id="conversionService" <!--转换器服务 Bean 的配置-->
03    class="org.springframework.format.support.FormattingConversion
      ServiceFactoryBean">
04      <property name="converters">
05          <list>
06              <bean class="cn.osxm.ssmi.chp08.convertservice.MyDate Convert" />
07          </list>
08      </property>
09  </bean>
```

采用类配置开启方式时，使用@EnableWebMvc 注解。示例如下：

```
01  @Configuration                              //配置类注解
02  @EnableWebMvc                               //开启 MVC 注解驱动
03  public class MvcConvertConfigure{
04  }
```

如果要增加转换器，则配置类需要继承 WebMvcConfigurationSupport 类，使用@Post-Construct 在该 Bean 实例初始化后添加自定义的转换器，示例代码如下：

```
01 @Configuration                                //配置类注解
02 @EnableWebMvc                                 //开启 MVC 注解驱动
03 public class MvcConvertConfigure extends WebMvcConfigurationSupport{
04   @Autowired                                  //自动装载转化器服务对象
05   private FormattingConversionService mvcConversionService;
06   @PostConstruct                              //初始化回调注解
07   public void addCustomConvert(){             //在转换器服务中添加新的转换器
08       if (mvcConversionService!=null){
09           mvcConversionService.addConverter(new MyDateConvert());
10       }
11   }
12 }
```

Spring 容器对 Bean 的属性进行转换是通过数据绑定的方式进行的，包括 Bean 包装器（BeanWrapper）和数据绑定（DataBinder、WebDataBinder）两种方式，它们通过调用容器中管理的转换器服务 Bean 进行数据的类型转换。

8.2 数据绑定

BeanWrapper（Bean 封装器）和 DataBinder（数据绑定器）是 Spring 中的两种数据绑定的实现。两者都实现了 PropertyEditorRegistry 和 TypeConverter 接口，可以实现数据的类型转换，两者与类型转换器的关系如图 8.4 所示。

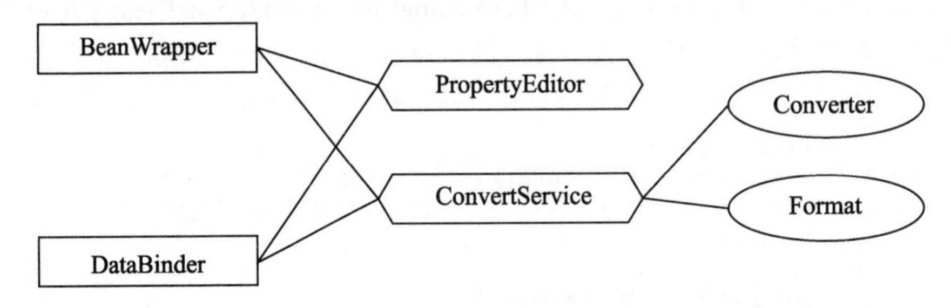

图 8.4 Bean 封装器、数据绑定器与属性编辑器、转换器服务的关系

除了类型转换，DataBinder 还可以用来校验数据的有效性，在 Spring MVC 容器中，使用 WebDataBinder 将前端请求参数转换为后端类型的对象，如果要处理 JSON 等类型的请求和响应，则需要结合 HTTP 消息转换器及@RequestBody 和@ResponseBody 注解。

8.2.1 Bean 封装器：BeanWrapper

BeanWrapper 是 Spring 提供的对 Bean 包装的接口，BeanWrapperImpl 是该接口的实现类。Bean 通过 BeanWrapperImpl 封装后，就可以通过调用 getPropertyValue()和 setProperty-Value()方法、以统一的方式对属性进行操作。

举例来看，某用户类 User 有两个属性：name（String 字符型）和 birthDay（Date 日期型）。一般通过 getName()和 setName()方法获取和设置 User 对象中的 name 属性值，使用 BeanWrapperImpl 对 User 类对象封装后，操作 name 属性的方式如下：

```
01  User user = new User();                         //User 对象初始化
    //对对象进行包装
02  BeanWrapperImpl userWrapper = new BeanWrapperImpl(user);
03  userWrapper.setPropertyValue("name", "User 1"); //统一的方式设置属性值
    //统一的方式获取属性值
04  Object nameValue = userWrapper.getPropertyValue("name");
```

使用 BeanWrapperImpl 对 Bean 进行封装的好处是可以让不同类型 Bean 的不同属性使用统一的方式获取和设置值。除此之外，BeanWrapperImpl 还能结合属性编辑器（PropertyEditor）和类型转换器（ConversionService）对 Bean 中的属性进行类型转换。

1．在BeanWrapper中使用PropertyEditor

Spring 核心容器内部默认就是使用 BeanWrapper 结合属性编辑器初始化 Bean。除了默认的属性编辑器，自定义的属性编辑器通过 registerCustomEditor()方法注册到 BeanWrapper 对象中，该方法的第一个参数是需要转换的目标类型，第二个参数是编辑器的对象。

以上面的 User 类中的日期类型属性 birthDay 为例，BeanWrapper 默认支持 yyyy/mm/dd 日期格式的转换，注册自定义的 MyDatePropertyEditor()或使用 new CustomDateEditor (new SimpleDateFormat("yyyy-MM-dd"), false)实现对 yyyy-mm-dd 日期字符串转换的示例的完整测试代码如下：

```
01  @Test                                                //JUnit 4 测试注解
02  public void beanWrapTest() throws ParseException { //测试方法
03    User user = new User();                            //初始化 User 对象
      //Bean 包装器初始化
04    BeanWrapperImpl userWrapper = new BeanWrapperImpl(user);
05    //userWrapper.registerCustomEditor(Date.class, new MyDateProperty
      Editor());                                         //注册编辑器
     userWrapper.registerCustomEditor(Date.class,
          new CustomDateEditor(new SimpleDateFormat("yyyy-MM-dd"), false));
06    userWrapper.setPropertyValue("name", "User 1"); //设置字符串类型用户名
      //设置字符串类型的出生日期
07    userWrapper.setPropertyValue("birthDay", "2019-06-10");
      //格式化日期对象
08    SimpleDateFormat format = new SimpleDateFormat("yyyy-MM-dd");
      //获取用户名
09    Object nameValue = userWrapper.getPropertyValue("name");
      //获取日期类型对象
10    Object birthDayValue = userWrapper.getPropertyValue("birthDay");
11    Assert.assertEquals(nameValue,"User 1");          //断言
```

```
     //断言
12   Assert.assertEquals(birthDayValue,format.parse("2019-06-10"));
13 }
```

2．在BeanWrapper中使用ConversionService

BeanWrapper 通过 setConversionService()设置转换器服务，如果需要，可以在转换器服务中添加自定义的转换器。Spring 还支持在日期和数字类型的属性中使用注解进行类型转换的细粒度控制，对应注解@DateTimeFormat 和@NumberFormat。比如设置上面的 birthDay 转换格式是 yyyy+mm+dd，则只需要在属性中添加如下注解：

```
01 @DateTimeFormat(pattern="yyyy+mm+dd")
02 private Date birthDay;
```

设置 ConversionService 及完整测试代码如下：

```
01 @Test                                                    //测试注解
02 public void beanWrapperWithConvertService() {
03    User user = new User();                               //User 类型对象初始化
      //对对象进行封装
04    BeanWrapperImpl userWrapper = new BeanWrapperImpl(user);
      //定义默认格式换转换器服务
05    DefaultFormattingConversionService conversionService
          = new DefaultFormattingConversionService();
      //设置转换器服务
06    userWrapper.setConversionService(conversionService);
      //通过字符串设置属性值
07    userWrapper.setPropertyValue("birthDay", "2019+06+10");
      //获取日期类型属性
08    Date date = (Date) userWrapper.getPropertyValue("birthDay");
09 }
```

8.2.2　数据绑定器：DataBinder 与 WebDataBinder

与 BeanWrapper 类似，DataBinder 可以对 Bean 进行封装绑定。DataBinder 实现了 PropertyEditorRegistry，可以注册自定义的属性编辑器；DataBinder 包含一个 ConversionService 属性，在绑定器初始化时容器会注入该转换器服务的依赖，也可以添加自定义的转换器和格式化转化器。除此之外，DataBinder 还提供了数据有效性验证等功能。DataBinder 有一个子类 WebDataBinder，用于 Spring MVC 中的数据绑定。

1．数据绑定器——DataBinder

DataBinder 常用的构造函数是 DataBinder(Object target, String objectName)，第一个参数是需要绑定的对象，第二个参数是绑定的对象的名字，也可以不指定。通过 bind()方法给对象绑定字符串类型（PropertyValue）的属性值后，就可以使用 getBindingResult()方法获取绑定后的 Bean。

下面继续以转换 User 对象中的“yyyy-MM-dd”的类型字串为例，先初始化一个 User 对象，通过该对象构造 DataBinder，再添加格式化转化器，接着绑定 PropertyValue 类型的值，最后获取 BindingResult 类型的绑定结果和绑定后的 User 对象。示例代码如下：

```
01  User user = new User();                              //初始化对象
    //绑定对象
02  DataBinder dataBinder = new DataBinder(user, user.getClass().getName());
    //添加格式化转换器
03  dataBinder.addCustomFormatter(new  DateFormatter("yyyy-MM-dd"));
    //属性值对象初始化
04  MutablePropertyValues propertyValues= new MutablePropertyValues();
05  propertyValues.add("name", "Zhang San");           //添加 name 属性的值
06  propertyValues.add("birthDay", "2019-06-10");      //添加 birthDay 属性的值
07  dataBinder.bind(propertyValues);                    //绑定属性值
    //得到绑定后的结果
08  BindingResult bindingResult = dataBinder.getBindingResult();
09  user = (User) bindingResult.getTarget();           //从绑定结果中得到绑定对象
```

2. Web端数据绑定器——WebDataBinder

在 Spring MVC 项目中，DispatcherServlet 会自动将前端的请求参数绑定为处理方法的参数类型的对象后进行调用。类似下面的请求映射方法，如果前端请求的参数中包含 User 类的属性（比如 name 和 birthDay），则会自动进行参数的匹配。

```
01  @RequestMapping("/user/add")                      //请求映射
02  public ModelAndView  addUser(User user) {         //User 的属性参数会自动匹配
03   }
```

DispatcherServlet 内部使用的就是 WebDataBinder 进行数据绑定，WebDataBinder 继承自 DataBinder，除了具备 DataBinder 的数据转换和验证等功能外，还提供了属性前缀及文件类型（MultipartFile）的数据绑定。DispatcherServlet 调用 WebDataBinder 的流程大致如图 8.5 所示。

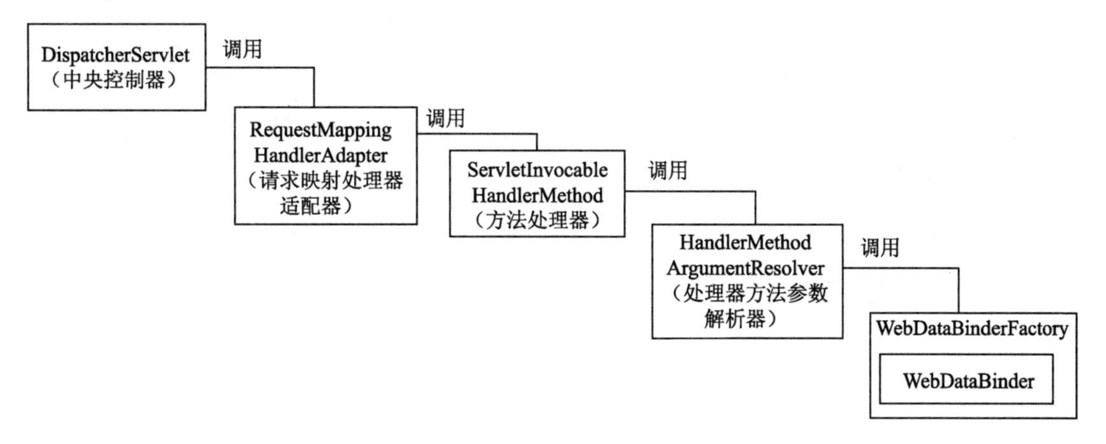

图 8.5　中央处理器调用 Web 数据绑定器步骤

对图 8.5 中的步骤，说明如下：

（1）DispatcherServlet 调用 RequestMappingHandlerAdapter 进行请求映射处理。

（2）RequestMappingHandlerAdapter 通过 ServletInvocableHandlerMethod 进行实际处理方法的调用。

（3）ServletInvocableHandlerMethod 使用 HandlerMethodArgumentResolver 进行处理器方法的参数解析。

（4）HandlerMethodArgumentResolver 使用 WebDataBinderFactory 及 WebDataBinder 进行参数的绑定和解析。

在应用开发中，DataBinder 和 WebDataBinder 基本不会直接使用，而是由容器本身进行维护和调用。如果要添加自定义编辑器和转换器，或指定匹配的属性前缀等规则，则可以通过@InitBinder 注解或配置方式达成。

8.2.3　绑定器初始化注解：@InitBinder

@InitBinder 用于在控制器的方法中对 WebDataBinder 对象的初始化进行设置，包括注册自定义属性编辑器，添加格式化转换器或设置属性的匹配前缀。

同样以前面的日期类型的转换为例，在基于注解的开发中，添加自定义的编辑器只需要在某个控制器方法上使用@InitBinder 注解，该方法的形参类型是 WebDataBinder，在注解方法中获取 WebDataBinder 的对象并进行格式化的设定。示例如下：

```
01  @Controller                                    //控制器组件注解
02  public class InitBinderController {            //控制器类
03   @InitBinder                                   //初始绑定器注解
04   protected void initBinder(WebDataBinder binder) { //
        //添加自定义属性编辑器
05      binder.registerCustomEditor(Date.class, new MyDateEditor());
        //添加自定义格式化转换器
06      binder.addCustomFormatter(new MyDateFormatter());
07   }
08  }
```

注意：从 Spring 4.2 版本开始，推荐使用 addCustomFormatter 指定 Formatter 来代替 PropertyEditor。

使用 setFieldDefaultPrefix()方法可以对前端参数的前缀进行匹配，使用示例如下：

```
01   @InitBinder("user")                                //绑定器初始化注解
02   public void initBinderUser(WebDataBinder binder) {
03      binder.setFieldDefaultPrefix("user.");      //设置前端参数匹配前缀
04   }
```

使用在某个控制器上的@InitBinder 注解，只会对该控制器内的方法有效。如果需要全局的控制器或者匹配的控制器适用的话，可以将@InitBinder 使用在@ControllerAdvice

或@RestControllerAdvice 注解类的方法中，该方式使用 AOP 来匹配控制器。关于 AOP 部分的内容后面会详细介绍。

除了使用@InitBinder 注解对绑定器进行设置外，还可以使用 XML 进行配置，通过配置请求映射处理器适配器（RequestMappingHandlerAdapter）Bean 的 webBindingInitializer 属性指定自定义的 WebBindingInitializer，在自定义的 WebBindingInitializer 中就可以任意设置了，配置示例如下：

```
01 <bean class="org.springframework.web.servlet.mvc.method.
            annotation.RequestMappingHandlerAdapter">
       <!-- 配置自定义的数据绑定初始化器-->
02     <property name="webBindingInitializer">
03         <bean class="cn.osxm.ssmi.chp08.databinder.MyWebBinding
           Initializer" />
04     </property>
05 </bean>
```

8.2.4 HTTP 消息转换器：HttpMessageConverter

典型的 Web 开发的参数传递，一般通过 GET 的 URL 或 POST 方法的 Form 表单数据以键值对方式进行传递，Spring MVC 框架后端使用 WebDataBinder 对参数进行转换和绑定。但如果传递的是 JSON 字符串等其他格式，WebDataBinder 就无法处理了。

请求响应的返回，典型的是返回 ModelAndView 对象，但随着前后端分离框架的流行，Controller 中的请求方法只需要直接返回一个字符串、JSON 或者 XML 等其他格式的数据即可，WebDataBinder 也无法处理。为此，在 Spring MVC 中提供了更高层级的 HttpMessageConverter 及 HttpEntity 等相关的 HTTP 类用来对请求和响应进行转换。HTTP 消息转换器的位置如图 8.6 所示。

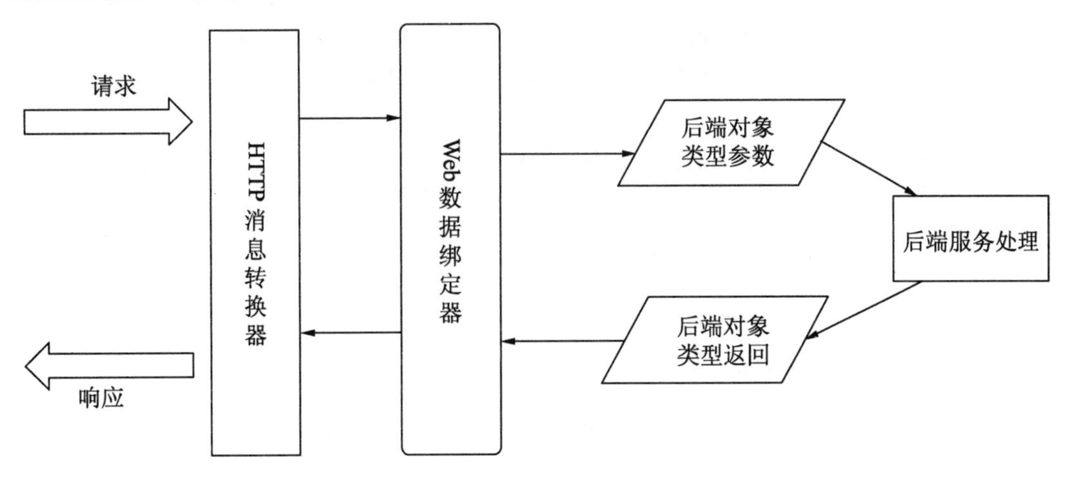

图 8.6　HTTP 消息转换器的位置

1. HttpEntity、RequestEntity和ResponseEntity

HttpEntity<T>是 Spring Web 提供的 HTTP 的请求和响应对象的泛型实体类，T 可以指定具体的后端实体类。HttpEntity 的类名在其他很多的 HTTP 相关的依赖包和框架中都出现过（比如 HttpClient）。在 Spring MVC 中，HttpEntity 主要包含请求头（HttpHeaders）和请求体（T）。该类有两个主要子类，即 RequestEntity 和 ResponseEntity，分别对应请求实体类和响应实体类。ResponseEntity 包含了状态码的属性。

ResponseEntity 提供了一个构造函数 ResponseEntity(@Nullable T body, @Nullable MultiValueMap<String, String> headers, HttpStatus status)，对应的参数说明如下：

- T body：请求体的对象，会被转换成不同类型的 HTTP 消息（比如 String、JSON）。
- MultiValueMap<String, String> headers：可以用来设置键值对的请求头参数。
- HttpStatus status：返回的状态信息，HttpStatus.OK 对应的就是 200 的状态码。

如果在请求映射方法中的参数类型是 RequestEntity 或者方法的返回是 ResponseEntity，则 Spring MVC 会调用 HttpEntityMethodProcessor 进行处理。HttpEntityMethodProcessor 继承自 AbstractMessageConverterMethodProcessor，该类还有另外一个子类 RequestResponseBodyMethodProcessor，类层级结构如图 8.7 所示。

- AbstractMessageConverterMethodArgumentResolver
  - AbstractMessageConverterMethodProcessor
    - HttpEntityMethodProcessor
    - RequestResponseBodyMethodProcessor

图 8.7　HTTP 消息的参数解析器类

AbstractMessageConverterMethodProcessor 使用容器中存在的 HttpMessageConverter 进行转换，Spring MVC 支持 String、JSON、XML 等常用类型的 HTTP 消息转换器。

下面以返回一个字符串类型的请求映射方法为例，对 RequestEntity 和 ResponseEntity 的使用进行演示。

```
01  @GetMapping("/requestEntityStr")                          //请求映射注解
02  ResponseEntity<String> requestEntity(RequestEntity<String> request
    Entity) {                                                 //获取请求参数
03      String str = requestEntity.getBody();                 //获取请求体内容
04      str =  "This is New String";                          //设置返回字符串
05      HttpHeaders responseHeaders = new HttpHeaders();    //HTTP 头部
06      ResponseEntity<String> responseEntity =new ResponseEntity<>
          //构造返回的 ResponseEntity 对象
          (str, responseHeaders, HttpStatus.OK );
07      return responseEntity;                    //返回 ResponseEntity 对象
08  }
```

调用方法参数中的 RequestEntity 对象的 getBody()获取前端请求体的内容，通过返回字符串、请求头（HttpHeaders）和响应状态（HttpStatus.OK）构造响应对象（ResponseEntity）

返回。

使用 ResponseEntity 的静态方法可以简化 ResponseEntity 对象创建的代码，例如：

```
return ResponseEntity.ok("This is New String");
```

对象类型的处理和 String 类型类似，不过需要导入一些额外的依赖包。处理 JOSN 类型的请求类型或者响应时，需要导入 JSON 依赖包，在 Maven 中的配置如下：

```
01  <dependency> <!--jackson 核心依赖包-->
02      <groupId>com.fasterxml.jackson.core</groupId>
03      <artifactId>jackson-core</artifactId>
04      <version>2.9.7</version>
05  </dependency>
06  <dependency><!--jackson 数据绑定依赖包-->
07      <groupId>com.fasterxml.jackson.core</groupId>
08      <artifactId>jackson-databind</artifactId>
09      <version>2.9.7</version>
10  </dependency>
11  <dependency><!--jackson 注解支持依赖包-->
12      <groupId>com.fasterxml.jackson.core</groupId>
13      <artifactId>jackson-annotations</artifactId>
14      <version>2.9.7</version>
15  </dependency>
```

以 User 类型和 JSON 类型之间的转换为例，请求方法如下：

```
01  @GetMapping("/requestEntityUser")        //请求映射
02  ResponseEntity<User> requestEntityUser(RequestEntity<User> request
    Entity) {                                //映射方法
03      User user = requestEntity.getBody();   //JSON 字串会被转换为 User 对象
04      user.setName("Li Si");
05      return ResponseEntity.ok(user);      //使用后端对象返回 JSON 格式字串
06  }
```

使用 Spring MVC 测试框架的测试如下：

```
    //JSON 字串
01  String userJson = "{\"name\":\"Zhang San\",\"birthDay\":\"2019-06-10\"}";
02  mockMvc.perform(MockMvcRequestBuilders.get("/requestEntityUser").
    content(userJson)
      .contentType(MediaType.APPLICATION_JSON))              //内容类型 JSON
      .andExpect(MockMvcResultMatchers.status().is(200)).  //期望返回状态
      andDo(MockMvcResultHandlers.print()).andReturn();
```

2. @RequestBody和@ResponseBody

在 Spring MVC 及 Spring Boot 中更多使用的是@RequestBody 和@ResponseBody 注解来替代前面在方法和参数中对类型的指定。框架内部使用 RequestResponseBodyMethod-Processor 对这两个注解进行处理，调用合适的 HttpMessageConverter 进行请求和响应的转换，接收和返回非 HTML 页面格式的数据（类似 JSON、XML 等）。

@RequestBody 使用在请求方法的参数中，用于解析和转换请求体中的参数，@ResponseBody

将后端对象以不同的内容类型进行返回。@ResponseBody 还可以结合@ResponseStatus 用来注解返回的状态。示例代码如下：

```
01  @ResponseBody                                   //响应体注解
02  @GetMapping("/requestResponseBody")             //请求映射注解
    //包含请求体注解的参数
03  public User requestResponseBody(@RequestBody User user) {
04      user.setName("Li Si");
05      return user;                                //返回对象
06  }
```

8.3 数据验证

上一节介绍了数据绑定器（DataBinder、WebDataBinder）可以对 Bean 进行验证，本节对验证器进行详细介绍。Spring 支持 Java 的 Bean 验证标准规范，也提供了自身的验证器。

8.3.1 JavaBean 标准校验

Java 官方对 Bean 的验证定义经历了三个版本的规范：

- Bean Validation 1.0(规范提案编号 JSR-303)。主要是对 JavaBean 进行验证，比如 Bean 的属性是否能为空。该规范定义了基于注解的 JavaBean 验证方式，常用的注解有@NotNull、@Max 等。
- Bean Validation 1.1（规范提案编号 JSR-349）。JSR-349 提供了方法级别的验证和依赖注入验证的支持。
- Bean Validation 2.0（规范提案编号 JSR-380）。JSR-380 支持容器校验、日期校验（@Past、@Future）及拓展元素数据（@Email、@Positive 和@Negative 等）。

Java 官方只是提供了验证的标准接口（javax.validation），并没有提供具体的实现。Hibernate 提供了 Bean Validation 的技术实现，使用 Spring+Hibernate 的组合进行开发就可以使用 Hibernate 的验证实现，但如果使用 MyBatis 等其他的数据持久层框架，则选择 Hibernate 的 Bean 验证就不适合了。幸运的是，Apache 提供了 Bval 用来实现标准接口规范。本节以 Bval 为验证器，对 JavaBean Validation 的使用进行介绍。

使用 JavaBean Validation 的标准验证接口需要导入 javax.validation 依赖包及 Bval 实现的依赖包，使用 Maven 导入依的赖配置如下：

```
01  <dependency><!--导入 JavaBean Validation 标准接口-->
02      <groupId>javax.validation</groupId><!--组名-->
03      <artifactId>validation-api</artifactId><!--依赖包名-->
04      <version>2.0.1.Final</version><!--版本-->
05  </dependency>
```

```
06 <dependency><!--导入 Bval 实现依赖包-->
07     <groupId>org.apache.bval</groupId>
08     <artifactId>org.apache.bval.bundle</artifactId>
09     <version>2.0.0</version>
10 </dependency>
```

接下来以 User 类中年龄的整型属性 age 为例，使用@Max 注解限定最大用户年龄在 100 岁，属性的限定注解如下：

```
@Max(100)
private int age;
```

添加限定注解之后，就可以构造验证器（Validation）对象的 validate()方法对 User 类型对象中的属性值进行验证。验证示例代码如下：

```
01 @Test                                                     //测试注解
02 public void jsrValidateTest() throws ParseException {    //测试方法
03    Validator validator = Validation.buildDefaultValidatorFactory().
      getValidator();                                        //构造验证器
04    User user = new User();                     //初始化用户对象
05    user.setName("User 1");                     //设置用户名属性
06    user.setAge(180);                           //设置年龄属性，超过限制的 100
      //验证并返回验证结果
07    Set<ConstraintViolation<User>> violations = validator.validate(user);
      //打印有问题的属性和错误信息
08    for(ConstraintViolation<User> data:violations){
09       System.out.println(data.getPropertyPath().toString() + ": " +
         data.getMessage());
10    }
11 }
```

上面示例的验证步骤主要包括：

（1）在属性上添加限制注解。

（2）使用 Validation 构造验证器工厂并获取验证器。项目中加入了 Bval 依赖包，获取的就是 Bval 的验证器对象。如果项目中导入了多个验证器的实现，使用 byProvider()方法可以指定验证器的提供商，例如：

```
Validator validator = Validation.byProvider(org.apache.bval.jsr.Apache
ValidationProvider
          .class).configure().buildValidatorFactory().getValidator();
```

（3）初始化验证对象并设置非法属性值后使用验证器 validate()方法对对象进行验证。

（4）获取验证冲突的结果集 Set<ConstraintViolation>，从 ConstraintViolation 中可以获取验证错误的属性及错误消息等。错误消息配置是在 Bval 的 org.apache.bval.jsr 包中 ValidationMessages.preperties 的属性文件中配置的，支持国际化的文件配置。例如，@Max 注解的错误信息是 must be less than or equal to {value}。

错误信息也可以通过限制注解的 message 属性自定义，例如：

```
@Max(value=100,message = "年龄太大了")
```

如果项目中没有引入 Bval 依赖包，则运行时会提示没有找到 Provider 错误。Bval 使用的是 SPI（服务提供接口的方式），只要加入依赖包，就会被自动加载，也就是使用 JavaBean 验证 API 的时候，默认使用 Bval 实现。

包括前面介绍的@Max 限制注解，JavaBean Validation 提供的常用限制注解及其分类如表 8-2 所示，这些限制注解可以使用在方法、字段、参数和构造器等元素中。

表 8.2 JavaBean验证标准注解

分　类	限 制 注 解	描　述
布尔型	@AssertFalse	必须为false
	@AssertTrue	必须为true
数字型	@DecimalMax(value)	不大于给定值的数字
	@DecimalMin(value)	不小于给定值的数字
	@Digits（integer，fraction）	满足格式的数字，integer是整数部分，fraction是小数部分
	@Max(value)	不大于给定值的数字
	@Min（value）	不小于给定值的数字
	@Negative	负数
	@NegativeOrZero	负数或0
	@Positive	正数
	@PositiveOrZero	正数或0
字符/串型	@Pattern（value）	匹配正则表达式
	@Size（max，min）	字符长度在min到max之间
	@Email	电子邮箱格式
	@NotBlank	至少包含一个非空格字符
对象型	@NotEmpty	字符串、集合、哈希表等非空且包含元素
	@NotNull	对象非空
	@Null	为空
日期性	@Past	过去的时间
	@PastOrPresent	过去或现在的时间
	@Future	未来的日期
	@FutureOrPresent	未来或现在的日期

8.3.2 Spring 核心容器的验证

数据绑定类 DataBinder 位于 org.springframework.validation 包中，除了前面介绍的数据转换和绑定的功能之外，DataBinder 最重要的作用就是可以用来验证绑定对象的有效性。Spring 支持标准的 JavaBean Validation 及相关实现（比如 Bval）对 JavaBean 的验证，另外，Spring 还支持方法级别的验证和依赖注入的验证。当然，也需要在 Spring 项目中导入验证标准接口及实现的依赖包。

Spring 会默认从 classpath 下找到可用的 Bean Validation，除非需要自定义验证器，一般不需要显式地配置 Validation。Spring 可以在 Bean 初始化后对其进行有效性验证，也可以对方法级别的参数和返回值进行校验。

1. Bean有效性验证

Spring 通过 PostProcessor 的初始化回调方式对 Bean 进行有效性校验，实现方式是配置 BeanValidationPostProcessor 的 Bean，在 XML 中的配置如下：

```
<bean class="org.springframework.validation.beanvalidation.BeanValidation
PostProcessor"/>
```

沿用上面对 User 类中的 age 进行验证，age 属性有使用@Max(100)的限定，如果 Bean 的配置如下：

```
01  <bean id="user" class="cn.osxm.ssmi.chp08.User"> <!--Bean 配置 -->
02    <property name="name" value="Zhang San" />
03    <property name="age" value="180" /> <!--超过限制的设置 -->
04   </bean>
```

以上配置完成后，容器在初始化启动的时候就会提示初始化 Bean 失败的错误。

2. 方法级别有效性验证

传统的开发方式是开发者在方法代码中自行处理判断逻辑，比如参数是否有效，返回值是否为空。Spring 提供了 MethodValidationPostProcessor 可以对方法参数和返回值进行验证，但同样需要配置初始化回调的 Bean，在 XML 中配置如下：

```
<bean  class="org.springframework.validation.beanvalidation.MethodValidation
PostProcessor"/>
```

配置以上 Bean 之后，在需要验证的方法类上标注@Validated 注解之后，就可以使用限制注解对参数和返回值进行限制设定了，示例代码如下：

```
01  @Validated                                  //Spring 验证注解
02  public class UserService {                  //业务逻辑类
      //添加了参数和返回值限制注解的方法
03    public @Valid User get(@NotNull String name) {
04      User user = new User();                 //对象初始化
05      user.setAge(180);                       //设置不合法的属性值
06      return user;                            //返回不合法的对象
07    }
08  }
```

在调用 UserService 的 get()方法时同样会出错，在 Eclipse 中使用 JUnit 运行出现的错误信息和画面如图 8.8 所示。

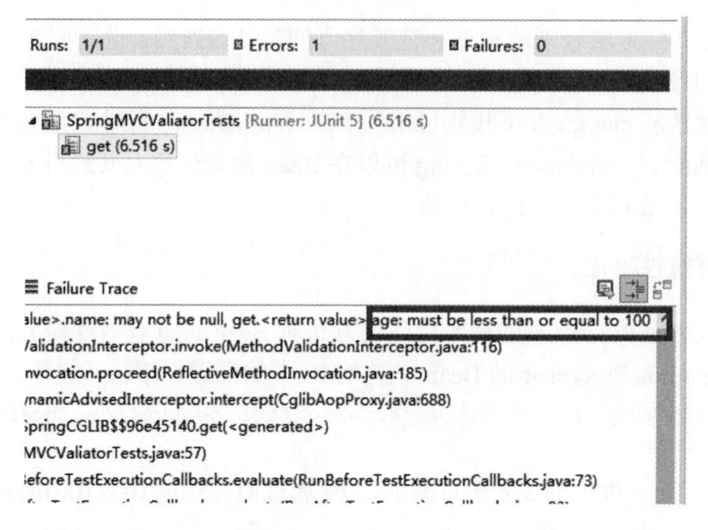

图 8.8　在 Eclipse 中使用 JUnit 运行方法出现的验证错误页面

注意：BeanValidationPostProcessor 和 MethodValidationPostProcessor 会自动查找类路径下的验证器并使用，也可以通过 validator 属性注入自定义的验证器。

8.3.3　Spring MVC 容器的验证

在 Spring MVC 中，前端传递参数通过 WebDataBinder 转换为后端类型对象，同时可以对转换的对象进行校验。在 Spring MVC 的请求映射方法中，前端请求参数会自动匹配请求方法的对象参数，在请求方法的参数中可以使用@Validated 注解对装配的参数进行验证。

验证出错不会像对 Bean 和方法的验证那样抛出异常，而是记录到 BindingResult 对象中，在该请求处理方法中增加一个 BindingResult 的参数就可以获取 BindingResult 的结果了。示例代码如下：

```
01  @RequestMapping("/saveUser")                        //请求映射方法
    //包含验证结果参数
02  public User save(@Validated User user,BindingResult bindingResult) {
      // 得到绑定结果的所有错误
03    List<ObjectError> list = bindingResult.getAllErrors();
04    for (ObjectError objectError : list) {            //循环错误对象
05      FieldError fe = (FieldError) objectError;       //栏位错误对象
06      System.out.println(fe.getField());              // 错误的属性, age
07      System.out.println(fe.getRejectedValue());      // 错误的值,180
08      System.out.println(fe.getCode());               // 错误码,Max
09     }
10     return user;
11  }
```

BindingResult 继承自 Error 接口，Errors 接口用于定义数据验证错误信息，可以通过 reject()和 rejectValue()方法添加错误信息，也可以通过 getAllErrors()获得各种不同类型的 Error 对象（包括 ObjectError 和 FieldError），FieldError 包含了错误的属性名、属性值和错误码等信息。此外，BindingResult 还可以得到目标对象，模型对象和属性编辑器注册器（PropertyEditorRegistry）。以上映射方法使用 Spring MVC 测试框架调用如下：

```
mockMvc.perform(MockMvcRequestBuilders.get("/saveUser").param("name",
       "Zhang San").param("age", "180")).andExpect(MockMvcResultMatchers.
status().
              Is(200)).andDo(MockMvcResultHandlers.print()).andReturn();
```

关于 Spring MVC 测试框架的内容会在后面章节详细介绍。

8.3.4　验证器配置及增加自定义验证器

一般情况下，不需要对验证器进行显式地配置，如果有多个验证器实现需要选择或者需自定义错误信息，则可以通过<mvc:annotation-driven>的 validator 属性指定验证器。此外，可以将自定义转换器加入数据绑定器（WebDataBinder）中。

1．验证器接口的实现配置

JavaBean Validation 标准接口有多个实现，常见的有 BVal 和 Hibernate，如果有必要，也可以自定义验证器实现类，在 Spring MVC 中通过指定<mvc:annotation-driven>的 validator 属性可以指定配置的验证器 Bean，配置如下：

```
<mvc:annotation-driven validator="validator"/>
```

Validator 属性的值是一个 Bean，一般使用本地验证器工厂 Bean（LocalValidatorFactory-Bean）进行配置，通过 providerClass 属性指定验证器的实现类，BVal 和 Hibernate 对应的配置如下：

```
01  <bean id="validator" class="org.springframework.validation.
       beanvalidation.LocalValidatorFactoryBean"><!--BVal与Hibernte实现类-->
02   <propertyname="providerClass"  value="org.apache.bval.jsr.Apache
     ValidationProvider"/>
03   <!-- <property name="providerClass" value="org.hibernate.validator.
     HibernateValidator"/>-->
04  </bean>
```

除了通过 providerClass 指定实现类外，使用属性 validationMessageSource 可以配置国际化的错误信息，配置如下：

```
<property name="validationMessageSource" ref="messageSource"/>
```

messageSource 是 ReloadableResourceBundleMessageSource 类型的 Bean，配置示例如下：

```
<bean id="messageSource" class="org.springframework.context.support.
        ReloadableResourceBundleMessageSource">
```

```
    <property name="basenames">
      <list>
        <value>classpath:messages</value>
      </list>
    </property>
</bean>
```

2. 自定义验证器

如果默认的验证器不够使用，也可以自定义验证器。Spring 提供了 Validator 接口用于验证器的实现，该接口有两个接口方法：

- supports(Class<?> clazz)：用于限定验证对象的类型；
- validate(@Nullable Object target, Errors errors)：验证的方法，其中，errors 用来存放验证失败的信息。

同样以前面的对 User 类型的 age 属性不超过 100 为例进行验证，实现一个和@Max 注解类似功能的简单验证器，代码如下：

```
01 public class UserValidator implements Validator { //继承接口的验证器类
02   @Override                                       //方法重写注解
03   public boolean supports(Class<?> clazz) {//判断转换对象的类是否满足要求
04     return User.class.isAssignableFrom(clazz);
05   }
06   @Override
07   public void validate(Object target, Errors errors) { //验证方法
08     User u = (User) target;
09     if (u.getAge() < 0) {
10        errors.rejectValue("age", "非法的年龄值");          //添加错误
11     } else if (u.getAge() > 100) {
12        errors.rejectValue("age", "太老了");               //添加错误
13     }
14   }
15 }
```

上面的代码中：

- isAssignableFrom()是 JDK 提供的方法，用于判定类是否为给定类或者其子类。
- errors.rejectValue()用于添加验证的错误信息。

自定义验证器，可以结合@InitBinder 添加到某个控制器的 WebDataBinder 中。添加方式是使用 WebDataBinder 的 addValidators()和 setValidator()方法来添加和设置验证器。示例代码如下：

```
01 @Controller                                             //控制器注解
02 public class UserWithValidatorController {              //控制器类
03   @RequestMapping(value="/addUserWithValidator")        //请求映射注解
04   public ModelAndView add(@Validated User user, BindingResult binding
     Result) {
05      ModelAndView mv = new ModelAndView();              //模型视图对象初始化
```

```
06          if(bindingResult.hasErrors()) {          //获取绑定验证结果中的错误
07              List<ObjectError> validateErrorList = bindingResult.getAllErrors();
                //将错误添加到模型视图对象中
08              mv.addObject("validateErrorList", validateErrorList);
09          }
10          mv.addObject("user",user);
11          mv.setViewName("login");
12          return mv;
13      }
14      @InitBinder                                          //数据绑定器初始化注解
15      protected void initBinder(WebDataBinder binder) {
16          binder.addValidators(new UserValidator());     //添加自定义验证器
17      }
18  }
```

8.3.5　验证器使用层级及手动调用

在 Spring MVC 项目中，结合限制注解，可以进行不同层级的数据有效性验证，简化代码，实现契约式编程风格。

- 表现层验证。Spring MVC 提供了前端参数的封装和验证。在请求映射方法参数中使用@Validated 即可。
- 业务逻辑层验证。Spring 核心容器支持 JavaBean 的组件验证，对应可以在实体类中使用 JavaBean Validation 注解。同时，Spring 还提供了 MethodValidationPostProcessor，可以支持服务层方法的参数和返回值的限制注解。
- DAO 层验证。不同的 ORM 框架（比如 Hibernate）提供了对 DAO 层的模型数据的验证。
- 数据库端验证。通过数据库的约束，比如主键、非空字段等进行验证。

此外，也可以手动调用验证器进行验证。在 XML 中配置 LocalValidatorFactoryBean 类型的 Bean，从验证器工厂 Bean 中就可以获取 Java 标准的验证器进行验证。示例如下：

```
01  <bean id="validator" class="org.springframework.validation.beanvalidation.
            LocalValidatorFactoryBean">  <!--验证器工厂 Bean 配置-->
02    <property name="providerClass" value="org.apache.bval.jsr.Apache
      ValidationProvider"/>
03  </bean>
```

LocalValidatorFactoryBean 是验证器的工厂 Bean，通过 getValidator()方法可以得到标准的验证器，该类继承自 Spring 的 Validator 接口。示例如下：

```
01  LocalValidatorFactoryBean validatorFactory =
        (LocalValidatorFactoryBean) applicationContext.getBean("validator
        Factory");
02  javax.validation.Validator validator = validatorFactory.getValidator();
```

8.4　Spring MVC 异常处理

在 Web 项目中，未处理的异常返回到前端的错误信息是状态码 500 的内部服务器错误。下面在代码中模拟出错的状况和页面，在请求映射方法中模拟一个空对象的异常。代码如下：

```
01  @GetMapping("/errorHandler")                  //请求映射
02  public String errorTest() {                    //请求方法
03    String str = null;
04     if(str.equals("Test")) {                    //构造异常
05     }
06     return "hello";
07  }
```

在页面中输入 http://localhost:8080/errorHandler 进行访问，页面效果如图 8.9 所示。

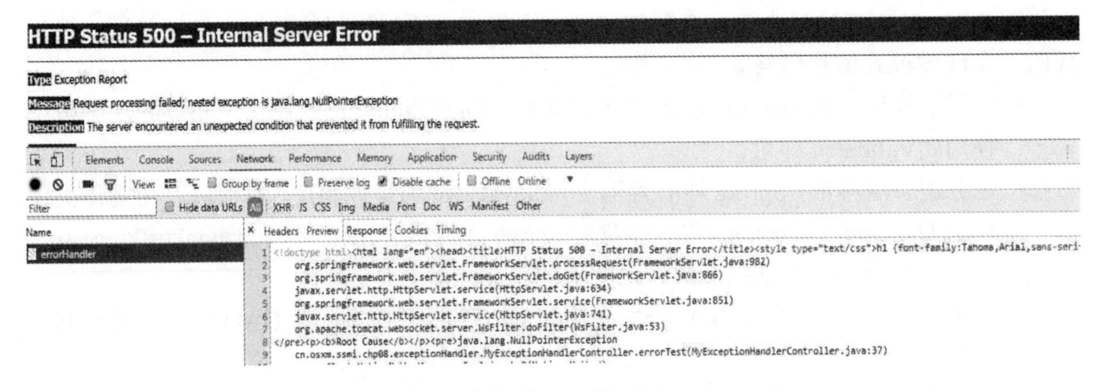

图 8.9　服务器出错的页面显示

以上的错误显示对于终端用户来说无法识别，很不友好。在一般的 Web 项目中的处理方式是通过 try catch 捕捉异常后转到自定义的错误页面。Spring MVC 提供了更优雅的方式来处理异常，可以在 Controller 类层级进行处理，也可以在整个应用中进行全局的处理。

8.4.1　Controller 类层级异常处理：@ExceptionHandler

@ExceptionHandler 注解在某个 Controller 类的方法中使用时，用于处理该控制类中的处理器方法出现异常时的情况。针对上面的例子，在 Controller 类中添加：

```
01  @ExceptionHandler                                          //异常处理注解
02  public ModelAndView exceptionHandler(Exception ex){        //异常处理方法
03     ModelAndView mv = new ModelAndView("error");         //异常的模型视图对象
04     mv.addObject("exception", ex);                        //设置异常数据
```

```
05    return mv;                          //返回异常的模型视图对象
06  }
```

如果出错，则转到 error 视图进行展示，error 视图对应的 JSP 页面代码如下：

```
01  <%@ page language="java" contentType="text/html; charset=utf8" page
    Encoding="utf8"%>
02  <!DOCTYPE>
03  <html>
04  <head>
05    <meta http-equiv="Content-Type" content="text/html; charset=utf8">
06    <title>错误页面</title>
07  </head>
08    <body>
09      <h1>出错了</h1> ,错误信息:
10      ${exception} <!--后端异常对象-->
11    </body>
12  </html>
```

@ExceptionHandler 由 ExceptionHandlerExceptionResolver 处理器进行处理，这个处理是在 DispatcherServlet 中默认创建的。@ExceptionHandler 默认会处理所有的异常(Exception)，也可以指定处理指定类型的异常，例如：

```
@ExceptionHandler({ MyException1.class, MyException12.class})
```

@ExceptionHandler 只能对当前 Controller 类的异常进行处理，如果整个应用的 Controller 异常需要统一处理，就需要在所有 Controller 中进行定义。虽然可以通过控制器基类的方式来解决这个问题，但这样 Controller 的定义会出现依赖，而且比较麻烦，此外还有可能存在有的 Controller 无法继承的状况。比较好的解决方式是使用全局的异常处理配置方式。

8.4.2 全局的异常处理：@ControllerAdvice

控制器切面注解（@ControllerAdvice）用在类中时，该注解类可以作为全局的异常处理类，在类中用@ExceptionHandler 方法注解的方法可以处理所有 Controller 发生的异常。示例如下：

```
01  @ControllerAdvice                              //控制器切面注解
02  public class MyControllerAdvice {              //控制器切面注解类
03    @ExceptionHandler(Exception.class)           //异常处理注解
04    public ModelAndView exceptionHandler(Exception ex){  //异常处理方法
        //异常处理的视图模型对象
05      ModelAndView mv = new ModelAndView("error");
06      mv.addObject("exception", ex);
07      return mv;
08    }
09  }
```

在实际开发中，@ControllerAdvice 注解类中有多个@ExceptionHandler 注解的方法，

对应处理不同类型的异常处理。@ControllerAdvice 是控制器的切面注解，内部使用的是 AOP 技术，关于 AOP 的内容，在后面章节会详细介绍。

8.4.3 XML 配置异常处理

除了使用注解之外，也可以在 XML 配置文件中配置 SimpleMappingExceptionResolver 类型的异常处理器 Bean。示例代码如下：

```
01 <bean id="exceptionResolver" class="org.springframework.web.servlet.
       handler.SimpleMappingExceptionResolver"><!--异常处理 Bean 配置 -->
02   <property name="defaultErrorView"> <!--异常处理视图名-->
03     <value>error</value>
04   </property>
05   <property name="defaultStatusCode">
06      <value>500</value> <!--异常状态码-->
07   </property>
08   <property name="warnLogCategory"> <!--日志分类-->
09     <value>org.springframework.web.servlet.handler.
                              SimpleMappingExceptionResolver</value>
10   </property>
11 </bean>
```

以上代码中，使用 SimpleMappingExceptionResolver 处理异常，defaultErrorView 设置错误的视图，exception 是异常对象的属性，defaultStatusCode 对应错误码。配置 warnLog-Category 属性后，Spring 就会使用 apache 的 org.apache.commons.logging.Log 日志工具记录这个异常，级别是 warn。

第 9 章　Spring MVC 进阶

基于 Spring+Spring MVC 的项目，可以只维护一个容器，也可以使用父子层级容器、分离核心容器和 Web 容器。Spring MVC 框架使用 DispatcherServlet 对请求进行拦截和分派，但对于图片、样式等静态资源文件一般无须拦截，直接放行即可。

中央控制器拦截请求并调用处理后返回模型视图页面或者返回 JSON 等数据格式的响应，JSON 作为 REST 风格服务的数据交换格式，多应用在前后端分离架构中。Spring MVC 对 REST 提供了良好的支持。此外，Spring MVC 提供了文件上传便捷、统一的处理方式，并在容器层级提供了获取国际化消息的功能。

9.1　静态资源的放行

中央控制器 DispatcherServlet 配置在应用的入口配置中（一般配置在 web.xml 文件中，在 Servlet 3.0 之后的版本，可以使用继承 WebApplicationInitializer 接口类替代），DispatcherServlet 中需要配置拦截的请求匹配，传统配置可拦截*.do 和*.action 后缀的请求，结合参数可以实现多层级的匹配，比如在控制器类中配置.do 的请求映射，在方法中通过参数进行第二层的匹配。

以一个用户的控制器类（UserController）为例，在类中使用 user.do 进行第一层的匹配，在 create()方法中使用参数匹配 params = "mytype=create"作为第二层的匹配，示例代码如下：

```
01  @RequestMapping("user.do")                    //控制器类请求映射
02  public class UserController {
      //方法请求映射，通过参数细化匹配
03    @RequestMapping(params = "mytype=create")
04    public ModelAndView create(){
05      return new ModelAndView("user");          //返回模型视图对象
06    }
07  }
```

以上映射方法使用 URL 请求的地址是 user.do?mytype=create。这种配置方式对于.jsp 及其他静态文件是不拦截的，但存在安全隐患，而且如果要处理自动登录等功能也存在一些不足。

在前后端分离框架中，特别是 REST 风格的资源请求方式流行后，推荐使用“/”作为

DispatcherServlet 拦截的地址匹配，该配置方式不会拦截.jsp 文件和.jspx 文件，不过这种配置会对 js,*.png 等静态文件的访问进行拦截。虽然会拦截静态资源，但是这种配置方式会先在应用入口配置（比如 web.xml）中查找静态资源匹配的 Servlet 处理，如果没有找到，才会将请求交给 DispatcherServlet 来处理。所以，使用“/”作为 DispatcherServlet 的映射匹配，可以配合其他设置对静态资源放行，比如使用服务器本身的静态资源处理的 defaultServlet 或者使用 Spring MVC 提供的方式。

9.1.1 配置 Servlet 处理静态资源

Java Web 服务器本身维护了一个默认的 Servlet 用来处理请求，配置路径映射让静态资源交由默认的 Servlet 处理，而不经由 DispatcherServlet 拦截和处理。以运行在 Tomcat 服务器的应用配置为例，在 web.xml 中增加<servlet-mapping>配置，servlet-name 为 default，url-pattern 配置为需要放行的静态资源的后缀名匹配，配置的示例代码如下：

```
01  <servlet-mapping> <!-- default  Servlet 的路径匹配-->
02    <servlet-name>default</servlet-name> <!--默认 Servlet 的名字-->
03    <url-pattern>*.jpg</url-pattern> <!--静态资源后缀名匹配 -->
04    <url-pattern>*.js</url-pattern>
05    <url-pattern>*.css</url-pattern>
06    <url-pattern>*.png</url-pattern>
07    <url-pattern>*.gif</url-pattern>
08    <url-pattern>*.json</url-pattern>
09    <url-pattern>*.html</url-pattern>
10    <url-pattern>*.htm</url-pattern>
11    <url-pattern>*.swf</url-pattern>
12  </servlet-mapping>
```

注意：以上配置需要写在 DispatcherServlet 的前面，让 defaultServlet 先拦截请求。

这种方式最直接，由 Web 服务器直接处理，不通过 Spring，性能也最好。但是对于不同的服务器，默认 Servlet 的名字不同。常见的 Web 服务器默认的 Servlet 名字如下：

- Tomcat、Jetty、JBoss 和 GlassFish：default；
- Google App Engine：ah_default；
- Resin：resin-file；
- WebLogic：FileServlet；
- WebSphere：SimpleFileServlet。

如果应用程序需要部署在不同类型的服务器上，或者可能出现服务器转换，那么这种配置方式存在兼容性问题。为了兼容不同的服务器，Spring MVC 提供了统一的处理方式。

9.1.2 配置<mvc:default-servlet-handler />放行动态资源

Spring MVC 为兼容不同的服务器，对 defaultServlet 封装了统一的接口，只需要在

Spring MVC 的配置文件中增加如下配置：

```
<mvc:default-servlet-handler />
```

上面的这种配置方式会把“/**”的 URL 注册到 SimpleUrlHandlerMapping 的 URLMap 中，静态资源的访问由 HandlerMapping 转到 DefaultServletHttpRequestHandler 处理并返回。

这种方式其实最终也是由 DefaultServlet 来处理，只是统一使用 Spring 提供的 DefaultServletHttpRequestHandler 来查找对应服务器的默认 defaultServlet。通过这种方式，就不用担心应用部署在不同服务器上时会出现的兼容性问题了。

9.1.3　配置<mvc:resources>放行动态资源

从 Spring 3.0.4 版本开始，Spring MVC 中提供了<mvc:resources>标签用来解决静态资源无法访问的问题，方式是在配置文件中添加如下配置：

```
<mvc:resources mapping="/images/**" location="/images/" />
<mvc:resources mapping="/css/**" location="/css/" />
<mvc:resources mapping="/js/**" location="/js/" />
```

以上的配置方式，请求会交予 ResourceHttpRequestHandler 类来处理。相比 9.1.2 节中的方式，该方式更细化、更灵活，而且对资源访问路径和实际路径做了一层映射，也更安全。

9.2　父 子 容 器

在基于 Spring 核心框架的应用中，使用不同的配置文件可以初始化多个容器对象，并且可以将某个容器对象作为另一容器创建的参数来设定两者之间的父子层级关系。子容器能获取父容器中管理的 Bean，父容器则无法使用子容器的 Bean。在 Spring MVC 中，默认提供了父子容器的设定方式，用来实现不同层的 Bean 进行管理，在实际项目中可根据需要选择是否使用父子容器。

9.2.1　Spring 的父子容器

Spring 容器的主要作用是对 Bean 进行生命周期的管理。在同一个应用中可以同时存在多个容器对象。以 ClassPathXmlApplicationContext 初始化容器的方式为例：

```
01 ApplicationContext  applicationContext1=
       //初始化容器 1
       new ClassPathXmlApplicationContext("applicationContext1.xml");
02 ApplicationContext applicationContext2 =
       new ClassPathXmlApplicationContext(new String[] {"application
       Context2.xml"});容器 2
```

以上两个容器是平行关系，也可以设置容器的层级关系。通过构造器函数 ClassPath-XmlApplicationContext(String[] configLocations,@Nullable ApplicationContext parent)构造父子层级结构的容器。子容器可以获取父容器控管的 Bean，但父容器无法获取子容器中的 Bean。

设定父子容器可以实现应用上下文的隔离。在桌面应用中，重写第三方库的功能是父子容器的应用场景之一。这里以某个第三方库的 XX.jar 提供的内容为例。

用户服务类 UserService，使用@Service 注解为组件，在该服务类中使用@Autowired 注入 UserDao 对象。该类提供了一个 get()方法获取用户名，实际调用 UserDao 中的方法。代码如下：

```
01  @Service                                       //服务类注解
02  public class UserService {                     //用户服务类
03     @Autowired                                  //自动装载数据访问对象依赖
04     private UserDao userDao;
05     public void setUserDao(UserDao userDao) {
06        this.userDao = userDao;
07     }
08    public String get() {
09      return userDao.getUserName("");
10    }
11  }
```

UserDao 接口和实现类 ParentUsrDao，提供一个获取用户名的方法 getUserName()。ParentUsrDao 类中使用@Repository 注解注册为数据访问对象的组件。

用户数据访问对象接口如下：

```
01  public interface UserDao {                          //User 数据访问接口
02    public String getUserName(String id);             //通过 Id 获取用户名的方法
03  }
```

用户数据访问对象实现及组件注解如下：

```
01  @Repository                                         //资源类型组件注解
    //继承接口的数据访问对象类
02  public class ParentUsrDao implements UserDao {
03    @Override                                         //实现方法
04    public String getUserName(String id) {
05       return "Parent User Name";
06    }
07  }
```

假设 Spring 的配置文件名是 parent.xml，配置文件主要配置组件的扫描。如下：

```
01  <beans> <!--命名空间及文档位置定义等配置略 -->
02       <context:component-scan base-package="cn.osxm.ssmi.chp09.parentchild.
         parent" />
03  </beans>
```

以上的第三方包由.jar 文件提供，源代码不可视，在使用该第三方包时，只需要使用 import 导入第三方包的 Spring 配置文件即可。

```
<import resource="classpath*:cn/osxm/ssmi/chp09/parent.xml" />
```

注意：通过 classpath 路径查找.jar 文件中的配置时需要加星号，也就是 classpath*。

如果需要改写 UserService 中 get()方法的逻辑，也就是修改或替换 UserDao 接口实现类的 get()方法逻辑，在一般应用中有如下两种处理方式：

- 如果有源码，修改 ParentUsrDao 类后 ，将修改后的类编译后替换原.jar 文件中的 ParentUsrDao.class 文件。
- 如果没有源码，解压.jar 并反编译后取得源码，然后再进行修改和替换。

以上两种处理方式存在着一些问题，包括反编译效果不好、如果第三库进行升级则原有修改就会丢失。基于 Spring 依赖注入的容器应用中，自定义一个继承自 UserDao 接口的实现类，让 UserService 使用这个类的 Bean，问题或许就可以解决了。这里定义一个 ChildUserDao 的数据访问类，继承自 UserDao，代码如下：

```
01 @Repository                                              //资源类型组件注解
   //实现 UserDao 接口的数据访问类
02 public class ChildUserDao implements UserDao {
03   @Override
04   public String getUserName(String id) {     //自实现的方法
05      return "Child User Name";
06   }
07 }
```

这里假定应用的配置文件名是 child.xml，配置如下：

```
01  <beans> <!--命名空间及文档位置定义等配置略 -->
    <!--导入其他配置-->
02  <import resource="classpath*:cn/osxm/ssmi/chp09/parent.xml" />
03     <context:component-scan base-package="cn.osxm.ssmi.chp09.parentchild.
       child" />
04 </beans>
```

配置完成后，容器启动会失败，报 expected single matching bean but found 2:错误。因为在 UserService 自动装载 UserDao 的接口依赖时，有两个实现该接口的组件（第三方的 ParentUsrDao 和自定义的 ChildUserDao），这个时候，就可以使用父子容器来解决。

因为子容器对父容器不可视，所以在子容器中注册的组件不会和父容器中发生冲突。这里需要对配置文件做一些调整，child.xml 中不再需要使用 import 导入 parent.xml，通过容器对象初始化代码设置容器的层级关系，在子容器中获取 UserService 的 Bean 之后，设置其依赖的 UserDao 的 Bean。示例代码如下：

```
01 ApplicationContext parentContext = new
     //父容器初始化
     ClassPathXmlApplicationContext("cn/osxm/ssmi/chp09/parent.xml");
02 ApplicationContext childContext = new ClassPathXmlApplicationContext
             //子容器初始化
             (new String[] {"cn/osxm/ssmi/chp5/child.xml"},parentContext);
   //获取服务组件
03 UserService userService = (UserService)childContext.getBean("userService");
```

```
    //设置依赖 Bean
04  userService.setUserDao((UserDao)childContext.getBean("childUserDao"));
```

容器本身也是对象，也可以通过配置 Bean 的方式进行配置。父子容器也可以通过 XML 进行配置，比如配置文件名是 parent-child.xml，代码如下：

```
01  <beans> <!--命名空间及文档位置定义等配置（略） -->
02    <bean id="parentContext" <!-- 父容器 Bean 配置-->
    class="org.springframework.context.support.ClassPathXmlApplicationContext">
03      <constructor-arg>
04          <value>
                <!--构造器方式指定配置文件-->
05              classpath:cn/osxm/ssmi/chp09/parent.xml
06          </value>
07      </constructor-arg>
08   </bean>
09
10    <bean id="childContext"  <!-- 子容器 Bean 配置-->
    class="org.springframework.context.support.ClassPathXmlApplicationContext">
11      <constructor-arg>
12          <value>
                <!--构造器方式指定配置文件-->
13              classpath:cn/osxm/ssmi/chp09/child.xml
14          </value>
15      </constructor-arg>
16      <constructor-arg>
17          <ref bean="parentContext" /><!--构造器方式注入父容器-->
18      </constructor-arg>
19    </bean>
20  </beans>
```

以上演示代码、配置文件的目录结构如图 9.1 所示。

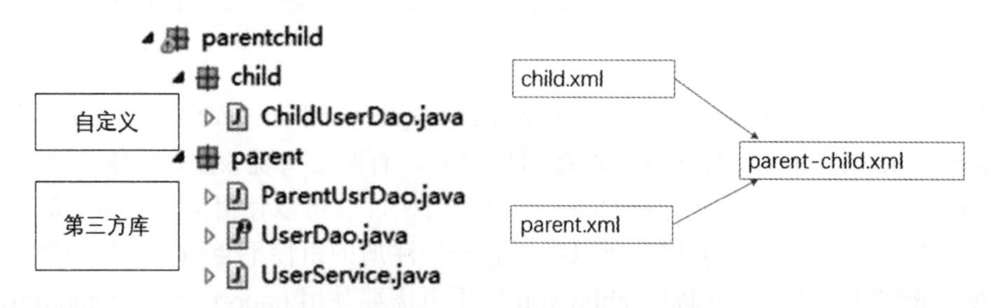

图 9.1　Spring 父子容器的项目结构示例

注意：此处的示例仅为了解释父子容器的概念及使用，针对此示例其实仅需要在 ChildUserDao 组件类中使用@Primary 注解即可解决问题。

9.2.2　Spring MVC 的父子容器

在 Spring MVC 项目中，通过 DispatcherServlet 的 contextConfigLocation 或 contextClass

参数指定配置文件或配置类来初始化 Spring Web 容器，还可以在 web.xml 中使用<listener>元素来初始化容器。这两种配置方式对应两个容器，两者都是 WebApplicationContext 类的实例。以示二者的区别，分别取名为 Servlet Spring Web 容器（Servlet WebApplicationContext）和根 Spring Web 容器（Root WebApplicationContext）。Spring MVC 父子容器的关系如图 9.2 所示。

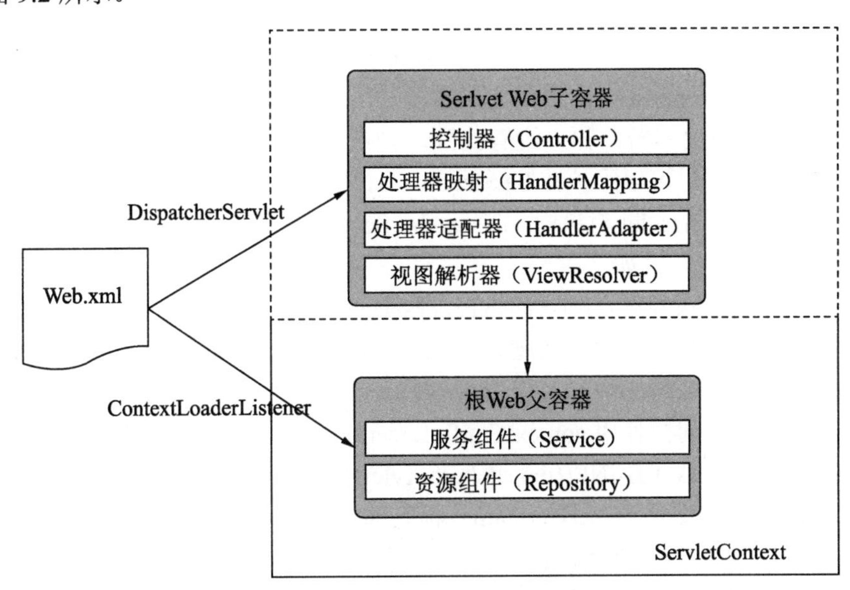

图 9.2　Spring MVC 父子容器的关系

1．根Spring Web容器（Root WebApplicationContext）

根 Spring Web 容器也叫 Spring Web 父容器，在本书中也被称为 Spring 核心容器。该容器通过在项目入口配置（比如 web.xml）中使用添加监听（<listener>）进行配置。监听器类使用的是 ContextLoaderListener，该类由 Spring 提供，继承自 ServletContextListener 标准接口和上下文加载类 ContextLoader。

ServletContextListener 是 Servlet 2.3 及以上版本提供的监听接口，用于监听 ServletContext 的生命周期。该接口定义了 ServletContext 初始化和销毁的方法。ContextLoaderListener 在 ServletContext 初始化时进行容器初始化，初始化的配置文件使用 contextConfigLocation 参数配置，多个配置文件使用逗号分隔，如果不进行该参数的配置，则默认会查找/WEB-INF/applicationContext.xml。配置示例如下：

```
01  <listener> <!--上下文加载监听器 -->
02    <listener-class>org.springframework.web.context.ContextLoader
      Listener </listener-class>
03  </listener>
04  <context-param> <!--指定 Spring 配置文件-->
05     <param-name>contextConfigLocation</param-name>
```

```
06        <param-value>classpath:applicationContext.xml </param-value>
07    </context-param>
```

容器被加载后，会被放入 ServletContext 对象中，键值如下：

org.springframework.web.context.WebApplicationContext.ROOT

2. Servlet Spring Web容器（Servlet WebApplicationContext）

Servlet Spring Web 容器也称为 Spring Web 子容器，在中央控制器 DispatcherServlet 加载时初始化。DispatcherServlet 在创建该容器时，会先从 ServletContext 查找根容器。如果找到的话，则设为父容器；如果没有找到，则不设置父容器。该容器对象默认维护在 DispatcherServlet 中，也可以维护在 ServletContext 中。

维护在 DispatcherServlet 对象中，DispatcherServlet 在处理请求时，会把这个子上下文保存到 Request 对象中，键如下：

org.springframework.web.servlet.DispatcherServlet.CONTEXT

通过设置 publishContext 属性的值，可以将其放入 ServletContext 对象中，键如下：

org.springframework.web.servlet.FrameworkServlet.CONTEXT.{Servlet 的名字}

DispatcherServlet 同样使用 contextConfigLocation 参数设置 XML 的 Spring 配置文件。如果不指定，默认使用/WEB-INF/{dispatcherServletName}-servlet.xml，而 dispatcherServletName 是在 web.xml 中配置的<servlet-name>标签的值。在 web.xml 中的配置示例如下：

```
01    <servlet> <!--中央控制器 Servlet -->
02        <servlet-name>dispatcherServlet</servlet-name>
03        <servlet-class>org.springframework.web.servlet.DispatcherServlet
04        </servlet-class>
05        <init-param> <!--指定 Spring MVC 配置文件-->
06            <param-name>contextConfigLocation</param-name>
07            <param-value>classpath:springmvc.xml</param-value>
08        </init-param>
09        <load-on-startup>1</load-on-startup><!--默认启动 -->
10    </servlet>
```

9.2.3　Spring MVC 父子容器的配置

Spring MVC 的父子容器都可以用来配置组件 Bean，遵循子容器可以调用获取父容器的 Bean，但父容器不能调用子容器的 Bean 的规则。通过父子容器的上下文隔离特性，实现分层解耦。基于 Spring+Spring MVC 的应用，也可以不使用父子容器，而只在 DispatcherServlet 中配置一个容器。在实际开发项目中，根据项目特性等选择是否使用父子容器。为保持简洁性，中小型项目使用 DispatcherServlet 层级的容器即可；大型项目，建议进行父子容器的分拆。

此外，在基于 Spring+Structs 框架组合的项目中，使用 Spring 核心容器作为后端服务 Bean 管理，Structs 用来进行前端处理请求的分发（类似于 MVC 的 Controller 等功能）时，则只会用到 Spring 的核心容器。考虑应用架构转换的可能性，父子容器的设置具有更好的扩展性。

Spring MVC 中父子容器根据 Web 层和非 Web 层进行设定，两个容器管理不同类型的 Bean。

- 父容器主要存放数据源、DAO 层、服务层和事务等非 Web 的组件；
- 子容器存放控制器、处理器映射，处理器适配等 Web 层的组件。

实现方式通过<context:component-scan>的组件扫描配置元素，结合<context:exclude-filter>和<context:include-filter>的子元素对组件类进行筛选。以基于注解的开发为例，在父容器的配置文件（默认名 applicationContext.xml）中排除@Controller 注解的控制类，设定如下：

```
01 <context:component-scan base-package="cn.osxm.ssmi"> <!--组件扫描设定 -->
      <!--排除@Controller 注解组件 -->
02    <context:exclude-filter type="annotation"
              expression="org.springframework.stereotype.Controller"/>
03  </context:component-scan>
```

在子容器的配置文件（默认名是{dispatcherServletName}-servlet.xml）中，仅包含@Controller 注解的控制类，配置如下：

```
01 <context:component-scan base-package="cn.osxm.ssmi"><!--组件扫描设定 -->
     <!--仅包含@Controller 注解组件 -->
02   <context:include-filter type="annotation"
              expression="org.springframework.stereotype.Controller"/>
03 </context:component-scan>
04 <mvc:annotation-driven/> <!--Web 注解驱动开启，处理请求映射等注解-->
```

在使用 Java 类替换 web.xml 的入口配置方式中，通过继承 AbstractDispatcherServlet-Initializer 类可以分别实现父子容器的初始化方法，配置示例如下：

```
01 public class MyWebAppInitializer extends AbstractDispatcherServlet
   Initializer {                                        //入口配置类
02   @Override
03   protected String[] getServletMappings() {         //拦截路径匹配
04     return new String[] { "/" };
05   }
06   @Override
     //初始化父容器
07   protected WebApplicationContext createRootApplicationContext() {
08     XmlWebApplicationContext applicationContext = new XmlWebApplication
       Context();
09     applicationContext.setConfigLocation("/WEB-INF/spring/application
       Context.xml");
10     return applicationContext;
11   }
12   @Override
     //初始化子容器
13   protected WebApplicationContext createServletApplicationContext() {
14     XmlWebApplicationContext applicationContext = new XmlWebApplication
```

```
        Context();
15      applicationContext.setConfigLocation("/WEB-INF/spring/dispatcher-
        config.xml");
16      return applicationContext;
17    }
18  }
```

如果应用的入口配置也使用 Java 类，也就是实现零 XML 配置，则入口配置类继承类 AbstractAnnotationConfigDispatcherServletInitializer，对应父子容器的方法返回容器配置类。示例配置如下：

```
    //基于注解类配置的入口配置类
01  public class MyAnnoWebAppInitializer extends
                AbstractAnnotationConfigDispatcherServletInitializer {
02    @Override
03    protected String[] getServletMappings() {        //拦截路径匹配
04      return new String[] { "/" };
05    }
06    @Override
07    protected Class<?>[] getRootConfigClasses() {  //返回父容器配置类集合
08      return new Class<?>[] { MyAppConfig.class };
09    }
10    @Override
      //返回子容器配置类集合
11    protected Class<?>[] getServletConfigClasses() {
12      return new Class<?>[] { MyAppWebConfig.class };
13    }
14  }
```

9.3　Spring MVC 与 JSON

JSON 以键值对格式表示数据，它相比 XML 等格式更为简洁。JSON 已成为 Web 前端的标准数据类型，并且越来越多地应用于前后端数据的交换。JDK 虽然没有 JSON 类型的处理，但有很多优秀的 Java JSON 第三方库。Spring MVC 通过 HTTP 消息转换器（HttpMessageConverter）调用这些 JSON 库，实现 HTTP 请求消息和响应的类型转换，实际开发时只需要在参数或方法中添加@RequestBody 和@ResponseBody 注解即可。

9.3.1　JSON 介绍

JSON（JavaScript Object Notation）即 JavaScript 对象图谱，是一种在 Web 中广泛使用的数据交换格式，2001 年开始推广，2005 年就已经成为 Web 端主流的数据格式。

1．JSON格式规范

JSON 键值对格式存取数据与 Java 语言的属性（Property）概念很相似，JSON 格式可以用来表示对象和数组。

（1）对象的表示

JSON 对象定义基本格式规范如下：

- 使用大括号（{}）表示对象；
- 括号里面使用键值对方式添加属性，字符串的键和值分别使用双引号（"）包起来。（在 JS 代码中，键值的双引号可以不加，但建议还是遵循规范进行添加）
- 键和值之间使用冒号（:）分隔；
- 多个属性之间使用逗号（,）分隔。

示例如下：

```
{"name":"Zhang San","age":"30"}
```

（2）数组的表示

数组用中括号（[]）包装，数组的元素可以是字符串，也可以是 JSON 的对象，多个元素之间也使用逗号分隔。示例如下：

```
["Zhang San","Li si"]                          //字符串元素的数组
[{"name":"Zhang San","age":"30"}]              //JSON 对象元素的数组
```

2．JSON在JavaScript中的使用

在 JavaScript 中，直接以{}、[]定义的 JSON 对象和数组变量的数据类型都是 object，使用 instanceof 可以将两者区分。举例来看：

```
01 var userObj = {"name":"Zhang San","age":"30"};      //定义 JSON 对象变量
02 var userArray = [{"name":"Zhang San","age":"30"}]; //定义 JSON 数组变量
03 alert (typeof(userObj)=="object"); //对象数据类型的字符串
04 alert(typeof(userArray)=="object");//数组数据类型的字符串，和对象是一样的
05 alert(userObj instanceof Object);  //JSON 对象是 Object 对象的实例
06 alert(userArray instanceof Array); //JSON 数组是 Array 类型的实例
```

如果 JSON 对象和数组的最外层使用单引号或者双引号包起来，则这个变量就是一个字符串类型的变量。示例如下：

```
var userObjStr = '{"name":"Zhang San","age":"30"}';     //JSON 字符串
alert(typeof(userObjStr)=="string");                    //数据类型字符串
```

JavaScript 提供了 JSON.parse()和 JSON.stringify()函数实现 JSON 对象类型和 JSON 字符串类型的转换，如下：

```
var userObj = JSON.parse(userObjStr);         //JSON 字符串转换为 JSON 对象类型
var userObjStr = JSON.stringify(userObj)); //JSON 对象类型转换为 JSON 字符串
```

除了类型转换外，JavaScript 还提供了对 JSON 对象的元素获取、添加及元素和值的遍历操作。

（1）获取元素值

获取 JSON 对象中的属性值有如下两种方式：

- 使用点号（.）获取，直接在对象变量后面加上“.属性名”获取，格式是对象.属性。此方式较为常见，但如果属性包含空格的话，这种方式就不适用了。
- 使用中括号里包含属性名的方式获取，格式是对象["属性名"]，此方式通用性好，但书写上较为麻烦。

数组中的元素通过其所在数组中的位置进行获取，格式是数组[位置下标]。示例代码如下：

```
01  var userObj = {"name" : "Zhang San","age" : "30"}; //JSON 对象的定义
02  var userName = userObj.name;    //使用点号（.）获取对象的元素值
03  userName = userObj["name"];     //使用中括号获取对象的匀速值
    //JSON 字符串元素的数组定义
04  var userArray = ["Zhang San","Li Si","Wang Wu"];
05  userName = userArray[0];        //获取 JSON 数组指定下标的元素值
```

（2）添加元素

JSON 对象的元素添加和获取操作类似，只需要将取值表达式的左边和右边互换一下。如果该键值的属性不存在，则新增该属性并设值；如果该属性已经存在，则替换旧值。JSON 数组通过 push()方法添加元素，如下：

```
01  var userObj = {"name" : "Zhang San","age" : "30"}; //JSON 对象的定义
02  userObj.name = "Li Si";                            //修改旧的属性值
03  userObj.birthDay="2019/06/10";                     //添加新的属性并赋值
04  var userArray = [{"name":"Zhang San","age":"30"}]; //JSON 数组的定义
05  var userObj2 = {"name":"Li Si","age":"32"};        // JSON 对象的定义
06  userArray.push(userObj2);                          //添加数组元素
```

（3）元素遍历

使用 for 循环和 in 操作符可以对 JSON 对象中的键进行遍历，再通过键获取对应的值，从而实现对 JSON 对象中的元素遍历。示例代码如下：

```
01  var userObj = {"name":"Zhang San","age":"30"};     // JSON 对象定义
02  for(var attr in userObj)                           //对象属性遍历
03  {
04    alert(attr+"="+userObj[attr]);                   //通过属性获取值
05  }
```

数组对象的 length 属性可以获取数组的元素个数。使用 for(var i=0;i<array.length;i++)对数组进行遍历可以获取数组的元素，也可以使用 in 操作符遍历下标。示例如下：

```
01  for(let index in userArray) {                      //遍历下标
02  alert(userArray[index]);                           //通过下标获取元素
03};
```

9.3.2　Java 对 JSON 的支持

JSON 对象类型和面向对象编程的对象类型概念的立足点不同，其更类似于 Java 中的

Map 类型，但 Map 类型默认的 toString()方法转换的字符串是不符合 JSON 规范的。为此，很多 Java 第三方包提供了后端 JSON 工具包，常见的有 4 种：Json-lib、Gson、FastJson 和 Jackson。

1．历史最悠久的Json-lib

Json-lib 是出现时间和使用时间都最长的 Java JSON 依赖包，托管在 SourceForge 上，官方地址是 http://json-lib.sourceforge.net/。不过它自 2010 年之后就没有被更新过了，目前可以使用的最新版本是 json-lib-2.4，基于 JDK 1.5（jar 包名 json-lib-2.4-jdk15.jar）。

因为 Json-lib 使用了第三方依赖包，所以除了导入 Json-lib 包外，还需要导入的依赖包及版本如下：

- commons-beanutils.jar；
- commons-collections-3.2.jar；
- commons-lang-2.6.jar；
- commons-logging-1.1.1.jar；
- ezmorph-1.0.6.jar。

使用 Maven 导入 Json-lib 时可以自动导入其他依赖包，依赖导入配置如下：

```
01  <dependency> <!--Maven 依赖添加 -->
02    <groupId>net.sf.json-lib</groupId> <!--组名 -->
03    <artifactId>json-lib</artifactId><!--组件名 -->
04    <version>2.4</version><!--版本 -->
05  </dependency>
```

Json-lib 提供了两个类，用于处理 JSON 对象和 JSON 数组，它们分别是 JSONObject 和 JSONArray。

- JSONObject：JSON 对象类。fromObject()方法用于将 JSON 对象字符串或 JavaBean 转换为 JSONObject 的对象。toBean()方法用于将 JSON 对象转换成 JavaBean。
- JSONArray：JSON 对象数组类。fromObject()方法用于将 JSON 数组字符串或 Java 数组对象转换为 JSONArray 类型对象。toList()方法用于将 JSONArray 对象转换为 Java 列表类型对象。

下面以自定义 User 类型（包含 id 和 name 两个属性）与 JSONObject 类型之间的转换为例，演示 JSONObject 的使用，以整型数据 int[]和 JSONArray 之间的转换为例，演示 JSONArray 的使用。示例代码如下：

```
01  User userObj = new User(100, "Zhang San");      //用户对象初始化
    //用户对象转换为 JSONObject
02  JSONObject userJsonObj = JSONObject.fromObject(userObj);
    //JSON-->JavaBean
03  User newUserObj = (User) JSONObject.toBean(userJsonObj,User.class);
04  int[] ints = { 1, 2, 3, 4, 5 };                  //整型数组初始化
    //整型数组转换为 JSONArray
05  JSONArray  arrayJson = JSONArray.fromObject(ints);
```

```
   // JSONArray 对象转换为 List 类型对象
06 List list = (List) JSONArray.toList(arrayJson);
```

2. 来自Google的Gson

Gson 是 Google 提供的 Java JSON 依赖包，项目托管在 GitHub 上，地址是 https://github.com/google/gson，目前的最新版是 2.8.5。使用 Maven 导入的配置如下：

```
01 <dependency>
02   <groupId>com.google.code.gson</groupId> <!--组名 -->
03   <artifactId>gson</artifactId><!--组件名 -->
04   <version>2.8.5</version><!--版本 -->
05 </dependency>
```

Gson 使用 Gson 类实例统一对对象和数组进行转换。toJson()方法将 JavaBean 转换为 JSON 字符串；fromJson()将 JSON 字符串转换为指定类型的 JavaBean。数组转换的调用方式和对象转换是一样的，这比 Json-lib 更为方便。同样对上面的场景进行转换，示例代码如下：

```
01 User userObj = new User(100,"Zhang San");  //用户对象初始化
02 Gson gson = new Gson();                     //Gson 对象初始化
03 String jsonStr = gson.toJson(userObj);//将用户对象转换为 JSON 格式字符串
   //将 JSON 字串转换为 JavaBean
04 User newUserObj = gson.fromJson(jsonStr, User.class);
05 int[] ints = {1, 2, 3, 4, 5};               //整型数组初始化
06 gson.toJson(ints);      // [1,2,3,4,5]，将整型数组转换为 JSON 数组字符串
   //将 JSON 数组字符串转换为整型数组
07 int[] ints2 = gson.fromJson("[1,2,3,4,5]", int[].class);
```

3. Fastjson：中国的骄傲

Fastjson 是阿里巴巴开发的一套 Java JSON 库，如其名字一样，Fastjson 在所有的 Java JSON 库中速度最快。Fastjson 也托管在 GitHub 上，地址是 https://github.com/alibaba/fastjson。该项目一直在持续更新，目前的最新版中是 1.2.58，于 2019 年 5 月发布。使用 Maven 导入的配置如下：

```
01 <dependency>
02  <groupId>com.alibaba</groupId> <!--组名 -->
03  <artifactId>fastjson</artifactId> <!--组件名 -->
04   <version>1.2.58</version><!--版本 -->
05 </dependency>
```

Fastjson 使用 JSON 类的静态方法 toJSONString()和 parseObject()进行 JSON 字串和 JavaBean 之间的转换，数组的转换使用同样的方法。以前面对对象和数组类型的转换为例，示例代码如下：

```
01 User userObj = new User(100,"Zhang San");       //用户对象初始化
   //JavaBean 转换为 JSON 字符串
02 String jsonStr =  JSON.toJSONString(userObj,true);
```

```
    //JSON 字符串转换为 JavaBean
03  User newUserObj = JSON.parseObject(jsonStr,User.class);
04  int[] ints = {1, 2, 3, 4, 5};                      //整型数组初始化
    //整型数组转换为 JSON 数组字符串
05  String arrayJsonStr = JSON.toJSONString(ints);
    //数组字符串转换为整型数组
06  int[] intsNew = JSON.parseObject(arrayJsonStr, ints.getClass());
```

4．Jackson：使用最广泛

Jackson 可以将 Java 对象转换成 JSON 对象和 XML 文档，同样也可以将 JSON 对象和 XML 文档转换成 Java 对象。Jackson 有两个大的分支：Codehaus 和 FasterXML。Jackson 1.x 版本的包名是 codehaus，从 2.0 开始使用新的包名 fasterxml。Jackson 1.x 目前还能继续使用，也提供 bug fix，但开发和发布都是在 2.x 版本中进行。两个版本在 Maven 中的包名和 Artifact id 都不同。项目中建议直接使用 2.x 版本，即 FasterXML。

Jackson FasterXML 也是托管在 GitHub 中，地址为 https://github.com/FasterXML/jackson。使用 Maven 需要导入 3 个依赖包，分别如下：

- jackson-core：核心包；
- jackson-annotations：注解功能包；
- jackson-databind：数据绑定包。

Maven 依赖导入方式如下：

```
01  <dependency>
02      <groupId>com.fasterxml.jackson.core</groupId><!--组名，对应包名-- >
03          <artifactId>jackson-core</artifactId><!--Jackson 核心包-- >
04          <version>2.9.7</version><!--版本 -- >
05      </dependency>
06      <dependency>
07          <groupId>com.fasterxml.jackson.core</groupId><!--包名-- >
08          <artifactId>jackson-databind</artifactId><!--Jackson 数据绑定-- >
09          <version>2.9.7</version><!--版本 -- >
10      </dependency>
11      <dependency>
12          <groupId>com.fasterxml.jackson.core</groupId><!--包名-- >
            <!--Jackson 注解支持包-- >
13          <artifactId>jackson-annotations</artifactId>
14          <version>2.9.7</version><!--版本 -- >
15      </dependency>
```

Jackson 使用对象封装器类（ObjectMapper）实例对对象和数组类型进行转换；writeValueAsString()将 Java 对象、数组和集合类型对象转换为 JSON 对象和数组字符串；readValue 使用 JSON 格式字符串转换成 Java 对象。示例代码如下：

```
01  User userObj = new User(100,"Zhang San");        //User 类型对象初始化
02  ObjectMapper mapper = new ObjectMapper();        //对象封装器初始化
    //用户对象转换为 JSON 对象字符串
03  String jsonStr = mapper.writeValueAsString(userObj);
```

```
    //JSON 字符串转换为用户对象
04  User newUserObj = mapper.readValue(jsonStr,User.class);
05  int[] ints = {1, 2, 3, 4, 5};                    //整型数组初始化
    //整型数组转换为 JSON 数组字符串
06  String arrayJsonStr = mapper.writeValueAsString(ints);
    //JSON 数组字符串转换数组
07  int[] intsNew = mapper.readValue(arrayJsonStr, ints.getClass());
```

5. Java JSON库的比较和选择

对以上 JSON 转换示例运行 100 万次，各 JSON 库所耗费的时间见表 9.1：

表 9.1 各JSON库运行速度对比

Java JSON库	执行 100 万次时间(s)	Spring支持
FastJson	31.326	提供了Spring使用的类型转换器
Gson	50.692	Spring默认提供转换器
Jackson	63.878	Spring默认提供转换器
Json-lib	65.106	没有默认转换器

从执行的速度来看，FastJson 最佳，Gson 次之，Jackson 和 Json-lib 时间相当。综合来看结论如下：

- Json-lib 最早使用，需要依赖较多的第三方包，版本老旧，自 JDK1.5 之后没有再更新。对于复杂对象类型的转换（比如属性是 List 或者 Map）会有问题。性能不佳，不建议使用。
- Gson 和 Jackson 都有持续更新，Jackson 使用最广泛，社区非常活跃。两者的功能比较全面，Spring 也默认提供了对应的转换器类，基于 Spring 框架开发推荐使用这两个库。
- FastJson 性能最佳，轻量级，不依赖其他第三方包。其本身提供了 Spring 转换器。对性能要求较高或者独立导入 JSON 依赖库的情况下推荐使用。

9.3.3 Spring MVC 使用 JSON

静态 HTML 页面请求返回 text/html 内容类型的响应；动态 JSP 页面结合获取的后端数据返回 text/html 类型的响应。这种方式对于数据量大、数据查询需要耗费较长时间的请求，页面载入慢，卡顿感明显，严重影响用户体验，而且页面局部内容替换也需要整页刷新，效率较低。

基于以上缺点，出现了 Ajax 异步获取局部页面的 HTML 代码段，使用 JS 对 HTML DOM 进行局部更新。当然，也可以只返回后端数据，在前端使用 JS 语言产生 HTML 元素。在前端框架逐步流行和成熟的基础上，返回 application/json 内容类型的 JSON 数据已成为主流的开发方式。Web 开发方式演进如图 9.3 所示。

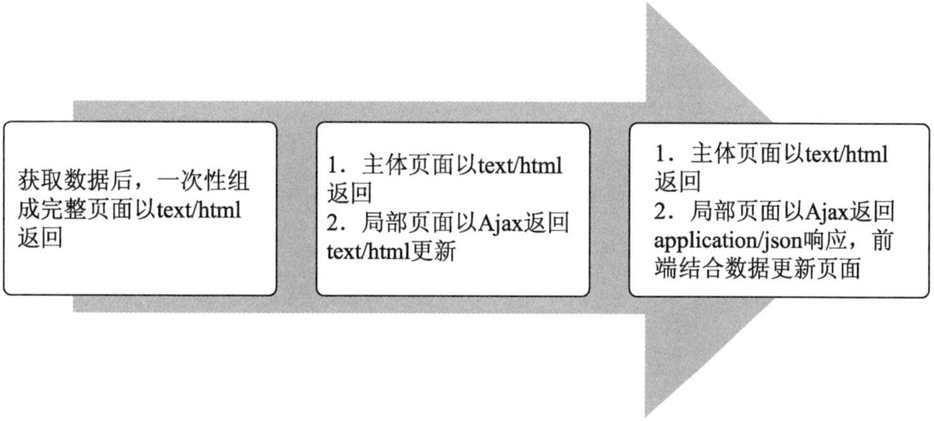

获取数据后，一次性组成完整页面以text/html返回

1．主体页面以text/html返回
2．局部页面以Ajax返回text/html更新

1．主体页面以text/html返回
2．局部页面以Ajax返回application/json响应，前端结合数据更新页面

图 9.3　Web 开发方式演进

Spring MVC 支持不同内容类型的请求处理，特别是传统的 text/html 和流行的 application/json。使用 HTTP 消息转换器（HttpMessageConverter）对前端请求内容和响应进行转换。spring-web 模块中提供了 JSON 类型的 HTTP 消息转换器子类，底层使用 Jackson 或 Gson 库进行 JSON 类型和 Java 对象类型的转换，对应的转换器类分别是 MappingJackson2HttpMessageConverter 和 GsonHttpMessageConverter。使用不同的 JSON 消息转换器需要导入对应的 JSON 依赖包。

1．JSON依赖包导入和消息转换器

Spring Boot 默认使用 JSON 作为响应格式，自带 Jackson 库进行转换。Spring MVC 没有自带JSON数据转换包，但提供了Jackson和Gson的HTTP消息转换器，需要导入Jackson 或 Gson 的依赖包。在 Maven 中的导入方式参见 9.3.2 节。Jackson 和 Gson 的消息转换器一般不需要配置，如果需要额外的设定，则可以进行配置，配置方式通过对<mvc:annotation-driven>的<mvc:message-converters>子标签进行配置。配置示例如下：

```
01  <mvc:annotation-driven> <!--MVC 注解驱动-->
    <!--MVC 消息转换器配置，配置不同的消息转换器类的 Bean -->
02  <mvc:message-converters>
03      <bean class="org.springframework.http.converter.json.GsonHttpMessage
        Converter"/>
04      bean class="org.springframework.http.
                converter.json.MappingJackson2HttpMessageConverter"/>
                <!--Jackson2 -->
05  </mvc:message-converters>
06  </mvc:annotation-driven>
```

也可以使用 FastJson 作为 Spring MVC 的 HTTP 消息转换器。因为 Spring MVC 默认没有提供对应的转换器，但 FastJson 提供了 Spring 使用转换器类，所以除了导入依赖包之外，还需要配置相应的转换器 Bean。配置示例如下：

```
01 <mvc:annotation-driven><!--MVC 注解驱动-->
02   <mvc:message-converters><!--MVC 消息转换器配置-->
      <!--FastJson 消息转换器 Bean-->
03    <bean id="fastJsonHttpMessageConverter"
          class="com.alibaba.fastjson.support.spring.FastJsonHttp
MessageConverter">
04       <property name="supportedMediaTypes"><!--支持的内容类型 -->
05         <list>
06           <value>text/html;charset=UTF-8</value>
07           <value>application/json;charset=UTF-8</value>
08         </list>
09       </property>
10    </bean>
11   </mvc:message-converters>
12 </mvc:annotation-driven>
```

2. JSON内容类型的数据返回

导入 JSON 依赖包，并将 Java 对象转换为 JSON 字符串后，就可以使用 response 对象返回 application/json 内容类型的 JSON 字符串。结合消息转换器，可以在控制器类和映射方法中使用@ResponseBody 注解，由容器自动处理 Java 对象的转换并返回，这种编码方式更为简洁。

方式 1：通过 HttpServletResponse 指定返回的内容类型为 application/json 的字符串。

使用 setContentType("application/json")设置响应的内容类型，使用 response.getWriter().wirite()和 response.getOutputStream().print()都可以将 JSON 字符串响应到前端。

通过 Jackson 的 ObjectMapper 将 Java 对象转换为 JSON，使用 PrintWriter 响应的示例如下：

```
01 @GetMapping("/json/getUserByWrite")                //请求映射注解
     //包含 response 和 request 参数的方法
02   public void getJsonUserByResponseWriter(HttpServletResponse response,
     HttpServletRequest request) throws Exception {
03       response.setCharacterEncoding("UTF-8");        //设置响应的字符编码
04       response.setContentType("application/json");  //设置响应的内容类型
05       User user = new User(1, "Zhang San");          //User 对象初始化
         //将 Jackson 的 ObjectMapper 转换实例
06       ObjectMapper mapper = new ObjectMapper();
         //将 Java 对象转成 JSON 字串
07       String userJsonStr = mapper.writeValueAsString(user);
         //从 response 对象获取 PrintWriter 输出流对象
08       PrintWriter  out = response.getWriter();
09       out.write(userJsonStr);                        //输出字符串
10       out.flush();                                   //将缓冲输出到页面
11 }
```

使用 response.getOutputStream()返回的映射方法示例如下：

```
01 @GetMapping("/json/getUserByOutputStream")           //请求映射注解
   //包含 response 和 request 参数方法
```

```
02  public void getJsonUserByResponseOutputStream(HttpServletResponse
    response, HttpServletRequest request) throws Exception {
03    response.setCharacterEncoding("UTF-8");            //设置响应的字符编码
04    response.setContentType("application/json");       //设置响应的内容类型
05    User user = new User(1, "Zhang San");              //User 对象初始化
      //将 Jackson 的 ObjectMapper 转换实例
06    ObjectMapper mapper = new ObjectMapper();
      //将 Java 对象转成 JSON 字串
07    String userJsonStr = mapper.writeValueAsString(user);
      //通过输出流 OutputStream 对象输出字符串
08    response.getOutputStream().print(userJsonStr);
09    response.getOutputStream().flush();                //将缓冲输出到页面
10  }
```

方式 2：使用@ResponseBody 注解。

@ResponseBody 可以使用在映射注解方法上，容器内部通过 HttpMessageConverter 将方法返回的 Java 对象转换为 JSON 字符串后写入 Response 对象的 body 数据区。底层使用的就是上面的 response 输出流对象输出，但代码的书写要简洁很多。示例代码如下：

```
01  @ResponseBody                                    //返回 JSON 内容的类型数据注解
02  @GetMapping("/json/getJsonUserResponseBodyAnno")   //请求映射注解
03  public User getJsonUserResponseBodyAnno() {  /方法返回一般的 Java 对象
04      User user = new User(1, "Zhang San");          //用户对象初始化
05      return user;                                   //返回对象
06  }
```

@ResponseBody 使用在控制器类中时，则该控制器的所有请求映射方法都是 JSON 类型的返回。如果使用的是 REST 风格的请求，则可以在控制器类中使用@RestController 注解，该注解是@Controller 和@ResponseBody 的组合注解。关于 REST 及@RestController 的内容会在后面章节具体介绍。

3．JSON类型的请求参数匹配（@RequestBody）

在 Spring MVC 的请求映射方法参数中，使用@RequestParam 注解或不使用注解，Spring MVC 容器会自动进行参数的匹配并组装成对应的方法参数定义的类对象。默认状况请求参数传递的内容类型是 application/x-www-form-urlencode，参数以键值对的方式传递（比如 username="admin"&password=123）。如果需要传递 JSON 类型的请求参数，则需要设定请求头的 ContentType 属性值为 application/json，后端方法参数使用@RequestBody 注解进行匹配。

这里引入 JQuery 的 Ajax 请求方法，对 JSON 类型的请求参数传递进行说明，在$.ajax({})方法中指定如下参数进行请求：

- url：请求的 URL 地址；
- contentType：请求的内容类型，JSON 对应的是 application/json；
- data：发送到后端的数据；
- datatType：后端返回的数据类型。

以 JSON 类型参数传递为例，前端的示例代码如下：

```
01  var user= {"userid" :"001","username" : "Zhang San"};  //JSON 对象定义
02  $.ajax({                              //JQuery 的 Ajax 请求方法
03     url : "saveuser",                  //请求的 URL 地址
04     type : "POST",                     //请求方法
05     async : true,                      //异步设置
       //默认 application/x-www-form-urlencoded
06     contentType : "application/json; charset=utf-8",
07     data : JSON.stringify(user), //发送到服务器的数据
08     dataType : 'json',                 //从服务器返回的数据类型
09     success : function(data) {   //呼叫成功回调方法，data 参数即为返回的数据
10     }
11  });
```

服务端请求方法及参数使用@RequestBody 注解的示例如下：

```
01  @GetMapping("/json/getJsonUserRequestBodyAnno")     //请求映射注解
02  public User getJsonUserRequestBodyAnno(@RequestBody User user)
    {                                                    //@RequestBody
03     return user;
04  }
```

9.4　Spring MVC 与 REST

在上一章中对 DispatcherServlet 的 URL 拦截配置介绍中提到了 REST。REST 是一种软件架构风格，其本质上是使用 URL 来访问资源的风格定义。Spring 对 REST 的服务端开发和客户端调用都提供了良好的支持。

9.4.1　REST 的概念与应用

REST 是 Representational State Transfer 的简写，翻译过来是表现层状态转换，也有翻译成表述性状态转移的。这种表述其实在最前面省略了一个主语 Resource，完整的表述应该是资源的表现层状态转换。将这个定义拆分开来分析如下：

- Resource：资源，也就是数据。
- Representational：表现层，也就是表现形式，类似于 JSON 和 XML 等格式的表现形式。
- State Transfer，状态变化对应到 HTTP 的 GET、POST、PUT 和 DELETE 等请求方法。

那 REST 究竟是什么？先来看一下 HTTP 的请求方法。HTTP 协议定义了不同类型的请求方法，包括 GET、POST、HEAD、OPTIONS、PUT、DELETE、TRACE 和 CONNECT。这些方法对应资源（比如数据库中的数据）的增、删、改、查（CRUD）等操作。在一般

的 Web 应用中使用 GET 和 POST 基本就可以了，在基于 REST 风格的应用中，常用的请求方法及与数据库方法的对应如表 9.2 所示。

表 9.2　HTTP请求方法和数据库操作方法对应表

HTTP请求方法	方法名	数据库操作方法	描　　述
GET	查	REDA	从服务器取出资源（一项或多项）
POST	增	CREATE	在服务器上新建一个资源
PUT	改	UPDATE	在服务器上更新资源（某个资源的完整更新）
PATCH	改	UPDATE	在服务器上更新资源（某个资源的局部更新，比如部分属性）
DELETE	删	DELETE	从服务器上删除指定资源

相比数据库使用 SQL 语句对资源进行读取等操作，REST 定义的是 URL 来访问资源的风格，但 REST 不是强制的规范和接口，其不是协议，也不是规范，而是 Roy Fielding 在 2000 年的博士论文中提出来的基于 URL 资源的访问风格。

1. REST风格定义

REST 结合 HTTP 请求类型和 URL 地址定义对资源的访问。URL 路径中的资源名使用复数，路径中不使用动词。以某个企业应用中对公司部门数据的操作为例，REST 风格的服务 URL 如表 9.3 所示。

表 9.3　REST风格的部门资源访问URL示例

方　法	URL	描　　述
GET	/depts	查找所有部门
GET	/depts/{deptId}	获取某个部门的信息（deptId是部门的ID）
POST	/depts	创建一个新的部门
PATCH	/depts/{deptId}	更新某个指定部门的部分信息
PUT	/depts/{deptId}	更新某个部门的所有信息
DELETE	/depts/{deptId}	删除某个部门

注意： PUT 和 PATCH 虽然都是更新资源，但 PUT 方法是更新整个资源，而 PATCH 方法是更新资源的局部信息。例如，在上面的例子中，PUT 需要更新的话，则需要将 Dept 的所有信息都传入，没有的字段就应该被清空，而 PATCH 则只会更新传入的字段。

有时需要对该资源关联的子资源进行操作，则可以定义关联资源操作的 URL。以部门下的用户操作为例，对应的 URL 如表 9.4 所示。

表 9.4 REST风格关联的资源访问URL示例

方　法	URL	描　述
GET	/depts/{deptId}/users	查找某个部门的所有用户
GET	/depts/deptId/users/{userId}	获取某个部门的某个用户
POST	/depts/{deptId}/users	创建某个部门的新用户
PATCH	/depts/deptId/users/{userId}	局部更新某个部门的某个用户
PUT	/depts/deptId/users/{userId}	更新某个部门的某个用户的所有信息
DELETE	/depts/deptId/users/{userId}	删除某个部门的某个用户

2．请求方法的幂等性

幂等性是一个数学概念，意思是 1 次变换和 N 次变换的结果是相同的。对于一元运算符的函数表达式是 $f(...f(x)) = f(x)$。以绝对值函数为例：

```
abs(a)=abs(abs(a)) = abs(...abs(a))。
```

对应 HTTP 的请求操作就是不管执行多少次，最后资源的结果都是一样的。常用的 HTTP 请求方法的幂等性如表 9.5 所示。

表 9.5 HTTP请求方法的幂等性

方　法	幂等?	说　明
GET	幂等	获取资源，不管调用多少次接口，结果的内容都是一样的
POST	非幂等	每次调用都将产生新的资源
PATCH	非幂等	比如部门有一个栏位是更新时间，这个栏位是由系统自动设置为当前时间。每次调用PATCH方法时这个栏位的结果不一样
PUT	幂等	多次调用，所有的栏位都全部更新
DELETE	幂等	对某个资源删除多少次，结果都是一样的

3．请求响应状态码

200 是常见的操作成功的响应状态码。除 200 之外，不同的请求方法成功返回的状态码是不一样的。REST 常见的请求方法返回的成功状态码如表 9.6 所示。

表 9.6 HTTP请求方法成功的状态码

请 求 方 法	成功状态码
GET	200
POST	201
PATCH	201
PUT	200
DELETE	204

除了成功的状态码，不同类型的请求在发生客户端或服务端错误时，也会返回不同的响应状态码和状态信息，由此可以快速地对问题进行定位和解决。常用的 HTTP 请求方法状态码和状态信息如表 9.7 所示。

表 9.7　HTTP请求方法状态码、状态信息对应表

分　类	状态码	状 态 信 息	适用请求方法	说　明
成功	200	OK	GET	成功返回用户请求的数据
	201	CREATED	POST/PUT/PATCH	创建或修改数据成功
	202	Accepted	所有	请求已经进入后台排队（异步任务）
	204	NO CONTENT	DELETE	删除数据成功
客户端错误	400	INVALID REQUEST	POST/PUT/PATCH	用户发出的请求有错误，服务器没有进行创建或修改数据的操作
	401	Unauthorized	所有	表示用户没有得到授权
	403	Forbidden	所有	表示用户得到授权（与401错误相对），但是访问是被禁止的
	404	NOT FOUND	所有	用户发出的请求针对的是不存在的记录，服务器没有进行操作
	406	Not Acceptable	GET	用户请求的格式不对（比如用户请求JSON格式，但是只有XML格式）
	410	Gone	GET	用户请求的资源被永久删除且不会再得到
	422	Unprocesable entity	POST/PUT/PATCH	验证错误
服务端错误	500	INTERNAL SERVER ERROR	所有	服务器发生错误
	502	Bad Gateway	所有	网关错误
	503	Service Unavailable	所有	由于服务器尚未开启等原因不能处理客户端的请求
	504	Gateway timeout	所有	网关超时

4．REST在Java中的应用

REST 常被用于 Web Service 的解决方案之一，因其简单高效等特性，逐步取代了复杂而“笨重”的 SOAP，成为替代 SOAP 的 Web Service 标准。Java 定义了 JAX-RS（规范提案编号：JSR-339）的 REST 服务规范接口。下面介绍遵循 JAX-RS 接口的技术实现。

- Jersey：GlassFish 项目之一，GlassFish 曾经是 SUN 公司开发的应用服务器，后来转到 Oracle 旗下。Jersey 的地址是 https://jersey.github.io/。

- Restlet：一个轻量级的 REST 框架，提供该框架的公司名字也是 Restlet，该公司除了提供 Restlet 开发 API 之外，还提供了呼叫 REST 服务和客户端 Restlet Client 及 REST 的云服务，官方地址为 https://restlet.com/。
- RESTEasy：JBoss 的项目之一，由 RedHat 提供，项目的地址是 https://resteasy.github.io/。
- CXF：Apache 旗下的 REST 方案，地址是 http://cxf.apache.org/。

JAX-RS 标准接口中定义了如下注解：

- 请求方式注解，包括@GET、@POST、@PUT 和@DELETE。
- 请求路径注解，包括@Path，后面包括一个路径参数。
- 数据类型注解，包括@Consumes（输入）和@Produces（输出），比如 application/json 和 application/xml，可便捷使用 MediaType 类定义的常量。
- 参数注解，包括@PathParam（路径参数）和@FormParam（表单参数），此外还有@QueryParam（请求参数）

以上这些注解看上去和 Spring MVC 的请求映射注解及参数匹配注解很类似。因为 Spring MVC 提供了对 REST 的良好支持，可以使用 Spring MVC 直接提供对外的 Web Service。在应用系统内部，不涉及页面而仅对资源操作的场景下（比如以 JOSN 格式返回某个类的数据），特别是在基于前后端分离的架构中，可以使用 REST 风格的 API 提供服务。

9.4.2　Spring MVC REST 服务端：@RestController

在控制器类上使用@RestController 注解用来定义 REST 风格的请求服务，该注解是@Controller 和@ResponseBody 的组合注解，除了请求方法返回 JSON 格式的数据外，开发中最好做到控制器类的请求映射地址符合 REST 风格，即每个控制器类对应一种资源类型，请求映射方法包括查询、添加、修改和删除。以用户操作的控制类为例，建议的代码结构如下：

```
01  @RestController
02  public class RestUserController {
03    public List<User> userList = new ArrayList<User>();  //用户列表
04        public RestUserController() {           // 构造器中初始测试数据
05        User user1 = new User(1, "User1");
06        userList.add(user1);
07    }
08    @GetMapping("/users")                       // 1. GET，查询所有用户
09    public Object getAll() {
10         return userList;
11    }
12    @GetMapping("/users/{id}")                  //2. GET，查询单个用户
13    public Object getOne(@PathVariable("id") Integer id) {
14        User user = null;
```

```
15        for (User u : userList) {
16            if (u.getId() == id) {
17                user = u;
18                break;
19            }
20        }
21        return user;
22    }
      // 3. POST，添加新用户，前端传递 JSON 类型的用户属性
23    @PostMapping("/rest/users")
24    public Object add(@RequestBody User user) {
25        userList.add(user);
26        return userList;
27    }
      //4.PUT，修改该用户的所有属性，一般使用 PATCH 较合适
28    @PutMapping("/users/{id}")
29    public Object modify(@PathVariable("id") Integer id, @RequestBody
      User user) {
30        for (User u : userList) {
31            if (u.getId() == id) {
32                u.setName(user.getName());
33            }
34        }
35        return user;
36    }
37    @DeleteMapping("/users/{id}")          // 5.DELETE，删除指定 id 的用户
38    public Object delete(@PathVariable("id") Integer id) {
39        for (User u : userList) {
40            if (u.getId() == id) {
41                userList.remove(u);
42            }
43        }
44        return userList;
45    }
46  }
```

9.4.3 Spring MVC REST 客户端：RestTemplate

JDK 中提供了网络相关类和 API，用来访问 HTTP 的 URL 并获取响应的内容，相关的类位于 java.net 包中。对于复杂参数的请求，更方便的是使用 HttpClient 工具包。Spring MVC 提供了对这两种方式的支持，通过统一的 RestTemplate 类进行访问，实现对 REST 风格服务进行访问和获取 Java 对象类型并返回的目的。

1. Java NET进行HTTP请求

JDK 提供了 URLConnection 类建立 URL 连接和获取响应的输入流，其包含了两个 HTTP 请求的子类，即 HttpURLConnection 和 HttpsURLConnection。这两个子类分别用于 HTTP 和 HTTPS 协议的请求调用。setRequestMethod()方法用于设置请求的方法类型；setRequestProperty()方法可用于设置请求头信息；getInputStream()方法获取响应输入流。

GET 请求的使用示例如下：

```
01 String urlPath = "https://www.baidu.com/";       //请求地址
02 URL url = new URL(urlPath);                        //创建 URL 对象
   //连接
03 HttpURLConnection connection = (HttpURLConnection)url.openConnection();
04 connection.setRequestMethod("GET");                //请求方法
05 connection.setRequestProperty("Content-Type", "application/json; charset=
   utf8");                                            //请求头
06 connection.connect();                              //建立连接
   //获取响应头
06 Map<String,List<String>> map = connection.getHeaderFields();
07 BufferedReader in = new BufferedReader(new InputStreamReader(
08     connection.getInputStream()));                 //获取响应流
09 String line="";
10 while ((line = in.readLine())!= null) {
11   System.out.println(line);
12 }
```

2．HTTP请求客户端库HttpClient

Java NET 包进行 HTTP 请求和响应的处理步骤较为烦琐，并且功能有限。HttpClient 是 Apache 提供的用于 HTTP 请求的客户端，使用更为直观，功能也更为丰富，如支持所有的 HTTP 方法、支持 HTTP 和 HTTPS 协议、支持代理服务器及连接池等功能。HttpClient 目前的最新版是 4.5，项目的官方地址是 http://hc.apache.org/httpcomponents-client-4.5.x。

使用 HttpClient 进行 HTTP 请求的步骤如下：

（1）使用 HttpClients 的静态方法 createDefault()创建 CloseableHttpClient 的 HTTP 客户端实例。

（2）创建不同请求方法的对象，比如 HttpGet 或 HttpPost 等。

（3）使用请求方法对象作为参数，调用 HTTP 客户端的 execute()方法，并返回响应（CloseableHttpResponse）。

（4）从 HttpResponse 响应对象可以获取响应头（Header）和响应内容（HttpEntity）对应的类的对象。

（5）HttpEntity 包含内容类型（ContentType）、内容长度（ContentLength）及输入流（InputStream）类型的响应内容。

（6）通过共用方法 EntityUtils.consume(HttpEntity)关闭相应的流和释放资源。

下面以 GET 请求方法为例，演示 HttpClient 的使用：

```
01 String url = "http://localhost:8080/users";        //请求地址
   //创建请求客户端对象
02 CloseableHttpClient httpclient = HttpClients.createDefault();
03 HttpGet httpGet = new HttpGet(url);                 //创建请求方法对象
   //执行请求并获取响应
04 CloseableHttpResponse response = httpclient.execute(httpGet);
05 HttpEntity entity = response.getEntity();           //获取响应内容对象
```

```
06 BufferedReader br = new BufferedReader(new InputStreamReader(entity.
   getContent()));
07 String line="";
08 while ((line = br.readLine())!= null) {
09     System.out.println(line);
10 }
11 EntityUtils.consume(entity);                //关闭流，释放资源
```

3. Spring MVC REST请求客户端RestTemplate

RestTemplate 是 Spring 提供的访问 Rest 服务的客户端类。使用 ClientHttpRequest 接口的实现类进行 HTTP 的客户端请求；ClientHttpRequest 通过工厂方式进行创建（ClientHttpRequestFactory 接口的实现类）。Spring 支持多种类型的客户端 HTTP 请求工厂，最主要的就是 Java NET 和 HttpClient 客户端 HTTP 请求工厂。

- SimpleClientHttpRequestFactory：使用 JDK 提供的方式（即 java.net 包中的类）创建底层的 HTTP 请求连接。
- HttpComponentsClientHttpRequestFactory：使用 HttpClient 访问远程的 Http 服务，可以配置连接池和证书等信息。

RestTemplate 除了需要客户端 HTTP 请求工厂，一般还要配置消息转换器（messageConverters）对响应的内容进行转换。这样就可以从 RestTemplate 中直接获取后端类型的对象了。

RestTemplate 可以配置成 Bean 来使用，以 SimpleClientHttpRequestFactory 类型的配置为例，代码如下：

```
01 <bean id="httpRequestFactory" class="org.springframework.http.
   client.SimpleClientHttpRequestFactory"><!--请求工厂-->
02     <property name="readTimeout" value="10000" /> <!--读取超时 -->
03     <property name="connectTimeout" value="5000" /><!--连接超时 -->
04 </bean>
05 <bean id="simpleRestTemplate" class="org.springframework.web.client.
   RestTemplate">
       <!--构造器出入请求工厂 Bean-->
06     <constructor-arg ref="httpRequestFactory" />
07     <property name="messageConverters"><!--消息转换器-->
08       <list>
09         <bean class="org.springframework.http.converter.FormHttp
           MessageConverter" />
            <!--JSON 格式转换-->
10          <bean class="org.springframework.http.converter.json.
                                  MappingJackson2HttpMessageConverter" />
11         <bean class="org.springframework.http.converter.StringHttp
           MessageConverter">
                 <!--字符串转换支持类型 -->
12               <property name="supportedMediaTypes">
```

```
13                  <list>
14                      <value>text/plain;charset=UTF-8</value>
15                      <value>applicaton/json;charset=UTF-8</value>
16                      <value>text/html;charset=UTF-8</value>
17                  </list>
18              </property>
19          </bean>
20      </list>
21    </property>
22 </bean>
```

注意：RestTemplate 一般都需要支持 JSON 格式的响应转换，所以要配置 JSON 转换器，而且需要在 StringHttpMessageConverter 的 supportedMediaTypes 属性中配置 applicaton/json 内容类型，否则会出现如下错误：

```
no suitable HttpMessageConverter found for response type
```

此外，如果转换的类型不匹配，比如返回 JSON 类型的数据，使用 String 类型进行转换时会出现如下错误：

```
JSON parse error: Cannot deserialize instance of `java.lang.String` out
of START_OBJECT token
```

完成以上配置后，通过@Autowired 注解就可以直接使用 RestTemplate 的不同请求类型的方法访问 REST 的 URL，并获取响应的转换后的对象。以访问 GET 请求并将响应内容转换成后端对象类型返回的方法 getForObject()为例，示例代码如下：

```
01 @RunWith(SpringRunner.class)          //Spring JUnit 4 运行器
02 @ContextConfiguration(locations = "classpath:cn/osxm/ssmi/chp09/
   rest-template.xml")                   //配置
03 public class RestTemplateTests {      //测试类
04   @Autowired                          //自动装载
05   private RestTemplate simpleRestTemplate;
06   @Test                               //测试方法注解
07   public void simpleRestTemplate() {
08     String url = "http://localhost:8080/users/100";     //访问 URL
       //GET 类型请求并返回
09     User user = simpleRestTemplate.getForObject(url,User.class);
10   }
11 }
```

除了以上的 getForObject()方法外，RestTemplate 还提供了大概 12 个访问 REST 服务的方法，以对应不同类型的 HTTP 请求的不同返回类型的方法，有的方法对应多个不同参数的重载方法，完全展开来将近 40 个方法。RestTemplate 提供的 12 个方法如表 9.8 所示。

表 9.8　RestTemplate提供的方法

请求类型	RestTemplate方法	说　明
GET	getForEntity()	返回的ResponseEntity
	getForObject()	返回映射的后端类型对象
POST	postForEntity()	返回的ResponseEntity
	postForObject()	返回映射的后端类型对象
	postForLocation()	返回新资源的URL
PUT	put()	无返回
PATCH	patchForObject()	返回映射的后端类型对象
DELETE	delete()	无返回
HEAD	headForHeaders()	返回HTTP信息头（HttpHeaders）
OPTIONS	optionsForAllow()	返回Set<HttpMethod>类型的集合
所有	exchange()	返回包含对象的ResponseEntity
	execute()	通用方法

在表 9.8 中，exchange()和 execute()方法对于所有的请求类型都适用。exchange()方法是 POST、PUT、DELETE 和 GET 等请求类型方法统一模板的调用方式，execute()则是底层方法，其他的方法最后都会调用这个方法执行请求。

9.5 文件上传

Web 前端文件上传的典型方式是使用 enctype 属性值为 multipart/form-data 的表单进行传送，在表单中添加 type 值为 file 的输出框，提交表单以二进制方式将文件传到后端。在后端，Java Web 使用 HttpServlet 处理 HTTP 前端请求，在服务方法中（doPost 或 service()）从 request 中获取文件流并进行处理。

Java 中使用较早并且使用较为广泛的处理文件上传的库是 Apache 提供的 Commons FileUpload 库，在 Servlet 3.0 之后，Java 官方提供了标准的文件上传处理的 Servlet。在 Spring MVC 中，在控制器类中使用请求映射方法可以用来处理前端对应的 URL 请求，这个方式对文件上传同样适用。Spring MVC 对 Apache Commons FileUpload 和标准 Servlet 文件上传方式都提供支持，并且提供了统一的 API 处理文件上传。

9.5.1 多部分表单数据类型：multipart/form-data

multipart/form-data 是 MIME 类型的一种。Web 端的典型文件上传方式是在 enctype 属性为 multipart/form-data 的<form>表单里添加 file 类型的输入框后提交表单。Form 表单的示例代码如下：

```
   <!--文件上传表单-->
01 <form method="POST" enctype="multipart/form-data" action="upload">
02   <input type="file" name="upfile"> <!--文件类型输入框 -->
03    <input type="submit" value="Upload"> ><!--表单提交按钮 -->
04 </form>
```

- method 属性指定表单提交的请求方法，默认是 GET，文件上传需要使用 POST。
- enctype 属性指定请求内容的 MIME 编码类型，该属性如果不指定，则默认值是 application/x-www-form-urlencoded，表单中的参数会经过转码后进行传递。
- action 指定后端服务的地址，Java 后端中最基本就是某个 Servlet 地址。
- type 属性值是 file 的输入框用于打开文件选择框，选择需要上传的文件。

1．文件上传的请求方法与内容类型和普通的请求方法对比

GET 和 POST 是常用的 HTTP 请求方法，GET 请求可以直接在 URL 中附加参数，也可以通过 FORM 表单传递参数。

- Form 表单的 method 不设置或者设置成 GET，浏览器使用 application/x-www-form-urlencoded 进行编码，将表单数据转换成一个字符串，附加到请求 URL 地址后面，类似于?name=user&id=100。GET 请求一般用来传递 ASCII 字符集参数的传递，URL 编码将 1 个非 ASCII 字符用 3 个字符来表示，比如中文的“用户”，编码后的值是 %E7%94%A8%E6%88%B7，这样就增加了请求的大小。GET 方法传递参数效率不高、安全性低而且对请求参数的大小也有限制。
- Form 表单的 method 设置成 POST 时，参数会放入请求体中。早期的 Form 表单只有 application/x-www-form-urlencoded 一种类型，用来传递大量的二进制数据是很低效的，于是出现了 multipart/form-data 的内容类型用来传递文件。

Form 表单中 GET/POST 请求方法与编码类型的对应关系和应用场景如表 9.9 所示。

表 9.9　Form请求方法与编码类型对照表

请求方法(method) 内容类型(enctype)	GET	POST
application/x-www-form-urlencoded	文本类型参数，编码后附加在URL后	文本类型参数，参数放入请求体
multipart/form-data	无	文件上传

2．文件上传的HTTP请求对象与一般请求的对比

HTTP 请求包括请求行、请求头和请求体三部分，对应 GET 和 PSOT 请求及文件上传的 POST 请求的三部分的示例如表 9.10 所示。

表 9.10　GET、POST及文件上传的HTTP请求解析

编号	场　　景	客户端请求地址	HTTP请求		
			请　求　行	请　求　头	请　求　体
1	直接在URL传递参数的GET请求	/login?name=user&password=123	请求方法：GET 请求地址：/login?name=user&password=123	内容类型：空	
2	使用FORM传递参数的GET请求	/login	请求方法：GET 请求地址：/login?name=user&password=123	内容类型：空	
3	使用FORM传递参数的POST请求	/login	请求方法：POST 请求地址：/login	内容类型：application/x-www-form-urlencoded	name: user password: 123
4	使用FORM上传文件的POST请求	/upload	请求方法：POST 请求地址：/upload	内容类型：multipart/form-data; boundary=----WebKitFormBoundary4Y6TJX5nzltWb6KJ	二进制流

注意：文件上传请求头的属性（ContentType）除了 multipart/form-data 值之外，还包含一个名为 boundary 的属性，用于分隔 PSOT 提交的文本内容和文件内容。

9.5.2　Java 文件上传功能实现方式

在 Form 表单中使用 action 属性指定后端处理文件上传的服务，在 Java Web 中基本对应的就是一个 Servlet 地址。

在 Java 后端，一个 HTTP 请求可以对应一个 Servlet 进行处理，Servlet 的 service (HttpServletRequest request, HttpServletResponse response)方法可以获取前端的请求及响应对象，HttpServletRequest 类型的请求对象中就包含上传文件的二进制流。对文件上传最常见的处理方式就是获取请求对象中二进制流后写入目标文件。

Java 早期用于文件上传处理的库主要是 Apache 的 Commons FileUpload，在 Servlet 3.0 之后，官方就提供了标准的文件上传 Servlet。

1．Apache Commons FileUpload文件上传实现方式

Commons FileUpload 是 Apache Commons 的子项目，官方地址为 http://commons.apache.org/proper/commons-fileupload。目前的最新版是 1.4。使用 Maven 导入的配置如下：

```
01  <dependency>
02      <groupId>commons-fileupload</groupId><!--组名 -->
```

```
03      <artifactId>commons-fileupload</artifactId> <!--组件名 -->
04      <version>1.4</version> <!--版本-->
05  </dependency>
```

以上依赖配置同步会导入 commons-io 和 commons-codec 依赖包，如果手动导入 jar 包，需要一并导入这两个依赖包。

Commons FileUpload 包含文件处理的三大核心类，分别如下：

- DiskFileItemFactory：磁盘文件工厂类，用来设置文件的临时保存位置。当传输的文件较大时，将其保存在内存中会导致内存很快耗尽，所以会将其保存到临时目录中。上传的文件是保存在内存中还是临时文件中是根据文件大小来决定的，这个大小值通过属性 DEFAULT_SIZE_THRESHOLD 决定，默认大小是 10KB。通过构造函数或属性值可以设置 sizeThreshold 的大小。临时文件的位置默认是读取系统环境变量 java.io.tmpdir 的路径，也可以在构造时指定。
- ServletFileUpload：上传解析类。ServletFileUpload 负责处理上传的文件数据，通过 parseRequest()方法将表单中的每个输入项封装在一个 FileItem 对象中。在使用 ServletFileUpload 对象解析请求时，需要根据 DiskFileItemFactory 对象的属性 sizeThreshold（临界值）和 repository（临时目录）来决定将解析到的数据保存在内存中还是临时文件中，所以需要在进行解析工作前构造好 DiskFileItemFactory 对象，通过 ServletFileUpload 的构造方法或 setFileItemFactory()方法设置 fileItemFactory 属性的值。
- FileItem 接口实现类 DiskFileItem。该类维护文件名、文件流、文件大小、文件类型、临时文件及写入文件 write(File file)。

在 Servlet 中使用 Commons FileUpload 处理文件上传的代码示例如下：

```
01  public class FileUploadServlet extends HttpServlet {
02    private static final long serialVersionUID = 1L;
03    @Override
04    protected void service(HttpServletRequest request, HttpServlet
      Response response)
             throws ServletException, IOException {
        // 磁盘文件对象
05      DiskFileItemFactory factory = new DiskFileItemFactory();
        // 文件上传对象
06      ServletFileUpload upload = new ServletFileUpload(factory);
07      List<FileItem> items = null;
08      try {
           //解析请求获取上传的文件项列表
09         items = upload.parseRequest(request);
10         for (FileItem item : items) {             // 遍历处理每个文件项
11             String fileName = item.getName();   //获取上传文件名
               //写入目标文件
12             item.write(new File("D:\\uploads", fileName));
13         }
14      } catch (Exception e) {
15         e.printStackTrace();
```

```
16          }
17      }
18  }
```

2. Servlet 3.0文件上传实现方式

在 Servlet 3.0（Java EE 6）之后，Java Servlet 就支持文件上传的处理。Servlet 3.0 中定义了处理文件类型的标准接口 Part，该接口具体由各应用服务器提供实现。比如 Tomcat 9 中的实现类是 org.apache.catalina.core.ApplicationPart，该类位于 Tomcat 安装目录的 lib 子目录的 catalina.jar 中。如果是在 IDE 中使用嵌入的 Tomcat，则对应的 jar 包是 tomcat-embed-core.jar。

Part 接口中定义了包含获取请求头、文件输入流和文件相关属性等方法，主要如下：

- getInputStream()：获取上传文件输入流。
- getContentType()：获取上传文件的内容类型。
- getName()：获取上传文件名。注意，该方法获取的不是实际的文件名，而是 file 类型输入框的 name 属性值。实际文件名通过请求头的 content-disposition 属性解析获取。
- getSize()：获取上传文件的字节大小。
- write(String fileName)：将上传文件写入磁盘的目标文件中。
- getHeader(String name)：获取请求头的某个属性值。

前端表单提交的文件会被封装成 Part 类型的对象，通过 HttpServletRequest 的 getParts() 方法就可以直接获取（request.getParts()）。需要注意的是，用来处理文件上传的 Servlet 类要使用@MultipartConfig 注解进行标注。

接下来以一个完整的示例来演示标准的 Servlet 上传处理过程，基本步骤包括定义前端提交表单、后端 Servlet 编写和 web.xml 配置。

（1）前端页面的表单代码段如下：

```
01  <form method="POST" enctype="multipart/form-data" action="servlet
    UploadServlet">
02      <input type="file" name="myfile"> <!--文件类型输入框  -->
03      <input type="submit" value="Upload"> <!--提交按钮 -->
04  </form>
```

（2）后端 Servlet 使用 service()方法处理请求，也可以使用 doPost()方法，代码如下：

```
01  @MultipartConfig                                    //处理文件上传的 Servlet 注解
02  public class ServletUploadServlet extends HttpServlet {
03    private static final long serialVersionUID = 1L;
04    @Override
05    protected void service(HttpServletRequest request,    //请求处理方法
          HttpServletResponse response) throws ServletException, IOException {
06      Collection<Part> parts = request.getParts(); //获取 Part 类型的集合
07      for (Part part : parts) {                          //遍历
```

```
        //通过请求头属性解析文件名
08              String header = part.getHeader("content-disposition");
09              String[] headerArray = header.split(";");
10              String[] filenameArray = headerArray[2].split("=");
11              String fileName = filenameArray[1].
                    substring(filenameArray[1].lastIndexOf("\\") + 1).replaceAll
                     ("\"", "");
                //写入目标文件
12              part.write("D:\\uploads" + File.separator + fileName);
13          }
14      }
15  }
```

上传的文件名是从 Part 的请求头属性 content-disposition 解析得来的，该属性的值为 form-data; name="file"; filename="myfile.txt"。

（3）在 web.xml 中配置 Servlet。

```
01  <servlet><!--文件上传请求处理的 Servlet 配置 -->
02      <servlet-name>servletUploadServlet</servlet-name>
03      <servlet-class>cn.osxm.ssmi.chp09.fileupload.ServletUploadServlet
        </servlet-class>
04  </servlet>
05  <servlet-mapping><!--路径映射配置 -->
06      <servlet-name>servletUploadServlet</servlet-name>
07      <url-pattern>/servletUploadServlet</url-pattern>
08  </servlet-mapping>
```

注意：Servlet 定义的接口名字是 Part（部分），而不是 XXFile，这个命名与 multipart/form-data 相对应。原因是 Part 不仅包含文件类型，也包含 type 的值是 text 的文本类型。通过判断 contentype 属性是否有值等方式，可以区分是否是文件类型。

@MultipartConfig 注解还可以通过设置以下属性来定义文件上传的行为。

- fileSizeThreshold：保存在内存和磁盘中的临界值，默认是 0，也就是都会写入临时文件中；
- location：文件保存的路径；
- maxFileSize：上传文件的最大值限制，默认是没有限制；
- maxRequestSize：请求的最大值限制（一个请求可以包含多个上传文件，也可以包含文本类型的数据），默认没有限制。

9.5.3　Spring MVC 文件上传功能的实现方式

Spring MVC 默认支持使用 Apache Commons FileUpload 和标准的 Servlet 处理文件上传，并提供了统一的文件处理接口，主要接口如下：

- MultipartResolver：多部分解析器接口。该接口定义了如下两个主要方法：
  - isMultipart(HttpServletRequest request)：判断请求是否包含文件。
  - resolveMultipart(HttpServletRequest request) ：将标准 request 对象进行解析，转换

为多部分请求类型对象（MultipartHttpServletRequest）。

- MultipartHttpServletRequest：多部分 HTTP 请求接口。该接口继承自 HttpServletRequest 和 MultipartRequest，并额外定义了 getRequestMethod()和 getRequestHeaders()方法，分别用于获取请求方法和请求头。
- MultipartRequest：多部分请求接口，主要用于文件处理。通过 getFile(String name)和 getFiles(String name)方法可以获取 MultipartFile 接口实例的文件对象。
- MultipartFile：多部分文件接口，该接口定义了获取文件名 getName()、文件内容类型（getContentType()）、输入流（getInputStream()）及写入目标文件的方法（transferTo(File dest)）。

对应 Apache Commons FileUpload 和 Servlet 3.0 的文件处理方式，Spring MVC 分别提供了以上接口的不同实现，如表 9.11 所示。

表 9.11　Spring MVC文件上传处理接口与实现类

统 一 接 口	Commons FileUpload实现	标准Servlet实现
MultipartResolver	CommonsMultipartResolver	StandardServletMultipartResolver
MultipartHttpServletRequest	DefaultMultipartHttpServletRequest	StandardMultipartHttpServletRequest
MultipartRequest	DefaultMultipartHttpServletRequest	StandardMultipartHttpServletRequest
MultipartFile	CommonsMultipartFile	StandardMultipartFile

在 Spring MVC 项目中，使用 MultipartResolver 实现类就可以在请求映射方法中解析请求对象处理文件上传。更常用的方式是在配置文件中配置 multipartResolver 的 Bean，以作为 DispatcherServlet 的装备，这样请求在通过中央控制器转发时就会自动对请求类型进行转换，简化了代码开发。

1. 独立使用MultipartResolver实现类处理文件上传

不进行任何配置，通过上面介绍的 Apache Commons FileUpload 和标准的 Servlet 多部分解析器，在请求映射方法中就可以传入 request 对象获取文件并写入目标文件。以 CommonsMultipartResolver 为例，处理代码如下：

```
    //请求映射注解
01  @RequestMapping("/springCommonFileUploadNoMultipartResolverBean")
    //包含 HttpServletRequest 参数的请求处理方法
02  public String springCommonFileUploadNoMultipartResolverBean(Http
    ServletRequest request) throws IOException, ServletException {
        //Commons FileUpload 类型多部分解析器初始化
03      MultipartResolver resolver =
     new CommonsMultipartResolver(request.getSession().getServletContext());
04      MultipartHttpServletRequest multipartRequest = resolver.resolve
        Multipart(request);                              //解析
        //通过 input 中的 name 获取文件对象
05      MultipartFile file = multipartRequest.getFile("myfile");
```

```
        //写入目标文件
06      file.transferTo(new File("D:/uploads/" + file.getOriginalFilename()));
07      return "result";
08  }
```

标准 Servlet 多部分处理器（StandardServletMultipartResolver）的处理方式除了构造函数不一样，其他基本一致。StandardServletMultipartResolver 类型的解析器初始化如下：

```
MultipartResolver resolver = new StandardServletMultipartResolver();
```

注意：和单独使用 Servlet 类处理文件上传需要加上@MultipartConfig 注解一样，在 Spring MVC 中需要在中央控制器的 Servlet 配置中加上<multipart-config/>标签配置。配置如下：

```
01  <servlet> <!--中央控制器 Servlet 配置 -->
02      <servlet-name>dispatcherServlet</servlet-name>
03      <servlet-class>org.springframework.web.servlet.DispatcherServlet
04      </servlet-class>
05      <init-param> <!--Spring 配置文件 -->
06          <param-name>contextConfigLocation</param-name>
07          <param-value>classpath:springmvc.xml</param-value>
08      </init-param>
09      <load-on-startup>1</load-on-startup> <!--默认启动 -->
10      <multipart-config/> <!--文件上传标签配置 -->
11  </servlet>
```

调用 MultipartResolver 实现类和配置<multipart-config/>标签这两种文件上传方式不能并存使用，只能二选一。如果不配置<multipart-config/>，则 CommonsMultipart-Resolver 可以解析到文件，但 StandardServletMultipartResolver 无法解析到文件；如果配置了<multipart-config/>则正好相反，原因是 request 对象就已经被转换过了。

2. 通过中央控制器自动转换请求的类型

DispatcherServlet 在初始化策略时会使用 initMultipartResolver()方法初始化多部分解析器，解析的方式是看容器中是否存在名字是 multipartResolver 的 Bean，如果存在，在请求处理时会自动将 HttpServletRequest 转换成对应解析器的 MultipartHttpServletRequest 实现类型。这就需要在配置文件中增加 Bean 的名字是 multipartResolver 的配置，Bean 的类根据需要选择 CommonsMultipartResolver 或 StandardServletMultipartResolver。

以 CommonsMultipartResolver 为例，配置如下：

```
01  <bean id="multipartResolver" <!--Commons FileUpload 类型解析器 Bean 配置 -->
     class="org.springframework.web.multipart.commons.CommonsMultipart
     Resolver">
02  </bean>
```

在请求映射方法中处理如下：

```
01  @RequestMapping("/springCommonFileUpload")                //请求映射注解
```

```
02  public String springCommonFileUpload(HttpServletRequest request)
        throws IOException, ServletException {//该 request 对象类型已经被转换
03      MultipartHttpServletRequest multipartRequest = (MultipartHttpServlet
         Request) request;
        //获取文件对象
04      MultipartFile multipartFile = multipartRequest.getFile("myfile");
05      String fileName = multipartFile.getOriginalFilename();//获取文件名
        //写入目标文件
06      multipartFile.transferTo(new File("D:/uploads/" + fileName));
07      return "result";                          //返回逻辑视图名
08  }
```

注意：配置 multipartResolver 之后，上面的 HttpServletRequest 类型的 request 已经被转换为 DefaultMultipartHttpServletRequest 类型。如果再通过原生方式也就是下面的代码就获取不到文件了。

```
MultipartResolver resolver = new CommonsMultipartResolver(request.get
ServletContext());
MultipartHttpServletRequest multipartRequest = resolver.resolve
Multipart (request);
```

配置 multipartResolver 的 Bean 并交由容器管理之后，DispatcherServlet 在转发请求时会调用该解析器的 isMultipart(request)方法检查当前 Web 请求是否为文件上传类型。如果是的话调用 resolveMultipart(request)方法对原始的请求对象进行装饰，并返回 MultipartHttpServletRequest 接口实现类型的对象。

从上面可以看出，通过配置 multipartResolver 的 Bean 并交由容器控管之后，在请求方法代码中就不需要指明具体的多部分解析实现，请求方法的代码共用性更高。修改多部分解析器实现方式只需要更改配置文件即可。

注意：如果配置的是标准 Servlet 的多部分解析（StandardServletMultipartResolver），同样需要在中央控制器 Servlet 的配置中加上<multipart-config/>配置，否则会报如下异常：

```
java.lang.IllegalStateException: Unable to process parts as no multi-
part configuration
                                has been provided
```

9.5.4　Spring MVC 文件上传最佳实践

1. Spring MVC文件上传方式的选择

Spring MVC 项目中的文件上传，建议使用配置标准 Servlet 的 multipartResolver 的 Bean，但需要在中央控制器的 Servlet 中添加<multipart-config>。如果是使用 Java 类进行

项目入口配置，则可以在继承 AbstractDispatcherServletInitializer 配置类的 customize-Registration()方法中，设置 ServletRegistration 的 MultipartConfigElement。配置代码片段如下：

```
01 @Override
02 protected void customizeRegistration(ServletRegistration.Dynamic
   registration) {
03     registration.setMultipartConfig(new MultipartConfigElement("C:/temp/"));
04 }
```

以上代码中，MultipartConfigElement 初始化的参数是文件的存放位置 location。除此之外，MultipartConfigElement 还提供了包括 location、fileSizeThreshold、maxFileSize 和 maxRequestSize 的构造函数，这和在 Servlet 上使用@MultipartConfig 注解可以设置的属性是一样的。<multipart-config>也可以通过子标签进行这 4 项设定，标签名与属性名略有不同，分别是 location、max-file-size、max-request-size 和 file-size-threshold。配置示例如下：

```
01 <multipart-config><!--dispatchServlet 文件上传支持的配置标签-->
02   <location>/tmp</location><!-- 文件保存的路径-->
03   <max-file-size>5242880</max-file-size><!--上传文件的最大值限制-->
     <!--请求的最大值限制-->
04   <max-request-size>20971520</max-request-size>
     <!--保存在内存或者硬盘中的临界值-->
05   <file-size-threshold>0</file-size-threshold>
06 </multipart-config>
```

2．文件类型参数自动匹配装箱

对于普通文本类型的参数，框架会根据属性名自动匹配装箱成请求映射方法的参数。文件类型也一样，通过@RequestParam 进行匹配，对应的参数类型是 MultipartFile。示例代码如下：

```
01 @RequestMapping("/springAnnoFileUpload")              //请求映射注解
   //文件参数匹配
02 public void springAnnoFileUpload(@RequestParam(name = "myfile")
        MultipartFile multipartFile) throws IOException, ServletException {
     //获取文件名
03   String fileName = multipartFile.getOriginalFilename();
     //写入目标文件
04   multipartFile.transferTo(new File("D:/uploads/" + fileName));
05 }
```

如果参数名和文件名相同，也就是表单中文件类型输入框的 name 属性值和文件名相同，则@RequestParam 注解可以省略。

上传多个文件时，可以在 Form 中指定每个 file 类型输入框的名字都不一样，在映射方法中根据名字进行匹配。但更灵活的用法是让 file 类型输入框的名字一样，在请求映射方法中使用@RequestParam MultipartFile[] myfiles 的方式进行匹配，参数是数组类型 MultipartFile[]，@RequestParam 注解不能省略，如果省略，会抛出如下异常：

```
java.lang.NoSuchMethodException: [Lorg.springframework.web.multipart.
MultipartFile;.<init>()
```

9.6 国　际　化

国际化的英文简写是 i18n，其来源于英文 internationalization 的首字符 i 和尾字符 n，18 是除 i 和 n 外中间的字符个数。国际化消息又称为本地化消息，由语言类型（如 zh）和国家/地区类型来限定（如 CN），这样应用系统或网站就可以根据不同语言或不同国家/地区显示对应语言的页面。常见的语言与国家/地区的说明如表 9.12 所示。

表 9.12　语言与国家/地区组合实例表

语言（Language）	国家/地区（Country）	说　明
en	US	美国英语
en	GB	英国英语
en	CA	加拿大英语
zh	CN	中国中文
fr	FR	法国法语
de	DE	德国德语
ja	JP	日本日语
ko	KR	韩国韩语

Java 语言使用 java.util.Locale 类来定义语言环境，并提供了 ResourceBundle 类根据不同的语言环境从对应的资源配置文件中获取对应的国际化消息。

9.6.1　Java 国际化

Locale 和 ResourceBundle 是 Java 国际化的两个主要类，位于 java.util 包中。Locale 用来定义语言环境，ResourceBundle 从国际化资源文件中获取不同语言环境的国际化消息。国际化资源文件是以.properties 为后缀名的属性文件，位于类路径下。

1．语言环境定义

Locale 类常用的构造函数是 Locale(String language,String country)，参数 language 和 country 分别对应语言和国家/地区。为使用方便，Locale 类中定义了常用 Locale 类型的静态成员实例，具体如表 9.13 所示。

表 9.13　Java Locale常用静态成员实例

静态成员实例	语　　言	国家/地区	说　　明
Locale.ENGLISH	en		英语
Locale.FRENCH	fr		法语
Locale.GERMAN	de		德语
Locale.ITALIAN	it		意大利语
Locale.JAPANESE	ja		日语
Locale.KOREAN	ko		韩语
Locale.CHINESE	zh		中文
Locale.SIMPLIFIED_CHINESE	zh	CN	中国简体中文
Locale.CHINA	zh	CN	中国中文
Locale.FRANCE	fr	FR	法国法语
Locale.GERMANY	de	DE	德国德语
Locale.ITALY	it	IT	意大利意大利语
Locale.JAPAN	ja	JP	日本日语
Locale.KOREA	ko	KR	韩国韩语
Locale.UK	en	GB	英国英语
Locale.US	en	US	美国英语
Locale.CANADA	en	CA	加拿大英语

从表 9.13 中可以看出，成员变量的命名遵循以下规则：

- Locale.国家/地区，代表使用某种语言的某个国家/地区。比如 Locale.CHINA 代表中国中文。
- Locale.语言，代表某种语言，国家/地区不限定。比如 Locale.CHINESE 代表中文。

除了上面的构造函数之外，Locale 还有一个带 3 个参数的构造函数 Locale(String language, String country, String variant)，最后的参数是另外一个代号，在语言和国家/地区的分类上可以再进行一层拆分，比如可以用来定义方言，如中文、四川方言。

2．国际化资源文件配置

国际化资源文件以属性文件（.properties）进行配置，每一种语言环境对应一个属性文件，资源文件放在项目的类路径下，文件命名遵循如下规则：

```
basename_language_country.properties
```

- basename 是资源文件的基本名称，比如 messages。
- language 和 country 对应语言和国家/地域，这两个值是非强制的，可以不指定。

- 三者之间使用下划线（_）分隔。

国际化资源文件命名示例如下：

- messages_zh_CN.properties；
- messages_en_US.properties；
- messages_zh.properties；
- messages.properties。

资源文件的内容以键值对方式进行保存。在 Eclipse IDE 中，默认状况属性文件（.properties）的编码是 ISO-8859-1，在中文环境资源文件中输入中文时会自动转码，比如 username 的中文显示为“用户名”，则在 messages_zh_CN.properties 中输入中文后会被转成：

```
username=\u7528\u6237\u540D
```

修改文件的编码为 UTF-8 就可以看到中文了，如果获取消息出现乱码，则可以对消息字符串转码，如下：

```
new String(ResourceBundle.getBundle(baseName, new Locale("zh", "CN")).
                    getString("username").getBytes("ISO-8859-1"), "UTF8");
```

3. 资源文件的读取

ResourceBundle 通过静态方法 getBundle(String baseName, Locale locale)构造 Resource-Bundle 实例。参数 baseName 是资源文件的基本名，如果资源文件在类路径的子目录下，则需要将包路径也带上。locale 是语言环境对象。实例化后使用 getString(String key)方法就可以获取该语言环境下对应的键值消息了。示例代码如下：

```
   //国际化文件位于包下
01 String baseName = "cn.osxm.ssmi.chp09.i18n.messages";
   //从文件 messages_en_US.properties 中获取
02 String engUserName = ResourceBundle.getBundle(baseName, new Locale
   ("en", "US")).getString("username");
   //从文件 messages_ zh _CN.properties 中获取
03 String chineseUserName = ResourceBundle.getBundle(baseName, new Locale
   ("zh", "CN")).getString("username");
```

ResourceBundle 使用 baseName 和特定的 language 及 country 的 Locale 查找资源文件，当没有找到精确匹配时，并不是立即返回错误，而是退而求其次，查找的优先顺序如下：

（1）查找 baseName、language 和 country 都匹配的文件，如果没找到，则继续查找后面满足条件的文件。

（2）查找 baseName 和 language 组合的资源文件，如果找到文件，则使用其显示国际化消息，否则继续查找。

（3）查找 JVM 环境对应的 Locale 资源文件，找到文件，则使用其显示国际化消息，否则继续查找。

（4）查找 baseName 的属性文件，如果没找到，则抛出错误“java.util.MissingResource-

Exception: Can't find bundle for base name"。

根据资源文件查找的匹配规则，一般会在项目中维护一个不包含语言环境的资源文件，如 messages.properties，一方面作为资源文件的模板文件，另一方面可以在匹配不到语言环境的资源文件时使用。

9.6.2　Spring 国际化

Spring 使用接口 MessageSource 定义国际化处理方法，接口方法 getMessage()根据不同的 Locale 对象查找对应的本地化消息。该接口有两个主要实现类，如下：

- ResourceBundleMessageSource：基于 Java ResourceBundle 实现国际化，配置文件需要放置在 classpath 或子路径下。
- ReloadableResourceBundleMessageSource：配置文件可以放置在任意目录，支持动态刷新。

具体使用哪种 MessageSource 获取国际化信息，可以在配置文件中配置对应 Class 的 Bean 来实现，Bean 的 id 为 messageSource。使用属性 basename 指定国际化文件的基本名字，路径使用斜线（/）分隔，同样可以使用 classpath:这样的变量。配置示例如下：

```
01  <bean id="messageSource" class="org.springframework.context.support.
      ReloadableResourceBundleMessageSource"><!--动态加载国际化-->
02     <property name="basename" value="classpath:cn/osxm/ssmi/chp09/i18n/
       messages"/>
03  </bean> <!--国际化文件基本名配置-->
```

如果有多个国际化属性文件，使用 basenames 属性配置列表类型的值。属性配置示例如下：

```
01  <property name="basenames"> <!--多个国际化属性文件 -->
02    <list>
03      <value>cn/osxm/ssmi/chp09/i18n/messages1</value> <!--基本名 1 -->
04       <value>cn/osxm/ssmi/chp09/i18n/messages2</value> <!--基本名 1-->
05  </list>
06  </property>
```

1. 国际化消息的获取（getMessage()方法）

配置 MessageSource 的 Bean 之后，通过该 Bean 的 getMessage(String code, @Nullable Object[] args, Locale locale)方法就可以获取对应 Locale 的消息了。第一个参数和最后一个参数分别是键和 Locale 对象，比如获取中文的 username 消息如下：

```
String username = messageSource.getMessage("username", null, Locale.CHINA);
```

中间参数 args 是一个变量的对象数组，可以在属性文件中定义为以大括号包起来的数字变量（比如{0}，会被替换为数组中的第一个元素）。比如中文国际化消息的属性文件对 username 的定义如下：

```
username=\u7528\u6237\u540D{0}
```

则通过以下方法获取的属性显示值是“用户名变量”。

```
String username = messageSource.getMessage("username", new String[]{"变
量"}, Locale.CHINA);
```

除了使用 messageSource 获取国际化消息之外，也可以通过容器（ApplicationContext）的 getMessage()方法进行获取，代码如下：

```
username = applicationContext.getMessage("username", null,Locale.US);
```

ApplicationContext 接口继承自 MessageSource，Spring 将消息国际化提升到容器层级以供使用，底层实现方式是在容器初始化的时候通过 initMessageSource()方法（该方法在 AbstractApplicationContext 类中）获取名称是 messageSource 的 Bean 用来处理国际化消息。这就是前面介绍的为什么需要配置名称是 messageSource 的 Bean 的原因。

2. 消息默认值

如果某个键的国际化消息没有在对应的属性文件中配置，则会抛出如下异常：

```
org.springframework.context.NoSuchMessageException:
            No message found under code 'username1' for locale 'zh_CN'.
```

可以通过局部或全局处理的方式避免异常。局部处理方式是使用 getMessage()带默认值参数的方法 getMessage(String code, @Nullable Object[] args, @Nullable String default-Message, Locale locale)，在获取每个消息时指定一个如果没找到键对应的国际化消息时的默认值。

全局处理方式则是在进行 messageSource 的 Bean 配置时，注入 useCodeAsDefault-Message 属性值为 true。配置片段如下：

```
<property name="useCodeAsDefaultMessage" value="true"/>
```

这个属性的作用是：如果没有找到键对应的国际化消息，则使用键本身作为消息。两种方式可以同时使用。

9.6.3 Spring MVC 国际化

Spring MVC 使用语言环境解析器（LocaleResolver）获取 Locale 信息。Spring MVC 内置了 4 种解析 Locale 的策略，对应 LocaleResolver 接口的 4 个实现类。

- AcceptHeaderLocaleResolver：请求头语言环境解析器，根据请求头的 Accept-Language 属性获取 Locale。这是容器默认使用的解析器。
- CookieLocaleResolver：Cookie 语言环境解析器，根据前端请求的某个 Cookie 属性解析 Locale。
- SessionLocaleResolver：会话语言环境解析器，根据 Session 中的某个属性获取 Locale。

- FixedLocaleResolver：使用固定值的语言环境。

上面 4 种语言环境解析器中，AcceptHeader 和 Fixed 类型的解析器在没有找到合适的 Locale 时会获取该解析器设置的 defaultLocal，如果还没有合适的 Locale，则会获取 JVM 的 Locale。Cookie 和 Session 解析器查找的逻辑更复杂一些，查找优先顺序如下：

（1）主策略获取语言环境（Cookie 或 Session 属性）。

（2）该解析器是否设置为默认语言环境（defaultLocal）。

（3）request 中获取 Accept-Language 属性作为 Locale。

（4）使用 JVM 的 Locale.

1. 中央控制器的语言环境解析

中央控制器（DispatcherServlet）在初始化时调用 initLocaleResolver()方法设置容器的语言环境解析器，默认使用 AcceptHeaderLocaleResolver。如果需要其他类型的本地化解析器，通过在配置文件中配置对应类的 Bean 来实现。其中，id 需要配置为 localeResolver。配置如下：

```
01  <bean id="localeResolver" class="org.springframework.web.
          servlet.i18n.CookieLocaleResolver" /><!-- Cookie 本地化解析器-->
02  </bean>
```

Spring MVC 框架中，中央控制器、Locale 解析器及消息获取器（MessageSource）的关系如图 9.4 所示。

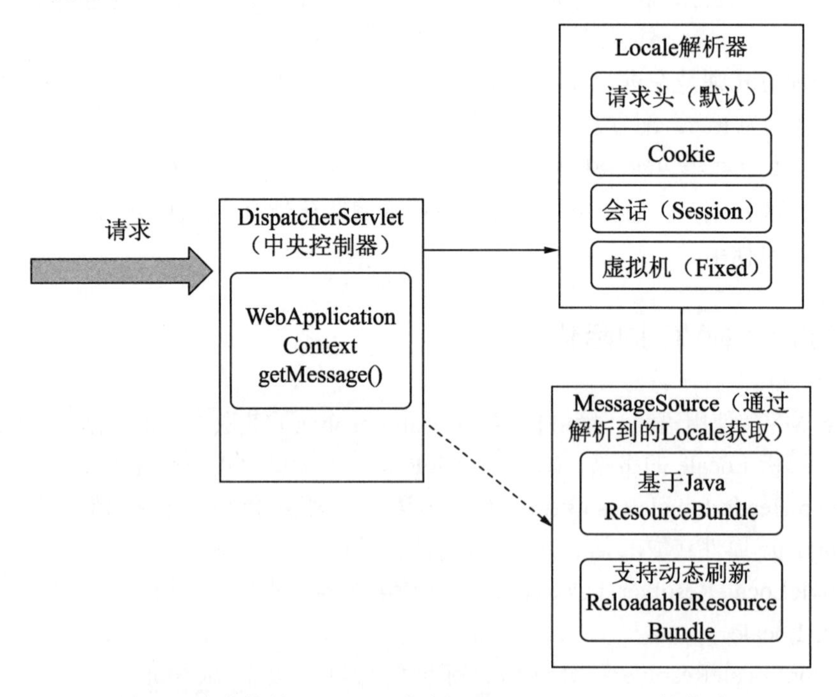

图 9.4　中央控制器、Locale 解析器和 MessageSource 的关系

中央控制器在接收到前端请求时，会调用容器管理的语言环境解析器解析出语言环境对象。以基于注解的请求映射方法为例，中央处理器结合本地化处理器处理请求的流程如下：

（1）DispatcherServlet（父类 FrameworkServlet 中）调用 processRequest(HttpServletRequest request, HttpServletResponse response)方法处理请求。

（2）在 processRequest()方法中通过请求对象构造本地化上下文，即 LocaleContext localeContext = buildLocaleContext(request)。

（3）在 buildLocaleContext()方法中使用容器维护 LocaleResolver 的实例，调用其对应的 resolveLocaleContext(final HttpServletRequest request)，根据不同的策略获取 Locale 对象。

（4）Cookie 和 Session 的本地化解析器会将获取到的 Locale 放入 request 请求对象中，键值是解析器的全类名加上.LOCALE（比如 CookieLocaleResolver 写入 request 的属性键是 org.springframework.web.servlet.i18n.CookieLocaleResolver.LOCALE）。

2. 获取语言环境

使用 RequestContextUtils 共用类的 getLocale(request)方法可以通过 request 对象获取语言环境对象。使用示例如下：

```
//通过 request 获取本地化 Locale 对象
Locale locale = RequestContextUtils.getLocale(request);
//通过 Locale 获取消息
String userName = applicationContext.getMessage("username", null, locale);
```

注意：在请求映射方法中使用 RequestContextUtils 获取 Locale，最终调用的也是各解析器的 resolveLocale 方法。在方法中显示调用获得的结果其实是容器已经解析过的值。以 Cookie 类型解析器为例，会将这个值写入 request 对象的某个属性中。

9.6.4 语言环境解析器：LocaleResolver

Spring MVC 提供了 4 种语言环境解析器，其中根据请求头 Accept-Language 属性解析的解析器（AcceptHeaderLocaleResolver）是默认也是较为常用的方式。CookieLocaleResolver 和 SessionLocaleResolver 分别根据 Cookie 和 Session 的属性解析语言环境，这两种解析器方式还支持动态修改和变化拦截器的方式，使用较为灵活。FixedLocaleResolver 使用在固定的语言环境下，较少使用。

1. 请求头语言环境解析器（AcceptHeaderLocaleResolver）

AcceptHeaderLocaleResolver 根据请求头的 Accept-Language 属性值解析 Locale。这个属性在浏览器发送请求时会由浏览器自动带上。该属性的值可以是多个，多个值之间以逗号（,）分隔。比如 en,zh-CN;q=0.9,zh;q=0.8,und;q=0.7，其中，q 值表示用户对该语言的喜好程度（0～1）。

浏览器在请求中传递的 Accept-Language 属性值，默认以安装的浏览器语言版本来确定。以 Chrome 为例，某个请求的请求头及 Accept-Language 值如图 9.5 所示。

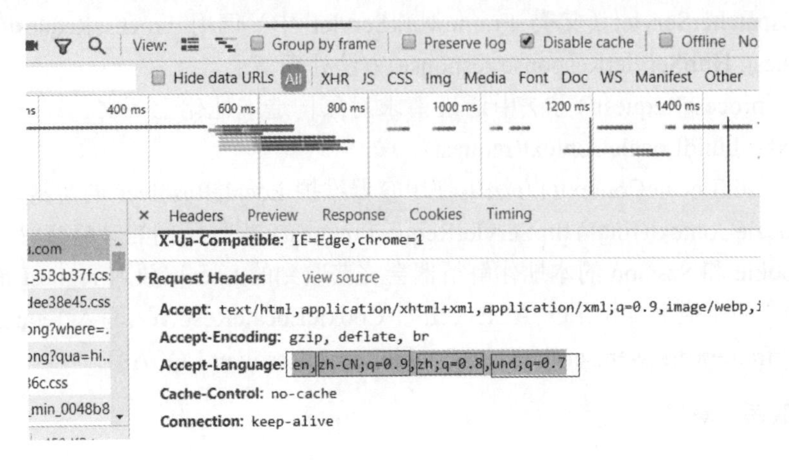

图 9.5　Chrome 中 Accept-Language 的请求头属性

上面的属性值也可以在浏览器的设置页面通过添加语言和设置顺序来改变。以 Chrome 为例，设置页面如图 9.6 所示。

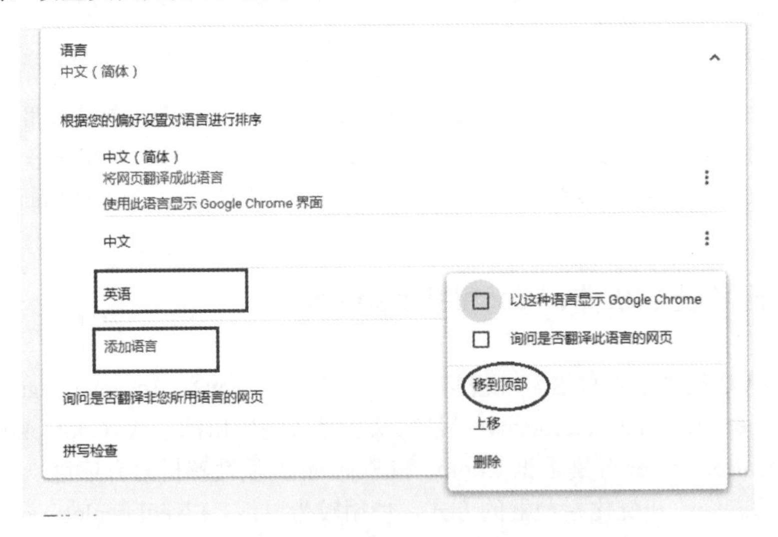

图 9.6　在 Chrome 中添加语言和设置语言偏好程度

AcceptHeaderLocaleResolver 提供了两个属性，可以在 localeResolver 的 Bean 配置时注入 defaultLocale 和 supportedLocales，分别代表默认的 Locale 和支持的 Locale 列表。该解析器获取 Locale 的逻辑如下：

（1）如果请求头没有包含 Accept-Language 且设置了 defaultLocale，则返回 defaultLocale。

（2）通过 request.getLocale()获取 Locale，这个方法会先找请求头中的 Accept-Language，如果没找到，则获取服务端的 JVM 的 Locale。如果通过请求获取的 Locale 在支持的 Locale 列表中，或者没有配置支持的 Locale 列表，则返回该 Locale。

（3）使用 request.getLocales()从请求对象获取 Accept-Language 包含的所有 Locale，如果没有 Accept-Language 请求头，则也是返回服务端的 JVM 的 Locale。之后，遍历 Locale 是否在 supportedLocales 列表中，如果在就返回。

2. Cookie语言环境解析器（CookieLocaleResolver）

Cookie 是服务端保存在浏览器端的小文本文件，内容以键值对形式保存。Cookie 常用来保存用户名、密码及个性化设定等。以用户名、密码来说，只要登录过该网站，记录在 Cookie 中之后，就可以从 Cookie 中取出键名对应的值并自动把值填充到输入框中，不需要再输入用户名和密码（密码一般不保存）。浏览器中 Cookie 记录和使用的流程如图 9.7 所示。

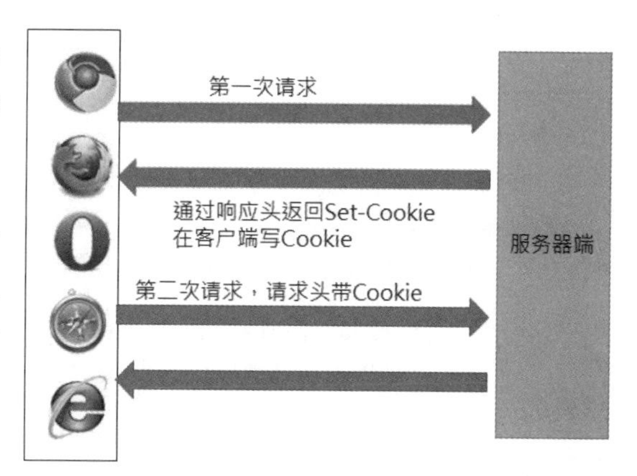

图 9.7　浏览器中 Cookie 记录和使用流程

Java Servlet 提供了 javax.servlet.http.Cookie 类创建 Cookie 对象，使用 HttpServletResponse 的 addCookie(cookie)方法在响应对象添加 Cookie 对象返回之后，浏览器客户端接收到响应后就会在本地创建 Cookie。服务端通过 HttpServletRequest 的 getCookies()方法可以获取客户端请求头传递的 Cookie 集合。

在 Spring MVC 控制器的请求映射方法中，在参数中使用@CookieValue 注解可以匹配到对应的 Cookie 值。接下来以在请求映射方法中设置和获取一个键为 myLanguage 的 Cookie 为例，说明以上过程和方法。这里项目名是 ssmi，对应的请求根路径是 http://localhost:8080/ssmi，开发步骤及主要代码如下：

（1）在请求映射方法中添加 Cookie 到页面响应的代码：

```
01  @GetMapping("addCookie")                          //GET 请求映射注解
    // response 对象会自动装配
02  public String addCookie(HttpServletResponse response) {
      //创建 Coookie 对象
03    Cookie myLanguageCookie = new Cookie("myLanguage","zh");
04    myLanguageCookie.setMaxAge(36000);              //设置超时时间
05    myLanguageCookie.setPath("/ssmi");              //设置 Cookie 的路径
06    response.addCookie(myLanguageCookie);           //添加 Cookie 到页面响应
07    return "login";                                 //返回逻辑视图名
08  }
```

setMaxAge()用于设置 Cookie 的过期时间；setPath()用于设置 Cookie 使用的路径，设置路径的目的是只在该路径的请求中，浏览器端才会附加该 Cookie 到请求头。这里设置项目的根路径，也就是该项目的任何请求都会加上该 Cookie。

（2）通过 http://localhost:8080/ssmi/addCookie 请求调用上面的请求方法，写入 Cookie 到浏览器客户端，在 Chrome 浏览器中可以看到响应头中包含的 Cookie，如图 9.8 所示。

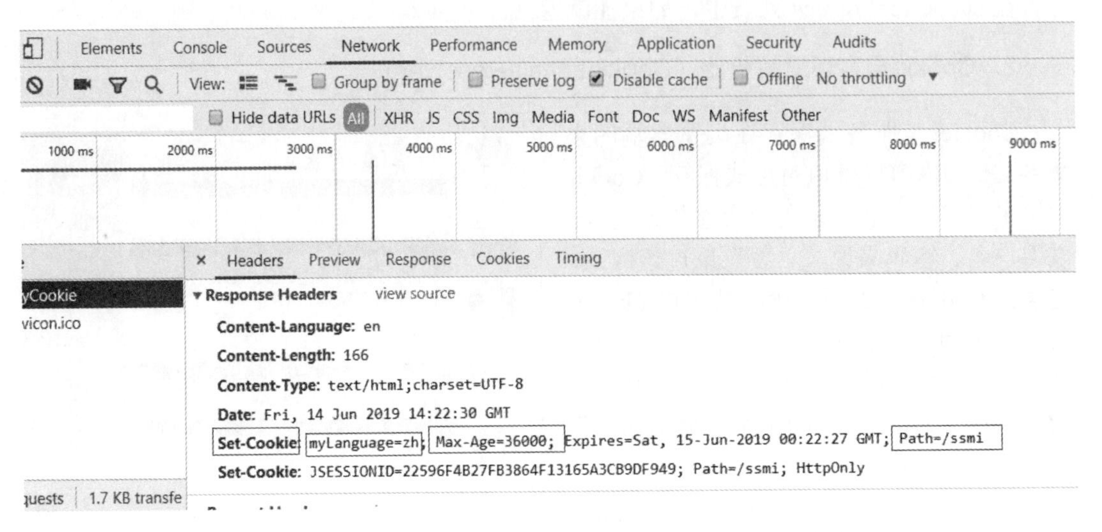

图 9.8　在 Chrome 开发工具中显示的 Cookie 写入的响应头

在 Chrome 的开发控制台（通过按 F12 键调出）的 Application 标签中，单击左边的 Cookies 就可以看到浏览器保存的 Cookie 信息，如图 9.9 所示。

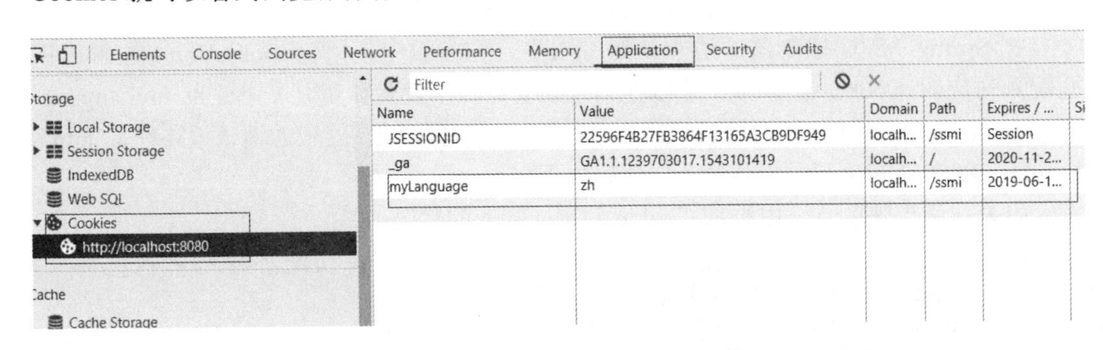

图 9.9　在 Chrome 开发工具中显示的浏览器维护的 Cookie 信息

（3）访问 http://localhost:8080/ssmi/getCookie，在服务端获取客户端传递的 Cookie 值。在写入 Cookie 之后，访问该应用的任何路径，浏览器会自动将上面保存的 Cookie 放入请求头中。在 Chrome 的控制台上可以看到请求头的 Cookie 信息，如图 9.10 所示。

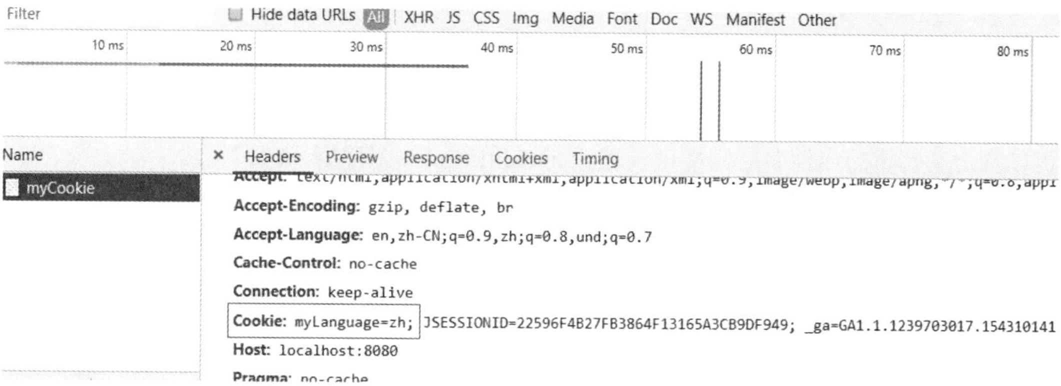

图 9.10　在 Chrome 开发工具中显示的添加到请求头的 Cookie

（4）在获取 Cookie 的请求映射方法中，从 request 对象中可以获取 Coooke，也可以使用@CookieValue 注解匹配请求头的 Cookie 的值。代码如下：

```
01  @GetMapping("/getCookie")                         //获取 Cookie 的请求映射
02  public String getCookie(@CookieValue(name="myLanguage") String myLanguage) {
03  System.out.println(myLanguage);                   //打印获取的 Cookie 值，zh
04  return "login";                                   //返回逻辑视图名
05  }
```

除了在服务端进行添加、获取和删除 Cookie 之外，在 Web 前端使用 JavaScript 也可以对 Cookie 进行操作（document.cookie）。Cookie 文件保存在客户端机器应用数据目录下的浏览器数据目录中，各浏览器保存的位置不同。以 Windows 下 Chrome 浏览器为例，保存位置为 C:\Users\{用户账户}\AppData\Local\Google\Chrome\User Data\Default，文件名是 Cookies，不过该文件经过了编码，是不能直接查看的。

CookieLocaleResolver 默认用来解析 Locale 的 Cookie 名是 org.springframework.web.servlet.i18n.CookieLocaleResolver.LOCALE，也可以通过 cookieName 属性进行自定义。另外，可以配置 defaultLocale 属性作为没解析到 Locale 时的默认值。配置示例如下：

```
    <!--Cookie 语言环境解析器 Bean 配置 -->
01  <bean id="localeResolver" class="org.springframework.web.
        servlet.i18n.CookieLocaleResolver"
      <!--解析 Locale 的 Cookie 名-->
02    <property name="cookieName" value="myLanguage" />
03    <property name="cookieMaxAge" value="100000" /><!--超时设置-->
      <!--Locale 默认值设置-->
04    <property name="defaultLocale" value="zh_CN" />
05  </bean>
```

Cookie 语言环境解析器会优先从 Cookie 中解析，如果 Cookie 中没有找到 Locale 的参数值，就找上面的配置代码中的 defaultLocale 配置，如果依然没有找到，则使用请求头设定方式或查找服务器本身的 Locale 设定。

3．会话语言环境解析器（SessionLocaleResolver）

SessionLocaleResolver 使用会话中的属性解析 Locale，通过 localeAttributeName 属性可以自定义解析的属性名，同样可以配置 defaultLocale。配置示例如下：

```
   <!--Session 语言环境解析器 Bean 配置 -->
01 <bean id="localeResolver" class="org.springframework.web.
            servlet.i18n.SessionLocaleResolver" >
     <!--解析 Locale 的属性-->
02   <property name="localeAttributeName" value="mySessionLocale"/>
     <!--Locale 默认值设置-->
03   <property name="defaultLocale" value="zh_CN" />
04 </bean>
```

Cookie 语言环境解析器会优先从 Session 中获取对应属性的值，没有找到相关属性和值，就找 localetResolver 的<bean>中的 defaultLocale 配置，如果依然没有找到，则使用请求头设定方式或查找服务器本身的 Locale 设定。

4．固定的语言环境解析器（FixedLocaleResolver）

FixedLocaleResolver 通过 defaultLocale 设置固定的 Local，如果没有设置，则使用 JVM 虚拟机的 Locale。配置较为简单，示例如下：

```
01 <bean id="localeResolver" class="org.springframework.web.
           <!--固定的语言环境解析器 Bean 配置 -->
           servlet.i18n.FixedLocaleResolver" >
02   <property  name="defaultLocale" value="zh_CN"/><!--固定值设置 -->
03 </bean>
```

9.6.5　Spring MVC 语言环境的动态修改

在 Spring MVC 项目中，框架会根据配置的本地化解析器的策略自动设置本地化环境并统一处理。但如果某个特殊请求方法要自行设定 Locale 的话，则需要可以修改 Locale。在前面介绍的 4 种类型的语言环境解析器中，Cookie 和 Session 类型的解析器支持对 Locale 的修改，其他两种不可以。修改方式有下面两种：

方式 1：使用 RequestContextUtils 获取 LocaleResolver 后调用 setLocale()方法修改。

```
RequestContextUtils.getLocaleResolver(request).setLocale(request,  response,
new Locale("en"));
```

方式 2：配置 Locale 改变拦截器，根据前端请求的某个参数，动态设定 Locale。

在拦截器标签<mvc:interceptors>中加入 LocaleChangeInterceptor 的 Bean 配置，默认拦截的参数名字是 locale，也可以设定属性 paramName 的值自定义拦截的参数名。如果这种参数出现在当前请求中，拦截器就会根据参数值来设定语言环境。

语言环境参数拦截器的配置如下：

```
01  <mvc:interceptors> <!--拦截器配置 -->
02    <bean class="org.springframework.web.servlet.i18n.LocaleChange
      Interceptor">
         <!--指定拦截的参数 -->
03       <property name="paramName" value="myInterceptlocale"/>
04    </bean>
05  </mvc:interceptors>
```

完成以上配置后，前端就可以通过 URL 或表单等方式传递 myInterceptlocale 参数，请求地址类似于 http://localhost:8080/ssmi/message/login?myInterceptlocale=en。

AcceptHeader 和 Fixed 类型的本地化解析器不能使用 setLocale()方法和拦截器进行修改 Locale。如果使用方法修改，会报不支持操作的异常，异常信息如下：

```
java.lang.UnsupportedOperationException: Cannot change HTTP accept header -
                                     use a different locale resolution strategy
```

如果配置拦截器方式，同样会报不支持操作的异常，异常信息如下：

```
org.springframework.web.util.NestedServletException: Request processing
failed;
     nested exception is java.lang.UnsupportedOperationException:
     Cannot change HTTP accept header - use a different locale resolution
     strategy
```

9.6.6　Spring MVC 国际化的使用

在实际项目中，根据项目需要选择合适的语言环境解析器，也可以继承 LocaleResolver 接口实现一个自定的解析器。语言环境除了获取显示国际化消息外，还可以被日期和数字类型的显示格式所使用。

Spring 将国际化消息功能提升到容器层级，不同模块和组件都可以很容易地进行调用。国际化信息一般在系统输出信息时使用，类似于 Spring MVC 的页面标签和控制器方法返回 JSON 的数据。

Spring MVC 提供了<message>国际化消息的标签，可以在页面中直接显示国际化消息。首先需要导入 Spring 标签库，指定标签前缀，接着使用< message>标签的 code 属性指定消息的键。示例代码如下：

```
01  <%@ page language="java" contentType="text/html; charset=UTF-8"
                                       pageEncoding="UTF-8"%>
    <!--导入标签库 -->
02  <%@taglib prefix="spring" uri="http://www.springframework.org/tags"%>
03  <!DOCTYPE html>
04  <html>
```

```
05    <head>
06      <meta charset="UTF-8">
07      <title>Login</title>
08    </head>
09    <body>
10      <spring:message code="username" />: <br> <!--国际化消息标签 -->
11      <spring:message code="password" />: <!--国际化消息标签 -->
12    </body>
13  </html>
```

第 10 章　Spring MVC 测试框架

Spring MVC 测试框架提供了 Web 应用的简单测试方式，不需要启动 Web 服务器，基于单元测试框架就可以模拟浏览器请求的发送并返回模拟的 HTTP 响应。MVC 测试框架同时提供了很多基于单元测试框架的快速验证方法，可以对请求和响应的状态和内容进行详细验证。Spring MVC 测试框架支持独立测试和集成测试两种方式，对传统的视图模型及 JSON 和 XML 等内容类型的请求和响应都提供了良好的支持。此外，还可以使用测试框架对文件上传速度进行测试。

10.1　Spring MVC 测试概述

在 Spring Web 项目中，Service 层和 DAO 层的类及方法可以使用 Spring 的基础测试框架进行测试。依赖对象可以使用 Mock 框架创建模拟对象，或者读取框架配置加载组件进行集成测试。但是对于 Controller 层的类和方法，一个映射方法对应的是一个 HTTP 请求。对于开发人员来说，原始的测试方式是在 IDE（比如 Eclipse）中以调试模式启动 Web 服务器，设置断点后，可以在浏览器端输入 URL 访问地址进行测试和调试。

启动服务器进行测试的方式，由于服务器启动需要耗费较长时间，因此测试效率太低。如何在不启动服务器的状况下进行 Controller 层的测试呢？答案是通过模拟（Mock）的方式。HTTP 请求的模拟对象可以很容易地构造，关键是服务端的 MVC 服务如何模拟呢?

Spring 在 3.2 及之后的版本中提供了 Spring Web 测试框架，Web 测试框架基于基础测试框架之上，提供了 Servlet 相关的模拟对象，包括 MockHttpServletRequest（HttpServlet-Request 的 Mock 实现）、MockHttpServletResponse（HttpServletResponse 的 Mock 实现）和 MockHttpSession（HttpSession 的 Mock 实现）等。最重要的是，Spring Web 测试框架提供了 MVC 应用服务模拟 MockMvc，不需要将应用部署到服务器，也不需启动服务，应用服务模拟就可以接收 HTTP 的请求及参数，调用对应的 Controller 方法并返回执行的结果。

10.1.1　Spring MVC 的测试方式

MockMvc 是 Spring MVC 服务端测试的主要入口类，该类的主要成员属性如下：

- TestDispatcherServlet：测试类型的中央控制器，用来分发测试的请求。

- ServletContext：Servlet 上下文。每个运行在 Web 服务器中的 Java Web 应用都会维护一个 ServletContext 对象。
- 过滤器集合（Filter[]）。

从 MockMvc 维护的成员属性不难看出，MockMvc 的功能是模拟一个运行在服务器中的应用服务。MockMvc 对象由 MockMvc 构造器类（MockMvcBuilder）构建，该构造器使用两种具体类型的构造器进行构造，它们分别是 StandaloneMockMvcBuilder 和 DefaultMockMvcBuilder，这两种构造器分别对应独立测试和集成测试两种方式。

1. 独立测试

独立测试指对单个 Controller 类及映射方法进行测试。独立测试不需要加载 Spring Web 配置（不读取配置文件或配置类），也就是不需要初始化 Spring Web 容器和配置组件。因为独立测试无法使用容器和容器管理的对象，测试需要的依赖对象（如 Service）可以通过 EasyMock 的 Mock 框架模拟。

独立测试仅能测试控制器中请求映射方法的请求映射及本身的逻辑，对于消息转换器、验证器和拦截器等是无法测试的。不过 StandaloneMockMvcBuilder 提供了相关的方法可添加这些对象进行测试。相比单纯的单元测试，独立测试的功能更强一些。

2. 集成测试

集成测试会加载 Spring Web 的配置，结合容器的上下文进行测试，可以像 Spring 基础测试框架一样对容器内管理的组件（如 Service 或 DAO）进行测试。更重要的是，可以对控制器类的请求映射方法模拟 HTTP 请求进行测试。

在 JUnit 测试类中，构建应用服务模拟对象需要的应用上下文对象，通过 Spring 提供的 JUnit 测试运行器产生，如在基于 JUnit 4 的测试中，使用@RunWith、@ContextConfiguration 和@WebAppConfiguration 注解测试类。

注意： 独立测试和集成测试除了在构建 MockMvc 上不同之外，执行测试的方式和步骤基本是一致的。

10.1.2　Spring Web 测试实例与测试的整体框架

下面以对一个控制器类 UserController 进行独立测试为例，介绍使用 Spring MVC 测试框架测试的主要步骤，并给出示例代码。

UserController 是一个使用@Controller 注解的控制类，其包含一个 GET 类型的请求映射方法 getUserModelView()，请求映射地址为/user/getModelView，该方法返回 ModelAndView 类型的对象。示例代码如下：

```
01  @Controller                                          //控制器注解
```

```
02  public class UserController {                         //注解的控制类
03    @GetMapping(path = "/user/getModelView")            //请求映射
04    public ModelAndView getUserModelView(HttpServletRequest request,
      HttpServletResponse response) throws ServletException, IOException {
          //初始化模型视图对象
05        ModelAndView modelAndView = new ModelAndView();
06        modelAndView.setViewName("userView");           //设置视图名称
          //添加键值对的模型数据
07        modelAndView.addObject("user", new User("Oscar"));
08        return modelAndView;
09    }
10  }
```

基于 JUnit 5 单元测试框架，使用 MockMvc 对上面的控制器请求映射方法进行独立测试，示例代码如下：

```
01  public class StandaloneModelViewTests {                 //独立测试类
02    private static MockMvc mockMvc;                       //应用服务模拟
03    @BeforeAll                                  //JUnit 5 类层级测试环境初始化
04    static void setup() {                                 //测试环境初始化
05        UserController userController = new UserController();  //控制类
          //1. 使用控制类构建 MockMVC 模拟对象
06        mockMvc = MockMvcBuilders.standaloneSetup(userController).build();
07    }
08    @Test
09    public void getUserModelView() throws Exception{
        //2.构造请求
10      MockHttpServletRequestBuilder requestBuilder =
               MockMvcRequestBuilders.get("/user/getModelView");
       //3.执行请求返回结果
11     ResultActions resultActions = this.mockMvc.perform(requestBuilder);
12     resultActions.andExpect(status().isOk());          // 响应状态断言
       //视图断言
13     resultActions.andExpect(MockMvcResultMatchers.view().name("userView"));
14     resultActions.andExpect(MockMvcResultMatchers.model().attribute
       Exists("user"));                                    //模型
       // 打印请求和响应的信息
15     resultActions.andDo(MockMvcResultHandlers.print());
16     MvcResult result = resultActions.andReturn();      // 返回结果
       //从结果得到模型数据
17     User user = (User) result.getModelAndView().getModel().get("user");
18    }
19  }
```

对以上测试方法 getUserModelView()中的代码和相关类说明如下：

- MockMvcRequestBuilders.get()：构造一个模拟的 HTTP GET 请求构造器，返回的请求构造器的类型是 MockHttpServletRequestBuilder。
- MockHttpServletRequestBuilder：模拟的 HTTP 请求构造器类，成员属性包括请求路径（url）、请求方法（method）、内容类型（contentType）、请求体（content）和字符编码（characterEncoding）等信息。该构造器提供 buildRequest()方法，用于构

造一个模拟 HTTP 请求，将自身的成员属性值赋给模拟 HTTP 请求对象。

- MockHttpServletRequest：模拟 HTTP 请求，该类实现了标准的 HTTP 请求接口（HttpServletRequest）。相比标准接口，该模拟请求类额外提供了请求路径（url）、请求方法（method）、请求头（headers）、内容类型（contentType）、请求体（content）和字符编码（characterEncoding）及 Cookie 等成员属性。在标准的 Web 服务器里，请求对象由服务器根据前端的请求自动产生并设置请求头等，模拟请求对象的这些值通过调用方法手动设置。
- mockMvc.perform()：执行一个请求。该方法的参数是一个模拟请求构造器对象，在方法体中通过模拟请求构造器获取模拟请求对象，使用模拟请求对象执行请求，并返回结果操作类型（ResultActions 接口实现类）的对象。
- ResultActions：请求处理结果的操作类。可以对请求结果进行的操作包括断言（andExpect()）、动作（andDo()）和获取返回值（andReturn()）。
  - 断言是对请求结果的预期判断，测试框架提供了结果匹配器，用于对返回的结果进行判断，类似于 JUnit 的 Assert。
  - 动作是指可以对请求结果进行打印或写入日志等。
  - 获取返回值是获取 MvcResult 类型的返回，从该结果类型中可以获取返回的视图模型对象。

注意： 模拟请求执行的返回结果并不是实际的响应结果。测试框架在返回结果中进行了多次封装，目的就是可以很容易地对返回结果进行测试和验证。

Spring MVC 测试框架的原理如图 10.1 所示。

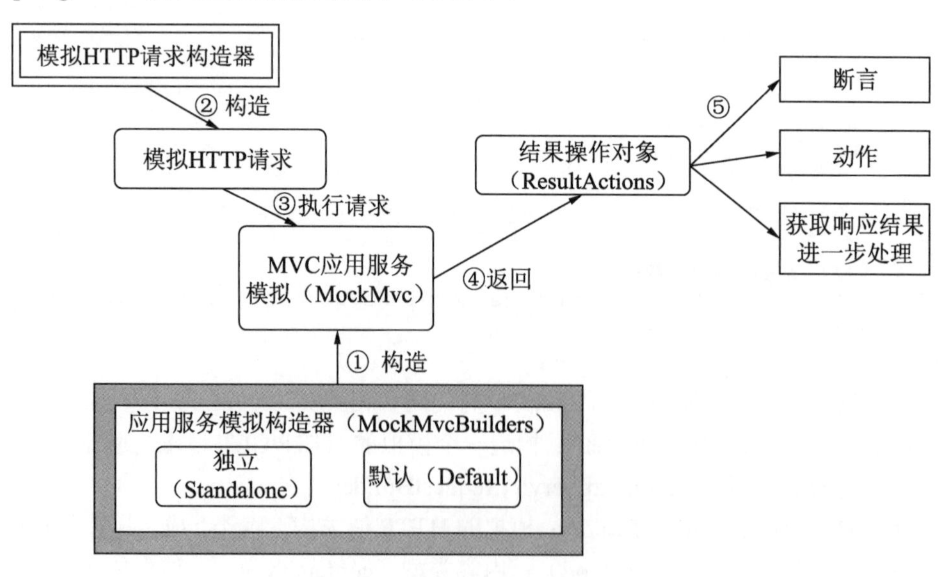

图 10.1　Spring MVC 测试框架图

从图 10.1 中不难看出，使用 Spring MVC 测试框架进行测试的一般步骤如下：

（1）初始化测试环境，构建 MVC 模拟对象 MockMvc。

（2）使用 MockMvcRequestBuilders 构造模拟请求构造器。

（3）使用模拟请求构造器作为参数执行 MockMvc 对象的 perform()方法，返回结果操作类型的对象（resultActions）。返回结果支持的操作如下：

- 断言验证：使用 ResultActions 的 andExpect()方法对返回进行预期验证。
- 结果处理：使用 ResultActions 的 andDo()方法进行结果处理。
- 获取结果：通过 andReturn()获取 MvcResult 并进行进一步处理，包括使用 ModelAndViewAssert 或结合 JUnit 等框架进行进一步验证。

10.2　模拟应用服务（MockMvc）及其构建器

MockMvc 是 Spring MVC 服务端测试的主入口类，对应独立测试和集成测试的两种不同测试方式，Spring 分别提供了 StandaloneMockMvcBuilder 和 DefaultMockMvcBuilder 用于构建对应的 MockMvc 对象。独立测试使用一个或几个控制器类的对象构建 MockMvc，集成测试则需要加载 Spring 配置文件。两种构建器方式统一通过 MockMvcBuilders 创建 MockMvc 类型的实例。

10.2.1　独立测试 MockMvc 构建器：StandaloneMockMvcBuilder

独立测试对 Controller 类及映射的方法进行单元测试，不需要启动 Web 服务器。使用 Controller 类实例作为参数创建一个模拟应用服务对象，独立测试构建 MockMvc 的构建类是 StandaloneMockMvcBuilder，使用 MockMvcBuilders 统一构建的语法如下：

```
MockMvc mockMvc = MockMvcBuilders.standaloneSetup(Object... controllers).
build();
```

使用 standaloneSetup()方法创建 StandaloneMockMvcBuilder 对象，方法的实参可以是一个或多个 Controller 对象，多个实参之间使用逗号分隔。回顾前面实例中使用 userController 构建 mockMvc 的代码如下：

```
mockMvc = MockMvcBuilders.standaloneSetup(userController).build();
```

独立测试只是测试单个或多个 Controller 类，不会加载 Spring MVC 配置文件，所以也不会初始化在配置文件中配置的组件类或者通过组件扫描方式配置的组件类，这些组件类包括自定义的业务逻辑组件、消息转换器类、验证器、拦截器、异常处理和视图解析器等。但是 StandaloneMockMvcBuilder 提供了一些设置方法可以设置这些组件对象，如表 10.1 所示。

表 10.1　StandaloneMockMvcBuilder提供的添加组件及设置组件的方法

编　号	方　法	说　明
1	setMessageConverters()	设置HTTP消息转换器
2	setValidator()	设置验证器
3	setConversionService()	设置转换器服务
4	addInterceptors()	添加Spring MVC拦截器
5	setContentNegotiationManager()	设置内容协商管理器
6	setCustomArgumentResolvers()	设置自定义控制器方法参数解析器
7	setCustomReturnValueHandlers()	设置自定义控制器方法返回值处理器
8	setHandlerExceptionResolvers()	设置异常解析器
9	setViewResolvers()	设置视图解析器
10	setSingleView()	设置单个视图，即视图解析时总是解析到这一个（仅适用于只有一个视图的情况）
11	setLocaleResolver()	设置语言环境解析器

除表 10.1 中提供的方法之外，StandaloneMockMvcBuilder 还提供了占位符替换（addPlaceHolderValue()）、异步超时设置（setAsyncRequestTimeout()）及路径匹配等方法（如 setUseSuffixPatternMatch()和 setUseTrailingSlashPatternMatch()）。

10.2.2　集成测试 MockMvc 构建器：DefaultMockMvcBuilder

集成测试使用的 MockMvc 构建器是 DefaultMockMvcBuilder，通过 MockMvcBuilders 的 webAppContextSetup(WebApplicationContext)方法创建，该方法使用的参数是 Web 应用上下文的对象。

和 Spring 基础测试框架类似，Spring MVC 的测试框架还是基于单元测试框架基础（JUnit 或者 TestNG，本书基于 JUnit 框架），Spring 通过扩展单元测试框架的运行器实现应用上下文的初始化，通过注解@ContextConfiguration 指定配置文件或配置类。此外，还需要在测试类中添加@WebAppConfiguration 注解来设置初始 Web 类型的应用上下文。因为 JUnit 4 和 JUnit 5 之间存在着较大的差异，Spring 针对 JUnit 的不同版本提供了不同的运行器扩展。

1．基于JUnit 4的测试类注解

JUnit 4 使用@RunWith 注解使用的运行器扩展，Spring 提供了基于 JUnit 4 的测试运行器扩展类 SpringRunner。使用@ContextConfiguration 来指定 Spring 上下文配置，使用注解@WebAppConfiguration 指定 Web 应用上下文。基于 JUnit 4 的测试类的注解示例如下：

```
01  @RunWith(SpringRunner.class)              //运行器扩展
02  @ContextConfiguration("classpath:cn/osxm/ssmi/chp10/application
```

```
   Context.xml")                                      //配置文件
03 @WebAppConfiguration                               //Web 应用上下文
04 public class Junit4BaseWebIntegrateTests {         //基于 JUnit 4 的测试类
05   private MockMvc mockMvc;                         //模拟应用服务对象
06   @Autowired
07   private WebApplicationContext wac;               //Web 应用上下文
08   @Before                                          //测试环境初始化
09   public void setup() {
       //初始化 MockMvc
10     mockMvc = MockMvcBuilders.webAppContextSetup(wac).build();
11   }
12   @Test                                            //测试方法注解
13   public void getUserName() throws Exception {     //测试方法
14     //略
15   }
16}
```

在基于 JUnit 4 的测试中，通过自动装载注解（@Autowired）获取 Web 应用上下文（WebApplicationContext）、通过 MockMvcBuilders 的 webAppContextSetup()获取集成测试的模拟应用服务构建器，再通过构建器 build()方法初始化模拟应用服务（MockMvc）对象。

2．基于JUnit 5的配置注解

JUnit 5 使用@ExtendWith 注解标注运行器的扩展，Spring 使用类 SpringExtension 实现了基于 JUnit 5 的扩展。基于 JUnit5 的测试类示例如下：

```
01 @ExtendWith(SpringExtension.class)//JUnit 5 运行器扩展，与 JUnit 4 不同
02 @ContextConfiguration("classpath:cn/osxm/ssmi/chp10/application
   Context.xml")                                      //配置文件
03 @WebAppConfiguration                               //Web 应用上下文注解
04 public class Junit5BaseWebIntegrateTests {         //测试类
05   private static MockMvc mockMvc;                  //模拟 MVC
06   @BeforeAll                                       //环境初始化注解
07   static void setup(WebApplicationContext wac) {
08     mockMvc = MockMvcBuilders.webAppContextSetup(wac).build();
09   }
10   @Test                                            //测试方法注解
11   public void getUserName() throws Exception {
12     //略
13   }
14 }
```

在 JUnit 5 中，Web 应用上下文可以通过自动装配注解@Autowired 获取，也可以从@BeforeAll 注解方法的参数中获取。

Spring Web 的测试类需要同时使用 3 个注解，在基于 JUnit 5 的测试中，Spring 提供了组合注解@SpringJUnitWebConfig 用于替换@ExtendWith、@ContextConfiguration 和@WebAppConfiguration 这 3 个注解，使用更为简洁，例如：

```
@SpringJUnitWebConfig(locations = { "classpath:cn/osxm/ssmi/chp08/
applicationContext.xml" })
```

相对于 StandaloneMockMvcBuilder，DefaultMockMvcBuilder 构建器本身的定义较为简单，只是维护了一个 Web 应用上下文的对象。

DefaultMockMvcBuilder 和 StandaloneMockMvcBuilder 都继承自抽象的父构造器类 AbstractMockMvcBuilder，该抽象父类构造器主要包含如下方法：

- addFilters(Filter... filters)/addFilter(Filter filter, String... urlPatterns)：添加 javax.servlet.Filter 过滤器。
- defaultRequest(RequestBuilder requestBuilder)：默认的 RequestBuilder，每次执行时会合并到自定义的 RequestBuilder 中，作用是提供公共请求数据。
- alwaysExpect(ResultMatcher resultMatcher)：定义全局的结果验证器，即每次执行请求时都进行验证的规则。
- alwaysDo(ResultHandler resultHandler)：定义全局结果处理器，即每次请求时都进行结果处理。
- dispatchOptions：DispatcherServlet 是否分发 OPTIONS 请求方法至控制器中。

在 MockMvc 对象的构造器中，使用 alwaysExpect()和 alwaysDo()定义全局的结果验证器和结果处理，就不需要在每个请求测试的时候分别处理了，可以提高测试的效率。

10.3　模拟请求构造器

MockMvc 使用模拟请求构造器对象（比如 MockHttpServletRequestBuilder）作为 perform()请求执行方法的参数。模拟请求构造器通过 MockMvcRequestBuilders 统一构造，实际的请求构造器类则主要是 MockHttpServletRequestBuilder。此外，该类还有一个子类(MockMultipartHttpServletRequestBuilder)用于模拟文件上传请求。模拟请求构造器的关系结构如图 10.2 所示。

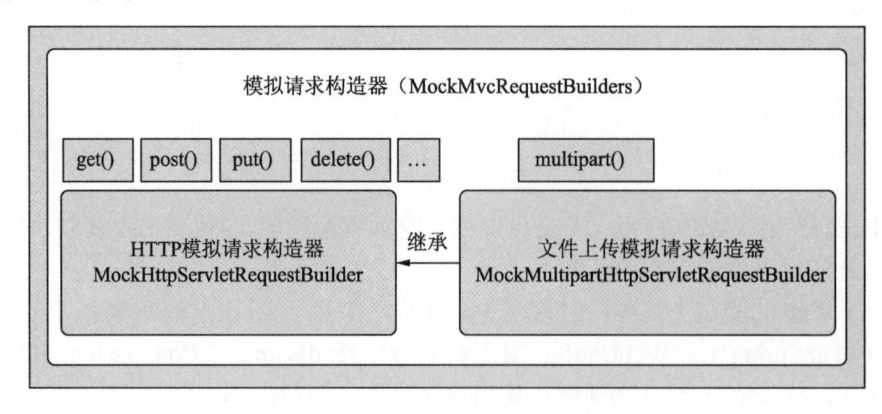

图 10.2　模拟请求构造器关系结构图

MockMvcRequestBuilders 提供了针对不同 HTTP 请求类型的请求构造器的获取方法，每个构造器方法返回的都是 MockHttpServletRequestBuilder 的实例（multipart()除外），但不同类型请求的请求方法属性（method）和内容类型属性（contentType）不同。MockMvcRequestBuilders 提供的不同 HTTP 请求类型的请求构造器方法包括：

- get()：获取 GET 请求的模拟请求构造器，GET 请求一般用于获取指定的页面或资源。
- head()：获取 HEAD 请求的模拟请求构造器，HEAD 请求类似 GET 请求，获取报头即可，不包含具体的内容。
- post()：获取 POST 请求的模拟请求构造器，POST 请求用于提交数据进行请求（类似提交表单或者文件上传）处理，一般用于新增或修改资源。
- delete()：获取 DELETE 请求的模拟请求构造器，DELETE 请求用于删除服务器的某个资源。
- options()：获取 OPTIONS 请求方法的模拟请求构造器，OPTIONS 请求用于查询指定的 URI 资源支持的方法。
- put()：获取 PUT 请求方法的模拟请求构造器。PUT 请求用于上传资源。POST 请求和 PUT 请求很类似，区别就是幂等性，也就是每次执行的结果是否一样。一般而言，新增动作使用 POST 请求类型，修改动作使用 PUT 请求类型，实际开发中两者没有严格的区分，基本上使用 PSOT 较多。
- patch()：获取 PATCH 请求方法的模拟请求构造器。PATCH 方法是对 PUT 方法的补充，是对资源的局部更新，满足幂等性。
- request()：通用的请求方法构造器，可以将请求方法（HttpMethod）作为参数传入。
- multipart()：用于文件上传，返回 MockMultipartHttpServletRequestBuilder 类型实例，请求方法是 POST，内容类型是 multipart/form-data。

以上方法返回的都是 MockHttpServletRequestBuilder 类型或者用于文件上传的子类（MockMultipartHttpServletRequestBuilder）的对象，该类还提供了一些静态方法可以设置模拟 HTTP 请求相关的信息，包括请求参数（parameters）、内容类型（contentType）、请求体（content）、字符编码（characterEncoding）及 Cookie 等信息。

10.3.1　模拟请求参数传递

HTTP 协议的 GET 方法参数是直接放在 URL 之后，使用 get()方法模拟 HTTP 请求也可以使用这种方式。除此之外还可以使用模拟请求构造器的 param()方法和 content()方法来设置请求参数。

1．参数直接放在URL后面

示例代码如下：

```
mockMvc.perform(get("/user/getModelView?param1=value1")).
                              andExpect(status().isOk()).andDo(print());
```

虽然习惯上在 post()请求构造器中一般不使用 URL 传递参数，但这种方式对于 get()和 post()请求构造器都适用。如果参数中包含空格和一些特殊字串的话，就不适合使用 URL 方式进行参数传递了。

2．通过param()方法设置参数

示例代码如下：

```
mockMvc.perform(get("/user/getModelView").param("param1", "value1")).
                              andExpect(status().isOk()).andDo(print());
```

param()设置参数的方式对于 get()、post()及其他方法构造的模拟请求构造器都适用。URL 和 param()传递参数的方式在服务端可以通过 getParameter()方法从 request 对象中获取，或者通过@RequestParam 注解映射。

3．使用requestAttr()方法设置attribute

示例代码如下：

```
mockMvc.perform(get("/user/getModelView").requestAttr("reqAttr1", "value1"))
                              .andExpect(status().isOk()).andDo(print());
```

Parameter 类型的参数来自于客户端，而 Attribute 类型的参数则是服务端组件设置的属性（在 JSP、Servlet 或控制器中使用 request.setAttribute()方法设置）。在服务端使用 request.getAttribute("reqAttr1")方法或者使用@RequestAttribute 注解获取属性值。

requestAttr()和 param()可以混合使用，使用示例如下：

```
mockMvc.perform(post("/user/postModelView").param("param1", "value1").
requestAttr("reqAttr1", "value1")).andExpect(status().isOk()).andDo(print());
```

在服务端分别通过 getParameter()和 getAttribute()获取，或者通过@RequestParam、@RequestAttribute 注解进行映射，参数注解的示例如下：

```
public ModelAndView postModelView(@RequestParam String param1,
                              @RequestAttribute String reqAttr1)
```

4．通过content()方法在请求体中传递参数

请求参数也可以使用键值对的字符串并放入请求体中进行传递，请求体字符串的格式和 URL 传递的参数格式类似，使用等于号（=）分隔参数的键和值，多个参数使用&符号连接。示例如下：

```
String sParamsStr = "param1=value1&param2=value2";
mockMvc.perform(get("/user/getModelView").contentType(MediaType.
APPLICATION_FORM_URLENCODED).content(sParamsStr)).andExpect(status().isOk());
```

注意：这里需要设置请求头的 contentType 类型为 application/x-www-form-urlencoded。

在服务端可以通过 request.getParameter("param1")得到参数的值，也可以在请求映射方法参数中进行映射，比如 getUserModelView(@RequestParam String param1)。对于一般的 Get 请求参数，使用 param()是最简洁的方式，content()更多地使用在 POST 类型的方法中。

除了使用字符串类型的参数映射同名的前端参数之外，请求方法参数的类型如果是后端的对象类型，则会依据类的属性和参数名自动装配，例如：

```
@RequestMapping("/save")
public ModelAndView saveUser(User user) {
}
```

10.3.2　模拟请求构造器的请求相关设置

模拟请求构造器提供了对应 HTTP 请求的请求行、请求头和请求体的设置方法用来构造模拟的 HTTP 请求，具体包括：

- 请求行：使用 get()和 post()等方法指定请求方法，方法参数对应请求的 URL 路径。
- 请求头：header()用于设置请求头属性及值，为使用方便，针对常用的请求头属性还提供了单独的方法进行设定，如 contentType()设置内容类型的请求、cookie()添加请求的 Cookie 等。
- 请求体：使用 content()方法设置请求体的内容，结合 contentType()方法传递不同类型的请求体内容。

除此之外，还可以使用 contextPath()设置上下文路径，servletPath()设置 servlet 路径。下面主要对请求头和请求体相关的方法进行介绍。

1. 语言环境（Locale）设置

语言环境主要用来显示国际化消息及不同地区对应的数字、日期的显示格式。在浏览器端访问时，语言环境由浏览器根据安装的版本及设置而定。在测试框架中，使用 locale()方法可以手动设置请求的语言环境，设置示例如下：

```
mockMvc.perform(get("/requestheader/locale").locale(Locale.CHINA))
                                .andExpect(status().isOk()).andDo(print());
```

也可以使用 header()方法设置属性 Accept-Language 的值，示例如下：

```
mockMvc.perform(get("/requestheader/locale").header("Accept-Language","en"))
                                .andExpect(status().isOk()).andDo(print());
```

2. Cookie设置

Cookie 是服务端保存在客户端的小文本，在浏览器端请求时由浏览器自动带上。通过模拟请求构建器的 cookie(Cookie... cookies)方法可以传递一个或多个 Cookie 类型的对象。实例代码如下：

```
Cookie myCookie = new Cookie("myCookie","myCookie Value");
```

```
mockMvc.perform(get("/requestheader/get").cookie(myCookie))
                                        .andExpect(status().isOk()).andDo(print());
```

在请求映射方法中使用 request 的 getCookies()方法可以获取所有的 Cookie，也可以在请求方法参数上使用@CookieValue 注解匹配。

3．ContentType请求内容类型设置

在浏览器端，一般通过 Form 表单在请求体中传递参数，使用的内容类型是"application/x-www-form-urlencoded"，模拟请求构建器提供了 contentType(MediaType contentType)方法用来设置请求体的内容类型。该方法结合 content()方法来模拟前端传递不同类型的请求体内容。测试的示例代码如下：

```
mockMvc.perform(get("/user/getModelView").contentType(MediaType
.APPLICATION_FORM_URLENCODED).content(sParamsStr)).andExpect
     (status().isOk());
```

contentType 的参数直接使用内容类型的字符串，比如 application/x-www-form-urlencoded，更便捷的方式是使用 MediaType 类的静态属性来设置。

```
String sJsonStr = "{\"id\":\"100\",\"name\":\"Zhang San\"}";
mockMvc.perform(post("/parametepass/jsonSave").contentType(MediaType.
         APPLICATION_JSON).content(sJsonStr)).andExpect(status().isOk()).
         andDo(print());
```

在服务端使用@RequestBody 就可以将 JSON 类型的请求自动解析并装配成后端类型对象。

```
@RequestMapping("/jsonSave")
public ModelAndView jsonSaveUser(@RequestBody User user) {}
```

contentType 结合 characterEncoding()用来设置请求字符集， MediaType 也提供了包含 UTF-8 字符集的内容类型 MediaType.APPLICATION_JSON_UTF8。

请求内容类型也是请求头的属性之一，所以也可以直接使用请求头设置方法 header()来设定，效果如下：

```
header("Content-Type", "application/json")
```

10.4　结果操作

应用服务模拟（MockMvc）的 perform()方法使用模拟请求对象构造器（MockHttpServletRequestBuilder）作为参数执行请求操作，请求执行完成后返回结果操作类型（ResultActions）的对象。ResultActions 类型除了包含响应的结果外，还提供了对结果进行验证和处理的功能，该接口主要包含 3 个方法：

- andExpect()：对请求执行的状态和结果进行断言，添加验证断言来判断执行请求后的结果是否如预期一样。

- andDo()：添加一个结果处理器，表示要对结果做点什么事情，比如将结果输出到控制台或记录日志中。
- andReturn()：返回 MvcResult 类型的结果。从该类型的对象中可以得到最终的模型视图（ModelAndView）对象，基于模型视图对象可以对返回的模型和视图做进一步的验证和处理。比如使用 JUnit 进行其他的断言。

注意：使用 Spring MVC 对于视图的处理最后使用 RequestDispatcher 进行 include/forward 转发处理，所以测试返回的结果是看不到实际的页面内容的。

10.4.1　结果操作接口：ResultActions

ResultActions 是一个接口，提供了 andExpect()、andDo()和 andReturn() 3 个接口方法，但这个接口没有实现类，而是通过匿名内部类的方式返回该类型的实例。

匿名内部类在 Java 中的使用很常见，比如 Java GUI 开发的组件监听和 JDBC 的查询结果的行匹配等。实现上也很简单，比如有一个接口：

```
01 interface HelloServiceI {                                    //接口定义
02  void sayHello(String message);                              //接口方法
03 }
```

在不定义实现类的状况下，匿名内部类的定义和实现代码如下：

```
01 HelloServiceI helloServiceI= new HelloServiceI() {         //匿名内部类
02   @Override
03   public void sayHello(String message) {                     //实现接口方法
04       System.out.println("Hello " + message);
05   }
06 };
```

模拟应用服务（MockMvc）的 perform()方法，返回 ResultActions 匿名内部类对象的代码片段如下：

```
01 return new ResultActions() {          //返回 ResultActions 匿名内部类对象
02     @Override                         //断言方法实现
03     public ResultActions andExpect(ResultMatcher matcher) throws Exception {
04        matcher.match(mvcResult);
05        return this;
06     }
07     @Override                         //动作方法实现
08     public ResultActions andDo(ResultHandler handler) throws Exception {
09        handler.handle(mvcResult);
10        return this;
11     }
12     @Override                         //返回方法实现
13     public MvcResult andReturn() {
14        return mvcResult;
15     }
16 };
```

10.4.2　结果匹配器接口：ResultMatcher

ResultActions 的 andExpect(ResultMatcher matcher)方法的参数是 ResultMatcher 类型的实例。在测试代码中，ResultMatcher 实例统一通过 MockMvcResultMatchers 获取，获取步骤如下：

（1）通过 MockMvcResultMatchers 静态方法获取不同结果类型的匹配器的实例，类型的名称是 XXResultMatchers，比如 MockMvcResultMatchers.status()返回的响应状态的结果匹配器名称是 StatusResultMatchers。

（2）通过结果匹配器的方法返回 ResultMatcher 的实例。

以响应状态结果匹配器为例，拆解开的测试代码如下：

```
   // 执行请求，返回结果
01 ResultActions resultActions = this.mockMvc.perform(requestBuilder);
02 StatusResultMatchers statusResultMatchers = MockMvcResultMatchers.
   status();                                          //状态匹配器
03 ResultMatcher resultMatcher = statusResultMatchers.isOk();//成功状态
04 resultActions.andExpect(resultMatcher);            //对响应结果进行断言
```

ResultActions 的 andExpect(ResultMatcher matcher)方法最终会调用 ResultMatcher 类型实例的 match(mvcResult)方法对响应的结果进行匹配验证，匹配的底层使用的也是 JUnit 匹配验证（使用了 JUnit 导入的 Hamcrest 进行匹配）。

1．ResultMatcher接口实现方式

ResultMatcher 是一个接口，定义了一个接口方法 match(MvcResult result)，和 ResultActions 类似，ResultMatcher 同样没有提供具体的实现类。ResultMatcher 接口和 StatusResultMatchers 等结果匹配器类之间是没有继承关系的。但与 ResultActions 使用匿名内部类的方式不同，ResultMatcher 使用的是 Lambda 表达式处理接口的实现和实例化。

Lambda 表达式是 Java 8 提供的新特性，我们通过下面的示例来快速了解一下。

```
01 public class LambdaExpressionDemo {
02   interface HelloServiceI {                      //接口
03     void sayHello(String message);               //接口方法
04   }
     //使用 Lambda 表达式实现接口并初始化对象
05   public static void main(String args[]){
06       HelloServiceI helloService = message_> System.out.println("Hello
         " + message);
07       helloService.sayHello("Zhang San");
08   }
09 }
```

在上面的例子中，message 是参数名，System.out.println()是方法的实现，使用表达式“->”，接口不需要定义实现类，直接通过表达式定义并返回实例后就可以调用接口方法。

2．不同类型的结果匹配器

Spring MVC 测试框架使用结果匹配器对返回结果进行验证，根据不同的验证内容，提供了不同类型的 ResultMatcher 以满足测试要求，不同类型验证器通过 MockMvcResultMatchers 静态工厂方法统一创建，创建方法与具体类型的结果匹配器的关系如图 10.3 所示。

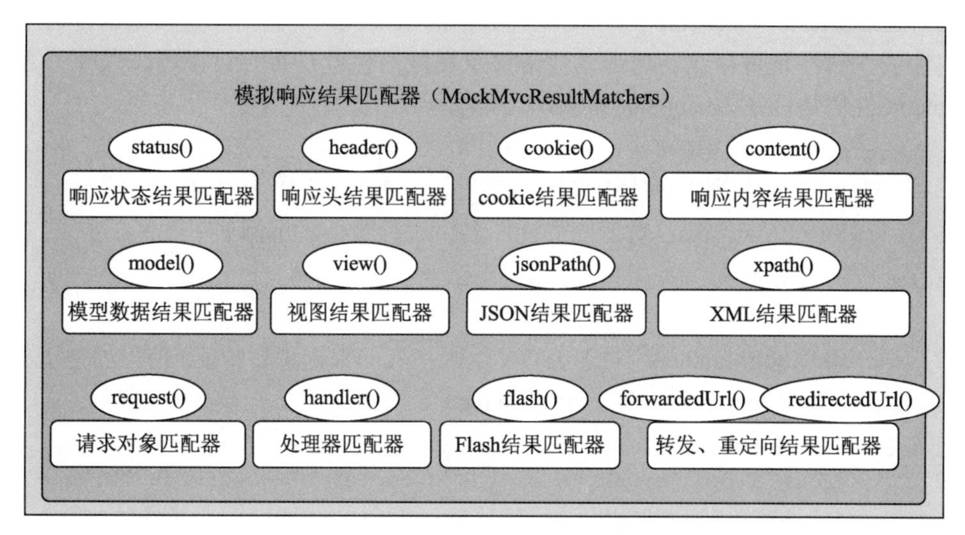

图 10.3　不同类型结果匹配器及统一创建方式

图 10.3 中的各方法用于构造对应类型的结果匹配器。可以构造的结果匹配器包括以下几个。

（1）StatusResultMatchers：响应状态的结果匹配。对响应的状态码、状态信息进行匹配验证，常用的就是返回成功状态 isOk()。示例如下：

```
mockMvc.perform(MockMvcRequestBuilders.get("/myurl")).
                                  andExpect(MockMvcResultMatchers.status().isOk());
```

（2）HeaderResultMatchers：响应头的结果匹配。验证响应头的某个属性是否存在，以及不同数据类型（字符串、长整型和日期）的响应头属性。以验证请求头是否包含 Accept-Language 属性为例，示例如下：

```
mockMvc.perform(MockMvcRequestBuilders.get("/myurl")).
        .andExpect(MockMvcResultMatchers.header().exists("Accept-Language"));
```

（3）CookieResultMatchers：Cookie 结果匹配，对某个 Cookie 是否存在，以及值、存活时间、域和路径的验证。以验证某个名为 myCookie 的值是否为 myCookieValue 为例，示例如下：

```
mockMvc.perform(MockMvcRequestBuilders.get("/myurl")).
        andExpect(MockMvcResultMatchers.cookie().value("myCookie", "myCookie
        Value"));
```

（4）ContentResultMatchers：响应结果匹配器，提供内容类型、编码和不同内容类型的内容的验证，包括字符串、字节、JSON 和 XML 等，此外还支持 Hamcrest 对结果进行匹配。以验证响应的内容类型是否为 application/json 为例，代码如下：

```
mockMvc.perform(MockMvcRequestBuilders.get("/myurl")).
  andExpect(MockMvcResultMatchers.content().contentType(MediaType.
  APPLICATION_JSON));
```

（5）ModelResultMatchers：返回的模型数据的结果验证。包括模型数据属性的个数验证、属性值、属性是否存在、是否包含错误及属性的栏位是否有错误等。以模型数据的 username 属性值是否是 Zhang San 为例，代码如下：

```
mockMvc.perform(MockMvcRequestBuilders.get("/myurl")).
   andExpect(MockMvcResultMatchers.model().attribute("username", "Zhang San"));
```

（6）ViewResultMatchers：对返回的视图名字进行验证。示例如下：

```
mockMvc.perform(MockMvcRequestBuilders.get("/myurl")).
        andExpect(MockMvcResultMatchers.view().name("login"));
```

（7）JsonPathResultMatchers，对于 JSON 返回格式的数据进行验证。使用的是 JsonPath 的 JSON 库，需要导入 JsonPath 库。使用 Maven 导入如下：

```
01  <dependency>
02      <groupId>com.jayway.jsonpath</groupId> <!--JsonPath 库组名 -->
03      <artifactId>json-path</artifactId><!--JsonPath 库项目名 -->
04      <version>2.4.0</version><!--版本号 -->
05  </dependency>
```

JsonPath 使用“$.属性”获取属性的值，使用示例如下：

```
mockMvc.perform(MockMvcRequestBuilders.get("/myurl")).
        andExpect(MockMvcResultMatchers.jsonPath("$.name").value("Zhang San"));
```

（8）XpathResultMatchers：对于 JSON 返对 XML 类型的响应结果的匹配，使用 Xpath 表达式进行匹配，可以对 XML 的节点是否存在、节点数量及节点的值进行验证。示例如下：

```
mockMvc.perform(MockMvcRequestBuilders.get("/myurl")).
       andExpect(MockMvcResultMatchers.xpath("/account/name").string("Zhang
       San"));
```

（9）RequestResultMatchers：对请求对象进行匹配，包括异步请求、请求属性和会话属性的验证。以验证请求属性为例，代码如下：

```
mockMvc.perform(MockMvcRequestBuilders.get("/myurl")).
        andExpect(MockMvcResultMatchers.request().attribute("username",
        "Zhang San"));
```

（10）HandlerResultMatchers：处理器的匹配验证，包括请求的处理器类型、请求处理的方法。以验证某个请求地址处理对应的后端的类是否是 UserController.class 为例，代码如下：

```
mockMvc.perform(MockMvcRequestBuilders.get("/myurl")).
        andExpect(MockMvcResultMatchers.handler().handlerType(User
        Controller.class));
```

（11）FlashAttributeResultMatchers：Flash 的属性验证，示例代码如下：

```
mockMvc.perform(MockMvcRequestBuilders.get("/myurl")).
        andExpect(MockMvcResultMatchers.flash().attribute("myFlash
        Attr", "Value1"));
```

（12）forwardedUrl()、redirectedUrl：转发和重定向验证，示例如下：

```
mockMvc.perform(MockMvcRequestBuilders.get("/myurl")).
            andExpect(MockMvcResultMatchers.forwardedUrl("/login"));
mockMvc.perform(MockMvcRequestBuilders.get("/myurl")).
            andExpect(MockMvcResultMatchers.redirectedUrl("/login"));
```

各类型的匹配器除了上面示例的验证方法外，还提供了更多的方法对请求和响应进行全方位地验证，具体如表 10.2 所示。

表 10.2　不同类型结果匹配器及验证方法

编号	名　称	类/方法	方　法
1	响应状态结果匹配	StatusResultMatchers	is()：通用状态码验证 is1xxInformational()：已接收处理的提示状态 is2xxSuccessful()：执行成功的状态码 is3xxRedirection()：重定向状态码 is4xxClientError()：客户端错误状态码 is5xxServerError()：服务端错误状态码 reason()：错误信息匹配 isOk()：执行成功 isCreated()：已经创建 isAccepted()：可接受的方法 isNonAuthoritativeInformation()：没有授权 isNoContent()：没有响应体 isBadRequest()：错误的请求 isForbidden()：禁止访问 isNotFound()：资源未找到 isNotAcceptable()：不接受的方法 isGatewayTimeout()：网关超时 isServiceUnavailable()：服务不可用
2	响应头结果匹配	HeaderResultMatchers	exists()：某个请求头属性存在 doesNotExist()：某个请求头属性不存在 string()：某个请求头属性值与期望字符串比对 stringValues()：请求头属性值与期望多个字符串值比对 longValue()：某个请求头属性值与期望长整型值比对 dateValue()：某个请求头属性值与期望日期值比对

（续）

编号	名　　称	类/方法	方　　法
3	Cookie结果匹配	CookieResultMatchers	value()：某个Cookie值与期望值比对 exists()：某个Cookie值存在 maxAge()：Cookie的最大生存周期与期望的值比对 path()：Cookie的路径与期望的值比对 domain()：Cookie的域与期望的值比对
4	响应内容结果匹配	ContentResultMatchers	contentType()：内容类型期望值匹配 encoding()：编码期望值匹配 string()：字符串类型的响应体期望值匹配 bytes()：字节数组期望值匹配 xml()：XML格式的返回期望值匹配 json()：JSON格式的返回期望值匹配 node()：Hamcrest期望值匹配
5	模型数据结果匹配	ModelResultMatchers	attribute()：某个属性期望值匹配 attributeExists()：某个属性是否存在 attributeDoesNotExist()：某个属性是否不存在 attributeErrorCount()：错误属性的个数 attributeHasFieldErrors()：是否栏位有错误 errorCount()：错误数量期望 hasErrors()：是否有错误 size()：模型数据的个数期望
6	视图结果匹配	ViewResultMatchers	name()：返回的视图名是否如期望一样
7	响应JSON内容结果匹配	JsonPathResultMatchers	prefix()：属性的前缀期望 value()：返回值的期望 exists()：响应内容是否有值 isEmpty()：是否为空 hasJsonPath()：响应内容是否包含有效的路径表达式 isString()：解析值是否为字符串 isBoolean()：解析值是否为布尔类型 isMap()：解析值是否为Map类型
8	XML内容Xpath结果匹配	XpathResultMatchers	node()：节点期望 exists()：是否有内容 nodeCount()：节点数量 string()：字符串值比较 number()：数字型值比较 booleanValue()：布尔值比较
9	请求对象匹配	RequestResultMatchers	asyncStarted()：异步请求已开始 attribute(name, expectedValue)：某个请求属性期望 sessionAttribute(name, value)：会话属性期望

（续）

编号	名　称	类/方法	方　法
10	处理器匹配	HandlerResultMatchers	handlerType(type)：处理器的类 methodName(name)：处理方法名 method(method)：处理方法
11	Flash属性结果匹配	FlashAttribute ResultMatchers	attribute()：某个Flash属性的值的期望
12	转发和重定向结构匹配	无	forwardedUrl(ur)：验证结果是否某个地址的转发 redirectedUrl(url)：验证结果是否某个地址的重定向

10.4.3 结果处理器：MockMvcResultHandlers

ResultActions 的 andDo(ResultHandler handler)方法可以对返回的结果进行处理，andDo()方法最终调用的是 ResultHandler 的 handle()方法。ResultActions 的 andDo()方法的实现示例如下：

```
    //andDo()方法的内容
01  public ResultActions andDo(ResultHandler handler) throws Exception {
02     handler.handle(mvcResult);              //对结果进行动作处理
03     return this;
04  }
```

ResultHandler 是结果处理的接口，有两个实现类 PrintingResultHandler 和 Logging-ResultHandler（静态内部类）分别用于打印结果和日志记录。这两种类型的结果处理器统一通过 MockMvcResultHandlers 进行调用，调用的方法分别是：

- print()：默认显示到标准输出（System.out），使用 print(OutputStream stream)或 print(Writer writer)可以输出到自定义的输出流和写出器。
- log()：通过 Apache Commons Logging 记录 DEBUG 级别的日志。开启了 Debug 级别的日志写入。

以打印结果操作对象方法 MockMvcResultHandlers.print()为例，代码如下：

```
01  @Test
02  public void resultMatch() throws Exception {
      // 构造请求
03    MockHttpServletRequestBuilder requestBuilder
              = MockMvcRequestBuilders.get("/user/getModelView");
      // 执行请求
04    ResultActions resultActions = this.mockMvc.perform(requestBuilder);
      //打印结果操作对象
05    resultActions.andDo(MockMvcResultHandlers.print());
06  }
```

执行后在控制台输出的信息如图 10.4 所示。

```
MockHttpServletRequest:
      HTTP Method = GET
      Request URI = /user/getModelView
       Parameters = {}
          Headers = {}
             Body = <no character encoding set>
    Session Attrs = {}

Handler:
             Type = cn.osxm.ssmi.chp10.UserController
           Method = public org.springframework.web.servlet.ModelAndVi

Async:
    Async started = false
     Async result = null

Resolved Exception:
             Type = null

ModelAndView:
        View name = userView
             View = null
        Attribute = user
            value = cn.osxm.ssmi.com.User@654c1a54
           errors = []

FlashMap:
       Attributes = null

MockHttpServletResponse:
           Status = 200
```

图 10.4　Eclipse 中打印结果操作对象（ResultActions）效果

从控制台打印的信息就能很容易理解前面结果匹配器对请求、响应的验证操作了。

10.4.4　获取 MvcResult 后自定义验证

通过 ResultActions 的 andReturn()方法可以返回 MvcResult 类型的对象，该类型对象包括的内容有：

- 模拟的请求对象（MockHttpServletRequest）；
- 模拟的响应对象（MockHttpServletResponse）；
- 请求处理器（Handler）；
- 处理器拦截器（Interceptors）；
- 模型视图对象（ModelAndView）。

获取这些对象后，再通过 ModelAndViewAssert 或 JUnit 等框架进行进一步的验证。MvcResult 获取的示例代码如下：

```
MvcResult result = mockMvc.perform(get("/user/getModelView")).andReturn();
```

10.5　Spring MVC 测试框架之其他

Spring MVC 框架对传统的模型视图返回的最后处理是使用 RequestDispatcher 转发到 JSP 页面，所以测试返回的结果无法获取到页面内容，但可以使用 andExpect(forwardedUrl

(url))验证视图渲染使用的 JSP 页面。

在进行国际化测试时需注意，MockHttpServletRequest 默认使用英文的语言环境。独立测试的应用服务模拟构造器（StandaloneMockMvcBuilder）提供了添加和设置语言环境解析器、验证器和消息转换器等容器装配的方法。使用测试框架，也可以很容易地进行文件上传的测试。此外，通过简写的方式，可以大大提高测试代码的编写效率。

10.5.1　测试代码简写

按照测试框架对象之间的关系及构建的先后顺序，标准的测试代码如下：

```
01 MockHttpServletRequestBuilder requestBuilder
      = MockMvcRequestBuilders.get("/user/getModelView");      //构造请求
   //执行请求，返回结果
02 ResultActions resultActions = this.mockMvc.perform(requestBuilder);
03 resultActions.andExpect(status().isOk());                //响应状态断言
   //视图返回断言
04 resultActions.andExpect(MockMvcResultMatchers.view().name("userView"));
05 resultActions.andExpect(MockMvcResultMatchers.model().attributeExists
   ("user"));                                               //模型断言
   // 打印请求和响应的信息
06 resultActions.andDo(MockMvcResultHandlers.print());
07 MvcResult result = resultActions.andReturn();            // 返回结果
```

以上写法虽然标准，但比较罗嗦，在实际的开发中影响测试效率。考虑模拟请求构造器（MockHttpServletRequestBuilder）和结果动作对象（ResultActions）在测试中是一个中间态的对象，可以不需要显式地出现，测试代码可以简化成：

```
MvcResult  result  =  mockMvc.perform(MockMvcRequestBuilders.get("/user/
getModelView"))
                .andExpect(MockMvcResultMatchers.status().isOk())
                .andExpect(MockMvcResultMatchers.view().name("userView"))
                .andExpect(MockMvcResultMatchers.model().attributeExists
                ("user"))
                .andDo(MockMvcResultHandlers.print())
                .andReturn();
```

另外，get()、status()和 view()等方法都是静态方法，使用静态引入 MockMvcRequest-Builders、MockMvcResultHandlers 和 MockMvcResultMatchers 的方式，在测试类中做如下导入：

```
import static org.springframework.test.web.servlet.request.MockMvcRequest
Builders.*;
import static org.springframework.test.web.servlet.result.MockMvcResult
Handlers.*;
import static org.springframework.test.web.servlet.result.MockMvcResult
Matchers.*;
```

则测试代码可以进一步地简写为：

```
MvcResult result = mockMvc.perform(get("/user/getModelView"))
```

```
        .andExpect(status().isOk())
        .andExpect(view().name("userView"))
        .andExpect(model().attributeExists("user"))
        .andDo(print())
        .andReturn();
```

10.5.2　独立测试的依赖处理

独立测试对于单个 Controller 进行测试，不需要读取 Spring 的上下文配置和加载组件。如果独立测试时需要服务层等组件，可以使用 EasyMock 等 Mock 框架进行对象模拟，结合 Spring 测试框架的 ReflectionTestUtils 进行设置。以基于 JUnit 5 的测试为例，在@BeforeAll 注解的测试环境初始化方法中创建模拟对象并进行设置，示例代码如下：

```
01  @BeforeAll                                          //测试换初始化注解
02  void setup() {
03     UserController userController = new UserController(); //控制器初始化
04     UserServiceImpl userServiceImpl = EasyMock.createMock(UserServiceImpl.
       class);                                          //模拟
05     EasyMock.expect(userServiceImpl.getUserNameById("1")).andReturn
      ("Chen Oscar");
06     EasyMock.replay(userServiceImpl);                //完成录制
07     ReflectionTestUtils.setField(userController, "userServiceImpl",
       userServiceImpl);                                //设置值
08     this.mockMvc = MockMvcBuilders.standaloneSetup(userController).
       build();                                         //应用服务模拟
09  }
```

对于 Spring MVC 框架的基本装备组件，类似 HTTP 消息转换器、验证器、视图解析器和语言环境解析器等，StandaloneMockMvcBuilder 提供了独立的方法进行设置。以语言环境解析器为例，如果需要使用 Cookie 类型的语言环境解析，那么可以进行如下设置：

```
//Cookie 语言环境解析器
CookieLocaleResolver localeResolver  = new CookieLocaleResolver();
StandaloneMockMvcBuilder mockMvc
        = MockMvcBuilders.standaloneSetup(userController).setLocaleResolver
        (localeResolver);
```

10.5.3　文件上传测试

模拟请求构造器（MockMvcRequestBuilders）的 multipart()方法用来构造文件上传类型的模拟请求构造器（MockMultipartHttpServletRequestBuilder）。该构造器提供了多种方法来添加文件：

- file(String name, byte[] content)：直接使用字节数组作为文件的内容；
- file(MockMultipartFile file)：使用 MockMultipartFile 对象；
- part(Part... parts)：Part 是 Servlet 3.0 定义的用于文件上传的接口。

以字节数组作为文件内容进行上传的测试示例代码如下：

```
01  @Test                                          //JUnit 测试注解
02  public void uploadbyBytes() throws Exception {
        //字节数组
03      byte[] fileBytes = new String("File Content").getBytes();
04      mockMvc.perform(MockMvcRequestBuilders.multipart("/springCommon
        FileUpload")
             .file("myfile",fileBytes))           //使用字节数组作为文件内容
                 //返回状态期望
                 .andExpect(MockMvcResultMatchers.status().isOk());
05  }
```

除了使用字节数组外，常见的是使用 MockMultipartFile。MockMultipartFile 是测试框架提供的用来模拟文件上传的类。该类继承自 MultipartFile 接口，与 CommonsMultipartFile 和 StandardMultipartFile 位于同一层级。

MockMultipartFile 提供了以下两种使用字节数组或输入流作为文件内容的构造器：

- MockMultipartFile(String name, @Nullable byte[] content)：使用字节数组；
- MockMultipartFile(String name, InputStream contentStream)：使用输入流。

以基于文件输入流的构造为例，测试示例如下：

```
01  @Test                                      //测试注解
02  public void uploadbyMockFile() throws Exception {
      //文件输入流对象初始化
03    FileInputStream fil = new FileInputStream(new File("test.xlsx"));
      //模拟文件对象
04    MockMultipartFile mockMultipartFile =
           new MockMultipartFile("myfile", "test.xlsx","multipart/form-
           data",fil);
05    mockMvc.perform(MockMvcRequestBuilders.multipart("/springCommon
      FileUpload")
           .file(mockMultipartFile))
           .andExpect(MockMvcResultMatchers.status().isOk());
06  }
```

第3篇 数据技术

第 11 章　数据库与 Java 数据访问技术

数据库开发是应用开发中不可或缺的一环。关系型数据库是应用最广泛的数据库类型。Oracle 和 MySQL 分别是商业和开源关系型数据库的“领导者”，两者目前都是 Oracle 旗下的产品。Java 官方定义了访问关系数据库的标准统一接口 JDBC，各数据库厂商基于标准接口提供数据库访问操作的驱动及实现。为节省数据库连接建立和释放的开销，出现了数据库连接池技术与第三方包，其可以很大程度地提升应用程序与数据库交互的性能。

ORM 技术给面向对象思维的 Java 开发人员带来了福音，只需要对 Java 对象进行处理，就可以自动完成对数据库的操作。Hibernate、MyBatis 和 Eclipse Link 等都是很不错的 Java ORM 框架，但它们的调用方式完全不一样。于是 Java 官方制定了对象和数据表映射操作的标准：JPA（Java 持久层应用接口），各 ORM 框架基于 JPA 接口提供实现，开发者使用统一的接口实现 Java 对象和数据库表转换。

11.1　关系型数据库介绍

数据库（Database）是按照一定的数据结构存放数据的仓库。早期的数据库分为层次式数据库、网络式数据库和关系型数据库。不管是哪种类型的数据库，在计算机中大部分都是以文件形式存储，但它们的逻辑结构（数据的组织和联系方式）截然不同。

层次数据库以定向有序树的结构存储数据；网络数据库以网状数据结构来建立数据库系统；关系型数据库将复杂的数据结构简化成二元关系，以二维表格的方式存取数据，通过对一个或多个关系表格的分类、合并、连接和选取，实现对数据库的管理。

11.1.1　关系型数据库产品

关系型数据库因其结构清晰，操作简单而广受欢迎并成为主流的数据库，同步也出现了关系型数据库操作的标准语言：SQL（Structured Query Language，结构化查询语言）。关系型数据库自产生以来已经经历了 40 多年，涌现了很多成熟的产品。下面简要介绍一下。

- Oracle：由 Oracle 公司开发。Oracle 是最早的关系型数据库厂商之一，也是数据库领域的佼佼者。Oracle 数据库功能全面、性能优越，适合千万级别的大数据应用，在大型的企业、政府、证券等金融机构使用较多，但该数据库是收费的。

- MySQL：该数据库开源、免费。曾经是 SUN 旗下的产品，后被 Oracle 公司收购。MySQL 数据库因其体积小、速度快、开放源代码和零成本等优点，广受欢迎，较多应用在中小型企业和网络应用中。
- SQL Server：是微软提供的基于 Sybase 开发的数据库，功能全面，效率高，对于 Windows 平台上开发的企业级管理系统来说是不错的选择。它最初由微软、Sybase 等三家公司共同开发，在 Windows NT 推出后，微软专注于 Windows NT 版本，Sybase 则专注于 UNIX 系统。
- Sybase：首先提出 Client/Server 数据库体系结构思想，是基于 Linux 的大型数据库系统。
- DB2：由 IBM 提供，DB2 适合应用在大型系统中。IBM 是数据库领域的开拓者。
- PostgreSQL：是唯一支持事务、子查询、多版本并行控制系统和数据完整性检查等特性的一种自由软件的数据库管理系统。

随着 Web 2.0 的兴起与发展，关系型数据库在应对大规模和高并发的动态网站时暴露了一些效率和性能上的问题，NoSQL 数据库在这种场景下应运而生。NoSQL 的简写不是 No SQL（不需要 SQL），而是 Not Only SQL（不仅是 SQL）。No SQL 不是否定关系型数据库，而是作为关系数据库的重要补充。典型的 NoSQL 数据库包括 Memcached、Redis、HBase、MongoDB 和 CouchDB 等。对于企业应用来说，一般还是以关系型数据库为主，必要时配合 No SQL。

11.1.2　关系型数据库及其对象

数据库管理系统是对存储在数据库中的数据库对象进行存储、组织和管理。关系型数据库使用最多的对象是数据库表，包括表在内，关系型数据中的对象包括表、约束、索引、视图、用户、函数、存储过程和触发器。

- 表（Table）：存放数据的逻辑单元，是数据库最主要的对象，表中的每一行数据称为一条记录，列称为字段。
- 约束（Constraint）：对表或字段进行数据校验的限制，以保证数据的正确性和完整性，比如栏位非空约束、主键约束、外键约束和唯一性限制。
- 索引（Index）：对一个或多个字段进行排列的结构。索引相当于书的目录，可以提高查询速度。
- 视图（View）：逻辑的虚拟表。视图中的数据从原始表中而来，可以是一张或多张表组合的数据。视图的结构和使用方式与表很类似，但因为是虚拟表，不能为其建立索引。视图一般用于简化查询和控制权限。
- 用户（User）：访问数据库的账号和密码，用于权限管理。
- 函数（Function）：执行特定功能的方法。数据库提供了很多内置函数，比如字符串函数、日期函数、数学函数和聚合函数（最大值、最小值、统计个数、取和、平均值）等。各数据库系统提供的函数名存在差异，同一个数据库的不同版本的函数也不尽相同。函数也可以自定义。

- 存储过程（Stored Procedure）：编译后存储在数据库的 SQL 程序，可以执行多条 SQL 语句，并可以定义变量运行更复杂的逻辑。存储过程无返回值，但可以定义输入和输出及输入和输出类型的参数。
- 触发器（Trigger）：通过事件触发自动执行动作。监听的事件包括对表的增、删、改操作（insert/update/delete），可以在操作前和操作后触发，触发的动作可以是设置值或者对关联表进行增、删、改等操作。

存储过程、函数和触发器看上去类似，都是使用 SQL 语言编写的子程序，但在定义和使用上完全不同。应用在不同的场景中，三者的区别和联系如表 11.1 所示。

表 11.1　函数、触发器与存储过程的区别和联系

	函　　数	触　发　器	存 储 过 程
使用方式	内嵌在SQL语句中	根据事件自动触发	通过名字手动调用执行
参数	输入参数	无	输入、输出和输入输出参数
返回值	有且只有一个	无	无
作用	查询栏位值转换的信息	强制业务规则 确保数据的完整性	提升速度和效率
应用场景	（1）统计记录数 （2）加总某个栏位值 （3）求平均值 （4）栏位连接 （5）行列转换	（1）自动设置主键或某些栏位值 （2）更新关联表数据 （3）修改记录日志	（1）一次事务要执行多条SQL而且对执行效率要求较高 （2）报表处理 （3）多条件多表查询
关联		可以调用函数	可以调用函数

此外，在 MySQL 数据库中还有数据库对象（DATABASE），其作为表、视图和用户等数据库对象的容器，用来将不同应用需要的数据库对象进行分割，即一个应用系统使用一个数据库，各数据库之间的对象彼此独立，不同数据库的名字不一样。但在 Oracle 数据库中则不一样，Oracle 只有一个数据库对象（数据库的名字称为 Oracle System Identifier（SID）），通过用户和权限设定来区分不同应用和系统的使用。

11.1.3　关系型数据库事务

数据库事务是数据库访问和更新操作的一个逻辑执行单元，一个数据库事务包括一条或多条 SQL 执行语句，这些语句要么全部执行成功，如果有一条语句出错，则所有的语句都不被执行。事务的最典型的例子就是银行转账系统，A 向 B 转 100 元，第一步会先从 A 的账号中减去 100 元，第二步再将 B 的账号加上 100 元，如果第二步失败，则第一步也需要回退。

如果数据库事务中的所有操作执行成功，则执行结果将会永久保存在数据库中，如果没有成功，则回滚到事务之前的状态。数据库事务的作用包括异常恢复和隔离执行的数据。数据库事务执行需要具备 ACID 四个要素，具体说明如下：

- 原子性（Atomicity）：事务作为一个整体被执行，要么全部执行，要么都不执行。
- 一致性（Consistency）：事务执行前和执行后，状态是统一的。以转账为例，总量是不变的。
- 隔离性（Isolation）：多个事务同时被执行时，一个事务不应该影响其他事务的执行。
- 持久型（Durability）：事务提交之后，就应该永久保存在数据库中。

ACID 四要素是事务执行的理想状况，在实际的多用户、并发事务的应用场景中，在隔离性上总会出现一些问题，例如：

- 脏读：一个事务读到另一个事务未提交的更新数据。
- 不可重复读：一个事务两次读同一行数据，读到的数据不一致。
- 幻读：一个事务执行两次相同的查询，得到的结果不一样。
- 丢失更新：撤销事务时，将其他事务提交更新的数据覆盖了。

为解决这些问题，数据库管理系统使用了不同的隔离级别，从低到高分为 4 种：Read Uncommitted、Read Committed、Repeatable read 和 Serializable。

- Read Uncommitted：读取未提交的内容，这是最低的隔离级别，所有事务都可以看到其他未提交事务的执行结果。
- Read Committed：读取提交的内容，只能看见已经提交事务的数据。
- Repeatable Read：可重复读，同一事务多次并发读取同一行数据，得到的数据是一致的。
- Serializable：可串行化。这是最高的隔离级别，它强制事务排序，在每个读的数据行上加上共享锁，解决了幻读问题，但是会出现锁竞争和超时现象。

事务隔离级别及解决的问题如表 11.2 所示。

表 11.2 事务隔离级别及解决的问题

事务隔离级别 \ 问题	脏　读	不可重复读	幻　读
Read Uncommitted（读取未提交）	可能出现	可能出现	可能出现
Read Committed（读取已提交）	不可能出现	可能出现	可能出现
Repeatable Read（可重复读）	不可能出现	不可能出现	可能出现
Serializable（串行化）	出现	出现	不可能出现

注意：高事务隔离级别是一把双刃剑，隔离级别越高，执行效率就越低。在实际开发中应根据项目的数据操作特性进行选择。

11.1.4　SQL 语言

关系数据库管理系统如何同外部交互呢？早期，各数据库分别提供了操作和管理数据库的命令，为了对各数据库系统进行统一的数据定义、查询和控制等，出现了 SQL 语言。SQL 用于数据库查询和程序设计，实现对关系型数据库的查询、更新和管理。SQL 语言最早由 IBM 公司于 1974 年定义；1979 年 Oracle 首先提供商用 SQL；1986 年 SQL 成为美国数据库语言标准后又成为了 ISO 国际标准。

SQL 语言细分为数据定义、数据操作、数据查询、事务控制和数据控制 5 个大类。

- 数据定义语言（Data Definition Language）：简称 DDL，负责数据库对象（数据库表、视图、函数、存储过程和触发器等）的创建（CREATE）、删除（DROP）和修改（ALTER）。
- 数据操作语言（Data Manipulation Language）：简称 DML，用于数据库表中数据的插入（INSERT）、删除（DELETE）和修改（UPDATE）等。
- 数据查询语言（Data Query Language）：简称 DDL，对数据库表或视图的记录查询（SELECT）。数据库查询可以包含如下子句：
  - 条件查询（WHERE）
  - 排序（ORDER BY）
  - 去重（DISTINCT）
  - 分组（GROUP BY）
  - 分组条件（HAVING）

子句的执行顺序是 FROM 子句→WHERE 子句→GROUP BY 子句→HAVING 子句→SELECT 子句→ORDER 子句。

- 事务控制语言（Transaction Control Language）：简称 TCL，对数据库事务进行提交（COMMIT）、回滚（ROLLBACK）及保存点（SAVEPOINT）操作。
- 数据控制语言（Data Control Language）：简称 DCL，主要用来控制数据库的权限，包括创建用户、给用户授权（GRANT），撤销权限（REVOKE）、删除用户及对数据库进行监视等操作。

注意： 很多关系数据库的产品出现在 SQL 标准语言之前，并且各数据库产品会提供除标准的 SQL 之外的功能扩展，因此不同的数据库对 SQL 语言的支持存在着细微的差别。

11.2　MySQL 数据库

MySQL 是互联网领域中当之无愧的最受欢迎的开源关系型数据库产品。MySQL 数据库最早由瑞典的 MySQL AB 公司开发与维护。2006 年 SUN 公司收购了 MySQL AB。2008 年，MySQL 和 Java 语言一并打包被 Oracle 收入囊中，自此 Oracle 占据了商业数据库和开源数据库的首要位置。MySQL 数据库的特点包括：

- 开源、成本低；
- 体积小，安装简单，易于维护；
- 支持多操作系统；
- 支持多语言开发（Java、PHP 等）；
- 性能好，服务稳定；
- 社区及用户活跃，遇到问题可以很容易地找到解决方案。

MySQL 目前采用社区版和商业版的双授权机制，两种版本性能差距不大，但商业版更稳定，并且享受 7×24 小时的技术支持和及时补丁服务。此外，MySQL 还提供了开源分支项目 MariaDB。

MySQL 5.1 是当前最稳定的版本，MySQL 5.5 是目前使用较多的版本。MySQL 6.0 版本则着重开发和推广 MySQL Cluster 功能，目前的最新版是 MySQL 7。MySQL 的每个版本又细分成了 4 种类型的小版本发布，分别是：

- Alpha 版：只在内部运行，不对外公开。
- Beta 版：一般是完成功能的开发与所有的测试工作之后的产品，不会存在较大的功能或性能 Bug，并且会邀请用户进行体验与测试，以便更全面地测试软件的问题。
- RC 版：属于生产环境发布之前的一个小版本或称为候选版，是根据 Beta 版本测试结果，对收集到的 Bug 或缺陷进行修复和完善之后的一版产品。
- GA 版：正式发布的版本，也称为生产版本的产品。

在官方网站下载的安装文件类似 mysql-5.7.21-winx64.zip，文件名中的数字对应的版本含义如下：

- 第 1 个数字 5 是主版本号，描述了文件格式。该版本的所有发行都有相同的文件格式。
- 第 2 个数字 7 是发行级别。主版本号和发行级别组合到一起便构成了发型序列号。
- 第 3 个数字 21 是在此系列的版本号，其随每个新发布的版本而递增。通常，使用者选择发行（release）的最新版本即可。

下载文件的后缀显示发行的稳定级别，比如*alpha 版。

11.2.1　MySQL 数据类型

MySQL 数据库对象的命名规则遵循以字母开头，可以使用数字和三个特殊字符（# _ $），但不能使用 MySQL 保留字。表是数据库中常用的对象，表中的字段使用不同的数据类型进行保存，不同数据库的数据类型基本类似，但也存在部分差异。MySQL 常用的数据类型有数值类型、字符串类型、日期类型和二进制类型。

1. 数值类型

数值类型包括整型、浮点型、精确小数类型（DECIMAL）和布尔型。其中，布尔类型是整型类型的特殊状况。

（1）整型。整型细分为微小整型（TINYINT，1 个字节）、小整型（SMALLINT，2 个字节）、中等整型（MEDIUMINT，3 个字节）、整型（INT，4 个字节）和大整型（BIGINT，8 个字节）。

计算机语言的 1 个字节是 8 个二进制位，区分有符号（负数）和无符号状况。以 1 个字节的微小整型来看，有符号的数字范围是-128～127（$-2^7 \sim 2^7-1$），无符号的范围是 0～255（2 的 8 次方减 1）。

MySQL 整型字段默认是有符号类型，使用 unsigned 修饰符定义为无符号类型，字段定义如下：

```
user_id int unsigned
```

（2）浮点型。浮点类型分为单精度类型（FLOAT，4 个字节）和双精度类型（DOUBLE，8 个字节）。

（3）精确小数类型（DECIMAL）。DECIMAL 可以精确指定数字的总长度和小数位数长度。声明语法是 DECIMAL(M,D)。其中，M 是数值的总位数（1～65），D 是小数点右侧数字的个数（0～30），D 不能超过 M。举例来看：

DECIMAL(4,2)定义是总长度 4，2 位小数，对应数字范围是-99.99～99.99。

（4）布尔类型（BOOL），也可以写成 BOOLEAN，布尔类型是 TINYINT(1)的同义词。0 值被视为假，非 0 值视为真。

2. 字符串类型

MySQL 中的字符串类型有 3 种：CHAR、VARCHAR 和 TEXT。

- CHAR：固定长度的字符串类型，最多有 255 个字符，查询速度快，可以作为身份证号码、手机号码等类型的字段。
- VARCHAR：可变长度，最多有 65535 个字符，节省空间，但查询速度慢，适合用在长度可变的属性中，是使用最频繁的类型。
- TEXT：文本类型，如果字符串超过 VARCHAR 规定的长度，可以使用文本类型。文本类型也细分 4 类，分别是微小文本（TINYTEXT，1 个字节）、文本类型（TEXT，2 个字节）、中等文本（MEDIUMTEXT，3 个字节）和长文本（LONGTEXT，4 个字节）。

3. 日期类型

MySQL 日期类型包括：

- DATE：日期，比如 2019-08-08；

- TIME ：时间，比如 12:20:28；
- YEAR：年份，比如 2019；
- DATETIME：包括日期和时间，比如 2019-08-08 12:20:28；
- TIMESTAMP：时间戳，比如 2019-08-08 12:20:28。

4．二进制数据

MySQL 可以使用 BINARY 和 BLOB 存储二进制类型的数据，比如图片和声音等文件。两者可以进一步细分为以下类型：

- BINARY(M)：固定长度，可存储二进制或字符，M 是字节数。
- VARBINARY(M)：可变长度，可存储二进制或字符，允许长度为 0-M 字节。
- TINYBLOB：存储空间不超过 255 个字符的二进制字符串。
- BLOB：最大存储空间 65KB。
- MEDIUMBLOB：最大存储值 16MB。
- LONGBLOB：最大存储可以达到 4GB。

11.2.2　基于 MySQL 的基本 SQL 语句

应用开发中，MySQL 数据库的操作步骤包括创建数据库、创建用户、授权和创建表等。SQL 语句的编写规范包括不区分大小写（建议用大写）；可单行或多行书写；以分号(;）结尾。下面对基于 MySQL 的语句进行实例介绍。

1．数据库（Database）对象操作

这里的数据库对象专指 MySQL 中的 Database 类型的对象。对该对象的操作包括查看、创建、删除和使用等，语句如下：

```
SHOW DATABASES;                    ——查看所有数据库
DROP DATABASE mydatabase;          ——删除数据库
CREATE DATABASE mydatabase;        ——创建数据库
USE mydatabase;                    ——选择使用的数据库
```

2．创建用户并授权

创建用户的语法是：

```
CREATE USER 'username'@'host' IDENTIFIED BY 'password';
```

给用户授权的语法是：

```
GRANT privileges ON databasename.tablename TO 'username'@'host'
```

- privileges：权限的关键字，比如 SELECT、INSERT 和 UPDATE 等，全部的权限用 ALL。

- databasename：数据库名，星号（*）代表所有的数据库。
- tablename：数据表名，星号（*）代表所有的数据表。

撤销用户权限的语法是：

```
REVOKE privilege ON databasename.tablename FROM 'username'@'host';
```

3. 创建表

创建表的语法是：

```
CREATE TABLE 表名(
字段名 字段类型 [修饰符]} [,....]
) [表属性]
```

字段的修饰符包括约束和字段的属性，格式如下：

```
[ { NOT NULL | NULL } ][ DEFAULT default_expr ]
  [ AUTO_INCREMENT ][ { [ UNIQUE | PRIMARY ] KEY } ]  [ COMMENT column_
comment ]
```

字段的约束和修饰符的含义如下：

- NULL：数据列的值可以为空（NULL）；
- NOT NULL：数据列不允许为空；
- UNIQUE KEY：该列是唯一键；
- DEFAULT：默认值设置；
- PRIMARY KEY：主键，主键的字段值非空且唯一；
- AUTO_INCREMENT：字段值自动递增，适用于整数类型；
- UNSIGNED：无符号，使用数值类型。

表属性常见的设置包括：

（1）存储引擎 ENGINE。

（2）字符集 CHARACTER SET。

（3）注释 COMMENT。

最简单的表创建的示例如下：

```
CREATE TABLE mytable(
  userid INT ,
  username VARCHAR(50)
);
```

复杂的表创建语句如下：

```
CREATE TABLE mytable(
  userid INT unsigned NOT NULL COMMENT '用户 ID',
  username VARCHAR(50) COMMENT '用户名',
  PRIMARY KEY (userid)
)ENGINE=InnoDB  DEFAULT CHARSET=utf8 COMMENT='用户表';
```

4. 数据插入、更改和删除

向数据表中插入数据语句的语法是：

```
INSERT INTO 表名(字段1,字段2,...) VALUES(字段值1,字段值2,...);
```

注意：字段列表可以不包含该表的所有字段，但字段的数量需要和后面值的数量匹配。

示例如下：

```
INSERT INTO mytable(userid,username) VALUES(1,'Zhang San');
```

更新数据的语法如下：

```
UPDATE 表名 SET 字段名=字段值[,...] WHERE 条件字段名=字段值;
```

更新示例：

```
UPDATE mytable SET username='Li Si' WHERE userid=1;
```

删除语句相对比较简单，示例如下：

```
DELETE FROM mytable  WHERE userid=1;
```

除了对数据进行增、删、改操作之外，对数据表进行查看和修改也是很常见的操作，相关语句的示例如下：

```
SHOW TABLES;                                          ——查看所有表
DESC  mytable                                         ——查看表结构
ALTER TABLE mytable ADD(age int(3));                  ——添加表字段语句
ALTER TABLE mytable DROP userid;                      ——删除表字段语句
ALTER TABLE mytable MODIFY userid varchar(2);         ——修改表字段类型格式
ALTER TABLE mytable CHANGE userid id int(3);          ——修改表字段名称
ALTER TABLE mytable RENAME mytable2;                  ——修改表名
TRUNCATE TABLE mytable;                               ——清空表结构
DROP TABLE mytable;                                   ——删除表结构
```

11.2.3 MySQL 高级对象与功能

触发器和存储过程相当于使用 SQL 编写的程序段，可以执行多条 SQL 语句，同样是通过 CREATE 和 DROP 语句进行创建和删除。MySQL 提供了多种类型的存储引擎以应对不同场景的业务需求，可以作为数据库调优的方法之一。

1. 触发器和存储过程

触发器和存储过程同样使用 CREATE 和 DROP 语句创建和修改。两者都可以执行多条语句，因为分号（;）是语句的结束符，为防止执行创建对象时遇到分号结束创建，需要先使用 DELIMITER 重新定义一个结束符，执行完成后再恢复分号作为结束符。

假设 my_user 表中有一个用户等级（userlevel）的字段，使用插入语句插入新数据时，不指定该字段的值，而是通过触发器进行设置，该触发器创建语句如下：

```
01 DELIMITER//                          ——切换语句结束符
02 CREATE TRIGGER my_trigger            ——触发器的名字是my_trigger
03 BEFORE INSERT ON my_user             ——在my_user插入数据之前
04 FOR EACH ROW                         ——对影响行进行遍历
05 BEGIN                                ——动作执行开始标志
06     SET new.userlevel = 1;           ——设置新插入行的userlevel字段的值
07 END;                                 ——动作执行结束标志
08 //                                   ——语句执行结束，和上面定义的结束符对应
09 DELIMITER ;                          ——恢复分号结束符
```

在插入行监听的触发器定义中，new代表新增的行；更新行的监听中，old和new分别代表更新前和更新后的行。举例来看，定义一个监听器在更新my_user的username栏位是往另外一张my_log表中插入一条数据，则触发器的定义如下：

```
01 DELIMITER //
02 CREATE TRIGGER mylog_trigger
03 BEFORE UPDATE ON my_user             ——在my_user更新数据之前
04 FOR EACH ROW
05 BEGIN
   ——在my_log标中插入数据
06 INSERT INTO my_log(fieldname,newvalue,oldvalue)
                VALUES('username',new.username,old.username);
07 END;
08 //
09 DELIMITER ;
```

触发器使用DROP语句删除，语法示例如下：

```
DROP TRIGGER my_trigger;
```

存储过程使用CREATE PROCEDURE语句创建，以一个带一个整型输出参数的存储过程为例，创建语句如下：

```
01 DELIMITER//                                      ——切换语句结束符
02 CREATE PROCEDURE my_procedure(OUT p_out INT)     ——整型输出参数
03 BEGIN
04 SET p_out=100;                                   ——设置输出参数的值
05 END
06 //
07 DELIMITER ;                                      ——恢复分号结束符
```

存储过程使用CALL语句调用，调用语句的输出参数使用“@参数名”，输出参数的结果也可以使用SELECT查看，示例如下：

```
CALL my_procedure(@p_out);              ——调用存储过程
SELECT @p_out;                          ——查询存储过程的输出参数
```

存储过程的参数类型除了OUT之外，还有IN（输入）和INOUT（输入输出）两种，除了以上示例中的整型，参数的数据类型也可以使用其他类型。

2．MySQL存储引擎

存储引擎是MySQL数据库管理系统的特色（Oracle数据库没有），也是其核心。数

据库的数据以表的形式展现，但最终是存储在内存和文件中。在对数据库的使用需求中，有的应用偏重查询，对查询的速度要求高；有的应用更新频繁，要求增、删速度快；有的应用对事务、数据的完整性要求严格。基于这些应用的不同要求，MySQL 在后端的存储结构中使用了不同方式，也就是存储引擎。

MySQL 提供了多种存储引擎方式，使用 SHOW ENGINES 查看的结果如图 11.1 所示。

```
mysql> show engines
    -> ;
+--------------------+---------+----------------------------------------------------------------+--------------+
| Engine             | Support | Comment                                                        | Transactions |
+--------------------+---------+----------------------------------------------------------------+--------------+
| MEMORY             | YES     | Hash based, stored in memory, useful for temporary tables      | NO           |
| MRG_MYISAM         | YES     | Collection of identical MyISAM tables                          | NO           |
| CSV                | YES     | CSV storage engine                                             | NO           |
| FEDERATED          | NO      | Federated MySQL storage engine                                 | NULL         |
| PERFORMANCE_SCHEMA | YES     | Performance Schema                                             | NO           |
| MyISAM             | YES     | MyISAM storage engine                                          | NO           |
| InnoDB             | DEFAULT | Supports transactions, row-level locking, and foreign keys     | YES          |
| BLACKHOLE          | YES     | /dev/null storage engine (anything you write to it disappears) | NO           |
| ARCHIVE            | YES     | Archive storage engine                                         | NO           |
+--------------------+---------+----------------------------------------------------------------+--------------+
```

图 11.1　MySQL 存储引擎查看结果

在图 11.1 所示的存储引擎中，最常使用的是 InnoDB、MyISAM 和 MEMORY，其中，InnoDB 是默认设置。

- MyISAM：MySQL 早期的默认存储机制，不支持事务和外键，但访问速度快，支持表级别的锁，适合对事务完整性没有要求或以查询为主的使用场景。
- InnoDB：事务性存储引擎，支持行级锁定和外键约束，适用更新密集、事务要求严格和用户并发操作的场景。
- MEMORY：数据存储在系统内存中，访问速度最快，但数据容易丢失，适合数据量小、临时数据的状况。

从 MySQL 5.5 版本开始，MySQL 使用 InnoDB 作为默认引擎，在这之前的版本中，默认的搜索引擎是 MyISAM。可以在创建表时通过 ENGINE 显式指定该表的存储机制，通过语句也可以查看和修改表的存储引擎。

（1）创建表指定的存储引擎实例：

```
01  CREATE TABLE mytable(
02     userid INT unsigned,
03     married BOOL
04  )ENGINE=InnoDB;          ——使用 InnoDB 的存储引擎
```

（2）查看表的存储引擎。

```
SHOW CREATE TABLE mytable;
SHOW TABLE status;
```

（3）修改表的存储引擎。

```
ALTER TABLE mytable engine=MyISAM;
```

11.3　Java 数据访问基本技术

Java 定义了 JDBC 标准接口来统一不同数据库建立连接、执行 SQL 语句和释放连接的方式。在应用中频繁连接和释放数据库连接会导致很多不必要的消耗，于是出现了 DBCP、C3P0 等数据库连接池的库。

11.3.1　JDBC 数据访问

不同数据库的数据类型及 SQL 语句存在着一些差异，各数据库提供商提供了访问各自数据库的 Java 依赖包，这样会导致在代码中连接和操作不同数据库的代码完全不同。Java 为了统一不同关系数据库的访问操作，制定了数据库操作的标准 Java API 接口：JDBC（Java Database Connectivity，Java 数据库连接）。

JDBC 接口和类位于 JRE 的 rt.jar 中，包的路径是 java.sql。JDBC 只是定义了数据库操作的标准接口，具体实现由各数据库提供商提供，也就是常说的驱动。传统方式是在使用 JDBC 连接数据库之前，手动加载数据库的驱动类，新版 JDBC Driver 中使用了 Java SPI 的服务提供发现的机制，会自动查找驱动并载入，不需要再手动加载驱动。JDBC 的核心接口和类关系如图 11.2 所示。

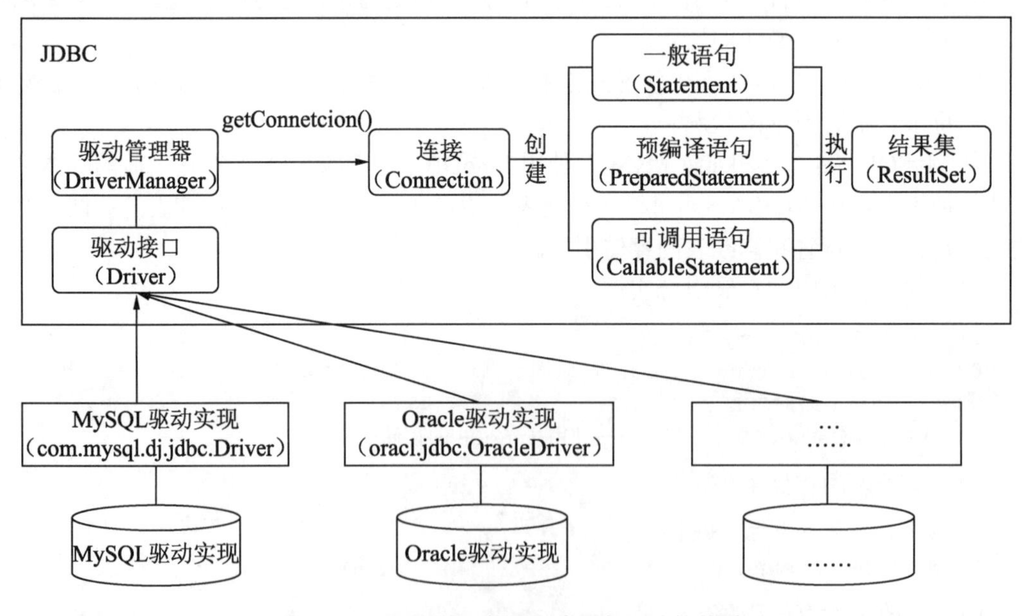

图 11.2　JDBC 核心接口和类及与驱动的关系

- DriverManager：驱动管理类，用来管理驱动和获取数据库连接对象。

- Driver：驱动接口，主要定义了打开数据库连接的方法（connect()），具体实现由各数据库提供商提供。Driver 类型对象不会在代码中直接使用，而是通过 DriverManager 来管理。
- Connection：数据库连接标准接口，定义了创建执行语句、事务管理、事务隔离级别和关闭连接等方法。
- Statement：SQL 语句接口，使用此接口创建的对象将 SQL 语句提交到数据库中进行查询、更新等操作并返回结果集。该接口还有两个子接口，即 PreparedStatement 和 CallableStatement，分别代表具备预编译和调用存储过程功能的语句。
- ResultSet：结果集接口，通过对该接口对象的迭代，获取 SQL 执行返回的结果。
- 除了以上核心的接口和类，JDBC 还定义了统一的数据操作异常类 SQLException。

1. JDBC操作数据库步骤与实例

下面以具体代码演示 JDBC 的使用方式（这里的数据库使用 MySQL）。

```
01  Class.forName(driverClassName);// 1. 使用参数加载驱动类并打开数据库连接
02  Connection connection = DriverManager.getConnection(url, username,
    password);
03  String sql = "select name from user";
    //2.使用 SQL 创建语句对象
04  PreparedStatement pstmt = connection.prepareStatement(sql);
05  ResultSet rset = pstmt.executeQuery();      //3.执行查询获取结果集
06  while (rset.next()) {              //4.循环或处理结果集
07    String userName = rset.getString(1);
08  }
09  connection.commit();               //5.事务处理，查询可以不需要开启事务
10  rset.close();                      //6.1 关闭结果集
11  pstmt.close();                     //6.2 关闭语句对象
12  connection.close();                //6.3 断开数据库连接
```

从以上示例可以看出，JDBC 连接和操作数据库的步骤包括：

（1）加载驱动（新版 JDBC 中已经不需要手动加载了），使用驱动管理器根据数据库属性获取和打开数据库连接（DriverManager.getConnection()）。

（2）数据库连接（Connection）使用 SQL 语句创建语句对象（Statement）。

（3）调用语句对象的数据操作方法（比如 executeQuery()）并返回 ResultSet 类型的处理结果集对象。

（4）循环处理结果集解析查询或执行结果。

（5）事务提交或回滚处理（如果有的话）。

（6）释放资源。包括关闭结果集（ResultSet）、语句对象（Statement）和连接对象（Connection）。

注意：连接的关闭就是释放数据库连接，是必须要处理的，如果不释放就会一直占用连接，每次执行任务时又新开连接，这样会导致数据库连接超过最大数而出现无法

连接的问题。
结果集（ResultSet）和语句对象（Statement）的关闭主要是标记释放内存资源，让 JVM 垃圾处理器可以尽快清除不需要的对象。如果数据库查询数量很大的话，保存在内存中是非常消耗内存资源的。在 JDK 7 之后，ResultSet 和 Statement 这两个接口都继承自 java.lang.AutoCloseable 接口，也就是具备自动关闭的功能，但习惯上还是建议加上关闭方法的调用。

2. JDBC Statement语句类型

JDBC Statement 接口定义了执行 SQL 语句并返回执行结果的方法，常用的方法有：

- executeQuery(String sql)：执行查询语句；
- executeUpdate(String sql)：执行更新语句，包括新增行或修改行数据；
- execute(String sql)：通用的执行方法；
- getResultSet()：获取语句执行后的结果集；
- executeBatch()：批量执行。

除 Statement 接口外，JDBC 还定义了另外两种类型语句接口 PreparedStatement 和 CallableStatement，三者之间是继承关系，PreparedStatement 继承自 Statement，CallableStatement 继承自 PreparedStatement。

- Statement：一般语句类型，每次执行时，数据库都会编译对应的 SQL 语句。该类型适合不带 WHERE 条件，单次执行的 SQL 语句。需要注意，该语句类型在带 WHERE 子句的 SQL 中容易发生 SQL 注入风险。
- PreparedStatement：预编译语句类型。SQL 语句会被提前编译，同一个语句多次执行时效率较高。此类型支持输入参数设置，可以有效防止 SQL 注入。
- CallableStatement：可调用语句类型。可以用来调用存储过程，该类型提供了输入/输出类型参数的支持。

（1）预编译

与一般的开发语言类似，数据库在处理 SQL 语句时，会先解析 SQL 语句并检查语法语义及编译，这需要一定的时间，有时甚至比执行该语句花费的时间还长。如果一条 SQL 语句执行的次数较多，将这个语句发送至数据库，预先进行解析、检查和编译工作，则可以减少解析、检查和编译的时间，加快 SQL 执行的速度和效率。

MySQL 数据库通过 useServerPrepStmts 属性可以设置数据库的预编译支持功能，默认开启该功能，在访问 URL 中可以指定。指定 useServerPrepStmts 属性的数据库访问地址示例如下：

```
String url = "jdbc:mysql://localhost:3306/ssmi?useServerPrepStmts=true"
```

下面通过示例对普通语句和预编译语句的执行速度进行测试验证。对某张用户表进行查询，使用 JUnit 4 的@Test 注解方法测试两种类型语句的执行时间。测试方法代码如下：

```
01  @Test                                    //JUnit 测试注解
```

```
    //预编译语句执行时间测试
02  public void prepareStatement() throws Exception {
03      long start = System.currentTimeMillis(); //开始执行的时间
04      String sql = "select * from user";          //查询语句
        //预编译语句对象初始化
05      PreparedStatement stmt = connection.prepareStatement(sql);
06      for(int i=0;i<100000;i++)                   //执行 10 万次
07      {
08          ResultSet rset = stmt.executeQuery(); //执行查询并返回结果集对象
09      }
10      System.out.print("prepareStatement time");
        //执行完毕耗费时间，单位为 ms
11      System.out.println((System.currentTimeMillis() - start) + "ms");
12  }
13  @Test
14  public void statement() throws Exception {       //一般语句执行时间测试
15    long start = System.currentTimeMillis();        //开始执行的时间
16    String sql = "select * from user";              //查询语句
17    Statement stmt = connection.createStatement();    //一般语句对象初始化
18    for(int i=0;i<100000;i++)                       //执行 10 万次
19    {
20      ResultSet rset = stmt.executeQuery(sql); //执行查询并返回结果集对象
21    }
22    System.out.print("statement time");
      //执行完毕耗费时间，单位为 ms
23    System.out.println((System.currentTimeMillis() - start) + "ms");
24  }
```

以 10 万次查询的时间来看，预编译语句耗费的时间约 8s（8398ms），一般语句耗费的时间约 9s（9149ms）。调整查询的次数可以发现，执行次数越多，PrepareStatement 的效率越好，如果只是执行一次或数次，则 Statement 的效率反而差一些。

（2）SQL 注入

SQL 注入就是使用非期望和非常规的查询参数进行查询，得到非期望的查询结果。举例来看，根据 id 查询某个用户表的用户，查询语句是：

```
String sql = "select * from user where id="+id;
```

这里 id 是从外部传入的参数，如果参数 id 的值是“1 or id != 1”，则完整的查询语句是：

```
String sql = select * from user where id=1 or id != 1
```

这条语句会把所有用户的数据都查出来。更严重的是，如果注入了 update 和 delete 的语句，则执行这条语句对应用的危害是致命的。

使用 PrepareStatement 类型的预编译语句，参数使用占位符（?）方式设置，通过 setInt()和 setString()设置参数的值，即使传入参数的值是“1 or id != 1”这样的字符，预编译语句也会对特殊字符做转义处理，有效预防了 SQL 注入。PrepareStatement 使用示例代码如下：

```
01  String sql = "select * from user where id=?"; //带占位符参数的 SQL 语句
    //初始化预编译语句对象
02  PreparedStatement stmt = connection.prepareStatement(sql);
```

```
    //设置占位符的参数值。第一个参数是占位符的位置，第二个是参数值
03  stmt.setInt(1, 1);
04  ResultSet rset = stmt.executeQuery();              //执行查询并返回结果
```

预编译语句的参数值一经设置会一直保留，直到设置新值或者调用 clearParameters()方法清除。

（3）可调用语句（CallableStatement）

可调用语句类型用来调用数据库中的存储过程，并获取存储过程的输入参数。以调用前面定义的存储过程 my_procedure 为例，调用的测试代码如下：

```
    //语句初始化
01  CallableStatement cstmt = connection.prepareCall("{call my_procedure(?)}");
    //注册输出参数位置和类型
02  cstmt.registerOutParameter(1, java.sql.Types.VARCHAR);
03  cstmt.execute();                          //执行语句
04  byte  x= cstmt.getByte(1);                //根据参数位置获取结果
```

在上面的示例中，registerOutParameter(int parameterIndex, int sqlType)方法用来注册某个位置的输出参数类型（位置从 1 开始），getByte(int parameterIndex)用来获取指定位置的输出参数返回值。

3. JDBC事务处理

默认状况下，JDBC 的连接是自动提交模式。创建数据库表等 DDL 语句和数据更新的 DML(Insert、Update 和 Delete)语句会在执行结束后进行事务提交，Select 语句在结果集关闭时提交事务。

在自动提交模式下，如果调用连接的提交方法（connection.commit();）进行显示的事务提交或回滚会抛出以下异常。

```
java.sql.SQLException: Can''t call commit when autocommit=true
```

使用 Connection 对象的 setAutoCommit()方法可以设置该连接对象是否开启自动提交，设置方式如下：

```
connection.setAutoCommit(false)
```

11.3.2　Java 数据库连接池

池（Pool）技术是软件开发中经常使用的技术，可以提升应用的性能和执行效率，节省资源开销。常见的池技术有线程池、对象池（也就是容器）及数据库连接池。

数据库连接的建立需要耗费时间和资源，如果忘记释放连接还会导致连接被耗尽而无法连接数据库。使用连接池管理数据库连接，在连接池中维护固定数量的数据库连接，需要的时候从连接池中获取，连接时间超过设定时间自动释放。对于需要访问数据库的应用系统，由数据库连接池负责连接的建立、分配、管理和释放，可以节省连接时间、加快系

统的速度，不用操心数据库连接的销毁。

JDK 包含数据库访问的标准接口（JDBC），但没有连接池相关的定义，于是出现了很多第三方的数据库连接池库，常见的数据连接池库有 DBCP2、C3P0 和 Druid。

- DBCP 2：由 Apache 提供，是出现较早并广泛使用的连接池库。早期 Tomcat 服务器使用的就是它，不过在 Tomcat 7 版本之后默认使用 Tomcat Jdbc Pool，但兼容 DBCP。DBCP 稳定性好，但速度稍慢，并发量低且性能不好。后来升级到 DBCP2 后整体性能做了提升。DBCP 2 适合在中小型系统中应用，官方网址是 http://commons.apache.org/proper/commons-dbcp/。
- C3P0：是目前最为流行的连接池框架，其可以很容易地与 Hibernate 和 Spring 整合，Hibernate 提供了与其整合的模块，也是 Hibernate 推荐的连接池技术。C3P0 稳定性好，具备空闲连接自动回收功能。与 DBCP 2 一样，C3P0 没有提供监控功能。C3P0 的官方地址是 https://www.mchange.com/projects/c3p0/。
- Druid：是目前功能最强大的数据库连接池，提供了强大的监控功能。可以用于大数据实时查询和分析的高容错、高性能的开源分布式系统中。在发生代码部署、机器故障及其他产品系统遇到宕机等情况时，仍能够保持正常运行。

DBCP 2 和 C3P0 是目前使用最为广泛的连接池库，Spring 对两种连接池库都提供了支持。C3P0 的性能要好于 DBCP，但 DBCP 升级到 DBCP 2 版本之后，二者的性能基本就旗鼓相当了。除了独立的连接池库外，在 J2EE 服务器（JBoss、WebLogic 或 WebSphere）中部署的应用可以使用 JNDI 查找服务器中带连接池功能的数据源。

1．DBCP 2的使用

使用 DBCP 2 首先需要导入依赖库，2.6.0 版是 2019 年 2 月发布的版本。使用 Maven 导入方式如下：

```
01  <dependency>
02      <groupId>org.apache.commons</groupId>
03      <artifactId>commons-dbcp2</artifactId>
04      <version>2.6.0</version>
05  </dependency>
```

DBCP 2 定义了 BasicDataSource 的数据源类，该类实现了 JDBC 的 java.sql.DataSource 标准接口并提供连接池功能，通过属性的 Setter 方法设置数据源的基本连接属性和连接池属性，从该类型数据源获取的连接类型是 DBCP 2 实现的具备池特性的连接（PoolableConnection）。示例代码如下：

```
    //DBCP 2 数据源初始换
01  BasicDataSource dataSource = new BasicDataSource();
02  dataSource.setDriverClassName(dirver);        //设置驱动
03  dataSource.setUrl(url);                       //设置访问地址
04  dataSource.setUsername(username);             //设置数据库用户名
05  dataSource.setPassword(password);             //设置用户名密码
```

```
06  dataSource.setMaxTotal(30);                    // 池连接的最大数量
07  dataSource.setInitialSize(10);                 // 初始连接数量
08  dataSource.setMinIdle(8);                      // 最小空闲连接
09  dataSource.setMaxIdle(16);                     // 最大空闲连接
10  dataSource.setMaxWaitMillis(6 * 10000);        // 超时等待时间，单位为 ms
    //从池获取连接，实现类是 PoolableConnection
11  Connection conn = dataSource.getConnection();
12  String sql = "select * from user";             //查询语句
13  Statement statement = conn.createStatement();        //语句对象初始化
14  statement.executeQuery(sql);                   //执行查询
15  conn.close();                                  //归还连接到连接池
```

注意：DBCP 2 池类型的连接（PoolableConnection）调用 close()方法并不是实际关闭连接，而是将连接归还给连接池。

DBCP 2 常用的数据库连接基本属性和连接池属性如表 11.3 所示。

表 11.3　DBCP 2 设置属性及说明

编号	参数设置	默认值	说　明
1	driverClassName		数据库驱动
2	url		数据库地址
3	userName		用户名
4	password		数据库密码
5	defaultAutoCommit	使用JDBC	自动提交事务
6	maxTotal	8	最大连接数，负数代表无限制
7	initialSize	0	连接池初始的连接数（getConnection, set/get Logwriter, set/get LoginTimeout方法被调用时）
8	minIdle	0	最小空闲连接数量
9	maxIdle	8	最大空闲连接数量，超过的会被池销毁
10	maxWaitMillis	-1无限制	超时等待的时间，单位是ms
11	testOnBorrow	true	从连接池获取连接时，验证连接的有效性
12	removeAbandonedTimeout	300秒	废弃（没有使用）连接被删除的超时设置
13	removeAbandonedOnBorrow	false	废弃的连接是否会在借用时移除
14	removeAbandonedOnMaintenance	false	废弃的连接是否会在连接池维护时移除
15	testOnReturn	false	连接池验证返回的对象
16	logAbandoned	false	废弃对象时记录日志

2. C3P0的使用

C3P0 使用 Maven 导入方式如下：

```
01  <dependency>
02      <groupId>com.mchange</groupId>
03      <artifactId>c3p0</artifactId>
04      <version>0.9.5.4</version>
05  </dependency>
```

C3P0 提供 ComboPooledDataSource 作为连接池数据源类，通过该类实例的静态工厂方法 getConnection()从连接池中获取连接。对应不同的连接池属性的设置方式，使用不同的构造器创建连接池数据源对象。C3P0 提供了 3 种方式进行配置，分别是代码配置、.properties 属性文件设置和 c3p0-config.xml 文件配置。

（1）代码配置

代码配置先使用不带参数的构造器创建 ComboPooledDataSource 对象，通过属性的 Setter 方法设置值，示例代码如下：

```
    //获取池数据源
01  ComboPooledDataSource dataSource = new ComboPooledDataSource();
02  dataSource.setDriverClass(dirver);          //设置驱动
03  dataSource.setJdbcUrl(url);                 //设置数据访问地址
04  dataSource.setUser(username);               //设置用户名
05  dataSource.setPassword(password);           //设置密码
06  dataSource.setInitialPoolSize(3);           //初始连接数
07  dataSource.setMaxPoolSize(10);              //最大连接数
08  dataSource.setMinPoolSize(3);               //最小连接数
```

（2）.properties 属性文件

通过属性文件配置 C3P0 的数据库连接和池等属性，属性文件名常见的命名是 c3p0.properties。将属性配置到属性文件后，通过 ClassLoader 的 getResourceAsStream ()方法读取文件输入流构造 Properties 类型对象，再通过上面代码设置的方式从 Properties 对象中读取属性并设置数据源的属性值，示例代码如下：

```
    //池数据源初始化
01  ComboPooledDataSource dataSource = new ComboPooledDataSource();
02  Properties properties = new Properties();        //属性对象初始化
    //读取配置文件输入流
03  InputStream inputStream = C3p0Tests.class.getClassLoader().
            getResourceAsStream("cn/osxm/ssmi/chp11/c3p0.properties");
04  properties.load(inputStream);                    //在属性中加载配置
    //设置驱动
05  dataSource.setDriverClass(properties.getProperty("c3p0.driverClass"));
    //设置地址
06  dataSource.setJdbcUrl(properties.getProperty("c3p0.jdbcUrl"));
07  dataSource.setUser(properties.getProperty("c3p0.user")); //设置用户
    //设置密码
08  dataSource.setPassword(properties.getProperty("c3p0.password"));
09  dataSource.setInitialPoolSize(Integer.valueOf(properties.getProperty
    ("c3p0.initialPoolSize")));
10  dataSource.setMaxPoolSize(Integer.valueOf(properties.getProperty
    ("c3p0.maxPoolSize")));
```

```
11  dataSource.setMinPoolSize(Integer.valueOf(properties.getProperty
    ("c3p0.minPoolSize")));
```

如果将属性配置文件 c3p0.properties 放在类的根路径下，则 C3P0 会自动查找该文件名的配置文件并自动设置数据源的属性，连接获取使用以下两行代码就可以。

```
ComboPooledDataSource dataSource = new ComboPooledDataSource();
Connection conn = dataSource.getConnection();
```

（3）XML 配置文件 c3p0-config.xml

XML 配置文件命名为 c3p0-config.xml，并且放入项目根路径下，则 C3P0 可以自动加载并进行设置。XML 配置文件示例如下：

```
01  <?xml version="1.0" encoding="UTF-8"?>
02  <c3p0-config><!--配置根元素 -->
03    <default-config><!--默认配置 -->
        <!--测试表-->
04      <property name="automaticTestTable">con_test</property>
        <!--驱动类 -->
05      <property name="driverClass">com.mysql.cj.jdbc.Driver</property>
        </property><!--地址 -->
06      <property name="jdbcUrl">jdbc:mysql://localhost:3306/ssmi
07      <property name="user">root</property><!--用户名 -->
08      <property name="password">123456</property><!--密码-->
09      <property name="initialPoolSize">10</property><!--池初始连接数 -->
10      <property name="maxPoolSize">100</property><!-- 池最大连接数-->
11      <property name="minPoolSize">10</property><!--池最小连接数 -->
12      <property name="maxStatements">200</property><!--语句最大值 -->
13      <property name="maxIdleTime">30</property><!--最大空闲时间-->
14    </default-config>
15  </c3p0-config>
```

其中，default-config 是默认配置。此外，使用<named-config name="">XML 方式可以配置多个数据源，多个数据源可以在应用中使用的不同类型的数据库，常用来区分开发、测试和正式环境的数据源，<named-config>的配置类似：

```
<named-config name="dev">
   <property name="driverClass">com.mysql.jdbc.Driver</property>
   <! -其他属性配置略  -->
</named-config>
```

在使用 ComboPooledDataSource 初始化数据源时，可以使用指定名字的配置创建数据源。示例代码如下：

```
DataSource  ds = new ComboPooledDataSource("dev");
```

除了基本数据连接和连接池属性外，C3P0 还提供了超时、语句池及事务等其他配置，详细配置属性如表 11.4 所示。

表 11.4　C3P0 设置属性及说明

分类	编号	参数设置	默认值	说明
连接参数	1	driverClass		数据库驱动
	2	jdbcUrl		数据库地址
	3	user		用户名
	4	password		数据库密码
基本参数	5	initialPoolSize	3	初始连接数
	6	maxPoolSize	15	最大连接数，超过需等待
	7	minPoolSize	3	最小连接数
	8	acquireIncrement	3	无空闲连接时一次性创建连接个数
时间	9	maxIdleTime	0	最大空闲时间，超过断开。0表示永远不断开
	10	maxConnectorAge	0	连接的最大生存时间，0表示无限大（单位为s）
	11	maxIdleTimeExcessConnection	0	连接超出时的快速释放时间，需小于maxIdleTime
语句池	12	maxStatements	0	PreparedStatement数量
	13	maxStatementsPerConnection	0	单个连接的最大Statement数量
	14	statementCacheNumDeferredCloseThreads	0	延迟close()
事务	15	autoCommitOnClose	false	连接关闭时提交或者回滚事务
其他	16	acquireRetryAttempts	30	获取连接失败重复尝试的次数
	17	acquireRetryDelay	1000	两次连接中间的间隔时间

11.3.3　线程安全的数据库连接

JDBC 没有规范 Connection 是线程安全的，在单线程的应用中不会有问题。如果是多线程环境，则多个线程共享使用同一个 Connection 对象，如果某个线程关闭了连接，则其他线程就无法使用该连接。此外，多线程下同一个连接在事务中的提交和回滚也会相互受影响。

而在一般的 Java Web 项目中，Servlet 使用的是单实例多线程的方式处理请求，容器只会创建一个该 Servlet 的实例，每个请求通过创建一个单独的线程进行处理。所以在 Java Web 项目中，需要实现 Connection 的线程安全。

Java 中使用 ThreadLocal 线程本地变量工具类可以为每个线程创建一个独立的数据库连接 Connection 对象，达到线程安全的要求。该方式适合在标准 JDBC 和数据库连接池中。以 JDBC 的获取连接为例，定义包含获取数据库连接静态方法的共用类，代码如下：

```
01 public class ThreadSafeConnManager {
02 private static ThreadLocal<Connection> connHolder = new ThreadLocal
```

```
    <Connection>();
03  public static Connection getConnection() {      //静态方法获取连接
04      Connection conn = connHolder.get();
        // 如果当前线程中没有绑定 Connection，则获取连接并绑定
05      if (conn == null) {
06      try {
07          // url、username 和 password 数据库连接属性定义（略）
            //获取连接
08          conn = DriverManager.getConnection(url, username, password);
            // 将 Connection 设置到线程变量 ThreadLocal 中
09          connHolder.set(conn);
10      } catch (SQLException e) {
11          e.printStackTrace();
12      }
13    }
14    return conn;                                  //返回连接对象
15  }
16  }
```

连接池获取线程安全的连接方式与上面类似。关于线程及线程安全，在后面章节中会详细介绍。

11.4　ORM 框架介绍

JDBC 标准接口结合数据库驱动进行数据操作的步骤包括建立连接、准备 SQL 语句和解析返回结果，如果使用数据库连接池则需要导入第三方连接池库并配置。对于面向对象的 Java 语言开发者来说，要熟练和正确使用关系表的数据库 SQL 语言进行数据库操作，一方面学习成本较高，另一方面代码的编写较为麻烦，容易出错。

而数据库的表和 Java 类、表字段和类属性是有对应关系的，是否可以通过操作对象就能实现对数据库的操作？比如，插入一行数据时，将对象的属性拆分后拼装成 SQL 语句；查询数据时，将数据表的一列数据转换成一个 Java 对象。这就是 ORM 技术了。

ORM（Object Relational Mapping，对象关系映射）也称为 O/RM 或 O/R Mapping，意思是将 Java 对象和关系数据库表进行关联映射。通过 Java API 可以直接将 Java 对象持久化到数据库，将对数据库表的操作转换成对 Java 对象的操作。

常见的 ORM 框架有 Hibernate、MyBatis 和 Eclipse Link，为统一不同的 ORM 框架的调用方式，Java 官方又制定了 JPA 标准接口（Java Persistence API）以统一的方式进行对象持久化。

11.4.1　Java 常见的 ORM 框架

Java 语言的 ORM 框架有很多，包括 Hibernate、MyBatis、Eclipse Link、Bee 和 Ujorm

等，常见的是前面 3 种。

- Hibernate：较早也是较流行的开源 ORM 框架。其归属于 RedHat 旗下，是 JBoss 项目的一部分，目前最新的开发版本是 6.0，稳定版是 5.4。其官方网站地址是 http://hibernate.org/orm/，但帮助文档位于 JBoss 的站点中，地址是 https://docs.jboss.org/hibernate/orm/5.4/quickstart/html_single/。Hibernate 完整实现了 JavaBean 对象和数据库表的映射，自动化程度很高，开发人员可以完全不用关心 SQL，而且其数据库的兼容性好，日志系统也比较完备。但 Hibernate 跨表复杂查询的灵活度较低，查询性能也不好，而且学习门槛较高。Spring 在 spring-orm 模块中提供与 Hibernate 的集成。
- MyBatis：和 Hibernate 流行度相当的一款优秀的 ORM 框架，是 Apache 的子项目，也是本书使用的 ORM 框架。MyBatis 延续了 SQL 的使用，属于半自动化的框架，适用对象模型要求不高的项目，比如互联网项目。相对 Hibernate，MyBatis 的速度更快，其学习成本低，易于上手。因为 MyBatis 会使用到 SQL，而不同数据库的 SQL 又存在差异，所以移植性差，代码可读性及日志功能与 Hibernate 相比而言较弱。其官方网站是 http://www.mybatis.org/mybatis-3/。
- Eclipse Link：是与 Eclipse IDE 集成的 ORM 框架，也是 J2EE 官方推荐的 ORM 框架，在使用 Eclipse 中进行开发时使用该框架会非常方便。Eclipse Link 来源于 TopLink，TopLink 是 Oracle 开发的企业级 ORM 平台，后来捐献给 Eclipse 社区。Eclipse 致力将其打造成全面的持久化平台，对象除了可以写入关系数据库之外，还可以写入几乎任何类型的数据源中，包括 XML 格式文件、JSON 格式文件或 ELS 系统等。对应不同的目标数据源，Eclipse Link 在不同的模块中实现，Eclipse Link 包含的模块有 Eclipselink-ORM（对象关系映射）、Eclipselink-OXM（对象 XML Mapping）、Eclipselink-SDO(服务数据对象)、Eclipselink-DAS、Eclipselink-DBWS、Eclipselink-XR 和 Eclipselink-EIS。Eclipse Link 的官方地址是 https://www.eclipse.org/eclipselink/。

11.4.2　Hibernate 开发步骤与实例

Hibernate 对 JDBC 进行封装，将 POJO 与数据库表建立映射关系，可以自动生成 SQL 语句并自动执行。Hibernate 在 Session 接口（实现类是 SessionImpl）中定义了对 JavaBean 增、删、改、查的持久化方法，对应的方法名分别是 save()、delete()、update()和 get()，这些方法会将对象方法自动转换成数据库语句并执行。

Session 中维护了 JDBC 的 Connection 成员属性，两种是多对一的关系，即每个 Session 实例都对应一个 Connection 实例，一个 Connection 实例可供多个 Session 实例使用。和 Connection 一样，Session 使用完成后也需要调用 close()方法关闭以释放资源。

1. Hibernate的开发步骤

Hibernate 的开发一般遵循如下步骤：

（1）配置数据库连接的全局配置，习惯的配置文件名是 hibernate.cfg.xml，该配置文件中的主要内容是“四基一言”，即数据库驱动、数据库地址、数据库用户名和数据库密码四个基本配置和一个方言配置。

（2）创建实体类和表的映射文件，并将此文件加入全局配置中。映射文件用来配置 Java 类和数据库表，以及类属性和表字段的之间对应关系。

（3）加载配置文件，获取 Session 工厂，通过 Session 工厂开启 Session 就可以调用 Java 对象的持久化操作方法了。

（4）方法执行完成，关闭 Session，释放资源。

2. Hibernate开发实例

接下来以根据 ID 查询用户表并将查询结果转换为用户类型的对象为例，简单演示 Hibernate 框架的使用。

（1）创建 Hibernate 的全局配置文件 hibernate.cfg.xml，该文件一般放在类的根路径下，也可以放在类的子目录或其他目录中，配置文件示例如下：

```
01 <?xml version="1.0" encoding="UTF-8"?>
02 <!DOCTYPE hibernate-configuration PUBLIC <!--文档说明：标记约束文档 -->
       "-//Hibernate/Hibernate Configuration DTD 3.0//EN"
       "http://www.hibernate.org/dtd/hibernate-configuration-3.0.dtd">
03 <hibernate-configuration> <!--Hibernate 的配置根元素 -->
04   <session-factory>  <!--会话工厂，四基一言配置 -->
05     <propertyname="hibernate.connection.driver_class">com.mysql.cj.
       jdbc.Driver</property>
06     <property name="hibernate.connection.url">jdbc:mysql://localhost:
       3306/ssmi </property>
       <!--用户名  -->
07     <property name="hibernate.connection.username">root</property>
       <!--密码  -->
08     <property name="hibernate.connection.password">123456</property>
09     <property name="hibernate.dialect">org.hibernate.dialect.MySQL5
       Dialect</property>
       <!--根据映射更新表 -->
10     <property name="hibernate.hbm2ddl.auto">update</property>
       <!--是否显示 SQL 语句  -->
11     <property name="hibernate.show_sql">true</property>
       <!--是否格式化 SQL 语句  -->
12     <property name="hibernate.format_sql">true</property>
13     <property name="hibernate.current_session_context_class">thread
       </property>
       <!--映射文件-->
14     <mapping resource="cn/osxm/ssmi/chp11/User.hbm.xml"></mapping>
15   </session-factory>
16 </hibernate-configuration>
```

上面的配置中，hibernate.hbm2ddl.auto 属性用于配置 DDL 的类别，也就是 Hibernate 应用启动时根据 Java 类自动创建、更新或验证数据库表的行为，该属性可以配置的选项有 none、create、create-drop、update 和 validate。

- none：相当于没有配置该属性。
- create：加载 Hibernate 时会先删除数据库表，根据实体类的映射重新产生表结构。
- create-drop：加载 Hibernate 时自动创建表，sessionFactory 关闭时删除表。
- update：加载 hibernate 时根据映射更新数据库表。
- validate：加载 hibernate 时根据映射验证表结构。

hibernate.hbm2ddl.auto 属性配置在开发和测试环境中配置会比较方便，但在正式环境中要谨慎使用，原因包括：设置为 create 时会删除数据库表及数据；设置为 update 时，偶尔会出现更新不成功的状况。

（2）配置 User 类和数据表（user）的映射文件 User.hbm.xml。

```
01  <?xml version="1.0" encoding="UTF-8"?>
02  <!DOCTYPE hibernate-mapping  SYSTEM <!--文档说明，设置映射文件  -->
        "http://www.hibernate.org/dtd/hibernate-mapping-3.0.dtd" >
    <!--package：类所在包名 -->
03  <hibernate-mapping package="cn.osxm.ssmi.chp11.hibernate">
04    <class name="User" table="user"><!- 映射类，name:类名,- table:表名 -->
        <!--id:主键，name:属性名称，column：字段名称  -->
05      <id name="id" column="id">
06          <generator class="native"/><!--generator:主键生成策略–>
07      </id>
        <!--配置属性对应的字段  -->
08      <property name="name" length="16" column="name"/>
09    </class>
10  </hibernate-mapping>
```

（3）加载配置，构建 SessionFactory，打开 Session，调用 get()方法通过 id 查询并返回 User 类型对象。

```
    //获取类路径
01  String classPath = HibernateDemo.class.getResource("/").getPath();
02  Configuration configuration = new Configuration().
            configure(new File(classPath+"cn/osxm/ssmi/chp11/hibernate.
            cfg.xml"));                              //加载配置
    //构建会话工厂
03  SessionFactory factory = configuration.buildSessionFactory();
04  Session session = factory.openSession();        //打开会话
05  User user = session.get(User.class, "001");     //通过 id 查询
06  session.close();                                //关闭会话
```

3. Hibernate连接池的使用

Hibernate 框架有自己的连接池，默认情况下使用内建连接池，但这个连接池较为简陋，性能不佳且存在一些 Bug。Hibernate 2 支持 Apache 的 DBCP 连接池，但在 Hibernate 3 中

已经不推荐使用了，因为 DBCP 本身存在着一些缺陷。目前，Hibernate 整合较多的连接池是 C3P0，Hibernate 提供了与其整合的模块 hibernate-c3p0，所以项目中除了要导入 Hibernate 和 C3P0 的依赖包之外，还需要导入 hibernate-c3p0 依赖包。在 Maven 中导入的方式如下：

```
<dependency>
    <groupId>org.hibernate</groupId>
    <artifactId>hibernate-c3p0</artifactId>
    <version>5.4.3.Final</version>
</dependency>
```

导入以上依赖包之后，使用 C3P0 的连接池就很简单了，只需要在配置文件中（hibernate.cfg.xml）增加 hibernate 定义的连接池属性配置，包括连接池提供类，最大、最小连接数，连接一次增长的个数和连接超时等，配置示例如下：

```
    <!--连接池提供类-->
01  <property name="hibernate.connection.provider_class">
       org.hibernate.connection.C3P0ConnectionProvider </property>
    <!--最大连接数-->
02  <property name="hibernate.c3p0.max_size">20</property>
    <!--最小连接数-->
03  <property name="hibernate.c3p0.min_size">5</property>
    <!--连接超时时间-->
04  <property name="hibernate.c3p0.timeout">120</property>
05  <property name="hibernate.c3p0.max_statements">100</property>
06  <property name="hibernate.c3p0.idle_test_period">120</property>
07  <property name="hibernate.c3p0.acquire_increment">2</property>
```

MyBatis 的使用和 Hibernate 很类似，提供了 SqlSession 替代 Session，MyBatis 的内容会在后面两章中详细介绍。Eclipse Link 是对 JPA 完全支持的 ORM 框架，其使用示例在下面章节中进行介绍。

11.5　JPA——Java 持久层应用接口

ORM 框架实现了 Java 对象和关系数据库的映射，将 Java 对象直接持久化保存到数据库表中，简化了程序开发中数据库的处理。因为各 ORM 框架提供的数据操作的 API 差异很大，于是 Java 官方制定了统一的标准接口 JPA，各 ORM 框架基于此标准接口提供实现方法。目前实现 JPA 标准的 ORM 框架有 Hibernate 和 Eclipse Link 等。

MyBatis 更偏重于是一个 SQL Mapping 的框架，原生没有实现 JPA 接口标准，但有一些开源项目基于 MyBatis 提供了遵循 JPA 的实现。

JPA（Java Persistence API，Java 持久层应用接口）是在 JDK 5.0 版本之后才出现的。JPA 是 JSR-220 规范的一部分，由 EJB 3.0 的专家组开发，有 Hibernate 专家参与，提供了对 POJO 的持久化定义，其可以使用在 Web 应用和普通的桌面应用中，官方介绍与学习网址是 https://www.oracle.com/technetwork/java/javaee/tech/persistence-jsp-140049.html。

Hibernate 在 3.2 以后的版本中开始支持 JPA，JPA 和 Hibernate 等 ORM 框架的关系就像 JDBC 和 JDBC 驱动的关系，JPA 是规范。要使用 JPA，需要导入 javax.persistence 标准接口库和使用的 ORM 框架包。

11.5.1　JPA 的主要内容

JPA 主要包含 4 个方面的内容：持久化全局配置、ORM 映射元数据、持久化对象操作 API 及持久化查询语言。

1．持久化全局配置

JPA 使用 persistence.xml 文件进行数据源配置等持久化配置，该配置文件需要放置在项目的 META-INF 目录下，使用<persistence-unit>持久化单元，通过 name 属性指定该持久化单元的名称。多个数据库使用多个持久化单元，一般也用来区分不同环境（开发、测试、生产）的持久化单元。持久化单元的主要配置元素包括：

- <provider>：ORM 框架提供商的类。
- <mapping-file>或<class>：映射文件或映射注解类。
- <properties>：数据库属性，包括基本属性和连接池等。

配置格式如下：

```
01 <?xml version="1.0" encoding="UTF-8"?>
02 <persistence version="2.2" xmlns="http://xmlns.jcp.org/xml/ns/persistence"
      xmlns:xsi="http://www.w3.org/2001/XMLSchema-instance"
      xsi:schemaLocation="http://xmlns.jcp.org/xml/ns/persistence http:
      //xmlns.jcp.org/xml/ns/persistence/persistence_2_2.xsd">
03   <persistence-unit name="数据库名" transaction-type="RESOURCE_LOCAL">
04     <provider>ORM 框架提供类 </provider>
05      <mapping-file>映射文件 1</mapping-file>
06      <class>实体注解类</class>
07     <properties>
08          <property name="javax.persistence.jdbc.driver " value="驱动
          类名" />
09         <property name="javax.persistence.jdbc.url" value="数据库地址" />
10         <property name="javax.persistence.jdbc.user " value="数据库用
         户名" />
11         <property name="javax.persistence.jdbc.password " value="数据
         库密码" />
12     </properties>
13   </persistence-unit>
14 </persistence>
```

2．ORM映射元数据

映射元数据是指关系表和对象的映射配置，JPA 支持 XML 文件和注解两种配置方式。

框架依据映射配置将实体对象持久化到数据库中，同样依据映射配置将数据库查询的数据转换为 Java 对象类型。

使用 XML 方式映射实体类的文件命名一般使用“类名.jpa.xml”，映射文件配置如下：

```
01 <?xml version="1.0" encoding="UTF-8"?> <!--XML 文件头 -->
02 <entity-mappings  <!--根元素及 JPA ORM 命名空间和文档类型定义 -->
   xmlns="http://www.oracle.com/webfolder/technetwork/jsc/xml/ns/persistence/orm"
   xmlns:xsi="http://www.w3.org/2001/XMLSchema-instance"
   xsi:schemaLocation=" http://www.oracle.com/webfolder/technetwork/jsc/
   xml/ns/persistence/orm
   http://www.oracle.com/webfolder/technetwork/jsc/xml/ns/persistence/
   orm_2_2.xsd">
03 <description> My  Mapping file</description> <!--映射文件描述 -->
04 <entity class="全路径类名"> <!--实体类配置 -->
05     <table name="数据表" /> <!--表名配置 -->
06     <attributes><!--属性映射配置 -->
07         <id name="id"> <!--主键字段映射 -->
08             <generated-value strategy="TABLE" />
09         </id>
10         <basic name="类属性"> <!--其他字段与属性映射 -->
11             <column name="数据表字段" length="100" />
12         </basic>
13     </attributes>
14   </entity>
15 </entity-mappings>
```

除了 XML 映射配置，也可以在实体类中直接使用注解映射数据库表和字段等，常用的注解有：

- @Entity：使用在实体类中，标注是实体类。
- @Table：使用在实体类中，映射该实体类的数据库表的名称，当实体类和数据库表不一致时使用。
- @Id 主键：一般标注在属性的 getter 方法中。
- @Basic：表示一个简单的属性到数据库表字段的映射。如果属性没有使用注解则默认使用它。
- @Column：属性映射的数据表字段名，当属性与数据表的列名不同时使用。
- @Transient：表示该属性并非一个到数据库表的字段的映射，ORM 框架将忽略该属性，也就是该属性在数据表中不会创建对应的字段。

3. 持久化对象操作的API

JPA 提供了持久化实体对象操作的统一 API，对实体类对象执行增、删、改、查（CRUD）操作，框架会自动完成表对应的操作。使用示例如下：

```
EntityManagerFactory entityManagerFactory =         //创建实体管理器工厂
        Persistence.createEntityManagerFactory(persistenceUnitName);
//实体管理器
EntityManager entityManager = entityManagerFactory.createEntityManager();
```

```
Customer customer = entityManager.find(Customer.class, 1);     //查询数据
```

4．持久化查询语言JPQL（Java Persistence Query Language）

JPQL 是 JPA 定义的面向对象的查询语言，使用它来替换面向数据库的 SQL 语言，以避免 SQL 语句对不同数据库兼容性问题。SQL 操作的是数据表和数据列，而 JPQL 操作的是实体对象和实体属性。语法如下：

```
select 实体别名.属性名， 实体别名.属性名 from 实体名 as 实体别名
                                        where 实体别名.实体属性 操作符 比较值
```

以查询用户类的属性为例，语句如下：

```
select u.name from user as u
```

11.5.2　JPA 的主要概念和类

JPA 主要的概念有实体（Entity）和持久上下文（Persistence Context），标准接口定义的主要类包括 EntityManager（实体管理器）、EntityManagerFactory（实体管理器工厂）和 Persistence（Persistence）等。

1．Entity（实体）

JPA 将普通的 Java 对象（POJO）映射到数据库，这些 Java 对象被称作 Entity（实体），实体是持久性对象存储在数据库中的记录。实体类的定义符合 JavaBean 规范，每个属性都定义为私有的，并且有对应的 Setter 和 Getter 方法，所以实体类对象也被称为实体 Bean。

JPA 规范支持 XML 配置文件和注解两种方式实现实体类和数据库表的映射，注解方式的映射在实体类中使用@Entity 注解标识该类是一个和数据库映射的实体类。示例如下：

```
@Entity
@Table(name = "USER")
public class User implements Serializable {
}
```

2．Persistence Context（持久上下文）

持久化上下文就是一个受管的 Entity 实例的集合，与 Spring 应用上下文（Application Context）概念类似，持久化对象在 JPA 中需要容器进行托管。持久化上下文和持久化单元关联，它们之间的关系类似于 Spring 配置文件和 Spring 应用上下文（容器）。持久化上下文通过 EntityManager 间接管理，所以在代码开发中感觉不到它的存在。

3．EntityManager（实体管理器）

EntityManager 是对持久化对象增、删、改、查的接口，相当于 Java 实体对象和数据库交互的中介，该接口定义了数据增、删、改、查的方法（可以对比 Hibernate 的 Session）。

每个实体管理器对象维护了一个 EntityTransaction 实例用来处理数据库事务。EntityTransaction 提供了事务开始（begin()）、提交（commit()）和回滚（rollback()）等方法。EntityManager 通过实体管理器工厂 EntityManagerFactory 的 createEntityManager()方法创建。

4．EntityManagerFactory（实体管理器工厂）

EntityManagerFactory 用来创建实体管理器对象，实体管理器工厂可以创建多个实体管理器。EntityManager 是非线程安全的，而 EntityManager 和 EntityTransaction 存在一对一的关系，在并发多线程的应用中，就有可能创建多个实体管理器以避免事务冲突。Persistence 使用配置的持久化单元（persistence-unit）的名字作为参数调用方法 createEntityManagerFactory 创建 EntityManagerFactory 对象。EntityManagerFactory 是线程安全的，一个数据源维持一个即可。实体管理器工厂的主要方法有：

- createEntityManager()：用来创建实体管理器对象实例。
- createEntityManager(Map map)：用来创建实体管理器对象实例，参数为 EntityManager 提供的属性。
- isOpen()：检查 EntityManagerFactory 是否处于开放状态，如果创建之后一直处于开放状态，则调用 close()方法关闭。
- close()：关闭 EntityManagerFactory。

5．Persistence（持久类）

Persistence 主要用于创建 EntityManagerFactory 实例和根据持久化单元和配置产生数据库表。该类的静态方法 createEntityManagerFactory()根据配置文件（persistence.xml）中配置的持久化单元的名称创建 EntityManagerFactory 的实例。

6．持久化单元

持久化单元代表一个数据库环境，在大部分应用中基本只对应一个数据库，持久化单元常被用来配置开发、测试和正式环境的数据库连接和配置。持久化单元配置在 JPA 的全局配置文件 persistence.xml 中，一个持久化单元的配置如下：

```
01  <persistence-unit name="myProj_QA"><!--指定持久化单元的名字 -->
        <!--JAP 实现 -->
02      <provider>org.eclipse.persistence.jpa.PersistenceProvider</provider>
        <!--映射文件 -->
03      <mapping-file>META-INF/eclipselink-orm.xml</mapping-file>
04      <properties> <!--数据库连接属性配置 -->
05          <property name="javax.persistence.jdbc.url" value="" />
06          <property name="javax.persistence.jdbc.driver" value="com.mysql.
            jdbc.Driver" />
07          <property name="javax.persistence.jdbc.user" value="root" />
08          <property name="javax.persistence.jdbc.password" value="123456" />
```

```
09      </properties>
10  </persistence-unit>
```

11.5.3　JPA 开发规范与步骤

导入 JPA 接口及实现的依赖包之后，就可以进行 JPA 开发了，开发规范和步骤如下：

（1）在项目的 META-INF 下创建全局配置文件（persistence.xml），在该文件中配置持久化单元。单个持久化单元配置项主要包括：

- 数据库连接属性；
- JPA 实现框架及相关属性；
- 映射引用配置。

（2）创建实体类。

（3）完成实体类和表的映射，可以使用 XML 或注解方式进行类和表、属性和栏位的映射。

（4）创建实体管理器工厂 EntityManagerFactory (对应 Hibernate 中的 SessionFactory) 和实体管理器。

（5）通过实体管理器的 CRUD 方法操作实体。如果有事务，则先开启事务并处理事务。事务处理策略在 persistence.xml 配置文件中通过 transaction-type 设置。RESOURCE_LOCAL 代表本地事务。如果需要支持分布式，要使用 JTA 策略（将 transaction-type 的值设置为 JTA）。

（6）关闭实体管理器和实体管理器工厂，释放资源。

11.5.4　JPA 之 Hibernate 实现实例

Hibernate 3.0 及之后的版本中实现了标准的 JPA 接口，所以使用 JPA 接口+Hibernate 实现的组合可以进行基于 JPA 的数据访问开发。下面以一个完整的实例来介绍 JPA 与 Hibernate 组合的开发步骤与实例代码。开发之前需要在项目中需要导入 JPA 接口库和 Hibernate 相关的依赖包。开发步骤如下：

1. 创建JPA的配置文件persistence.xml

同样是在项目 META-INF 目录下创建配置文件 persistence.xml。使用 JPA 统一接口后，

就不需要再配置 Hibernate 的配置文件（hibernate.cfg.xml）了。在配置文件中配置<provider>标签的内容为 org.hibernate.jpa.HibernatePersistenceProvider，代表使用的 JPA 的实现是 Hibernate。在 JPA 配置文件中也支持使用 Hibernate 的参数进行配置，比如 hibernate.connection.driver_class、hibernate.hbm2ddl.auto 和 hibernate.format_sql 等。配置文件的示例如下：

```
01 <?xml version="1.0" encoding="UTF-8"?>
02 <persistence version="2.1" xmlns="http://xmlns.jcp.org/xml/ns/
   persistence"
   xmlns:xsi="http://www.w3.org/2001/XMLSchema-instance"
   xsi:schemaLocation="http://xmlns.jcp.org/xml/ns/persistence
         http://xmlns.jcp.org/xml/ns/persistence/persistence_2_1.xsd">
03 <persistence-unit name="ssmi" transaction-type="RESOURCE_LOCAL">
04   <provider>org.hibernate.jpa.HibernatePersistenceProvider</provider>
05    <mapping-file>cn/osxm/ssmi/chp11/jpa/User.jpa.xml</mapping-file>
06   <properties>
07      <property name="hibernate.connection.driver_class" value="com.
        mysql.cj.jdbc.Driver" /
08     <property name="hibernate.connection.username" value="root" />
09     <property name="hibernate.connection.password" value="123456" />
10     <property name="hibernate.connection.url" value="your url " />
11     <property name="hibernate.show_sql" value="true" />
12     <property name="hibernate.format_sql" value="true" />
13     <property name="hibernate.hbm2ddl.auto" value="update" />
14    </properties>
15 </persistence-unit>
16 </persistence>
```

以上示例使用<mapping-file>标签配置XML映射文件，映射文件可以使用JPA的格式（比如User.jpa.xml），也可以使用Hibernate的原生格式（User.hbm.xml），但是两种配置不能同时存在。

2．映射配置

映射配置支持XML文件和注解两种方式，XML映射文件的配置内容可以参考前面的JPA配置或Hibernate的映射配置。注解映射类在配置文件中使用<class>标签引用，例如：

```
<class>cn.osxm.ssmi.chp11.User</class>
```

映射注解类使用标准的JPA注解@Entity、@Id和@Column等进行标注，示例如下：

```
01 @Entity                                                   //实体类注解
02 @Table(name = "USER")                                     //数据库表名字
03 public class User  implements Serializable {              //实现序列化接口
04    private static final long serialVersionUID = 1L;    //序列化ID
05    @Id                                                    //主键注解
06    @Column(name = "ID")                                   //栏位映射
07    private int id;
08    @Column(name = "NAME")                                 //栏位映射
09    private String name;
10    //属性的set,get方法（略）
11 }
```

一般情况下，Table和Column的name属性可以不进行设置，不设置的话默认以类的名字和属性的名字作为表和栏位的名字。

3．调用接口查询

使用JPA标准接口调用数据操作方法，完全看不到Hibernate的身影。步骤包括初始化实体管理器工厂、创建实体管理器、使用实体管理器进行查询等操作并返回结果，关闭资源，示例代码如下：

```
01  EntityManagerFactory entityManagerFactory = Persistence.createEntity
    ManagerFactory("si");
02  EntityManager entityManager = entityManagerFactory.createEntity
    Manager();                                          //实体管理器
03  entityManager.getTransaction().begin();             //开始事务
04  List<User> result = entityManager.createQuery("select u " + "from User
    u ").getResultList();
05  for (User user : result) {                          //循环返回结果
06    System.out.println(user.getName());
07  }
08  entityManager.getTransaction().commit();            //提交事务
09  entityManager.close();                              //关闭实体管理器
10  entityManagerFactory.close();                       //关闭实体管理器工厂
```

11.5.5　JPA 之 Eclipse Link 实现实例

Eclipse Link 完整实现了 JPA 规范，是官方推荐的 JPA 实现接口。此外，Eclipse IDE 中集成了 JPA 开发的插件，自动产生代码和配置文件，可以加速 JPA 项目的开发。下面以一个具体的实例演示在 Eclipse IDE 中基于 Eclipse Link 开发 JPA 类型项目的过程。具体步骤如下：

（1）在 Eclipse 中创建一个 JPA 类型的项目。

（1）单击 File 菜单，选择 New | Other 命令，在弹出的对话框中找到 JPA 目录下的 JPA Project 的选项，如图 11.3 所示。

（2）给项目起个名字，这里使用 myJpaPrj，一直单击 Next 按钮，直到出现选择 JPA 实现的对话框，如图 11.4 所示。

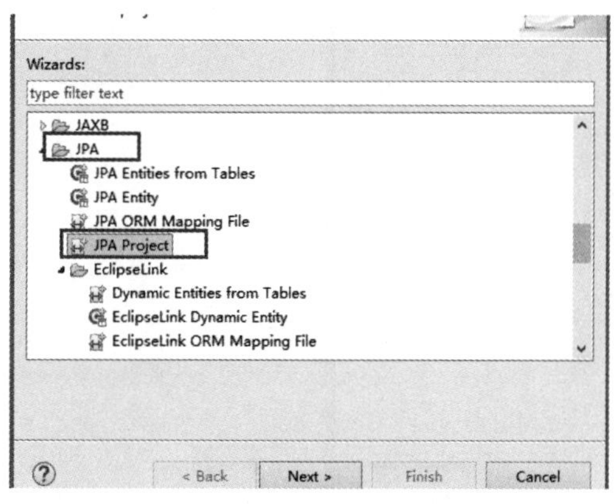

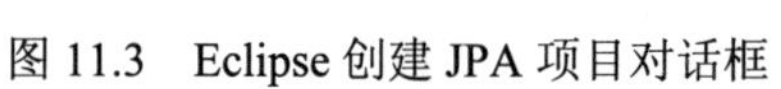
图 11.3　Eclipse 创建 JPA 项目对话框

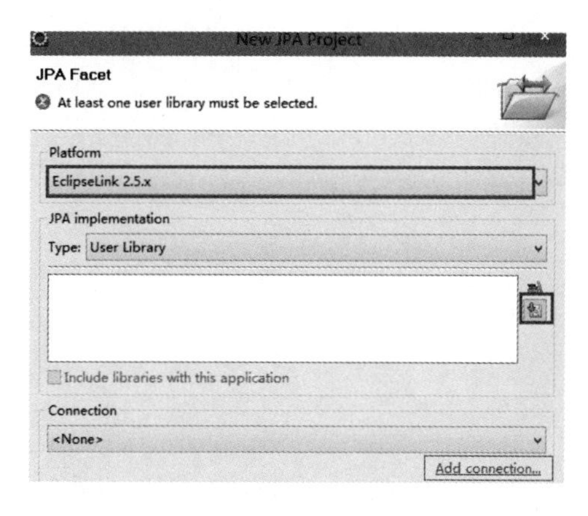

图 11.4　选择 JPA 实现窗口

这里选择 EclipseLink 及其版本后单击下载按钮，打开下载弹出框，在其中选择合适的 EclipseLink 版本进行下载。EclipseLink 2.5 的库约 30MB。

（3）添加数据库连接。

下载完成后单击 Add connection 按钮添加数据库连接，添加的步骤如图 11.5 所示。这里首先选择 MySQL 数据库，接着选择驱动的版本和驱动文件，驱动文件可以提前下载好，在图 11.5 的第④步中添加进来。

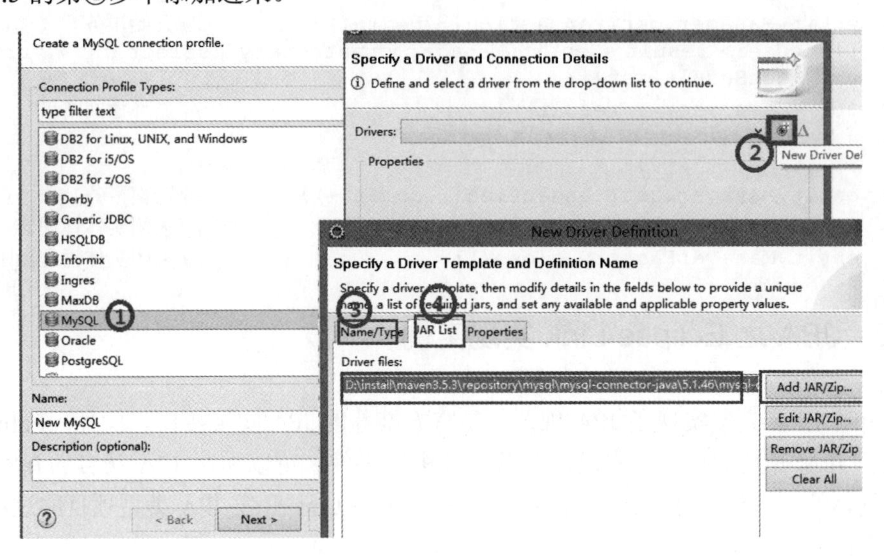

图 11.5　选择数据库和添加驱动

驱动添加完成后，会要求输入数据库连接的相关属性，输入完毕后，单击 Test Connection 按钮可以测试数据库是否可以连接上了，如图 11.6 所示。

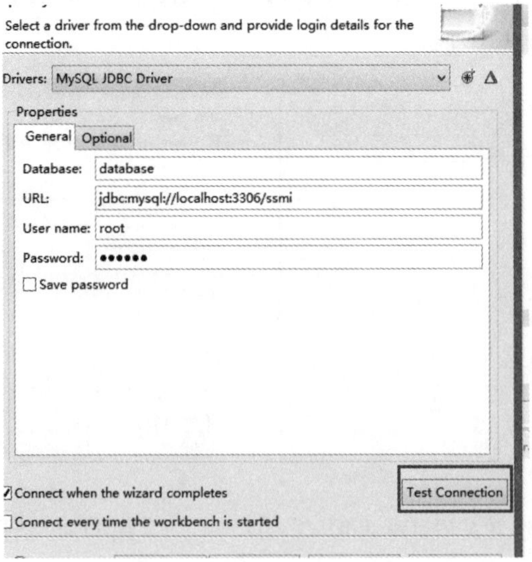

图 11.6　建立数据库连接

（4）单击 Finish 按钮完成项目的创建。项目创建完成后的目录结构如图 11.7 所示。

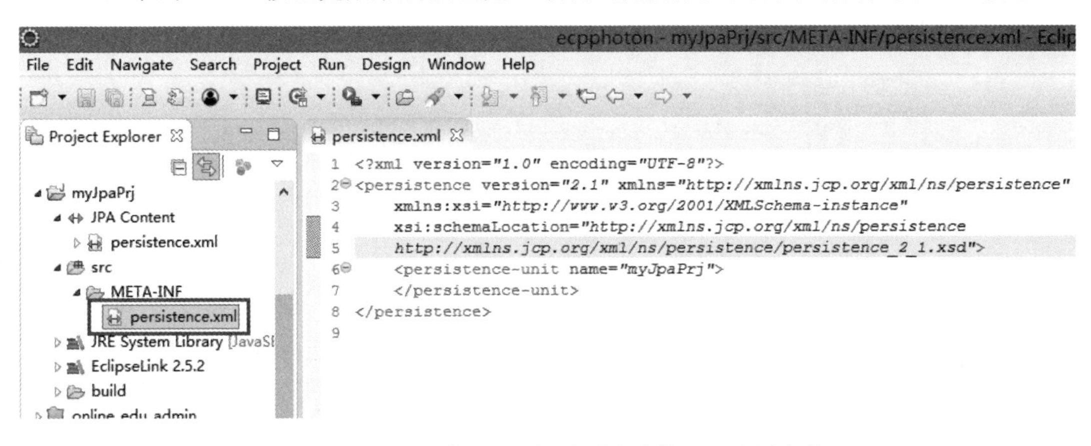

图 11.7　Eclipse 中 JPA 项目自动产生的 JPA 配置文件

项目创建向导会在 META-INF 下自动创建 JPA 的配置文件 persistence.xml，内容包含一个以项目名命名的持久单元标签。

（5）导出数据库表为实体类。

在项目上右击，在弹出的快捷菜单中选择 New | Other | JPA | JPA Entities from Tables 命令，弹出对话框如图 11.8 所示。

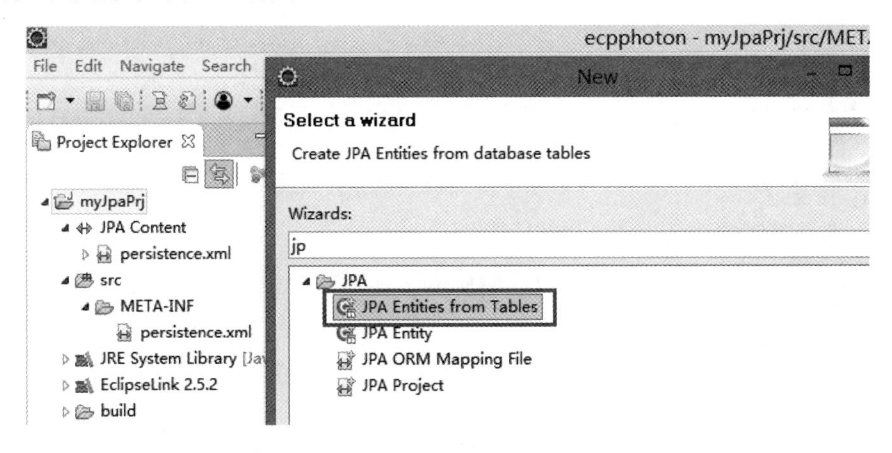

图 11.8　从数据库表导出注解实体类

在弹出的对话框中选择上面创建的数据库连接和该连接的数据库表，这里选择 user 表后单击 Finish 按钮导出，如图 11.9 所示。

由表导出的实体类默认位于项目的 model 包中，该类使用了@Entity 和@Id 注解映射数据库的表和字段，如图 11.10 所示。

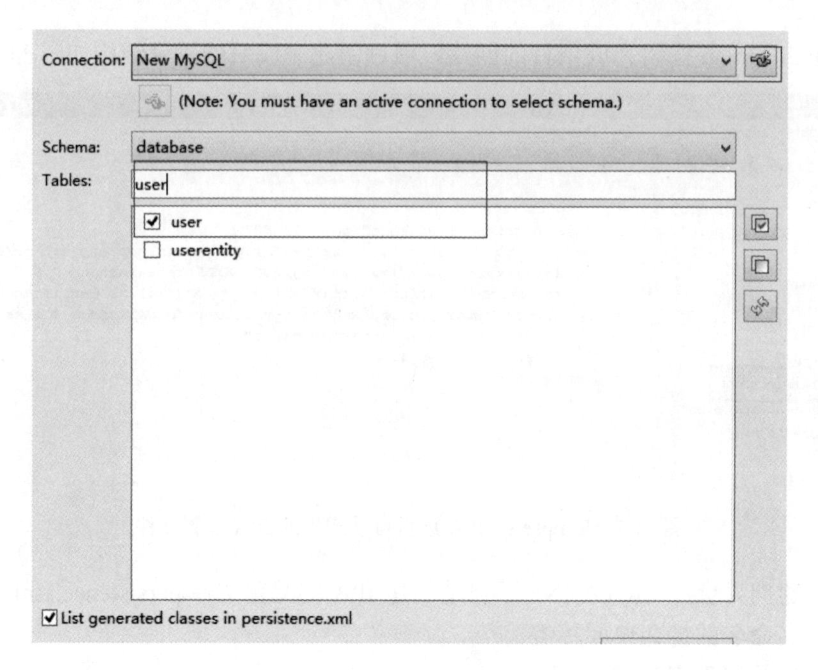

图 11.9　选择导出实体类的表

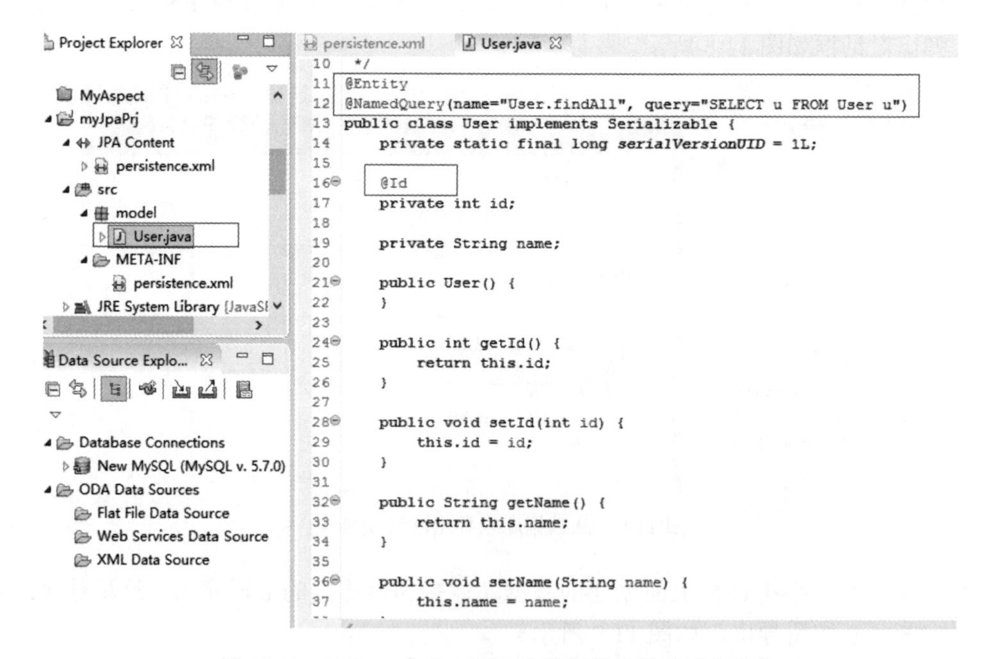

图 11.10　Eclipse 中 JPA 项目中选择导出的注解实体类

除了产出实体类文件之外，上述操作还会将该类写入配置文件的持久单元的<class>标签中，如图 11.11 所示。

```
persistence.xml    User.java
1  <?xml version="1.0" encoding="UTF-8"?>
2  <persistence version="2.1" xmlns="http://xmlns.jcp.org/xml/ns/persistence"
3      xmlns:xsi="http://www.w3.org/2001/XMLSchema-instance"
4      xsi:schemaLocation="http://xmlns.jcp.org/xml/ns/persistence
5      http://xmlns.jcp.org/xml/ns/persistence/persistence_2_1.xsd">
6      <persistence-unit name="myJpaPrj">
7          <class>model.User</class>
8      </persistence-unit>
9  </persistence>
10
```

图 11.11　从表导出实体类时自动添加配置

至此，一行代码没写，Eclipse 自动产生了配置文件和映射实体类，下面只需要增加数据库连接就可以进行测试了。

（6）添加数据库连接信息和测试。

在 persistence.xml 的持久化单元中增加如下数据库属性配置：

```
01  <properties> <!--数据库连接属性配置 -->
02    <property name="javax.persistence.jdbc.url" value="jdbc:mysql://
      localhost:3306/ssmi " />
03    <property name="javax.persistence.jdbc.driver" value="com.mysql.
      jdbc.Driver" /><!--驱动-->
      <!--数据库-->
04    <property name="javax.persistence.jdbc.user" value="root" />
      <!--密码-->
05    <property name="javax.persistence.jdbc.password" value="123456" />
06  </properties>
```

测试代码如下：

```
    //初始化持久化单元的实体管理工厂
01  EntityManagerFactory entityManagerFactory
                = Persistence.createEntityManagerFactory("myJpaPrj");
    //实体管理器
02  EntityManager entityManager = entityManagerFactory.createEntityManager();
03  //List<User> result = entityManager.createQuery("select u " +
    "from User u ").getResultList();              //使用 JPQL 查询
04  List<User> result = entityManager.createNamedQuery("User.findAll").
    getResultList();                              //名字
05  for (User user : result) {                    //循环结构
06     System.out.println(user.getName());
07  }
08  entityManager.close();                        //关闭事务管理器
```

第 12 章 MyBatis 入门

Hibernate 和 MyBatis 是 Java 中使用较多的 ORM 框架，两者各有所长，也可以在同一项目中互补使用。MyBatis 是轻量级的半自动化框架，不强制依赖其他第三方包，导入项目即可开发。本章从一个简单的实例入手，逐步展开对 MyBatis 的核心接口、类、全局配置、对象与表映射的学习。

12.1 MyBatis 介绍与快速入门实例

MyBatis 是一款优秀的开源持久层框架，在 GitHub 上维护。和其他持久层框架一样，MyBatis 省去了 JDBC 中的大工作和烦琐的代码。通过 XML 或注解映射配置，可以灵活地实现数据库表和 Java 对象的映射。MyBatis 的类命名结构、开发方式等与 Hibernate 类似，开发步骤主要是根据全局配置文件初始化会话工厂，通过会话工厂开启会话，从会话对象得到映射器，使用映射器（或直接使用会话）调用映射的数据方法。

12.1.1 MyBatis 介绍

MyBatis 来源于 Apache 基金会下的一个开源项目 iBatis，iBatis 是 internet 和 abatis 两个词的组合。internet 的意思不用多说了，abatis 是鹿砦、拒木，是一种防御性障碍，在古代战争中经常使用树木做成尖锐的鹿角形状放在军队的前面，在《三国志》的游戏中，被称为拒鹿角。两者结合的含义是互联网防御，这是因为 iBatis 最初是侧重密码软件的开发项目。2010 年，iBatis 从 Apache 软件基金会迁移到 Google Code，并更名为 MyBatis。2019 年 7 月发布版本 MyBatis 3.5.2。

MyBatis 使用 SQL 语句映射接口方法，支持普通 SQL 查询、存储过程和高级映射。其与 Hibernate 各有优劣，适用于不同的应用场景，也可以互补使用。

1．MyBatis的特点

轻量、灵活和高效是 MyBatis 的主要特点，具体说明如下：

- 轻量、体积小。MyBatis 没有强制第三方包的依赖，直接导入 MyBatis 包就可以配置和开发。

- 灵活。MyBatis 框架使用自定义 SQL 进行表和字段的映射，支持存储过程及高级映射。
- 高效。在跨表和大数据量查询的状况下，MyBatis 具备较高的效率。
- 能够和 Spring 进行很好的整合。
- 简单易学。官方提供了全面的中文学习文档，地址是 http://www.mybatis.org/mybatis-3/zh/index.html。

2. MyBatis与Hibernate的比较及适用场景

Hibernate 自动生成 SQL 语句，是全自动的 ORM 框架。相比而言，MyBatis 可以让开发者自行编写 SQL 语句，是半自动框架，虽然存在 SQL 开发工作量稍大和数据库迁移上不便利的缺点，但是却给系统设计提供了更大的自由发挥的空间。

- Hibernate 适用场景简单，以单表和单对象的操作为主，适用于跨表查询较少和对性能要求不苛刻的场景，比如企业应用的表单申请系统或人员管理系统等。
- MyBatis 适合开发数据量大及对性能要求较高的应用，比如分布式和大数据网络应用，并且要求开发团队熟悉 SQL 技术。

MyBatis 也可以作为全自动化 ORM 框架的补充，在同一个项目中可以同时使用 Hibernate 和 MyBatis，Hibernate 用来插入、更新和删除操作，MyBatis 用来处理复杂查询、批量查询和批量删除等。

12.1.2　MyBatis 快速入门实例

MyBatis 开发只需要导入 MyBatis 的 jar 包和对应数据库的 JDBC 驱动即可。使用 Java 代码和 XML 文件都可以实现全局配置和映射配置，但基于 XML 配置开发是最早也是使用较多的开发方式。基于 XML 配置文件开发需要配置两种类型的文件，即全局的配置文件和 SQL 映射文件。本节将介绍一个完整的 MyBatis 实例，该文件基于 XML 文件配置，其数据库使用 MySQL。

1. 依赖包导入

MyBatis 和 MySQL 驱动依赖包可以直接下载导入，更方便的方式是使用 Maven 导入。

（1）导入 MyBatis 包。

MyBatis 代码控管在 GitHub 下，jar 包也可以从 GitHub 中下载，MyBatis 3.5.2 下载地址是 https://github.com/mybatis/mybatis-3/releases/download/mybatis-3.5.2/mybatis-3.5.2.zip。下载完成解压就可以找到 MyBatis 的 jar 文件。除此之外，lib 目录下还包含一些日志等第三方包。使用 Maven 导入方式，直接增加以下依赖配置项。

```
01 <dependency>
02     <groupId>org.mybatis</groupId>
```

```
03      <artifactId>mybatis</artifactId>
04      <version>3.5.2</version>
05   </dependency>
```

（2）数据库驱动导入。

在这里，MySQL 驱动使用 2019 年 4 月发布的 8.0.16 版，使用 Maven 导入如下：

```
01 <dependency>
02      <groupId>mysql</groupId>
03      <artifactId>mysql-connector-java</artifactId>
04      <version>8.0.16</version>
05 </dependency>
```

2．实例描述

本节以一个用户查询功能为例，演示 MyBatis 的开发过程。首先需要定义用户类（User）和创建数据库 User 表，简单起见，类和表都只有 id 和 name 两个属性（字段）。在数据库连接（MySQL）、数据库表（User）和实体类（User）已经准备好的前提下，使用 MyBatis 实现根据用户 id 查询数据表对应数据并转化为 User 类型的对象。开发步骤如下：

（1）配置 MyBatis 全局配置文件。

全局配置文件主要配置数据源等属性和映射文件的引用（映射文件的引用配置也可以在映射文件配置完成后加入）。MyBatis 全局配置文件的习惯命名是 mybatis-config.xml，为保持代码的可读性，仍沿用此命名。配置文件的内容如下：

```
01  <?xml version="1.0" encoding="UTF-8" ?>  <!--XML 文件头 -->
02  <!DOCTYPE configuration  <!--文档类型标记-->
    PUBLIC "-//mybatis.org//DTD Config 3.0//EN"
    "http://mybatis.org/dtd/mybatis-3-config.dtd">
03  <configuration>  <!--配置根元素-->
04    <environments default="development"><!--环境集配置，设定默认环境 -->
05      <environment id="development"><!--环境配置，使用 id 设置环境标识-->
           <!--数据源配置，POOLED 是具备池功能的连接池 -->
06         <dataSource type="POOLED">
               <!--驱动-->
07             <property name="driver" value="com.mysql.cj.jdbc.Driver" />
08             <property name="url" value="jdbc:mysql://localhost:3306/
               ssmi "/> <!--地址 -->
09             <property name="username" value="root" /><!--数据库用户名-->
10             <property name="password" value="123456" /><!--数据库密码-->
11         </dataSource>
12      </environment>
13    </environments>
14    <mappers>
       <!--映射文件引用-->
15     <mapper resource="cn/osxm/ssmi/chp12/UserMapper.xml" />
16    </mappers>
17  </configuration>
```

配置文件的根元素是<configuration>，<environment>的子节点<dataSource>用于配置数据源。在<dataSource>中配置数据库连接的 4 个基本属性：驱动、数据库地址、用户名和密码。<mappers>子节点配置需要映射文件的引用，每个<mapper>节点的 resource 属性指定映射文件所在类的子路径。也就是说，如果配置文件放在类的根路径下，则只需要写文件名就可以，否则需要使用斜杠（/）分割包路径。

（2）配置 Java 接口方法与 SQL 语句的映射文件，也就是上面的 UserMapper.xml 的内容。

映射文件的命名习惯以“实体类+Mapper”来命名，本例是对 User 实体类进行映射，所以映射文件命名为 UserMapper.xml。配置内容如下：

```
01  <?xml version="1.0" encoding="UTF-8" ?>  <!--XML 文件头 -->
    <!--文档类型标记-->
02  <!DOCTYPE mapper  PUBLIC "-//mybatis.org//DTD Mapper 3.0//EN"
              " http://mybatis.org/dtd/mybatis-3-mapper.dtd">
    <!--映射文件的根元素和命名空间-->
03  <mapper namespace="cn.osxm.ssmi.chp12.UserMapper">
      <!--映射接口与方法-->
04    <select id="selectUser" resultType="cn.osxm.ssmi.com.User">
05      select * from User where id = #{id}  <!--带参数的映射语句-->
06    </select>
07  </mapper>
```

映射文件的根节点是<mapper>，namespace 属性设置映射文件的命名空间，一般使用包含包名的全路径接口名，这里是 cn.osxm.ssmi.chp12.UserMapper。<select>节点配置 Java 接口方法与 SQL 语句的映射，id 指定该语句元素的标识，resultType 是查询结果转换的对象类型。<select>节点的内容是执行的 SQL 语句，其中，#{id}相当于变量或占位符。

（3）定义映射器接口和方法。映射器接口类是一个简单的 Java 接口，接口中的方法和映射源文件中的<select>节点的 id 属性一致，方法的参数对应语句中的占位符。接口如下：

```
01  public interface UserMapper {                    //Java 接口
      //带参数的接口方法，参数和映射文件的占位符对应
02    public User selectUser(String id);
03  }
```

注意：接口所在的包路径和映射器的命名空间一致。接口方法和映射器的元素 id 一致。

（4）调用 MyBatis API，构造映射器并调用接口方法。代码逻辑：首先根据配置文件构建数据库会话工厂（SqlSessionFactory），接着使用会话工厂打开一个会话（SqlSession），然后使用该会话获取映射器接口的实例，最后通过调用映射器接口的方法，执行对应的 SQL 语句而获取结果。示例代码如下：

```
    //XML 全局配置文件
01  String resource = "cn/osxm/ssmi/chp12/mybatis-config.xml";
    //获取文件输入流
02  InputStream inputStream = Resources.getResourceAsStream(resource);
```

```
03 SqlSessionFactory sqlSessionFactory = new SqlSessionFactoryBuilder().
   build(inputStream);
   //从会话工厂打开会话
04 SqlSession session = sqlSessionFactory.openSession();
05 try {
       //从会话中获取映射器
06     UserMapper mapper = session.getMapper(UserMapper.class);
       //调用映射器接口方法，获取对象类型返回
07     User user = (User) session.selectUser("1");
08 } finally {
09   session.close();                      //关闭会话，释放资源
10 }
```

Resources 是 MyBatis 提供的用来便捷读取资源文件的类，资源文件的路径从类的根路径开始。SqlSessionFactoryBuilder 是 SqlSessionFactory 的构造器类，依据配置文件输入流创建 SqlSessionFactory 实例，调用 SqlSessionFactory 的 openSession()方法获取一个 SqlSession 实例。

SqlSession 的 getMapper()方法获取的是该接口的代理类实例。UserMapper 是接口，接口是无法直接实例化的。MyBatis 通过反射技术的动态代理（Proxy.newProxyInstance）创建一个该接口代理类的实例。接口类方法最终调用的是 SqlSession 中的 select()、update()和 delete()等方法执行数据库操作。数据操作完毕后要关闭会话，释放数据库连接。

至此，一个 MyBatis 的入门实例就完成了。前面也提到过，数据操作由映射器接口类的代理类完成，最终调用的是 SqlSession 的相关数据操作方法。既然最终使用的是 SqlSession 的相关方法，那是否可以不使用映射器接口而直接使用 SqlSession 进行数据的相关操作呢？答案是可以的，而且早期的 MyBatis 也是使用这种方式进行查询或更新等操作。例如上面的例子中查询了一个特定 id 的 User。使用 SqlSession 直接调用的方式如下：

```
User user = (User) session.selectOne("cn.osxm.ssmi.chp12.UserMapper.
selectUser", 1);
```

相比直接使用 SqlSession 进行数据操作，映射器接口在类型匹配上更安全、方法调用也更直接和简单，而且如果是基于 IDE 开发，还可以使用代码自动提示和出错检查的功能。

12.2　MyBatis 核心接口和类

MyBatis 提供给开发者直接使用的接口和类不多，这也是 MyBatis 的优点之一。主要的接口和类有获取映射器的 SqlSession 接口、产生 SqlSession 的工厂类 SqlSessionFactory，以及使用配置文件构建会话工厂的构建器类 SqlSessionFactoryBuilder。MyBatis 提供的接口和类的关系如图 12.1 所示。

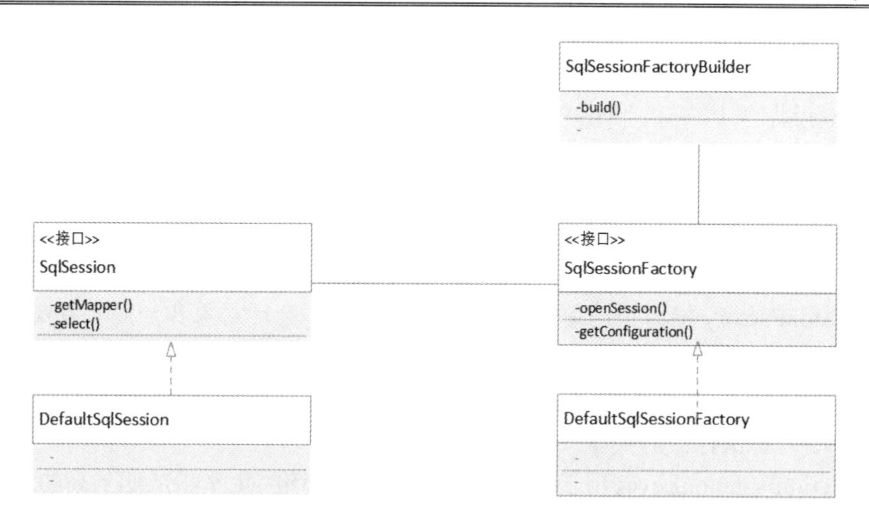

图 12.1 MyBatis 提供的主要接口和类

12.2.1 SqlSession（SQL 会话接口）

SqlSession 是 MyBatis 执行数据操作的主要接口，定义了执行 SQL、获取映射器和管理事务的方法。该接口定义的方法主要有：

- selectOne()：查询一条数据，返回 Java 类型对象。
- selectList()：查询多条数据，返回对象类型的列表。
- selectMap()：查询结果以哈希表（Map）类型返回。
- selectCursor()：获取游标，类似 JDBC 的 ResultSet 类的作用。当查询百万级数据的时候，使用游标可以节省内存的消耗。以懒加载方式获取数据，不需要一次性取出所有数据，可以进行逐条处理或逐条取出。
- select()：通用查询方法。
- insert()：插入对象到数据库中。
- update()：更新数据库中的对象。
- delete()：删除。
- commit()：提交事务。
- getMapper()：通过 Java 接口获取映射器。
- getConnection()：获取数据库连接，获取连接的类型是 JDBC 标准 java.sql.Connection 接口的实例。
- getConfiguration()：获取全局配置对象，该对象维护了与全局配置文件对应的属性和设置，可以用来在代码运行时检查 MyBatis 的配置。

SqlSession 需要执行数据库操作，底层就需要使用 java.sql.Connection 连接实例，在框架内部，使用 TransactionFactory 创建 SqlSession 的 Connection 实例，也可以使用现有的

Connection 对象作为参数获取 SqlSession 实例。SqlSession 接口的默认实现类是 Default-SqlSession，SQL 会话工厂（sqlSessionFactory）的 openSession()方法返回的就是该类型的实例。

12.2.2 SqlSessionFactory（SQL 会话工厂接口）

SqlSessionFactory 接口很简单，其定义了获取 SQL 会话对象和全局配置实例的方法。openSession()方法用来获取 SqlSession 类型的实例，该方法有多个不同参数重载方法，设置的参数类型包括事务是否自动提交（boolean 类型）、事务的隔离级别（Transaction-IsolationLevel）和执行器的类型（ExecutorType）。

TransactionIsolationLevel 用于设置事务隔离级别，该类定义了从低到高的 5 种事务隔离级别属性，分别是 NONE（不支持事务）、READ_UNCOMMITTED（读取提交内容）、READ_COMMITTED（读取提交内容）、REPEATABLE_READ（可重读）和 SERIALIZABLE（可串行化）。

ExecutorType 用于设置执行器的类型。MyBatis 中定义的执行器类型有以下 3 种：

- ExecutorType.SIMPLE：简单的执行器，该类型执行器会为每个语句的执行创建一个新的预处理语句。
- ExecutorType.REUSE：复用预处理语句。
- ExecutorType.BATCH：批量执行所有更新语句。

使用不含任何参数的 openSession()方法获取会话的行为是：

（1）从数据源 DataSource 中获取数据库连接 Connection 对象和预处理语句。

（2）预处理语句不会被复用，也不会批量处理更新。

（3）开启一个事务（也就是不自动提交）。

（4）事务隔离级别使用驱动或数据源的默认设置。

SqlSessionFactory 同样提供了 getConfiguration()方法获取全局配置对象，DefaultSql-SessionFactory 是 SqlSessionFactory 接口的默认实现类，会话工厂的实例通过会话工厂接口构造器（SqlSessionFactoryBuilder）的 build()方法构建。

12.2.3 SqlSessionFactoryBuilder（SQL 会话工厂构建类）

SqlSessionFactoryBuilder 提供了不同参数的 build()重载方法用来构建 SQL 会话工厂实例。该方法支持的配置参数类型包括：

- 配置文件的字符输入流（Reader）；
- 配置文件的字节输入流（InputStream）；
- Configuration 配置类型对象。

配置文件的输入流是构建会话工厂最常见的方式，除了 InputStream 类型输入流参数之外，build()构造方法还有两个可选的参数 environment 和 properties，方法定义如下：

```
build(InputStream inputStream, String environment, Properties properties)
```

- environment 用来指定数据库环境的 ID，这个值对应配置文件中<environment>节点的 id 属性，该值如果不合法则会抛出错误。
- properties 用来设置构建会话工厂的属性，这些属性也可以在全局配置文件中使用<properties>标签配置，或者使用属性文件配置，通过 resource 或 url 属性引用。在配置文件中定义属性的方式如下：

```
<properties resource="cn/osxm/ssmi/chp12/config.properties">
      <property name="username" value="root" />
      <property name="password" value="123456" />
</properties>
```

12.2.4 Configuration（配置类）

Configuration 是 MyBatis 的配置类，SqlSessionFactoryBuilder 处理使用配置文件输入流作为参数，还可以使用 Configuration 类型参数来创建 SqlSessionFactory。对应 SqlSession-Factory 的两种创建方式的构造函数分别是：

- SqlSessionFactory build(InputStream inputStream, String env, Properties props)
- SqlSessionFactory build(Configuration config)

在框架内部，配置文件的输入流最终也会被转化为 Configuration 类型的实例。Configuration 提供了一系列的属性设置方法，用来设置与 XML 配置元素对应的属性，包括类型别名、添加映射器引用等，示例代码如下：

```
01 Environment environment = new Environment("development", transaction
   Factory, dataSource);
    //属性对象初始化
02  Configuration configuration = new Configuration(environment);
03  configuration.setLazyLoadingEnabled(true);      //设置是否允许懒加载
    //注册类别名
04  configuration.getTypeAliasRegistry().registerAlias(User.class);
05  configuration.addMapper(UserMapper.class);      //添加映射器
```

映射接口是自定义的 Java 接口，通过映射文件将该接口及方法与具体的 SQL 语句进行关联。映射接口不需要继承任何接口，其本身不属于框架的组成部分，但使用该接口作为参数调用 SqlSession 的 getMapper()获取映射器时，框架会代理该接口并返回代理对象。代理对象的类型继承了映射接口，通过调用 SqlSession 的数据操作方法实现接口方法。映射器接口方法调用比直接使用 SqlSession 要更简便。举例来说，SqlSession 的 selectOne()方法用来查询一笔数据，返回的类型转换需要强制转换，代码如下；

```
User user = (User) session.selectOne("cn.osxm.ssmi.chp12.UserMapper.
selectUser", 1);
```

而使用接口，返回的对象类型在接口中就已经定义了，使用更简单，代码如下：

```
User user = mapper.selectUser("1");
```

一般来说，映射接口与映射文件一一对应，每一个数据库对应一个映射接口。映射器接口的定义需要注意：

- 映射器接口不需要实现任何接口或继承自任何类。
- 映射器接口的方法需要被唯一标识。
- 映射器方法可以设置多个参数，参数名需要和 SQL 中的#{参数名}占位符对应，在参数中通过@Param("paramName")注解可以指定对应的语句参数名。

12.3　MyBatis XML 全局配置文件

MyBatis 提供了 XML 文件配置和 Configuration 类两种方式进行全局配置，XML 文件是传统的也是使用较多的配置方式。框架内部，XML 配置最终也会被转换为 Configuration 类型的对象，在程序运行时可以通过获取该类型对象检验配置参数。

XML 配置文件命名没有强制要求，习惯使用的名字有 mybatis-config.xml 或 mybatis.xml。全局配置文件除了配置数据连接和事务等基本属性，还可以配置框架提供的一些特性的功能。

基本配置包括：环境（environments）、数据源（dataSource）、事务（transactionManager）、属性（properties）、参数设置（settings）及映射引用（mappers），进阶的配置有类型别名（typeAliases）、类型处理器（typeHandlers）、对象工厂（objectFactory）、对象封装工厂（objectWrapperFactory）、反射工厂（reflectorFactory）、数据库提供商（databaseId-Provider）及插件（plugins）等。

在配置这些元素时，需要注意其在 XML 文件中的先后顺序，如果顺序颠倒，则会导致配置不生效。配置顺序的原则是基本属性和参数设置放在前面，大部分配置最终都会对映射器执行方法产生影响，所以映射引用放在最后。具体顺序是 properties > settings > typeAliases > typeHandlers > objectFactory > objectWrapperFactory > reflectorFactory > plugins > environments > databaseIdProvider > mappers。

在使用 Eclipse 等 IDE 开发时，配置文件头使用正确的文档类型定义地址，（http://mybatis.org/dtd/mybatis-3-config.dtd），IDE 会对配置元素的先后顺序的正确性进行检查并提示。

12.3.1　配置文件的结构

典型的配置文件内容包括环境、数据源、事务、属性和映射文件的引用配置，配置实例如下：

```
01 <?xml version="1.0" encoding="UTF-8" ?>
```

```
02 <!DOCTYPE configuration  PUBLIC "-//mybatis.org//DTD Config 3.0//EN"
                           "http://mybatis.org/dtd/mybatis-3-config.dtd">
03 <configuration>
     <!-- 1. 属性配置 -->
04   <properties resource="cn/osxm/ssmi/chp12/config.properties">
05     <property name="username" value="dev_user" />
06     <property name="password" value="F2Fa3!33TYyg" />
07   </properties>
08   <environments default="development"><!-- 2. 环境配置 -->
09     <environment id="development">
10         <transactionManager type="JDBC" /><!-- 事务类型 -->
11            <dataSource type="POOLED"><!-- 数据源类型及基本属性 -->
12            <property name="driver" value="com.mysql.cj.jdbc.Driver" />
13           <property name="url" value= "jdbc:mysql://localhost:3306/
             ssmi " />
14            <property name="username" value="root" />
15            <property name="password" value="123456" />
16         </dataSource>
17     </environment>
18   </environments>
19   <mappers><!-- 3.映射文件 -->
20     <mapper resource="cn/osxm/ssmi/chp12/UserMapper.xml" />
21   </mappers>
22 </configuration>
```

对以上配置说明如下：

- 配置文件最上方是 XML 文件头和 MyBatis 的文档类型声明，指定解析的文档类型定义（dtd）的地址。
- <configuration>是根元素，下面添加属性（<properties>）、环境（<environments>）和映射（<mappers>）子元素，除了这些子元素，还可以添加设置（<settings>）、类型别名（<typeAliases>）、类型处理器（<typeHandlers>）、插件（<plugins>）和对象工厂（<objectFactory>）等配置元素。
- <environments>可以配置多个<environment>子元素，每个<environment>代表一个数据库环境，其下包括数据源（<dataSource>）和事务（<transactionManager>）的配置。

12.3.2　环境<environments>配置

<environments>用来配置不同的数据库环境，每个<environment>配置独立的数据库连接属性和事务配置。一般状况下，一个应用中基本使用一个数据库，大型应用或大数据类型应用有可能会使用到多个数据库环境，比如报表分析系统，会从不同类型的多个地址的数据库中获取数据。多环境配置常用于开发、测试和生产环境的区分。

<environments>标签的 default 属性用于设置默认的数据库环境的 id,在使用 SqlSession-FactoryBuilder 构建 SqlSessionFactory 时，如果不指定使用的数据库环境，则会使用 default

属性配置的数据库环境。环境的 id 也可以在构造时通过参数直接指定，环境使用的示例如下：

```
SqlSessionFactory factory = new SqlSessionFactoryBuilder().
                                build(reader, environment, properties);
```

会话工厂（SqlSessionFactory）基于某一个数据库环境配置构建，使用环境配置的 id 属性查找，单个环境（<environment>）配置的格式如下：

```
01 <environment id="development">
02   <transactionManager type="JDBC"> <!--事务类型及属性配置 -->
03     <property name="..." value="..."/><!--事务属性-->
04   </transactionManager>
05   <dataSource type="POOLED"> <!--数据源类型及属性配置-->
06     <property name="driver" value="${driver}"/><!--数据库驱动-->
07     <property name="url" value="${url}"/><!--数据访问地址-->
08     <property name="username" value="${username}"/><!--数据库用户名-->
09     <property name="password" value="${password}"/><!--数据库密码-->
10   </dataSource>
11 </environment>
```

每个环境配置基本包括三部分：

- id 属性；
- 数据源配置子元素（<dataSource>）；
- 事务管理器配置子元素（<transactionManager）。

1. 数据源配置（<dataSource>）

在<environment>下使用<dataSource>标签设定数据源，该标签的 type 属性设定数据源的是否是连接池类型，可以设置的选项值有 UNPOOLED 和 POOLED。

- UNPOOLED：不使用数据库连接池， 每个 SqlSession 都是新开和关闭数据库连接。该类型的数据源，一般只需要通过 <property>子标签配置数据库连接的驱动类（driver）、连接地址（url）、用户名 username 和密码 password 的基本属性， 需要的话，可以加上事务隔离级别 defaultTransactionIsolationLevel 。
- POOLED：数据库连接池类型。MyBatis 自带了数据库连接池功能，也提供了连接池相关的属性配置。这些属性虽然在名称上与 DBCP2、C3P0 不同，但描述的意思基本上一致，具体属性如表 12.1 所示。

表 12.1　MyBatis连接池属性

编号	属　性	默 认 值	描　述
1	poolMaximumActiveConnections	10	最大连接数量
2	poolMaximumIdleConnections	5	最大空闲连接数
3	poolMaximumCheckoutTime	20000(ms)	在被强制返回之前，池中连接被检查的时间

（续）

编号	属　　性	默 认 值	描　　述
4	poolTimeToWait	20000(ms)	从池获取连接超时设置，超时会打印日志并重新获取
5	poolMaximumLocalBadConnectionTolerance	3	坏连接容忍度
6	poolPingEnabled	FALSE	是否启用侦测查询
7	poolPingQuery	NO PING QUERY SET	发送到数据库的侦测查询语句
8	poolPingConnectionsNotUsedFor	0	poolPingQuery的频率

除了使用数据库地址、用户名密码的方式定义数据源，MyBatis 还提供了使用 JDNI 查找容器数据源的方式，只需要通过 data_source 属性指定 JNDI 地址。配置示例如下：

```
01 <environment id="production">
02     <transactionManager type="JDBC" />
03     <dataSource type="POOLED"><!--JNDI 数据源 -->
04         <property name="data_source" value="java:comp/env/jndi/myjndids" />
05     </dataSource>
06 </environment>
```

2. 事务管理类型设定

MyBatis 事务管理的类型有以下两种：

- JDBC：使用 JDBC 进行事务的提交和回滚，实现类是 JdbcTransactionFactory；
- MANAGED：使用容器来管理事务，实现类是 ManagedTransactionFactory。

事务管理类型通过<transactionManager>的 type 属性设置。

注意：JDBC 连接的事务默认是自动提交。MyBatis 在默认情况下，事务不是自动提交的。如果需要开启默认提交功能，需要将创建 SqlSession 的 openSession()方法参数设置为 true，示例如下：

```
SqlSession session = sqlSessionFactory.openSession(true);
```

12.3.3 属性与属性文件<properties>配置

与 Spring 的占位符配置类似，MyBatis 也支持在配置文件中使用占位符，格式是${变量名}，以数据源的定义为例：

```
01 <dataSource type="POOLED">
02   <property name="driver" value="${driver}"/>
03   <property name="url" value="${url}"/>
04   <property name="username" value="${username}"/>
05   <property name="password" value="${password}"/>
06 </dataSource>
```

MyBatis 同样使用 Java 属性（Properties）处理占位符变量，可以在配置文件中使用<properties>标签配置，也可使用代码处理。占位符变量的赋值方式有以下 3 种：

方式 1：在<properties>标签中定义<property>的子标签，<property>的 name 属性指定变量名，value 属性指定变量的值。示例如下：

```
01  <properties>
02      <property name="username" value="root" />
03      <property name="password" value="123456" />
04  </properties>
```

方式 2：通过<properties>标签的 resource 属性或 url 属性指定类目录下的属性文件。包路径使用斜线分割（/）。比如：

```
01  <properties resource="cn/osxm/ssmi/chp12/config.properties">
02  </properties>
```

方式 3：代码方式。使用 Java 的 Properties 类型的对象，在 SqlSessionFactoryBuilder 构建 SqlSessionFactory 时作为参数传入。

```
new SqlSessionFactoryBuilder().build(inputStream,properties);
```

以上 3 种方式也可以同时使用，读取的顺序依次是<property>子元素、resource/url 属性文件和 Properties 类型参数构建。后读取的优先级更高，也就是如果 3 种方式设置了相同的属性，则后读取的值会覆盖先读取的值。

为简化配置和防止属性值出现没有设置为空的错误，可以给属性占位符设置默认值，设置方式是在${}内的变量名后加上变量默认值，使用冒号（":"）分隔。比如：

```
<property name="username" value="${username:root}" />:
```

这个功能默认不会生效，还需要开启允许默认值的设置，开启方式是在<properties>标签下新增一个属性名为 org.apache.ibatis.parsing.PropertyParser.enable-default-value 的<property>子标签，并设置该属性值为 true，配置如下：

```
<property name="org.apache.ibatis.parsing.PropertyParser.enable-default-
value" value="true" />
```

如果不想使用默认的冒号分隔符，也可以通过设置 default-value-separator 属性定义自己需要的分隔符，比如使用逗号作为分隔符。配置如下：

```
<property name="org.apache.ibatis.parsing.PropertyParser.default-value-
separator" value=","/>
```

12.3.4　映射引用<mappers>配置

在<mappers>标签中添加<mapper>子标签来引用映射配置。XML 映射文件和映射接口类一一对应，放置在同目录中，映射引用配置可以使用 XML 映射文件，也可以使用映射接口。相比而言，映射接口类的引用配置更为简便和灵活。

1. XML映射文件

XML 映射文件的引用配置，使用<mapper>标签的 resource 属性指定映射文件的全路径名，也可以使用 url 属性指定 File 协议的绝对路径映射文件。使用 resource 属性配置的示例如下：

```
01  <mappers>
02      <mapper resource="cn/osxm/ssmi/chp12/UserMapper.xml" />
03  </mappers>
```

2. 映射器接口类

接口类配置映射引用，使用<mapper>标签的 class 属性设置接口类的全路径类名，配置示例如下：

```
<mapper class="cn.osxm.ssmi.chp12.UserMapper"/>
```

如果映射的接口类很多，在<mappers>标签下增加一个<package>子标签，设置该标签的 name 属性的值为映射器接口类所在的包名，MyBatis 会将包内的映射器接口全部注册为映射器。例如：

```
<package name="cn.osxm.ssmi.chp12"/>
```

12.3.5 MyBatis 特性设置

<settings>标签可以设置框架的进阶参数设定，包括缓存、超时、日志等。设置的方式是在<configuration>下添加设置集的<settings>子标签、在<settings>下添加单个设定的<setting>标签，使用 name 和 value 属性分别设置参数名和参数值。这些参数如果不设置，框架也会给一个默认值。以开启二级缓存功能为例，设置如下：

```
<setting name="cacheEnabled" value="true"/>
```

MyBatis 提供的可设置参数、设置值选项及不设定状况的默认值如表 12.2 所示。

表 12.2　MyBatis的<settings>设置参数列表

编号	参　数	默 认 值	描　述	可 选 值
1	useGeneratedKeys	false	允许JDBC支持自动生成主键	true/false
2	multipleResultSetsEnabled	true	单一语句返回多结果集（ResultMap）	true/false
3	useColumnLabel	true	列标签代替列名，列标签指的是列的别名	true/false

（续）

编号	参　　数	默 认 值	描　　述	可 选 值
4	autoMappingBehavior	PARTIAL	列如何自动映射到属性。NONE取消自动映射，PARTIAL映射没有嵌套的结果集，FULL映射包含嵌套的复杂结果集	NONE/PARTIAL/FULL
5	autoMappingUnknownColumnBehavior	NONE	发现自动映射未知列（未知属性）的处理。NONE，不处理；WARNING，日志提示；FAILING，抛出异常	NONE/WARNING/FAILING
6	safeRowBoundsEnabled	false	值为false时允许在嵌套语句中使用分页RowBounds	true/false
7	safeResultHandlerEnabled	true	值为false时允许在嵌套语句中使用分页ResultHandler	true/false
8	mapUnderscoreToCamelCase	false	开启自动驼峰命名规则映射	true/false
9	jdbcTypeForNull		为空值指定JDBC类型	NULL, VARCHAR and OTHER
10	callSettersOnNulls	false	当结果集中值为null时，是否调用映射对象的setter（map对象时为put）方法	true/false
11	returnInstanceForEmptyRow	false	当返回行的所有列都是空时，MyBatis默认返回null	true/false
12	cacheEnabled	true	缓存开关	true/false
13	localCacheScope	SESSION	SESSION缓存会话查询，STATEMENT仅在语句上，不在SqlSession缓存中	SESSION/STATEMENT
14	lazyLoadingEnabled	false	全局延迟加载开关，个别通过fetchType覆盖	true/false
15	lazyLoadTriggerMethods	equals, clone, hashCode, toString	哪些方法触发延迟加载	逗号分隔的方法列表

（续）

编号	参　　数	默 认 值	描　　述	可 选 值
16	aggressiveLazyLoading	false（在3.4.1及以下版为true）	是否加载对象所有属性或者按需加载属性	true/false
17	proxyFactory	JAVASSIST	代理工具	CGLIB | JAVASSIST
18	defaultExecutorType	SIMPLE	默认执行器类型	SIMPLE/REUSE/BATCH
19	defaultStatementTimeout		超时时间，单位是秒	正整数
20	defaultFetchSize		批量获取的大小，对于驱动的fetchSize，设置会覆盖驱动的值	正整数
21	defaultScriptingLanguage	org.apache.ibatis.scripting.xmltags.XMLLanguageDriver	动态SQL生成的默认语言	全路径类名
22	defaultEnumTypeHandler	org.apache.ibatis.type.EnumTypeHandler	指定Enum使用的默认TypeHandler	类名
23	logPrefix		增加到日志名称的前缀	任意字符串
24	logImpl		日志实现	SLF4J | LOG4J | LOG4J2 | JDK_LOGGING | COMMONS_LOGGING | STDOUT_LOGGING | NO_LOGGING
25	vfsImpl		虚拟文件系统的实现	自定义用于实现VFS的类名
26	useActualParamName	true	允许使用方法签名中的名称作为语句参数名称	true/false
27	configurationFactory		指定创建Configuration实例的类	类型别名或者全类名

12.4　XML 映射文件配置

映射文件用来配置接口方法的 SQL 执行语句和返回结果类型的映射，在调用映射器接口方法进行数据操作时，MyBatis 框架会实际执行该配置中的 SQL 语句，并将数据库执行的结果转为映射配置的 Java 类型对象。映射文件一般和实体类相对应，以用户类 User

为例，则映射文件名是 UserMapper.xml。

映射文件的根元素是<mapper>，namespace 属性用来指定该映射文件的命名空间，命名空间类似于 Java 的包名，用来标识唯一的 SQL 语句，一般和映射接口类的全路径名保持一致。格式如下：

```
<mapper namespace="cn.osxm.ssmi.chp12.UserMapper"/>
```

<mapper>标签可以配置的子元素、作用及顺序如下：

- <select>：查询映射，映射查询的 SQL 语句和接口方法及查询结果的转换类型。
- <resultMap> ：对数据库返回结果和 Java 对象之间的转换进行详细配置。
- <insert> ：插入语句和接口方法的映射。
- <update>：更新语句和接口方法的映射。
- <delete> ：删除语句与接口方法的映射。
- <sql> ：可被其他语句引用的重用语句块。
- <cache> ：缓存配置。
- <cache-ref> ：对其他命名空间的缓存配置引用。

本节主要介绍<select>和<update>等与接口方法对应的映射语句及<resultMap> 结果映射的配置，缓存的部分内容将在下一章进行介绍。

12.4.1　<select>基本查询映射配置

<select>用来配置 SQL 查询语句及返回结果的映射。<select>主要属性有 id 和 resultType，标签的内容就是查询的 SQL 语句。下面以根据用户 id 查询用户表，返回 User 类型对象为例进行讲解，配置示例如下：

```
01 <?xml version="1.0" encoding="UTF-8" ?>
02 <!DOCTYPE mapper  PUBLIC "-//mybatis.org//DTD Mapper 3.0//EN"
                        "http://mybatis.org/dtd/mybatis-3-mapper.dtd">
03 <mapper namespace="cn.osxm.ssmi.chp12.UserMapper">
04   <select id="selectUser" resultType="cn.osxm.ssmi.com.User">
05      select * from User where id = #{id}
06   </select>
07 </mapper>
```

<select>标签的 id 属性用来唯一标识该 SQL 语句，SqlSession 内部使用 <mapper>的 namespace 属性值和<select>的 id 属性值来唯一标识和查找 SQL 语句。id 属性的值保持和接口类的方法名一致。

resultType 属性用来指定返回转换的 Java 对象类型，框架会依据此配置将数据库查询的结果进行自动转换。需要注意，如果返回的是集合类型的话，配置的是集合类型元素的类型，而不是集合类型本身。比如，返回一个用户类型的列表 List<User>，则 resultType 的值同样设置为 cn.osxm.ssmi.com.User。

<select>是 MyBatis 中使用最多、功能最为强大的配置标签，除了上面的基本配置之外，对参数类型、级联查询及复杂结果映射都可以通过配置完成。

1．参数替换方式与类型（parameterType）

JDBC 的一般语句（Statement）在条件查询时，条件子句通过替换变量附加在 SQL 语句后执行；预编译语句（PrepareStatement）的参数支持使用占位符（?）方式，有效地避免了 SQL 注入的风险。MyBatis 的映射文件对这两种方式都提供支持，分别提供了 ${参数}和#{参数}方式进行参数替换。

- ${}：直接替换语句中的变量。
- #{}：将传入的值当成字符串，相当于加上了引号（ "）。功能类似于占位符。

在 SQL 语句中使用的参数示例如下：

```
select * from User where name = #{name}
select * from User where name = ${name}
```

注意：尽量使用 #{}，因为 ${} 会导致 SQL 注入的问题。

语句中的变量占位符对应在接口方法中定义同名的参数，接口方法的参数类型可以是 String 和 int 等基本数据类型，也可以是 Java 的 Map 或者自定义的 Java 对象类型。基本类型直接使用参数名对应，如果是自定义的对象类型，在配置文件中该如何使用该对象中的属性呢？答案就是使用 parameterType 属性。

使用该属性指定对象类型后，在 SQL 语句中就可以使用该类型中的属性了。同样以用户查询为例，在实际开发中，查询用户不一定是通过 id，更常见的查询的条件是 User 类型本身，这样可以在参数中设置用户名、部门的过滤条件进行查询，则接口方法的定义是：getUser(User user)，映射配置如下：

```
01  <select id="getUser" parameterType="cn.osxm.ssmi.com.User">
        <!--映射对象类型中的属性-->
02      select * from User where name=#{name} and dept=#{dept}
03  </select>
```

通过配置 parameterType，在映射语句中可以直接使用该类型的属性，比如{name}。这个属性其实也可以不配置，因为框架本身使用的类型处理器（TypeHandler）会自动推断出类型并进行处理。

2．结果类型和映射（resultType、resultMap）

MyBatis 相对 Hibernate 灵活的体现之一就是可以返回不同类型的返回结果。JavaBean 是最常使用的返回类型，也可以返回 Map 类型和 List 类型。另外，MyBatis 还可以灵活处理数据表字段和类属性不一致的情况。

在<select>标签中使用 resultType 指定返回的 Java 类的全路径类名，也可以定义类型别名简化全路径别名，类型别名的内容会在下一章介绍。

（1）JavaBean/POJO 类型返回

JavaBean 是最常见的结果返回类型，resultType 指定自定义的全路径的 JavaBean 类名，实例如下：

```
<!--返回 User 对象类型 -->
<select id="selectUser" resultType="cn.osxm.ssmi.com.User">
    select * from User where id = #{id}
</select>
```

（2）Java Map 类型返回

示例如下：

```
<select id="selectUserResultMap" resultType="Map">
    select * from user where name = #{name}
</select>
```

resultType 设置为 Map，也可以使用 map，这里没有使用 Map 全路径类名的原因是就是使用了类的别名。

（3）Java List 集合类型返回

需要注意 List 类型返回的 resultType 不是 List，而是集合中元素的类型。以查询用户列表为例，接口方法定义如下：

```
public List<User> selectUserList(String name);
```

对应的映射配置如下：

```
<!--返回 User 的 List 类型 -->
<select id="selectUserList" resultType="cn.osxm.ssmi.com.User">
    select * from user where name = #{name}
</select>
```

此外，SqlSession 提供了 selectOne()、selectList()和 selectMap() 等方法直接获取指定类型的返回，如果应用程序中直接使用 SqlSession 的这些方法去查询，则可以省略 resultType 的配置。

（4）属性和列名不一致的处理与结果映射配置（<resultMap>）

以上情况下，POJO 类的属性名与数据库表的字段名是一样的，如果出现类属性和表字段不一样的状况，如表 12.3 所示。

表 12.3　Java POJO类和数据库字段不一致对应表

User类	USER数据库表
id	id
name	name
email	email_address

属性名和列名不一致的处理方法中，最直接的就是使用 SQL 语句的列别名来解决，语句映射配置如下：

```
    <!--列别名映射 Java 类属性 -->
01  <select id="selectUsers" resultType="User">
02    select
03       id  as "id",
04       email_address  as "email",
05     from user  where id = #{id}
06  </select>
```

除了列别名的方式，还可以使用<resultMap>标签配置对结果的映射进行详细配置。在<select>中使用 resultMap 代替 resultType 属性配置，resultMap 的值设置为自定义<resultMap>标签的 id，以上面的 User 类及表的映射为例，使用 resultMap 的配置示例如下：

```
01  <resultMap id="detailedUserResultMap"  <!--结果映射定义 -->
                type="cn.osxm.ssmi.com.User" autoMapping="false">
02     <id property="id" column="id" />
       <!--类属性和列名不一致的映射 -->
03     <result property="email" column="email_address" />
04  </resultMap>
    <!--使用结果映射 -->
05  <select id="selectUserDetail" resultMap="detailedUserResultMap">
06     select * from User where id = #{id}
07  </select>
```

<resultMap>标签常用的设置属性如下：

- id：<resultMap>的标识符，必须设置。
- type：返回的对象类型。
- autoMapping：是否开启自动映射。如果值为 true 的话，没有在<resultMap>下配置的属性会自动映射；如果值为 false，则即使数据表字段和类属性是相同的，也不会设置对象的该属性值。该属性会覆盖全局的属性 autoMappingBehavior。

在<resultMap>下添加子标签实现对每个属性和字段的映射，<id>和<result>是常用的两个子标签，<id>用于配置属性和主键字段的映射，<result> 用于配置属性与一般表字段的映射。<id>和<result>的 property 属性是类的属性名，column 是表的字段名。<id>不强制要求配置，使用<result>替代也可以，但使用指定的 id 可以提升整体的性能。<resultMap>除了<id>和<result>的子标签外，还可以配置的子标签及属性如下：

- <constructor>：通过构造器参数映射属性；
- <association>：映射属性是一个复杂的对象类型；
- <collection>：映射属性是集合类型；
- <discriminator>：根据不同条件返回不同的类型。

3. <resultMap>之<constructor>

与 Spring 的属性注入和构造函数的依赖注入概念一样，<resultMap>的属性字段映射也可以使用构造器标签<constructor>进行设置。示例如下：

```
01  <resultMap id="detailedUserResultMap" type="cn.osxm.User" autoMapping=
    "false">
```

```
02      <constructor> <!--构造器方式映射-->
03         <idArg column="id" javaType="_int"/>
04         <arg   column="email_address" javaType="String"/>
05       </constructor>
06  </resultMap>
```

idArg 子元素用来配置主键，<arg>配置一般的参数，column 设定数据表的字段，javaType 设置类属性的类型。默认情况下，框架使用属性的类型进行匹配，所以属性类型要和实体类的构造函数的参数类型完全匹配（比如 int 和 Integer 不是完全匹配），但属性和列名可以不一样，上面的配置需要的构造参数如下：

```
01  public User(int id, String email) {              //结果映射对应的构造器
02      this.id = id;
03      this.email = email;
04  }
```

从上面的实例可以看出，使用构造函数映射，类的属性名不需要在配置文件中配置，也不需要暴露属性的 public 的 set/get 方法，安全性更高。但是当配置属性较多且属性类型相同时，可以考虑结合@Param 注解，或者开启 useActualParamName 选项。

12.4.2　<select>嵌套映射

使用<id>和<result>来配置字段和属性的映射时，映射的字段都是该数据表中存在的字段，字段和属性名称如果不同则通过 SQL 的 as 关键字或者定义<resultMap>进行手动的栏位映射。如果某个属性的值不是来自当前这张表的字段，而是从其他关联表查询出来的，典型的状况就是某个属性不是基本类型，而是一个其他的实体类型，那么就需要在<resultMap>中使用嵌套的属性映射。

MyBatis 支持 3 种类型的嵌套结果映射：关联嵌套（<association>）、集合嵌套（<collection>）和鉴别器（<discriminator>）。

- <association>：对应一对一的关系，将关联查询结果映射到一个 POJO 对象中；
- <collection>：对应一对多的关系，将关联查询结果映射到一个 list 集合中；
- <discriminator>：动态映射关系，可以根据条件返回不同类型的实例。

1. <association> 关联嵌套

关联嵌套根据实现的阶段不同，分为关联嵌套查询和关联嵌套结果两种方式。

方式 1：关联嵌套查询通过执行另外一个 SQL 映射语句来返回关联的属性值。实现上先查主表的数据，然后根据主表数据的某个字段查询其他表得到关联结果。关联嵌套查询的属性字段映射在<resultMap>的配置示例如下：

```
<association property="" column="" select="" javaType="" />
```

property、column 与一般的属性的<result>配置一样，分别代表类属性、数据表字段。javaType 是转换后的 Java 类型，一般是另外一个实体类，javaType 也可以省略。select 属

性则是指定另外一个<select>映射的 id。

此外，出于性能考虑，该配置还有一个属性 fetchType 用来设置是否延迟查询关联属性。该属性可以设置的值是 lazy（延迟加载）和 eager（立即加载）。在关联属性上设置 fetchType 会取代全局配置参数 lazyLoadingEnabled 的值。

方式 2：关联嵌套结果，使用嵌套结果映射来处理关联的属性值。也就是会先通过 join 语句的方式将关联表的数据一并查出来，再通过<id>进行关联。关联嵌套结果的字段映射如下：

```
01  <association property="" javaType="">
02    <id property="" column="关联属性" />
03    <result property="" column="" />
04   </association>
```

下面以一个具体的实例演示关联嵌套查询和关联嵌套结果的使用。

实例场景：有部门表（dept_mybatis）和员工表（user_mybatis），部门表中有一个属性部门主管 ID 的属性（deptLeaderId）对应的是员工表的某个用户 ID（userId）。这两个表分别映射两个类 Dept 和 User，但在 Dept 实体中的 deptLeader 属性的类型是 User 类型。部门和员工对应的数据表字段和类属性如表 12.4 所示。

表 12.4　部门和员工对应的数据表字段和类属性

数 据 库 表		Java类	
dept_mybatis	user_mybatis	Dept	User
deptid	userid	deptId	userId
deptname	username	deptName	userName
deptleaderid		deptLeader（User类型）	

一个部门包含一个 User 类型的部门主管，通过表的 deptleaderid 查找 User 类型的 deptLeader 属性，属于一对一的关系，可以使用<association>关联嵌套实现。使用关联嵌套查询获取部门的 User 类型的部门主管，步骤如下：

（1）配置根据部门 ID 查询查询部门的<select>映射，因为有复杂属性映射，使用 resultMap 属性设置结果映射（<resultMap>）的 id，这里是 associationDeptResultMap。

```
01  <select id="selectDeptAssociationSelect" <!--使用 resultMap 结果映射 -->
          parameterType="string" resultMap="associationDeptResultMap">
02      select * from dept_mybatis where deptid=#{id}
03  </select>
```

（2）配置结果映射，使用<association>关联嵌套查询属性映射。

```
01  <resultMap id="associationDeptResultMap" type="cn.osxm.ssmi.chp12.
    entity.Dept">
02      <id property="deptId" column="deptid" />
03      <result property="deptName" column="deptname" />
04      <association property="deptLeader" column="deptleaderid" select=
        "getDeptLeader"
```

```
        <!--关联嵌套，使用 select 属性-->
05      javaType="cn.osxm.ssmi.chp12.entity.User" />
06 </resultMap>
```

这里<association>的 property 是 Dept 类上的 deptLeader 属性(User 类型)，column 指定的是 Dept 表的 deptleaderid 字段（对应 User 表的 userid），使用 select 属性指定另外一个<select>的 ID。

（3）关联的<select>映射配置。

```
01 <select id="getDeptLeader"  <!--关联的 select 配置-->
    parameterType="string" resultType="cn.osxm.ssmi.chp12.entity.User">
      <!--id 是<association>的 column 属性 -->
02    select * from user_mybatis where userid=#{id}
03 </select>
```

这里#{id}参数的值就是<association>关联的 column 属性设置的"deptleaderid"。

关联嵌套结果是使用 SQL 的 join 语句把结果查询出来，通过<resultMap>在查询的结果中进行关联。步骤如下：

（1）使用连接语句查询部门和员工两张表数据，使用用户的 id 关联。SQL 语句如下：

```
select * from dept_mybatis d left join user_mybatis u on d.deptleaderid=
u.userid
 where d.deptid=#{id}
```

以部门 id 是 dept0001 为例，查询结果如图 12.2 所示。

```
mysql> select * from dept_mybatis d left join user_mybatis u on d.deptleaderid=u.userid
+----------+----------+--------------+----------+----------+------+----------+
| deptid   | deptname | deptleaderid | userid   | username | age  | deptid   |
+----------+----------+--------------+----------+----------+------+----------+
| dept0001 | IT       | user0001     | user0001 | user 1   |   30 | dept0001 |
```

图 12.2　连接查询某个部门及部门主管的结果

（2）使用连接语句配置<select>语句映射，使用 resultMap 指定结果映射。

```
01 <select id="selectDeptAssociationResult"
         parameterType="string" resultMap="associationDeptResultMap">
02 select * from dept_mybatis d left join user_mybatis u on
                d.deptleaderid=u.userid where d.deptid=#{id}
03 </select>
```

（3）配置<resultMap>，使用嵌套结果的<association>属性配置。

```
01 <resultMap id="associationDeptResultMap2" type="cn.osxm.ssmi.chp12.
   entity.Dept">
02    <id property="deptId" column="deptid" />
03    <result property="deptName" column="deptname" />
04    <association property="deptLeader" javaType="cn.osxm.ssmi.chp12.
      entity.User">
05        <id property="userId" column="deptleaderid" />
06       <result property="userName" column="username" />
07    </association>
08 </resultMap>
```

这里直接使用连接查询的 userid 和 username 等属性映射成 User 类型对象。

2. <collection>集合嵌套

collection 集合处理的是一对多的场景，也就是某个属性映射的不是一个 Java 实体对象，而是一个对象列表。和关联一样，集合也有嵌套查询和嵌套结果两种方式。集合嵌套属性的配置如下：

```
<collection property="deptUsers" column="deptid"
                javaType="ArrayList" ofType="User" select="getUsers" />
```

- property：集合类型属性；
- javaType：集合类型；
- ofType：集合元素类型；
- column：关联的字段名；
- select：关联查询语句 id（嵌套结果不需要）。

同样以部门和员工为例，需求调整为查找某个部门，需要获取该部门的所有员工，那么就需要对以上表和类略作调整。

- 表结构：员工表增加所属的部门 ID 字段 deptid；
- 类：部门类增加部门员工的列表属性 List<User> deptUsers。

表 12.5　一个部门包含多个员工的数据库及表的结构

数 据 库 表		Java类	
dept_mybatis	user_mybatis	Dept	User
deptid	userid	deptId	userId
deptname	username	deptName	userName
	deptid	List<User> deptUsers	deptId

方式 1：集合嵌套查询。

（1）配置根据部门 ID 查找部门的<select>，使用 resultMap 属性指定映射结果配置。

```
01  <select id="selectDeptCollectionSelect" parameterType="string"
         resultMap="collectionDeptResultMap">
02      select * from dept_mybatis where deptid=#{id}
03  </select>
```

（2）配置<resultMap>，使用<collection>子元素映射列表类型的部门用户属性 deptUsers。

```
01  <resultMap id="collectionDeptResultMap" type="cn.osxm.ssmi.chp12.
    entity.Dept">
02      <id property="deptId" column="deptid" />
03      <result property="deptName" column="deptname" />
04       <collection property="deptUsers" column="deptid" javaType="ArrayList"
         ofType="User" select="getUsers" />
05  </resultMap>
```

<collection>的 column 属性值是 deptid，getUsers 的查询语句会使用 deptid 作为参数查询员工。

（3）根据部门 ID 查询员工的<select>。

```
01 <select id="getUsers" parameterType="string" resultType="cn.osxm.ssmi.
   chp12.entity.User">
02     select * from user_mybatis where deptid=#{id}
03 </select>
```

方式 2：集合嵌套结果。

（1）使用左连接查询某个部门信息和其包含的所有员工的信息。

```
select * from dept_mybatis d left join user_mybatis u
                                 on d.deptid=u.deptid where d.deptid=#{id}
```

查询结果如图 12.3 所示。

```
mysql> select * from dept_mybatis d left join user_mybatis u
    -> on d.deptid=u.deptid
    -> ;
```

deptid	deptname	deptleaderid	userid	username	age	deptid
dept0001	IT	user0001	user0001	user 1	30	dept0001
dept0002	HR	user0002	user0002	user 2	40	dept0002
dept0001	IT	user0001	user0003	user 3	31	dept0001

图 12.3　连接查询某个部门及所属员工

（2）配置查询语句并使用 resultMap 属性映射结果。

```
01 <select id="selectDeptCollectionResult" .parameterType="string"
                  resultMap="collectionDeptResultMap2">
02 select * from dept_mybatis d left join user_mybatis u on d.deptid=u.deptid
   where d.deptid=#{id}
03 </select>
```

（3）在<resultMap>中使用<collection>配置集合属性，property 指定部门员工属性 deptUsers，ofType 指定集合的类型是 User，javaType 对应类中定义的类型 List<User>。

```
01 <resultMap id="collectionDeptResultMap2" type="cn.osxm.ssmi.chp12.
   entity.Dept">
02     <id property="deptId" column="deptid" />
03     <result property="deptName" column="deptname" />
04     <collection property="deptUsers"
                 ofType="cn.osxm.ssmi.chp12.entity.User" javaType=
                 "ArrayList">
05       <id property="userId" column="userid" />
06       <result property="userName" column="username" />
07     </collection>
08 </resultMap>
```

注意：关联和集合的嵌套结果方式的 javaType 属性可以省略，因为框架会自动处理。<id>使用普通的<result>也可以，但还是建议设置<id>，这样会加快查询的速度。

3. <discriminator > 鉴别器

在开发中有时某实体类有几个继承的子类，但在数据库中，所有的数据都保存在同一张表中，可以通过某个字段值标注不同的类型，使某种子类使用数据表的部分字段。在MyBatis 中使用<discriminator>鉴别器标签根据某个字段的值自动封装成不同子类的对象。鉴别器的功能与 Java 语言中的 switch 语句类似。<discriminator>使用在<resultMap>中，配置语法如下：

```
01 <discriminator column="区分字段" javaType="string">
02     <case value="字段值 1" resultType="子类型 1">
03         <result column="其他字段 1" property="子类 1 属性" />
04     </case>
05     <case value="字段值 1" resultType="子类型 2">
06         <result column="其他字段 2" property="子类 2 属性" />
07     </case>
08 </discriminator>
```

column 属性设置比较的列名，javaType 指定对应的 Java 属性类型。<discriminator>中<case>的子标签配置条件字段，<case>的属性 value 的值对应<discriminator>中 column 的值，resultType 指定返回的 Java 类型，在<case>标签下使用<result>配置字段和属性的映射。

还是以上面的员工为例，公司员工（GenUser）分为两种类型：公司正式员工（Employee）和外包人员（Outsource）。其中：

- 所有的员工都有标识符和类型（userType）属性，即 userType 包括 Employee 和 Outsource；
- 公司员工有工号（empId）和部门（dept）；
- 外包人员有外包公司名（company）和外包账号（vendorAccount）。

类结构及表的结构和示例数据如图 12.4 所示。

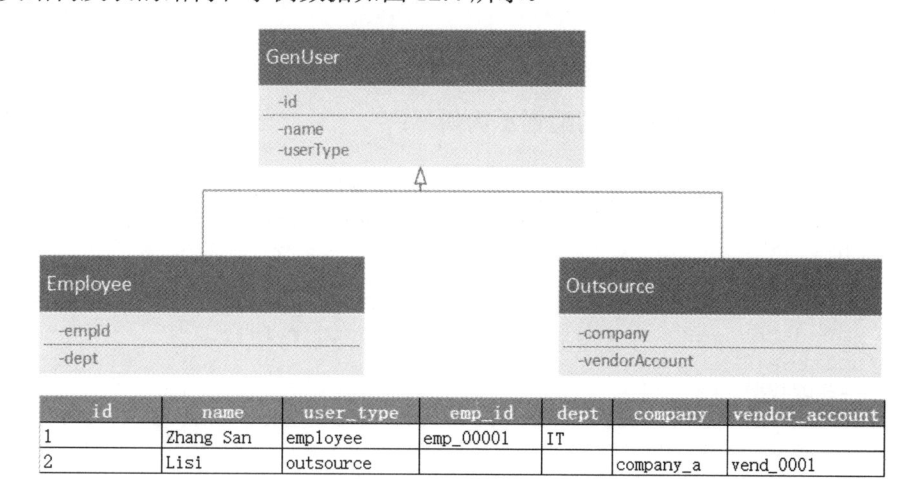

id	name	user_type	emp_id	dept	company	vendor_account
1	Zhang San	employee	emp_00001	IT		
2	Lisi	outsource			company_a	vend_0001

图 12.4　鉴别器使用示例类结构与表结构

使用<discriminator>根据用户的类型（userType）获取不同类型的用户对象，步骤如下：

（1）配置<select>语句查询某个 id 的用户，使用 resultMap 映射结果。

```
01 <select id="selectUserDiscriminator" resultMap="discriminatorUser
   ResultMap">
02     select * from gen_user where id = #{id}
03 </select>
```

（2）在<resultMap>的<discriminator>配置中，根据 user_type 字段的不同值，返回 Employee 或 Outsource 类型的对象。

```
01 <resultMap id="discriminatorUserResultMap" type="cn.osxm.ssmi.chp12.
   entity.GenUser">
02     <id property="id" column="id" />
03     <result column="user_type" property="userType" />
       <!--根据 user_type 的值鉴别-->
04     <discriminator column="user_type" javaType="string">
05         <case value="employee" resultType="cn.osxm.ssmi.chp12.entity.
           Employee">
06             <result column="emp_id" property="empId" />
07             <result column="dept" property="dept" />
08         </case><!-- user_type 值是 employee ，返回 Employee 类型对象-->
09         <case value="outsource" resultType="cn.osxm.ssmi.chp12.entity.
           Outsource">
10             <result column="company" property="company" />
11             <result column="vendor_account" property="vendorAccount" />
12         </case><!-- user_type 值是 outsource，返回 Outsource 类型对象 -->
13     </discriminator>
14 </resultMap>
```

12.4.3　<insert>、<update>和<delete>语句配置

相对<select>配置，<insert>、<update>和<delete>的配置较为简单。

1. 基本使用

<insert>、<update>和<delete>的配置示例如下：

```
   <!--插入数据 -->
01 <insert id="insertUser" parameterType="cn.osxm.ssmi.com.User">
02     insert into User(name,deptid) values (#{name},#{deptId})
03 </insert>
   <!--更新数据 -->
04 <update id="updateUser" parameterType="cn.osxm.ssmi.com.User">
05     update user set name=#{name} where id=#{id};
06 </update>
   <!--删除数据 -->
07 <delete id="deleteUser" parameterType="cn.osxm.ssmi.com.User">
08     delete from user where id=#{id};
09 </delete>
```

以上映射语句方法执行的返回结果是受影响的数据行数，调用示例如下：

```
01  int affectedRows = mapper.insertUser(user);     //执行插入数据
02  session.commit();                               //提交事务
```

注意：因为 MyBatis 默认不开启事务提交，所以在执行完语句后需要通过 sqlSession.commit()执行事务，否则会回滚，更改不会生效。

2．插入语句自增长的id获取

MyBatis 的全局配置 useGeneratedKeys 用于指定是否开启 JDBC 支持自动生成主键，配置如下：

```
01  <settings>
        <!--开启自动生成主键功能 -->
02      <setting name="useGeneratedKeys" value="true" />
03  </settings>
```

useGeneratedKeys 属性只有在支持自动生成记录主键的数据库中有效，如 MySQL 和 SQL Server，而 Oracle 不支持直接定义自增长字段（Oracle 可以使用<selectKey>元素实现自增长主键的设置）。

除了定义在全局配置中之外，useGeneratedKeys 也可以使用在<insert>映射语句中，在表定义时需要定义自增长类型的字段，比如在 MySQL 中，用户表的 id 属性定义为 AUTO_INCREMENT，字段定义如下：

```
`id` int(20) NOT NULL AUTO_INCREMENT  COMMENT '主键id',
```

在映射语句中设置 useGeneratedKeys 为 true，keyProperty 属性设置自增长的主键字段，配置如下：

```
01  <insert id="insertUser" parameterType="cn.osxm.ssmi.com.User"
                             useGeneratedKeys="true" keyProperty="id">
02      insert into User(name,deptid) values (#{name},#{deptId})
03  </insert>
```

3．<insert>、<update>和<delete>标签的属性

包括常用的 id 和 parameterType 属性以及自增长主键相关的属性 useGeneratedKeys 和 keyProperty，<insert>、<update>和<delete>标签可以配置的属性如表 12.6 所示。

表 12.6　<insert>、<update>和<delete>可以设置的属性列表

属　性	描　述
id	唯一标识符，用来调用
parameterType	传入参数类型，可选。TypeHandler可以推断出类型
flushCache	语句调用清空本地缓存和二级缓存，可设置为false或true
timeout	驱动超时设置
statementType	语句类型，可选值包括STATEMENT、PREPARED和CALLABLE

（续）

属　　性	描　　述
useGeneratedKeys	使用JDBC的getGeneratedKeys方法来取出由数据库内部生成的主键（仅对insert和update有用）
keyProperty	MyBatis会通过getGeneratedKeys的返回值或者通过insert语句的selectKey子元素设置它的键值（仅对insert和update有用）
keyColumn	通过生成的键值设置表中的列名（仅对insert和update有用）
databaseId	与databaseIdProvider配合使用，对应不同类型的数据库语句

12.4.4　可重用 SQL 代码段（<sql>）

<sql>标签用来定义可重用的 SQL 代码段，这些 SQL 代码段通过<include>标签被其他的<select>及<insert>等语句使用。定义及使用示例如下：

```
01  <sql id="userColumns">id,name,age,deptid</sql><!--SQL 代码段定义 -->
02  <select id="selectUserWithSqlElement" resultType="map">
03     select
04  <include refid="userColumns" /><!--SQL 代码段使用 -->
05    from user where id=#{id};
06  </select>
```

<include>标签也可以接收外部调用语句传入的参数，示例如下：

```
01  <sql id="userColumnsWithParams"> <!--带参数的 SQL 代码段 -->
02     #{tbalias}.id,#{tbalias}.name,#{tbalias}.age,#{tbalias}.deptid
03  </sql>
04  <select id="selectUserWithSqlElementParams" resultType="map">
05     select
06     <include refid="userColumnsWithParams"> <!--引用 SQL 代码段 -->
        <!--使用参数名 tbalias 传递参数 u-->
07        <property name="tbalias" value="u" />
08     </include>
09     from user u where id=#{id}; <!--user 别名为 u-->
10  </select>
```

第 13 章　MyBatis 进阶

MyBatis 是轻量级的 ORM 框架，内部运作机制很简单。除了一些基本功能之外，MyBatis 还提供了类型处理器、对象工厂和插件等进阶功能的开发和配置，使用动态 SQL 可以更灵活地配置映射方法的 SQL 语句。

为加快数据访问速度，MyBatis 可以对查询语句及查询结果进行两个层级的缓存，结合日志输出，可以对缓存效果进行验证。另外，在接口方法中使用注解映射 SQL 语句可以替代 XML 的映射配置，而且 MyBatis 还提供 SQL 构造器工具类，用于产生复杂的 SQL 语句。

13.1　MyBatis 内部运作解密

MyBatis 提供给外部使用的重要接口和类，包括 Configuration（配置）、SqlSession-FactoryBuilder（会话工厂构建器）、SqlSessionFactory（会话工厂）、SqlSession（会话）及 TransactionFactory（事务工厂）。除了这些外部使用的接口和类之外，框架内部使用的重要接口和类包括 Executor（执行器）、ParameterHandler（参数处理器）、ResultSetHandler（结果集处理器）和 ResultHandler（结果处理器）。所有的这些类组成一个体系，协同运作，完成对象和关系的映射。MyBatis 内部运作的总体流程和机制如图 13.1 所示。

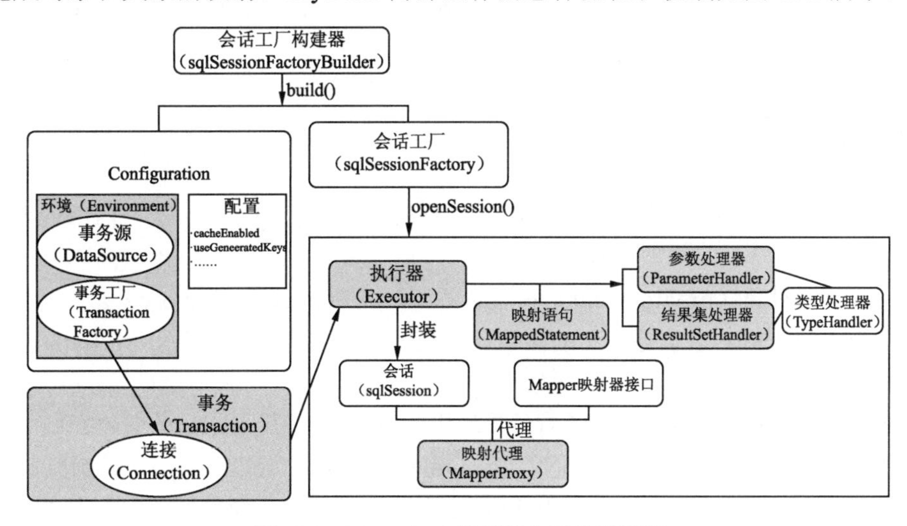

图 13.1　MyBatis 内部组件与运作流程图

13.1.1　SqlSessionFactory 的构建和类型

SqlSessionFactoryBuilder 根据全局配置文件创建会话工厂（SqlSessionFactory）实例并初始化配置类（Configuration）的实例。

SqlSessionFactory 是接口，有两个具体实现类 DefaultSqlSessionFactory 和 SqlSessionManager，默认使用的是 DefaultSqlSessionFactory。

SqlSessionManager 不仅实现了 SqlSessionFactory 接口，还实现了 SqlSession 接口，兼具 SqlSessionFactory 和 SqlSession 的功能。SqlSessionManager 的实例通过配置文件的输入流构建，可以像使用 SqlSession 接口一样调用 select()等方法和获取映射器。SqlSessionManager 代码示例如下：

```
SqlSessionManager  sqlSessionManager = SqlSessionManager.newInstance
(inputStream)
UserMapper userMapper = sqlSessionManager.getMapper(UserMapper.class);
```

SqlSessionManager 可以替代 SqlSessionFacotry 和 SqlSession 两者的功能，封装程度更高，对开发者来说，代码进一步简化了。此外，SqlSessionManager 使用了线程本地变量保存 SqlSession（ThreadLocal<SqlSession>），保证了线程的安全。

SqlSessionManager 特别适合于容器整合的场景，但在实际开发中，SqlSessionManager 使用较少。在 Spring 整合的独立模块中，使用 SqlSessionTemplate 来替代 SqlSessionManager，SqlSessionTemplate 和 Spring 本身的 JdbcTemplate 看起来更融合，而且使用方式也较为一致。

Configuration 类属性对应配置文件的配置项，包括数据库环境（Environment）和框架的全局参数配置（类似于 cacheEnabled、useGeneratedKeys 等）。Environment 类和<environment>标签的配置对应，成员变量包括环境 ID、事务器工厂（TransactionFactory）和数据源（DataSource）。

13.1.2　会话工厂创建会话的流程

SqlSessionFactory 的 openSession()方法用于获取会话（SqlSession），内部处理的流程如下：

（1）从环境对象（Environment）获取事务工厂（TransactionFactory）。

TransactionFactory 是事务工厂的接口，根据不同的事务管理机制，MyBatis 提供了以下两种类型的实现类：

- JdbcTransactionFactory：JDBC 事务管理机制，也就是使用 JDBC 的 java.sql.Connection 接口定义的方法进行事务的提交（commit()）、回滚（rollback()）和关闭（close()）。
- ManagedTransactionFactory：MyBatis 本身不管理事务，而是让程序运行的容器（如

JBoss 和 WebLogic）来管理事务。

除了以上两种事务工厂类之外，在与 Spring 整合的模块中，MyBatis 还专门提供了与 Spring 整合的事务工厂 SpringManagedTransactionFactory，由 Spring 容器管理事务。

（2）通过事务工厂 TransactionFactory 创建 MyBatis 的事务（Transaction）对象。

JDBC 规范使用 Connection 的 commit()或 rollback()等方法处理事务，没有专门的事务接口或类。MyBatis 中定义了专门的事务接口（Transaction）和实现，不过该事务接口不仅定义了事务处理的方法，还包括 Connection 类型的成员属性。创建 Transaction 接口对象的实例时，Connection 对象可以从外部传入，也可以通过 getConnection()进行创建。

对应 JdbcTransactionFactory 和 ManagedTransactionFactory 两种事务工厂类型，MyBatis 提供了以下两种事务接口实现：

- JdbcTransaction：JDBC 类型事务；
- ManagedTransaction：容器管理的事务。

此外，Spring 整合模块使用的事务类型是 SpringManagedTransactionTransaction。

（3）使用事务（Transaction）创建不同类型的执行器（Executor）。

Executor 是实际用来执行数据操作和事务处理的方法，其通过 Configuration 类的 newExecutor(Transaction transaction,ExecutorType executorType)方法创建，ExecutorType 参数指定执行器的类型，依据不同的执行器类型创建对应类型的执行器。MyBatis 提供的执行器如下：

- SimpleExecutor：每个语句的执行创建一个新的预处理语句；
- ReuseExecutor：复用预处理语句；
- BatchExecutor：用于执行批量的 SQL 操作；
- CachingExecutor：数据保存到缓存中，提高查询的性能，如果在全区配置中设置 cacheEnabled 为 true，则会创建这种执行器。

执行器接口（Executor）定义了操作数据和事务处理的方法，但在代码开发中不会直接使用，而是使用 SqlSession。

（4）SqlSession 在 Executor 基础上进行了更完善的封装，提供了多样化的数据操作方法。除了提供处理数据连接、数据操作、事务处理和缓存处理之外，还提供了对配置信息的获取，包括 select()、selectOne()、selectMap()、selectList()、insert()、update()、delete()、commit()、rollback()、clearCache()、getConnection()和 getConfiguration()等。Executor 是在框架内部使用，SqlSession 则是让开发者用来进行数据查询和删除等操作，MyBatis 提供了更方便的以 Mapper 接口的方式来处理数据操作，不过事务相关的操作还是需要通过 SqlSession 来完成。

13.1.3　Mapper 映射器接口的运作方式

映射器接口是用户自定义的用于数据操作的 Java 接口，SqlSession 的 getMapper-

(Class<T> type)方法使用映射器接口作为参数获取映射器，结合映射文件的配置调用该映射器接口中定义的方法，进行数据库操作并获得返回。可是映射器接口只是一个接口，怎么可以直接调用方法呢？原因是框架对接口做了一层代理，实际返回对象的类型是 org.apache.ibatis.binding.MapperProxy。

MapperProxy 代理类实现了 Java 反射接口 InvocationHandler，其主要的成员变量有 SqlSession、mapperInterface 和 methodCache。methodCache 是用来做缓存的，mapperInterface 是实际的接口，最重要的就是 SqlSession，接口方法的最终执行都是通过 SqlSession 的数据操作方法来实现的。

映射器代理（MapperProxy）通过映射器代理工厂（MapperProxyFactory）创建，映射器接口和 MapperProxyFactory 之间的对应关系通过 MapperRegistry（映射器注册器）维护。映射器注册器作为 Configuration 的一个成员变量，通过读取全局配置中的映射器配置初始化，它们之间的关系如图 13.2 所示。

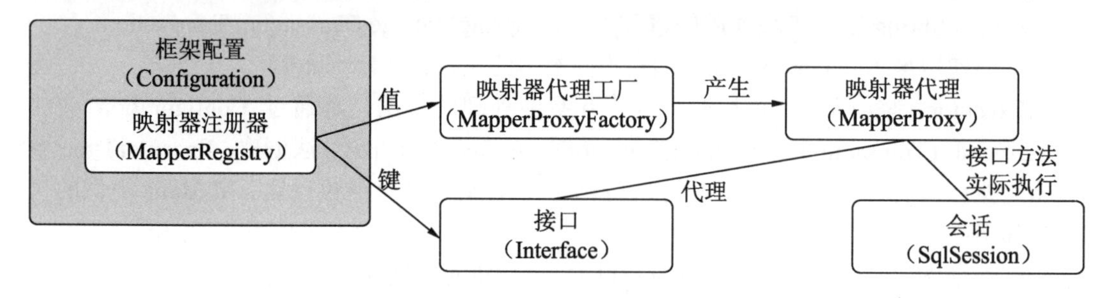

图 13.2　映射器代理结构及与接口和会话的关系

13.1.4　SqlSession 和 Executor 如何执行 SQL 语句

SqlSession 的 select()方法使用 SQL 语句参数查询数据，该方法还接收 ResultHandler 类型的参数，用于对查询的结果进行转换处理。MyBatis 框架使用 configuration 的 getMappedStatement()方法将字符串类型的 SQL 语句转换为 MappedStatement 类型的语句对象，MappedStatement（映射语句对象）表示要发往数据库执行的指令，可以理解为 SQL 的抽象表示。

MappedStatement 除了包含执行的语句还包括 configuration、fetchSize、timeout、statementType、resultSetType 和 useCache 等成员变量。执行器（Executor）通过 MappedStatement 类型的参数执行实际的数据操作。

执行器在执行数据操作时，会使用 MappedStatement 等参数通过 configuration.newStatementHandler()方法创建语句处理器（StatementHandler），语句处理器又包含了参数处理器（ParameterHandler）和结果集处理器（ResultSetHandler）。

- ParameterHandler：参数处理器，对 SQL 语句中的对象等类型参数进行处理，组装成最终执行的 SQL 语句。

- ResultSetHandler：结果集处理器，处理语句执行后产生的结果集，转换成配置的 Java 类型。

参数处理器和结果集处理器都会使用类型转换器（TypeHandler）实现数据库类型和 Java 类型的转换。

13.2　MyBatis 全局配置进阶

<environments>（数据库环境）和<mappers>（映射引用）是全局配置中的基本配置；配置<properties>（属性）元素之后，就可以在配置文件中使用变量占位符；<settings>用于设定和修改框架的一些运行参数。除了这些配置，全局配置还支持类型处理器（<typeHandlers>）、类型别名（<typeAliases>）、对象工厂（<objectFactory>）、插件（<plugins>）和数据库提供商（<databaseIdProvider）等标签配置。

13.2.1　类型处理器<typeHandlers>

MyBatis 使用类型处理器处理数据库字段和 Java 属性的类型转换。框架实现了基本类型处理器，包括整型、字符串、布尔型、字节、日期和时间等基本类型处理器，这些类型处理器能满足大部分的应用开发。框架默认提供的类型处理器类及处理的 Java 类型和数据库字段类型的对应如表 13.1 所示。

表 13.1　MyBatis默认类型处理器及类型对应

分　类	类型处理器	Java类型	JDBC类型
数字类型	BooleanTypeHandler	java.lang.Boolean、boolean	BOOLEAN
	ByteTypeHandler	java.lang.Byte、byte	NUMERIC或BYTE
	ShortTypeHandler	java.lang.Short、short	NUMERIC或SHORT INTEGER
	IntegerTypeHandler	java.lang.Integer、int	NUMERIC或INTEGER
	LongTypeHandler	java.lang.Long、long	NUMERIC或LONG INTEGER
	FloatTypeHandler	java.lang.Float、float	NUMERIC或FLOAT
	DoubleTypeHandler	java.lang.Double,double	NUMERIC或DOUBLE
	BigDecimalTypeHandler	java.math.BigDecimal	NUMERIC或DECIMAL
字符串	StringTypeHandler	java.lang.String	CHAR、VARCHAR
	NStringTypeHandler	java.lang.String	NVARCHAR、NCHAR

（续）

分　　类	类型处理器	Java类型	JDBC类型
二进制	ClobReaderTypeHandler	java.io.Reader	
	ClobTypeHandler	java.lang.String	CLOB、LONGVARCHAR
	NClobTypeHandler	java.lang.String	NCLOB
	BlobInputStreamTypeHandler	java.io.InputStream	
字节	ByteArrayTypeHandler	byte[]	字节流类型
	BlobTypeHandler	byte[]	BLOB、LONGVARBINARY
日期时间	DateTypeHandler	java.util.Date	TIMESTAMP
	DateOnlyTypeHandler	java.util.Date	DATE
	TimeOnlyTypeHandler	java.util.Date	TIME
	SqlTimestampTypeHandler	java.sql.Timestamp	TIMESTAMP
	SqlDateTypeHandler	java.sql.Date	DATE
	SqlTimeTypeHandler	java.sql.Time	TIME
	LocalDateTimeTypeHandler	java.time.LocalDateTime	TIMESTAMP
	LocalDateTypeHandler	java.time.LocalDate	DATE
	LocalTimeTypeHandler	java.time.LocalTime	TIME
	OffsetDateTimeTypeHandler	java.time.OffsetDateTime	TIMESTAMP
	OffsetTimeTypeHandler	java.time.OffsetTime	TIME
	ZonedDateTimeTypeHandler	java.time.ZonedDateTime	TIMESTAMP
	YearTypeHandler	java.time.Year	INTEGER
	MonthTypeHandler	java.time.Month	INTEGER
	YearMonthTypeHandler	java.time.YearMonth	VARCHAR或LONGVARCHAR
枚举	EnumTypeHandler	Enumeration Type	VARCHAR
	EnumOrdinalTypeHandler	Enumeration Type	NUMERIC或DOUBLE
	InstantTypeHandler	java.time.Instant	TIMESTAMP
对象	ObjectTypeHandler	Any	OTHER或未指定类型

表 13.1 中的默认类型处理器通过类型处理注册器（TypeHandlerRegistry）维护在 Configuration 的全局配置对象中，在请求参数转换和结果转换时会被使用。类型转换器类也可以自定义，定义方式是在全局配置文件中通过<typeHandlers>标签配置和注册。配置示例如下：

```
01  <typeHandlers><!--自定义处理器映射器 -->
02    <typeHandler handler="cn.osxm.ssmi.chp12.typehandler.MyTypeHandler" />
03  </typeHandlers>
```

以上示例配置中的 handler 属性指定自定义的处理器类全名，该自定义类型转换器类需要实现 org.apache.ibatis.type.TypeHandler 接口或继承 org.apache.ibatis.type.BaseTypeHandler 类，通过实现 setNonNullParameter()和 getNullableResult()方法进行数据库字段类型

和 Java 属性类型的转换。

为简单起见，这里自定义一个转换数据库 VARCHAR 类型和 Java 的 String 类型的类型处理器类（该类型的转换器 MyBatis 默认已提供），该类继承泛型抽象类 BaseTypeHandler<T>，代码如下：

```
01 @MappedJdbcTypes(JdbcType.VARCHAR)       //映射 JDBC 字段类型注解
02 public class MyTypeHandler extends BaseTypeHandler<String> {
03   @Override                               //用于参数转换
04   public void setNonNullParameter(PreparedStatement ps, int i, String
     parameter,
      JdbcType jdbcType) throws SQLException {
05      ps.setString(i, parameter);
06   }
07   @Override                               //用于查询结果转换
08   public String getNullableResult(ResultSet rs, String columnName)
     throws SQLException {
09      return rs.getString(columnName);
10   }
11   @Override
12   public String getNullableResult(ResultSet rs, int columnIndex) throws
     SQLException {
13      return rs.getString(columnIndex);
14   }
15   @Override
16   public String getNullableResult(CallableStatement cs, int columnIndex)
      throws SQLException {
17      return cs.getString(columnIndex);
18   }
19 }
```

13.2.2　类型别名<typeAliases>

<select>的 resultType 属性、<resultMap>的 type 属性和<association>的 javaType 属性配置的都是 Java 的全路径类名，比如 cn.osxm.ssmi.com.User。如果包名复杂，不但写起来烦琐，容易出错，而且一旦类名或包名发生变化，映射配置文件需要改动的地方就会比较多。

在全局配置文件中使用<typeAlias>标签可以配置 Java 全路径类名的简写别名，类的简写别名的格式一般是不包含包路径的类名。举例来看，定义上面用户类的别名为 User，定义如下：

```
01 <typeAliases>
       <!--类型别名定义-->
02     <typeAlias alias="User" type="cn.osxm.ssmi.com.User" />
03 </typeAliases>
```

在<typeAliases>标签下使用<package>可以实现对该包下所有类定义简写的别名，例如：

```
<package name="cn.osxm.ssmi.com" />
```

注意： MyBatis 默认以类名作为全类名与别名的对应， 所以该包下及该包的子包中不能包含同名的类名。

MyBatis本身对Java的基本类型和基本对象类型定义了别名，基本类型是加下划线(_)前缀，比如 int 的别名是_int；基本对象类型是不包含包的类名（不区分大小写），比如 java.lang.String 的类型别名是 string 或 String。

除了 XML 配置方式，类的别名还可以通过在实体类中使用@Alias 注解来定义，例如：

```
@Alias("author")                              //在实体类上使用注解类型别名
public class User {
}
```

13.2.3 对象工厂<objectFactory>

对象工厂（ObjectFactory）是用来创建 Java 类型对象的工厂类。MyBatis 从数据库取出结果后，根据映射文件配置返回 Java 类型，对象工厂使用反射机制创建该类型的对象，创建方式是使用该类的构造器。

如果需要扩展对象工厂的功能（比如设置没有映射字段的属性值），可以自定义继承 DefaultObjectFactory 对象工厂类，使用<objectFactory>标签在配置文件中配置。示例如下：

```
<objectFactory type="cn.osxm.ssmi.chp13.MyObjectFactory"/>
```

type 属性指定自定义的对象工厂类，该类需要继承自默认对象工厂类（DefaultObjectFactory），覆写创建对象（create()）和设置属性（setProperties()）方法。比如某个用户类 User 有一个国家（country）属性，但数据库表中没有对应的字段，则该属性值可以通过自定义对象工厂进行设置，示例代码如下：

```
01 public class MyObjectFactory extends DefaultObjectFactory {
02   @Override                                   // 处理默认构造方法
03   public Object create(Class type) {
       //如果返回的是 User 类型，则调用 setCountry()方法
04     if (type.equals(User.class)) {
05        User user = (User) super.create(type);
06        user.setCountry("中国");
07        return user;
08     }
       //如果不是 User 类型，则调用父类创建对象的方法
09     return super.create(type);
10   }
11 }
```

自定义对象工厂的使用场景之一是用来设置对象的动态栏位的值。

13.2.4 插件<plugins>

MyBatis 中的插件使用 AOP（面向切面编程）方式，拦截某些类的特定方法，在这些

方法执行的时候插入特定的逻辑。MyBatis 中可以拦截的类和方法如下：

- Executor(update()、query()、flushStatements()、commit()、rollback()、getTransaction()、close()、isClosed())；
- ParameterHandler (getParameterObject()、setParameters())；
- ResultSetHandler (handleResultSets()、handleOutputParameters())；
- StatementHandler (prepare()、parameterize()、batch()、update()、query)。

插件在配置文件中的配置如下：

```
<plugins>
   <!--自定义插件 -->
   <plugin interceptor="cn.osxm.ssmi.chp12.plugin.MyPlugin"/>
</plugins>
```

<plugin>标签的 interceptor 属性指定自定义的插件类，插件类需要实现 Interceptor 接口，在插件实现类中，使用@Intercepts 注解指定想要拦截的类和方法签名。简单的示例如下：

```
01 @Intercepts({@Signature(        //拦截器注解，使用签名注解指定拦截的类和方法
02       type= Executor.class,     //拦截的类
03       method = "update",        //拦截的方法
04       args = { MappedStatement.class,Object.class})})
05 public class MyPlugin implements Interceptor {     //自定义插件类
06   @Override
07   public Object intercept(Invocation invocation) throws Throwable {
08      return invocation.proceed();
09   }
10   @Override
11   public Object plugin(Object target) {
12      return Plugin.wrap(target, this);
13   }
14   @Override
15   public void setProperties(Properties properties) {
16   }
17 }
```

注意： 使用插件可以修改 MyBatis 的核心方法甚至可以完全覆盖配置类，这有可能破坏 MyBatis 的核心模块，要谨慎使用。

13.2.5　数据库提供商<databaseIdProvider>配置

大部分的 SQL 语句在不同数据库中的实现基本类似，但有些语句和函数在各数据库中的实现存在差异。以获取系统时间的函数为例，Oracle 和 MySQL 虽然都从虚拟表 dual 中获取系统时间，但函数名完全不一样，Oracle 使用 sysdate 获取当前时间，MySQL 使用 NOW()获取当前时间。

考虑应用程序的兼容性，为确保在不同的数据库中都可以运行，通过设置<select>的

databaseId 的属性值来指定该语句映射适用的数据库。针对不同的数据库，配置多个相同 id 但是 databaseId 不同的<select>映射。以获取时间的语句为例，配置适用在 Oracle 和 MySQL 的同 id 的< select >映射如下：

```
01  <select id="SelectSystemTime" resultType="String" databaseId="oracle">
02     SELECT to_char(sysdate,'yyyy-mm-dd hh24:mi:ss') FROM dual
03  </select> <!--Oracle 数据库使用-->
04  <select id="SelectSystemTime" resultType="String" databaseId="mysql">
05     SELECT NOW() FROM dual
06  </select><!--MySQL 数据库使用-->
```

databaseId 的值是数据库别名，这个别名需要在全局配置文件中配置，配置如下：

```
01  <databaseIdProvider type="DB_VENDOR">
02     <property name="MySQL" value="mysql" />
03     <property name="Oracle" value="oracle" />
04     <property name="SQL Server" value="sqlserver" />
05     <property name="DB2" value="db2" />
06  </databaseIdProvider>
```

<databaseIdProvider>标签的 type 属性的 DB_VENDOR 是各数据库提供商提供的名字，上面的配置只是做了一个别名的对应。

13.3　动态 SQL

动态 SQL 是相对于传统静态 SQL 而言的，传统的复杂 SQL 语句通过拼接而来，很容易出现缺少空格、单引号不匹配或 AND OR 等逻辑运算符错乱的问题。动态 SQL 支持使用逻辑语言定义 SQL 语句，这个表达式语言就是对象图导航语言（OGNL Object-Graph Navigation Language）。该表达式语言支持条件判断<if>、分支选择（<choose>、<when>、<otherwise>）和循环（<foreach）等标签。

13.3.1　条件判断<if> 和条件语句</where>

条件判断的标签的格式是<if test="判断逻辑">条件语句</if>，如果 test 属性的逻辑为真，则将此条件便签中的语句附加在 SQL 中。示例配置如下：

```
01  <select id="findUserListWithNameIf" resultType="cn.osxm.ssmi.com.User">
02     select * from User where
03     <if test="name != null"> <!--用户名不为空，则加上 like 子句 -->
04        name like '%${name}%'
05     </if>
06  </select>
```

上面的语句根据传入的 name 是否为空进行判断，如果不为空，则加上 like 语句。上面语句对应的接口方法需要定义一个参数名是 name 的参数，定义如下：

```
public List<User> findUserListWithNameIf(@Param("name") String name);
```

以上语句定义有一个问题，就是当 name 参数是空的话，语句会变成 select * from User where，这显然是不对的。为此，可以使用<where>标签进行优化，改写如下：

```
01 <select id="findUserListWithNameIf" resultType="cn.osxm.ssmi.com.User">
02     select * from User
03     <where> <!--如果标签内的条件不满足，则不会加上 where -->
04        <if test="name != null">
05            name like '%${name}%'
06        </if>
07     </where>
08 </select>
```

使用</where>之后，如果 name 的值是空，语句是 select * from User。

13.3.2　多分支选择标签<choose>、<when>和<otherwise>

多分支标签根据某个参数的不同值添加不同的 SQL，功能相当于 Java 的 switch 语法。多分支也可以使用多个参数进行判断，配置方式是在<choose>标签下使用若干个<when>子标签和一个<otherwise>标签，使用示例如下：

```
01 <select id="findUserListWithChoose" resultType="cn.osxm.ssmi.com.User">
02     select * from User
03     <where>
04        <choose> <!--多分支选择标签-->
05           <when test="name != null"> <!--分支一-->
06              AND name like '%${name}%'
07           </when>
08           <when test="deptId != null"><!--分支二-->
09              AND deptId = #{deptId}
10           </when>
11           <otherwise> <!--默认分支-->
12              AND id is not null
13           </otherwise>
14        </choose>
15     </where>
16 </select>
```

<choose>在找到第一个满足条件后就不再对其他条件进行判断了。在上面的实例中，如果 name 属性不为空，则加上 name 条件判断；否则判断 deptId 是否为空，如果都不满足，则加上默认条件 id 不为空的子句。

13.3.3　循环标签<foreach>

<foreach>循环标签根据 Java 集合类型对象循环产生 SQL 子句，collection 指定集合属性的名字，item 对应每次循环的值，open、close 分别是子句开始和结束附加的内容，separator 用来分隔每一项，来看示例：

```
01 <select id="findUserListWithForEach" resultType="cn.osxm.ssmi.com.User">
02     select * from User
      <!--对 useridList 循环-->
03      <foreach collection="useridList" item="user_id"
                                 open="where id in(" close=")" separator=",">
04          #{user_id}
05        </foreach>
06 </select>
```

使用映射器接口调用时，传入 list 类型的参数，调用代码如下：

```
01 List<String> useridList = new ArrayList<String>(); //列表对象初始化
02 useridList.add("1");                                //添加列表元素
03 useridList.add("2");
   //使用列表参数调用接口方法
04 list = mapper.findUserListWithForEach(useridList);
```

以上示例最终组成的 SQL 语句如下：

```
select * from User where id in ('1','2');
```

除了上面的标签外，还可以使用<trim>和<set>标签用于删除不需要的内容，比如<trim prefix="WHERE" prefixOverrides="AND |OR "></trim>的作用是当 WHERE 后紧随 AND 或则 OR 的时候，就去除 AND 或者 OR。

13.4　MyBatis 日志

MyBatis 提供了良好的日志实现，开启 MyBatis 调试（DEBUG）或追踪（TRACE）级别的日志输出，可以打印转换的 SQL 语句及缓存的使用状况等。MyBatis 支持 SLF4J 和 Apache Commons Logging 标准的日志门面，也支持直接使用 Log4j2 和 Log4j 的日志实现。

MyBatis 默认按照 SLF4J、Apache Commons Logging、Log4j2、Log4j 和 JDK logging 的顺序查找日志门面或实现，也就是在 MyBatis 项目中，不进行任何日志框架的配置，MyBatis 也可以使用 JDK 自身的日志记录器类 java.util.logging.Logger 输出日志。

Apache Commons Logging 和 SLF4J 是 Java 日志中最流行的两个门面。所谓门面就是标准接口，是对其他日志实现库的封装，比如 Log4j、Log4j2、Logback 和 JDK Logging。开发者基于门面进行日志开发可以兼容不同的日志实现库，也容易切换日志实现。

此外，Apache Commons Logging 除了作为日志门面外，其内部也提供了一个简单的日志实现 Simple Log。Apache Commons Logging 曾经是 Java 项目推荐的日志门面，搭配 Log4j 日志实现库，但现在很多项目中却优先选择 SLF4J，比如 MyBatis，不过还是有很多应用服务器默认包含 Commons Logging 库，如 Tomcat 和 WebSphere。综上所述，在基于 MyBatis 的 Web 项目中，Apache Commons Logging +Log4j2 仍是不错的日志方案。

13.4.1　Commons Logging +Log4j2 搭建 MyBatis 日志方案实例

Log4j2 的日志功能很强大，对日志可以进行细粒度地控制，结合 Commons Logging 可以提高应用系统日志处理的灵活性和可扩充性。搭建步骤包括导入 Commons Logging 和 Log4j2 的相关库、添加 Log4j2 的配置文件和日志输出测试。

1. 依赖库导入

Commons Logging +Log4j2 的组合需要导入 Log4j2 核心库（log4j-core）、Log4j2 接口库（log4j-api）、Commons Logging（commons-logging）库及连接两者的桥接库（log4j-jcl）。关于日志的部分的内容可以参考后面的章节介绍，本节仅介绍配置和使用方法。使用 Maven 的依赖配置如下：

```
01 <dependency> <!-- Log4j 核心库-->
02     <groupId>org.apache.logging.log4j</groupId>
03     <artifactId>log4j-core</artifactId>
04     <version>2.12.0</version>
05 </dependency>
06 <dependency> <!-- Log4j API 接口-->
07     <groupId>org.apache.logging.log4j</groupId>
08     <artifactId>log4j-api</artifactId>
09     <version>2.12.0</version>
10 </dependency>
11  <dependency><!--Common Logging 门面接口-->
12       <groupId>commons-logging</groupId>
13      <artifactId>commons-logging</artifactId>
14      <version>1.2</version>
15 </dependency>
16 <dependency><!-- Log4j 与 Common Logging 桥接 -->
17     <groupId>org.apache.logging.log4j</groupId>
18     <artifactId>log4j-jcl</artifactId>
19     <version>2.12.0</version>
20 </dependency>
```

2. 添加Log4j2配置文件

这里以 XML 配置为例，文件名 log4j2.xml，放在项目的类的根路径下。这里仅在控制台打印映射接口方法执行的日志，配置如下：

```
01 <?xml version="1.0" encoding="UTF-8"?>
02 <Configuration status="OFF">
03   <Appenders> <!--日志输出目的地定义 -->
04     <Console name="Console" target="SYSTEM_OUT"> <!--控制台输出 -->
05        <PatternLayout pattern="%d{HH:mm:ss.SSS} [%t]  <!--日志输出格式 -->
                             %-5level %logger{36} - %msg%n" />
06     </Console>
07   </Appenders>
08   <Loggers> <!--日志记录器配置 -->
```

```
        <!包开启追踪级别 -->
09      <logger name="cn.osxm.UserMapper" level="TRACE"></logger>
10      <Root level="ERROR"> <!--根记录器的级别是 ERROR -->
11         <AppenderRef ref="Console" />
12      </Root>
13    </Loggers>
14  </Configuration>
```

对以上 Log4j2 配置简单说明如下：

- <Configuration>的属性设置为 OFF，表示关闭 Log4j2 本身执行的日志。
- <Appenders>仅配置控制台输出<Console>，<PatternLayout>指定输出格式。
- <Root>根记录器输出 ERROR 级别以上的日志。
- <logger>指定自定义接口的日志，name 属性是接口的全路径接口类名，level 指定的输出级别是 TRACE。

3．调用接口方法测试日志输出

调用 UserMapper 接口的 selectUser()，查看控制台日志输出。调用代码如下：

```
UserMapper mapper = session.getMapper(UserMapper.class);
mapper.selectUser(1);
```

MyBatis 在控制台的日志输出如图 13.3 所示。

```
18:07:44.316 [main] DEBUG cn.osxm.ssmi.chp13.UserMapper.selectUser - ==> Preparing: select * from User where id=?
18:07:44.352 [main] DEBUG cn.osxm.ssmi.chp13.UserMapper.selectUser - ==> Parameters: 1(Integer)
18:07:44.370 [main] TRACE cn.osxm.ssmi.chp13.UserMapper.selectUser - <==    Columns: id, name, deptid, age, email_address
18:07:44.370 [main] TRACE cn.osxm.ssmi.chp13.UserMapper.selectUser - <==        Row: 1, user1, 1, 20, user1@mail.com
18:07:44.372 [main] DEBUG cn.osxm.ssmi.chp13.UserMapper.selectUser - <==      Total: 1
```

图 13.3　MyBatis 在控制台日志输出

图 13.3 中 DEBUG 级别的日志输出了执行的 SQL 语句、传入参数及查询的数据条数，TRACE 级别输出了查询的列名及对应的值。

13.4.2　日志开启层级

前面例子中设置<logger>的 name 属性值为全路径接口名，则接口类包含的方法被调用时都会输出指定级别的日志。name 属性的值也可以限定在方法层级，仅对该方法的执行开启日志功能，配置如下：

```
<logger name="cn.osxm.ssmi.chp13.UserMapper.selectUser" level="TRACE">
```

除了方法和接口，name 属性值还可以设置为包名或命名空间，对该包下所有类开启日志功能。此外，如果开启了二级缓存，MyBatis 还会输出二级缓存命中率的信息，如图 13.4 所示。

MyBatis 提供了自己的日志记录工厂类（LogFactory）和日志记录器类（Log）。在 MyBatis 项目中写入日志，建议使用 Common Logging 或 Slf4j 的统一接口写入，如果没有导入日志门面，也可以直接使用 MyBatis 提供的日志类写入，写入日志示例如下：

```
01  org.apache.ibatis.logging.Log logger =
                        org.apache.ibatis.logging.LogFactory.getLog("cn.osxm.
                        ssmi.chp13");
02  logger.debug("This is MyBatis Log Test");
```

```
18:11:59.171 [main] DEBUG cn.osxm.ssmi.chp13.UserMapper - Cache Hit Ratio [cn.osxm.ssmi.chp13.UserMapper]: 0.0
18:11:59.180 [main] DEBUG cn.osxm.ssmi.chp13.UserMapper.selectUser - ==>  Preparing: select * from User where id=?
18:11:59.206 [main] DEBUG cn.osxm.ssmi.chp13.UserMapper.selectUser - ==> Parameters: 1(Integer)
18:11:59.225 [main] TRACE cn.osxm.ssmi.chp13.UserMapper.selectUser - <==    Columns: id, name, deptid, age, email_address
18:11:59.225 [main] TRACE cn.osxm.ssmi.chp13.UserMapper.selectUser - <==        Row: 1, user1, 1, 20, user1@mail.com
18:11:59.228 [main] DEBUG cn.osxm.ssmi.chp13.UserMapper.selectUser - <==      Total: 1
```

图 13.4　MyBatis 在控制台输出二级缓存命中率

13.5　MyBatis 缓存

缓存是指 MyBatis 将首次从数据库查询出来的数据写入内存中，后面再查询该数据则先从缓存中读取，而不需要查询数据库。缓存可以加快数据查询的速度，但需要占据一定的内存，属于空间换时间的编程思想。缓存内容以键值对的数据格式暂存，最简单的缓存格式是哈希表（HashMap）。MyBatis 提供了缓存键类（CacheKey）、缓存接口（Cache）及多种缓存实现类，常用的缓存实现类是 PerpetualCache（永久缓存）。

MyBatis 支持两个层级的缓存：一级缓存和二级缓存。一级缓存也称为本地缓存，应用在会话（SqlSession）对象上，二级缓存是全局缓存，维护在全局的 Configuration 对象中。一级、二级缓存默认都是使用 MyBatis 自身的缓存类实现，二级缓存也支持第三方的缓存框架实现，如 EhCache、OSCache 或 Redis 等。MyBatis 缓存结构及实现机制如图 13.5 所示。

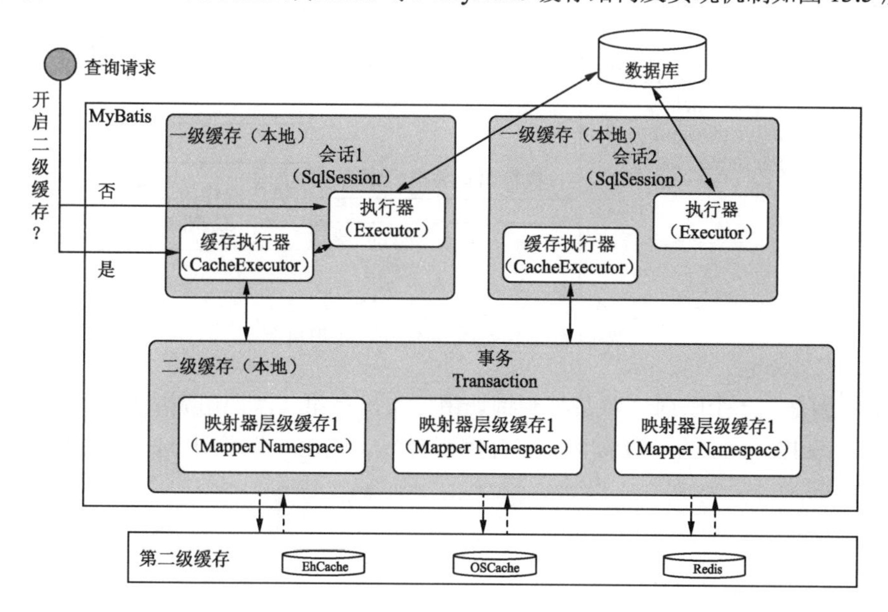

图 13.5　MyBatis 缓存结构及实现机制

13.5.1　一级缓存

一级缓存在 SqlSession 层级实现，使用映射器接口或 SqlSession 对某个查询执行多次，查询结果会在第一次查询后被写入缓存，后面通过该 SqlSession 查询时就优先从缓存中读取数据。一级缓存使用 SqlSession 的 clearCache()方法可以清除。

SqlSession 对执行器 Executor 进行了封装，一级缓存通过 BaseExecutor 成员变量 localCache 实现（该变量类型是 PerpetualCache）。此外，BaseExecutor 还有一个同类型的属性 localOutputParameterCache，用于缓存 CallableStatement 类型语句执行的存储过程的输出参数。

SqlSession 对象创建的时候会创建关联的一级缓存，该 SqlSession 执行的查询语句及结果会被保存到一级缓存中。一级缓存在以下状况下会被清除：

- 使用该 SqlSession 执行增加、删除或修改操作并且提交事务的状况下，MyBatis 会清空该 SqlSession 的缓存数据。这样处理的目的是为了保证缓存中的数据和数据库中的数据同步，避免出现脏读。
- SqlSession 关闭时，缓存自然也会被清空。
- 调用 SqlSession 的 clearCache()方法手动清除缓存。

一级缓存的作用机制如图 13.6 所示。

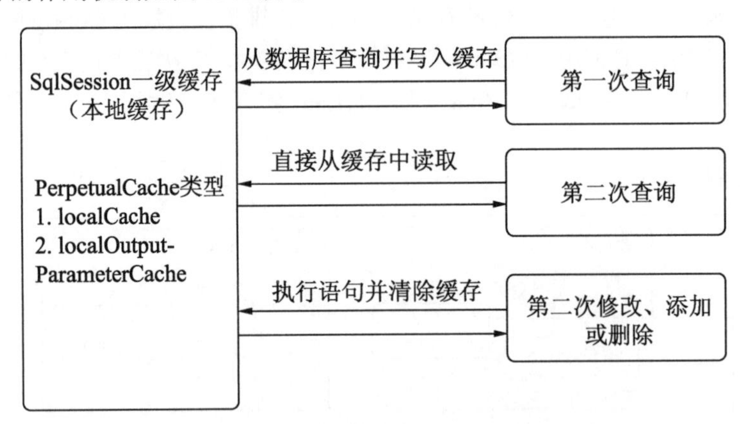

图 13.6　MyBatis 一级缓存作用机制

以下示例是同一个映射器对某个查询调用三次，在第二次调用完成后使用 clearCache()方法清空该 SqlSession 的一级缓存，结合控制台日志输出可以验证 MyBatis 的一级缓存机制，代码如下：

```
01  @Test                                                   //测试注解
02  public void level1SameMethodSameParem() {
        //获取映射器
03      UserMapper mapper = session.getMapper(UserMapper.class);
```

```
04        System.out.println("第一次查询");
05        Map<String,String> map = mapper.selectUser(1);       //执行查询
06        System.out.println("第一次查询结果"+map.toString());
07        System.out.println("第二次查询");
08        map = mapper.selectUser(1);
09        System.out.println("第二次查询结果"+map.toString());
10        System.out.println("清除缓存： session.clearCache();");
11        session.clearCache();
12        System.out.println("第三次查询");
13        map = mapper.selectUser(1);
14        System.out.println("第三次查询结果"+map.toString());
15    }
```

控制台日志输出如图 13.7 所示。

```
第一次查询
20:57:49.612 [main] DEBUG cn.osxm.ssmi.chp13.UserMapper.selectUserMap - ==>  Preparing: select * from User where id=?
20:57:49.640 [main] DEBUG cn.osxm.ssmi.chp13.UserMapper.selectUserMap - ==> Parameters: 1(Integer)
20:57:49.660 [main] TRACE cn.osxm.ssmi.chp13.UserMapper.selectUserMap - <==    Columns: id, name, deptid, age, email_address
20:57:49.660 [main] TRACE cn.osxm.ssmi.chp13.UserMapper.selectUserMap - <==        Row: 1, user1, 1, 20, user1@mail.com
20:57:49.662 [main] DEBUG cn.osxm.ssmi.chp13.UserMapper.selectUserMap - <==      Total: 1
第一次查询结果{email_address=user1@mail.com, name=user1, deptid=1, id=1, age=20}
第二次查询
第二次查询结果{email_address=user1@mail.com, name=user1, deptid=1, id=1, age=20}
清除缓存： session.clearCache();
第三次查询
20:57:49.663 [main] DEBUG cn.osxm.ssmi.chp13.UserMapper.selectUserMap - ==>  Preparing: select * from User where id=?
20:57:49.663 [main] DEBUG cn.osxm.ssmi.chp13.UserMapper.selectUserMap - ==> Parameters: 1(Integer)
20:57:49.664 [main] TRACE cn.osxm.ssmi.chp13.UserMapper.selectUserMap - <==    Columns: id, name, deptid, age, email_address
20:57:49.665 [main] TRACE cn.osxm.ssmi.chp13.UserMapper.selectUserMap - <==        Row: 1, user1, 1, 20, user1@mail.com
20:57:49.665 [main] DEBUG cn.osxm.ssmi.chp13.UserMapper.selectUserMap - <==      Total: 1
第三次查询结果{email_address=user1@mail.com, name=user1, deptid=1, id=1, age=20}
```

图 13.7　MyBatis 一级缓存机制验证日志输出

从上面的日志输出中可以看出，第二次查询时没有输出查询的 SQL 数据及参数，说明第二次查询的数据是从缓存中获取的，在清除该 SqlSession 的一级缓存后，第三次又开始从数据库中查询了。

一级缓存是在基本执行器（BaseExecutor）中处理的，底层使用 HashMap 存储缓存数据，使用[namespace:sql:参数]作为 key，以查询结果作为 value 保存缓存的数据。缓存的数据结构如图 13.8 所示。

从一级缓存的数据结构中不难推断：

- 如果参数不同或者调用方法不同，则会到数据库中查询。
- 不同的 SqlSession 即使方法和参数都相同，还是会到数据库中执行查询任务。

一级缓存默认开启，不需要进行配置。一级缓存的范围有 SESSION 和 STATEMENT 两种，默认是 SESSION，如果不想使用一级缓存，可以把一级缓存的范围指定为 STATEMENT，这样每次执行完一个 Mapper 中的语句后都会将一级缓存清除。一级缓存范围的修改通过属性 localCacheScope 进行设置，设置如下：

```
<setting name="localCacheScope" value="STATEMENT"/>
```

注意： 以上配置一般不建议修改。

```
localCache= PerpetualCache (id=132)
  cache= HashMap<K,V> (id=178)
    [0]= HashMap$Node<K,V> (id=192)
      key= CacheKey (id=86)
        checksum= -969096752
        count= 6
        hashcode= 599295329
        multiplier= 37
        updateList= ArrayList<E> (id=92)
          [0]= "cn.osxm.ssmi.chp13.UserMapper.selectUser" (id=113)
          [1]= Integer (id=114)
          [2]= Integer (id=119)
          [3]= "select * from User where\n\t\tid=?" (id=120)
          [4]= Integer (id=75)
          [5]= "my_mysql" (id=121)
      value= ArrayList<E> (id=175)
        [0]= User (id=145)
  id= "LocalCache" (id=179)

cn.osxm.ssmi.com.User@6fe46b62
```

图 13.8　MyBatis 一级缓存数据结构

13.5.2　二级缓存

二级缓存是全局缓存，所有的 SqlSession 都可以使用，二级缓存存储在框架的 Configuration 对象中。二级缓存默认使用 MyBatis 自身的 Cache 实现，也可以使用第三方的缓存框架。相对一级缓存，二级缓存的配置项更多一些。

1. 缓存机制

二级缓存以映射配置文件的 namespace 为单位，多个 Session 调用同一个 Mapper 的查询方法查询时，会先到二级缓存查找该 Mapper 是否有对应的缓存，如果有就返回。和一级缓存一样，select ()的结果会被缓存，如果执行了 insert、update 和 delete 语句则会清除缓存。以 UserMapper 为例，二级缓存机制如图 13.9 所示。

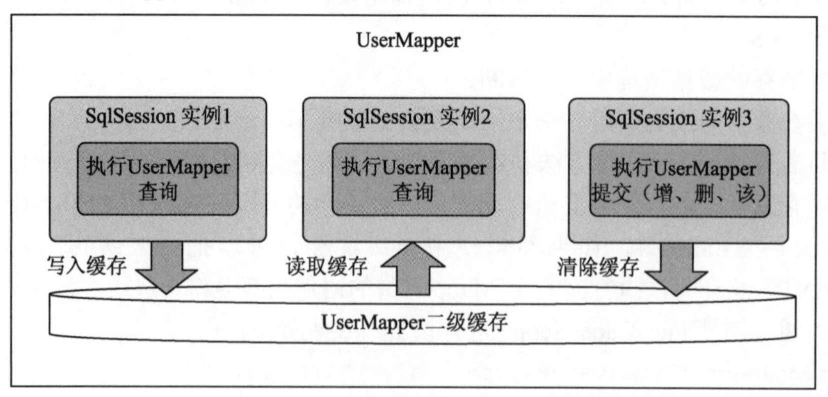

图 13.9　MyBatis 二级缓存作用机制

二级缓存通过缓存执行器（CacheExecutor）实现，如果开启了二级缓存，SqlSession 对象创建 Executor 对象时，会给执行器加上一个装饰对象 CachingExecutor。CachingExecutor 执行查询时会先查找二级缓存是否有需要的数据，如有就返回，如没有则再将任务交给 Executor 对象。二级缓存通过 TransactionalCacheManager 进行管理，二级缓存使用的缓存接口实现类是 TransactionalCache，该缓存类的 Map<Object, Object>类型的成员属性 entriesToAddOnCommit 保存缓存的查询语句和结果。

2．缓存的配置

二级缓存默认是关闭的，可以在全局配置文件、映射配置文件和映射语句三个层次进行配置。

（1）二级缓存的全局配置

在全局配置文件的<settings>标签下，配置 name 属性值是 cacheEnabled 的<setting>标签开启全局的二级缓存功能，配置如下：

```
01  <settings>
02      <setting name="cacheEnabled" value="true" />
03  </settings>
```

（2）映射文件的二级缓存配置

二级缓存是 Mapper 级别，除了全局配置，在每个映射配置文件中使用 <cache>开启二级缓存，该配置可以对二级缓存进行更细致的设置，配置属性包括 eviction、flushInterval、size 和 readOnly 等。配置示例如下：

```
<cache eviction="LRU" flushInterval="60000" size="512" readOnly="true" />
```

- eviction：缓存回收算法，默认使用 LRU，MyBatis 提供的回收算法如下：
  - LRU：最少使用算法，使用的缓存类是 LruCache。
  - FIFO：先进先出，按对象进入缓存的先后顺序回收。缓存类是 FifoCache。
  - SOFT：软引用，移除基于垃圾回收器状态和软引用规则。缓存类是 SoftCache。
  - WEAK：弱引用，移除基于垃圾收集器状态和弱引用规则的对象。缓存类是 WeakCache。
- flushInterval：清空缓存的时间间隔，单位是 ms。默认状况下，缓存是不会被清空的。使用这个配置之后，缓存会被包装成 ScheduleCache 类型，也就是在对缓存进行操作时会判断上一次清空缓存的时间是否超过了 flushInterval 设置的时间，如果超过了，就清空缓存。
- size：缓存保存的 key 的最大数量。缓存一般是保存在内存中的，控制合理数量的缓存对服务器的性能有很大的用处。超过数量的缓存是需要进行回收的，不同的回收算法默认值不同，LRU 算法最多的元素个数是 1024 个。
- readOnly：是否只读，默认为 false。当值为 false 时，会使用 SerializedCache 包装一次，在写缓存时进行序列化，读缓存时反序列化，这样每次读取的都是新的对象，修改不会影响其他的会话读取。只读缓存每次返回缓存对象的相同实例，对象不能修改，性能较好。可读性缓存返回缓存对象的副本（通过序列化实现），速度慢一些，但安全性高。

（3）映射方法的二级缓存设置

在映射器配置文件中对某个方法通过 flushCache 和 useCache 属性进行二级缓存的设置。配置示例如下：

```
01  <select id="selectUser" resultType="cn.osxm.ssmi.com.User"
            useCache="true"  flushCache="true"> <!--方法层级的二级缓存配置-->
02      select * from User where id=#{id}
03  </select>
```

- flushCache 默认为 false，表示任何时候语句被调用时，都不会去清空本地缓存和二级缓存。
- useCache 默认为 true，表示会将本条语句的结果进行二级缓存。

在全局二级缓存开启的状况下，select 语句的 flushCache 和 useCache 属性如果不设置，那么默认是启用二级缓存的。在执行 insert、update、delete 语句时，flushCache 默认为 true，表示任何时候语句被调用，都会导致本地缓存和二级缓存被清空。

3．二级缓存验证测试

同样以前面查询某个 ID 的用户为例，开启二级缓存后调用两次，测试验证代码如下：

```
01  UserMapper mapper = session1.getMapper(UserMapper.class);
02  System.out.println("第一次查询");
03  Map<String, String> map = mapper.selectUserMap(1);
04  System.out.println("第一次查询结果" + map.toString());
05  session1.close();                          // 关闭之后才写入二级缓存
06  mapper = session2.getMapper(UserMapper.class);
07  System.out.println("第二次不同 Session 相同的查询");
08  map = mapper.selectUserMap(1);
09  System.out.println("第二次不同 Session 相同的查询结果" + map.toString());
```

控制台输出日志如图 13.10 所示。

```
第一次查询
21:46:21.042 [main] DEBUG cn.osxm.ssmi.chp13.UserMapper - Cache Hit Ratio [cn.osxm.ssmi.chp13.UserMapper]: 0.0
21:46:21.051 [main] DEBUG cn.osxm.ssmi.chp13.UserMapper.selectUserMap - ==>  Preparing: select * from User where id=?
21:46:21.072 [main] DEBUG cn.osxm.ssmi.chp13.UserMapper.selectUserMap - ==> Parameters: 1(Integer)
21:46:21.089 [main] TRACE cn.osxm.ssmi.chp13.UserMapper.selectUserMap - <==    Columns: id, name, deptid, age, email_address
21:46:21.089 [main] TRACE cn.osxm.ssmi.chp13.UserMapper.selectUserMap - <==        Row: 1, user1, 1, 20, user1@mail.com
21:46:21.089 [main] DEBUG cn.osxm.ssmi.chp13.UserMapper.selectUserMap - <==      Total: 1
第一次查询结果{email_address=user1@mail.com, name=user1, deptid=1, id=1, age=20}
第二次不同Session相同的查询
21:46:21.093 [main] DEBUG cn.osxm.ssmi.chp13.UserMapper - Cache Hit Ratio [cn.osxm.ssmi.chp13.UserMapper]: 0.5
第二次不同Session相同的查询结果{email_address=user1@mail.com, name=user1, deptid=1, id=1, age=20}
```

图 13.10　MyBatis 二级缓存机制验证日志输出

从日志输出中可以看到，不同 Session 的第二次查询没有输出 SQL，而是直接从缓存中获取。此外，日志中还输出了 Cache Hit Ratio（缓存命中率）的信息，第一次查询命中率是 0，因为是从数据库中读取；第二次的值是 0.5，两次命中一次，即 1/2；如果查询 3 次就是 2/3 ，也就是 0.666666。

13.5.3　缓存补充介绍

一级缓存是 SqlSession 级别，默认开启。二级缓存是 Mapper 级别，通过配置开启。在开启二级缓存的状况下，查询数据的顺序为二级缓存→一级缓存→数据库。

在实现机制上，一个查询请求首先由 CachingExecutor 接收，进行二级缓存的查询，如果没命中，就交给真正的 Executor（比如 SimpleExecutor）查询，执行器会到一级缓存中查询，如果还没命中，再到数据库中查询，然后把查询到的结果再返回 CachingExecutor 进行二级缓存，最后返回数据。

1．如何命中缓存

如何命中缓存，也就是 MyBatis 如何判断两次查询是相同的查询。MyBatis 判断的条件主要包括：

- 查询语句的 ID；
- 组成查询的 SQL 语句字符串；
- java.sql.Statement 设置的参数；
- 查询的结果范围。

MyBatis 内部使用缓存的键类是 CacheKey，CacheKey 主要包含了一个哈希码和一个列表类型的 updatList，里面包含了 select 语句的 ID 和语句、环境等信息。CacheKey 的数据结构见图 13.8 所示。

2．二级缓存应用场景及原则

二级缓存可以提高访问速度，降低数据库的访问量，适合数据查询请求多且对查询结果实时性要求不高的场景，比如统计分析类的需求。二级缓存的 readOnly 默认为 false，也就是会使用序列化复制实体对象的副本，而如果使用第三方缓存框架，缓存存储介质有可能是硬盘，所以实体类需要实现序列化（Serializable）接口。另外，在使用二级缓存时还需要注意：

- 避免多个映射文件中的方法操作相同的表。在二级缓存中基于 Mapper 名称的缓存数据里如果多个命名空间对应同一张表，则会出现数据不一致的情况。
- 尽量在单表上使用二级缓存。
- 查询操作多于修改操作时使用二级缓存，因为增、删、改操作会频繁清除二级缓存，降低系统性能。

3．缓存引用（cache-ref）

缓存引用是引用其他映射文件中定义的缓存。方式是在映射文件中加入<cache-ref namespace=""/>标签，其中 namespace 属性设置为需要引用的缓存所在的命名空间。举例来看，如果需要在用户的映射文件（UserMapper.xml）中引入部门的缓存（DeptMapper.xml），则在 UserMapper.xml 中加入以下配置：

```
<cache-ref namespace="cn.osxm.ssmi.chp13.DeptMapper"/>
```

13.6 MyBatis 其他

除了传统的 XML 映射配置方式之外，MyBatis 也支持在接口方法中直接使用注解映射 SQL 语句，而且 MyBatis 提供了@SelectProvider 及 SQL 构造器辅助注解映射开发。

13.6.1 基于注解映射及 SQL 语句构造器

基于注解的开发方式日渐盛行，MyBatis 也提供了基于注解的配置方式。在接口类中使用注解映射 SQL 语句可以省去 XML 映射配置文件。映射注解包括@Select、@Update、@Insert、@Delete、@ResultMap、@Param、@SelectProvider 和@CacheNamespace 等。以最简单的查询注解@Select 为例，根据 ID 查询用户在接口方法的注解如下：

```
01  @Select("select * from User where id=#{id}")
02  public User selectUser(int id);
```

在全局配置的映射引用中，配置映射引用标签<mapper>的 class 属性为接口类的全名，示例如下：

```
<mapper class="cn.osxm.ssmi.chp13.UserAnnoMapper"/>
```

注解方式虽然简单但存在一个问题：当 SQL 语句比较简单时，代码还比较整洁，但 SQL 语句比较复杂时，代码就显得混乱。为此，MyBatis 提供了@SelectProvider 注解用于指定使用某个类的某个方法的返回作为映射 SQL 语句。此外，MyBatis 还提供了 SQL 语句构造器使用编程的方式构造 SQL 语句。同样以前面用户查询的方法为例，将映射接口改写如下：

```
    //产生语句类注解
01  @SelectProvider(type = UserSqlBuilder.class, method = "selectUserSql")
02  public User selectUser(@Param(value="id") int id);
```

定义产生语句类 UserSqlBuilder 使用 SQL 语句构造器构造 SQL，示例如下：

```
01  public class UserSqlBuilder {
02    public String selectUserSql(Map<String, Object> para) {
03        String sql = new SQL() {            //初始 SQL 构造器和语句
04            {
```

```
05                SELECT("NAME");
06                FROM("USER");
07                WHERE("ID = "+para.get("id"));
08                ORDER_BY("NAME");
09            }
10        }.toString();
11        return sql;
12    }
13 }
```

注意：上面的 selectUserSql()方法的参数类型需要是 Map<String, Object>。

SQL 语句构造器有两种构造方式：

方式 1：使用构造函数初始化对象之后直接调用 SQL 语句的方法，语法如下：

```
new SQL().方法()
```

产生 SQL 语句的示例如下：

```
String sql = new SQL().INSERT_INTO("USER").
                VALUES("ID, NAME", "#{id}, #{name}").VALUES("AGE",
                "#{age}").toString();
```

方式 2：在构造函数后面使用两个大括号，在大括号中逐条调用 SQL 语句方法，语法如下：

```
new SQL(){{
     方法（）;
}}
```

SQL 构造器可以调用的方法与 SQL 语句是对应的，包括 SELECT、SELECT_DISTINCT、FROM、JOIN、INNER_JOIN、WHERE、OR、AND、GROUP_BY、HAVING、DELETE_FROM、INSERT_INTO、UPDATE、VALUES、INTO_COLUMNS 和 INTO_VALUES 等。

13.6.2　Oracle 自增长主键解决：selectKey

MySQL 和 SQL Server 支持自动生成主键，MySQL 在定义表时使用 AUTO_INCREMENT 声明自增长的字段，例如：

```
`id` int(20) NOT NULL AUTO_INCREMENT COMMENT '主键 id',
```

在映射配置中，<insert>标签的 useGeneratedKeys 属性值设为 true，keyProperty 属性值设置主键属性名，配置如下：

```
01 <insert id="insertUser"  useGeneratedKeys="true" keyProperty="id">
02     insert into User (name,age) values (#{name},#{age})
03 </insert>
```

并不是所有数据库都支持自增长字段，在 Oracle 数据库中就无法定义成自增长字段。但 Oracle 提供序列（SEQUENCE）类型的对象，其作用相当于一个计数器，每次从中获取增长的序列值，灵活度很高。SEQUENCE对象的创建语法如下：

```
CREATE SEQUENCE your_seq_name
INCREMENT BY 1   --每次加几个
START WITH 1      --从1开始计数
NOMAXvalue       --不设置最大值
NOCYCLE         --一直累加，不循环
CACHE 10;          --设置每次批量取出的个数，也可设置为NOCACHE
```

创建完成后，通过select语句就可以获取类似自增长的序列值。语句如下：

```
select your_seq_name.nextval  from dual;
```

在MyBatis中，结合Oracle的SEQUENCE对象，使用<selectKey>标签就可以产生自增长字段值了。<selectKey>标签的使用如下：

```
<selectKey
    keyProperty="id"              -- 主键属性
    keyColumn="id"              -- 主键列
    resultType="int"              -- 主键类型
   order="BEFORE"              -- 执行点
   statementType="PREPARED">  --语句类型
```

<selectKey>标签可以设置的属性有keyProperty、keyColumn、resultType、order和statementType。

- keyProperty：主键属性，多个属性用逗号分隔；
- keyColumn：返回结果集的列，多个列用逗号分隔；
- resultType：主键类型，可以是简单类型，也可以是一个包含期望属性的Object或一个Map；
- order：执行点，可设置的值有BEFORE或AFTER；
- statementType：语句类型，可设置的值有STATEMENT、PREPARED和CALLABLE。

以前面插入用户为例，<insert>配置修改如下：

```
01  <insert id="insertUser" parameterType="cn.osxm.ssmi.com.User">
02     <selectKey keyProperty="id" resultType="int" order="BEFORE">
03         select user_id_seq.nextval as id from dual
04      </selectKey> <!--产生主键-->
       <!--插入映射语句-->
05     insert into T_User (id,name,age) values (#{id},#{name},#{age})
06  </insert>
```

上面的示例代码中，<selectKey>先运行产生主键ID，设置User的ID属性值，然后调用插入语句。除了以上方式之外，使用触发器或者Java代码也可以生成主键，但在代码维护方面比较烦琐。

13.6.3　使用 C3P0 连接池

MyBatis 使用 DataSourceFactory 定义数据源接口，该接口有 3 种实现类型：

- JndiDataSourceFactory：使用 JNDI 配置的容器数据源；
- UnpooledDataSourceFactory：不带连接池功能的数据源工厂；
- PooledDataSourceFactory：带连接池功能的数据源工厂。

其中，PooledDataSourceFactory 继承自 UnpooledDataSourceFactory。在全局配置文件中，<dataSource>数据源配置标签的 type 属性指定数据源的类型。也可以使用 C3P0 作为数据库连接池，实现方式是实现 DataSourceFactory 接口或继承 UnpooledDataSource-Factory，在实现类中初始化 C3P0 的连接池数据源（ComboPooledDataSource），以继承 UnpooledDataSourceFactory 为例，实现如下：

```
   //自定义数据源
01 public class C3p0DataSourceFactory extends UnpooledDataSourceFactory {
02   public C3p0DataSourceFactory() {          //初始化 C3P0 连接池数据源
03       this.dataSource = new ComboPooledDataSource();
04   }
05 }
```

接着配置文件的数据源，使用自定义的类作为 type 的名字：

```
01  <dataSource type="cn.osxm.ssmi.chp13.C3p0DataSourceFactory">
02      <property name="driverClass" value="com.mysql.cj.jdbc.Driver"/>
03      <property name="jdbcUrl" value="jdbc:mysql://localhost:3306/ssmi "/>
04      <property name="user" value="root"/>
05      <property name="password" value="123456"/>
06      <property name="initialPoolSize" value="5"/>
07      <property name="maxPoolSize" value="20"/>
08      <property name="minPoolSize" value="5"/>
09  </dataSource>
```

注意： property 的 name 的值必须是 C3P0 的属性值，与 MyBatis 定义的属性值有一些差异，类似 driverClass、jdbcUrl。

第 14 章　Spring 数据访问与事务管理

Spring 框架对 JDBC 进行封装，提供 JDBC 操作的模板类（JdbcTemplate）来简化数据库操作。JdbcTemplate 使用 DriverManagerDataSource 类型的数据源对象构建，但该类型的数据源并没有实现数据连接池，可以通过导入第三方的连接池库（如 DBCP 或 C3P0）实现连接池的功能。因为 Spring 与 Hibernate 很有渊源，spring-orm 模块默认提供了与 Hibernate ORM 框架的整合，在此模块中也包括对标准 JPA 规范接口的支持。

从系统架构和设计模式角度来看，将数据访问独立成单独的 DAO 层（数据访问对象），有助于提高代码的层次性、灵活性和可维护性。应用开发可以基于 Spring 框架实现 DAO 层，也可以使用 Spring 提供的 DAO 支持类来构建 DAO 层。Spring 提供@Repository 注解标识 DAO 组件。在 Spring MVC 项目中，数据访问的调用层次如图 14.1 所示。

图 14.1　Spring MVC 项目数据访问调用层次

14.1　Spring JDBC 模板类

JDBC 的 Connection 接口查询和操作数据的步骤包括打开连接，准备 Statement 语句，执行语句，获取数据，释放资源和关闭连接。Spring 使用 JDBC 模板类（JdbcTemplate）简化了数据操作，应用程序只需要提供 SQL 语句和对结果进行解析就可以了，其他模板化的代码（例如连接的开关、资源的释放及异常的处理）由模板类自动处理。

14.1.1　JdbcTemplate 的使用

JDBC 除了定义了数据连接的 javax.sql.Connection 接口，还定义了数据源接口 javax.sql.DataSource。数据源比数据连接的功能更多，除了包括数据连接之外，还支持数据库连接池和分布式事务的实现。Spring 对 JDBC 的封装就是通过继承 DataSource 接口的 DriverManagerDataSource 驱动管理数据源类实现的，这个类位于 spring-jdbc 模块中。

Spring 在 DriverManagerDataSource 基础上对 JDBC 操作进行了封装，提供了数据操作的模板类 JdbcTemplate。该模板类简化了数据访问方法，开发者不需要再关心烦琐的资源释放和连接的关闭。此外，Spring 还提供了 RowMapper 接口，可以很容易地将返回的数据结果映射成 Java 类型的对象。JdbcTemplate 和 DriverManagerDataSource 可以独立于容器使用，常见的使用方式是配置成 Bean 交由容器管理。

1．独立使用

JdbcTemplate 对象可以使用 JdbcTemplate(DataSource dataSource)构造器初始化，构造器参数的数据源类型是 DriverManagerDataSource。 DriverManagerDataSource 使用数据库地址、数据库用户名和密码的参数进行初始化，也可以先初始化该对象，再设置这 3 个属性的值。代码示例如下：

```
   //数据源初始化
01 DriverManagerDataSource dataSource = new DriverManagerDataSource();
02 dataSource.setUrl("jdbc:mysql://localhost:3306/ssmi");//设置数据库地址
03 dataSource.setUsername("root");              //数据库用户名
04 dataSource.setPassword("123456");            //数据库密码
   //JDBC 模板类实例化
05 JdbcTemplate jdbcTemplate = new JdbcTemplate(dataSource);
06 List<User> list = jdbcTemplate.query("select * from user", new RowMapper
   <User>() {                                   //查询
07     @Override                                //映射每行结果为User类型对象
08     public User mapRow(ResultSet rs, int rowNum) throws SQLException {
09       User user = new User("");
10       user.setName(rs.getString("name"));
11       return user;
12     }
13 });
```

在上面的示例代码中，首先创建 DriverManagerDataSource 实例并设置数据库连接属性，使用数据源实例初始化 JdbcTemplate 实例后，调用 JdbcTemplate 的 query()方法查询数据。以上 query()方法有两个参数，第一个是 SQL 语句，另外一个是继承 RowMapper 接口的匿名内部类实例，该内部类通过实现 mapRow(ResultSet rs, int rowNum)方法将每一行数据库数据映射成 User 类型的对象。

JdbcTemplate 提供了数据库查询、更新和删除等方法，有的方法对应多个不同参数类型的重载方法，具体如下：

- query()：查询数据，有多个重载方法，返回类型包括对象类型（使用结果解析器 ResultSetExtractor 解析）和列表类型（使用行映射器 RowMapper 对每行结果进行映射）的结果。
- urform()：返回 Map 类型的结果。
- queryForObject()：返回 Java 对象类型的结果。
- queryForList()：返回列表类型的结果。

- queryForRowSet()：返回 SqlRowSet 类型的结果，SqlRowSet 是 Spring 提供的结果类型接口，实现类是 ResultSetWrappingSqlRowSet，该类型除了包括标准的结果集类型 ResultSet 成员属性之外，还包括数据库表及栏位的一些属性，比如字段的类型、长度和表名等。
- update()：执行更新语句，返回更新的行数。
- batchUpdate()：批量更新。
- execute()：数据操作的通用方法。
- call()：执行可调用类型语句(CallableStatement），比如执行存储过程。

2. 结合容器使用

DriverManagerDataSource 和 JdbcTemplate 更常见的用法是配置在容器中，由容器进行管理，通过容器的 getBean()方法或@Autowired 注解自动获取依赖对象。两者在容器中的配置如下：

```
<bean id="dataSource" class="org.springframework.jdbc.datasource.Driver
ManagerDataSource">
      <property name="driverClassName" value="com.mysql.cj.jdbc.Driver" />
      <property name="url" value="jdbc:mysql://localhost:3306/ssmi" />
      <property name="username" value="root" />
      <property name="password" value="123456" />
</bean>
<bean id="jdbcTemplate" class="org.springframework.jdbc.core.JdbcTemplate">
    <property name="dataSource" ref="dataSource"></property>
</bean>
```

使用@Autowired 自动装载 JdbcTemplate 的代码如下：

```
@Autowired
private JdbcTemplate jdbcTemplate;
```

DriverManagerDataSource 虽然继承自 DataSource 接口，但没有实现连接池的功能，每次获取连接时都是简单地创建一个新的连接。所以，上面的代码方式一般只使用在较为简单的系统或者在开发测试时使用，对数据访问要求稍高的系统就不适合了。

14.1.2 JdbcTemplate 使用连接池数据源

DataSource 是 JDBC 提供的数据源标准接口，DriverManagerDataSource 继承自该接口，但没有实现连接池功能。DBCP 的 BasicDataSource 和 C3P0 的 ComboPooledDataSource 同样是继承自该接口，并且实现了连接池功能。

JdbcTemplate 实例化需要数据源对象的参数类型是 DataSource，所以要让 JdbcTemplate 具备连接池的功能，只需要配置连接池数据源并切换 JdbcTemplate 依赖的数据源 Bean 即可。此外，Spring 还提供了 JndiObjectFactoryBean 用于 JNDI 查找并使用容器数据源（比如 WebLogic 管理的数据源）。

1．DBCP数据源Bean配置

可以使用属性注入的方式设置数据源属性值，DBCP2 数据库连接的基本属性名和 Spring 的 DriverManagerDataSource 是一样的，配置差别仅仅是 Bean 的 class 属性值不同。DBCP 数据源配置如下：

```
01 <bean id="dataSource" <!--DBCP2 连接池数据源 Bean 配置-->
           class="org.apache.commons.dbcp2.BasicDataSource" destroy-
           method="close">
    <!--驱动-->
02  <property name="driverClassName" value="com.mysql.cj.jdbc.Driver" />
03  <property name="url" value="jdbc:mysql://localhost:3306/ssmi?server
    Timezone=UTC" />
04  <property name="username" value="root" /> <!--用户名-->
05  <property name="password" value="123456" /> <!--密码-->
06 </bean>
```

DBCP 数据源 Bean 还可以使用 initialSize、maxActive、maxIdle、minIdle 和 maxWait 等属性对连接池特性进行配置，相关配置可以参考 11.3.1 节的介绍。

2．C3P0数据源Bean配置

C3P0 的连接池数据源类是 ComboPooledDataSource，但该类的数据库连接属性与 Spring 和 DBCP 不同，连接属性分别是 driverClass、jdbcUrl、user 和 password。数据源 Bean 的配置示例如下:

```
01  <bean id="dataSource" <!--C3P0 连接池数据源 Bean 配置-->
      class="com.mchange.v2.c3p0.ComboPooledDataSource" destroy-method=
      "close">
02    <property name="driverClass" value="com.mysql.cj.jdbc.Driver" />
     <!--数据库地址-->
03   <property name="jdbcUrl" value="jdbc:mysql://localhost:3306/ssmi" />
04   <property name="user" value="root" /><!--用户名-->
05   <property name="password" value="123456" /><!--密码-->
06  </bean>
```

连接池属性的相关配置遵循 C3P0 的属性进行配置，可以参考第 11 章中的相关介绍。

3．容器数据源Bean

某些高性能的应用服务器（比如 WebLogic 或 Websphere）本身提供了数据源，通过 JNDI 对外开放调用。Spring 为此提供了 JNDI 数据源的 JndiObjectFactoryBean 类，只需要配置 jndiName 属性即可。配置示例如下：

```
01  <bean id="jndiDataSource" class="org.springframework.jndi.JndiObject
    FactoryBean">
02      <property name="jndiName" value="java:comp/env/jdbc/mydatasource"/>
03  </bean>
```

JNDI 数据源的连接池参数在应用服务器上进行配置，比如 WebLogic 管理控制台可视化设置连接池的相关属性如图 14.2 所示。

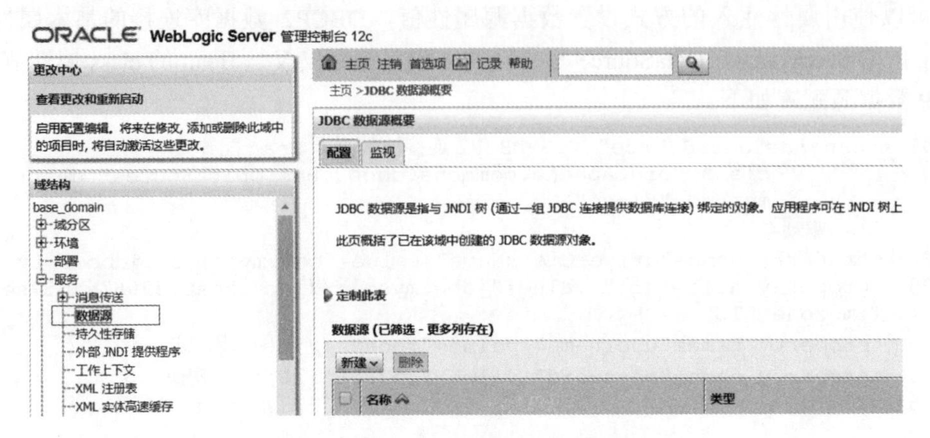

图 14.2　WebLogic 设置容器数据源页面

14.2　Spring DAO 支持

DAO 是一种设计模式，是数据库访问代码的组织结构，和具体的数据库访问技术无关。不管是使用 Spring 自身的 JdbcTemplate，还是整合第三方 ORM 框架或使用标准 JPA 接口，使用 DAO 分离数据库操作的代码并使用面向接口的编程方式，会极大地提高应用系统的结构性和灵活性，也很容易切换不同的数据库访问技术。Spring 对 DAO 提供了良好的支持，包括 DaoSupport 接口和 JDBC、Hibernate 数据访问技术的实现（JdbcDaoSupport 和 HibernateDaoSupport），DAO 层组件使用专用注解@Repository 进行标注。

14.2.1　DAO 的概念

DAO（Data Access Object，数据访问对象）属于设计模式和系统架构范畴的概念。其主要思想是在业务逻辑和持久化之间建立独立的一层对数据库操作进行封装，直白点说就是使用独立的接口和实现类处理数据库操作的代码。分离 DAO 层的好处如下：

- 隔离业务逻辑和数据库操作代码。以 JDBC 访问数据库为例，就是不将 JDBC 的代码写在业务代码中，而是进行一层封装（DAO 类的作用）。
- 统一不同数据访问技术的接口。不管 Oracle 或者 MySQL 数据库，不管是使用 JDBC 或者 ORM 框架进行数据访问，DAO 对外提供的接口都是一致的（DAO 接口的作用）。

遵循面向接口编程的规则，DAO 一般会定义接口和实现类。DAO 的接口和类的名字与实体类名对应，比如某实体类的名字是 User，则该实体的 DAO 接口名是 UserDao，DAO 实现类是 UserDaoImpl。在接口中定义该实体的增、删、改、查方法，以 UserDao 为例，接口及方法定义的示例如下：

```
01 public interface UserDao {                                        //接口定义
02   public void add(User user);                                     //增加方法
03   public void update(User user);                                  //更新方法
04   public User queryOne(Map<String,String> criteria);              //查询单个对象
     //查询对象列表
05   public List<User> queryList(Map<String,String> criteria);
06   public void delete(User user);                                  //删除方法
07 }
```

14.2.2　基于 JdbcTemplate 的 DAO 层实例

JdbcTemplate 简化了 JDBC 数据操作，在容器中配置该类型的 Bean 后，就可以作为依赖注入 DAO 的 Bean，在 DAO 的实现类中使用其进行数据操作。接下来以实现 User 实体类的 DAO 层为例，介绍 DAO 的定义，演示其实现及调用的过程。

1. UserDao接口定义

为简单起见，这里只定义通过用户 ID 获取用户对象的方法。

```
01 public interface UserDao {                       //接口定义
02   public User get(int id);                       //提供 ID 获取用户
03 }
```

2. UserDaoImpl实现类定义

示例如下：

```
01 public class UserDaoImpl implements UserDao{           //接口实现类
02    private JdbcTemplate jdbcTemplate;
      //构造器，使用 JdbcTemplate 参数
03    public UserDaoImpl(JdbcTemplate jdbcTemplate) {
04       this.jdbcTemplate = jdbcTemplate;
05    }
06    @Override
07    public User get(int id) {                           //接口方法实现
08       User user = null;
09       List<User> list = jdbcTemplate.query("select * from user", new
         RowMapper<User>() {
10          @Override                                      //行映射为对象
11          public User mapRow(ResultSet rs, int rowNum) throws SQLException {
12             User user = new User("");
13             user.setName(rs.getString("name"));
14             return user;
15          }
16       });
```

```
17        if(list!=null&&list.size()>0) {
18           user = list.get(0);
19        }
20        return user;
21     }
22  }
```

JdbcTemplate依赖可以使用属性或者构造器注入，这里使用构造器注入方式，依赖项需要在配置文件中配置。如果基于注解开发，直接使用@Autowired 自动加载，而不需要在配置文件中再进行依赖配置。在 get()方法中，使用 JdbcTemplate 对象进行数据操作并获取返回结果。

3. UserDao的Bean配置

这里以构造器方式注入 JdbcTemplate 依赖对象，配置如下：

```
<bean id="userDao" class="cn.osxm.ssmi.chp14.UserDaoImpl">
    <constructor-arg ref="jdbcTemplate" />
</bean>
```

4. 访问测试

DAO 组件一般注入 Service 层，通过 Service 的方法进行调用，使用容器的 getBean()方法或者使用@Autowired 注解获取 DAO 实例并调用相关的方法。使用测试框架测试代码如下：

```
01  @RunWith(SpringRunner.class) //Junit 4运行期
02  @ContextConfiguration(locations = "classpath:cn/osxm/ssmi/chp14/
    spring-dbaccess.xml")
03  public class SpringDAOTests {                  //测试类
04    @Autowired
05    private UserDao userDao;                     //自动装载容器组件
06    @Test                                        //测试方法注解
07    public void jdbcDao() {
08      User user = userDao.get(1);
09    }
10  }
```

在基于注解的项目中，使用@Repository 注解标注 DAO 层的组件。@Repository 是基础组件注解（@Component）的子注解，相比@Component，@Repository 额外提供了数据操作的异常处理，可以将数据操作的异常转换为 Spring 定义的数据库异常，以方便问题的排查处理。在使用上，@Repository 和@Component 没有差别。

当在同一个 DAO 接口中对应多个使用不同数据访问技术 DAO 实现类的组件时，可以使用 value 指定实现类的 Bean 的名称。示例如下：

```
@Repository(value="userDao")
public class UserDaoImpl implements UserDao{
//实现方法略
}
```

14.2.3　Spring DAO 支持类：DaoSupport

DaoSupport 是 Spring 定义的 DAO 的通用基类，该类中定义了 DAO 初始化的模板方法。该抽象类实现了 InitializingBean 接口，会在 Bean 初始化时进行 DAO 相关配置（比如数据库连接属性）的检查。该类还定义了日志的成员属性，继承该类的 DAO 实现类就可以直接使用 logger 成员属性记录日志，而不需要在每个 DAO 中单独定义。

Spring 默认提供了 JDBC 和 Hibernate 的 DAO 支持子类：JdbcDaoSupport 和 HibernateDaoSupport。JdbcDaoSupport 包含依据数据源创建 JdbcTemplate 和获取 JdbcTemplate 对象的方法。继承 JdbcDaoSupport 类的 DAO 实现类不需要再依赖 JdbcTemplate 类型对象，而直接依赖 DataSource 即可，JdbcTemplate 对象可以通过 getJdbcTemplate()获取（JdbcDaoSupport 也支持直接传入 JdbcTemplate 依赖）。接下来以前面的 User 实体类的 DAO 为例，介绍 JdbcDaoSupport 使用。

（1）DAO 实现类（UserDaoSupportImpl）除了实现原有接口外，还需要继承 JdbcDaoSupport 类。在数据操作方法中使用 getJdbcTemplate()获取 JdbcTemplate 的示例如下：

```
01 public class UserDaoSupportImpl  extends JdbcDaoSupport implements
   UserDao{
02   @Override
03   public User get(int id) {
04       User user = null;              //获取 JDBC 模板类示例进行数据查询
05       List<User> list = getJdbcTemplate().query("select * from user",
             new RowMapper<User>(){     //行解析为对象
06           @Override
07           public User mapRow(ResultSet rs, int rowNum) throws SQLException {
08              User user = new User("");
09              user.setName(rs.getString("name"));
10              return user;
11           }
12       });
13       if(list!=null&&list.size()>0) {
14          user = list.get(0);
15       }
16       return user;
17   }
18 }
```

（2）在容器配置文件中注入数据源依赖配置 DAO 的 Bean，配置如下：

```
<bean id="userDaoSupport" class="cn.osxm.ssmi.chp14.UserDaoSupportImpl">
    <property name="dataSource" ref="dataSource"></property>
</bean>
```

虽然继承 JdbcDaoSupport 的 DAO 类的 Bean 配置不再需要依赖 JdbcTemplate，但需要依赖数据源 Bean(DataSource)。上面示例中 UserDao 实现类 Bean 的依赖从 JdbcTemplate 转为 DataSource，这两种方式看起来没什么差异，但在配置文件中不再需要配置 JdbcTemplate 类型的 Bean 了。

DAO 实现类通过继承 DaoSupport 直接使用 DataSource，集成 JdbcTemplate，减少了业务代码依赖的层次，也减少了配置。除此之外，DaoSupport 还提供了检查、异常转换和日志等功能，简化了 DAO 实现类的方法。但继承特定的框架类（JdbcDaoSupport 或 HibernateDaoSupport），增加了系统的耦合性，这是 Spring 框架不提倡的。

注意：在基于注解的开发中，直接使用@Repository 注解继承 JdbcDaoSupport 的 DAO 类时会提示信息如下：

```
Caused by: java.lang.IllegalArgumentException: 'dataSource' or 'jdbc
Template' is required
```

提示需要设置 dataSource 或 jdbcTemplate 的依赖。在 DAO 实现类中使用@Autowired 注解获取 DataSource 实例，但需要将其设置给 JdbcDaoSupport 作为创建 JdbcTemplate 实例的参数，JdbcDaoSupport 虽然提供了 setDataSource(DataSource dataSource)方法设置数据源，但该方法是 final 的，不支持子类覆写。解决方法是使用 @PostConstruct 注解，在 Bean 初始化回调方法中调用 setDataSource()设置 DataSource 依赖，示例代码如下：

```
01 @Repository(value="userDaoSupport")          //DAO 组件注解
02 public class UserDaoSupportImpl  extends JdbcDaoSupport implements
   UserDao{
03   @Autowired
04   private DataSource dataSource;              //自动装置数据源
05   @Override
06   public User get(int id) {
07       //方法体略
08   }
09   @PostConstruct                       //通过组件生命周期回调设置数据源属性的值
10   private void initialize() {
11       setDataSource(dataSource);//调用 JdbcDaoSupport 方法设置数据源属性值
12   }
13 }
```

综上所述，在 DAO 中，JdbcTemplate 的获取方式至少有以下 3 种：

- 在 DAO 实现类中注入 DataSource 依赖对象，通过 new JdbcTemplate(DataSource)创建。
- 在 DAO 实现类中直接注入 JdbcTemplate 依赖对象。
- DAO 实现类继承 JdbcDaoSupport，注入 DataSource 依赖对象，通过 getJdbcTemplate()获取。

在基于注解的开发中，从代码角度来看，继承 JdbcDaoSupport 不一定更简洁。如果是基于注解开发的话，不继承 JdbcDaoSupport 更简洁。而且继承增加了耦合度，实际项目可以根据需要进行选择。

14.3　Spring 整合 ORM 框架及 JPA

Spring 在 spring-orm 模块中实现了与 Hihernate ORM 框架和 JPA 持久访问标准接口的

整合。Spring 本身没有提供与 MyBatis 的整合，但 MyBatis 提供了与 Spring 整合的模块。本节将对 Spring 与 Hihernate、JPA 的整合进行介绍，MyBatis 与 Spring 的整合与其基本相同。

14.3.1　Spring 与 Hibernate 的整合概览

Hibernate 通过配置文件初始化 Configuration 实例，从 Configuration 构建 SessionFactory，使用 SessionFactory 打开 Session，调用 Session 提供的方法操作数据。

Spring 提供了 LocalSessionFactoryBean 用于获取 SessionFactory，该类实现了 SessionFactory 的工厂 Bean 接口 FactoryBean<SessionFactory>，通过属性注入数据源、映射配置等参数。配置示例如下：

```
01 <bean id="hibernateSessionFactory" <!--Hibernate 本地会话工厂 Bean -->
        class="org.springframework.orm.hibernate5.LocalSessionFactoryBean">
02   <property name="dataSource" ref="dataSource" /><!--数据源属性 -->
03   <property name="mappingResources"> <!--Hibernate 映射文件 -->
04     <list>
05        <value>cn/osxm/ssmi/chp11/hibernate/user.hbm.xml</value>
06     </list>
07   </property>
08   <property name="hibernateProperties"> <!--Hibernate 属性配置 -->
09     <value>
10        hibernate.dialect=org.hibernate.dialect.HSQLDialect <!--方言设置 -->
11     </value>
12   </property>
13 </bean>
```

在上面的示例配置中，注入的属性有 dataSource（数据源）、mappingResources（映射资源，可以是类或 XML 文件）和 hibernateProperties（Hibernate 其他属性）。除了这些属性，其他属性如下：

- mappingLocations：配置映射文件；
- annotatedClasses：注解映射的实体类；
- configLocations：配置 Hibernate 的配置文件。

Hibernate 与 Spring 整合后，数据库连接参数在 LocalSessionFactoryBean 中配置，其他属性在 hibernateProperties 中配置，所以可以不需要 hibernate.cfg.xml 配置文件，但支持通过 configLocations 属性沿用 Hibernate 配置，在这个配置中进行非数据连接属性的配置。配置完成后，注入配置的会话工厂 Bean 进行数据操作，例如：

```
01 @Autowired                        //自动装载会话工厂
02 private SessionFactory hibernateSessionFactory;
03 @Test                             //测试注解
04 public void hibernate() {
       //打开会话
05     Session session = hibernateSessionFactory.openSession();
```

```
06      User user = session.get(User.class, 1);      //使用会话的数据操作方法
07  }
```

和 JDBC 的处理方式类似，Spring 同步提供了 Hibernate 数据操作的模板类（HibernateTemplate）和 HibernateDAO 支持类（HibernateDaoSupport），两者可以简化和统一 Spring 中 Hibernate 的开发。HibernateTemplate 的 Bean 需要注入 sessionFactory，配置如下：

```
01   <bean id="hibernateTemplate" <!--Hibernate 数据操作的模板类 -->
          class="org.springframework.orm.hibernate5.HibernateTemplate">
02     <property name="sessionFactory" ref="hibernateSessionFactory"/>
03   </bean>
```

HibernateTemplate 的调用示例如下：

```
01  @Test
02   public void hibernateTemplate() {
03       User user = hibernateTemplate.get(User.class, 1);
04    }
```

继承 HibernateDaoSupport 的 DAO 实现类的 Bean 配置同样需要属性注入 sessionFactory。配置示例如下：

```
     <!--使用 Hibernate 会话工厂数据源构造 DAO 支持-->
01  <bean id="userDaoHibernateSupport"
          class="cn.osxm.ssmi.chp14.UserDaoHibernateDaoSupportImpl">
02    <property name="sessionFactory" ref="hibernateSessionFactory"/>
03  </bean>
```

14.3.2　Spring 与 JPA 的整合概览

JPA 规范使用 META-INF 目录下的 persistence.xml 配置持久化单元，以及每个单元的数据库连接、映射和其他属性的配置。Persistence 对象使用配置文件进行初始化，通过 Persistence 创建 EntityManagerFactory，从 EntityManagerFactory 中获取 EntityManager 后，就可以使用提供管理器进行对象的持久化操作了。

在 Spring 中，通过配置 LocalContainerEntityManagerFactoryBean 类性的 Bean 整合 JPA 开发。该类实现了 EntityManagerFactory 工厂的 Bean 接口，可以获取 EntityManagerFactory 实例。LocalContainerEntityManagerFactoryBean 如果不注入任何属性，则默认会查找 META-INF/persistence.xml。LocalContainerEntityManagerFactoryBean 可以配置的属性如下：

- dataSource：数据源；
- persistenceXmlLocation：JPA 配置文件的路径和文件名，默认是 classpath:META-INF/persistence.xml；
- jpaProperties：JPA 属性配置；
- persistenceUnitName：持久化单元的名称；
- jpaDialect：JPA 方言配置；
- jpaVendorAdapter：JPA 实现厂商适配器，Spring 内置了 EclipseLinkJpaVendorAdapter

和 HibernateJpaVendorAdapter；

- packagesToScan：映射实体类的扫描路径；
- mappingResources：映射资源。

实体类的映射引用可以在 JPA 的配置文件中配置，也可以使用 LocalContainerEntity-ManagerFactoryBean 的 mappingResources 属性进行配置或使用 packagesToScan 属性配置扫描路径。简单配置如下：

```
<bean id="entityManagerFactory"
   class= "org.springframework.orm.jpa.LocalContainerEntityManagerFactory
Bean">
      <property name="dataSource" ref="dataSource" />
   <property name="packagesToScan" value="com.osxm.**.entity" />
 </bean>
```

以上配置完成后，在 DAO 实现类上的 EntityManager 类型属性中使用@Persistence Context 注解就可以进行数据持久化操作。示例代码如下：

```
01  @Repository(value="jpaUserDao")              //DAO 组件注解
02  public class UserDaoJPAImpl implements UserDao{     //DAO 实现类
03    @PersistenceContext                          //实体管理器
04    private EntityManager em;
05    @Override
06    public User get(int id) {
07       Object user = em.find(User.class, 1); //实体管理器方法持久化操作
08       User user1= (User)user;
09       return user1;
10    }
11  }
```

JPA 整合到 Spring 之后，由 Spring 对 EntityManager 的创建和销毁进行统一管理，开发者只需要关心核心业务逻辑。此外，Spring 还提供了 Spring Data JPA 框架，进一步简化了业务逻辑代码。

14.4　Spring 事务处理

Spring 对 JDBC 事务和容器事务进行了封装，提供了统一的事务调用接口，简化了事务开发同时，还兼具更好的兼容性和灵活性。可以使用 Spring 提供的统一事务接口处理事务，但更方便的方法是使用事务注解的开发方式，使用注解也很容易配置异常的事务行为。

14.4.1　Java 事务处理

企业应用程序一般使用单一的数据库，事务处理较为简单。但在互联网应用或者跨数据库的应用中，某个操作需要在同一类型的多个数据库或者不同类型的多数据库中保持数

据一致，此时就需要借助专门的事务管理器。根据数据库是否单一，将事务分为本地事务和分布式事务，Java 语言中分别使用 JDBC 事务技术和 JTA 事务技术实现相关的功能。

1. 本地事务与分布式事务

从事务管理范围的角度，事务划分为本地事务和分布式事务，两者最大的差别就是数据库的数量。本地事务是传统的也是最常用的事务管理，只有单一的数据库，但本地事务无法解决分布式场景的事务问题。

举例来说：某大型的电商网站，为保证网站的响应速度和稳定性，将后端的服务拆分成多个独立的子模块，比如商品模块、购物车模块、订单模块和支付模块等，这些模块使用独立的数据库部署在不同的机器上。用户的一次购买行为涉及多个数据库数据的同步，为确保数据保持一致性，就需要用到分布式事务了。分布式事务还适用在应用系统数量大而需要拆库存储的场景。此外，随着微服务的流行，每个微服务都有自己独立的数据库，但每个微服务又是作为一个环节来运行，确保数据操作的一致性就不可避免了。

因为涉及多个数据库，数据库类型还可能不一样（比如 Oracle、MySQL 等），仅靠数据库本身是不够的，需要一个专门的事务管理器来协调不同数据库间的事务，但事务管理器按照什么规则协调多个数据库的事务同步呢？这就需要定义一些规则，于是 X/Open 组织提出了分布式事务处理参考模型 X/Open DTP（X/Open Distributed Transaction Processing Reference Model），简称 DTP 模型，该模型定义了三个组件和两个协议。

三个组件分别是应用程序（AP，Application Program）、数据库资源管理器（RM，Resource Manager）和事务管理器（TM，Transaction Manager）。两个协议是 XA 协议，应用事务管理之间的通信接口；TX 协议，全局事务管理器与资源管理器之间的通信接口。其中，XA 协议中定义了两段式提交的方式，概念也很简单，就是第一个阶段看各个资源管理器是否都准备好了提交方式；第二阶段确认都准备好了后就提交，如果有一个不同意就回滚。全局事务是标准的分布式事务解决方案。

除了 DTP 模型的两阶段提交协议之外，分布式事务处理使用的协议还有 TCC（Try-Confirm-Cancel）模型的三阶段提交协议。本书主要以本地事务处理为主，分布式事务仅做概念介绍。

2. Java事务处理

对应本地事务和分布式事务，Java 分别提供了 JDBC 事务和 JTA 事务的实现方式。JDBC 事务使用 java.sql.Connection 的 commit()和 rollback()等方法实现提交或回滚事务。JDBC 事务限定在单一的数据库连接上，不能跨多个数据库，无法处理多数据源和分布式事务。示例代码如下：

```
01  Connection connection = DriverManager.getConnection(url, username,
    password);
02  connection.setAutoCommit(false);            //关闭自动提交
03  connection.commit();                        //提交方法
```

```
04  connection.rollback();                    //回归方法
```

JTA 事务（Java Transaction API）是 Java 官方定义的事务处理接口，支持分布式事务处理。JTA 只是规范接口，具体实现组件由各应用服务器提供，比如 JBoss 和 WebLogic 等。应用程序通过 JPA 接口方法与应用服务器的 JTA 服务沟通，所以 JTA 需要使用 JNDI 查找服务器中的事务管理组件。JTA 的主要接口和类如下：

- UserTransaction：开发使用的接口；
- TransactionManager：事务管理接口，由各厂商提供实现组件；
- Transaction：事务接口，各厂商提供实现组件；
- XAResource：XA 协议资源接口，各厂商提供实现组件。

除了 JTA 之外，Java 官方还定义了一个 JTA 相关类和角色之间交互的细节规范 JTS（Java Transaction Service），J2EE 服务器厂商依据 JTA 和 JTS 这两个规范提供 JTA 实现。JTS 和开发者关联不大，基本上不用关注。使用 JTA 接口处理事务的示例代码如下：

```
01  Context context = new InitialContext();     //初始上下文
    //JNDI 获取 UserTransaction
02  UserTransaction userTransaction = (UserTransaction)
                       context.lookup("java:comp/MyUserTransaction");
03  userTransaction.begin();                    //开始全局事务
04  //跨数据库的数据操作代码（略）
05  userTransaction.commit();                   //JTA 全局事务提交
06  userTransaction.rollback();                 //JTA 全局事务回滚
```

Tomcat 服务器默认没有提供 JTA 的实现，但基于 Tomcat 的 Apache TomEE 服务器实现了 JTA 实现，也有第三方库提供了独立的 JTA 实现，比如 JOTM 和 Atomikos 等。

14.4.2　Spring 事务管理

Spring 框架本身没有实现事务管理，但提供了对 JDBC 事务和 JTA 事务两种事务类型实现技术的统一封装接口。Spring 事务封装接口支持的具体事务处理技术包括 JTA、JDBC、Hibernate、JPA 和 JDO（Java Data Objects）等。Spring 为事务管理提供的接口主要有 TransactionDefinition 和 PlatformTransactionManager。

TransactionDefinition 接口定义了 Spring 处理事务的属性，在该接口中主要定义了事务传播行为的类型（PROPAGATION）、事务隔离级别的类型（ISOLATION）、事务超时设置（TIMEOUT_DEFAULT）及获取是否只读（isReadOnly()）。

PlatformTransactionManager 则提供了获取 TransactionStatus 对象，以及使用 TransactionStatus 类型对象进行提交和回滚的方法。TransactionStatus 是事务运行状态的接口，用来标识事务对象是否为新事务、是否有保存点（Savepoint）、是否为 rollback-only 事务或者事务是否已经执行完成。事务管理器通过 TransactionStatus 获取事务的状态信息，进行事务的控制。

使用以上接口及实现类，调用相关方法可以在应用程序中进行编程式事务。此外，Spring 处理事务更强大的地方是支持声明式事务处理，特别是使用@Transactional 注解可以灵活地在类和方法层级中控制事务，简单、易用。

1. Spring编程式事务示例

Spring 提供了 JdbcTemplate 封装 JDBC 的操作，但 JdbcTemplate 没有提供事务操作的方法，需要使用专门的事务管理器进行处理。先通过示例代码感受一下 Spring 事务相关接口和类的使用。

```
01 PlatformTransactionManager transactionManager =
           //数据源类型事务管理器初始化
           new DataSourceTransactionManager(dataSource);
   //事务属性初始化
02 DefaultTransactionDefinition def = new DefaultTransactionDefinition();
   //传播行为
03 def.setPropagationBehavior(TransactionDefinition.PROPAGATION_REQUIRED);
   //创建事务状态对象
04 TransactionStatus status = transactionManager.getTransaction(def);
05 String sql = "insert into user(name) values(?)";   //插入语句
06 jdbcTemplate.update(sql, "Zhang San");              //执行插入
07 transactionManager.commit(status);                  //提交事务
```

以上代码的逻辑步骤如下：

（1）使用数据源对象创建数据源类型的平台事务管理器（PlatformTransactionManager）。

（2）创建与 DefaultTransactionDefinition 类似的事务属性对象，设置事务的相关属性（DefaultTransactionDefinition 是 TransactionDefinition 接口的默认实现类），包括事务传播行为和隔离级别等。

（3）事务管理器使用事务属性对象（TransactionDefinition）获取事务状态对象（TransactionStatus）。

（4）使用 jdbcTemplate 执行完数据库操作方法之后，使用事务管理器的 commit()方法提交事务。

2. 平台事务管理器（PlatformTransactionManager）及实现类型

Spring 不直接管理事务，其提供的事务管理器相当于一个门面，这些事务管理器最终将事务交给具体的事务平台进行处理，开发者不需要关注具体的事务实现。Spring 使用 PlatformTransactionManager 接口定义事务管理，这个接口名字的前缀取 Platform 意思就是如此。

PlatformTransactionManager 接口定义了获取事务（getTransaction(@Nullable TransactionDefinition definition)）、提交事务（commit(TransactionStatus status)）和回滚事务的方法（rollback(TransactionStatus status)），方法实现由各平台事务管理器提供。Spring 支持的事

务平台的管理器实现类如下：

- DataSourceTransactionManager：javax.sql.DataSource 的事务管理，可以用于 Spring JDBC 和 MyBatis 框架的事务管理。
- HibernateTransactionManager：用于 Hibernate 框架的事务管理。
- JtaTransactionManager：分布式事务管理，将事务委托给应用服务器进行事务管理，如 WebLogicJtaTransactionManager 和 WebSphereUowTransactionManager。
- CciLocalTransactionManager：对 Java EE 连接器架构（Java EE Connector Architecture，JCA）和通用客户端接口（Common Client Interface，CCI）提供支持。
- JpaTransactionManager：javax.persistence.EntityManagerFactory 的事务支持，用于集成 JPA 的事务管理。

3．事务定义（TransactionDefinition）的属性

TransactionDefinition 是事务定义的接口，用于定义事务的属性，包括是否可读、事务隔离级别和事务传播级别等。其中最常用的两个属性就是事务传播行为和事务隔离级别。

（1）事务传播行为（Propagation）

事务传播行为是 Spring 提出的概念，这个概念的意思是指多个事务方法在嵌套调用时的事务处理行为，是使用传播过来的原有事务，还是新开事务或者不使用事务。事务传播行为增强了代码中事务开发的功能。TransactionDefinition 接口定义了 7 种类型的事务传播行为，具体如表 14.1 所示。

表 14.1　Spring事务传播类型

传播行为属性	值	解　释
PROPAGATION_REQUIRED	0	使用当前事务，如果当前没有事务，就新建一个事务。这是最常见的选择，也是Spring默认的事务传播
PROPAGATION_SUPPORTS	1	支持当前事务，如果当前没有事务，就以非事务方式执行
PROPAGATION_MANDATORY	2	使用当前事务，如果当前没有事务，就抛出异常
PROPAGATION_REQUIRES_NEW	3	新建事务，如果当前存在事务，就把当前事务挂起
PROPAGATION_NOT_SUPPORTED	4	以非事务方式执行操作，如果当前存在事务，就把当前事务挂起
PROPAGATION_NEVER	5	以非事务方式执行，如果当前存在事务，则抛出异常
PROPAGATION_NESTED	6	如果当前存在事务，则在嵌套事务内执行。如果当前没有事务，则进行与PROPAGATION_REQUIRED类似的操作

在表 14.1 的 7 种传播行为中，新建事务（PROPAGATION_REQUIRES_NEW）和嵌套事务（PROPAGATION_NESTED）都会新建子方法的事务，两者的差别如下：

PROPAGATION_REQUIRES_NEW 会启动一个不依赖于当前环境的事务，这个事务拥有自己的隔离范围和锁等。如果外部没有事务，则新建事务；如果存在外部事务，当内部事务开始执行时，外部事务将被挂起，内部事务执行结束，外部事务将继续执行。

PROPAGATION_REQUIRES_NEW 使用场景之一就是日志记录。

PROPAGATION_NESTED 是严格意义上的父子事务。如果当前没有事务，其行为和 PROPAGATION_REQUIRED 一样，如果当前存在事务，则会以嵌套父子事务方式执行。子事务嵌套在父事务中执行，属于父事务的一部分。Spring 在进入子事务之前，父事务会建立一个保存点（Save Point），然后执行子事务，执行逻辑如下：

- 如果子事务提交，需要等外部事务提交，则子事务才会被提交；如果外部事务回滚，无论子事务是否被成功提交，都会回滚。
- 如果子事务回滚，父事务会回滚到进入子事务前建立的保存点，如果父事务中的方法捕获异常并进行了处理，则会继续进行其他的业务逻辑父事务，之前的操作不会受到影响。

（2）事务隔离级别

Spring 在 TransactionDefinition 接口中定义了 5 种隔离级别属性，这 5 个属性与 java.sql.Connection 事务隔离级别属性基本是对应的，如表 14.2 所示。

表 14.2　Spring事务隔离级别的定义

事务隔离属性	JDBC Connection属性	值	说　明
ISOLATION_DEFAULT	TRANSACTION_NONE	0或-1	默认规则，ISOLATION_DEFAULT的值是-1，TRANSACTION_NONE的值是0
ISOLATION_READ_UNCOMMITTED	TRANSACTION_READ_UNCOMMITTED	1	允许读取未提交的数据。可能导致脏读、幻读或不可重复读
ISOLATION_READ_COMMITTED	TRANSACTION_READ_COMMITTED	2	允许读取并发事务已经提交的数据。防止脏读，但是幻读或不可重复读还是会发生
ISOLATION_REPEATABLE_READ	TRANSACTION_REPEATABLE_READ	4	多次读取结果是一致的。可以防止脏读和不可重复读，但是幻读还是会发生
ISOLATION_SERIALIZABLE	TRANSACTION_SERIALIZABLE	8	完全服从ACID，防止脏读、幻读或不可重复读，是最严格的数据隔离级别，但速度最慢

除了以上介绍的两个属性外，在 TransactionDefinition 中还可以设置事务的超时等属性。超时设置是指单个事务所被允许执行的最长时间，如果超过该时间限制但事务还没有完成，则自动回滚事务。在 TransactionDefinition 中以 int 类型的值来设置超时时间，默认是-1，表示没有限制。

14.4.3　基于数据源事务管理器的编程式事务

DataSourceTransactionManager 事务管理器用于处理本地事务，可以使用在 JDBC

Connection、Spring JdbcTemplate 和 MyBatis 中。上面的例子中已经演示了创建 DataSourceTransactionManager 类型事务管理器并提交的用法。除这种方式外，Spring 还提供了事务处理的模板类 TransactionTemplate，与 JdbcTemplate 简化 JDBC 的操作类似，该模板类简化了事务的操作。

1. JDBC及JdbcTemplate的默认事务行为

JDBC 规范规定，连接对象建立时应该处于自动提交模式，也就是使用 JDBC 接口的数据操作执行完成默认会自动提交事务，同样使用 JdbcTemplate 也会自动提交事务。Connection 提供了 setAutoCommit()方法关闭事务自动提交，但 JdbcTemplate 和驱动管理数据源（DriverManagerDataSource）都没有直接提供关闭事务自动提交的方法，所以要关闭自动提交就需要到 Connection 层级操作。

JdbcTemplate 关闭事务提交的步骤：从 JdbcTemplate 中获取 DataSource，从 DataSource 中获取 Connection，调用 Connection 的 setAutoCommit(false)方法关闭自动提交。示例代码如下：

```
    //获取连接
01  Connection connection = jdbcTemplate.getDataSource().getConnection();
02  connection.setAutoCommit(false);                   //关闭自动提交
    //预编译语句初始化
03  PreparedStatement pstmt =  connection.prepareStatement(sql);
04  pstmt.setString(1, user.getName());                //参数设置
06  pstmt.execute();                                   //语句执行
07  pstmt.close();                                     //释放语句资源
08  connection.close();                                //关闭连接
```

以上数据操作代码相当于没有使用 JdbcTemplate，而是通过原生的 JDBC 查询结果和释放连接。JdbcTemplate 没有关闭自动提交功能的原因应该是和 JDBC 数据库操作默认开启事务的规范保持一致。

虽然 Spring 的 DriverManagerDataSource 类型数据源没有提供关闭自动提交的配置，但 DBCP2 的连接池数据源提供了关闭自动提交的配置，使用 defaultAutoCommit 属性直接配置即可。配置如下：

```
01  <bean id="dbcpdataSource" class="org.apache.commons.dbcp2. BasicDataSource"
       destroy-method="close"> <!--DBCP2 数据源 Bean 配置 -->
02      <!-- 驱动、URL 、数据库用户名/密码（略）-->
03      <property name="defaultAutoCommit" value="false"/><!--关闭自动提交 -->
04  </bean>
```

C3P0 也没有提供自动关闭自动提交的设置，但 C3P0 提供了一个和提交相关的配置参数 autoCommitOnClose，该参数值可以设置为 true 或者 false，默认值是 false。

- false：在连接关闭时如有未提交的事务，则回滚任何未提交的事务；
- true：关闭连接时提交任何未提交的事务。

autoCommitOnClose 参数与 DBCP 的 defaultAutoCommit 属性不一样，该参数不是设置连接的自动提交设置，而是需要在关闭连接自动提交的前提下才生效。如果连接设置为自动提交，则不管设置为任何值，同样还是会提交，因此在 C3P0 中使用该参数时需要先关闭连接的自动提交。示例代码如下：

```
    //获取数据源
01  DataSource  dataSource = (DataSource) context.getBean("c3p0dataSource");
02  Connection conn = dataSource.getConnection();  //从数据源获取连接
03  conn.setAutoCommit(false);                     //关闭连接自动提交
```

结论：JDBC、JdbcTemplate 和 C3P0 默认都是自动提交设置，如果需要手动控制提交，就需要到 JDBC 的 Connection 层级关闭连接的自动提交设置，但 DBCP2 提供了关闭自动提交的配置属性 defaultAutoCommit。

2. 数据源事务管理器（DataSourceTransactionManager）的编程式事务开发

如本节开头示例代码所示，使用数据源类型（DataSource）参数初始化 DataSource-TransactionManager 类型事务管理器实例之后，就可以在 JdbcTemplate 执行数据操作方法后调用事务管理器的 commit()方法提交事务。基于 Spring 的开发中，事务管理器一般交由容器管理，通过属性注入的方式注入数据源。Bean 配置示例如下：

```
<bean id="transactionManager" <!--数据源事务管理器 Bean 配置 -->
    class="org.springframework.jdbc.datasource.DataSourceTransactionManager">
      <property name="dataSource" ref="dataSource" /> <!--数据源属性注入-->
</bean>
```

DataSourceTransactionManager 可以使用在 JdbcTemplate 层级，也可以使用在底层的 java.sql.Connection 层级。推荐的用法是通过数据源事务管理器构造事务模板类（TransactionTemplate）。

（1）数据源事务管理器使用在 Connection 层级

下面的示例使用 Spring 提供的 DataSourceUtils 工具类获取连接，执行插入语句后提交事务。DataSourceUtils 使用 DataSource 参数获取数据库连接，当然连接也可以直接从 DataSource 中获取，DataSourceUtils 工具类简化了连接的获取和释放。示例代码如下：

```
    //事务定义对象
01  DefaultTransactionDefinition def = new DefaultTransactionDefinition();
    //传播行为
02  def.setPropagationBehavior(TransactionDefinition.PROPAGATION_REQUIRED);
03  PlatformTransactionManager transactionManager = (PlatformTransaction
    Manager)
        context.getBean("transactionManager");    //从容器获取事务管理器
    //事务状态对象
04  TransactionStatus status = transactionManager.getTransaction(def);
    //从容器获取事务源
05  DataSource dataSource = (DataSource) context.getBean("dataSource");
    //DataSourceUtils 获取连接
06  Connection conn = DataSourceUtils.getConnection(dataSource);
```

```
07  String sql = "insert into user(name) values(?)";  //插入数据语句
    //预编译语句对象初始化
08  PreparedStatement pstmt =  conn.prepareStatement(sql);
09  pstmt.setString(1, "Zhang San");                   //设置参数
10  pstmt.execute();                                   //执行语句
11  pstmt.close();                                     //释放语句资源
12  transactionManager.commit(status);                 //提交事务
13  DataSourceUtils.releaseConnection(conn, dataSource);  //释放连接
```

细看以上数据源事务管理器提交的事务代码，有个问题可以重点思考一下。DataSourceTransactionManager 最终还是调用 Connection 的方法进行事务提交，但是上面的代码事务管理器（PlatformTransactionManager）、事务定义（DefaultTransactionDefinition）和事务状态（TransactionStatus）都没有使用 Connection，也没有使用 JdbcTemplate，那么 transactionManager.commit(status)提交时如何找到对应的 Connection 呢？这部分是由框架自动实现的，框架内部使用 TransactionSynchronizationManager 维护线程和 Connection 对象的对应。连接获取的主要细节如下：

- 使用 transactionManager 的 getTransaction(def)获取 TransactionStatus 时会创建 DataSourceTransactionObject 的事务类，该类是 DataSourceTransactionManager 的静态内部类，继承自 JdbcTransactionObjectSupport 抽象类，该类中维护了 ConnectionHolder 用来维护 Connection 对象及创建保存点。
- DataSourceTransactionObject 是 DefaultTransactionStatus 的构造参数之一。DataSourceTransactionManager 在使用 getTransaction()获取 TransactionStatus 对象时，首先会从 TransactionSynchronizationManager 中获取 Connection，如果没有的话，则创建 Connection 并放入 TransactionSynchronizationManager 中。

Spring 事务管理器获取连接及上面类之间的关系如图 14.3 所示。

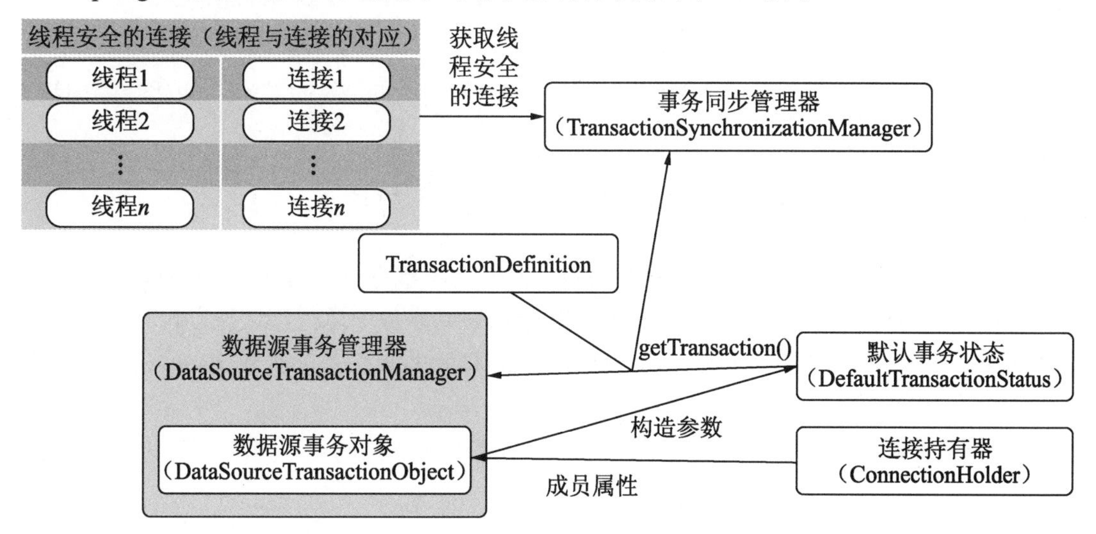

图 14.3　数据源事务管理器获取连接流程关系图

（2）事务模板类（TransactionTemplate）的事务处理

使用事务管理器提交事务的步骤较为烦琐，如下：

① 初始 TransactionDefinition 实例并设置事务属性。

② 获取 PlatformTransactionManager。

③ 从事务管理器得到 TransactionStatus。

④ 调用事务管理器的 commit()提交事务。

类似于 JDBC 模板类 JdbcTemplate，Spring 提供了事务模板类（TransactionTemplate）简化了事务管理。该事务模板类定义了事务处理的一般流程，需要提交的执行语句使用 TransactionCallback 回调接口或 TransactionCallbackWithoutResult 回调接口实现。

- TransactionCallback：实现该接口 T doInTransaction(TransactionStatus status)方法定义需要返回的事务管理的操作代码。
- TransactionCallbackWithoutResult：继承自 TransactionCallback 接口，提供 void doInTransactionWithoutResult(TransactionStatus status)接口用于不需要返回值的事务操作代码。

事务模板通过 new TransactionTemplate(txManager)创建，构造器参数类型是 Platform-TransactionManager。模板类提供了设置事务隔离级别、传播行为等事务属性的方法，其本身设置了这些属性的默认值，比如传播行为的默认值是 PROPAGATION_REQUIRED。代码示例如下：

```
01  String sql = "insert into user(name) values(?)";   //插入 SQL 语句
02  TransactionTemplate transactionTemplate = new TransactionTemplate
    (transactionManager);
03  transactionTemplate.setPropagationBehavior(TransactionDefinition.
    PROPAGATION_REQUIRED);  //传播行为，默认值为 PROPAGATION_REQUIRED，可以忽略
04  transactionTemplate.setIsolationLevel(TransactionDefinition.
        ISOLATION_READ_COMMITTED);                          //事务隔离级别
    //事务模板调用
05  transactionTemplate.execute(new TransactionCallbackWithoutResult() {
06    @Override
      //事务中的方法
07    protected void doInTransactionWithoutResult(TransactionStatus status) {
08        jdbcTemplate.update(sql, "Zhang San");
09  }});
```

从以上代码可以看到使用事务模板的默认设置，事务处理只需要调用模板对象的 execute()方法即可。将需要进行事务处理的代码包装到事务中运行，这种方式对于开发人员更直观，也更容易理解。在使用上，TransactionTemplate 也是配置成 Bean 交由容器管理。配置代码如下：

```
    <!--事务模板 -->
01  <bean name="transactionTemplate"
      class="org.springframework.transaction.support.TransactionTemplate">
        <!--事务管理器 -->
02      <property name="transactionManager" ref="transactionManager" />
```

```
03        <property name="isolationLevelName" value="ISOLATION_READ_COMMITTED"/>
04        <property name="timeout" value="30"/> <!--超时设置 -->
05    </bean>
```

14.4.4　基于数据源事务管理器的声明式事务

在原执行方法前后添加额外的功能，是 Java 代理机制的主要应用场景。Spring 使用代理机制实现事务处理，在不影响源代码的基础上进行事务管理。Spring 通过 AOP 完成了非侵入式编码的事务实现，通过对方法执行前后进行拦截，在目标方法开始之前创建或者加入一个事务，在执行完目标方法之后根据执行情况提交或回滚事务，从而达到不需要编写事务代码的声明式事务。

声明式事务不需要在业务逻辑代码中掺杂事务管理代码，只需在配置文件中做相关的事务规则声明（或在类和方法中使用@Transactional 注解的方式），便可以将事务规则应用到业务逻辑中。

声明式事务在开发上更为简洁、方便，一个普通的方法只需要加上注解就可以得到安全的事务支持。声明事务的唯一不足是事务管理的细度最多只能到方法级别，而无法细到码段。@Transactional 注解是使用最频繁也是最简洁的声明式事务的方式，但对于开发人员来说理解起来较为抽象，了解其代理机制及 AOP 的配置使用方式之后，对其运作方式就豁然开朗了。

1. 单个Bean的事务代理

代理是对目标对象构造一个代理对象，使用 Java 反射调用目标对象的方法，在目标方法前后执行额外的操作。Spring 使用 TransactionProxyFactoryBean 作为事务处理的代理类，该类的属性包括 transactionManager（事务管理器）、target（目标对象）和 transactionAttributes（事务属性，比如方法匹配与传播行为的对应）。以继承 UserDao 接口的 UserDaoImpl 类型对象的事务代理 Bean 为例，配置如下：

```
01  <bean id="userDaoProxy" <!--UserDao 的事务代理 Bean 配置-->
        class="org.springframework.transaction.interceptor.TransactionProxy
        FactoryBean">
      <!-- 事务管理器 -->
02    <property name="transactionManager" ref="transactionManager" />
03    <property name="target" ref="userDaoImpl" /> <!--代理的目标对象 -->
04    <property name="proxyInterfaces" value="cn.osxm.ssmi.chp14.transaction.
      UserDao" />
05    <property name="transactionAttributes">  <!-- 配置事务属性 -->
06       <props>
07          <prop key="add*">PROPAGATION_REQUIRED</prop> <!--事务传播属性-->
08       </props>
09    </property>
10  </bean>
```

在上面的示例代码中，UserDao 是用户类型的 DAO 接口，userDaoImpl 是该接口实现类的实例，实现类实现接口的 addUser()方法。proxyInterfaces 设置全路径的接口名（也可以省略）。Spring 默认支持接口的代理，整合 CGLIB 后也可以对具体类生成代理，类代理注意需要设置 proxyTargetClass 属性为 true。

完成以上配置后，调用该 Bean 以 add 为前缀的方法时会自动提交事务。在实际开发中，如果每个需要事务处理的 DAO 都配置代理 Bean 会很麻烦，可利用 Spring 容器抽象父 Bean 的特性，定义一个抽象的 TransactionProxyFactoryBean 类型的父 Bean，注入 transactionManager 和 transactionAttributes 属性。其他需要事务代理的 DAO Bean 继承该父 Bean，在各自 Bean 配置中注入目标 DAO 实现类对象。事务代理抽象父 Bean 可以设置 abstract 属性为 true。配置示例如下：

```
    <!--事务代理抽象父 Bean -->
01  <bean id="transactionBase" class="org.springframework.transaction.
    interceptor.
       TransactionProxyFactoryBean" lazy-init="true" abstract="true">
     <!-- 事务管理器 -->
02   <property name="transactionManager" ref="transactionManager" />
03       <property name="transactionAttributes"><!-- 配置事务属性 -->
04          <props>
05             <prop key="*">PROPAGATION_REQUIRED</prop>
06          </props>
07       </property>
08  </bean>
```

以上面的 userDaoImpl 代理为例，继承父代理 Bean 的配置如下：

```
01  <bean id="userDao" parent="transactionBase" ><!--继承代理父 Bean -->
02       <property name="target" ref="userDaoImpl" /><!--代理目标 Bean -->
03   </bean>
```

2. 配置事务拦截器与自动代理方式

以上事务代理方式虽然不会修改原有的逻辑代码，但是需要配置代理 Bean 或者与代理 Bean 的继承关系，业务代码和框架代码的耦合性也增强了。为此，Spring 使用 AOP 方式将负责事务操作的增强处理植入目标 Bean 的业务方法当中，通过自动代理创建器（AutoProxyCreator）对满足条件的对象自动创建代理对象，并使用事务拦截器（Transaction-Interceptor）实现事务处理。

事务拦截器的 Bean 配置和 TransactionProxyFactoryBean 的 Bean 配置类似，需要指定 transactionManager 和 transactionAttributes，但不需要目标对象，因为代理对象通过 AutoProxyCreator 自动创建，BeanNameAutoProxyCreator 继承自 BeanPostProcessor，Bean 实例化后，使用回调 AbstractAutoProxyCreator#postProcessAfterInitialization 完成代理的创建。

AbstractAutoProxyCreator 是自动代理构建器的超类，InfrastructureAdvisorAutoProxy-Creator（基础设施）是 Spring 内部使用的构建器，Spring 对外提供的自动创建代理方式有

下面 3 种：

- BeanNameAutoProxyCreator：匹配 Bean 的名称自动创建匹配到的 Bean 代理。
- AnnotationAwareAspectJAutoProxyCreator：根据 Bean 中的 AspectJ 注解自动创建代理。
- DefaultAdvisorAutoProxyCreator：根据 Advisor 的匹配机制自动创建代理，会对容器中所有的 Advisor 进行扫描，自动将这些切面应用到匹配的 Bean 中。

下面以 BeanNameAutoProxyCreator 为例进行事务拦截器和代理创建器的配置。代码如下：

```
01  <bean id="transactionInterceptor" <!--事务拦截器 -->
         class="org.springframework.transaction.interceptor.Transaction
         Interceptor">
       <!--事务管理器 -->
02     <property name="transactionManager" ref="transactionManager" />
03        <property name="transactionAttributes"> <!-- 配置事务属性 -->
04        <props>
             <!--事务传播行为 -->
05           <prop key="*">PROPAGATION_REQUIRED</prop>
06        </props>
07     </property>
08  </bean>
09  <bean class= <!--根据 Bean 的名字匹配自动创建代理-->
         "org.springframework.aop.framework.autoproxy.BeanNameAutoProxy
         Creator">
10     <property name="beanNames">  <!--Bean 的名字匹配规则-->
11        <list>
12           <value>*Dao</value><!--以 Dao 结尾 -->
13        </list>
14     </property>
15     <property name="interceptorNames"> <!--拦截器依赖-->
16        <list>
             <!--上面定义的事务拦截器-->
17           <value>transactionInterceptor</value>
18        </list>
19     </property>
20   </bean>
```

在以上配置片段中，事务拦截器（TransactionInterceptor）的 transactionManager 属性用于配置事务管理器，transactionAttributes 属性用于配置事务属性，这里*代表拦截所有方法，PROPAGATION_REQUIRED 是事务传播行为的配置，配置的效果是对所有拦截的方法使用当前事务或开启新事务。BeanNameAutoProxyCreator 的 beanNames 定义匹配的 Bean 的名字，这里 Bean 的名字以 Dao 结尾，以 interceptorNames 指定拦截器的名字。

3．使用标签配置拦截器

除了以<bean>方式配置拦截器和代理创建之外，Spring 还提供了 AOP 的相关标签：<aop:config>和<tx:advice>。这两个标签分别用于配置切面和增强。在<aop:config>标签中使用<aop:pointcut>子标签添加切点，切点支持切点表达式定义；<aop:advisor>用于在切点植入事务的增强。配置示例如下：

```
    <!--事务增强-->
01  <tx:advice id="txAdvice" transaction-manager="transactionManager">
02     <tx:attributes><!--所有 add 前缀的方法开启事务-->
03       <tx:method name="add*" propagation="REQUIRED" />
04      </tx:attributes>
05  </tx:advice>
06  <aop:config><!--切面定义-->
07     <aop:pointcut id="interceptorPointCuts" expression="execution(*
       cn.osxm.ssmi.*.*(..))" />
       <!--植入增强-->
08     <aop:advisor advice-ref="txAdvice" pointcut-ref="interceptorPointCuts" />
09  </aop:config>
```

<tx:method>标签用于配置前缀匹配方法的事务行为，propagation 属性是事务传播行为。除此之外，可以设置的属性还有 isolation（事务隔离级别）、rollback-for（回滚异常）、read-only（事务是否只读）及 timeout（超时设置）。

注意： 使用 aop 和 tx 标签需要在配置文件根节点<beans>中添加 aop 和 tx 的命名空间及对应的验证文件。两种命名空间定义如下：

```
xmlns:aop="http://www.springframework.org/schema/aop"
xmlns:tx="http://www.springframework.org/schema/tx"
```

命名空间与文档结构定义地址的对应如下：

```
http://www.springframework.org/schema/tx
            http://www.springframework.org/schema/tx/spring-tx.xsd
http://www.springframework.org/schema/aop
            http://www.springframework.org/schema/aop/spring-aop.xsd
```

关于 AOP 的内容，可以参照 17.3 节的介绍。

4．全注解（@Transactional）

如果对 AOP 比较生疏，Spring 提供了更便捷的全注解方式，只需要在配置文件中开启事务注解驱动，就可以在类和方法中使用@Transactional 注解控制事务。事务注解驱动开启的配置如下：

```
<tx:annotation-driven  transaction-manager="transactionManager"  proxy-
target-class="true"/>
```

transactionManager 属性指定的是事务管理器 Bean 的 id，如果该 Bean 的 id 是 transactionManager，则该属性可以省略。

proxy-target-class 属性值决定是基于接口还是基于类的代理被创建。基于类的代理需要导入 CGLIB 库。proxy-target-class 属性设置为 false 或者不设置该属性时，默认使用 JDK 的标准接口代理。但如果运行类没有继承接口，Spring 也会自动使用 CGLIB 基于类的代理。proxy-target-class 属性设置为 true，则强制使用基于类的代理。一般该属性也不需要设定，Spring 会自动处理。

完成以上 Bean 配置后，就可以在类和方法中使用@Transactional 注解实现事务控制。使用示例如下：

```
@Transaction(propagation=Propagation. REQUIRED,readOnly=true)
public void add(String username){
    //数据操作方法
}
```

以上注解中，propagation 设置事务传播级别；readOnly 限定 connection 级别的读写特性，默认为 false，表示支持读写，如果为 true，则执行插入或更新语句会抛出异常。除了这两个属性外，@Transaction 注解可以设定的属性如表 14.3 所示。

表 14.3　@Transaction注解可以设置的属性

属　　性	类　　型	默　认　值	描　　述
value	String		指定使用的事务管理器，是transactionManager属性的别名
propagation	Propagation的枚举类型	Propagation.REQUIRED	事务传播行为设置
isolation	Isolation的枚举类型	solation.DEFAULT（-1）	事务隔离级别设置
readOnly	boolean	false	读写或只读事务
timeout	int	TransactionDefinition. TIMEOUT_DEFAULT -1	事务超时时间设置，默认永不超时
rollbackFor	Class对象数组	空数组	需要回滚的异常类数组
rollbackForClassName	类名数组	空数组	需要回滚的异常类名字数组
noRollbackFor	Class对象数组	空数组	不需要回滚的异常类数组
noRollbackForClassName	类名数组	空数组	不需要回滚的异常类名字数组

@Transactional 注解虽然可以使用在接口、接口方法、类及类方法中，但是需要注意以下几点：

- 尽量使用在类和类方法中，不建议使用在接口或者接口方法中。如果使用在接口中只有在使用基于接口的代理时才会生效。
- 使用在 public 方法中。这是由 Spring AOP 的特性决定的，外部方法调用才会被 AOP 代理捕获，内部方法之间的调用不会被处理。如果使用在 protected 和 private 等方法中，事务将会被 Spring 忽略，而且不会抛出任何异常。
- 方法级别会覆盖父级别的设定。

Spring 基于反射机制拦截@Transactionnal 注解、进行事务处理，如果是在方法中使用@Transactionnal 注解，则该方法的类会被代理。Spring 基于接口的代理类型是 org.springframework.aop.framework.JdkDynamicAopProxy，所以，以被注解类为参数，调用容器的 getBean(ClassName)方法是无法获取代理的 Bean 的。

14.4.5　Spring MVC 事务处理其他

在 Spring MVC 项目中，DAO 层负责数据库操作，但事务通常配置在 service 层以保证业务逻辑数据的正确性。在开启事务的状况下，Spring 默认会在 Unchecked 异常时回滚事务，其他类型异常时提交事务，也可以自定义异常状况的事务处理。JDBC 默认自动提交是开启的，也就是在方法执行完成后会自动提交。

Spring 在 DataSourceTransactionManager 的 doBegin 方法处理事务时会先将自动提交设为 false。此外，在 Spring 测试框架中提供了@Rollback 注解，用于测试类的回归事务处理。另外需要注意，事务功能需要数据库引擎支持事务，比如 MySQL 数据库，表的定义要使用支持事务的引擎 InnoDB，如果是 MyISAM，事务是不起作用的。

1．异常状况的事务处理

Throwable 是 Java 的异常超类，包含两个子类 Error 和 Exception。前者是严重的错误，类似于内存耗尽、虚拟机内部错误，开发人员无能无力；Exception 就是常说的异常，它又分为两个分支：运行时异常和非运行时异常。

- 运行时异常的父类是 RuntimeException，比如 NullPointerException 和 IndexOutOfBoundsException 等。
- 非运行时异常是 Exception 类中除 RuntimeException 之外的异常，比如 IOException 和 SQLException。

对于运行时异常，Java 编译器不检查异常，程序中可以选择捕获处理，也可以不处理；但对于非运行时异常，Java 编译器强制要求处理，或者使用 try catch 捕获处理，或者使用 throws 子句向上一层抛出，否则程序就不能编译通过，在 Eclipse IDE 开发时，也会提示进行处理。

从是否需要对异常进行检查的角度，异常又分为不检查异常（Unchecked Exception）和检查异常（Checked Exception）。

- 不检查异常（Unchecked Exception）：包括运行时异常和 Error 错误，这类异常不强制要求在代码中必须处理。Error 是严重错误，无法检查；运行时异常，是在运行的时候抛出的，所以也可以不检查。运行时异常默认会把异常一直往上层抛，一直到最上层。但运行时异常也可以通过 Try Catch 进行捕获处理。
- 检查异常（Checked Exception）：Exception 类及其子类都属于可检查异常。

异常层级关系及以上两种分类的关系如图 14.4 所示。

使用@Transaction 注解，propagation 属性不设置或者设置以事务方式运行时（不是 PROPAGATION_NOT_SUPPORTED 和 PROPAGATION_NEVER），Spring 事务管理器会捕捉任何未处理（Unchecked）的异常，在事务执行上下文抛出 Unchecked 异常时回滚事务。但抛出 Checked 类型的异常时不会事务回滚，而是提交。

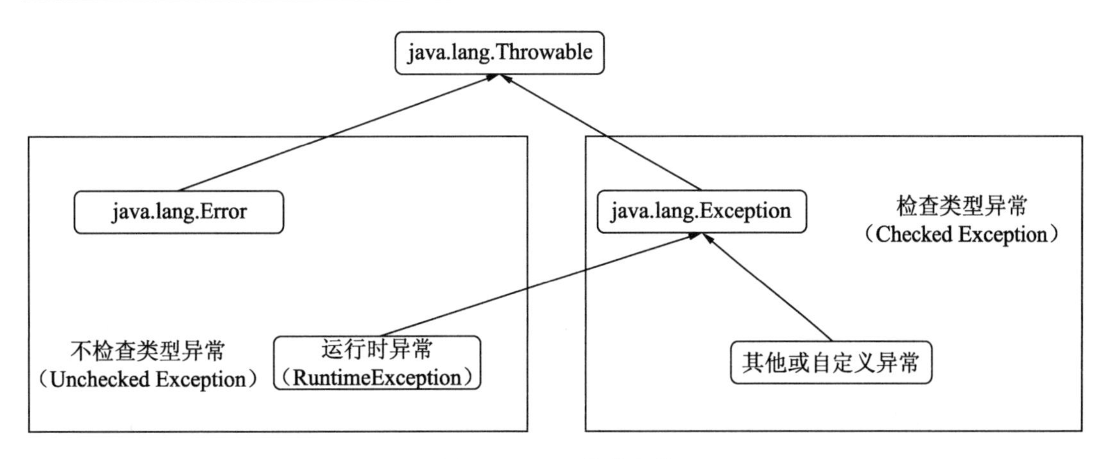

图 14.4　Java 异常分类

举例来说：代码出现的空指针等异常会被回滚；文件读写或网络出问题，Spring 就没法回滚了。下面以最简单的抛出 Exception 和 RuntimeException 类型的异常为例，测试@Transactional 的默认行为。

（1）抛出 Exception 异常及子类异常，正常提交，代码如下：

```
01  @Transactional                                        //事务注解
    //抛出检查异常的方法
02  public int addUserException(User user) throws Exception {
03     userDao.add(user);                                 //插入数据
04     throw new Exception("Throw Exception");  //抛出检查异常
05  }
```

（2）抛出 RuntimeException 异常及子类异常，不提交，回滚事务，代码如下：

```
01  @Transactional                                        //事务注解
02  public int addUserRuntimeException(User user) {
03      userDao.add(user);
        //抛出运行时异常
04      throw new RuntimeException("Throw Runtime Exception");
05  }
```

如果在@Transaction 注解方法中使用 try catch 捕获异常并处理运行时异常，则事务也会提交。示例如下：

```
01  @Transactional                                        //事务注解
02  public int addUserCatchRuntimeException(User user) {
03     int iSize = 0;
04     try {
05        iSize= userDao.add(user);
          //抛出运行时异常
06        throw new RuntimeException("Throw Runtime Exception");
07      } catch (RuntimeException re) {             //捕获异常并处理
08        System.out.println("捕获运行时异常并处理");
09      }
```

```
10      return iSize;
11   }
```

如果不想使用默认的异常事务行为，使用@Transaction 的 rollbackFor 和 notRollbackFor 属性可以指定回滚和不回滚的异常类型（Unchecked 和 Checked 异常都可以配置）。下面给出示例。

（1）让捕获异常 Exception 也回滚。

```
@Transactional(rollbackFor= Exception.class)
```

（2）让非捕获异常（比如 RunTimeException）也提交。

```
@Transactional(notRollbackFor=RunTimeException.class)
```

实际开发中常见的用法是指定具体类型的异常事务处理，rollbackFor 和 notRollbackFor 属性值可以设置多个异常 Class，如下：

```
@Transactional(rollbackFor= {NullPointerException.class,NumberFormat
Exception.class})
```

2．测试框架的事务处理

使用 Spring 测试框架测试包含数据操作的方法时，很多场景并不希望保存测试数据，也就是说需要回滚事务。如果修改原服务层代码的@Transaction 注解的 propagation 显然太麻烦，而且测试完成之后如果忘了调整回来，麻烦更大。

Spring 测试框架针对包括事务的方法测试提供了两个注解，即@Rollback 和@Commit。这两个注解结合核心框架本身的@Transaction 注解可以在测试类中对事务进行控制。在框架内部，这些事务注解的解析由事务测试执行监听器（TransactionalTestExecutionListener）完成。

@Rollback 和@Commit 都可以使用在测试方法和测试类中。使用在测试类中时，会对该类中所有的方法执行回滚或提交动作。其实这两个注解可以统一为@Rollback 使用，@Rollback(false)也就等于@Commit。建议不要在同一个方法和同一个类中同时使用这两个注解。同时使用有可能导致一些不可预测的问题，所以建议全部使用@Rollback。以使用在测试类中为例，示例代码如下：

```
01  @RunWith(SpringRunner.class)              //Junit 4 测试运行器
02  @ContextConfiguration(locations = "classpath:cn/osxm/ssmi/chp14/spring-
    transaction.xml")
03  @Transactional                            //事务注解
04  @Rollback                                 //回滚注解
05  public class SpringTransactionTests {     //测试类
06    @Autowired                              //自动装载 UserDao 组件
07    private UserDao userDao;
08    @Test                                   //测试注解
09    public void addUser() {
10       userDao.add(new User(1, "Wang wu"));
11    }
12  }
```

注意：@Rollback 不能单独使用，需要首先使用@Transaction 注解，让测试方法工作于事务环境中。

此外，Spring 测试框架还提供了两个事务相关的注解，即@BeforeTransaction 和@AfterTransaction，这两个注解使用在非测试方法中，注解的方法在测试执行方法的事务开始和完成之后执行，以方便获取事务执行前后数据库现场的一些状况。可以结合 Spring 测试框架的 JDBC 测试类 JdbcTestUtils 进行一些验证测试，示例如下：

```
01 @BeforeTransaction                //事务开始注解方法
02 public void beforeTransaction() {
03   int iRow = JdbcTestUtils.countRowsInTable(jdbcTemplate, "USER");
04   System.out.println("事务开始,数据笔数："+iRow);
05 }
06 @AfterTransaction                 //事务结束注解方法
07 public void afterTransaction() {
08   int iRow = JdbcTestUtils.countRowsInTable(jdbcTemplate, "USER");
09   System.out.println("事务结束,数据笔数："+iRow);
10 }
```

注意：在支持自增长主键的数据库表中，插入动作的事务回滚虽然不会在表中插入数据，但自增长字段还是会继续增长。这不是 Spring 的问题，而是数据库本身的设计。也就是说，自增字段并不会被事务化，因为如果自增字段事务化，就会导致该表在某个事务提交前不能对该表进行插入操作，从而会导致阻塞。某些数据库也支持对自增字段的回退，但建议如果是在意自增字段的跳位，可以考虑使用其他方式产生主键。

第4篇 SSM整合开发

第 15 章　SSM 整合概述

SSM 整合框架中，Spring 作为后端组件的容器，Spring MVC 提供中央控制器和管理前端的组件，在小型项目中，两者也可以合二为一。MyBatis-Spring 作为 MyBatis 与 Spring 之间的桥接，实现了两者的无缝整合。Spring 管理 MyBatis 的会话工厂对象，除了使用 MapperFactoryBean 类配置映射接口代理 Bean，还可以像组件扫描一样，扫描映射器接口自动代理。除了业务功能之外，SSM 整合项目还需要考虑异常和日志等基本功能的整合。

15.1　SSM 整合综述

曾经的 SSH（Spring+Structs+Hibernate）开发框架组合逐渐被新的 SSH（Spring+Spring MVC+Hibernate）组合取代，而作为半自动化 ORM 框架的 MyBatis，因其灵活性好，查询效率高，不强制依赖第三方库等特性，成为 Hibernate 框架的补充和替代。SSH 框架适用于场景简单、对象单纯、批量处理状况不多的应用系统开发；轻量级的 SSM（Spring+Spring MVC+MyBatis）组合更适合互联网应用和跨多表、复杂、大数据量的查询和处理。两者优势互补，也经常在应用系统中同时使用。

Spring MVC 隶属 Spring 框架的一个模块，与 Spring 有着“天生”的联系，两者的整合自然，浑然天成。MyBatis 官方提供了与 Spring 整合的解决方案：MyBatis-Spring，实现了与 Spring 框架的无缝集成。

15.1.1　开发架构选择

不管是互联网项目或者应用系统，对页面样式和用户体验的（也就是 UI/UX）要求越来越高。需求驱动下，前端技术的发展日新月异，出现了很多成熟的前端框架，如 EasyUI、Ext JS、AngularJS 和 Vue.js 等。为此，后端服务框架搭配前端显示框架的架构逐渐受到开发者的青睐，也就是所谓的前后端分离。本章对 SSM 整合的介绍包含前端和后端的架构实现。

传统的 Java Web 项目，在 JSP 文件中混入动态代码展现动态页面。在 Spring MVC 框架中，分离了页面和数据，使用视图和模型结合的方式呈现最终页面，也可以结合 FreeMarker 等模板引擎输出页面。还有一种选择是彻底分离页面和数据，前端使用成熟的 Web 框架，后端使用 REST 风格服务提供数据，前端通过 AJAX 调用后端服务，先展现页面的整体框架，再异步调用服务获取数据填充局部内容。相比而言，前后端分离的优势有：

- 加快前端开发速度，减少前端开发时间。一般情况下，前端框架默认提供了成熟的页面样式，直接引入就可以使用。
- 前端框架可以基于浏览器调试，在页面调试上更有优势。
- 定义好前后端数据交换的接口化后，前后端可以并行开发，也可以在最短的时间内产生原型页面。
- 团队分工可以更精细化。团队成员可以更专注于某个领域。虽然对个人成长来说，全栈工程师是不错的方向，但在时间和人力限制的情况下，专业化可以提高效率和质量。

完全的前后端框架分离也有一些不足，比如在 Session 的处理及安全的控制方面，所以在实际项目中，这两种方式并不是完全对立的，而是经常出现并存使用的状况。比如，在使用 JSP 动态页面为主的方式中，会在页面的部分区块中使用前端组件显示并使用 AJAX 异步获取数据，AJAX 获取数据的后端地址对应一个 Servlet 或者一个请求映射方法。

在以 Web 框架显示为主的框架中，前端框架负责显示，后端提供数据，但是涉及 Session 获取和管理及权限控制时还是可以借助 JSP 页面的。这种方式下，最起码有两个页面需要是 JSP 格式：登录页面/主页面。在登录页面登录成功后设置 Session 对象账号等信息，在主页面获取 Session 的账号信息。基于 SSM 的 JSP 与前端框架结合的系统架构如图 15.1 所示。

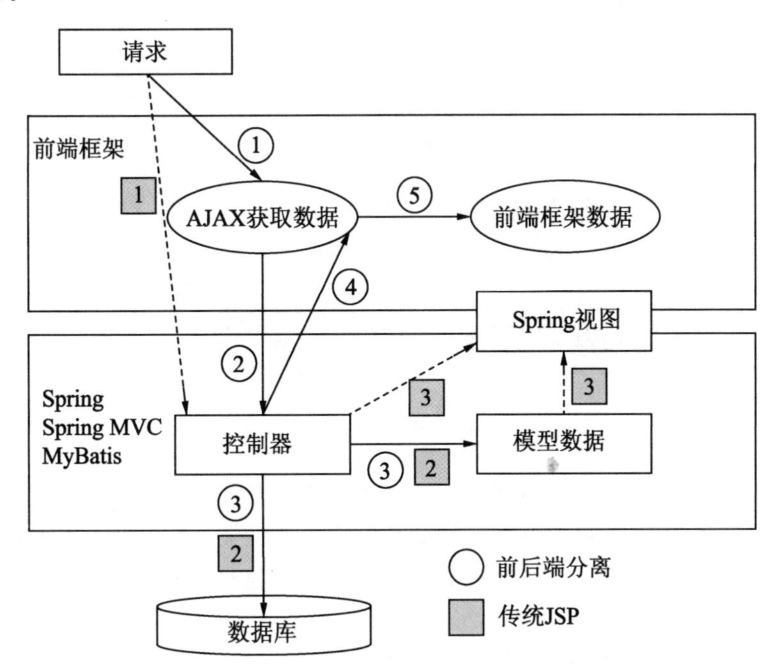

图 15.1　JSP 与前后端分离结合框架

当然，完全的前后端分离可以不使用 Session，可以将用户认证替换为通过保存在浏览器端的 Cookie 进行验证。在访问量特别大的互联网应用中，使用完全的前后端分离架构，前端页面和后端服务部署在不同的应用服务器中，前端使用 Nginx 反向代理，后端使用服务器集群（或结合 L4Switch）实现负载均衡，这种系统架构在一般的企业级应用中就显得杀鸡用牛刀了。

15.1.2　SSM 整合技术选型与导入

在 SSM 框架中，Spring、Spring MVC 和 MyBatis 必不可少，另外还需要导入 MyBatis 与 Spring 的整合包 MyBatis-Spring。MyBatis 虽然自带连接池，但功能相比专业的连接池库（DBCP2、C3P0）较弱。此外，基于 SSM 框架的项目需要导入日志接口和日志实现库，还需要考虑系统的认证和授权等。较为完整的 SSM 整合项目需要的技术及其角色如图 15.2 所示。

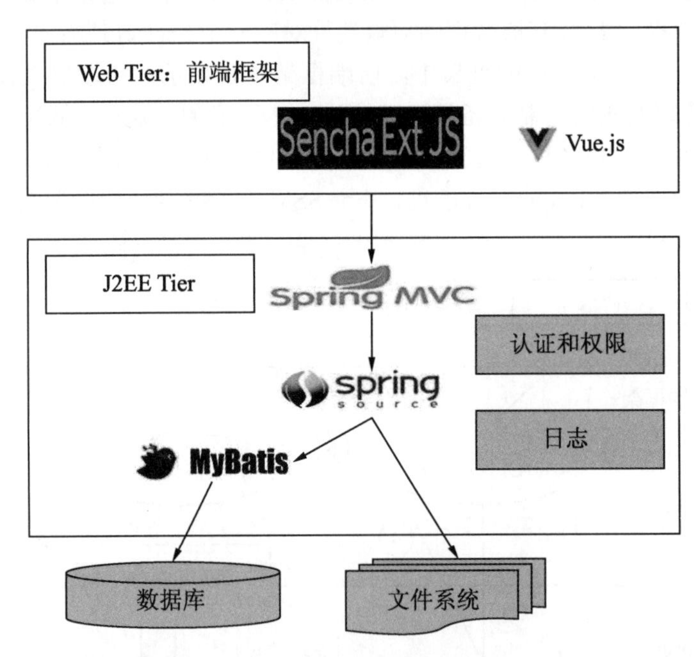

图 15.2　SSM 框架结构与技术选型

根据以上的层次和模块，对应需要导入的库和组件如下：

- 页面展现层：根据项目的特性选择前端的组件或框架，如果以动态 JSP 页面显示为主，局部页面对样式和互动性有较高要求，可以选择轻量级的 JavaScript 组件，比如 JQuery 及相关组件。如果页面显示以前端为主，后台主要提供 JSON 等格式的数据，则可以选择成熟的、组件丰富的前端框架，比如 Ext JS 和 Vue.js 等。

- 页面服务接口：Spring MVC 框架，使用 MVC 中央控制器处理和转发请求。
- 后端服务层：Spring 核心容器，对后端的服务层和数据层的组件进行管理。
- 数据层：主要有数据库数据和文件格式数据。数据库开发需要导入 MyBatis 库、MyBatis-Spring 整合库，以及底层的数据库连接驱动和数据库连接池。文件格式数据主要是文件上传的功能，可以使用 Servlet 3.0，也可以使用 Apache 的 Commons FileUpload。
- 其他功能：包括日志库、认证和授权库。日志库主要包括日志门面和日志实现，日志门面主要是 Common Logging 和 SLF4J，日志实现选择 Log4j2。认证和授权可以自行开发，也可以使用 Spring Security 框架或者 Apache Shiro 权限框架。
- 测试框架：导入 Spring 测试框架结合 JUnit 或 TestNG 实现服务层及 Web 服务接口的测试。

以上依赖库建议使用依赖管理工具导入，这里使用 Maven 导入。此外 Maven 还可以用来构建和管理项目。Maven 支持属性定义版本的变量，比如 Spring 使用的版本是 5.1.8.RELEASE，则定义标签变量是<spring.version>5.1.8.RELEASE</spring.version>。在 pom.xml 文件中定义库版本属性如下：

```
01  <spring.version>5.1.8.RELEASE</spring.version>
02  <mybatis.version>3.5.2</mybatis.version>
03  <mybatisspring.version>2.0.2</mybatisspring.version>
04  <servlet.version>4.0.1</servlet.version>
05  <mysqlconn.version>8.0.16</mysqlconn.version>
06  <dbcp2.version>2.6.0</dbcp2.version>
07  <junitplatform.version>1.5.0</junitplatform.version>
08  <junit.version>5.5.0</junit.version>
09  <hamcrest.version>2.1</hamcrest.version>
10  <jackson.version>2.9.9</jackson.version>
11  <log4j2.version>2.12.0</log4j2.version>
```

1. Spring核心框架导入

核心框架只需要导入 spring-context 模块即可，如下：

```
01  <dependency>
02      <groupId>org.springframework</groupId>
03      <artifactId>spring-context</artifactId>
04      <version>${spring.version}</version>
05  </dependency>
```

该配置会传递导入的依赖库，包括：

- spring-core：框架的核心功能建制。除了一些共用方法外（如 Base64Utils 和 DigestUtils），还提供了对 Objenesis 对象实例化、ASM 数据存储和 CGLIB 动态代理等支持。
- spring-beans：Bean 管理的模块，在早期基于 Spring 的开发中，Bean 直接从 Bean 工厂类中获取。
- spring-context：应用上下文（ApplicationContext）的模块，对核心的 spring-beans

进行了扩展，添加了国际化、事件体系、生命周期管理，以及对邮件服务、JNDI、EJB 集成等其他服务的支持。

- spring-aop：AOP 是 Spring 框架除 IoC 之外的另外一个特色，实现了完整的切面编程框架，Spring 及 Spring MVC 框架自身的诸多功能都基于此实现，而且其实现了与 AspectJ 的集成。
- spring-jcl：对 Apache 的 Common Logging 进行了重写，所以在 Spring 项目中，最好使用 Common Logging 作为日志门面。如果使用其他的日志门面也可以剔除该模块。
- spring-expression：Spring 表达式模块（SpEL）。

2. Spring MVC框架导入

```
01  <dependency>
02      <groupId>org.springframework</groupId>
03      <artifactId>spring-webmvc</artifactId>
04      <version>${spring.version}</version>
05  </dependency>
```

spring-webmvc 会导入两个模块：spring-web 和 spring-webmvc。

- spring-web：用于处理 Web 的基础模块，包括 HTTP 相关的基本类定义，如 HttpEntity、HttpHeaders 和 HttpMethod 等。此外还提供了远端调用（如 Web Service）及 Web 的常用功能（如跨域访问、过滤器等）。
- spring-webmvc：主要定义了中央控制器及相关类，如处理器映射器、处理器适配器和模型视图等。

3. Spring数据访问模块

Maven 导入的配置如下：

```
01  <dependency>
02      <groupId>org.springframework</groupId>
03      <artifactId>spring-orm</artifactId>
04      <version>${spring.version}</version>
05  </dependency>
```

spring-orm 会导入 spring-jdbc、spring-orm 和 spring-tx。

- spring-jdbc：对 JDBC 的封装（JdbcTemplate），定义了数据源和数据源事务处理器类（DataSourceTransactionManager）等。
- spring-orm：提供了对 Hibernate 和 JPA 的 ORM 框架的支持。
- spring-tx：定义了事务处理的统一接口（PlatformTransactionManager）。该模块本身不处理事务，而是调用不同的平台进行处理，如 JDBC 事务处理器。

整合 MyBatis 后不会使用 JdbcTemplate，也不会使用 spring-orm 模块中的 ORM 支持，除非使用容器数据源，否则事务处理时需要使用 JDBC 模块中的事务管理类 DataSource-

TransactionManager，因此 spring-jdbc 和 spring-tx 这两个模块必须导入。

4．数据访问的底层库

Spring 的数据访问模块对不同数据访问技术进行了封装并提供统一接口，基于 MyBatis 的数据访问需要导入数据库驱动、连接池（非必需）、MyBatis 及 MyBatis-Spring 集成库。

（1）以 MySQL 数据库为例，驱动文件名是 mysql-connector-java，导入如下：

```
01 <dependency>
02     <groupId>mysql</groupId>
03     <artifactId>mysql-connector-java</artifactId>
04     <version>${mysqlconn.version}</version>
05 </dependency>
```

mysql-connector-java 会使用并依赖导入 Protobuf。Protobuf(Google Protocol Buffers)是 Google 开发的用于数据存储、网络通信时用于协议编解码的工具库。它与 XML 和 Json 数据差不多，把数据以某种形式保存起来。Protobuf 相对于 XML 和 Json 的不同之处是它是一种二进制的数据格式，具有更高的传输、打包和解包效率。

（2）数据库连接池可以选用 DBCP2 或 C3P0，这里使用 DBCP2。

```
01 <dependency>
02     <groupId>org.apache.commons</groupId>
03     <artifactId>commons-dbcp2</artifactId>
04     <version>${dbcp2.version}</version>
05 </dependency>
```

以上依赖项会传递导入的库包括：

- commom-logging-1.2，Common Logging 的日志接口包。导入 DBCP2 之后，日志接口就不需要单独导入了，因为很多应用服务器自带 Common Logging，所以使用 Common Logging 作为日志门面是不错的选择。
- commom-pool2-2.6.1，Common Pool 是 Apache 提供的连接池库。
- commons-dbcp2-2.6.0，DBCP 是 Database Connection Pool 的简写，是基于 Common Pool 构建的数据库连接池库。

（3）MyBatis 及 MyBatis-Spring，导入如下：

```
01 <dependency>
02     <groupId>org.mybatis</groupId>
03     <artifactId>mybatis</artifactId>
04     <version>${mybatis.version}</version>
05 </dependency>
06 <dependency>
07     <groupId>org.mybatis</groupId>
08     <artifactId>mybatis-spring</artifactId>
09     <version>${mybatisspring.version}</version>
10 </dependency>
```

MyBatis 和 MyBatis-Spring 不强制依赖第三方库，以上只会导入 mybatis 和 mybatis-spring 的 jar 文档。

5．JSON库

Spring 默认支持的 JSON 库有 Jackson 和 Gson 库，这里使用 Jackson，需要导入的库有 jackson-core（核心包）、jackson-annotations（注解包）和 jackson-databind（数据绑定包），Maven 导入方式如下：

```
01 <dependency>
02     <groupId>com.fasterxml.jackson.core</groupId>
03     <artifactId>jackson-core</artifactId>
04     <version>${jackson.version}</version>
05 </dependency>
10 <dependency>
11     <groupId>com.fasterxml.jackson.core</groupId>
12     <artifactId>jackson-databind</artifactId>
13     <version>${jackson.version}</version>
14 </dependency>
15 <dependency>
16     <groupId>com.fasterxml.jackson.core</groupId>
17     <artifactId>jackson-annotations</artifactId>
18     <version>${jackson.version}</version>
19 </dependency>
```

6．文件上传

可以使用 Apache Commons FileUpload 或标准的 Servlet 3.0 上传文件，使用 Servlet 3.0 不需要导入任何库。

7．权限与日志

权限可以在代码中自行实现，也可以使用 Spring Security 框架或者第三方的安全框架（比如 Apache Shiro）。

日志功能库分为日志门面接口和日志实现。日志门面接口主要是 Apache Common Logging 或 SLF4J。日志实现类可以选择 Log4j2 和 Logback 等。这里选择的是 Common Logging+Log4j2 的组合。因为 Common Logging 在 DBCP2 中已经导入，只需要导入 Log4j2 相关的库即可，包括 log4j-api、log4j-jcl 和 log4j-web。导入如下：

```
01 <dependency>
02     <groupId>org.apache.logging.log4j</groupId>
03     <artifactId>log4j-api</artifactId>
04     <version>${log4j2.version}</version>
15 </dependency>
06 <dependency>
07     <groupId>org.apache.logging.log4j</groupId>
08     <artifactId>log4j-jcl</artifactId>
09     <version>${log4j2.version}</version>
10 </dependency>
11 <dependency>
12     <groupId>org.apache.logging.log4j</groupId>
```

```
13      <artifactId>log4j-web</artifactId>
14      <version>${log4j2.version}</version>
15  </dependency>
```

以上导入的库包括：

- log4j-core：Log4j2 的核心库，主要给 Log4j2 其他库使用，比如 log4j-api；
- log4j-api：对外提供调用接口，主要开发调用这个库中的接口和方法；
- log4j-jcl：用于和 Common Logging 的桥接；
- log4j-web：使用在 Web 项目中，用于释放 Log4j2 占用的资源等功能。

8. 测试框架

测试框架需要导入单元测试框架和 Spring 测试框架。单元测试框架可以选择 JUnit 或者 TestNG，这里选择 JUnit 5。

JUnit 自 Junit 5 之后进行了测试平台和测试实现的拆分，公共平台适合不同的版本（比如 JUnit 4 和 JUnit 5），JUnit 5 又叫 Jupiter，JUnit 5 的导入如下：

```
01  <dependency>
02     <groupId>org.junit.platform</groupId>
03     <artifactId>junit-platform-launcher</artifactId>
04     <version>${junitplatform.version}</version>
05     <scope>test</scope><!--在测试范围使用，不会放入打包目录中-->
06  </dependency>
07  <dependency>
08     <groupId>org.junit.jupiter</groupId>
09     <artifactId>junit-jupiter-engine</artifactId>
10     <version>${junit.version}</version>
11     <scope>test</scope>
12  </dependency>
```

以上依赖配置导入的依赖库包括：

- junit-platform-luancher：JUnit 测试引擎启动的公共 API，由构建工具和 IDE 使用；
- junit-platform-commons：内部的公共库；
- junit-platform-engine：JUnit 测试引擎的公共 API；
- junit-jupiter-engine：JUnit 5 的测试引擎；
- junit-jupiter-api：JUnit 5 的 API。

15.1.3 集成开发平台与开发工具

工欲善其事，必先利其器，选择合适的开发工具可以提高开发的效率。在 SSM 项目中除了集成开发环境、依赖包管理及自动构建工具、源码控管工具之外，还推荐两款数据库开发相关的工具：一款是绘制表并自动产生 DDL 语句的 ERMaster；另一款是根据表自动产生模型、映射接口、映射 XML 的 MyBatis 代码生成器工具 MyBatis Generator。

1. 集成开发环境

Eclipse 是最知名也是使用最为广泛的开源集成开发环境，其最初来源于 IBM，后来交由非营利的Eclipse基金会管理。Eclipse不仅可以用于Java开发，还可以用来开发C/C++、PHP 和 Android 等应用。Eclipse 最有特色的功能就是插件，在 Eclipse Marketplace 中可以查找并安装插件，插件也可以自行开发。

在富客户端流行的年代，Eclipse SWT 开发一度成为 AWT 的替代，在 Eclipse 基本平台上通过 SWT 开发插件定制功能。现在，还有很多商业软件的管理和开发平台是基于 Eclipse 开发，包括 SAP 的大数据报表工具 HANA、PTC 的 ALM 平台 Integrity。

Eclipse 的官方下载地址是 https://www.eclipse.org/downloads/，这里使用的版本是 Eclipse IDE 201906。在 2019 年以前每个版本都有一个独特的名字，包括 Callisto、Europa、Ganymede、Galileo、Helios、Indigo、Juno、Kepler、Luna、Mars 及 Photon 等。

除了命名之外，Eclipse 在安装方式上也有一些变化，早期的版本类似于绿色安装，下载软件包之后解压使用，不同开发语言提供了不同类型的下载方法，在安装过程中选择具体的开发平台。Eclipse 使用灵活，功能也很强大，但被诟病的是其运行时对资源的消耗过大，特别是内存的占用。

除了 Eclipse，另外一个也很流行并被称为业界最好的 Java IDE 是 IntelliJ IDEA，其由捷克的 JetBrains 公司开发。该公司提供的其他语言开发的 IDE 还有 PHPStorm（PHP）、PyCharm（Python）、WebStorm 8.0 等，需要特别说明的是该公司开发的 Kotlin 语言已成为 Android 官方支持的语言，而且有机会取代 Java 语言。IntelliJ IDEA 属于商业软件，2009 年之后也提供了免费的社区开源版，但功能相对较弱。IntelliJ IDEA 提供可快速搜索的功能，开发高效，调试功能强大，官方地址是 https://www.jetbrains.com/idea/。

IntelliJ IDEA 和 Eclipse 的功能类似，Java 初学者可以选择 Eclipse，如果对开发效率有较高要求的话，可以考虑 IntelliJ IDEA。不过作为功能完善的集成开发环境，两者运行的资源消耗都比较大。

2. 自动构建及依赖包管理工具

自动构建工具可以用来自动编译、打包、测试和部署，甚至也可以自定义需要自动完成的动作。在 Java 领域，常用的自动构建工具有 Maven、Grade 和 Ant。此外，在 Java 开发中最困扰的问题就是依赖包的导入，导入某个库的时候还需要导入其依赖的其他库，而且版本还要匹配，否则有可能出现不兼容问题，Maven 和 Gradle 自带依赖包的管理功能，但 Ant 没有，于是 Apache 提供了一个专门的依赖包管理器——Ivy。

综上所述，Java 项目自动构建和依赖管理的方案有以下几种：

- Ant + Ivy；
- Maven；
- Gradle。

（1）Ant + Ivy 方式

Ivy 是依赖管理的工具，配置文件是 ivy.xml，使用<dependencies>标签进行依赖项配置。ivy.xml 的配置示例如下：

```
01  <ivy-module version="2.0">
02    <info module="my-ivy" organisation="com.osxm">
03      <dependencies> <!--Ivy 中导入 Spring 依赖的示例 -->
04      <dependency org="org.springframework" name="spring-context" rev=
        "5.1.8.RELEASE"/>
05      </dependency>
06      </dependencies>
07   </info>
08  </ivy-module>
```

Ant 使用 build.xml 作为自动化构建的配置文件，使用<target>标签定义构建任务，使用 ant + target 的组合命令运行构建任务。在<target>标签中，使用 depends 属性可以定义该任务的前置任务。Ivy 依赖项配置作为一个任务进行配置，导入 xmlns:ivy 命名空间后，使用<ivy>标签配置在<target>下。

另外，Ant 还会结合 build.properties 属性文件来定义构建需要的变量，增加构建的灵活性。build.properties 属性文件遵循标准键值对方式的配置。build.xml 定义的示例如下：

```
01  <?xml version="1.0" encoding="UTF-8" standalone="no"?>
02  <!DOCTYPE html PUBLIC "-//W3C//DTD XHTML 1.0 Strict//EN" "http://www.
    w3.org/2002/xmlspec/dtd/2.10/xmlspec.dtd">
03  <project name="MyProject" basedir="." xmlns:ivy="antlib:org.apache.
    ivy.ant">
04     <property file="build.properties" />  <!--属性文件-->
05     <target name="getlib">  <!--通过 Ivy 获取依赖包 -->
06       <ivy:retrieve>
07       </ivy:retrieve>
08     </target>
09    <target name="compile" depends="getlib"<!--编译任务，首先需要获取依赖包-->
        description="Compile the java classes used in this web application">
10      <javac srcdir="${java.source}" destdir="${java.classes}"
12         debug="on" optimize="off" deprecation="on">
13      </javac>
14    </target>
15  </project>
```

（2）Maven 方式

Maven 自带依赖管理的功能，使用 pom.xml 进行配置，使用插件（plugin）来运行任务，运行命令是 mvn [plugin-name]:[goal-name]。其默认提供了 maven-clean-plugin（清理）、maven-compiler-plugin（编译）、maven-surefire-plugin（测试）、maven-jar-plugin（打包）、maven-install-plugin（安装）、maven-deploy-plugin（部署）等插件。以 maven-compiler-plugin 为例，运行命令是 mvn compiler:compile（详细内容参见 http://maven.apache.org/plugins/maven-compiler-plugin/），这些自带插件任务也可以省略插件名调用，如 mvn compile。其他默认插件对应的运行命令分别是 mvn clean、mvn compile、mvn test、mvn install 和 mvn deploy等。

除了默认的插件，Maven也支持在pom.xml中导入其他的插件，比如运行Ant任务的插件maven-antrun-plugin。和Ivy类似，Maven使用<dependencies>标签配置依赖（Maven和Ivy同属Apache），配置示例如下：

```
01 <project  xsi:schemaLocation="http://maven.apache.org/POM/4.0.0
                 http://maven.apache.org/xsd/maven-4.0.0.xsd"
       xmlns="http://maven.apache.org/POM/4.0.0"
         xmlns:xsi="http://www.w3.org/2001/XMLSchema-instance">
02   <modelVersion>4.0.0</modelVersion>
03   <parent><!--父项目-->
04     <groupId>com.osxm</groupId>
05     <artifactId>daport</artifactId>
06     <version>0.0.1-SNAPSHOT</version>
07   </parent>
08   <artifactId>daport-backend</artifactId>  <!--组件名 -->
09   <packaging>war</packaging> <!--打包方式-->
10   <name>daport-backend Maven Webapp</name>
11   <url>http://maven.apache.org</url>
12   <dependencies><!--依赖管理-->
13     <dependency>
14           <groupId>org.springframework</groupId>
15           <artifactId>spring-context</artifactId>
16           <version>5.1.8.RELEASE</version>
17        </dependency>
18   </dependencies>
19   <build><!--构建配置 -->
20     <finalName>daport</finalName>
21   </build>
22 </project>
```

（3）Gradle方式

Gradle不使用XML作为构建脚本，而是使用基于Groovy语言的Domain Specific Language（领域专用语言）定义项目设置。构建文件的命名一般是build.gradle，配置格式如下：

```
01 apply plugin: 'java'
02 repositories {                                 //依赖库
03     mavenCentral()
04     jcenter()
05     mavenLocal()
06 }
07 dependencies {                                 //依赖管理
08    compile group: 'org.springframework', name: 'spring-context', version:
      '5.1.8.RELEASE'
09 }
10 task clean(type: Delete) {                     //构建任务
11   delete rootProject.buildDir
12 }
```

（4）自动构建及依赖包管理工具比较与选择

Ant 是最早的自动化构建的工具，也一直在持续更新，目前的最新版是 2019 年 5 月发布的 1.10.6。Maven 的功能相比 Ant 更为强大，除了依赖包管理外，Maven 还支持以项目和模组结构来管理项目，可以用来作为项目管理的工具。Gradle 兼容 Ant 和 Maven 的功能，适合 Java 类型的项目。

在依赖管理上，三者都可以使用中央库和自定义的本地库。Java 里有两个主要的中央库：Maven 的中央库和 JCenter 中央库。

- Maven 中央仓库：由 Sonatype 公司提供。Apache 基金会、Eclipse 基金会、JBoss 等都会将库发布到该中央仓库，库地址是 http://repo1.maven.org/maven2/。
- JCenter：由 JFrog 公司提供，包括 Java 和 Android 的开源软件仓库，是最大的 Java 中央库。相比 Maven，JCenter 托管的库更多，性能也较好。库的地址是 https://jcenter.bintray.com/

如果国内用户访问以上两个库的速度慢，可以使用阿里提供的中央库，地址是 http://maven.aliyun.com/nexus/content/groups/public/

Ivy 和 Maven 默认使用的都是 Maven 中央库。Gradle 提供了对两者的支持，分别用 mavenCentral()和 jcenter()方法调用。开源库的不同导入方式在 https://mvnrepository.com/ 网站中可以查询，该网站提供同一个库的 Maven、Ivy 及 Gradle 的导入方式。以 spring-context 为例，页面如图 15.3 所示。

License	Apache 2.0
Categories	Dependency Injection
Organization	Spring IO
HomePage	https://github.com/spring-projects/spring-framework
Date	(Jun 13, 2019)
Files	jar (1.1 MB)　View All
Repositories	Central
Used By	8,324 artifacts

Maven | Gradle | SBT | Ivy | Grape | Leiningen | Buildr

```
<!-- https://mvnrepository.com/artifact/org.springframework/spring-context -->
<dependency>
    <groupId>org.springframework</groupId>
    <artifactId>spring-context</artifactId>
    <version>5.1.8.RELEASE</version>
</dependency>
```

☑ Include comment with link to declaration

图 15.3　在 mvnrepository 中查询的库的不同导入方式

新版本的 Eclipse IDE 对 Maven 和 Gradle 都提供了较好的支持，可以直接创建和导入相关类型的项目。本书使用 Maven 进行自动构建和依赖管理。

3．源码管理与版本控管

源码控管工具用来记录代码的变更记录，管理代码版本的变迁及多分支开发，在团队开发中必不可少。源码控管工具方面目前基本上是 Git 一支独秀了，其他类似 Perforce、

SVN、CVS 等正逐渐退出版本控制的舞台。

相比传统的服务器—客户端的架构，Git 在本地多了一个本地库的概念，层次包括本地工作区、本地库、远程库。安装上也没有服务端和客户端的软件区分，使用统一的安装包。如果安装在服务器上，可以将服务器的库作为远程库使用。官方地址是 https://git-scm.com/。

除非安全性要求特别高，一般不需要自行搭建远程库。使用在线的 Git 中央库即可，比如 GitHub。GitHub 除了作为代码仓库之外，还提供了在线编辑、Wiki、分享及社区等诸多功能。GitHub 于 2018 年被微软收购，官方地址是 https://github.com/。如果国内访问速度较慢，可以考虑使用国内的代码托管平台码云（https://gitee.com/）。

4．ERMaster简介

ERMaster（Entity Relationship Diagram Master），翻译过来是实体关系大师。这是一款用于设计 ER 模型的 Eclipse 插件。其功能包括可视化设计实体及实体关系、将设计图导出为图片、HTML、Excel 等格式，最重要的是可以导出数据库表的 DDL 数据定义语言，省去了手动编写 CREATE TABLE 的 SQL 语句。

此外，ERMaster 还支持从数据库导入表生成 ER 图。ERMaster 支持的主流的数据库包括 MySQL、Oracle、SQLServer、DB2、PostgreSQL 和 SQLITE 等。与 Eclipse 其他插件安装方式类似，ERMaster 也支持多种安装方式。下面以在线安装方式为例介绍 ERMaster 的安装步骤。

在线安装，插件的安装地址是 http://ermaster.sourceforge.net/update-site/。

（1）选择 Eclipse 的 Help 菜单，然后选择 Install New Software 命令，在弹出的对话框中输入地址安装，如图 15.4 所示。

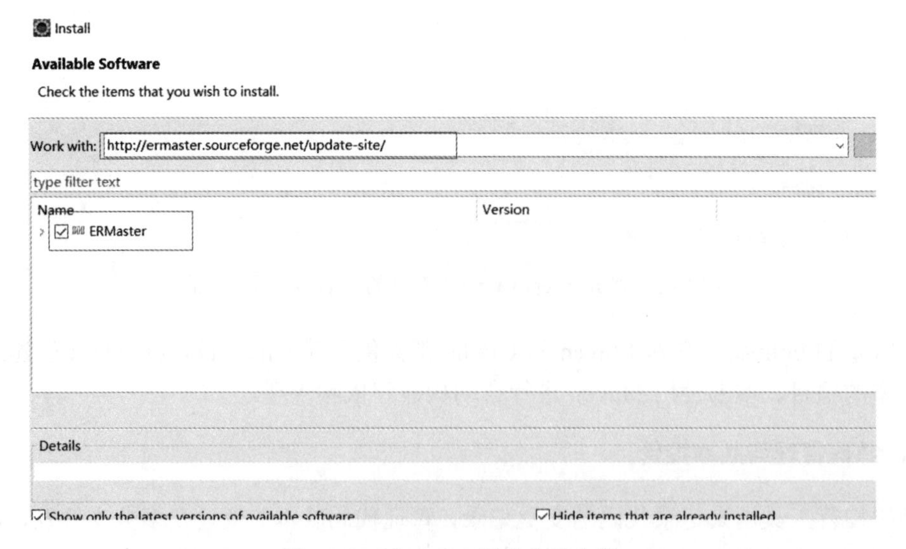

图 15.4　ERMaster 插件在线安装

（2）到地址 https://sourceforge.net/projects/ermaster/下载 jar 文档，下载的文件名是 org.insightech.er_1.0.0.v20150619-0219。下载完成后，将此文件放入 Eclipse 的 plugins 文件夹，重启 Eclipse。

ERMaster 的官方使用介绍地址是 http://ermaster.sourceforge.net/。后面会介绍 ERMaster 的使用示例。

5. MyBatis Generator简介

MyBatis Generator 是 MyBatis 官方提供的 MyBatis 代码生成器，简称为 MBG。其可以根据自定义的配置文件自动生成模型类、映射接口和映射 XML 配置，除此之外，还会生成 Example 结尾的查询条件工具类，可以通过构造 Example 示例快速设置查询条件对象。MBG 同样可以在线安装和手动安装。

在线安装的地址是 https://dl.bintray.com/mybatis/mybatis-generator/。此外，在 Eclipse Marketplace 也可以找到 MyBatis Generator，选择 Help | Eclipse Marketplace 命令后在弹出的对话框中进行搜索，如图 15.5 所示。

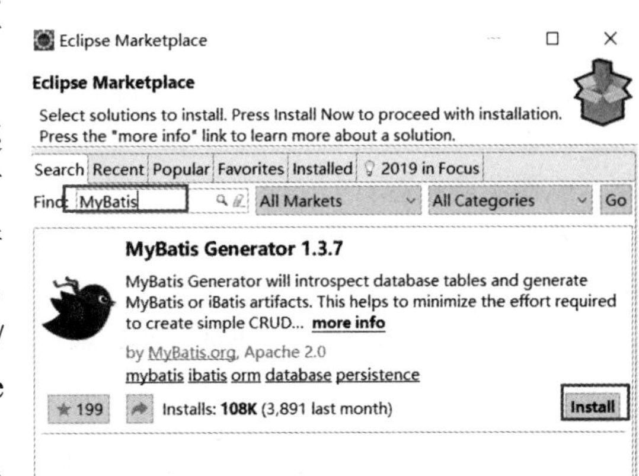

图 15.5　Eclipse MyBatis Generator 插件在线安装

15.1.4　配置开发与注解开发

经典的 Spring 开发使用 XML 作为容器的配置文件，结合 properties 属性文件定义 XML 中需要使用的变量（比如不同环境的数据库连接属性）。属性文件增加了配置文件的通用性，比如数据源的配置，部署到不同环境时只需要更换属性文件即可，XML 的配置文件不需要做任何更改。

也可以使用注解配置代替 XML 配置，Spring、Spring MVC 和 MyBatis 都提供了完全基于注解的开发方式，加之 Serlvet 3.0 提供用配置类取代 web.xml 的应用入口配置，所以 SSM 框架可以实现零 XML 配置的开发方式。

但是完全 XML 配置或完全注解都存在一些缺点。完全注解虽然可以减少学习和上手的时间，但无法灵活、集中地控制应用的设置和特性，而且如果在代码中混入大量的注解，也会影响代码的可读性。就连官方提供的 Spring 简化框架 Spring Boot，也会使用 properties 或 yml 的配置文件。

框架的默认配置不可能完全满足实际需求，配置也就在所难免。以 XML 配置为主或者以注解配置为主可以根据应用系统的特性和团队成员的成熟度来决定。如果是微服务或者团队成员对 Spring 掌握度不高，框架不需要自己搭建，那么可以直接选择 Spring Boot；

如果应用系统较为复杂，对功能、性能要求较高而且团队具备 Spring 掌握度较高的人员，建议将控制权掌握在自己手中，以 XML 作为粗粒度配置。

本书建议的方式是核心设置使用配置文件，细粒度的配置使用注解。对应的配置文件和属性文件包括：

（1）application.xml：服务端组件配置。配置的内容包括：

- 非 Web 端的组件扫描；
- 数据源；
- MyBatis 的会话工厂（sqlSessionFactory）和会话（sqlSession）；
- 事务。

（2）spring-mvc.xml：Web 容器配置，配置主要包括：

- Web 端的组件扫描；
- 视图解析器；
- 文件上传解析器。

（3）log4j2.xml：Log4j 日志配置。

（4）config.properties：包括 JDBC 属性及连接池属性和其他自定义的属性。

15.2　Spring 与 Spring MVC 整合

Spring 与 Spring MVC 谈不上整合，因为它们本就是同一体系的。在 Spring MVC 框架中，可以按照角色功能将代码细分成不同的层级，包括视图层、控制层，业务服务层、模型层和数据库操作 DAO 层。

小型的 Spring MVC 项目中，所有层级的组件可以在一份 XML 文件中配置，但在稍微大型的项目中，配置文件显得比较臃肿，开发和维护较为麻烦。直观的做法是拆分成多个配置文件，使用<import>标签在主配置文件中导入作为一个容器，还可以进一步考虑 Spring 容器是支持层级关系的，利用这个特性来设置容器的父子关系。

Spring MVC 框架支持 Spring 核心容器和 MVC 两个容器，核心容器是 MVC 容器的父容器，MVC 容器可以使用父容器的组件，但父容器不能访问 MVC 容器（因为没有必要）。

15.2.1　配置 Spring MVC 父子容器

MVC 父子容器的配置在应用入口文件 web.xml 中进行，核心容器通过配置 Spring 提供的上下文加载监听器（ContextLoaderListener）和设置上下文参数（contextConfigLocation）来达成，配置如下：

```
01 <listener><!--Spring 上下文加载监听器 -->
02     <listener-class>org.springframework.web.context.ContextLoader
```

```
         Listener</listener-class>
03  </listener>
04  <context-param>
05      <param-name>contextConfigLocation</param-name>
        <!--Spring 核心配置文件 -->
06      <param-value>classpath:application.xml</param-value>
07  </context-param>
```

MVC 容器主要是配置中央处理器 DispatcherServlet 中会用到的容器配置文件，在<servlet>标签下设置该 Servlet 的 contextConfigLocation 初始参数值，配置如下：

```
01  <servlet><!--中央处理器 Servlet-->
02      <servlet-name>dispatcherServlet</servlet-name>
03      <servlet-class>org.springframework.web.servlet.DispatcherServlet
        </servlet-class>
04      <init-param>
05          <param-name>contextConfigLocation</param-name>
            <!--Spring MVC 配置-->
06          <param-value>classpath:springmvc.xml</param-value>
07      </init-param>
08      <load-on-startup>1</load-on-startup>
09   </servlet>
```

15.2.2　核心容器配置 application.xml

组件是 Spring 配置的主要部分，包括自定义的组件和框架提供的组件。最直观的方式是在配置文件中使用<bean>标签配置，但是当组件量较多时，配置文件就较烦琐。更好的方式是使用<context:component-scan>组件扫描标签扫描指定路径下包含注解的类，结合<context:exclude-filter>过滤器标签排除@Controller 注解的控制类和使用@Controller-Advice 注解的控制层异常处理类。

```
01  <context:component-scan base-package="com.osxm">
      <!-- 扫描除了注解为@Controller 的类 -->
02    <context:exclude-filter type="annotation"
        expression="org.springframework.stereotype.Controller" />
      <!-- 扫描除了注解为@ControllerAdvice 的类 -->
03    <context:exclude-filter type="annotation"
        expression="org.springframework.web.bind.annotation.Controller
        Advice" />
04  </context:component-scan>
```

以上配置会扫描并初始化组件的主要注解，包括：

- @Component：通用组件注解；
- @Service：服务层组件注解；
- @Repository：DAO 组件注解；
- @Autowired：自动装载依赖注解。

除了上述组件和依赖的注解外，以上配置还会开启@ PostConstruct、@ PreDestroy、@PersistenceContext 和 @Required 等注解功能。

15.2.3　Spring MVC 容器配置 spring-mvc.xml

MVC 容器管理的组件主要有控制器、处理器映射器、处理器适配器及视图解析器等。控制器同样使用路径扫描的方式，使用<mvc:annotation-driven />标签自动配置注解类型处理器映射器和处理器适配器，配置视图解析器的 Bean。

1．控制器相关配置

控制器及相关组件的配置使用控制器注解（@Controller）及控制器增强注解（@ControllerAdvice），控制器增强注解使用 AOP 的方式对控制器的扩能进行扩展，比如用来处理控制器的全局异常。控制器相关组件扫描配置如下：

```
01  <context:component-scan base-package="com.osxm" use-default-filters=
    "false">
       <!-- 扫描注解为@Controller 的类 -->
02     <context:include-filter type="annotation"
           expression="org.springframework.stereotype.Controller" />
        <!-- 扫描注解为@ControllerAdvice 的类 -->
03      <context:include-filter type="annotation"
          expression="org.springframework.web.bind.annotation.Controller
          Advice" />
04  </context:component-scan>
```

2．MVC注解驱动配置

配置如下：

```
<mvc:annotation-driven />
```

该配置开启的注解包括：

- 请求映射注解：@RequestMapping 及不同请求类型的子注解（@GetMapping、@PostMapping 和@PutMapping 等）。
- 参数映射注解：@RequestParam、@PathVariable、@ModelAttribute 与@RequestBody 等。
- 类型转换注解：@NumberFormat、@DateTimeFormat 和@ResponseBody。
- 数据验证与异常处理：@Valid 和@ExceptionHandler。

3．视图解析器

配置 InternalResourceViewResolver 视图解析器处理 ModelAndVeiw 类型的返回。配置如下：

```
01  <bean class="org.springframework.web.servlet.view.InternalResource
    ViewResolver">
02      <property name="viewClass" value="org.springframework.web.servlet.
        view.JstlView"/>
03      <property name="prefix" value="/WEB-INF/view"/>
```

```
04      <property name="suffix" value=".jsp"/>
05  </bean>
```

4. JSON格式的返回配置

Spring MVC 默认提供 Jackson2 和 Gson 库支持，配置<mvc:annotation-driven />标签后，只需要在项目中加入相关的 JSON 库即可。

<mvc:annotation-driven />注解会自动创建 MappingJackson2HttpMessageConverter 类型的转换器进行处理，如果非框架默认支持的其他 JSON 库，比如阿里的 FastJson，则可以在<mvc:annotation-driven>标签中使用<mvc:message-converters>标签配置消息转换器。配置示例如下：

```
01  <mvc:annotation-driven>
02    <mvc:message-converters>
03      <bean id="fastJsonHttpMessageConverter" <!--使用 FastJson 处理 JSON-->
          class="com.alibaba.fastjson.support.spring.FastJsonHttpMessage
          Converter"/>
04    </mvc:message-converters>
05  </mvc:annotation-driven>
```

注意，以上配置在 Chrome 浏览器中可以得到正常的 JSON 返回字串，但在 IE 中会出现文件下载的问题。原因是 IE 不识别返回的内容类型，无法在浏览器上直接显示，所以弹出文件下载窗口。那 Spring MVC 返回的内容类型是什么呢？是 application/json 吗？其实不是，@ResponseBody 注解返回的内容类型如下：

```
Content-Type: text/html;charset=UTF-8
```

text/html 是很普通的内容类型，IE 为什么不识别呢？关键是后面的 charset=UTF-8。一句话：IE8 及以下版本不识别 HTML 页面 charset=UTF-8 设置的编码。解决方法就是添加该内容类型的支持，配置如下：

```
01  <mvc:annotation-driven>
02    <mvc:message-converters> <!--这里配置是解决 IE 下载的问题-->
03      <bean class="org.springframework.http.converter.json.
            MappingJackson2HttpMessageConverter">
04          <property name="supportedMediaTypes">
05              <list>
06                  <value>text/html;charset=UTF-8</value>
07              </list>
08          </property>
09        </bean>
10      </mvc:message-converters>
11  </mvc:annotation-driven>
```

5. 静态资源放行配置

对于 JS、CSS 和图片等静态资源不需要进行转发处理，直接放行即可。实现方式可以在应用入口文件 web.xml 中配置该类型文件交由 Servlet 容器的默认 Servlet 处理，也可以在 springmvc.xml 文件中配置。Spring MVC 的配置方式也有两种：

方式 1：整体配置：

```
<mvc:default-servlet-handler/>
```

方式 2：细节配置：

```
<mvc:resources mapping="/css/**" location="/css/" />
```

从效率上看，web.xml 中配置最高效，Spring 的<mvc:default-servlet-handler/>最简单，<mvc:resources>方式最灵活，安全性更高。这里选择<mvc:default-servlet-handler/>。

15.3　Spring 与 MyBatis 整合

Spring 提供了与 Hibernate、JPA 的集成类，没有提供与 MyBatis 的集成类，但 MyBatis 提供了与 Spring 的无缝集成库 MyBatis-Spring，官方网站为 http://www.mybatis.org/spring/zh/index.html。

MyBatis 与 Spring 整合后，可以不再需要 MyBatis 的全局配置文件，会话工厂及会话交由 Spring 容器管理，事务交给 Spring 的事务管理器管理，MyBatis 的异常转换为 Spring 的 DataAccessException 异常进行统一处理。MyBatis 虽然自带连接池，但功能较弱，两者的集成也可以引入 DBCP2 等连接池库。

15.3.1　整合的主要组件类

MyBatis-Spring 是独立于 MyBatis 之外的库，当前的最新版本是 2019 年 7 月发布的 2.0.2 版，该版本需要的 Java 版本是 Java 8 及以上，对应的 MyBatis 版本是 3.5 及以上、Spring 框架版本 5.0 及以上。其他版本对应如表 15.1 所示。

表 15.1　MyBatis-Spring、MyBatis、Spring及JDK版本对应表

MyBatis-Spring	MyBatis	Spring	JDK
1.0.0或1.0.1	3.0.1到3.0.5	3.0.0或以上	Java 6+
1.0.2	3.0.6	3.0.0或以上	Java 6+
1.1.0	3.1.0或以上	3.0.0或以上	Java 8+
1.33	4+	3.2.2+	Java 8+
2	3.5+	5.0+	Java 8+

介绍 MyBatis-Spring 之前，首先回顾一下 MyBatis 的开发方式。MyBatis 使用 SqlSessionFactory 创建会话对象，使用会话或者通过映射器调用映射的方法。会话工厂 SqlSessionFactory 使用配置文件的输入流初始化。示例代码如下：

```
01  SqlSessionFactory sqlSessionFactory = new
            SqlSessionFactoryBuilder().build(inputStream);
```

```
02 SqlSession session = sqlSessionFactory.openSession();
        UserMapper mapper = session.getMapper(UserMapper.class);
```

MyBatis-Spring 提供了 SqlSessionFactoryBean 类，该类实例使用数据源参数构建。SqlSessionFactoryBean 实现了 FactoryBean<SqlSessionFactory>接口，是 SqlSessionFactory 的工厂 Bean。工厂 Bean 使用 getObject()返回 SqlSessionFactory 实例。

除了 MyBatis 本身的会话工厂和会话外，MyBatis-Spring 在设计上沿袭和与 Spring JDBC 相同的框架结构，两者的比较如表 15.2 所示。

表 15.2　Spring JDBC与MyBatis-Spring的对比

Spring JDBC	MyBatis-Spring
DataSource	DataSource
无	SqlSessionFactoryBean
JdbcTemplate	SqlSessionTemplate
DAO（自行定义）	MapperFactoryBean（SqlSessionDaoSupport）

SqlSessionTemplate 是 MyBatis-Spring 的一个核心类，类似 JbdcTermplate，是 MyBatis 数据操作的模板处理类。提供的功能包括：

- 管理 MyBatis 的 SqlSession；
- 调用数据操作方法；
- 异常转换，将 MyBatis 异常统一转换为 Spring 的 DataAccessException。

SqlSessionTemplate 实现了 SqlSession 接口。所以具备获取映射器（getMapper()）和 select()、insert()、update()和 delete()等数据操作方法，可以用来代替 MyBatis 的 DefaultSqlSession。另外，SqlSessionTemplate 是线程安全的，可以多个 DAO 共用。

SqlSessionTemplate 虽然可以单独使用，但基本是在框架内部使用。框架对外提供更高层级的数据操作方式 MapperFactoryBean。MapperFactoryBean 继承自 SqlSessionDaoSupport。

SqlSessionDaoSupport 是基于 MyBatis 的 DAO 层抽象父类，继承自 Spring 的 DaoSupport 抽象类。该类维护了 SqlSessionTemplate 类型的成员变量，也提供获取 SqlSessionFactory 的方法。

MapperFactoryBean 封装了 SqlSessionTemplate 映射器获取方法，支持使用接口参数通过动态代理方式获取映射器。如果映射器接口类路径有一个同名的 XML 映射文件时，会被 MapperFactoryBean 自动解析，如果不同路径或者文件名不同，则可以使用 SqlSessionFactoryBean 的 configLocation 属性进行配置。

15.3.2　SSM 整合方式

MyBatis 的全局配置文件主要配置和数据源相关的基本连接、池连接属性、事务处理和映射文件引用，也会有一些高级的配置，比如类型别名、类型处理器和插件等。与 Spring 整合后，MyBatis 的全局配置文件就可以不需要了。

1．数据源

数据源使用 Spring 容器管理的数据源，数据源基本属性和池连接属性在数据源 Bean 中配置。以 DBCP2 连接池数据源为例，Bean 配置如下：

```
01  <bean id="dataSource" class="org.apache.commons.dbcp2.BasicDataSource"
            destroy-method="close">
02      <property name="driverClassName" value="com.mysql.cj.jdbc.Driver" />
03      <property name="url" value="jdbc:mysql://localhost:3306/daport " />
04      <property name="username" value="root" />
05      <property name="password" value="123456" />
06      <property name="maxTotal" value="20" />
07  </bean>
```

2．事务管理

本地事务使用 Spring 的 DataSourceTransactionManager，如果是 JTA 事务，可以配置对应的事务管理器。下面会做详细介绍。

3．映射文件引用配置

映射文件和 MyBatis 参数设置通过 SqlSessionFactoryBean 方式进行配置，配置格式如下：

```
01  <bean id="sqlSessionFactory" class="org.mybatis.spring.SqlSession
    FactoryBean">
02    <property name="dataSource" ref="dataSource" />
03    <property name="mapperLocations" value="classpath*:com/osxm/mapper/
      **/*.xml" />
04  </bean>
```

在以上配置中：

- dataSource ：配置数据源，必要的配置。
- mapperLocations：用来匹配 XML 配置文件，支持 Ant 样式来匹配目录中的文件。设置格式类似 classpath*:com/osxm/mapper/**/*.xml。如果接口和类位于同目录下可以省略。

除了上面两个常用配置之外，SqlSessionFactoryBean 可选的配置属性还有：

- transactionFactory：事务工厂，与 Spring 整合后，使用的基本是 Spring 事务管理器，所以该属性一般不会配置；
- plugins：MyBatis 插件配置；
- typeHandlers：类型转换器配置；
- typeHandlersPackage：自定义类型转换器类所在的包路径；
- typeAliasesSuperType：类型别名配置；

- databaseIdProvider：数据库提供商；
- cache：缓存配置；
- objectFactory：对象工厂；
- configurationProperties：使用属性标签配置 MyBatis 的属性。除了这种方式之外，SqlSessionFactoryBean 还支持使用 configuration 属性配置 Configuration 类型的 Bean 或者使用 configLocation 配置 MyBatis 的 XML 配置文件，configuration 的配置示例如下：

```
01  <property name="configuration">
       <!--MyBatis 配置 -->
02     <bean class="org.apache.ibatis.session.Configuration">
03          <property name="mapUnderscoreToCamelCase" value="true"/>
04      </bean>
05   </property>
```

注意：如果接口类和映射 XML 文件不在同一路径下，需要在 SqlSessionFactoryBean 配置中使用 mapperLocations 属性指定 XML 映射文件的地址。如果 XML 映射文件目录有其他非映射的 XML 配置文件，则需要使用*Mapper.xml 等方式进行匹配，否则 MyBatis 会将其他 XML 文件也作为映射文件来解析。

15.3.3 映射器配置

SqlSessionFactoryBean 可以完全取代 MyBatis 全局配置文件，使用 SqlSessionFactory 实例作为参数配置 SqlSessionTemplate 或 MapperFactoryBean 的 Bean。MapperFactoryBean 是对单个接口代理生成映射器，也可以使用 MapperScannerConfigurer 扫描某个包下所有的接口进行代理。

1. 单个接口的映射器配置

以 UserMapper 接口为例，映射器配置如下：

```
01  <bean id="userMapper" class="org.mybatis.spring.mapper.MapperFactory
    Bean">
02      <property name="mapperInterface" value="cn.osxm.ssmi.UserMapper" />
03      <property name="sqlSessionFactory" ref="sqlSessionFactory" />
04  </bean>
```

在以上映射器配置中，mapperInterface 指定全路径的映射器接口名；sqlSessionFactory 属性引用 SqlSessionFactoryBean 类型 Bean，也可以使用 sqlSessionTemplate 属性及对应的 Bean 替代，如果两者都设置，则以 sqlSessionTemplate 优先。

映射器在 Spring 容器中配置后，使用容器的 getBean()方法获取，也可以使用 @Autowired 注解自动装载。使用容器获取的代码示例如下：

```
UserMapper userMapper = (UserMapper) context.getBean("userMapper");
```

注意：使用 getBean()方法获取映射器 Bean，方法的参数需要使用 Bean 的 id，不能使用接口类型，原因是该接口已经被代理，通过接口获取不到。

2．自动扫描接口代理生成映射器

每个映射器都在 Spring 配置文件中配置，烦琐且不易维护。MyBatis-Spring 提供了配置 MapperScannerConfigurer 的 Bean，可以自动扫描包下面的所有接口并自动代理生成映射器。除此之外，MyBatis-Spring 还提供了<mybatis:scan/>标签方式来简化配置。

（1）MapperScannerConfigurer 配置

MapperScannerConfigurer 类型的 Bean 需要注入 basePackage 和 sqlSessionFactoryBeanName 的属性值，其会根据 basePackage 配置的类路径查找接口并自动将它们创建成 MapperFactoryBean 类型的对象。配置示例如下：

```
01  <bean class="org.mybatis.spring.mapper.MapperScannerConfigurer">
02      <property name="basePackage" value="cn.osxm.ssmi.chp15" />
03      <property name="sqlSessionFactoryBeanName" value="sqlSessionFactory" />
04  </bean>
```

- basePackage 属性设置扫描接口的路径，多个路径使用分号或逗号分隔。
- sqlSessionFactoryBeanName 配置会话工厂的 Bean 的名称。如果 Spring 容器中只有一个 SqlSessionFactory 实例，则该属性可以省略。此外，虽然也可以使用 sqlSessionFactory 属性和 ref 来引用 Bean，但是这种方式已经过时，不建议使用。

如果应用程序基于 Spring 注解进行配置，则使用@MapperScan 注解，示例如下：

```
01  @Configuration                                          //配置类注解
02  @MapperScan("org.mybatis.spring.sample.mapper")         //组件扫描路径
03    public class AppConfig {
04  }
```

（2）<mybatis:scan>配置

MyBatis-Spring 使用<mybatis:scan>配置标签来实现接口的自动扫描。首先需要导入 MyBatis 的命名空间和文档定义。

在<beans>中加入 mybatis 命名空间，配置如下：

```
xmlns:mybatis="http://mybatis.org/schema/mybatis-spring"
```

其次，在 xsi:schemaLocation 中加入文档结构定义的映射，配置如下：

```
http://mybatis.org/schema/mybatis-spring
http://mybatis.org/schema/mybatis-spring.xsd
```

最后在<mybatis:scan>标签中使用 base-package 指定接口扫描的路径，配置如下：

```
<mybatis:scan base-package="cn.osxm.ssmi.chp15" />
```

15.3.4 Spring 与 MyBatis 整合事务管理

MyBatis 整合 Spring 后，MyBatis 自动参与到 spring 事务管理中，无须额外配置。需要注意的是，MyBatis 的 SqlSessionFactoryBean 引用的数据源与 Spring 事务管理器 DataSourceTransactionManager 引用的数据源要保持一致。

1. 本地事务管理

本地事务配置 Spring 的 DataSourceTransactionManager 的 Bean，并开启事务注解驱动，MyBatis-Spring 的 SqlSessionFactoryBean 不需要做任何改动。配置如下：

```
01 <bean id="transactionManager" class="org.springframework.jdbc.datasource.
       DataSourceTransactionManager">
02     <property name="dataSource" ref="dataSource" />
03 </bean>
04 <tx:annotation-driven />  <!--事务注解驱动 -->
```

2. JTA事务

JTA 的实现有两种方式：一种是使用 JNDI 从容器中获取数据源，通过 Spring 调用应用服务器的全局事务管理器进行管理；另外一种是导入独立的 JTA 实现库，比如 Atomikos 或 JOTM。

应用服务器的全局事务管理方式只需要修改事务管理器类为 JtaTransactionManager，配置如下：

```
01 <bean id="transactionManager" class="org.springframework.transaction.jta.
           JtaTransactionManager">
02     <property name="dataSource" ref="dataSource" />
03 </bean>
04 <tx:annotation-driven />
```

注意：这里的数据源是通过 JNDI 方式查找的。

如果使用 JTA 的独立实现库方式，首先需要导入相关的库，然后配置 JtaTransactionManager 的 transactionManager 和 userTransaction 的值。以 Atomikos 为例，配置如下：

```
01 <bean id="atomikosTransactionManager" class="com.atomikos.icatch.jta.
           UserTransactionManager" depends-on="userTransactionService"
02 </bean>
03 <bean id="atomikosUserTransaction" class="com.atomikos.icatch.jta.
   UserTransactionImp" >
04 </bean>
05 <bean id="jtaTransactionManager" class="org.springframework.transaction.
   jta.JtaTransactionManager">
06     <property name="transactionManager" ref="atomikosTransactionManager"/>
07     <property name="userTransaction" ref="atomikosUserTransaction"/>
08 </bean>
```

除了使用 Spring 管理事务之外， MyBatis-Spring 也允许配置自身的事务管理器，配置方式是设置 SqlSessionFactoryBean 的 transactionFactory 属性，示例如下：

```
01 <bean id="sqlSessionFactory" class="org.mybatis.spring.SqlSession
   FactoryBean">
02   <property name="dataSource" ref="dataSource" />
```

```
03    <property name="transactionFactory">
04      <bean class="org.apache.ibatis.transaction.managed.Managed
        TransactionFactory" />
05    </property>
06  </bean>
```

3. 事务整合注意事项

SqlSession 提供了 commit()和 rollback()等事务操作方法，但在 MyBatis-Spring 中是不允许直接调用这些方法处理事务的。原因是在 SqlSessionTemplate 中对这些方法进行了改写，但这些方法被调用时，会抛出不支持操作的异常，SqlSessionTemplate 源码的片段如图 15.6 所示。

```
SqlSessionTemplate.class
325   public void commit() {
326     throw new UnsupportedOperationException("Manual commit is not allowed over a Spring managed SqlSession");
327   }
328
329   /**
330    * {@inheritDoc}
331    */
332   @Override
333   public void commit(boolean force) {
334     throw new UnsupportedOperationException("Manual commit is not allowed over a Spring managed SqlSession");
335   }
336
337   /**
338    * {@inheritDoc}
339    */
340   @Override
341   public void rollback() {
342     throw new UnsupportedOperationException("Manual rollback is not allowed over a Spring managed SqlSession");
343   }
```

图 15.6　SqlSessionTemplate 源码片段

如果应用程序要用到编程式事务，就需要使用 Spring 的事务编码方式，步骤包括：初始事务定义（TransactionDefinition）、获取事务状态（TransactionStatus）对象并使用事务管理器提交。示例代码如下：

```
01  DefaultTransactionDefinition def = new DefaultTransactionDefinition();
    //传播行为
02  def.setPropagationBehavior(TransactionDefinition.PROPAGATION_REQUIRED);
03  TransactionStatus status = txManager.getTransaction(def);
04  try {
05    userMapper.insertUser(user);                          //插入用户
06  }
07  catch (MyException ex) {
08    txManager.rollback(status);                           //事务回滚
09    throw ex;
10  }
11  txManager.commit(status);                               //事务提交
```

事务控制建议的开发方式是使用<tx:annotation-driven/>开启事务注解后，使用@Transactional 进行事务控制。

15.4　SSM 异常整合与处理

通过 MyBatis-Spring 整合之后，MyBatis 异常统一转换为 Spring 的 DataAccessException 异常，保证了 SSM 框架组合的异常结构一致性。

在 SSM 框架的应用开发中，可捕获（Checked）异常的处理可以在 DAO 层或者 Service 层手动捕获并处理，但在这些层级捕获异常和处理会让代码开发变烦琐，影响开发效率。实际开发中更常见的做法是低层的异常往上抛，由 Spring MVC 框架的异常处理机制实现异常的集中统一处理，DAO 层异常抛给 Service 层，Service 层抛给 Controller 层，Controller 层再进一步抛给中央处理器，由中央处理器统一处理。

中央处理器 DispatcherServlet 的异常实现是在 doDispatch()方法内捕获处理器适配器等抛出的异常，在 processDispatchResult()方法中对异常进行处理。处理流程如图 15.7 所示。

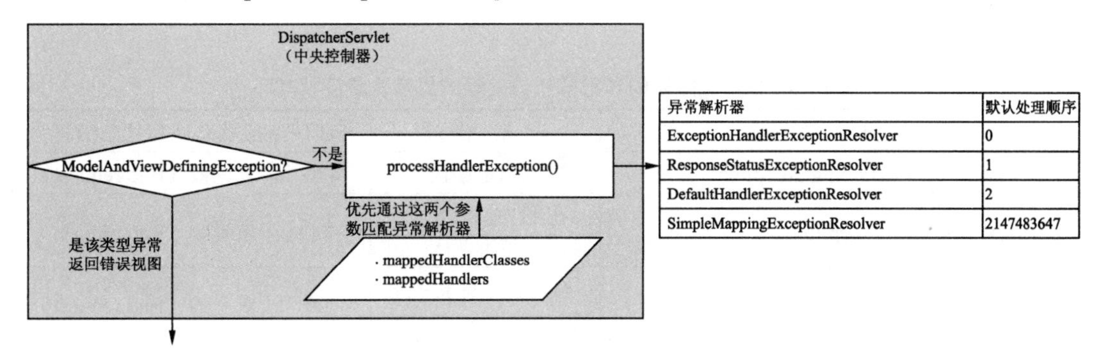

图 15.7　中央处理器异常处理机制

中央处理器首先判断是否是 ModelAndViewDefiningException 类型的异常，该类型异常包含一个 ModelAndView 成员属性，使用模型视图对象指定的页面显示异常信息（可以是专门的错误视图页面或者在原视图中处理错误显示）。该类型异常处理优先级较高，也就是在代码中抛出此类型异常就不会使用其他的异常处理器处理了。如果没有匹配该类异常，则进行下一步处理。

调用 processHandlerException(request, response, handler, exception)方法处理异常，该方法会循环容器注册的所有处理异常解析器（HandlerExceptionResolver）的 resolveException()方法，解析是否由当前异常解析器处理（解析规则优先判断该解析器是否配置了匹配处理器类和方法的属性 mappedHandlerClasses、mappedHandlers，如果没有，则使用各解析器默认支持的异常和处理方法），如果异常被处理，则返回处理结果。如果没有找到合适的异常解析器，则交由容器进行处理。

15.4.1　Spring MVC 异常处理的接口和类

Spring MVC 定义了处理器异常解析器接口 HandlerExceptionResolver，该接口包含一个异常解析方法 resolveException()。AbstractHandlerExceptionResolver 是实现该接口的抽象类，该抽象类同时还实现了 Ordered 接口，当存在多个异常解析器时，可以设置处理顺序。Spring 内置了 4 种类型的异常解析器实现：DefaultHandlerExceptionResolver、ResponseStatusExceptionResolver、SimpleMappingExceptionResolver 和 ExceptionHandlerExceptionResolver。

1．DefaultHandlerExceptionResolver（默认处理异常解析器）

DefaultHandlerExceptionResolver 异常解析类是 HandlerExceptionResolver 接口的默认实现，处理标准的 Spring MVC 异常并转换成相应的 HTTP 错误状态码，该解析器处理的异常类型如表 15.3 所示。

表 15.3　Spring默认的异常解析器处理的异常及响应状态码

No	异 常 类 型	异 常 描 述	HTTP响应状态码和状态信息
1	ServletRequestBindingException	参数绑定错误	400，请求无效（Bad request）
2	TypeMismatchException	在设置Bean属性时，类型不匹配	400，请求无效（Bad request）
3	HttpMessageNotReadableException	HTTP消息转换出现异常	400，请求无效（Bad request）
4	MethodArgumentNotValidException	使用@Valid验证失败抛出的异常	400，请求无效（Bad request）
5	MissingServletRequestPartException	文件上传时，无法根据name找到Part	400，请求无效（Bad request）
6	BindException	数据绑定异常	400，请求无效（Bad request）
7	NoHandlerFoundException	中央控制器找不到某请求的处理器	400，请求无效（Bad request）
8	HttpRequestMethodNotSupportedException	不支持的请求方法	405，方法不被允许（Method not allowed）
9	HttpMediaTypeNotAcceptableException	无法生存客户端可接收的响应	406，无法接受（Not acceptable）
10	HttpMediaTypeNotSupportedException	不支持的媒体类型	415，不支持的媒体类型（Unsupported Media Type）
11	MissingPathVariableException	路径参数缺失	500，服务器内部错误（Internal Server Error）

（续）

No	异 常 类 型	异 常 描 述	HTTP响应状态码和状态信息
12	MissingServletRequestParameterException	异常1的子类，参数缺失	500，服务器内部错误（Internal Server Error）
13	ConversionNotSupportedException	某个Bean的属性找不到合适的属性编辑器或转换器	500，服务器内部错误（Internal Server Error）
14	HttpMessageNotWritableException	HttpMessageConverter的write()方法出错	500，服务器内部错误（Internal Server Error）
15	AsyncRequestTimeoutException	异步请求超时	503，服务不可用（Service unavailable）

该类型的异常处理器会根据异常类型返回不同 HTTP 状态码的错误提示页面，以请求方法不支持的异常（HttpRequestMethodNotSupportedException）为例，如果某个请求地址只支持 POST 方法访问，使用 GET 方法访问则会出现该错误提示页面，如图 15.8 所示。

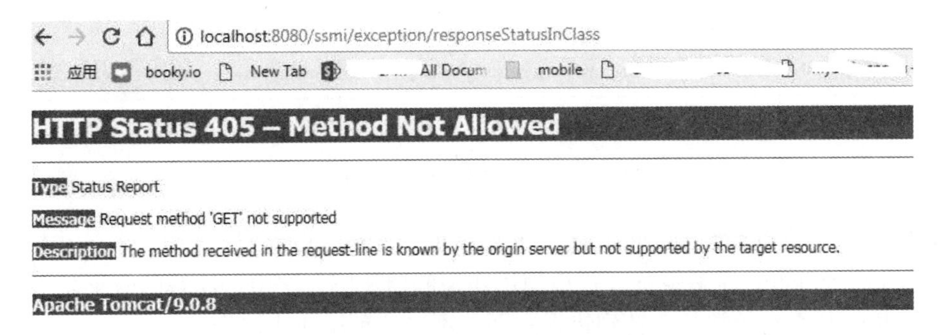

图 15.8　HTTP 请求方法不支持的错误页面返回

DefaultHandlerExceptionResolve 使用服务器默认的错误页面提示信息，也就是说图 15.8 中的 Message 是服务器默认设置的，无法修改。使用 ResponseStatusExceptionResolver 类型异常解析器则可以实现自定义错误提示信息。

2. ResponseStatusExceptionResolver（@ResponseStatus注解异常解析器）

ResponseStatusExceptionResolver 是用来处理@ResponseStatus 注解的异常处理器，@ResponseStatus 注解可以使用在控制器方法和自定义异常类中，该注解有 3 个属性可以设置：code、value 和 reason。value 是 code 的别名，两者作用一样，都是设置 HTTP 的状态码（使用 HttpStatus 枚举类），reason 用于设置返回的错误提示信息。下面自定义一个使用@ResponseStatus 注解的异常类 MyException，并在映射方法中抛出该异常类演示该类型异常解析器的使用效果。

（1）在自定义异常类上使用@ResponseStatus 注解，异常类定义如下：

```
01  @ResponseStatus(value = HttpStatus.METHOD_NOT_ALLOWED,
        reason = "GET 方法是不可以的，请使用 POST 方法。")
02  public class MyException extends RuntimeException{
03  }
```

（2）在控制器映射方法中抛出异常。

```
01   @RequestMapping("/exception/responseStatusInClassWithReason")
02   public String responseStatusInClassWithReason() throws Exception {
03       throw new MyException();
04   }
```

直接在浏览器地址栏中使用 GET 方式访问映射地址，错误信息页面显示如图 15.9 所示。

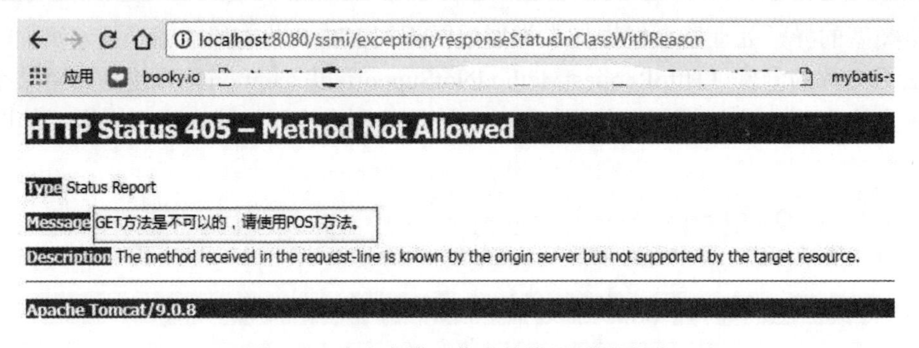

图 15.9　自定义错误信息的错误页面返回

从图 15.9 中可以看到显示的自定义的错误提示 Message 信息了。

@ResponseStatus 注解也可以直接使用在控制器注解方法中，注解的效果是不管这个方法实际执行是否有异常都会转到错误页面，不过这种用法比较少见。

3. SimpleMappingExceptionResolver（简单映射异常处理器）

配置 SimpleMappingExceptionResolver 类型的 Bean 可以用来集中控制 Spring MVC 的异常处理，使用 exceptionMappings 属性配置异常类和异常显示视图的对应。配置示例如下：

```
01  <bean id="exceptionResolver"
        class="org.springframework.web.servlet.handler.SimpleMapping
        ExceptionResolver">
02       <property name="exceptionMappings">
03          <props>
04              <prop key="cn.osxm.ssmi.chp15.exception.MyMappingException">
                error</prop>
05          </props>
06       </property>
07  </bean>
```

关于 SimpleMappingExceptionResolver 的内容后面会详细介绍。

4．ExceptionHandlerExceptionResolver（@ExceptionHandler注解异常解析器）

ExceptionHandlerExceptionResolver 用来处理 Controller 方法中使用@ExceptionHandler 注解标注的异常处理，该注解是方法层级的，使用在非请求映射方法中。该注解的 value 属性指定该方法处理的异常类型。使用示例如下：

```
01 @Controller                                      //控制器注解
02 public class UserController {                    //控制器类
03 @ExceptionHandler({Exception.class})             //该控制器注解的异常处理方法
   //返回错误的视图进行显示
04 public ModelAndView userExceptionHandler(Exception e) {
05       ModelAndView mv = new ModelAndView();
06       mv.setViewName("error");                   //错误显示视图名
         //在模型视图对象中设置错误信息
07       mv.addObject("errmsg", e.getMessage());
08       return mv;
09 }
10 @RequestMapping("/exception/add")                //请求映射注解
11 public String add() throws Exception {
     //抛出的异常由以上注解方法处理
12   throw new Exception("add User Exception");
13   }
14 }
```

@ExceptionHandler 注解的异常处理方法的作用域是当前 Controller，上面代码配置的效果是：当前 Controller 的映射方法抛出的异常全部交给 userExceptionHandler()方法处理，也就是转到逻辑视图名是 error 的页面进行显示。此外，ExceptionHandlerExceptionResolver 除了查找当前类中的@ExceptionHandler 注解方法外，如果有继承父类，也会到父类中查找。

虽然@ExceptionHandler 作用域是当前类，但可以使用在@ControllerAdvice 注解的控制器增强组件类中，用来处理全局异常。

注意： @ResponseStatus 和@ExceptionHandler 并存时，@ExceptionHandler 优先。也就是说，在映射方法中抛出了@ResponseStatus 注解的异常类型，同时在控制器中配置了@ExceptionHandler 注解，并且该注解设定的处理异常包括以上自定义异常或者其父类，则优先以@ExceptionHandler 为主。

15.4.2　Spring MVC 异常处理器配置

在 Spring MVC 配置文件中增加<annotation-driven/>标签配置，则在 DispatcherServlet 中会把 ExceptionHandlerExceptionResolver、ResponseStatusExceptionResolver 和 DefaultHandler-ExceptionResolver 的异常解析器组件加到 handlerExceptionResolvers 中，也就是说 MVC 容

器会使用这些异常解析器来处理异常，通过 order 属性设置处理的顺序，order 值越低，优先级越高。三者处理的顺序是 ExceptionHandlerExceptionResolver 优先（order 的值是 0）、ResponseStatusExceptionResolver 次之（order 的值是 1），最后是 DefaultHandlerExceptionResolver（order 的值是 2）。

在控制器方法中使用@ExceptionHandler 结合@ResponseStatus 配置自定义异常类对该 Controller 类的异常进行处理，未处理的异常再交给 DefaultHandlerExceptionResolver 转到 HTTP 状态页面，虽然处理的粒度很细，灵活度高，但不能跨 Controller。结合@ControllerAdvice 控制器增强注解可以实现全局的控制器。

@ResponseStatus 可以自定义错误提示信息，但还是用服务器默认的错误页面，这个页面虽然通用，但不够美观和个性化。如果需要自定义错误提示页面，通过以下两个方式可以达成：

- 在 web.xml 中定义错误码和错误页面的对应；
- 使用 Spring 的 SimpleMappingExceptionResolver 配置全局的异常处理，相比 web.xml 方式，此方式的使用更为方便。

1. web.xml自定义异常配置

在 web.xml 中可以根据不同的 HTTP 响应状态码映射不同的错误显示页面，配置示例如下：

```
01  <error-page>
02     <error-code>405</error-code>
03     <location>/error.html</location>
04  </error-page>
05  <error-page>
06     <error-code>404</error-code>
07     <location>/error.html</location>
08  </error-page>
09  <error-page>
10     <error-code>500</error-code>
11     <location>/error.html</location>
12  </error-page>
```

2. SimpleMappingExceptionResolver全局异常处理

SimpleMappingExceptionResolver 配置异常类和错误视图名的映射，使用属性名是 exceptionMappings 的<property>标签配置，以异常类名或全路径异常类名作为 key，视图名称作为标签的内容。配置示例如下：

```
01 <bean id="exceptionResolver"
         class="org.springframework.web.servlet.handler.SimpleMapping
         ExceptionResolver">
02   <property name="exceptionMappings">  <!--异常类型与视图映射配置 -->
03      <props>
04         <prop key="cn.osxm.ssmi.chp15.exception.MyException">myExp
           Error</prop>
```

```
05        </props>
06    </property>
07  </bean>
```

除了 exceptionMappings 属性外，该类型异常解析器 Bean 还可以配置其他属性，具体如表 15.4 所示。

表 15.4　SimpleMappingExceptionResolver可配置的属性

属　　性	描　　述
defaultErrorView	默认的错误视图名，如果在exceptionMappings中没有找到对应的话，就会使用这个属性
exceptionAttribute	异常信息的变量，默认名为exception
order	异常解析器的优先级
warnLogCategory	日志记录类别
statusCodes	发生异常时视图和返回状态码的对应关系
defaultStatusCode	异常时的默认状态码

完整的配置示例如下：

```
01  <bean id="exceptionResolver"  <!--全局异常配置-->
         class="org.springframework.web.servlet.handler.SimpleMapping
         ExceptionResolver">
02    <property name="order" value="-1"/> <!--异常优先级 -->
03    <property name="defaultErrorView" value="error"/><!--默认异常视图 -->
      <!--异常变量 -->
04    <property name="exceptionAttribute" value="ex"></property>
05    <property name="defaultStatusCode" alue="500"/><!--异常的默认状态码-->
06    <property name="exceptionMappings">  <!--异常类与处理视图对应-->
07      <props>
08          <propkey="cn.osxm.ssmi.chp15.exception.MyException">myExpError
            </prop>
09       </props>
10     </property>
11    <property name="warnLogCategory"> <!--日志记录类别-->
12      <value>org.springframework.web.servlet.handler.
                          SimpleMappingExceptionResolver</value>
13     </property>
14     <property name="statusCodes"><!--视图返回码对应-->
15        <props>
16           <prop key="error">500</prop>
17        </props>
18     </property>
19  </bean>
```

🔔**注意：** 在不指定 SimpleMappingExceptionResolver Bean 的 order 属性时，其优先级别较低，order 的值是 2147483647（如图 15.10 所示），通过 order 属性的值可以修改，因为 ExceptionHandlerExceptionResolver 的 order 值是 1，所以要设置为负数（比如-1）。

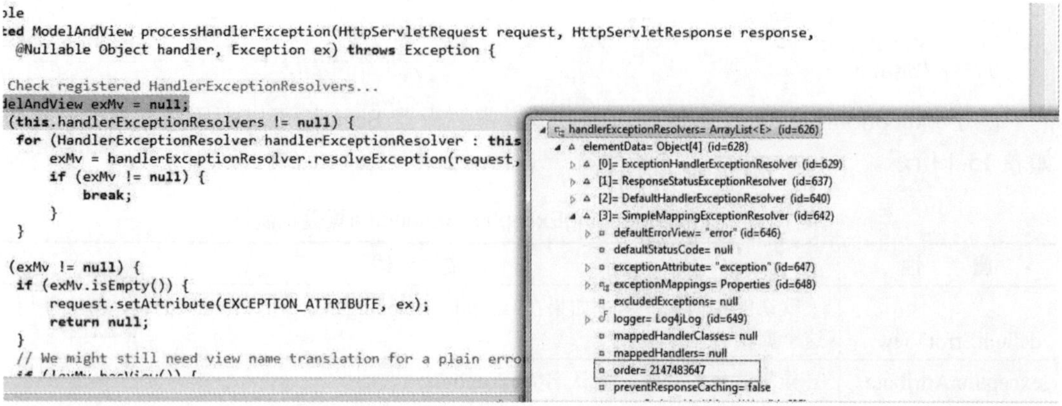

```
ble
ted ModelAndView processHandlerException(HttpServletRequest request, HttpServletResponse response,
  @Nullable Object handler, Exception ex) throws Exception {

 Check registered HandlerExceptionResolvers...
delAndView exMv = null;
 (this.handlerExceptionResolvers != null) {
  for (HandlerExceptionResolver handlerExceptionResolver : this
      exMv = handlerExceptionResolver.resolveException(request,
      if (exMv != null) {
          break;
      }
  }

 (exMv != null) {
  if (exMv.isEmpty()) {
      request.setAttribute(EXCEPTION_ATTRIBUTE, ex);
      return null;
  }
  // We might still need view name translation for a plain erro
```

```
handlerExceptionResolvers= ArrayList<E> (id=626)
  elementData= Object[4] (id=628)
    [0]= ExceptionHandlerExceptionResolver (id=629)
    [1]= ResponseStatusExceptionResolver (id=637)
    [2]= DefaultHandlerExceptionResolver (id=640)
    [3]= SimpleMappingExceptionResolver (id=642)
      defaultErrorView= "error" (id=646)
      defaultStatusCode= null
      exceptionAttribute= "exception" (id=647)
      exceptionMappings= Properties (id=648)
      excludedExceptions= null
      logger= Log4jLog (id=649)
      mappedHandlerClasses= null
      mappedHandlers= null
      order= 2147483647
      preventResponseCaching= false
```

图 15.10　SimpleMappingExceptionResolver 的默认优先级

该异常处理配置方式与 web.xml 中的配置<error-page> 可以并存，优先以 SimpleMappingExceptionResolver 为主。如果匹配了对应的异常，返回配置的错误视图显示；如果没找到，则使用 web.xml 中 error-page 对应的状态码异常显示页面。除了 SimpleMappingExceptionResolver 之外，使用控制器增强注解@ControllerAdvice 也可以定义跨 Controller 的异常处理，该注解更多应用在 JSON 格式的异常信息返回中。

15.4.3　JSON 类型返回的异常处理器

前面对异常解析器的介绍是用来处理视图类型的返回，JSON 格式的数据返回需结合 ResponseEntityExceptionHandler（响应实体异常处理器）进行处理。

ResponseEntityExceptionHandler 是一个抽象类，本身使用@ExceptionHandler 注解用来处理 HttpRequestMethodNotSupportedException、HttpRequestMethodNotSupportedException 等 HTTP 相关的异常，其处理的异常类型和 DefaultHandlerExceptionResolver 处理的异常类型基本相同，区别是 DefaultHandlerExceptionResolver 会转到 HTTP 错误页面显示，而 ResponseEntityExceptionHandler 则会返回一个 ResponseEntity<Object>类型的对象。

使用 ResponseEntity 类型对象可以设置响应的状态码、响应头和响应体，再通过 HttpMessageConverter 进行转换，使用 JSON 消息转换器，响应到前端的就是 JSON 格式的数据。

ResponseEntityExceptionHandler 是一个抽象类，使用时需自定义一个继承该类的异常处理类并且在该类上使用@ControllerAdvice 注解为全局的异常处理。最简单的实现类和注解代码如下：

```
01  @ControllerAdvice                           //控制器增强注解
02  @ResponseBody                               //JSON 格式返回
03  public class MyRestJsonExceptionHandler extends ResponseEntity
    ExceptionHandler {
04  }
```

添加以上注解类后，如出现 HTTP 错误就不再以 HTTP Status 的服务器错误页面显示，而是以浏览器端的错误信息页面进行显示。同样以 GET 请求访问 POST 的映射方法为例（异常是 HttpRequestMethodNotSupported-Exception），错误提示页面如图 15.11 所示。

在继承 ResponseEntityExceptionHandler 的全局异常处理类中，如果父类已经使用@ExceptionHandler 注解处理的异常，可以覆写父类的处理方法；如果父类没有处理的异常，则需要使用@ExceptionHandler 注解方法处理，示例代码如图 15.12 所示。

该网页无法正常运作
如果问题仍然存在，请与网站所有者联系。
HTTP ERROR 405
重新加载

图 15.11　JSON 格式返回的错误信息页面

```
@ControllerAdvice
@ResponseBody
public class GlobalWebExceptionHandler extends ResponseEntityExceptionHandler {
    private static Logger logger = LoggerFactory.getLogger(GlobalWebExceptionHandler.class);

    /**覆写父类处理方法
     * 400 - Bad Request
     */
    @Override
    @ResponseStatus(HttpStatus.BAD_REQUEST)
    //@ExceptionHandler(HttpMessageNotReadableException.class) 不能加
    public ResponseEntity<Object> handleHttpMessageNotReadable(
            HttpMessageNotReadableException ex, HttpHeaders headers, HttpStatus status, WebRequest request) {
        logger.error("参数解析失败", ex);
        return new ResponseEntity<Object>(status);
    }

    /**覆写父类处理方法
     * 405 - Method Not Allowed
     */
    @Override
    @ResponseStatus(HttpStatus.METHOD_NOT_ALLOWED)
    //@ExceptionHandler(HttpRequestMethodNotSupportedException.class) 不能加
    public ResponseEntity<Object> handleHttpRequestMethodNotSupported(HttpRequestMethodNotSupportedException ex, HttpHeaders h
        logger.error("不支持当前请求方法", ex);
        return new ResponseEntity<Object>(status);
    }

    /**
     *自定义异常的处理
     */
    @SuppressWarnings({ "rawtypes", "unchecked" })
    @ResponseStatus(HttpStatus.INTERNAL_SERVER_ERROR)
    @ExceptionHandler({ MyJsonException.class }) //需要
    public Map myJsonExceptionHandler() {
        Map exceptionMap = new HashMap();
        exceptionMap.put("status", "My Status");
```

图 15.12　返回 JSON 格式数据的全局异常处理的代码格式

如果希望维持 HTTP 相关的异常使用原有方式处理，则全局异常类不继承 Response-EntityExceptionHandler 即可，只需要在该异常处理类中处理自定义异常。

15.5　Java 日志与 SSM 日志整合

日志可以用来查看程序运行状况和排查错误原因，在 IDE 中开发时，结合 IDE 调试功能在指定代码行设置断点可以直接查看代码执行状况。针对第三方库，也可以用引入源码包进行调试。但如果第三方库没有开放源码包，就无法定位代码行调试了。但基本所有成熟的第三方库都提供了良好的日志功能，比如 MyBatis 和 Hibernate 等 ORM 库都提供了打印连接建立、释放和类型转换执行等 SQL 语句的日志。

日志是正式环境分析问题和追踪错误的重要手段，而开发环境的 Debug 模式容易让开发者忽略了日志记录的规范和完整。应用程序运行在正式环境时很难调试，而且大部分状况下，正式环境的异常出现很难复现，有些异常会导致应用崩溃，如果不记录日志，这些问题的原因就无法获知。

在 Java 中，最简单的日志是使用 System.out 在控制台打印一条信息，日志可以记录的内容很多，可以是应用出错的主要信息，比如一些异常；也可以是一些可能导致错误的警告信息，还可以是要分析或追踪的信息，比如打印方法参数或 ORM 的 SQL 语句。据此将日志划分为不同的层级，常见的日志层级包括：DEBUG、INFO、WARN、 ERROR 和 FATAL。日志除了在控制台输出之外，更常用的方式是将日志写入文件中，还可以将日志通过 Socket 进行发送、通过 E-mail 进行发送或者写入关系型数据库中。

Java 语言日志库有很多，常用的包括 Log4j、Log4j2、Logback 及 JDK 自带的日志实现等。为统一各种日志实现类的调用方式，方便在应用中切换不同的日志实现，出现了日志统一接口库（也叫门面）。日志门面的作用相当于 Java 的标准接口（比如 JDBC、JPA），其需要搭配具体的日志实现库使用。常用的两个日志的统一门面是 Apache Commons Logging（也称 Jakarta Commons Logging，简称 JCL）和 Simple Logging Facade for Java（简称 SLF4J）。Spring 对这两个日志门面都提供了支持。

15.5.1　Log4j 和 Log4j2

Log4j 是 Java 中使用较早也是最广泛的日志实现库，由 Apache 开发和维护。Apache 曾经向 Java 官方推荐将其纳入 JDK 中，不过没有被 SUN 公司接受。后来 SUN 公司开发了 JDK Logger，Apache 为了兼容 JDK Logger，就推出了一个通用的日志接口：Apache Commons Logging (JCL)。JCL 中对 JDK 的日志功能进行了简单的封装，如果没有导入其他的日志实现库，则默认使用 Jdk14Logger 记录日志。Log4j+JCL 组合一度是 Java 项目日志处理的首选配置。

因为 Log4j 本身存在一些 Bug，配置文件的方式单一且有强制要求，而且性能上存在一些问题，Apache 在 Log4j 基础上推出了升级版本 Log4j2，Log4j 在 1.2.17 版本之后就不再更新。相比旧版本，Log4j2 不强制要求配置，配置文件除了.properties 外，还支持 XML、JSON 和 YAML 等配置文件。Log4j2 的配置更灵活、功能更强大、性能也更好，但两者的基本概念是一致的，包括 Appender（输出目的地）、Logger（日志记录器）、Level（日志级别）及 Layout（日志输出格式）等。

1．Appender（日志输出目的地）

Appender 的翻译是附加器，在 Log4j 中代表日志输出的目的地。常用的 Appender 的类型有控制台（Console）、文件（File）和滚动文件（RollingFile）了。新版的 Log4j2 中支持的 Appender 类型更多样化，包括：数据库（支持 JDBC、JPA）、NoSQL 数据库（支持 NoSQL、Cassandra、MongoDB）、消息服务和消息队列框架（支持 JMS、ZeroMQ/JeroMQ）、Socket 和 HTTP、邮件发送（SMTP）、脚本处理（Script，比如 JavaScript）及其他日志系统（Apache Flume）等。

2．Logger（日志记录器）

日志记录器负责产生日志，并对日志进行筛选。在 Log4j2 中，某个类的日志记录器实例由记录器管理器 LogManager 的 getLogger()方法产生。在 XML 类型的配置文件中使用<Loggers>节点的子节点<logger>可以配置不同包的类输出的日志级别。

3．Level（日志级别）

Log4j 按照日志的重要程度和用途，将日志划分为 6 个级别，分别是 Trace、Debug、Info、Warn、Error 和 Fatal，日志记录器分别提供了 trace()、Debug()、info()、warn()、error()和 fatal()方法进行记录。应用程序在正式环境运行时，日常只需要记录 Error 以上的信息即可，但如果是细节原因分析或者代码调试有时候就需要开启更低级的日志记录。基于此，Log4j 将日志行为从低到高划分为以下 8 个级别：

- ALL：最低等级，打开所有日志记录；
- TRACE：追踪，用于追踪应用程序的运行轨迹；
- DEBUG：调试，用于细粒度调试；
- INFO：信息，用于粗粒度调试；
- WARN：警告；
- ERROR：错误，一般的运行错误；
- FALTAL：致命错误。致命错误会导致应用程序退出；
- OFF：最低等级，关闭所有日志记录。

日志级别通过 level 属性设置在<logger>节点中，应用程序会打印高于或等于所设置级别的日志，设置的日志等级越高，打印出来的日志就越少。比如设置为 ERROR，则只会打印 ERROR 和 FALTAL 级别的日志。

4. PatternLayout（日志输出格式）

日式输出格式通过<PatternLayout>节点配置在 Appender 中，用于设置日志在该 Appender 的输出格式，示例如下：

```
<PatternLayout pattern="[%d{HH:mm:ss:SSS}] [%p] - %l - %m%n" />
```

在输出格式的表达式中，使用百分号（%）开头用来设置变量名、显示的布局样式等。

（1）变量名

Log4j2 日志格式变量如表 15.5 所示。

表 15.5 Log4j2 日志格式变量

简写	全 写	说 明	示 例
%c	%logger	当前日志名称	cn.osxm.LogTests
%C	%class	日志调用所在类	cn.osxm.LogTests
%F	%file	日志调用所在的Java文件名	LogTests.java
%M	%method	写入日志的方法名	log4jLogPattern
%m	%msg	日志记录的内容	
%p	%level	日志的级别	Debug
%L	%line	日志记录的代码行数	63
%l	%location	日志代码的完整位置，包括类、方法和所在行	cn.osxm.LogTests.log4jLogPattern (LogTests.java:63)
%d	%date	日志记录的时间	2019-07-13 07:44:43
%n		换行分隔符	
%ex	%exception	异常对象，调用日志记录器的方法时可以传入Throwable类型的异常。	
%t	%thread	产生该日志事件的线程名	main
%tid	%threadId	产生该日志事件的线程ID	比如1
%pid	%processId	产生该日志事件的进程ID	比如160

（2）显示格式

以上变量结合数字、分隔符（-）和点号（.）可以对输出日志的长度进行控制，以日志名称%c 使用为例：

- %30c：当字符数少于指定的字符时，则左侧留空白，长度超过则按原来的方式显示；
- %-30c：当字符数少于指定的字符时，则右侧留空白；
- %.6c：当字符数大于指定的字符时，则截断显示，截断会保留右侧指定位数的部分，左侧的删除。

在变量后使用大括号（{length}）也可以设置长度，这个长度不是字符的长度，而是包名的长度，以 cn.osxm.LogTests 的日志名为例，%c{2}输出的是 osxm.LogTests，也是遵循从右到左的顺序进行截取。

此外，使用%highlight 可以对日志输出进行不同颜色样式的高亮显示，使用的格式是%highlight{pattern}{style}，示例如下：

```
<PatternLayout pattern="%highlight{[%p] %-d{yyyy-MM-dd HH:mm:ss} -->
%l%n}{FATAL=red, ERROR=red, WARN=yellow, INFO=cyan, DEBUG=cyan,TRACE=blue}"/>
```

在 Eclipse 的控制台需要安装 Ansi Console 插件才能显示高亮等样式，可以直接到 Eclipse 的 Marketplace 查找和安装即可。

15.5.2　Log4j2 使用介绍

Log4j2 将核心实现包和外部调用接口进行了分离，对应 log4j-core 和 log4j-api 两个模块项目。使用 Log4j2 需要导入这两个依赖包，使用 Maven 导入如下：

```
01 <dependency>
02     <groupId>org.apache.logging.log4j</groupId>
03     <artifactId>log4j-core</artifactId>
04     <version>2.12.0</version>
05 </dependency>
06 <dependency>
07     <groupId>org.apache.logging.log4j</groupId>
08     <artifactId>log4j-api</artifactId>
09     <version>2.12.0</version>
10 </dependency>
```

Log4j2 对外提供了一个日志接口和日志工厂类，分别如下：

- org.apache.logging.log4j.Logger：日志记录接口，该类型实例提供了 trace()、info()等记录日志的方法。
- org.apache.logging.log4j.LogManager：日志器管理器，用于生成日期记录器实例。

导入依赖包后，不需要进行任何配置，就可以构造日志记录器写入日志了，示例代码如下：

```
01 protected static final Logger log4jLogger = LogManager.getLogger
   (LogTests.class);                                  //记录器
02 @Test
03 public void log4jLog() {
04     String loggerName = "Log4j";
05     log4jLogger.trace(loggerName+" Trace Log");
06     log4jLogger.debug(loggerName+" Debug Log.");
07     log4jLogger.info(loggerName+" Info Log");
08     log4jLogger.warn(loggerName+" Warn Log");
09     log4jLogger.error(loggerName+" Error Log");
10     log4jLogger.fatal(loggerName+" Fatal Log");
11 }
```

在控制台的输出如图 15.13 所示。

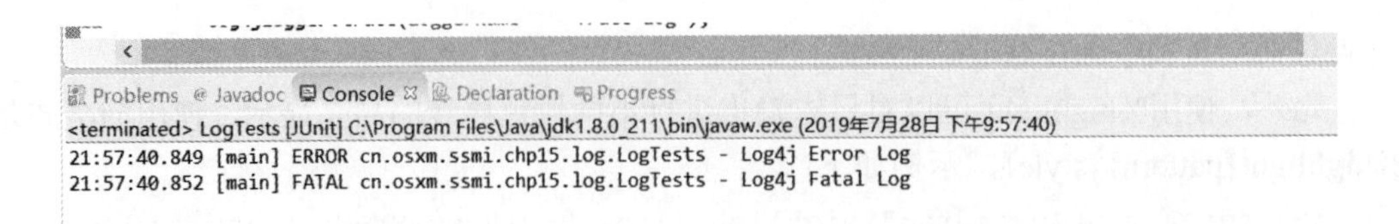

图 15.13　Log4j2 实现的控制台日志输出

注意：以上仅打印两行日志的原因是默认的日志输出级别是 ERROR，也就是只会输出 ERROR 和 FATAL 的日志。

1．Log4j2默认配置

不进行任何配置，Log4j2 则使用默认配置，以 XML 配置为例，默认配置等同于如下 XML 配置：

```
01  <?xml version="1.0" encoding="UTF-8"?>
02  <Configuration status="WARN">
03    <Appenders>
04      <Console name="Console" target="SYSTEM_OUT">
05        <PatternLayout pattern="%d{HH:mm:ss.SSS} [%t] %-5level %logger{36}
          - %msg%n"/>
06      </Console>
07    </Appenders>
08    <Loggers>
09      <Root level="error">
10        <AppenderRef ref="Console"/>
11      </Root>
12    </Loggers>
13  </Configuration>
```

- 根节点<Configuration>的 status 属性用于设定 Log4j2 本身的日志信息打印的级别。如果设置为 TRACE，会打印 Log4j2 加载的配置文件、加载插件、注册 Bean 和组装 Logger 等调试信息，该属性的值一般设置为 WARN 即可。
- <Appenders>用于配置日志的输出目的地。常用的子节点有<Console>、<File>和<RollingFile>，分别表示控制台输出、文件和滚动文件。
- <Loggers>配置日志记录器。<Root>是根记录器，用于控制项目所有类的日志输出，包括第三方库的类。<Logger>可以根据包的路径配置该记录器的日志记录规则。

默认日志显示的格式包括时间（%d{HH:mm:ss.SSS}）、线程名（%t）、日志级别（%-5level，字符不够右侧留空把）、日志名称（%logger{36}，包的层级不超过 36）和日志内容（%msg）。

2．增加日志记录器配置

根记录器的日志级别默认设为 error，如果设置成其他低级别的话，则打印的日志内容会很多。因为第三方库的功能一般较为成熟，大部分的场景只需要对自行开发的代码开启低层级的日志用来调试。增加日志记录器的配置如下：

```
01  <Loggers>
02      <Logger name="cn.osxm" level="TRACE" additivity="false">
03          <AppenderRef ref="Console" />
04      </Logger>
05      <Root level="error">
06          <AppenderRef ref="Console" />
07      </Root>
08  </Loggers>
```

<Logger>节点用于增加日志记录器，name 属性是代码包的名字，level 指定日志的级别。新增加的日志记录器和<Root>根记录器是有父子关系的。

在子记录器上设置 additivity 属性值为 false，可以让输出的日志不延伸到父层 logger，避免出现日志被输出两次的问题。

在记录器配置中，使用<AppenderRef>指定日志数据的目的地。多个目的地添加多个<AppenderRef>节点，ref 设置为定义的 Appender 的名字。

3. 属性配置<Properties>

使用<Properties>及其子节点<Property>可以在配置文件中定义属性参数，通过${属性名}方式使用，比如定义日志文件的全路径名：

```
01  <Properties>
02      <Property name="filename">D:/logs/test.log</Property>
03  </Properties>
```

结合上面的 filename 属性定义，日志文件定义如下：

```
<File name="File" fileName="${filename}">
```

4. 过滤器配置

过滤器用于过滤日志输出，符合条件的日志通过过滤器进入到后续的处理；不符合条件的日志应该被忽略，不做处理。Log4j2 提供了多种类型的过滤器，有 ThresholdFilter（根据日志级别过滤）、RegexFilter（正则表达式过滤器）、TimeFilter（时间过滤器）和 MarkerFilter（标记过滤器）等。过滤器可以添加在多个地方，包括：

- <configuration> 的根节点下；
- 记录器配置节点<loggers>下；
- 输出目的地节点<appenders>下。

以常用的日志级别过滤器为例，配置如下：

```
<ThresholdFilter level="INFO" onMatch="ACCEPT" onMismatch="DENY"/>
```

onMatch 和 onMismatch 属性分别表示匹配上了和没有匹配上，这两个属性值有三个选项：ACCEPT、DENY 和 NEUTRAL。ACCEPT 和 DENY 就是直接接受和直接拒绝，直接接受就写入日志，拒绝就不写入。NEUTRAL 的意思是中立，适用在组合过滤器中，组合过滤器是使用<Filters>节点配置多个过滤器，如果某个过滤器设置是中立的话，则会交到下面的过滤器中进行进一步的过滤。<Filters>配置如下：

```
01  <Filters>
02   <ThresholdFilter level="TRACE" onMatch="NEUTRAL" onMismatch="DENY"/>
03   <RegexFilter regex=".* test .*" onMatch="NEUTRAL" onMismatch="DENY"/>
04   <TimeFilter start="05:00:00" end="05:30:00" onMatch=" NEUTRAL "
     onMismatch="DENY"/>
05   <MarkerFilter marker="DEBUGMARKER" onMatch="ACCEPT" onMismatch="DENY"/>
06  </Filters>
```

5．配置文件查找

Log4j2 支持多种配置文件方式，其会到项目路径下查找 Log4j2 为前缀的配置文件，优先查找 log4j2-test 的开发配置文件，找到了就使用，没有找到进一步查找，查找顺序如下：

（1）检测名为"log4j.configurationFile"的系统属性值，如果这个值被设置了，则通过 ConfigurationFactory 来加载这个值对应的文件。

（2）查找 log4j2-test.properties 文件。

（3）查找文件 log4j2-test.yaml 和 log4j2-test.yml。

（4）查找文件 log4j2-test.json 和 log4j2-test.jsn。

（5）查找文件 log4j2-test.xml。

（6）查找文件 log4j2.properties。

（7）查找文件 log4j2.yaml 和 log4j2.yml。

（8）查找文件 log4j2.json 和 log4j2.jsn。

（9）查找文件 log4j2.xml。

（10）尝试读取 DefaultConfiguration 信息，将日志信息输出到屏幕上。

注意： 在部署正式环境时，不需要打包测试的日志文件。

15.5.3　Log4j 与 JCL 整合

Log4j 和 Apache Commons Logging 同属 Apache 的产品，两者的版本保持了一致性。Apache Commons Logging 是基于 Log4j 的 1 版本开发的，该项目在 2014 年 9 月份之后就没有更新了，版本定格在 1.2。直接搭配 Log4j2 和 JCL 是不能使用的，需要使用 Log4j2 到 JCL 的桥接器解决两者的兼容问题。

1．Log4j1 + JCL

JCL 使用 LogFactoryImpl 类查找具体的日志实现。查找顺序如下：

（1）查看 JCL 配置文件中是否配置了指定的日志实现（org.apache.commons.logging.Log）。

（2）查看环境变量中是否设置了 org.apache.commons.logging.Log 属性指定日志实现类。

（3）查找 Log4j，查看项目中是否导入了 Log4j1 版本的库。

（4）查找 JDK Logging，使用 JKD 的日志。

（5）使用 SimpleLog 记录日志，SimpleLog 是 JCL 自身实现的日志。

因此，Log4j 的 1 版本结合需要导入 Log4j 和 commons-logging 依赖包：

```
01 <dependency>
02      <groupId>commons-logging</groupId>
03      <artifactId>commons-logging</artifactId>
04      <version>1.2</version>
05 </dependency>
06 <dependency>
07       <groupId>log4j</groupId>
08       <artifactId>log4j</artifactId>
09       <version>1.2.17</version>
10 </dependency>
```

导入完成后还要求配置 log4j.properties 配置文件才可以写入日志。JCL 的日志级别与 Log4j 是一致的，包括 TRACR、DEBUG 和 INFO 等。JCL 提供的日志接口和日志工厂类如下：

- org.apache.commons.logging.Log：JCL 日志接口；
- org.apache.commons.logging.LogFactory：JCL 日志工厂。

2．Log4j2 + JCL

在 1.2 版本的 JCL 中查找的是 Log4j 1.2 版本的日志实现类，但 Log4j2 日志实现的全路径类名已经修改了，于是 Log4j2 提供了与 JCL 的桥接模块 log4j-jcl，版本和 Log4j2 保持一致，Maven 导入如下：

```
01 <dependency>
02   <groupId>org.apache.logging.log4j</groupId>
03   <artifactId>log4j-jcl</artifactId>
04   <version>2.12.0</version>
05 </dependency>
```

log4j-jcl 使用的是 SPI 自动查找服务的方式，使用 JCL 的统一接口，调用方式和 Log4j 类似，最大的差别就是类名的差别，使用示例如下：

```
01 public void jclLog() {
02     Log jclLogger =LogFactory.getLog(LogTests.class); //创建日志记录器
03     String loggerName = "Apache Commons Logging";
04     jclLogger.trace(loggerName + " Trace Log");
05     jclLogger.debug(loggerName + " Debug Log.");
06     jclLogger.info(loggerName + " Info Log");
07     jclLogger.warn(loggerName + " Warn Log");
08     jclLogger.error(loggerName + " Error Log");
09     jclLogger.fatal(loggerName + " Fatal Log");
10  }
```

使用统一接口后，如果需要修改日志实现方式，只需要在类路径下增加 commoms-logging.properties 配置文件，并使用 org.apache.commons.logging.Log 属性指定日志实现的类名即可，代码不需要做任何修改，这也体现了日志统一门面的灵活性。配置如下：

```
#org.apache.commons.logging.Log=org.apache.commons.logging.impl.
SimpleLog
#org.apache.commons.logging.Log=org.apache.commons.logging.impl.
Log4JLogger
#org.apache.commons.logging.Log=org.apache.commons.logging.impl.NoOpLog
#org.apache.commons.logging.Log=org.apache.commons.logging.impl.
LogKitLogger
#org.apache.commons.logging.Log=org.apache.commons.logging.impl.
Jdk14Logger
#org.apache.commons.logging.Log=org.apache.commons.logging.impl.
AvalonLogger
```

15.5.4　SSM 日志整合

Spring 核心容器日志使用的是 Apache Common Logging，所以在 4.0 之前的版本中需要导入 Common Logging 库，如果没有导入，容器启动会失败，并抛出如图 15.14 所示的错误。

```
Exception in thread "main" java.lang.NoClassDefFoundError: org/apache/commons/logging/LogFactory
	at org.springframework.context.support.AbstractApplicationContext.<init>(AbstractApplicationCo
	at org.springframework.context.support.GenericApplicationContext.<init>(GenericApplicationCont
	at org.springframework.context.support.GenericXmlApplicationContext.<init>(GenericXmlApplicati
	at cn.osxm.log.SpringLogDemo.main(SpringLogDemo.java:31)
Caused by: java.lang.ClassNotFoundException: org.apache.commons.logging.LogFactory
	at java.net.URLClassLoader.findClass(URLClassLoader.java:381)
	at java.lang.ClassLoader.loadClass(ClassLoader.java:424)
	at sun.misc.Launcher$AppClassLoader.loadClass(Launcher.java:338)
	at java.lang.ClassLoader.loadClass(ClassLoader.java:357)
	... 4 more
```

图 15.14　Spring 容器在没有 ACL 类下的启动错误

随着日志门面和日志实现的丰富，某些 Java 框架和库选用 SLF4J 作为默认的日志门面，为此，Spring 框架在兼容旧功能的同时，对 Common Logging 做了一层封装和增强，形成了独立的模组 spring-jcl。如果使用 Maven 导入依赖，该模块会在导入 spring-core 依赖库时一并导入。spring-jcl 模块的类结构很简单，包和类的命名和 Common Logging 一样，类结构如图 15.15 所示。

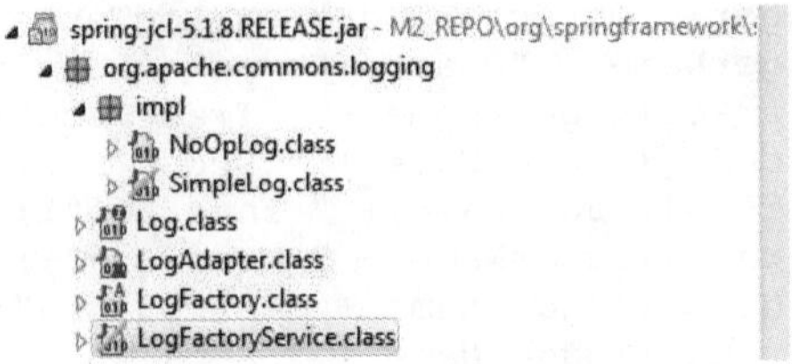

```
spring-jcl-5.1.8.RELEASE.jar - M2_REPO\org\springframework\
  org.apache.commons.logging
    impl
      NoOpLog.class
      SimpleLog.class
    Log.class
    LogAdapter.class
    LogFactory.class
    LogFactoryService.class
```

图 15.15　spring-jcl 代码结构

- NoOpLog：没有日志功能的记录器。
- SimpleLog：类似 ACL 的 SimpleLog 日志实现，已废弃。
- Log：日志记录器接口。
- LogFactory：日志工厂的抽象类。
- LogFactoryService，继承自 LogFactory 的简单日志工厂实现，已废弃。
- LogAdapter：日志适配器，这是 spring-jcl 中最核心的部分，该适配器会以 SPI 方式依次查找 LOG4J_SPI 和 SLF4J_SPI，如果都没有找到，则使用 JDK 的日志记录器（java.util.logging.Logger）。

spring-jcl 看上去是对 Apache Common Logging 的重写，但其实是扩充了 Common Logging，相当于一个日志门面。如果不导入其他日志实现，spring-jcl 其实做不了什么。spring-jcl 可以结合 Log4j2、SLF4J 或 Logback 使用。

1．spring-jcl+Log4j2

Log4j2 是 Spring 中推荐的日志实现，结合 Log4j2 可以输出容器自身的日志和记录应用程序日志，使用 XML 的配置的 log4j2.xml 示例如下：

```
01 <?xml version="1.0" encoding="UTF-8"?>
02 <Configuration status="ERROR">
03   <Appenders>
04     <Console name="Console" target="SYSTEM_OUT">
05         <PatternLayout pattern="%d{HH:mm:ss.SSS} [%t] %-5level %logger{36}
           - %msg%n" />
06     </Console>
07   </Appenders>
08   <Loggers>
09     <logger name="cn.osxm" level="TRACE"></logger>
10     <logger name="org.springframework.core" level="TRACE"></logger>
11     <Root level="ERROR">
12         <AppenderRef ref="Console" />
13     </Root>
14   </Loggers>
15 </Configuration>
```

如果项目使用 Log4j2 作为日志实现，并且同时导入 Log4j2 和 Common Logging 的桥接（log4j-jcl），其实也就可以不需要 spring-jcl 了。使用 Maven 导入如下：

```
01 <dependency>
02     <groupId>org.apache.logging.log4j</groupId>
03     <artifactId>log4j-api</artifactId>
04     <version>${log4j2.version}</version>
05 </dependency>
06 <dependency>
07     <groupId>org.apache.logging.log4j</groupId>
08     <artifactId>log4j-jcl</artifactId>
09     <version>${log4j2.version}</version>
10 </dependency>
```

如果不需要 spring-jcl，则在导入 spring-core 时，使用<exclusions>可以排除 spring-jcl，

Maven 的依赖配置方式如下：

```
01 <dependency>
02     <groupId>org.springframework</groupId>
03     <artifactId>spring-core</artifactId>
04     <version>${spring.version}</version>
05     <exclusions>
06         <exclusion>
07             <groupId>org.springframework</groupId>
08             <artifactId>spring-jcl</artifactId>
09         </exclusion>
10     </exclusions>
11 </dependency>
```

2. spring-jcl+ SLF4J+Logback

在基于 Spring 的项目中，使用 Log4j2 作为日志实现，就没有必要使用 SLF4J 作为日志门面，因为 Spring 默认使用的是 Common Logging，而且只要在项目路径下找到 Log4j2，就会优先使用。但如果使用 Logback 等作为日志实现，则可以考虑使用 SLF4J 作为日志门面。SLF4J+Logback 组合的依赖导入如下：

```
01     <dependency>
02         <groupId>org.slf4j</groupId>
03         <artifactId>slf4j-api</artifactId>
04         <version>1.7.26</version>
05     </dependency>
06     <dependency>
07         <groupId>ch.qos.logback</groupId>
08         <artifactId>logback-classic</artifactId>
09         <version>1.2.3</version>
10         <scope>test</scope>
11     </dependency>
```

logback-classic 本身实现了 SLF4J API。当项目中没有 Log4j2 时，spring-jcl 就会找到 SLF4J。

3. SSM日志整合

MyBatis 日志查找顺序依次是 SLF4J→ACL→Log4j2→Log4j→JDK logging。Spring 优先使用 ACL 和 Log4j2，所以使用 spring-jcl 和 Log4j2 组合是较为简单的组合。MyBatis 的日志可以在 SqlSessionFactoryBean 的 Bean 配置中使用 configuration 属性的 logImpl 进行设置，配置示例如下：

```
01 <bean id="sqlSessionFactory" class="org.mybatis.spring.SqlSession
   FactoryBean">
02   <property name="dataSource" ref="dataSource" />
03     <property name="configuration">
04      <bean class="org.apache.ibatis.session.Configuration">
05         <property name="logImpl" value="org.apache.ibatis.logging.
           log4j2.Log4j2Impl" />
06      </bean>
```

```
07    </property>
08  </bean>
```

注意：在 Web 项目中需要导入 log4j-web，目的是在容器关闭或部署时正确地清理日志资源。

```
01  <dependency>
02      <groupId>org.apache.logging.log4j</groupId>
03      <artifactId>log4j-web</artifactId>
04      <version>${log4j2.version}</version>
05  </dependency>
```

第 16 章　SSM 整合实例

本章以一个报表项目为例（项目名称为 Daport，Data Analysis Report），从项目的需求开始，到系统分析、系统设计、系统框架搭建乃至代码开发的整个流程做完整的介绍。该项目使用准前后端分离的架构开发，前端使用 Ext JS 框架展现 UI，后端使用 SSM 框架提供服务，利用 JSP 页面管理 Session 与权限。因篇幅有限，本章实例的需求、分析与设计均简化介绍。

16.1　项目需求、系统架构与系统设计

需求收集与分析由系统分析师完成，系统架构由系统架构师负责，系统设计则是系统设计师的工作。在企业应用开发中，有时这些角色的区分并不明确，而且对于开发者来说，从编码开发到系统设计、系统分析乃至项目管理是一条标准的成长轨迹。本章介绍的报表分析项目源自实际的企业报表系统项目，这里略去细节业务需求部分，仅从基本功能层面描述，是实际项目的简化版和通用版。

16.1.1　项目需求

企业的日常管理以及研发、生产活动会使用相应的信息系统进行管理，这些系统大部分使用数据库存储数据，也会使用文件或其他介质。对于管理者来说，希望看到数据统计状况和趋势，以便辅助决策。比如汇总请假人员的部门分布、软件开发产品的 Bug 趋势或者请假情况与 Bug 的关系分析等。部分应用系统虽然自带报表统计功能，但功能过于简单且在跨系统的数据展现上无能为力，于是催生了这个项目。该项目的主要需求如下：

- 汇总不同的数据来源展现报表；
- 报表展现格式支持表格、柱状图、饼图、折线图和雷达图等；
- 支持条件过滤；
- 报表支持动态设定，比如添加、删除或者设置报表展现的类型；
- 可以设定自动通知，在报表上设置通知的方式、内容和频率；
- 报表需要有设置警戒及自动提醒的功能，比如设置 Bug 错误率的上线，超过设定自动发通知；

- 报表权限设定。

根据以上需求绘制 UML 用例，如图 16.1 所示。

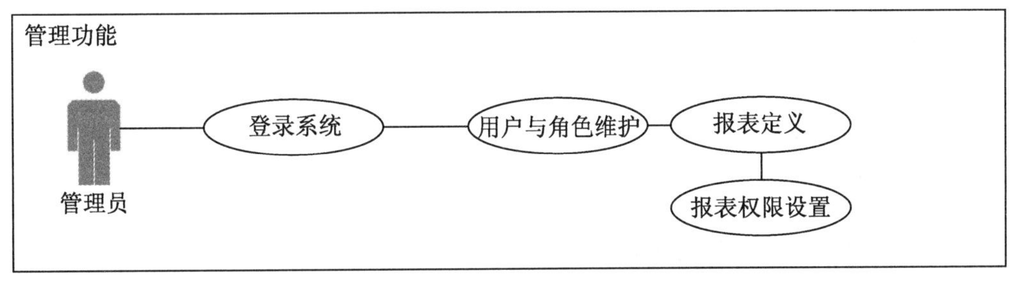

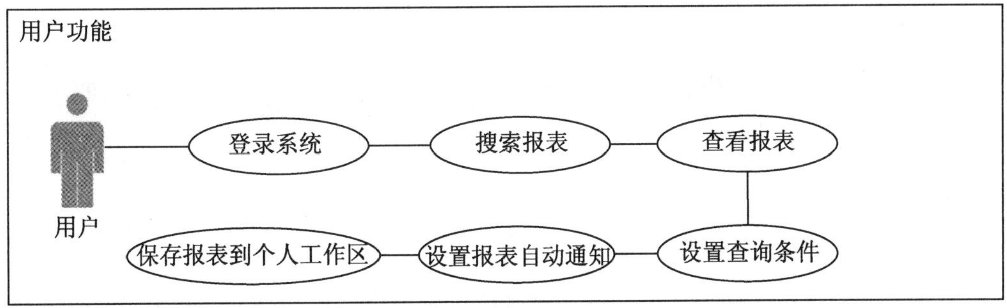

图 16.1　Daport 项目的 UML 用例图

按照使用对象的差别，将系统功能分为用户端和管理端。

- 普通用户登录系统之后，查询报表并查看。用户可以在报表中设置查询条件，设置自动通知的规则和内容，并可以将个性设定保存到个人的工作区。
- 管理人员在登录系统后，维护系统的用户、部门、角色信息，定义报表并设定报表权限。

16.1.2　系统架构

系统架构师根据项目的特性和需求定义项目结构，选择开发框架和组件，甄选不同的技术实现。具体工作内容包括开发语言、框架与组件库及其版本选择、数据存储方式和架构图绘制等。本项目使用 Ext JS 作为前端框架，使用 SSM 实现后端服务，前后端结合使用 JSP 管理 Session。

1. 前端组件框架选择

前端页面需要柱状图、饼图、折线图等复杂的 UI，单纯使用后端的 JSP 或者模板框架开发实现难度较大，所以需要选择前端框架。前端图表展现的底层技术有 VML、SVG、HTML 5 Canvas 或者直接使用 div 实现，但基于底层开发的工作量巨大，对于企业级应用开发效率太低，所以需要选择省时省力的前端框架。

JavaScript 自 1995 年诞生以来，基于 JS 和 CSS 的前端库和组件逐渐丰富，最知名的就是 jQuery 及 jQuery 之上的一系列 UI 组件库（如 jQuery UI）。使用 jQuery 的优势是可以很容易地找到基于其实现的 UI 组件。

伴随着组件库的发展，对 JavaScript 原生语言封装程度也逐步提高，有些组件库提供一站式服务，基于其开发时不需要再导入其他的 JS 组件库，甚至连原生 JavaScript 的使用也比较少（如 Ext JS）。从 JS 的组件库发展历程和封装程度两个维度对目前的主流组件库的梳理如图 16.2 所示。

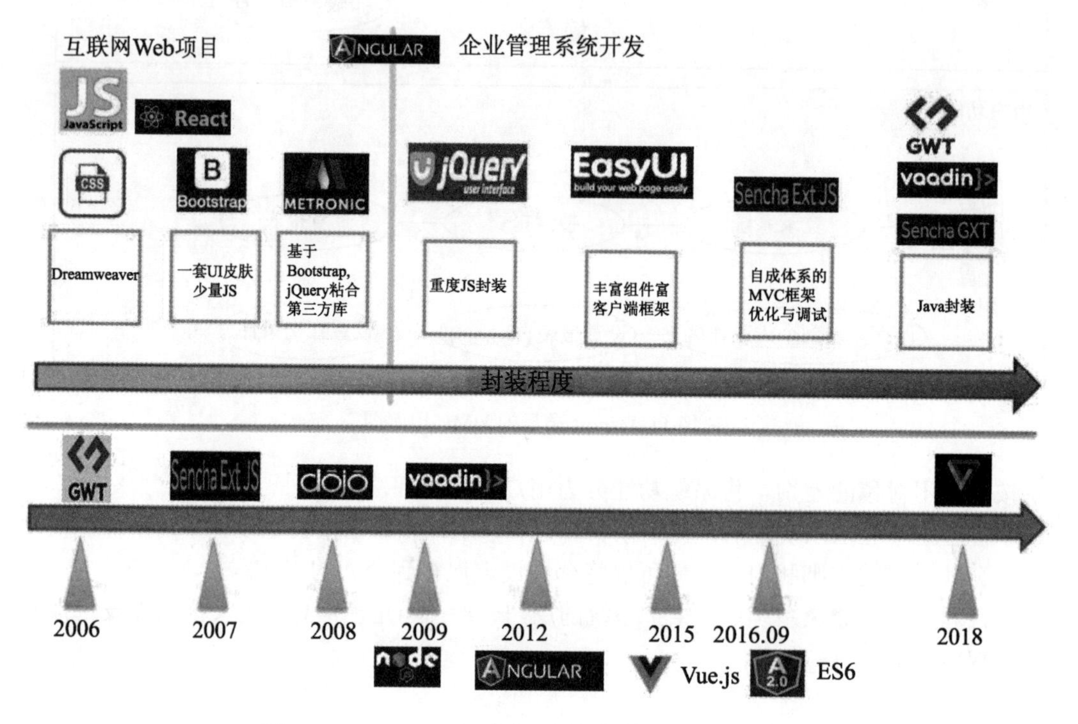

图 16.2　JavaScript 组件库及框架封装程度和时间维度图

JavaScript 是直译式的脚本语言，属于弱类型语言，也就是没有类的概念。早期基于前端组件库的开发方式是在 HTML 或 JSP 文件中引入组件的 JS 和 CSS 文件进行开发。近年来，JavaScript 组件逐渐在前端加入了类的概念，基于 MVC 和 MVVM 模式的前端框架开发逐渐流行，可以像后端 MVC 架构一样组织代码和开发。

对应后端的组件库和框架的定义，某些 JS 组件库属于严格意义上的 JavaScript 框架，如 AngularJS、Vue.js 及 Ext JS，这些框架使用 npm 管理第三方引用（类似于 Maven）。值得说明的是，Vue.js 是由国内开发的优秀框架，中文学习资料较多。

在以上的组件库或框架中，有的提供了图表组件，有的可以导入第三方的图表组件。汇总目前优秀的前端图表组件和框架如表 16.1 所示。

表 16.1　常见的前端图表组件库列表

前端组件库	官方网址	说明
Chartjs	https://www.chartjs.org/	开源免费
D3.js	https://d3js.org/	专注于图表的JS库，开源，基于BSD协议
DHTMLx	https://dhtmlx.com	包括基本组件和图表组件，特别是甘特图组件，收费
Dojo	https://dojotoolkit.org/	完整的JS组件库，开源，免费
Echarts	https://echarts.baidu.com/	百度提供的图表组件库，开源，免费
Ext JS	https://www.sencha.com/	前端组件的一站式框架，收费
Google Chart	http://www.google-chart.com/	谷歌的图表库
Highchart	https://www.highcharts.com/	收费
Style Chart	https://www.inetsoft.com/	支持折线图和饼图等
Yahoo UI	https://yuilibrary.com/	雅虎前端组件库
Vue.js	https://cn.vuejs.org/	可以封装Chartjs和Echarts等作为组件使用

以上组件库的图表功能大同小异，有的组件库不仅提供了图表组件，还提供了输入框、下拉菜单、表单及甘特图等其他组件，如 Ext JS、Dojo 和 DHTMLx。

在前后端分离或基本分离的架构中，前后端可以很容易地实现插拔功能。前端根据项目的需求和实际情况进行选择。本项目涉及基本的 UI 组件和图表组件，项目中的前后端独立开发，选择 Ext JS 作为前端框架。Ext JS 属于前端开发的一站式框架，适合对页面功能要求较高的页面富客户端应用开发。

Ext JS 框架组件完善，自 4.0 版本之后的企业版需要收费，但提供了免费试用版和社区版。Ext JS 包含的前端组件丰富，新版本支持 MVC 和 MVVM 开发框架模式，并衍生出了与 GWT 和 Angular 的整合项目：GXT 和 ExtAngular。此外，Ext JS 还提供了开发、编译、设计和测试等工具辅助开发和测试。

2. 后端框架

Spring 是轻量级开发框架，Spring Web MVC 极大地简化了 Web 服务端开发，支持模型视图和 JSON 等格式的响应返回，而且其开源，使用广泛，是 Java Web 项目框架的首选。

本项目的数据类型不仅包括结构化资料（如用户、角色等），也包括不需要对象化的报表查询数据（报表查询栏位名称和个数在开发阶段无法定义）。此外，报表查询需要跨表，并且对结果进行统计。

如果使用 Hibernate，一方面报表数据源的对象关系较难映射，另一方面跨表查询速度较慢，对查询结果进行统计效率较低。本项目需要借助 SQL 实现，但完全使用底层的 JDBC（如使用 Spring 的 JDBCTemplate），对于 User、Role 和 Report 等结构数据操作的开发又不方便，而且如果有缓存功能的需要，也要自行实现。

MyBatis 可以简化数据操作，提升开发效率，同时又保留了数据操作的弹性和灵活性。

另外，MyBatis还提供了自动产生代码的工具MBG，可以直接通过表导出代码，完成80%的工作。

综上所述，本项目选择Spring+Spring MVC+MyBatis的后端架构。

3. 系统架构图

后端使用SSM框架，前端使用Ext JS框架，在index.jsp中获取Session对象中的属性，如果Session失效就需要重新登录系统。系统架构如图16.3所示。

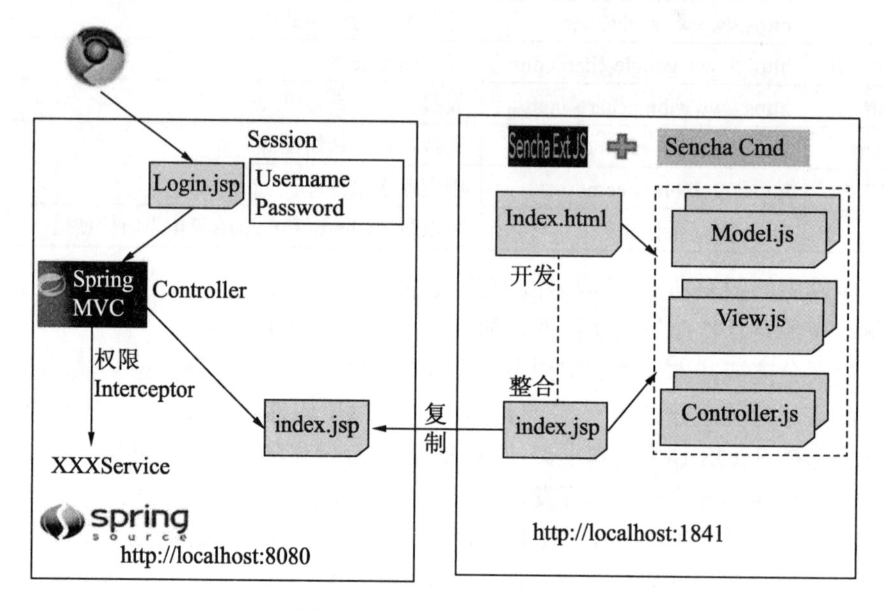

图16.3 Daport系统架构图

在如图16.3所示的架构中，前后端都基于MVC架构，两端独立开发并运行在不同的端口上，通过index.jsp集成。

16.1.3 系统设计

本项目中的类分为用户端类（文件和报表等）和管理端类（用户、角色和部门等），创建时间和创建人等共用属性定义在系统的根类（DaportRoot）中。使用UML绘制的类结构及成员属性如图16.4所示。

后端项目使用MVC架构，目录结构除了包括controller、service和model外，还包括dao和base（抽象及公用类）。resources目录存在容器、属性及MyBatis映射文件。Daport项目包结构如图16.5所示。

如果项目复杂，可以拆分子模块目录，各子模块目录按照以上逻辑组织。前端项目同样遵循MVC架构，细节会在后面的章节中介绍。

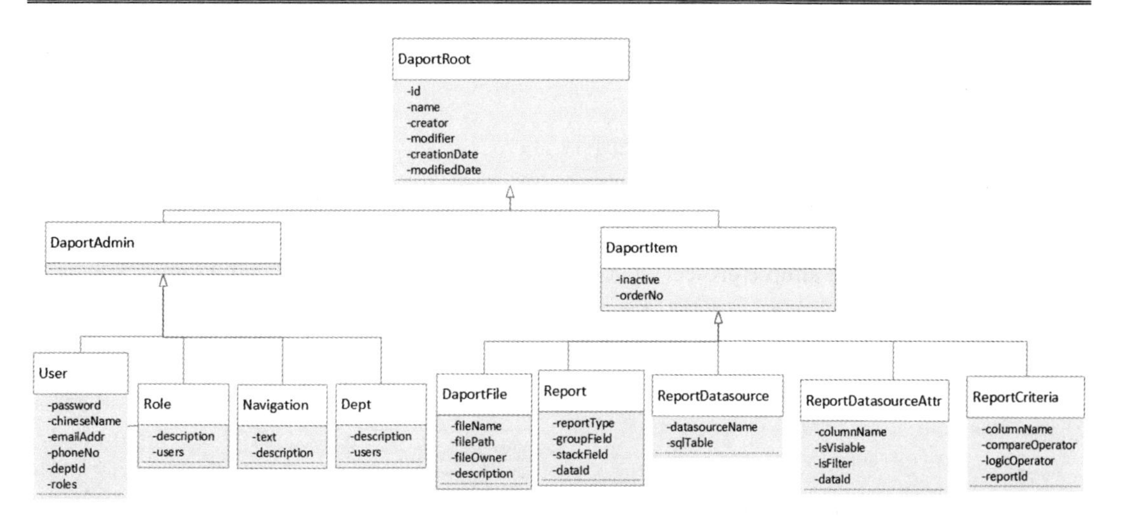

图 16.4　Daport 类结构图

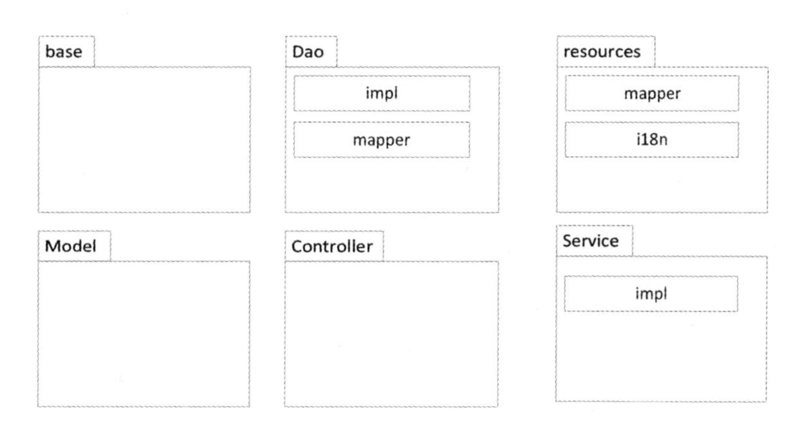

图 16.5　Daport 后端项目包结构图

16.2　项目框架搭建（SSM+Ext JS）

本项目基于 Eclipse 开发，使用 Maven 自动构建、管理依赖及项目结构管理。开发项目的名称是 Daport，采用准前后端分离架构，前后端拆分成前端和后端两个子模块，模块名称分别为 daport-frontend 和 daport-backend。

16.2.1　Eclipse+Maven 创建多模块项目

在 Eclipse 中创建 Maven 类型的项目（daport）和该项目的子模块（daport-frontend 和 daport-backend）。

1. 创建Daport项目

Eclipse 中创建 Maven 项目的步骤如下：

（1）在菜单栏选择 New | File | Other 命令，在弹出的对话框中选择 Maven 目录下的 Maven Project，如图 16.6 所示。

（2）勾选 Create a simple project 复选框。因为父项目作用仅类似一个目录，这里创建一个简单项目即可，单击 Next 按钮进入下一步，如图 16.7 所示。

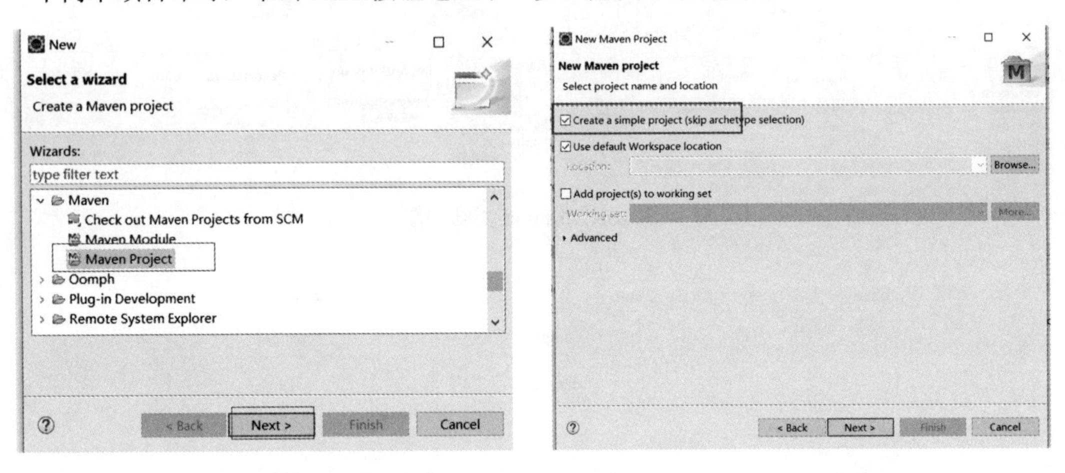

图 16.6　在 Eclipse 中选择 Maven 类型的项目　　　　图 16.7　创建简单类型的项目

（3）在弹出的对话框中输入 Group Id 和 Artifact Id 的名称。需要注意 Packing 的值选择 pom，如图 16.8 所示。单击 Finish 按钮完成项目创建。

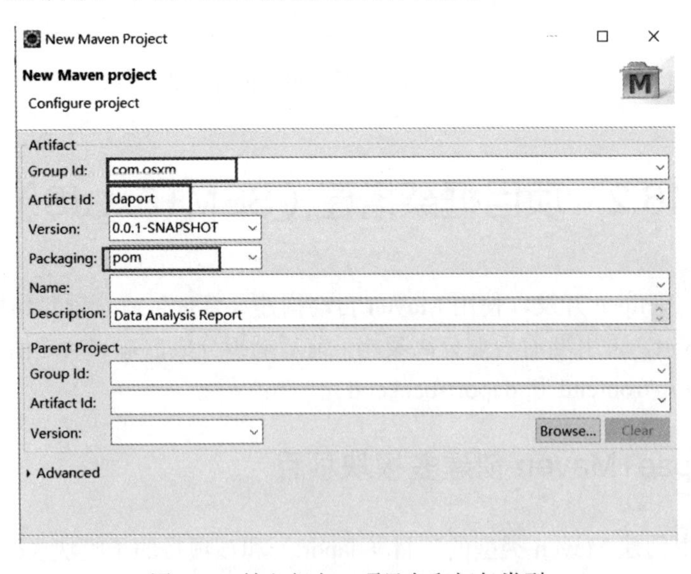

图 16.8　输入组名、项目名和打包类型

（4）创建完成后在 Java EE 视图下的项目目录结构如图 16.9 所示。父项目不需要存放代码，所以 src 目录也可以删除，仅保留一个 pom.xml 文件。

图 16.9　Maven 父项目结构

2．创建daport-backend后端模块

daport-backend 作为父项目 Daport 的一个模块，创建步骤如下：

（1）同样，在菜单栏中选择 File | New | Other 命令，在弹出的对话框中单击 Maven 目录下的 Maven Module，再单击 Next 按钮，如图 16.10 所示。

（2）在弹出的对话框中 Module Name 中输入 daport-backend，后端项目属于 Java Web 项目，所以使用 Maven 的 Web 项目模板创建，Create a simple project 复选框不需要勾选，如图 16.11 所示。单击 Next 按钮进入下一步。

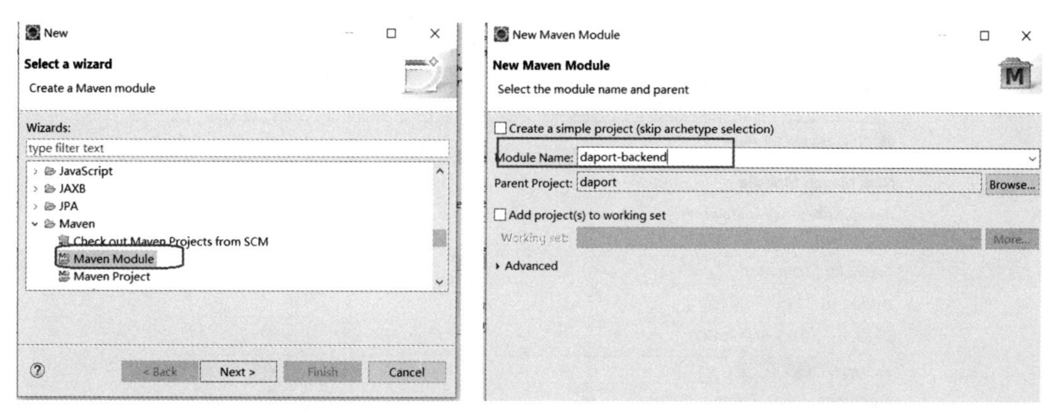

图 16.10　创建子模块　　　　图 16.11　输入模块名

（3）在弹出的对话框中选择使用 Maven Java Web 项目模板进行创建，模板名和版本是 maven-archetype-webapp 1.0，单击 Next 按钮，如图 16.12 所示。

注意： maven-archetype-webapp 的 1.0 版使用的 Java 版本是 1.5，使用的 Dynamic Web Module 的版本（也就是 Servlet 的版本）是 2.3，这个版本显然比较老旧了，后面会进行调整。此外，Maven 官方虽然提供了比 1.0 更高的 1.4 版本模板，不过 1.4 版创建的 Java Web 项目使用的 Java 是 1.7，Servlet 还是 2.3。

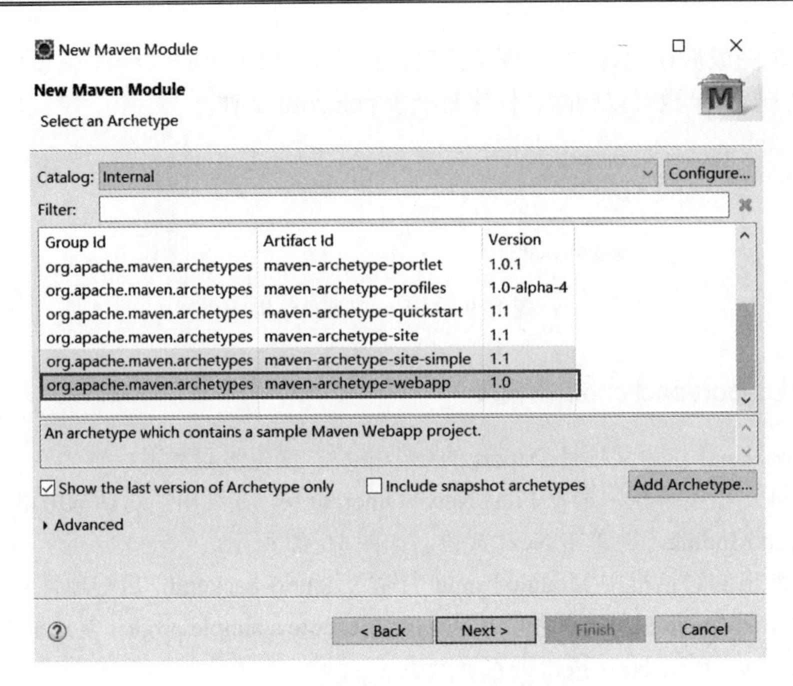

图 16.12　选择创建 Maven 模块的模板

（4）在弹出的对话框中，输入模块的组名和包名，如图 16.13 所示。

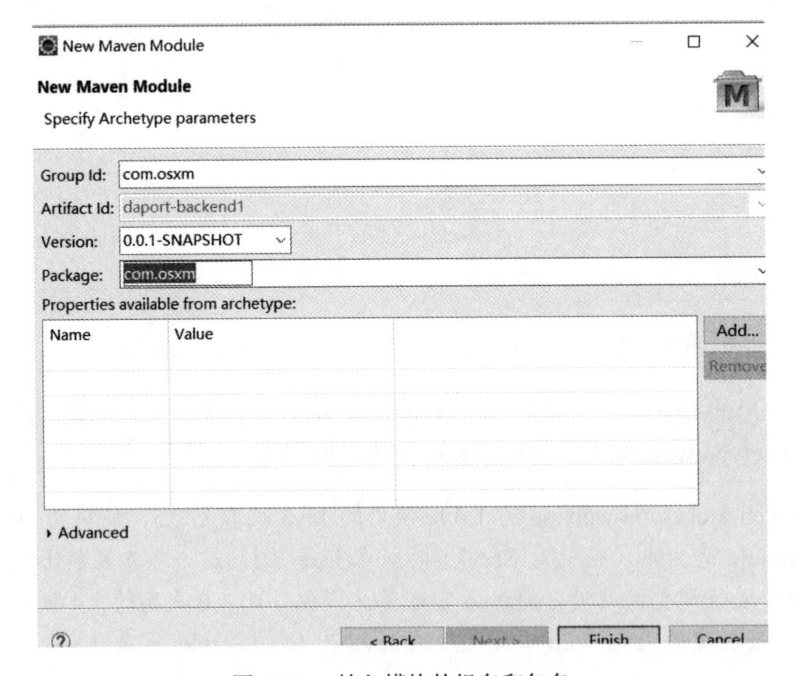

图 16.13　输入模块的组名和包名

单击 Finish 按钮完成模块创建。目录结构如图 16.14 所示。

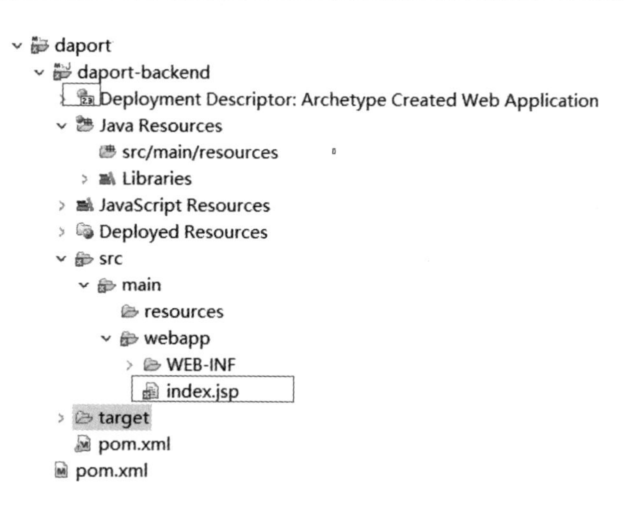

图 16.14　包含子模块的 daport 的项目路径

（5）项目特性调整与 Servlet API 导入。

图 16.14 中两处标注框对应两个问题：

- 在部署描述上可以看到，Servlet 的版本是 2.3。
- index.jsp 有个错误标志。

Servlet 2.3 是较为老旧的版本，目前，最新版是 Servlet 4.0，修改步骤如下：

① 右击 daport-backend 项目，选择 Properties 命令，在弹出的对话框中选择 Project Facets 以查看项目特性，在弹出的对话框中可以看到 Java 使用的是 1.5，Dynamic Web Module 是 2.3，如图 16.15 所示。

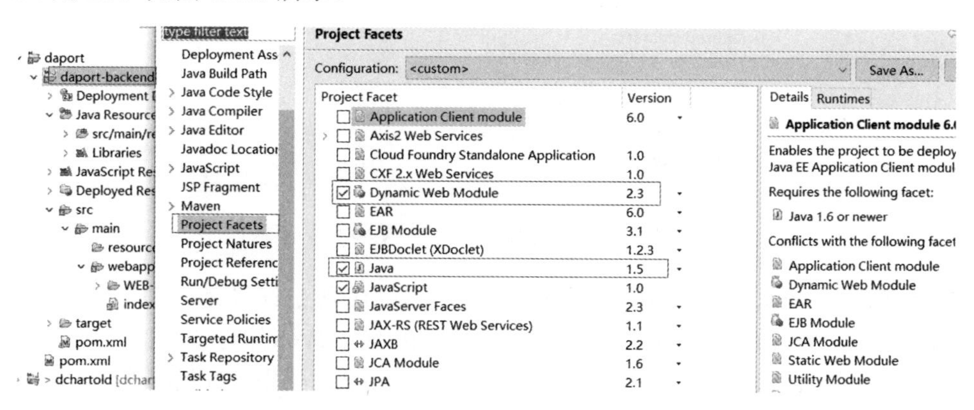

图 16.15　maven-archetype-webapp 1.0 模板的默认项目特性

② Java 可以直接修改为 1.8，但修改 Dynamic Web Module 为 4.0 时，会发现无法保存，错误显示如图 16.16 所示。

③ Dynamic Web Module 可以通过项目的设置文件进行修改。进入 daport-backend 模块的.settings 目录，找到 org.eclipse.wst.common.project.facet.core.xml 文件，将 jst.web 修改

为 4.0，如图 16.17 所示，保存后重启 Eclipse。

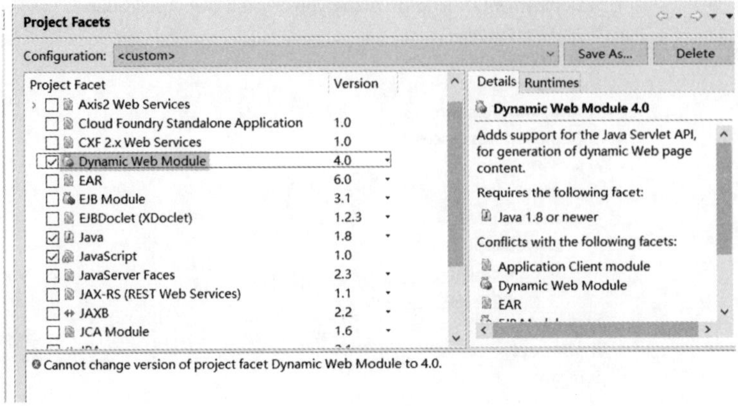

图 16.16　无法修改项目的 Dynamic Web Module 特性的值

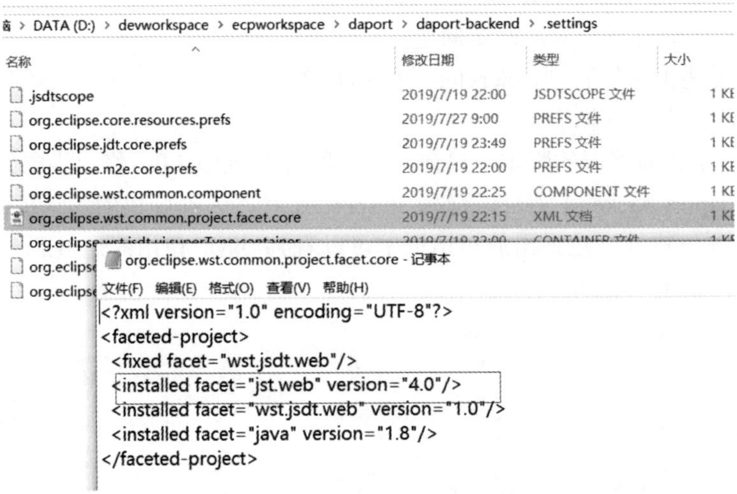

图 16.17　通过项目设置文件修改 Servlet 版本

接下来解决 index.jsp 文件出现小红叉的问题。出现小红叉是因为需要在 daport-backend 中导入 Servlet 的库 javax.servlet-api。因为在 Java Web 服务器（比如 Tomcat）中已经包含了这个 jar 包，而这个 jar 包只需要在编译、测试时使用，打包部署时不需要，所以设置依赖导入的 scope 为 provided。

```
01  <dependency>
02      <groupId>javax.servlet</groupId>
03      <artifactId>javax.servlet-api</artifactId>
04      <version>${servlet.version}</version>
05      <scope>provided</scope>
06  </dependency>
```

（6）完善 daport-backend 目录结构。

使用模板创建 daport-backend 子模块后，确认 src 目录下包含的 main 和 test 子目录分别都包含了 java 和 resources 子目录，如果不完整，则在 src 目录下添加并加到 daport-backend 子模块的构建路径中，完整目录结构如图 16.18 所示。

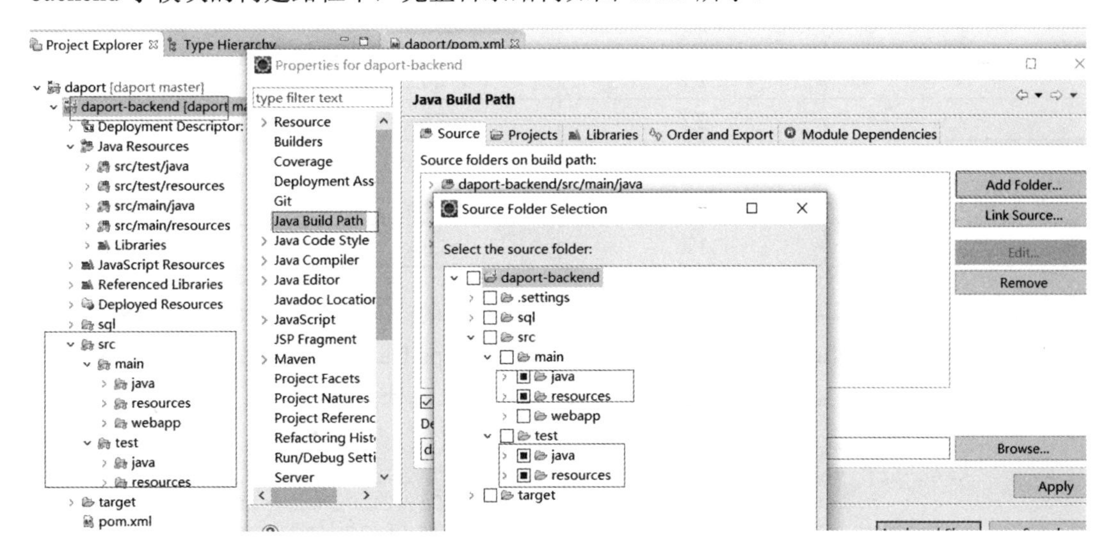

图 16.18　daport-backend 的完整目录结构

（7）web.xml 定义的 Servlet 版本修改。

项目模板产生的 web.xml 文件头如下：

```
<!DOCTYPE web-app PUBLIC "-//Sun Microsystems, Inc.//DTD Web Application
2.3//EN"
    "http://java.sun.com/dtd/web-app_2_3.dtd" >
<web-app>
```

<!DOCTYPE>是文档类型定义，属于 XML 技术的概念，用于定义 XML 文档结构，也就是可以配置哪些标签，以及这些标签有哪些属性可以配置。web.xml 最早是 Sun 公司定义的为 Jave Web 应用服务器读取的配置文件，用来配置欢迎页面（<welcome-file-list>）、Servlet 及其映射（<servlet>、<servlet-mapping>）、过滤器（<filter>）、监听器（<listener>）及会话配置（<session-config>）。这些可以配置的标签和属性定义在 web.xml 文件头指定的 web-app_2_3.dtd 中。

2_3 是 web-app 的版本，在 Eclipse 的项目特性中对应 Dynamic Web Module（动态 Web 模型），也就是 Servlet 版本。Servlet 一直在持续地改进和改版，目前的最新版本是 4.0，不同版本对应的配置在 web.xml 的标签中略有差异。2.3 版本是 2000 年 10 月发布的具有里程碑意义的版本，该版本提供了 filters、filter chains 功能及 session listeners 的概念。Servlet 的版本与 JSP、Tomcat 服务器及 Java 的版本对象关系如表 16.2 所示。

表16.2 Servlet、JSP、Tomcat及Java版本的对应关系

Servlet版本	JSP版本	Tomcat版本	Java版本
4	2.3	9.0.x	8 and later
3.1	2.3	8.5.x	7 and later
3.1	2.3	8.0.x	7 and later
3	2.2	7.0.x	6 and later
2.5	2.1	6.0.x	5 and later
2.4	2	5.5.x	1.4 and later
2.3	1.2	4.1.x	1.3 and later
2.2	1.1	3.3.x	1.1 and later

注意：自 Servlet 2.4 版本之后，web.xml 使用了新的 XML 结构定义方式 XSD(XML Schemas Definition)以替换 DTD(Documnet Type Definition)，在<web-app>根节点中指定命名空间和命名空间的 XML 结构定义地址的对应，配置如下：

```
<?xml version="1.0" encoding="UTF-8"?>
<web-app version="2.4" xmlns="http://java.sun.com/xml/ns/j2ee"
      xmlns:xsi="http://www.w3.org/2001/XMLSchema-instance"
      xsi:schemaLocation="http://java.sun.com/xml/ns/j2ee
      http://java.sun.com/xml/ns/j2ee/web-app_2_4.xsd">
   <display-name>Web Application</display-name>
</web-app>
```

Servlet 3.0 的 web.xml 配置如下：

```
<?xml version="1.0" encoding="UTF-8"?>
<web-app version="3.0" xmlns="http://java.sun.com/xml/ns/javaee"
      xmlns:xsi="http://www.w3.org/2001/XMLSchema-instance"
      xsi:schemaLocation="http://java.sun.com/xml/ns/javaee
      http://java.sun.com/xml/ns/javaee/web-app_3_0.xsd">
   <display-name>Web Application</display-name>
</web-app>
```

Servlet 4.0 的 web.xml 配置如下：

```
<?xml version="1.0" encoding="UTF-8"?>
<web-app version="4.0" xmlns="http://xmlns.jcp.org/xml/ns/javaee"
      xmlns:xsi="http://www.w3.org/2001/XMLSchema-instance"
      xsi:schemaLocation="http://xmlns.jcp.org/xml/ns/javaee
      http://xmlns.jcp.org/xml/ns/javaee/web-app_4_0.xsd">
   <display-name>Web Application</display-name>
</web-app>
```

注意：因为 Java 已被 Oracle 收购，访问 http://xmlns.jcp.org/xml/ns/javaee 时会跳转到 Oracle 的网站 http://www.oracle.com/webfolder/technetwork/jsc/xml/ns/javaee/index.html。在这个网站中可以找到相关的 xsd 定义文件，但在 web.xml 中还是可以保持 jcp 地址的命名空间配置的。

3．创建daport-front前端模块

前端模块基于 Ext JS 前端框架搭建，只需要创建一个简单类型的项目，不需要使用项目模板，在创建导航窗口中输入前端模块的名称后直接创建即可，创建页面如图 16.19 所示。

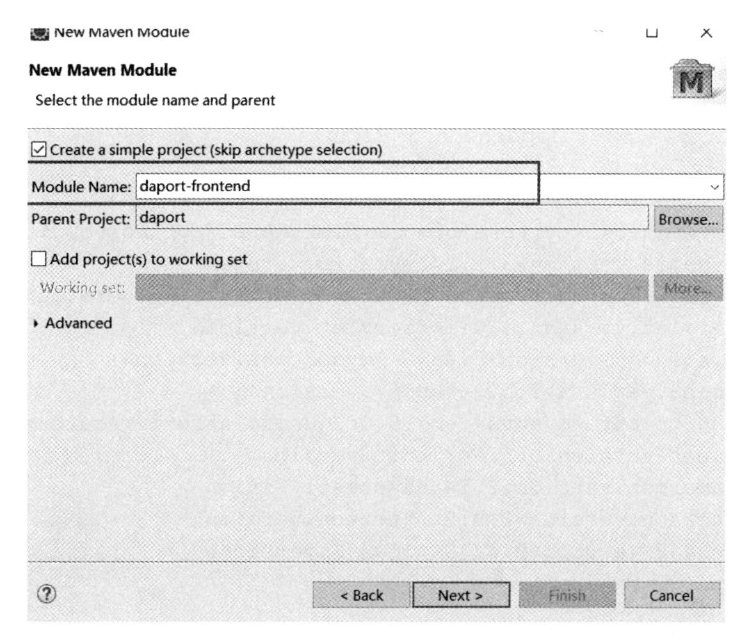

图 16.19　daport-front 创建页面

16.2.2　后端项目（daport-backend）依赖和配置

项目及模块整体创建完成后，接下来对后端和前端项目进行配置和搭建。后端主要包括 Maven 依赖配置（pom.xml）、Spring 配置（application.xml 和 spring-mvc.xml）、属性文件（config.properties）及配置日志文件（log4j2.xml）。

1．pom.xml配置

需要导入 Spring、Spring MVC、MyBatis、MyBatis-Spring 和 MySQL 驱动，DBCP2 连接池、Jackson、Log4j2 的依赖包和单元测试及 Spring 测试框架。在 pom.xml 中使用<properties>定义各依赖包使用的版本，完整配置文件如下：

```
01  <?xml version="1.0"?>
02  <project xsi:schemaLocation="http://maven.apache.org/POM/4.0.0
       http://maven.apache.org/xsd/maven-4.0.0.xsd"
    xmlns=http://maven.apache.org/POM/4.0.0
```

```
    xmlns:xsi="http://www.w3.org/2001/XMLSchema-instance">
03 <modelVersion>4.0.0</modelVersion>
04 <parent>
05     <groupId>com.osxm</groupId>
06     <artifactId>daport</artifactId>
07     <version>0.0.1-SNAPSHOT</version>
08 </parent>
09 <artifactId>daport-backend</artifactId>
10 <packaging>war</packaging>
11 <name>daport-backend Maven Webapp</name>
12 <url>http://maven.apache.org</url>
13 <properties>
14     <spring.version>5.1.8.RELEASE</spring.version>
15     <springsecurity.version>5.1.5.RELEASE</springsecurity.version>
16     <mybatis.version>3.5.2</mybatis.version>
17     <mybatisspring.version>2.0.2</mybatisspring.version>
18     <servlet.version>4.0.1</servlet.version>
19     <mysqlconn.version>8.0.16</mysqlconn.version>
20     <dbcp2.version>2.6.0</dbcp2.version>
21     <junitplatform.version>1.5.0</junitplatform.version>
22     <junit.version>5.5.0</junit.version>
23     <hamcrest.version>2.1</hamcrest.version>
24     <jackson.version>2.9.9</jackson.version>
25     <log4j2.version>2.12.0</log4j2.version>
26 </properties>
27 <dependencies>
28     <!-- 0. Servlet 接口库，服务器会提供， 编译、测试、运行需要，不会被打包 -->
29     <dependency>
30         <groupId>javax.servlet</groupId>
31         <artifactId>javax.servlet-api</artifactId>
32         <version>${servlet.version}</version>
33         <scope>provided</scope>
34     </dependency>
35     <!-- 1.Spring 核心容器 -->
36     <dependency>
37         <groupId>org.springframework</groupId>
38         <artifactId>spring-context</artifactId>
39         <version>${spring.version}</version>
40     </dependency>
41     <!-- 2.Spring MVC 容器 -->
42     <dependency>
43         <groupId>org.springframework</groupId>
44         <artifactId>spring-webmvc</artifactId>
45         <version>${spring.version}</version>
46     </dependency>
47     <!-- 3. 数据操作相关包 -->
48     <!-- 3. 1 Spring 数据操作封装包 -->
```

```
49      <dependency>
50          <groupId>org.springframework</groupId>
51          <artifactId>spring-orm</artifactId>
52          <version>${spring.version}</version>
53      </dependency>
54      <!-- 3. 2 MyBatis -->
55      <dependency>
56          <groupId>org.mybatis</groupId>
57          <artifactId>mybatis</artifactId>
58          <version>${mybatis.version}</version>
59      </dependency>
60      <!-- 3.3 Mybatis-Spring 整合包 -->
61      <dependency>
62          <groupId>org.mybatis</groupId>
63          <artifactId>mybatis-spring</artifactId>
64          <version>${mybatisspring.version}</version>
65      </dependency>
66      <!-- 3.4 MySQL 驱动 -->
67      <dependency>
68          <groupId>mysql</groupId>
69          <artifactId>mysql-connector-java</artifactId>
70          <version>${mysqlconn.version}</version>
71      </dependency>
72      <!-- 3.5 DBCP2 数据库连接池 -->
73      <dependency>
74          <groupId>org.apache.commons</groupId>
75          <artifactId>commons-dbcp2</artifactId>
76          <version>${dbcp2.version}</version>
77      </dependency>
78      <!-- 4. JSON 数据格式，Jackson -->
79      <dependency>
80          <groupId>com.fasterxml.jackson.core</groupId>
81          <artifactId>jackson-core</artifactId>
82          <version>${jackson.version}</version>
83      </dependency>
84      <dependency>
85          <groupId>com.fasterxml.jackson.core</groupId>
86          <artifactId>jackson-databind</artifactId>
87          <version>${jackson.version}</version>
88      </dependency>
89      <dependency>
90          <groupId>com.fasterxml.jackson.core</groupId>
91          <artifactId>jackson-annotations</artifactId>
92          <version>${jackson.version}</version>
93      </dependency>
94      <!-- 5.日志，log4j2 -->
95      <dependency>
```

```
96          <groupId>org.apache.logging.log4j</groupId>
97          <artifactId>log4j-api</artifactId>
98          <version>${log4j2.version}</version>
99      </dependency>
100       <dependency>
101           <groupId>org.apache.logging.log4j</groupId>
102           <artifactId>log4j-web</artifactId>
103           <version>${log4j2.version}</version>
104       </dependency>
105       <dependency>
106            <groupId>org.apache.logging.log4j</groupId>
107            <artifactId>log4j-jcl</artifactId>
108            <version>${log4j2.version}</version>
109        </dependency>
110        <!-- 6. 测试 JUnit+Spring Test -->
111       <!-- 6. 1 JUnit 5 -->
112       <dependency>
113           <groupId>org.junit.platform</groupId>
114           <artifactId>junit-platform-launcher</artifactId>
115           <version>${junitplatform.version}</version>
116           <scope>test</scope>
117       </dependency>
118       <dependency>
119           <groupId>org.junit.jupiter</groupId>
120           <artifactId>junit-jupiter-engine</artifactId>
121           <version>${junit.version}</version>
122           <scope>test</scope>
123       </dependency>
124       <dependency>
125           <groupId>org.hamcrest</groupId>
126           <artifactId>hamcrest-core</artifactId>
127           <version>${hamcrest.version}</version>
128           <scope>test</scope>
129       </dependency>
130       <!-- 6. 2 Spring 测试框架 -->
131       <dependency>
132           <groupId>org.springframework</groupId>
133           <artifactId>spring-test</artifactId>
134           <version>${spring.version}</version>
135           <scope>test</scope>
136       </dependency>
137     </dependencies>
138   <build>
139       <finalName>daport</finalName>
140   </build>
141 </project>
```

以上配置完成后，右击 pom.xml ，输入 eclipse:eclipse 后运行（mvn eclipse:eclipse 命令用于生成 eclipse 项目文件，包括导入依赖包和自动修改.classpath 文件加入依赖库）。首次运行时要从远程仓库下载依赖包，需要耗费较长时间。运行完成后，刷新项目，在 Java EE 视图显示依赖库的目录结构如图 16.20 所示。

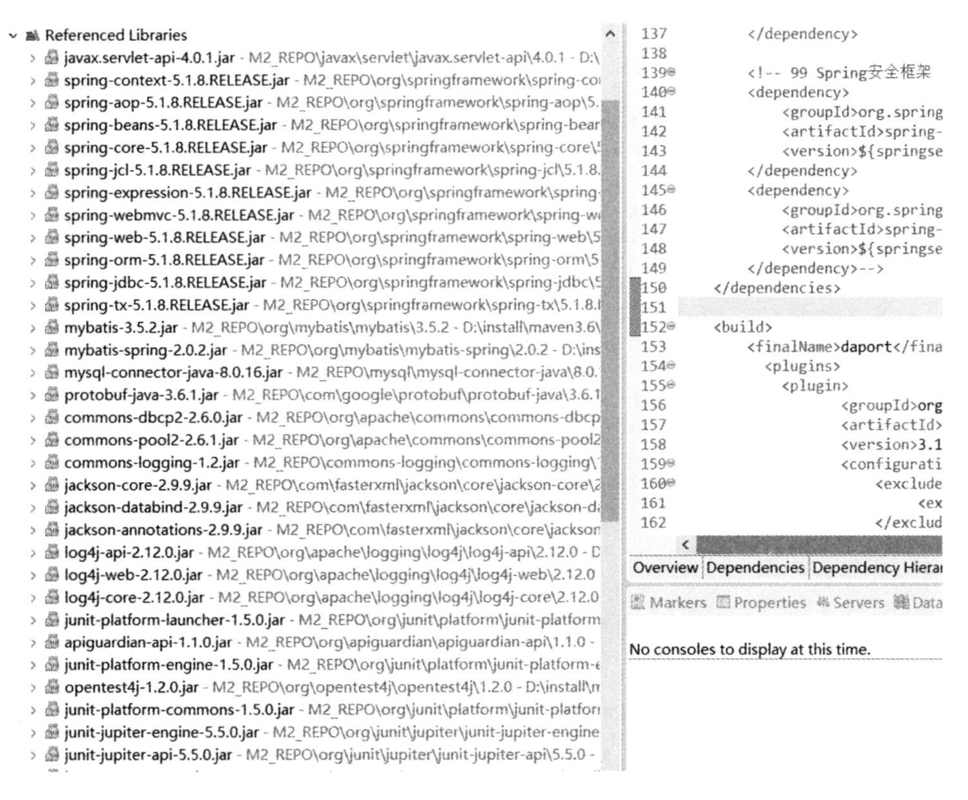

图 16.20　daport-backend 依赖导入清单

2. web.xml配置

应用入口配置文件 web.xml 主要配置 Spring 核心容器的加载监听器及维护 MVC 容器的中央控制器 Servlet 配置，配置如下：

```
01  <?xml version="1.0" encoding="UTF-8"?>
02  <web-app xmlns=http://xmlns.jcp.org/xml/ns/javaee
     xmlns:xsi="http://www.w3.org/2001/XMLSchema-instance"
    xsi:schemaLocation="http://xmlns.jcp.org/xml/ns/javaee
        http://xmlns.jcp.org/xml/ns/javaee/web-app_4_0.xsd" version="4.0">
03   <display-name>Daport</display-name>
04    <!-- 1.初始化 Spring Web 父容器到 ServletContext -->
05   <listener>
06     <listener-class>org.springframework.web.context.ContextLoader
       Listener</listener-class>
07   </listener>
```

```
08  <context-param>
09     <param-name>contextConfigLocation</param-name>
10     <param-value>classpath:application.xml</param-value>
11  </context-param>
12  <!-- 2. 初始化中央处理器并初始 Web 子容器到 Serlvet -->
13  <servlet>
14     <servlet-name>dispatcherServlet</servlet-name>
15     <servlet-class>org.springframework.web.servlet.DispatcherServlet
       </servlet-class>
16     <init-param>
17        <param-name>contextConfigLocation</param-name>
18        <param-value>classpath:spring-mvc.xml</param-value>
19     </init-param>
20     <load-on-startup>1</load-on-startup>
21     <multipart-config />
22  </servlet>
23  <servlet-mapping>
24     <servlet-name>dispatcherServlet</servlet-name>
25     <url-pattern>/</url-pattern>
26  </servlet-mapping>
27  <!-- 3. 默认进入页面 -->
28  <welcome-file-list>
29       <welcome-file>index.jsp</welcome-file>
30  </welcome-file-list>
31 </web-app>
```

3. Spring配置

Spring 配置包括核心容器的配置文件、MVC 容器的配置文件及属性文件配置。

（1）application.xml 文件

核心容器配置包括非 Web 的组件扫描、占位符属性文件指定、DBCP2 数据源、Spring 与 MyBatis 整合后的会话工厂、MyBatis 映射器接口扫描及事务管理和事务注解驱动。

```
01 <?xml version="1.0" encoding="UTF-8"?>
02 <beans xmlns="http://www.springframework.org/schema/beans"
    xmlns:xsi="http://www.w3.org/2001/XMLSchema-instance"
    xmlns:context="http://www.springframework.org/schema/context"
    xmlns:tx="http://www.springframework.org/schema/tx"
        xsi:schemaLocation="http://www.springframework.org/schema/beans
        http://www.springframework.org/schema/beans/spring-beans.xsd
            http://www.springframework.org/schema/context
        http://www.springframework.org/schema/context/spring-context.xsd
                http://www.springframework.org/schema/x
        http://www.springframework.org/schema/tx/spring-tx.xsd ">
03  <!-- 1. 非 Web 组件扫描 -->
04  <context:component-scan base-package="com.osxm">
05     <!-- 扫描除了注解为@Controller 的类 -->
06     <context:exclude-filter type="annotation"
         expression="org.springframework.stereotype.Controller" />
07     <!-- 扫描除了注解为@ControllerAdvice 的类 -->
08     <context:exclude-filter type="annotation"
         expression="org.springframework.web.bind.annotation.Controller
         Advice" />
```

```
09    </context:component-scan>
10    <!-- 2. 占位符替代的属性文件 -->
11    <context:property-placeholder location="classpath:config.properties" />
12    <!-- 3. DBCP2 数据源 -->
13    <bean id="dataSource" class="org.apache.commons.dbcp2.BasicDataSource"
        destroy-method="close">
14      <property name="driverClassName" value="${db.driverClassName}" />
15      <property name="url" value="${db.url}" />
16      <property name="username" value="${db.username}" />
17      <property name="password" value="${db.password}" />
18      <property name="maxTotal" value="${db.pool.maxTotal}" />
19    </bean>
20    <!-- 4. 整合的 MyBatis 会话工厂 -->
21    <bean id="sqlSessionFactory" class="org.mybatis.spring.SqlSession
      FactoryBean">
22      <property name="dataSource" ref="dataSource" />
23      <property name="mapperLocations"
            value="classpath*:com/osxm/daport/mapper/**/*.xml" />
24    </bean>
25    <!-- 5. MyBatis 映射器接口扫描-->
26    <bean class="org.mybatis.spring.mapper.MapperScannerConfigurer">
27    <property name="basePackage" value="com.osxm.daport.dao.mapper" />
28    </bean>
29    <!-- 6. 事务管理和事务注解驱动-->
30    <bean id="transactionManager"
        class="org.springframework.jdbc.datasource.DataSourceTransaction
        Manager">
31      <property name="dataSource" ref="dataSource" />
32    </bean>
33    <tx:annotation-driven />
34  </beans>
```

（2）spring-mvc.xml 文件

Spring Web 容器配置文件配置静态资源处理、Web 组件扫描、MVC 注解驱动、视图解析与文件上传解析器，配置如下：

```
01  <?xml version="1.0" encoding="UTF-8"?>
02  <beans xmlns=http://www.springframework.org/schema/beans
   xmlns:xsi="http://www.w3.org/2001/XMLSchema-instance"
   xmlns:context=http://www.springframework.org/schema/context
   xmlns:aop="http://www.springframework.org/schema/aop"
   xmlns:mvc="http://www.springframework.org/schema/mvc"
   xsi:schemaLocation="http://www.springframework.org/schema/beans
   http://www.springframework.org/schema/beans/spring-beans.xsd
    http://www.springframework.org/schema/context
    http://www.springframework.org/schema/context/spring-context.xsd
    http://www.springframework.org/schema/mvc
    http://www.springframework.org/schema/mvc/spring-mvc.xsd
    http://www.springframework.org/schema/aop
    http://www.springframework.org/schema/aop/spring-aop.xsd">
03    <!-- 1.静态资源处理 -->
04    <mvc:default-servlet-handler />
05    <!-- 2.Web 端组件扫描 -->
06    <context:component-scan base-package="com.osxm" use-default-filters=
```

```
        "false">
07          <!-- 扫描注解为@Controller 的类 -->
08          <context:include-filter type="annotation"
                expression="org.springframework.stereotype.Controller" />
09          <!-- 扫描注解为@ControllerAdvice 的类 -->
10          <context:include-filter type="annotation"
             expression="org.springframework.web.bind.annotation.Controller
             Advice" />
11      </context:component-scan>
12      <!-- 3.Web MVC 的注解驱动 -->
13      <mvc:annotation-driven>
14        <mvc:message-converters>  <!--解决 IE 出现下载的问题-->
15            <bean class="org.springframework.http.converter.json.
                                   MappingJackson2HttpMessageConverter">
16              <property name="supportedMediaTypes">
17                  <list>
18                      <value>text/html;charset=UTF-8</value>
19                  </list>
20              </property>
21          </bean>
22        </mvc:message-converters>
23      </mvc:annotation-driven>
24       <!-- 4.视图解析器 -->
25      <bean class="org.springframework.web.servlet.view.InternalResource
        ViewResolver">
26        <property name="prefix" value="/" />
27        <property name="suffix" value=".jsp" />
28      </bean>
29       <!-- 5.Servlet 文件上传 -->
30      <bean id="multipartResolver"
          class="org.springframework.web.multipart.support.StandardServlet
          MultipartResolver"/>
31    </beans>
```

在上面的配置中，<mvc:message-converters>标签会自动注册 JSON 等类型的消息转换器，增加 MappingJackson2HttpMessageConverter 的配置是为了解决 JSON 格式返回的数据在 IE 中出现下载页面的问题。此外，在该项目中，视图解析器是非必要的，为了演示的完整性，这里保留使用。

4．属性文件（config.properties）配置

属性文件用于配置数据源连接属性及其他项目需要的属性。

```
#0.System
session_user=wu.kong  # Only for FrontEnd Dev
#1. Database Config
db.driverClassName = com.mysql.cj.jdbc.Driver
db.url = jdbc:mysql://localhost:3306/daport?serverTimezone=UTC
db.username = root
db.password = 123456
db.pool.maxTotal = 20
```

5. 日志配置文件（log4j2.xml）的配置

使用 XML 文件配置 Log4j2 的日志设定，输出目的地包括控制台和滚动日志文件，日志文件名是 daport.log，超过 100MB 自动滚动，最多保留 3 个备份日志，名称分别是 daport_1.log、daport_2.log 和 daport_3.log，配置如下：

```
01 <?xml version="1.0" encoding="UTF-8"?>
02 <Configuration status="WARN">
03   <Appenders>
04     <Console name="Console" target="SYSTEM_OUT">
05        <PatternLayout pattern="%d [%t] %-5level %l{60} - %m%n" />
06     </Console>
07     <RollingFile name="RollingFileLog" fileName="${sys:user.home}/
       logs/daport.log"
08        filePattern="${sys:user.home}/logs/daport-%i.log">
09        <ThresholdFilter level="all" onMatch="ACCEPT" onMismatch="DENY" />
10        <PatternLayout pattern="%d [%t] %-5level %l{60} - %m%n" />
11        <Policies>
12           <SizeBasedTriggeringPolicy size="100 MB"/>
13        </Policies>
14        <DefaultRolloverStrategy max="3"/>
15     </RollingFile>
16   </Appenders>
17   <Loggers>
16     <logger name="com.osxm" level="WARN" additivity="false">
19        <AppenderRef ref="Console" />
20        <AppenderRef ref="RollingFileLog" />
21     </logger>
22     <Root level="ERROR">
23        <AppenderRef ref="Console" />
24        <AppenderRef ref="RollingFileLog" />
25     </Root>
26   </Loggers>
27 </Configuration>
```

以上配置根日志输出级别是 ERROR，项目代码的日志输出级别是 WARN。配置文件的位置是 src/main/resources。这个配置适合生产环境，开发或测试环境如果需要追踪和调试，可将日志级别设置为 TRACE 或 DEBUG，而且日志输出的目的地有可能只需要控制台。

为了不影响正式环境配置，可以在 src/main/resources 目录下创建 log4j2-test.xml。在打包部署时，排除该配置文件，排除的方式是在 pom.xml 中对 maven-jar-plugin 插件进行配置，配置如下：

```
01 <build>
02    <finalName>daport</finalName>
93    <plugins>
04      <plugin>
05         <groupId>org.apache.maven.plugins</groupId>
06         <artifactId>maven-jar-plugin</artifactId>
07         <version>3.1.2</version>
```

```
08          <configuration>
09              <excludes><!--排除打包的文件-->
10                  <exclude>WEB-INF/classes/log4j2-test.xml</exclude>
11              </excludes>
12          </configuration>
13        </plugin>
14      </plugins>
15    </build>
```

16.2.3　前端项目（daport-front）搭建

Ext JS 由 Sencha 公司开发，有十多年的历史，其组件功能和开发方式逐步完善，支持桌面端和手机端。在早期基于 Ext JS 的开发中，只需要导入一个 JS 和 CSS 文件，新版的 Ext JS 推荐使用前端 MVC 或 MVVM 开发框架。Ext JS 的 MVC 的定义如下：

- Model：定义前端的数据字段，类似 Java 中类的概念。
- View：用于页面展现，一般对应 UI 组件，但不包含组件的数据。
- Controller：用于获取数据结合 View 进行展示。最典型的就是使用 AJAX 调用后端服务和获取数据。

MVVM 是将 C（Controller）替换成 VM（ViewModel），VM 视图模型不使用 Controller 结合数据和视图，而是绑定视图模型到视图，当视图模型发生变更时，绑定的视图同步更新，也可以双向绑定。这两种开发方式在 Ext JS 中可以同时使用，但建议选一种即可。如果开发者习惯后端的 MVC 开发方式，则前端也可以选择 MVC 开发方式。

前端代码按照 MVC 拆分成多个层次，源码文件的数量势必增多，因为 JS 文件最终是需要传递到浏览器端运行的，多个文件会消耗更多的网络流量和需要更多的下载时间，影响页面的响应速度。为此，Sencha 提供了 Sencha Cmd 工具，可以对不同层级的源码进行压缩和编译，将所有的源码压缩到 index.html 中。此外，Sencha Cmd 还可以用于创建项目及运行项目。

1. Ext JS开发环境准备

基于 Ext JS 开发，需要 Ext JS 的 SDK 包，基于 MVC 或 MVVM 方式开发，还需要下载并安装 Sencha Cmd。Sencha 官方提供了 Ext JS 试用版和免费社区版。两个版本的下载都需要填写基本信息和邮箱地址进行申请，申请后会收到 Sencha 发送的下载地址。

- 试用版申请地址为 https://www.sencha.com/products/extjs/evaluate/；
- 社区版申请地址为 https://www.sencha.com/products/extjs/communityedition/；

Sencha Cmd 的下载同样需要填写申请，下载的申请地址是 https://www.sencha.com/products/sencha-cmd/。

（1）安装 Sencha Cmd。

在 Windows 下，Sencha Cmd 下载的是一个.exe 安装文件，文件名类似 SenchaCmd-6.6.0.13-windows-64bit.exe，直接单击安装即可。安装完成后，新开一个命令窗口，使用

sencha which 查看安装的路径和版本，出现如图 16.21 所示的窗口，代表安装成功。如果没有出现该窗口，则将 Sencha Cmd 的路径加到环境变量 Path 中后再试一下。

（2）准备 Ext JS 的开发工具包。

Ext JS 的开发工具包就是将下载的 Ext JS 压缩包解压，解压目录结构如图 16.22 所示。

```
D:\>sencha which
D:/install/Sencha/Cmd/6.6.0.13/
```

图 16.21　验证 Sencha Cmd 是否安装成功

.sencha	文件夹	
build	文件夹	
classic	文件夹	
cmd	文件夹	
licenses	文件夹	
modern	文件夹	
packages	文件夹	
resources	文件夹	
sass	文件夹	
build	XML 文档	27 KB
ext-bootstrap	JavaScript 文件	3 KB
index	JavaScript 文件	1 KB
license	文本文档	3 KB
package.json	JSON 文件	3 KB
version.properties	PROPERTIES 文件	1 KB

图 16.22　Ext JS SDK 目录

Ext JS SDK 里包括了不同 UI 组件的 JS 和 CSS 源码（classic、modern）、实例代码（examples）及前端项目模板（templates）。Ext JS 支持桌面端和手机端的开发。classic（经典）是沿袭了 Ext JS 的历史风格样式，modern（现代）则是为移动端开发提供的。两者主体类似，但 API 差异较大。在同一应用中，可以同时兼容两种风格（官方有意将两者统一到 modern 风格中）。

对于 Ext JS 开发人员来说，不可缺少的就是官方文档，包括开发教程及 API 查询，可以在线查看也可以下载后离线查看，下载地址是 https://docs.sencha.com/extjs/6.6.0/guides/getting_started/open_tooling.html。下载页面如图 16.23 所示。

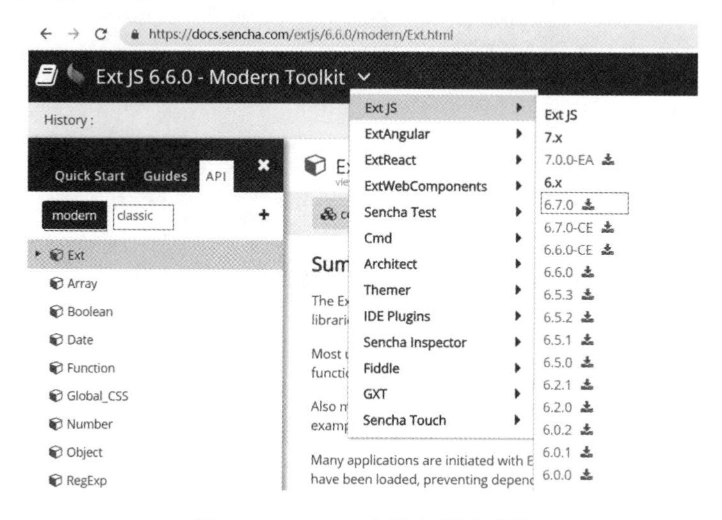

图 16.23　Ext JS 在线文档及下载

注意：Ext JS 的 API 区分为 classic 和 modern，可根据需要切换。

2．创建前端项目

Ext JS 将前端的 JS 文件按照层次拆分，优化了前端代码的结构，避免了单个 JS 文件过大的问题。Ext JS 支持使用 CSS 扩展语言 SCSS 定义 CSS 变量和 CSS 的编程。通过 Sencha Cmd 编译可以将 JS 源代码文件去注解、编译和压缩，功能类似于 YUI Compress。Sencha Cmd 更重要的作用是可以创建项目并运行项目。本项目为了简单起见，创建一个仅支持 classic 风格的前端项目。创建步骤如下：

（1）通过命令行切换到前端项目根目录下，执行如下命令：

```
sencha -sdk ext generate app classic Daport ./
```

创建命令及界面如图 16.24 所示。

```
D:\>cd D:\devworkspace\ecpworkspace\daport\daport-frontend

D:\devworkspace\ecpworkspace\daport\daport-frontend>sencha -sdk ext generate app classic Daport ./
```

图 16.24　创建 classic 风格的 Ext JS 项目

以上命令中的-sdk ext 是指定 SDK 的路径，如果 SDK 不在当前路径，可以加上路径，比如“-sdk D:\\ext”。命令执行完成后会在当前目录下创建一个名为 Daport 的 classic 风格的前端项目。项目目录结构如图 16.25 所示。

daport
app
model
store
view
main
build
ext
resources
ext

名称	修改日期	类型	大小
app	2019/8/3 23:00	文件夹	
build	2019/8/3 23:00	文件夹	
ext	2019/8/3 23:00	文件夹	
resources	2019/8/3 23:00	文件夹	
	2019/8/3 23:00	文本文档	1 KB
app	2019/8/3 23:00	JavaScript 文件	1 KB
app.json	2019/8/3 23:00	JSON 文件	17 KB
bootstrap	2019/8/3 23:00	层叠样式表文档	1 KB
bootstrap	2019/8/3 23:00	JavaScript 文件	102 KB
bootstrap.json	2019/8/3 23:00	JSON 文件	61 KB
bootstrap.jsonp	2019/8/3 23:00	JSONP 文件	61 KB
build	2019/8/3 23:00	XML 文档	4 KB
index	2019/8/3 23:00	HTML 文件	1 KB
Readme.md	2019/8/3 23:00	MD 文件	4 KB
workspace.json	2019/8/3 23:00	JSON 文件	2 KB

图 16.25　Ext JS classic 风格的项目目录结构

（2）启动项目查看效果。在控制台输入 sencha app watch 启动项目后，在浏览器中输入 http://1ocalhost:1841，页面效果如图 16.26 所示。

这个命令相当于开启了一个 Web 服务器，代码修改可以在浏览器端刷新后即刻生效，不需要清理浏览器缓存。

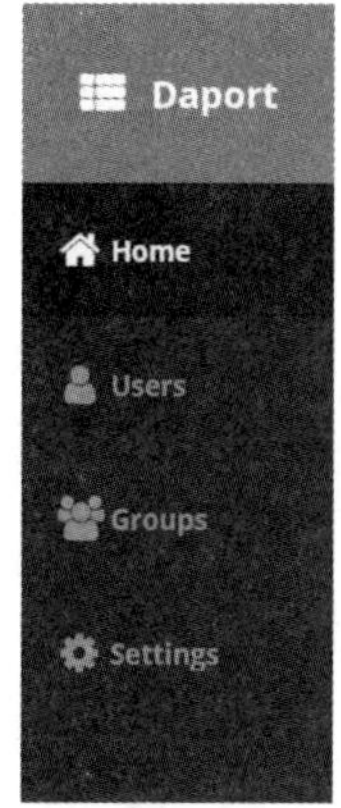

Personnel

Name	Email	Phone
Jean Luc	jeanluc.picard@enterprise.com	555-111-1111
Worf	worf.moghsson@enterprise.com	555-222-2222
Deanna	deanna.troi@enterprise.com	555-333-3333
Data	mr.data@enterprise.com	555-444-4444

图 16.26　创建项目的默认运行效果

（3）前端项目构建。

使用 sencha app build 对 Ext JS 的项目进行构建，在该命名后面可以加上 development 或 production 用于指定编译的环境。切换到前端项目的根目录，执行如下命令：

```
sencha app build development                    //编译开发目录
sencha app build production                     //编译正式目录
```

不同编译环境命令执行后会在 build 目录下产生环境对应的编译目录。目录结构如图 16.27 所示。

开发环境编译则只是对 SCSS 的文件编译，产生合并的 CSS 文件，开发环境不编译 JS 代码，原因是如果编译 JS 则在浏览器端就无法进行调试了。在开发环境下，使用 sencha app watch 就会实时编译 CSS 并显示效果，所以开发环境下单独使用编译命令的场景较少。

正式环境编译包括对 SCSS 文件和 JS 源码文件的编译，编译细节如下：

```
daport-frontend [daport master]
  app
  build
    development
      Daport
        resources
        app.json
    production
      Daport
        archive
        deltas
        resources
        app.js
        app.json
        app.jsonp
        cache.appcache
        index.html
    temp
  ext
```

图 16.27　前端项目编译后的目录结构

- 将项目中的 SCSS 源码集中编译到 Daport-all.css 中，在该 CSS 文件中使用@import 引入多个编译后的 Daport-all_x.css 文件（Daport-all_1.css、Daport-all_2.css 等）。
- 将 JS 代码编译压缩（包括 Ext JS 本身的代码）到以 index.html 为模板的文件中。

正式环境编译后，JS 代码被编译到 index.html 中，没有单独的 JS 文件，只包含 CSS 和图片等资源文件。复制编译后的目录到 Java Web 项目的 webapp 目录下，则实现了简单的前后端整合。

16.2.4　前后端整合思路及开发方式

复制前端项目构建后的录到后端项目的 webapp 目录下就可以实现两者的整合，但 Session 类型对象是 JSP 页面才具备的，.html 文件不能使用<%%>标签插入 Java 代码，也就获取不到 Session 对象。所以，要使用 Session 管理权限，就需要前端编译产生包含 Session 处理的 index.jsp 文件。整合逻辑思路如下：

- 前端使用 Sencha CMD 工具结合包含 Session 验证的 index.jsp 模板页面编译合成的 index.jsp 主页面。访问主页面时，如果没有用户信息则转到登录页面 login.jsp。
- 在登录页面中输入用户名、密码，验证成功后，进入 index.jsp 页面。

复制前端编译结果到后端的开发方式烦琐且低效，除了登录及 Session 验证外，其他功能可以使用完全的前后端分离的开发方式。后端提供 JSON 返回格式的 REST 风格服务，前端固定一个 Session 账号，依旧使用 index.html 进行开发，在整合测试阶段或者需要时再整合前后端。

1．包含Session验证的index.jsp

编译前端项目时，是以项目根目录下的 index.html 为模板，复制该文件并重命名为 index.jsp，加入 Session 检查用户的代码。代码如下：

```
01  <%@ page language="java" contentType="text/html;charset=utf-8"%>
02  <!DOCTYPE HTML>
03  <html manifest="">
04    <head>
05      <%
06        String userName = null;
          <!--获取 Session 用户-->
07        if (session.getAttribute("username") == null) {
08            response.sendRedirect("login.jsp");
09        }
10      %>
11      <meta http-equiv="X-UA-Compatible" content="IE=edge">
12      <meta charset="UTF-8">
13      <meta name="viewport" content="width=device-width, initial-scale=1,
                maximum-scale=10, user-scalable=yes">
14      <title>Daport</title>
15       <!-- The line below must be kept intact for Sencha Cmd to build your
         application -->
16       <script id="microloader" data-app="c94ccbd1-7104-45c5-bbc9-
         869c7cba244f"
          type="text/javascript" src="bootstrap.js"></script>
17    </head>
18    <body></body>
19  </html>
```

在以上代码中，username 是在登录成功后设置到 Session 对象中的属性。如果没有登录，或者 Session 超时，则获取的值就是空的，当获取不到 Session 中的该属性值时，则转到登录页面。

2. 前端构建的模板文件，从index.html修改为index.jsp

修改项目根目录的app.json文件，修改构建production的配置，indexHtmlPath 和 page 的值都修改为 index.jsp。代码如下：

```
01  "production": {
02      "indexHtmlPath": "index.jsp",
03      "output": {
04          "page": "index.jsp",
05          "appCache": {
06              "enable": true,
07              "path": "cache.appcache"
08           }
09      },
10      "loader": {
11          "cache": "${build.timestamp}"
12      },
13      "cache": {
14          "enable": true
15      },
16      "compressor": {
17          "type": "yui"
18      }
19  },
```

3. 前后端开发方式

除了登录页面和主页面的整合，其他部分的功能可以使用前后端分离的方式进行，后端提供服务、前端开发页面，前端调用后端服务获取数据。但此种开发方式需要解决以下几个问题：

（1）前端开发使用的 Session 用户名。

前端开发还是基于 index.html，在 http://1ocalhost:1841 中进行测试和调试，但因为后端服务会验证 Session 用户，所以固定一个 Session 用户，在 config.properties 中增加如下配置：

```
#0.System ,// dev qa prd
env=dev
env.sessionUser=wu.kong
```

定义与配置对应的组件类 DaportConfig 并使用@Component 注解标注。

```
01  @Component
02  public class DaportConfig {
03    @Value("${env}")
04    private String env;
05    @Value("${env.sessionUser}")
06    private String sessionUser;
07    //属性 setter 和 getter 方法
08  }
```

（2）后端跨域访问支持。

前端开发页面访问地址是 http://localhost:1841，后端开发使用 Tomcat 启动的访问地址是 http://localhost:8080，虽然同一个主机但端口不同，在前端使用 AJAX 调用后端服务时会被后端服务归类为跨域访问，不允许访问。解决方法是在 spring-mvc.xml 中使用 <mvc:cors>标签配置允许跨域访问的设定。

```
01  <mvc:cors>
02      <mvc:mapping path="/**" />
03  </mvc:cors>
```

上面的配置没有限定可以跨域访问的主机地址和服务地址，实际开发中可以针对这两个部分做细节设定。另外，允许跨域访问设置只需要在开发环境中使用，出于安全性考虑，在测试和正式环境下最好移除。

（3）后端服务验证。

后端主要提供 REST 风格服务，返回 JSON 格式数据 ，GET 类型请求直接在浏览器中输入地址就可以查看效果，但 POST、PATCH 和 DELETE 等类型请求的功能验证就需要借助其他工具了。这里推荐 Postman。Postman 包括客户端软件和 Chrome 插件两种产品，客户端软件的下载地址是 https://www.getpostman.com/products。

下载并安装完成后，需要注册账号或者使用 Google 账号登录，登录成功创建 Request 请求的方式如图 16.28 所示。Postman 可以保存请求的地址、类型及参数，并且支持使用目录归类和管理。

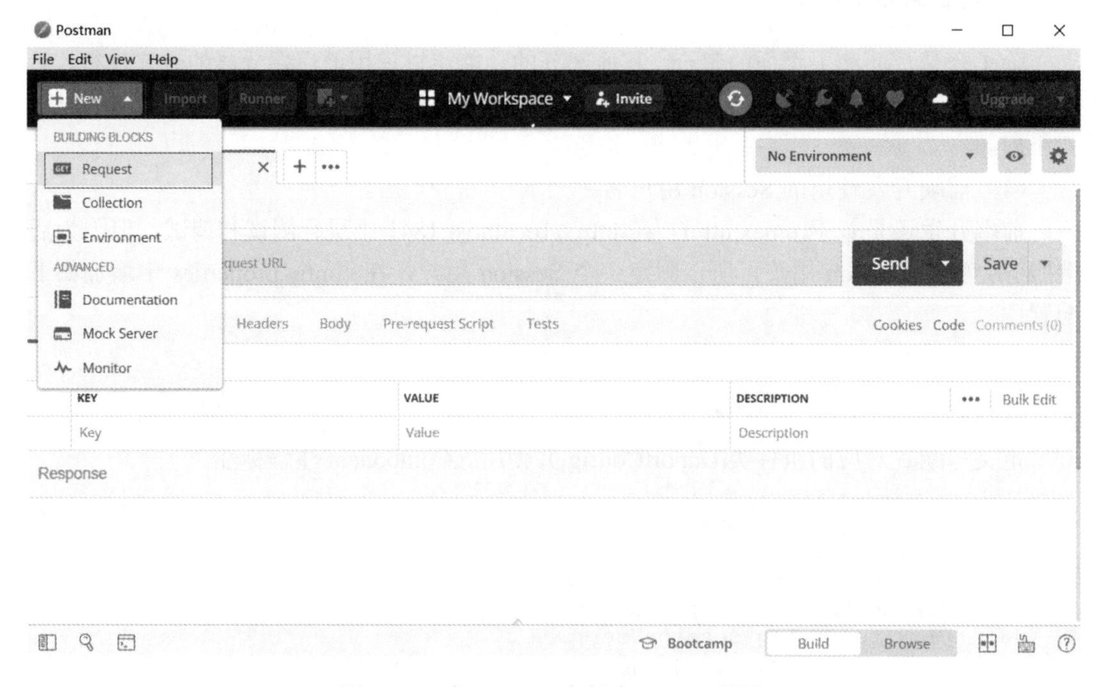

图 16.28　在 Postman 中创建 Request 测试

16.3　daport-backend 后端开发

Java 持久化开发，借助一些工具或第三方库，可以实现数据库表和实体类只开发一端，另一端使用工具自动产生。以 Hibernate 和 JPA 的开发来看：

- Hibernate 可以自动根据实体类产生或更新数据表，Hibernate Tools 的 Eclipse 插件可以根据数据库表反向生成配置以及 Java 的实体和 DAO 代码。
- 基于 JPA 开发中，Eclipse 自带 JPA 插件，可以从数据表生成 JPA 注解的实体类。

MyBatis 不属于 JPA 的标准实现，但 MyBatis 本身提供的 MyBatis Generator 工具可以根据数据库表产生实体类、映射接口及 MyBatis 映射文件。在使用 MyBatis Generator 之前，使用 ERMaster 设计数据库表、导出 DDL 并使用产生的 SQL 脚本创建表，整个开发过程都不需要手动编码。

本项目在 MyBatis Generator 导出实体类、映射接口基础上，开发 DAO 层、服务层和控制层代码，对外提供 REST 风格的请求处理服务，这里以开发用户（User）类型的服务为例，演示后端开发过程及代码。

16.3.1　使用 ERMaster 设计表并产生 SQL

在后端项目的根路径下创建 sql 子目录用于存放 ERMaster 的设计文件，右击该目录，选择 New | Other 命令，在弹出的对话框中选择 ERMaster 目录下的 ERMaster，输入文件名后选择数据库类型，本项目选择 MySQL，如图 16.29 所示。

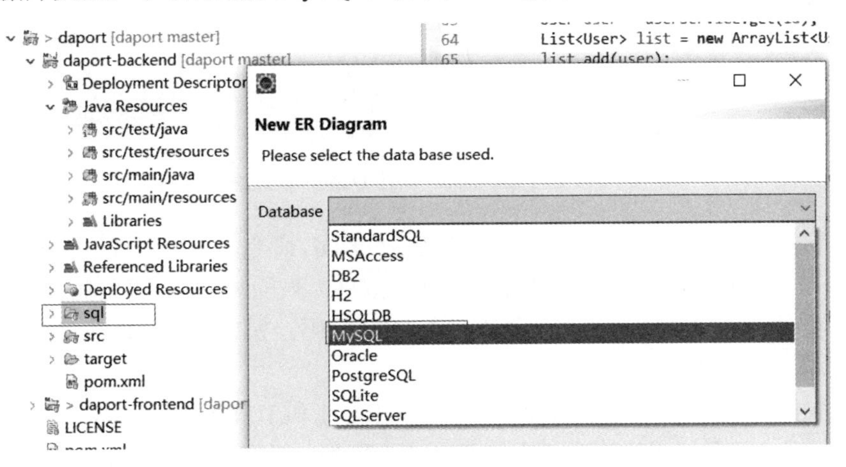

图 16.29　创建 ERMaster 数据库表设计文件并选择数据路类型

创建的文件后缀名是.erm，打开该文件后在右边的可视化页面进行设计。在左边栏选中 Table 之后，在右边的设计区块中单击添加表，双击打开该表的具体页面进行字段设计。字段设计说明如下：

- 字段包括主键字段和一般字段；
- 字段设计需要输入字段名、字段类型、字段长度和字段描述（非必须）；
- 如果该字段的数据包含中文字符，则最好设置该字段的 Character Set 的值为 UTF-8。

设计效果如图 16.30 所示。

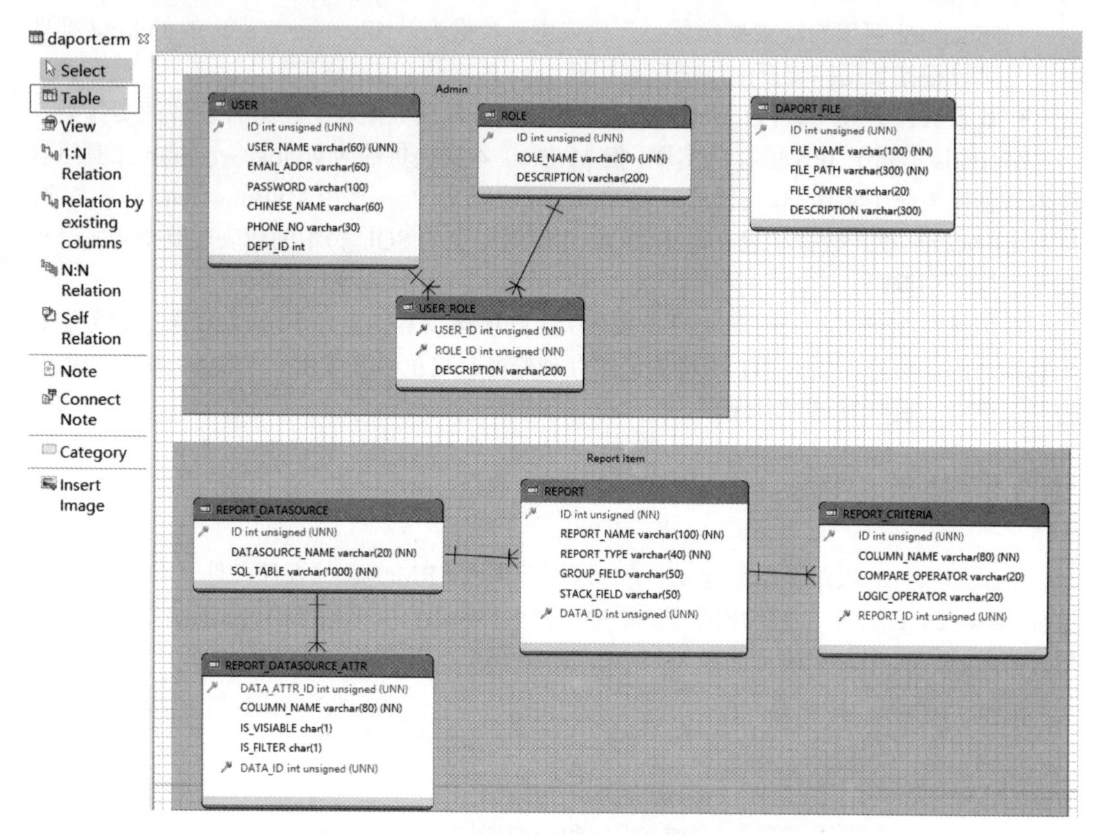

图 16.30　使用 ERMaster 设计 Daport 数据库表窗口

设计完成后，在设计图中右击，选择 Export | DDL 命令，会在同目录下创建与设计文件同名的.sql 文件（daport.sql），该文件包含创建数据库表的脚本。为避免乱码，使用 UTF-8 导出 SQL 文件，导出后确认该文件是否是 UTF-8 编码，如果不是，修改编码后重新打开（避免字段描述的中文乱码）。

除了导出.sql 格式文件，还可以导出图片、Excel 和 HTML 格式的文件。这些文件可以作为内部规格及系统成熟认证（比如 CMMI）资料。此外，ERMaster 还可以导出 Java 的实体类代码，这里使用 MyBatis Generator 产生实体类及映射文件，所以不使用 ERMaster 产生实体类。

16.3.2　MyBatis Generator 产生实体类、映射接口及映射配置文件

MyBatis Generator 属于反向代码生成器（由表产生代码，相对正向而言，正向是由代码产生数据库表，比如 Hibernate），提供 Eclipse 和 Maven 两种插件使用方式。本项目使用 Eclipse 插件方式。

安装 Eclipse 插件之后，在 src/main/resources 下新增配置文件 generatorConfig.xml。为简单起见，这里以导出 USER 表对应的代码为例，配置文件的内容如下：

```
01  <?xml version="1.0" encoding="UTF-8"?>
02 <!DOCTYPE generatorConfiguration PUBLIC "-//mybatis.org//DTD MyBatis
   Generator Configuration 1.0//EN" "http://mybatis.org/dtd/mybatis-generator-
   config_1_0.dtd">
03  <generatorConfiguration>
04    <context id="daportTables" targetRuntime="MyBatis3">
05    <jdbcConnection
          connectionURL="jdbc:mysql://localhost:3306/daport?serverTimezone=
          UTC"
           driverClass="com.mysql.cj.jdbc.Driver" userId="root"  password=
          "123456" />
06      <javaModelGenerator <!--产出模型类的包路径 -->
           targetPackage="com.osxm.daport.model"
           targetProject="daport-backend/src/main/java" />
07      <sqlMapGenerator <!--映射配置文件路径-->
          targetPackage="com.osxm.daport.mapper"
          targetProject="daport-backend/src/main/resources" />
08      <javaClientGenerator <!--映射器接口路径 -->
          targetPackage="com.osxm.daport.dao.mapper"
          targetProject="daport-backend/src/main/java" type="XMLMAPPER" />
        <!--需要导出类的表，包含父类 -->
09      <table schema="daport" tableName="USER">
10        <property name="rootClass" value="com.osxm.daport.model.DaportAdmin"/>
11      </table>
12    </context>
13  </generatorConfiguration>
```

- <jdbcConnection>标签配置 JDBC 的连接。
- <javaModelGenerator>配置产生的 Java 模型类的路径。
- <javaClientGenerator>配置映射文件产生的路径。
- <table >配置需要自动产生的表，rootClass 属性指定产生类的父类。

配置完成后，在该配置文件上右击，选择 Run As | Run MyBatis Generator 命令，之后会在配置的目录中产生实体类（User.java）、映射接口（UserMapper.java）、映射配置文件（UserMapper.xml）及过滤条件工具类（UserExample.java），产生后的代码结构如图 16.31 所示。

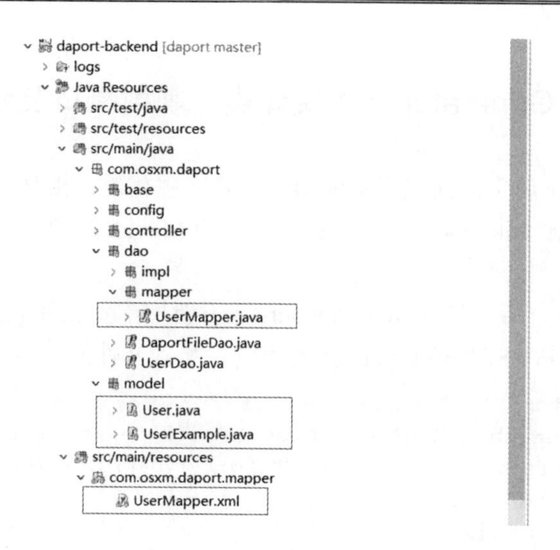

图 16.31　MyBatis Generator 自动生成的 USER 表相关的代码

16.3.3　用户请求服务与开发

以用户类型对象的管理为例，后端对外提供增、删、改、查的请求服务，按照 REST 风格规划的请求地址、HTTP 请求方法及对应控制器方法如表 16.3 所示。

表 16.3　对外提供的User类型的请求地址及控制器方法

编号	请求方法	请求地址	参　　数	控制器方法	描　　述
1	GET	/users	{"userName":"",..}	list()	获取用户列表
2	GET	/users/{id}		get(id)	根据ID获取单个User对象
3	POST	/users	{"id":"",...}	add(User)	创建User对象
4	PATCH	/users/{id}	{"id":"",...}	update(User)	更新
5	DELETE	/users/{id}	{"id":""}	delete(id)	根据ID删除User

在控制器方法中调用服务层组件，服务层调用 DAO 层，DAO 层调用使用 MyBatis Generator 产生的映射接口操作数据。对应不同层级代码及目录结构如图 16.32 所示。

1．User对象的DAO开发

DAO 层使用面向接口的编程方式，添加 UserDao 接口和 UserDaoImpl 实现类，在 UserDao 接口中定义 User 的查询、增加、更新和删除方法，接口代码如下：

```
01  public interface UserDao {
02    public List<User> list(User user);          //根据条件查询
03    public User get(int id);                    //通过 id 获取 User 类型对象
04    public int add(User user);                  //添加
```

```
05   public int update(User user, int id);       //更新
06   public int delete(int id);                  //删除
07 }
```

```
src/main/java
  com.osxm.daport
    controller
      UserController.java
    dao
      impl
        UserDaoImpl.java
      mapper
        UserMapper.java
      UserDao.java
    model
      User.java
      UserExample.java
    service
      impl
        UserServiceImpl.java
      UserService.java
src/main/resources
  com.osxm.daport.mapper
    UserMapper.xml
```

图 16.32　Daport 代码层级的目录结构

UserDaoImpl 实现 UserDao 接口，使用@Repository 注解为 DAO 层组件，这里仅演示 list()方法实现，代码如下：

```
01 @Repository                                    //DAO 层组件注解
02 public class UserDaoImpl implements UserDao {  //继承接口的 DAO 实现
03   @Autowired                                   //自动装载映射器
04   private UserMapper userMapper;
05   @Override                                    //查询方法实现
06   public List<User> list(User user) {
       //MBG 产生的 Example 类创建条件
07     UserExample userExample = new UserExample();
08     if (user != null) {
09         if (DaportUtil.isNotStrNull(user.getUserName())) {
               //用户名匹配条件
10             userExample.createCriteria().andUserNameLike
                   (DaportUtil.getWithWildcard(user.getUserName()));
11         }
           //中文名匹配条件
12         if (DaportUtil.isNotStrNull(user.getChineseName())) {
13             userExample.createCriteria().andChineseNameLike
                   (DaportUtil.getWithWildcard(user.getChineseName()));
14         }
15     }
16     userExample.setOrderByClause(" id desc");   //排序
       //执行查询
17     List<User> userList = userMapper.selectByExample(userExample);
18     return userList;
```

```
19     }
20      //其他接口方法实现（略）
21   }
```

list()方法的 User 类型参数用于传递查询的条件，使用 MyBatis Generators 生成的 UserExample 来组装查询条件。映射器 UserMapper 使用@Autowired 注解自动装载，最后使用 UserExample 参数调用映射器的 selectByExample()方法查询数据。

2．User对象的服务层开发

服务层同样使用面向接口方式编程，定义 UserService 接口和 UserServiceImpl 实现类，服务层组件同样提供增、删、改、查方法，这里略去 UserService 接口的定义，以查询方法的实现为例，代码如下：

```
01  @Service                                  //服务层组件注解
    //继承接口的服务类实现
02  public class UserServiceImpl implements UserService {
03     @Autowired                                //自动装载 DAO 组件
04    private UserDao userDao;
05    public List<User> list(User user){      //查询，这里一般还包含其他业务逻辑
06       return userDao.list(user);
07    }
08    //其他服务接口方法实现（略）
09  }
```

服务实现类使用@Service 注解标注为服务层组件，使用@Autowired 注解自动装载对应的 DAO 层组件（UserDao），在服务类方法中，调用 DAO 的方法实现数据访问功能。当然，在服务层方法中，一般还包含更多的业务逻辑代码。

3．User对象的控制器开发

控制器按照前面设计的 REST 风格接口，使用@RequestMapping 等映射注解方法实现请求服务。UserController 的定义如下：

```
01  @RestController                           //返回 JSON 数据格式的控制器
02  public class UserController {
03    @Autowired                              //自动装载用户服务
04    private UserService userService;
05    @GetMapping("/users")                   //具备分页功能的用户查询
06    public JsonResponse<User> list(User user, int start, int limit) {
07        List<User> list = userService.list(user);
08        int total = 0;
09        if (limit > 0 && list != null) {
10           total = list.size();
11           int end = limit + start;
12           if (list.size() < end) {
13               end = list.size();
14           }
15           list = list.subList(start, end);
16        }
```

```
17          JsonResponse<User> jsonResponse = new JsonResponse<User>(total,
            list);
18          return jsonResponse;
19      }
20      @PostMapping("/users")                  //添加用户
21      public JsonResponse<User> add(@RequestBody User user) {
22          userService.add(user);
23          JsonResponse<User> jsonResponse = new JsonResponse<User>();
24          return jsonResponse;
25      }
26      @GetMapping("/users/{id}")              //按照用户 ID 获取用户
27      public JsonResponse<User> get(@PathVariable int id) {
28          User user = userService.get(id);
29          List<User> list = new ArrayList<User>();
30          list.add(user);
31          JsonResponse<User> jsonResponse = new JsonResponse<User>(list);
32          return jsonResponse;
33      }
34      @PatchMapping("/users/{id}")            //更新用户
35      public JsonResponse<User> update(@RequestBody User user, @PathVariable
        int id) {
36          userService.update(user, id);
37          JsonResponse<User> jsonResponse = new JsonResponse<User>();
38          return jsonResponse;
39      }
40      @DeleteMapping("/users/{id}")           //根据用户 ID 删除用户
41      public JsonResponse<User> delete(@PathVariable int id) {
42          userService.delete(id);
43          JsonResponse<User> jsonResponse = new JsonResponse<User>();
44          return jsonResponse;
45      }
46  }
```

控制器类使用@RestController 注解，请求返回 JSON 格式数据，使用@Autowired 注解自动装载 UserService 组件。list()方法的 start 和 limit 参数用于分页查询。JsonResponse 是自定义的 JSON 返回通用泛型类，成员属性包括 status、msg、total 和 data。JsonResponse 的定义代码如下：

```
01  public class JsonResponse<T> {
02    private DaportConstants.Status status;    //执行状态
03    private String msg;                       //状态信息，一般是错误信息
04    private int total;                        //返回对象总数
05    private List<T> data;                     //返回的对象列表
06    //属性 setter 和 getter 方法（略）
07  }
```

- status：成功失败的状态，使用枚举类型定义；
- msg：返回的信息，一般会赋错误信息；
- total：返回查询的总数；
- data：返回查询的对象列表。

T 是泛型，比如 User。status 和 msg 主要用于新增和删除操作，total 和 data 用于查询

操作。total 的值和 data 的 size 不一定相同，主要用于前端的分页查询操作。

16.4　daport-frontend 前端开发

本节以项目主页、User 查询及创建的页面为例，演示前端的开发过程。

16.4.1　前端项目目录

Sencha Cmd 产生的前端项目目录主要有 app、sass 和 resources，其中，resources 用来存放图片等资源文件，sass 目录定义 scss 的样式文件，开发的 JS 代码放在 app 目录下，前端项目目录结构如图 16.33 所示。

app 是开发主目录，包含的子目录及作用如下：

- data：测试数据。在不使用后端服务时，可以使用 JSON 格式的数据。
- model：模型，是前端的类定义，类似 Java 的类定义。
- store：数据仓库，用于数据封装，可以读取后端数据，也可以使用前端的测试数据。

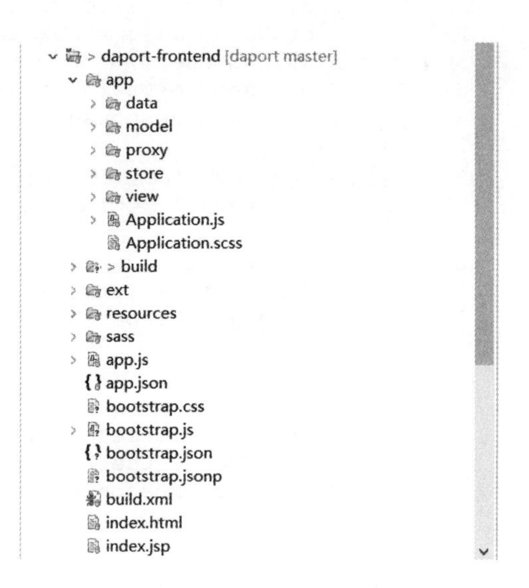

图 16.33　前端项目 daport-frontend 的初始目录结构

- view：包括视图、控制器和视图模型。Cmd 创建的项目默认会在该目录下创建 main 子目录，Main.js 的视图文件用来定义项目的主页，见图 16.26。

16.4.2　主页面开发

Sencha Cmd 创建项目时会同时默认创建一个简单的主页面，本项目在原主页面的基础上进行改进以满足项目的需求，改动后的效果如图 16.34 所示。

改动后的主页面将页面分为左侧导航栏和右侧工作区两大块，左侧导航栏可以收合，单击导航栏中的不同链接可打开对应的页面。主页面需要改动和新增的文件包括：

- Main.js 和 MainController.js：主页面视图定义和视图控制器，位于 view/main 目录下。
- NavigationTree.js：导航栏的数据仓库，用于定义左侧导航栏需要显示的链接。

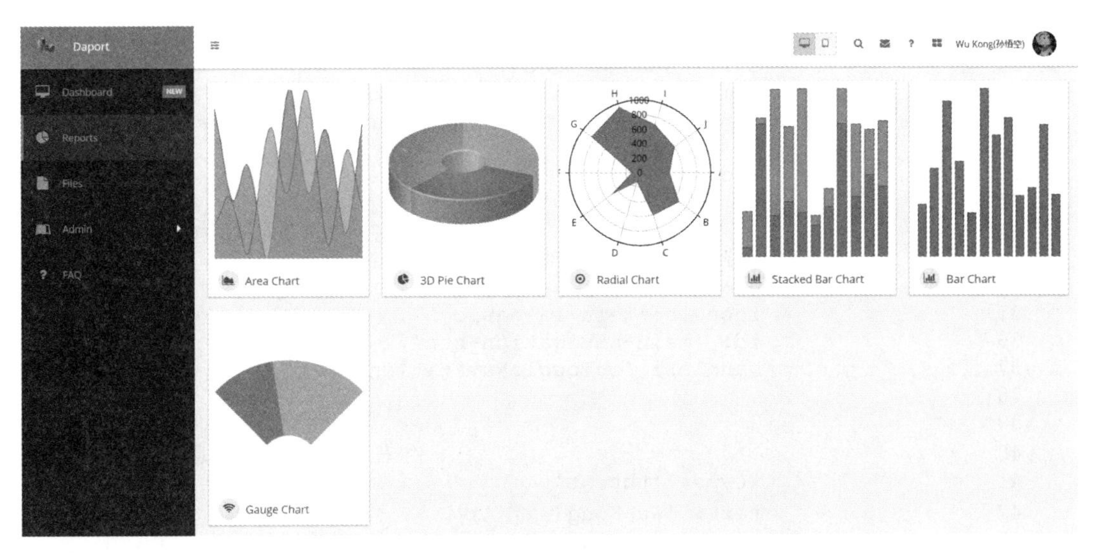

图 16.34　前端项目 daport-frontend 主页面

1. 主页面视图Main.js

主页面视图的组件类型是 Viewport（视区），代码如下：

```
01 Ext.define('Daport.view.main.Main', {  //主页面视区组件类定义
02   extend: 'Ext.container.Viewport',     //扩展父视区类
03   requires: [                           //需要引用按钮和树的组件类
04       'Ext.button.Segmented',
05       'Ext.list.Tree'
06   ],
07   controller: 'main',                   //控制器
08   viewModel: 'main',                    //绑定的视图模型
09   cls: 'sencha-dash-viewport',          //样式
10   itemId: 'mainView',                   //id
11   layout: {                             //布局，垂直分布，自动延展
12       type: 'vbox',
13       align: 'stretch'
14   },
15   listeners: {                          //监听器
16       render: 'onMainViewRender'        //页面渲染完成执行
17   },
18   items: [                              //该组件类包含的子组件
19       {
20           xtype: 'toolbar',             //工具栏
21           cls: 'sencha-dash-dash-headerbar shadow',
22           height: 64,                   //高度
23           itemId: 'headerBar',
24           items: [
25               {                         //左上角系统 Logo
26                   xtype: 'component',
```

```
27                  reference: 'senchaLogo',
28                  cls: 'sencha-logo',
29                  html: '<div class="main-logo">
                      <img src="resources/images/company-logo.png">Daport
                      </div>',
30                  width: 250
31              },
32              {                                   //左上角收合导航栏按钮
33                  margin: '0 0 0 8',
34                  ui: 'header',
35                  iconCls:'x-fa fa-navicon',
36                  id: 'main-navigation-btn',
37                  handler: 'onToggleNavigationSize'
38              },
39              '->',
40              {                                   //右上角登录账号信息
41                  xtype: 'tbtext',
42                  text: 'Wu Kong(孙悟空)',
43                  cls: 'top-user-name'
44              },
45              {                                   ///右上角登录账号的头像
46                  xtype: 'image',
47                  cls: 'header-right-profile-image',
48                  height: 35,
49                  width: 35,
50                  alt:'current user image',
51                  src: 'resources/images/user-profile/2.png'
52              }
53          ]
54      },
55      {
56          xtype: 'maincontainerwrap',
57          id: 'main-view-detail-wrap',
58          reference: 'mainContainerWrap',
59          flex: 1,
60          items: [
61              { //左侧导航栏树
62                  xtype: 'treelist',
63                  reference: 'navigationTreeList',
64                  itemId: 'navigationTreeList',
65                  ui: 'nav',
66                  store: 'NavigationTree',
67                  width: 250,
68                  expanderFirst: false,
69                  expanderOnly: false,
70                  listeners: {
71                      selectionchange: 'onNavigationTreeSelectionChange'
72                  }
73              },
74              {                                   //右边主工作区
75                  xtype: 'container',
76                  flex: 1,
77                  reference: 'mainCardPanel',
78                  cls: 'sencha-dash-right-main-container',
```

```
79                  itemId: 'contentPanel',
80                  layout: {
81                     type: 'card',
82                     anchor: '100%'
83                  }
84               }
85            ]
86         }
87      ]
88   });
```

Daport.view.main.Main 是 Viewport（视区）类型的组件，继承自框架的 Ext.container.Viewport 视区父类。该视区主要包括 3 个部分：上方工具条（toolbar）、左侧导航树（treelist）和中间工作区容器（container）。

- 上方工具条包括项目的 Logo、用户登录信息等组件。
- 左侧导航树使用的数据仓库（Store）类型是 NavigationTree，在后面会进行定义。
- 中间工作区默认是一般容器（container），在该容器上可以加入不同的组件。
- controller 属性用于指定该类型视图使用的控制器的别名（alias）。

2. 主页面视图控制器 MainController.js

视图控制器用于定义视图中单击等事件的处理方法，主页面视图中主要的事件就是左侧导航栏项目单击事件，单击之后，右边的工作区块会显示对应的视图。简化的 MainController.js 的代码如下：

```
01 Ext.define('Daport.view.main.MainController', {     //主视图控制器类
02   extend: 'Ext.app.ViewController',                  //继承框架视图控制器
03   alias: 'controller.main',                          //别名，用于视图引用
04   listen : {                                         //监听
05      controller : {
06         '#' : {
07            unmatchedroute : 'onRouteChange'
08         }
09      }
10   },
11   routes: {                                    //路由
12      ':node': 'onRouteChange'
13   },
     //左边的选择变化
14   onNavigationTreeSelectionChange: function (tree, node) {
15      var to = node && (node.get('routeId') || node.get('viewType'));
16      if (to) {
17         this.redirectTo(to);
18      }
19   },
20   onToggleNavigationSize: function () {      //导航收合的方法
21      //方法体略
22   }
23 });
```

Daport.view.main.MainController 继承自框架的视图控制器类 Ext.app.ViewController，alias 属性指定该控制器的别名，该控制器主要定义了 3 个方法：路由处理（routes，使用路由可以在浏览器中使用“#视图类型”的地址打开视图）、左侧导航区收合（onToggleNavigationSize），以及根据不同的导航栏链接加载不同的视图显示。

3．导航栏数据仓库NavigationTree.js

NavigationTree.js 定义导航栏显示的数据，简化版的代码如下：

```
01 Ext.define('Daport.store.NavigationTree', {     //数据仓库
02   extend: 'Ext.data.TreeStore',                 //继承框架的 TreeStore'
03   storeId: 'NavigationTree',
04   fields: [{                                    //数据的栏位
05      name: 'text'
06   }],
07   root: {                                       //JSON 格式数据
08      expanded: true,                            //自动展开
09      children: [ {
10            text: 'Dashboard',                   //显示名
11            iconCls: 'x-fa fa-desktop',          //图标
12            rowCls: 'nav-tree-badge nav-tree-badge-new',
13            viewType: 'dashboard',
14            routeId: 'dashboard',                //如有 ID
15            leaf: true                           //是否为叶子节点
16         },
17         {
18            text: 'Reports',
19            iconCls: 'x-fa fa-pie-chart',
20            viewType: 'reports',
21            leaf: true
22         },  {
23            text: 'Files',
24            iconCls: 'x-fa fa-file',
25            viewType: 'file',
26            leaf: true
27         }
28      ]
29   }
30 });
```

Daport.store.NavigationTree 继承自框架的树类型数据仓库 Ext.data.TreeStore，storeId 是该数据仓库的 ID，在 root 属性下定义树的子节点。

16.4.3　用户管理页面开发

主页面是在创建项目时默认生成的基本代码结构，本节以对 User 类型数据的页面操作为例，实现 User 的查询、新增和修改等视图开发和相应的功能，完整地演示 MVC 的开发模式。页面效果如图 16.35 所示。

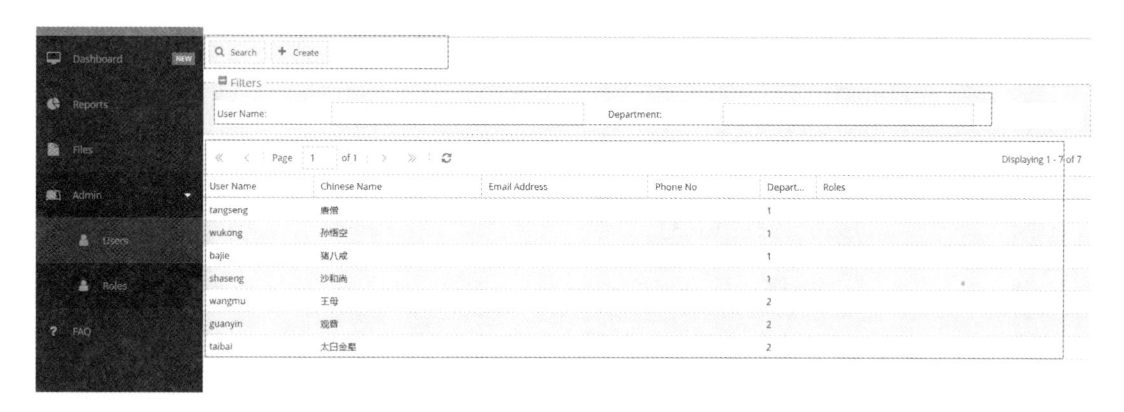

图 16.35　daport-frontend 用户管理界面

用户管理页面开发需要的代码文件包括：

- User.js：用户视图，位于 app/view/admin 目录下。
- UserController.js：用户视图控制器，位于 app/view/admin 目录下。
- UserModel.js：用户模型，位于 app/model/admin 目录下。
- UserStore.js：用户数据的仓库，位于 app/store/admin 目录下。Store 中的数据可以从 JS 或 JSON 等本地文件中获取，也可以使用 AJAX 方式从后端获取。本节仅使用本地文件的方式。
- users.json：用户数据的本地文件。在开发阶段使用本地文件，可以不受后端开发进程的影响，该文件也可以作为前后端交互的规范和示例，使用该文件，前后端可以同步开发，前端在开发阶段使用本地数据，等后端开发完成后切换到后端数据。

1．用户视图Main.js

用户管理的主视图包含 3 个部分：上方的功能按钮、中间条件过滤区块和下方查询结果表格，代码如下：

```
01 Ext.define('Daport.view.admin.User', { //用户管理主视图
02   extend : 'Ext.panel.Panel',
03   xtype : 'user',
04   tbar : [ {                           //上方操作按钮
05     xtype : 'button',
06     text : 'Search',
07     iconCls : 'x-fa fa-search',
08     handler : 'search'
09   }, {
10     xtype : 'button',
11     text : 'Create',
12     iconCls : 'x-fa fa-plus',
13     handler : 'prepareCreateItem'
14   } ],
15   controller : 'user',                 //控制器
16   items : [ {                          //过滤条件区块
```

```
17      xtype : 'fieldset',
18      title : 'Filters',
19      collapsible : true,
20      items : {
21         xtype : 'form',
22         reference : 'filterForm',
23         defaultType : 'textfield',
24         layout : 'column',
25         fieldDefaults : {
26            labelWidth : 160,
27            columnWidth : 0.45,
28            margin : '2 30 2 5'
29         },
30         items : [ {
31            fieldLabel : 'User Name',
32            name:'userName'
33         }, {
34            fieldLabel : 'Department',
35            name:'deptId'
36         } ]
37      }
38    }, {                                              //查询列表
39      xtype : 'grid',
40      reference : 'resultGrid',
41      store : {
42         type : 'UserStore'
43      },
44      tbar : {
45         xtype : 'pagingtoolbar',
46         displayInfo : true
47      },
48      columns : [ {
49         text : 'User Name',
50         dataIndex : 'userName',
51         flex : 2
52      }, {
53         //其他字段略
54      }]
55    } ]
56 });
```

Daport.view.admin.User 继承自框架的 Ext.panel.Panel 面板类，tbar 定义上方的工具栏，在工具栏按钮（button）组件的 handler 属性中配置该按钮触发的方法，该方法定义在 UserController.js 中；中间过滤区块使用 fieldset 和 form 类型的组件，查询结果使用 grid 类型的组件，该组件使用的 Store 类型是 UserStore，使用 UserStore.js 文件定义。

2．用户视图控制器UserController.js

UserController.js 定义 User.js 中使用的方法，比如单击 Search 按钮的 handler 属性方法（search），用户控制器代码如下：

```
01 Ext.define('Daport.view.admin.UserController', {    //用户控制器类
02   extend : 'Daport.view.base.BaseController',    //继承框架的基本控制器类
```

```
03    alias : 'controller.user',                          //控制器别名
04    search:function(){                                  //单击查询方法
05      //方法体略
06    },
07    prepareCreateItem : function() {
08      //方法体略
09    },
10    saveUser : function() {
11      //方法体略
12    },cancelSave:function(){
13      var me = this, view = me.getView();
14      view.findParentByType("window").close();
15    }
16  });
```

Daport.view.base.BaseController 是项目中定义的控制器的基类，用于定义一些公用方法，继承该类的子类就可以使用该方法了，这和后端的概念是类似的。

3．用户模型UserModel.js

模型类似于后端的实体类，主要定义某个类型包含的属性字段，UserModel 的定义如下：

```
01  Ext.define('Daport.model.admin.UserModel', {
02    extend : 'Ext.data.Model',
03    fields : [ 'userName', 'chineseName', 'emailAddr', 'phoneNo', 'deptId',
      'roles' ]
04  });
```

模型主要是给数据仓库（Store）使用，用于定义该数据仓库中的数据类型，相当于后端的实体类。

4．用户数据仓库UserStore.js

Store 的类型有很多种，对应不同的数据类型。仓库中的数据可以使用 data 属性设置，更常用的是使用 proxy 指定数据源的地址，数据源包括本地文件数据源地址和远端数据源服务地址。UserStore.js 示例如下：

```
01  Ext.define('Daport.store.admin.UserStore', {     //User 类型数据仓库定义
02   extend : 'Daport.store.BaseStore',              //继承框架的基本仓库类
03   alias : 'store.UserStore',                      //别名
04    model : 'Daport.model.admin.UserModel',        //使用的数据模型
05    autoLoad : true,                               //自动装载
06    pageSize:10,                                   //分页显示，每页的数量
07     constructor : function(config) {      //构造器覆写，这里设置数据源地址
08      var serviceUrl = "/app/data/admin/users.json";
09      var proxy = {
```

```
10          type : 'ajax',
11          url : serviceUrl,
12          reader : {
13              type : 'json',
14              rootProperty : 'data'
15          }
16      };
17      config.proxy = proxy;
18      this.callParent([ config ]);
19    }
20  });
```

这里使用本地的 users.json 文件作为数据源，可以在不调用后端服务的状况下进行前端开发。

5. 用户类型的本地数据users.json

users.json 是标准的 JSON 格式文件，该文件的格式需要和 Store 的 proxy 中的数据读取器（reader）的配置保持一致。users.json 示例如下：

```
{
    "total": 1,
    "data": [
    {
        "id": 1,
        "userName": "tangseng",
        "password": "1",
        "chineseName": "唐僧",
        "emailAddr": null,
        "phoneNo": null,
        "deptId": 1,
        "roles": null
    }
}
```

16.5　前后端整合开发

本节从实现系统登录功能开始，以用户管理和文件上传为例，演示前后端的整合开发过程，除了核心功能，本节对项目的国际化和统一异常处理也会一并介绍。

16.5.1　系统登录

项目的主页面是 index.jsp，如果获取不到 Session 中的用户，则会跳转到 login.jsp 登录页面，登录服务在 HomeController.java 实现。登录界面如图 16.36 所示。

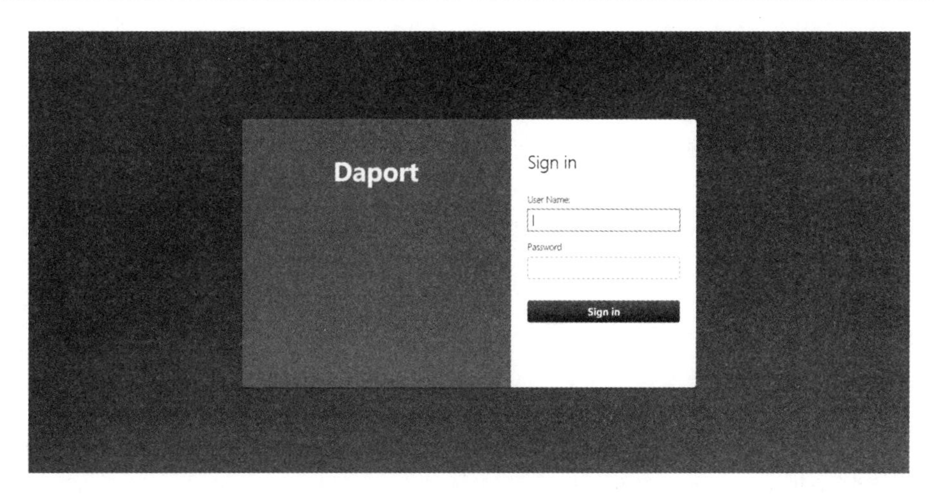

图 16.36　Daport 系统登录页面

login.jsp 使用表单提交用户名、密码进行登录，代码如下：

```
01 <%@ page language="java" contentType="text/html;charset=utf-8"%>
02 <!DOCTYPE HTML>
03 <html manifest="">
04   <head>
05     <title>DChart</title>
06     <meta http-equiv="X-UA-Compatible" content="IE=edge">
07     <meta charset="UTF-8">
08     <meta name="viewport"
       content="width=device-width, initial-scale=1, maximum-scale=10,
       user-scalable=yes">
09   </head>
10   <body>
11     <div id="info" class="info">
12       <h1>
13         <B>Daport</B>
14       </h1>
15       <BR> <span style="align: center;"> </span>
16     </div>
17     <div id="form">
18         <form method="post" action="dalogin"> <!--表单登录-->
19           <h2>Sign in</h2>
20           <span style="color: red;"><B>${loginmsg}</B></span>
21           <label id="login-label" for="login">User Name:</label>
22             <input type="text" id="login" name="username" aria-labelledby=
             "login-label"
            autofocus placeholder=""> <!--用户名输入框-->
23          <label id="password-label"for="password">Password</label>
          <!--密码输入框-->
24          <input type="password" id="password"
                name="password" aria-labelledby="password-label">
        <!--登录提交按钮-->
25        <button id="button-submit" type="submit">Sign in</button>
26      </form>
```

```
27       </div>
28     </body>
29   </html>
```

在上面的代码中，为避免出现中文乱码，页面编码使用 UTF-8。${loginmsg}变量显示登录失败的错误提示信息，登录使用的请求地址是 dalogin（这里没有使用通用的 login，原因是留给 Spring Security 安全验证框架使用。关于 Spring Security 的内容会在后面章节介绍）。

16.5.2 国际化

在以上登录页面中，用户名/密码标签显示的都是英文，本节以登录页面为例，演示项目的国际化实现。

中央控制器默认使用请求头语言环境解析器（AcceptHeaderLocaleResolver），根据请求头的 Accept-Language 属性获取 Locale。该类型解析器不需要在 Spring 配置文件中配置，只需要加入消息源 Bean 的配置并指定国际化文件的路径及国际化文件的基本名称即可。配置如下：

```
01  <bean id="messageSource"
     class="org.springframework.context.support.ReloadableResourceBundle
     MessageSource">
02      <property name="basename" value="classpath:i18n/messages" />
03  </bean>
```

1. 国际化资源文件

在上面的配置中，国际化文件位于类路径的 i18n 目录下，文件名以 messages 开头，添加默认、中文和英文的国际化文件，对应的文件名分别是 messages.properties、messages_zh.properties 和 messages_en.properties。messages_en.properties 的内容如下：

```
login=Sign In
username=User Name
password=Password
nav.admin=Admin
```

中文资源文件 messages_zh.properties 的内容如下：

```
login=\u767B\u5F55
username=\u7528\u6237\u540D
password=\u5BC6\u7801
nav.admin=\u7BA1\u7406
```

中文资源文件使用的是 ISO-8859-1 编码，所以在 Eclipse 中输入中文字符时会自动转成 Unicode 编码，类似\u7528。不过在光标停留的时候会显示对应的中文。如果中文资源文件使用 UTF-8 编码，则可以正常输入和显示中文，但在系统运行时就会出现乱码，效果如图 16.37 所示。

图 16.37　UTF-8 编码的资源文件出现乱码

将 UTF-8 编码的中文资源文件转换为 ISO-8859-1 编码之后，乱码的结果和图 16.37 所示的页面乱码类似，如图 16.38 所示。

图 16.38　资源文件从 UTF-8 转为 ISO-8859-1 出现乱码

出现乱码的原因是 JVM 内部使用的是 Unicode 格式的统一编码。在开发过程中，转码后的中文资源可读性较差，通过安装 Eclipse 的 JInto 插件则可以正常显示中文。

2．国际化消息显示

login.jsp 和 index.jsp 中国际化消息显示可以使用 JSTL 标准标签库，也可以使用 Spring 提供的标签库，本项目选择后者。非直接在 JSP 页面使用的部分（比如动态获取查询左侧导航栏），使用容器的 getMessage()方法结合从 Request 中解析的 Locale 对象参数进行获取。

（1）在 login.jsp 中使用 Spring 标签显示国际化消息。

首先需要在文件头中导入 Spring 的标签库：

```
<%@taglib prefix="spring" uri="http://www.springframework.org/tags"%>
```

使用以下标签代替直接显示的消息：

```
<spring:message code="username" />
<spring:message code="password" />
```

标签的 code 属性值对应该消息的键。

（2）在代码中获取国际化消息。

国际化消息从容器中获取，除了需要容器对象，还需要 Request 请求对象，所以获取的层级需要从 Controller 层开始。以获取左侧导航栏的国际化显示为例，代码片段如下：

```
01  @GetMapping("/navs")
02  @ResponseBody
03  public JsonResponse<Navigation> getNavigation(HttpServletRequest
    request) {
04      JsonResponse<Navigation> jsonResponse = new JsonResponse<Navigation>();
        //从请求对象中获取语言环境
05      Locale locale = RequestContextUtils.getLocale(request);
06      String i18nmsg = applicationContext.getMessage("nav.admin", null,
        locale);
07        //逻辑代码（略）
08      return jsonResponse;
09  }
```

上面的代码片段中，使用 RequestContextUtils 公用类的 getLocale()方法依据 Request 对象获取 Locale 对象，再通过容器的 getMessage()方法获取该语言环境的国际化消息。

16.5.3　用户管理前后端的整合

以本地机器开发为例，在上面的开发中，后端实现了用户查询服务，服务的地址是 http://localhost:8080/daport/users，前端在 User.js 中完成了用户管理页面的开发，使用 UserStore.js 获取本地数据。整合两者，即 UserStore.js 使用后端服务获取数据。为增加开发的灵活性，对以下部分采用配置的方式进行切换。

- 前端开发的数据获取模式，是使用本地数据还是后端服务数据。
- 使用后端服务获取数据时，后端服务的根路径地址。

配置在 app 目录的 Application.js 中实现，配置内容如下：

```
01  Ext.define('Daport.Application', {
02    extend: 'Ext.app.Application',
03    name: 'Daport',
04    config: {
05      devType:'Integrate', //Standalone or Integrate ，前端开发数据获取模式
06      serverRoot:'http://localhost:8080/daport/'  //后端服务的根路径
07    }
08    //其他代码略
09  }
```

对 UserStore.js 进行改写，读取 devType 配置，如果值为 Standalone（前端独立开发），

则读取本地文件/app/data/admin/users.json；如果值是 Integrate（集成后端服务开发），则使用 serverRoot 配置的服务根路径加上服务名字（http://localhost:8080/daport/users）。UserStore.js 改进后的代码如下：

```
01 Ext.define('Daport.store.admin.UserStore', {        //定义数据仓库类
02   extend : 'Daport.store.BaseStore',             //继承
03   alias : 'store.UserStore',                      //别名
04    model : 'Daport.model.admin.UserModel', //数据模型，相对于 Java 实体类
05   autoLoad : true,                                //数据自动加载
06   pageSize:10,                                    //分页查询的每页数量
07   constructor : function(config) {               //构造器方法
08     var devType = Daport.Application.$config.values.devType;
09     config = config || {};
10     var serviceUrl = this.getServiceUrl("users");   //User 后端服务地址
11     var proxy = {
12         type : 'ajax',
13         url : serviceUrl,
14         reader : {
15             type : 'json',
16             rootProperty : 'data'
17         }
18     };
19     (devType == "Standalone") {                     //本地数据
20         proxy.url = "/app/data/admin/users.json";
21     }
22     config.proxy = proxy;
23     this.callParent([ config ]);
24   }
25 });
```

注意：需要确保在 spring-mvc.xml 中配置了<mvc:cors>标签允许跨域访问，否则会出现 Access to XMLHttpRequest at 'XX' from origin 'http://localhost:1841' has been blocked by CORS policy 的错误。

16.5.4 文件上传

本项目的文件类型除了文件本身之外，还包括文件的一些属性，比如文件名（fileName）、文件路径（filePath）、文件拥有者（fileOwner）及文件描述（description）等。这里的文件更精确的定义应该是文档，为此定义了一个类，类名是 DaportFile。

文件上传的前端页面开发和 User 管理基本类似，包括 File.js、FileController.js 和 FileStore 等，文件管理及上传页面如图 16.39 所示。

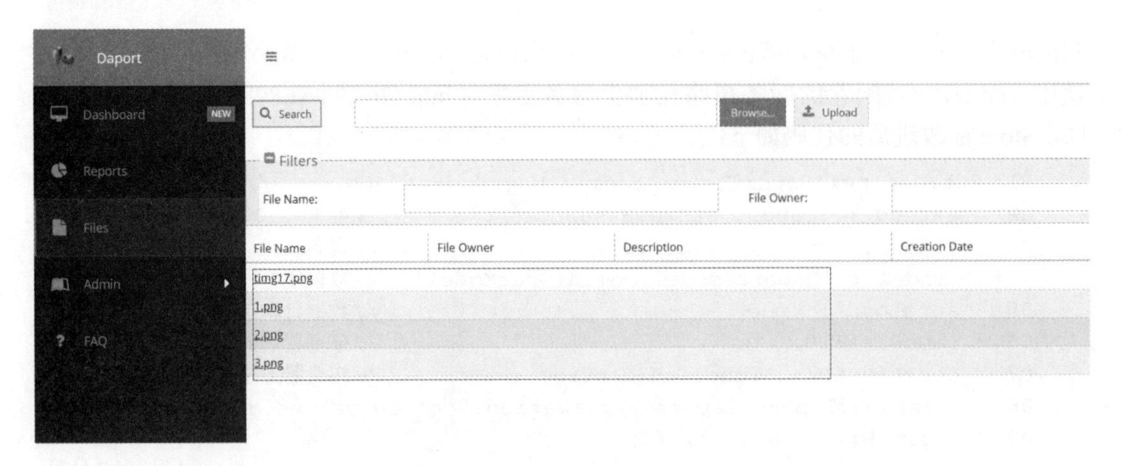

图 16.39　daport 文件管理页面

单击 Search 按钮可查询上传的文件，Browser 按钮为选择需要上传的文件，单击 Upload 按钮上传文件。文件上传的输入框代码如下：

```
01 {
02   xtype : 'form',
03   reference : 'uploadForm',
04   items : {
05      xtype : 'filefield',
06      allowBlank : false,
07      name : 'file',
08      padding : '10 0 0 30',
09      width : 500
10   }
11   // ,fieldLabel: 'Upload File'
12 }
```

注意：在视图文件 File.js 中，文件上传的输入框（filefield）需要放在表单类型的组件中（form）。

在 FileController.js 使用 Form 的 submit()方法提交文件，代码如下：

```
01 doUpload : function() {
02     var me = this, view = me.getView(),
03            refs = me.getReferences(), uploadForm = refs.uploadForm;
04     var serviceUrl = this.getServiceUrl("files");
05     if (uploadForm.isValid()) {
06        uploadForm.submit({                        //表单提交文件
07            url : serviceUrl,                      //后端服务地址
08            waitMsg : 'Uploading file...',
09            success : function(fp, o) {            //上传成功回调
10               Ext.Msg.alert('Success', 'Your file  has been uploaded.');
11            }
12        });
13     }
14 }
```

/files 是后端提供的 POST 类型的方法，用于保存上传文件，创建 DaportFile 类型对象并写入数据库。后端对应的请求映射方法如下：

```
01 @PostMapping("/files")  //文件上传请求的映射处理方法
02 public void fileUpload(MultipartFile file) throws IOException, Servlet
   Exception {
03     String fileName = file.getOriginalFilename();  //获取文件名
04     String filePath = "D:/uploads/" + fileName; //文件保存目录
05     DaportFile daportFile = new DaportFile();  //创建 DaportFile 对象
06     daportFile.setFileName(fileName);
07     daportFile.setFilePath(filePath);
08     file.transferTo(new File(filePath));       //保存文件
09     daportFileService.add(daportFile);         //添加数据库记录
10 }
```

16.5.5 统一异常处理

本项目服务请求的异常同样返回 JSON 类型的数据，自定义响应的返回类 JsonResponse。对于页面逻辑异常和需要转换的异常，定义通用的异常类 DaportException。所有的异常在@ControllerAdvice 注解类中统一处理。

全局异常处理类（GlobalWebExceptionHandler）继承自 ResponseEntityExceptionHandler，使用@ControllerAdvice 和@ResponseBody 注解，代码如下：

```
01 @ControllerAdvice
02 @ResponseBody
03 public class GlobalWebExceptionHandler extends ResponseEntityException
   Handler {
04   protected static final Log logger = LogFactory.getLog(GlobalWeb
     ExceptionHandler.class);
05   private static JsonResponse<String> jsonResponse =
                new JsonResponse<String>(DaportConstants.Status.FAIL);
06   @ResponseStatus(HttpStatus.INTERNAL_SERVER_ERROR)
07   @ExceptionHandler(SQLException.class)         //SQL 异常处理
08   public JsonResponse<String> handleSQLException(SQLException e) {
09       String msg = "SQL 异常.";
10       logger.error(msg, e);
11       jsonResponse.setMsg(msg+e.getMessage());
12       return jsonResponse;
13   }
14   @ResponseStatus(HttpStatus.OK)
15   @ExceptionHandler(DaportException.class)      //自定义通用异常处理
16   public JsonResponse<String> handleDaportException(DaportException e) {
17       String msg = "Daport 异常.";
18       logger.error(msg, e);
19       jsonResponse.setMsg(msg+e.getMessage());
20       return jsonResponse;
21   }
22   //其他异常处理（略）
23 }
```

注意： 对于 ResponseEntityExceptionHandler 父类中已经使用@ExceptionHandler 注解处理的异常（HttpRequestMethodNotSupportedException、HttpMediaTypeNotSupported-Exception 和 HttpMediaTypeNotAcceptableException 等），如果要改写异常处理行为，只需要重写父类的该类型异常的处理方法即可（比如 handleHttpRequest-MethodNotSupported()）。不能在自定义的异常处理类中使用@ExceptionHandler 重新注解相同异常的处理，如果使用了，会抛出 java.lang.IllegalStateException: Ambiguous @ExceptionHandler method 错误，容器启动失败。

16.6　测试、调试与部署

代码层面的测试上，后端项目（daport-backend）使用 JUnit+Spring 测试框架的单元测试、结合 Maven 的批量测试；前端项目（daport-frontend）可以使用 Ext JS 推荐的 Jasmine 前端测试框架（本节不做介绍）。

集成测试上，后端项目在 Eclipse 启动服务器中运行，并可以在调试模式下断点调试；前端项目使用 Chrome 浏览器的开发工具结合 debugger 语句定位代码进行测试。项目开发完成后，使用 Maven 打包部署。

16.6.1　后端 daport-backend 代码测试

在开发过程中，按照被测试的类和方法的层级以及对 Spring 容器的依赖，分为以下 3 种类别：

- Java 基本接口及不需要 Spring 容器的测试，比如 MD5 的加密测试。
- 依赖 Spring 核心容器的测试（需要根据 application.xml 初始化容器），包括服务层、DAO 层及更底层组件的测试。
- Web 请求的模拟测试（需要根据 application.xml 和 spring-mvc.xml 初始化核心容器和 Spring Web 容器），对 Controller 层映射方法、文件上传等测试。

后端测试使用 JUnit 和 Spring 测试框架，测试代码位于 test/java 下，目录结构保持和项目源码一致，测试类的名字以 Test 为后缀，方法名和被测试类的方法名对应。

1．不依赖Spring容器的测试

不依赖 Spring 容器的测试直接使用 JUnit 进行，使用@Test 注解在需要测试的方法上。该类型的测试类放在 com.osxm.daport.base 目录下。

测试方法中，除了使用 JUnit 的断言类 org.junit.jupiter.api.Assertions 方法进行测试外，Spring 也提供了 org.springframework.util.Assert 可以使用。以 Spring 的 MD5 加密功能的测试为例，测试如下：

```
01 public class Md5Tests {                //测试类
02  @Test                                 //测试方法注解
03  public void md5() {
04    String str = "1";
05    String md5Str = DigestUtils.md5DigestAsHex(str.getBytes());
      //JUnit 断言
06    Assertions.assertEquals(md5Str, "c4ca4238a0b923820dcc509a6f75849b");
      //Spring 断言
07    Assert.isTrue(md5Str.equals("c4ca4238a0b923820dcc509a6f75849b"), "");
08   }
09 }
```

2. 服务层及以下层级的组件测试

该部分测试需要使用 application.xml 初始化容器，在测试类上@ContextConfiguration 和@ExtendWith 中进行测试。为简化测试类的代码，定义一个基本的测试抽象类 DaportBaseTests，其他测试类继承它即可，测试抽象父类的代码如下：

```
01 @ExtendWith(SpringExtension.class)
02 @ContextConfiguration("classpath:application.xml")
03 public abstract class DaportBaseTests {
04 }
```

以用户测试为例：

```
   //继承测试抽象父类
01 public class UserServiceTests extends DaportBaseTests {
02   @Autowired                          //自动装载用户服务组件
03   private UserService userService;
04   @Test
05   public void get() {
06       User user = userService.get(1);
07       Assertions.assertNotNull(user);
08   }
09 }
```

3. 控制层及Web请求测试

控制层方法单独测试的意义不大，需要模拟 Web 请求测试，包括参数映射、地址映射及 Web 响应。使用@SpringJUnitWebConfig 组合注解，指定读取 application.xml 和 spring-mvc.xml。和前面类似，同样定义一个共用的 Web 测试抽象父类 DaportBaseWebTests，在此抽象类中初始化模拟 MVC 对象（MockMvc），定义如下：

```
01 @SpringJUnitWebConfig(locations = { "classpath:application.xml",
   "classpath:spring-mvc.xml" })
02 public abstract class DaportBaseWebTests {
03   @SuppressWarnings("unused")
04   protected MockMvc mockMvc;
05   @BeforeEach
06   void setup(WebApplicationContext wac) {
07       this.mockMvc = MockMvcBuilders.webAppContextSetup(wac).build();
08   }
09 }
```

以 UserController 测试为例，代码如下：

```
    //继承测试抽象父类
01 public class UserControllerTests extends DaportBaseWebTests {
02   @Test
03   public void get() throws Exception {       //使用 MockMvc 测试
04       mockMvc.perform(MockMvcRequestBuilders.get("/users/1")).
     andExpect(MockMvcResultMatchers.status().is(200)).
     andDo(MockMvcResultHandlers.print()).andReturn();
05   }
06 }
```

4. 批量测试

Eclipse 自带的 maven-surefire-plugin 插件可以进行批量测试，该插件的 2.X 版本对测试类和测试方法的命名有要求，包括：测试类以 Test 开头或结尾、测试方法以 test 开头。此外，进行 Spring 相关测试时，@Autowired 注解会失败，但在 3.X 版本中这些问题都已经解决了，对命名也没有强制要求。如果 Eclipse 自带的版本较低，可以在 Maven 中使用插件的方式导入，这里导入 3.0.0-M3 版本，配置如下：

```
01 <plugin>
02     <groupId>org.apache.maven.plugins</groupId>
03     <artifactId>maven-surefire-plugin</artifactId>
04     <version>3.0.0-M3</version>
05 </plugin>
```

另外，在<plugin>中配置<configuration>子标签（<includes>和<excludes>）可以指定需要测试的文件和不需要测试的文件。

以上配置完成后，在 Eclipse 的 pom.xml 文件上右击，选择 Maven test，控制台输出结果如图 16.40 所示。

```
2019-08-04 09:56:04,194 [main] DEBUG org.apache.ibatis.logging.commons.JakartaCommonsLoggingImpl.debu
2019-08-04 09:56:04,199 [main] DEBUG org.apache.ibatis.logging.commons.JakartaCommonsLoggingImpl.debu
2019-08-04 09:56:04,201 [main] DEBUG org.apache.ibatis.logging.commons.JakartaCommonsLoggingImpl.debu
[INFO] Tests run: 1, Failures: 0, Errors: 0, Skipped: 0, Time elapsed: 0.028 s - in com.osxm.daport.s
[INFO]
[INFO] Results:
[INFO]
[INFO] Tests run: 8, Failures: 0, Errors: 0, Skipped: 0
[INFO]
[INFO] ------------------------------------------------------------------------
```

图 16.40　maven-surefire 执行控制台输出

除了控制台输出，使用 surefire-report:report 命令可以产生测试结果报表，在 target/site 目录下会生成测试汇总文件 surefire-report.html。另外，在 surefire-reports 目录会为每个测试类创建一个 txt 和 xml 格式的测试报告。

16.6.2　后端 daport-backend 调试

开发阶段的后端代码不需要部署到 Tomcat 目录，可以使用 Eclipse 自带的服务器插件在 Eclipse 中直接启动 Tomcat 服务器。启动方式如下：

（1）在后端项目上右击，选择 Run As | Run On Server 命令。

（2）在弹出的对话框中选择 Tomcat 服务器安装的路径。Eclipse 插件部署的临时目录路径是 ecpworkspace\.metadata\.plugins\org.eclipse.wst.server.core\tmp0\wtpwebapps，项目名是 daport-backend。其中，tmp0 也可能是 tmp1 或 tmp2 等。这里的项目名称是 daport-backend，而不是 pom.xml 的 daport，因为这是 Eclipse 的功能，和 Maven 没有关系，而且 Maven 项目使用管理的依赖包也不会自动复制到该临时目录中，所以第一次启动会失败。

（3）使用 Maven 编译打包。因为上面不会自动复制依赖包，要集中获取这些依赖包，就需要使用 Maven 的打包功能。在 pom.xml 文件上右击，选择 Run As | Maven build 命令，在弹出对话框的 Goals 栏中输入 package 后单击 Run 按钮。

程序运行后会在项目的 target 目录下产生编译打包的目录和 war 压缩档（如图 16.41 所示）。将产生的 lib 目录复制到 Eclipse 服务器插件的部署目录的 wtpwebapps\daport-backend\WEB-INF 下，重新执行上述操作。

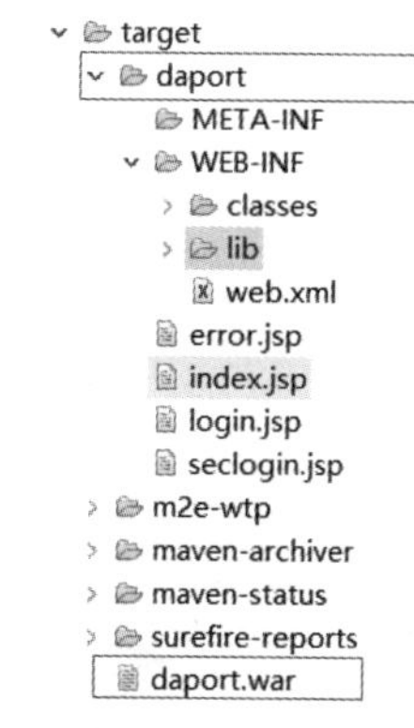

图 16.41　daport 编译及打包后的目录结果

通过设置项目的 Deployment Assembly 属性，可以进行部署到插件目录的文件的设定，确认将 webapp 目录和 target 目录下的 lib 目录自动部署（类文件和配置文件就会默认被包含了），如图 16.42 所示。

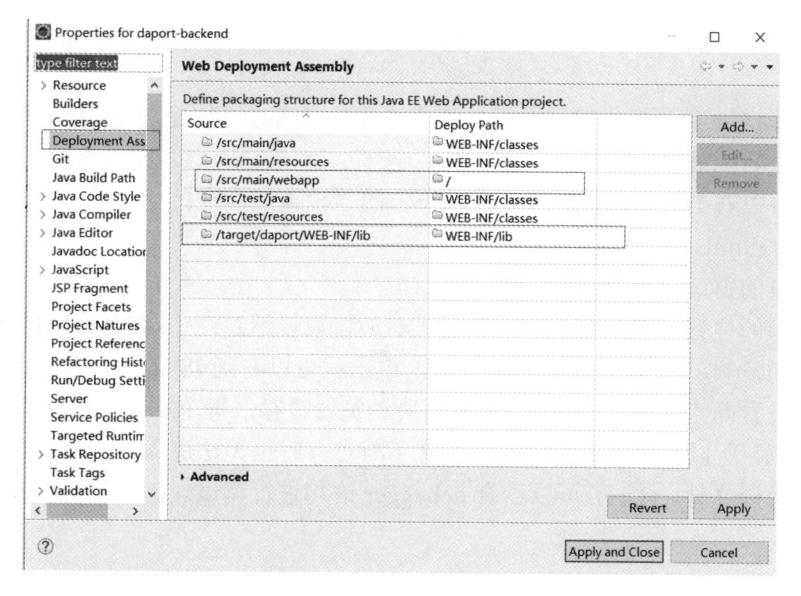

图 16.42　Eclipse 集成 Tomcat 服务器的部署目录设定

（4）断点调试模式。如果需要对 Java 或 JSP 设置断点调式，则需要使用 Dubug 模式启动服务器。在 Eclipse 中右击 daport-backend，选择 Debug As | Debug On Server 命令即可。

服务器启动时会加载 Spring 配置的组件，如果组件较多，有时会出现服务器启动失败的错误。Eclipse 中添加的服务器默认的启动时间是 45s、关闭时间是 15s，超过这个时间就会出错。可以在 Eclipse 的服务视图中修改默认的时间，双击视图中的服务器，页面如图 16.43 所示。

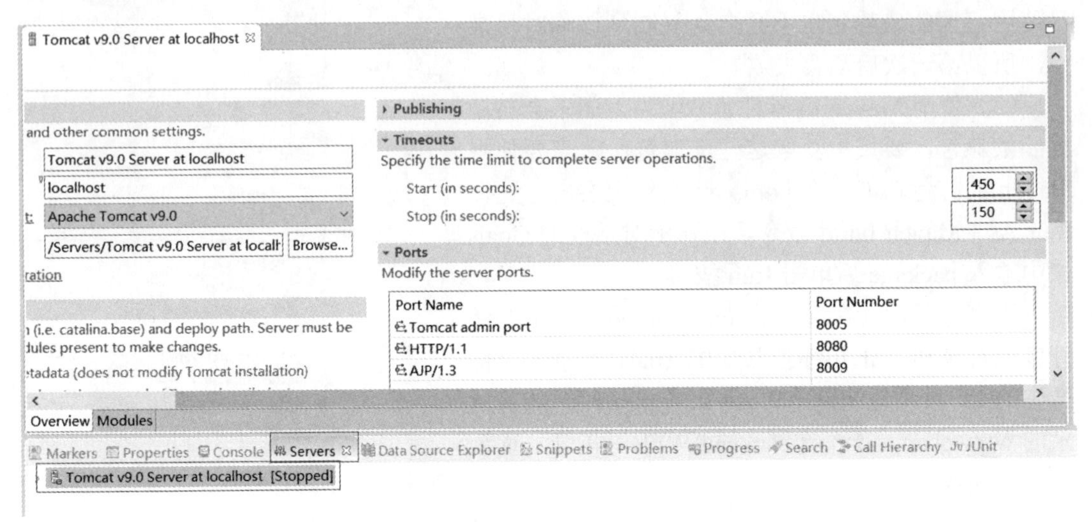

图 16.43　在 Eclipse 中设置服务器启动和停止的超时时间

16.6.3　前端 daport-frontend 调试

Chrome 浏览器默认提供的开发工具是前端开发调试的利器，有 3 种方式可以将其调出：

- 按 F12 功能键；
- 在网页中右击，选择弹出菜单中最下方的“检查”命令；
- 按 Ctrl+Shift+I 组合键。

开发工具的窗口如图 16.44 所示。

开发窗口的位置可以在最下方或左边、右边，可以通过图 16.44 右侧的图标来选择。在 Source 的 Tab 中，可以看到项目的源码，单击就可以看到 JS 文件的内容。在代码行号处单击，可设置断点调试。但 Ext JS 为解决浏览器缓存，每个 JS 源码后都会有一个_dc 属性的版本码，所以在调试的时候即使设置了断点有时也无法进入，原因就是断点的源码不是最新的源码文件。此时，可以结合 debugger 语句进行调试。在需要调试的上方添加以下代码：

```
debugger;
```

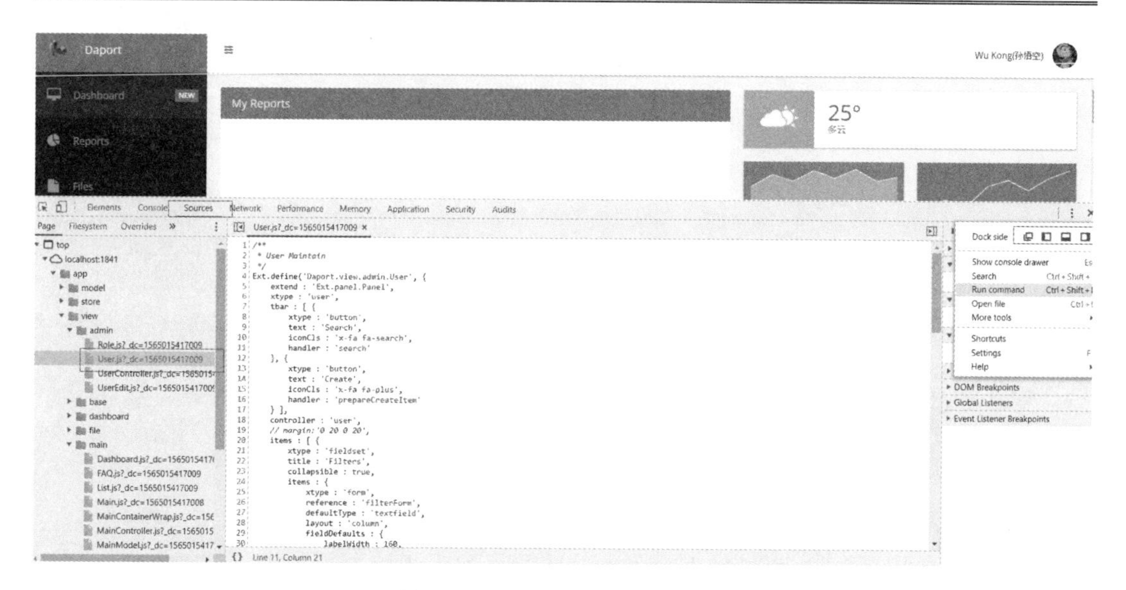

图 16.44　Chrome 开发工具窗口

在浏览器开启开发工具控制台的情况下，运行到这一行时就会停止，如果没有打开开发工具控制台，则会正常运行。

第5篇 高级开发技术

第 17 章　Spring AOP 与 MVC 拦截器

AOP 是继 OOP 之后又一种重要的编程思想，作为 OOP 的补充和扩展，其进一步提高了代码的重用性和开发效率。在 Java 中，通过代理设计模式和动态代理技术，可以分别在代码结构和代码功能上实现 AOP。

除 JDK 本身的 AOP 技术外，Java 领域也有一些成熟的第三方 AOP 框架，比如 AspectJ、AspectWerkz 和 Javassist 等，其中 AspectJ 是最为成熟和完善的 Java AOP 框架。Spring 基于 JDK 动态代理和 CGLIB 实现了自己的 AOP 框架，在框架设计和语法上都很大程度地借鉴了 AspectJ，并提供了与 AspectJ 类似的 AOP 注解。

17.1　AOP 介绍及 Java 代理

AOP（Aspect Oriented Programming，面向切面编程）是在 OOP（Object Oriented Programing，面向对象编程）之上延伸出的一种编程思想。OOP 通过封装、继承和多态的概念构建类的层级结构，完美地解决了纵向共用性，提高了代码的重用性和可维护性。但 OOP 编程存在着两个不足：对于没有继承关系类的横向共用性无法处理，也无法动态增加类功能。

- 无继承关系类的横向共性：以日志处理的功能为例，在 OOP 的编程中，常见的做法是定义一个日志处理的共用类（如 LogUtils）和静态的日志方法（log()），然后在每个业务处理类中调用日志类的方法（LogUtils.log()）。如果是基于 Bean 容器开发的话，只需维护一个 Log 的 Bean，然后将其注入其他需要的 Bean 中。这样看起来很正常，但是日志代码就会散落在每个业务逻辑代码中。
- 动态增加的类功能：在企业应用开发中，由于时间和人力的限制，开发会优先集中在核心功能上，系统原型开发之后再逐步完善。这样的话，一些非核心或者非紧急功能的开发就会推后，比如权限功能。在后续完善这些功能时，需要修改已经完成的代码。如果能在不修改业务逻辑代码的同时又能实现功能的添加，就是完美的解决方案了。

综上所述，AOP 是在不修改源代码的前提下添加功能的一种编程思想，目的是降低系统业务逻辑之间的耦合性，提高代码的重用性和开发的效率性。AOP 和 OOP 并不冲突，AOP 是 OOP 的补充，两者的角度和目标不同，OOP 是纵向结构的类层级，AOP 是横向结构的方法层级，两者的关系如图 17.1 所示。

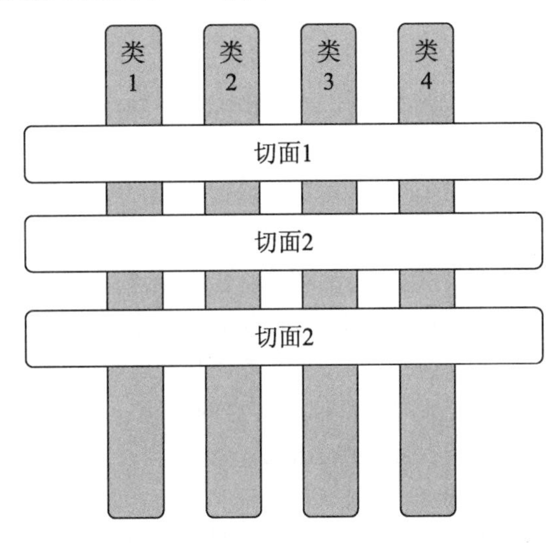

图 17.1　OOP 与 AOP 的纵横关系图

AOP 与 OOP 的结合与战国时期的合纵连横的军事外交战略，以及组织结构的矩阵式结构有着异曲同工之妙。

17.1.1　AOP 的应用场景及基本概念

AOP 是一种编程思想，可以应用在业务逻辑之外的功能增强上，也可以应用在业务逻辑本身上。其基本概念包括切面、切点、增强和织入等。

1．应用场景

AOP 适合的场景很多，包括：

- 日志记录：不需要在逻辑代码中混杂日志代码，在项目后期织入日志功能。可以织入的日志包括系统登录日志、服务及方法调用日志等。
- 安全控制：对系统的访问进行登录验证，对请求进行权限验证。
- 参数检验：对请求参数进行统一转换或验证。
- 事务处理：统一处理数据库事务的提交和回滚，比如在方法执行完成后自动提交事务，出现异常时自动回滚。
- 统一异常处理：不需要在每个方法中使用 try catch 捕捉异常，使用 AOP 集中处理。
- 缓存：使用 AOP 实现缓存存取和清除。
- 统一发信、通知，对某些方法执行或者异常拦截发送通知。

横向共用功能通过 AOP 实现后，业务逻辑代码变得干净、整洁。

2. 基本术语解释

AOP 的基本术语解释如下：

- Aspect：切面，由切点和增强组成，如在 Java 代码中对应一个切面类。
- JointPoint：连接点。程序执行的某个位置，如函数调用、函数执行、构造函数调用、获取或设置变量、类初始化等。
- Pointcut：切入点，也就是特定的连接点。一个程序有多个连接点，但并不是所有连接点都是需要关心的，找到合适的连接点进行切入。切入点就是选取的合适连接点的描述。一句话，Pointcut 用来限定和描述 JointPoint。
- Advice：增强。织入到目标连接点的代码，也就是额外功能的代码。
- Weaving：织入。将增强添加到目标连接点的过程。
- Before（前置）、After（后置）和 Around（环绕）：织入方位可前、可后也可以是两者的合集。

代理（Proxy）是实现 AOP 的主要技术，在代理类中包含了原始类和增强代码的功能。

17.1.2 Java 代理实现

Java源码文件的执行，首先需要使用javac工具编译成.class的字节码文件，然后由JVM载入和运行。依据此过程，Java 的 AOP 技术可以在编译期和运行期实现。

- 编译期静态织入：在 Java 源文件编译为字节码文件的时候，将增强的代码注入字节码文件中。
- 运行期动态织入：在 JVM 加载字节码执行时动态加入需要增强的代码。

在 Java 中，包括 JDK 或一些第三方库，有多种技术可以实现 AOP 编程。JDK 本身使用代理来实现 AOP，代理是 GOF 的 23 种设计模式之一。代理在现实生活中有很多例子，如代理人、房产中介等。对应作用的不同阶段，JDK 代理的实现方式包括静态代理和动态代理。

- 静态代理：编译期就确定接口、代理类和被代理类的关系。
- 动态代理：在运行的时候创建的代理，使用 JDK 的 Proxy 等类进行开发。基于接口的编程可以提高代码的灵活性和可扩展性，JDK 代理开发需要基于接口。

1. Java静态代理的实现

静态代理使用代理的设计模式实现。下面对用户服务类（UserService）进行代理，在执行 UserService 的 add()方法时添加额外的功能。UserService 继承自 IUserService 接口，UserServiceProxy 同样继承自 IUserService 接口，其实现对 UserService 的代理。类的结构关系如图 17.2 所示。

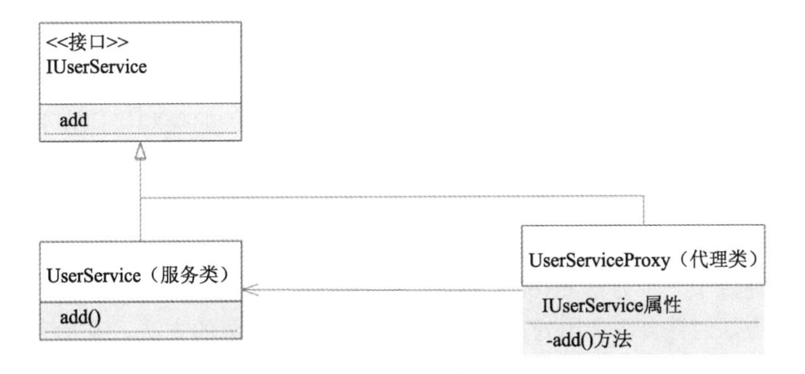

图 17.2　静态代理实现的类关系图

（1）服务接口 IUserService：

```
01  public interface IUserService {  接口
02   public void add() ;
03  }
```

（2）服务类 UserService：

```
01  public class UserService  implements IUserService{  //实现接口的类
02    public void add() {
03        System.out.println("Add User");
04    }
05  }
```

（3）代理类 UserServiceProxy：

```
    //实现接口的代理类
01  public class UserServiceProxy implements IUserService{
02    IUserService userService;
      //通过构造器设置目标对象
03    public UserServiceProxy(IUserService userService) {
04        this.userService = userService;
05    }
06    @Override
07    public void add() {                    //覆写目标对象方法
08        System.out.println("代理前");
09        userService.add();
10        System.out.println("代理后");
11    }
12  }
```

代理类继承服务接口，通过构造器传入被代理的服务类对象。在代理类中重写 add()方法，在方法前后加上额外的逻辑代码。

（4）调用代码：

```
01  IUserService userService= new UserService();
02  UserServiceProxy userServiceProxy= new UserServiceProxy(userService);
03  userServiceProxy.add();
```

从以上实例中可以看出，静态代理需要一个公共接口、一个实现类和一个代理类。

2. 基于JDK的动态代理

JDK 反射机制可以在运行时获取类和方法的对象，相关的类和接口在 java.lang.reflect 包中，在该包中还提供了动态代理相关的接口和类，主要包括 InvocationHandler 接口和 Proxy 类。

- InvocationHandler 接口：调用处理器接口。每个动态代理类需要实现一个该接口的类。该接口提供了一个方法 invoke(Object proxy,Method method,Object[] args)，在代理对象调用方法时，会由调用处理器的 invoke()来调用实际的方法。该方法的第 1 个参数是代理对象，第 2 个参数是调用的方法对象，第 3 个参数是调用方法时传入的参数。
- Proxy 类：用于创建动态代理对象的类。该类提供创建动态代理对象的方法是 newProxyInstance(ClassLoader loader,Class<?>[] interfaces,InvocationHandler h)，该方法的第 1 个参数是类加载器，第 2 个参数是接口的集合，第 3 个参数是调用处理器对象。

调用处理器的 invoke()方法的第一个参数类型和代理创建类的 newProxyInstance()方法返回的对象类型都是动态代理类型 com.sun.proxy.$Proxy0，该类型动态继承自接口，但和具体的实现类没有继承关系。也就是说，如果试图将代理类转型为实现类会出现错误，这个错误在 Spring AOP 开发中也会遇到。

JDK 动态代理开发步骤如下：

（1）定义接口和实现类。

（2）定义继承 InvocationHandler 接口的调用处理器类。

（3）使用 Proxy 的 newProxyInstance()创建一个代理对象。

（4）使用代理对象调用方法。

这里还是以前面的用户添加服务为例来讲解，IUserService 和 UserService 维持不变，定义继承 InvocationHandler 接口的调用处理器实现类 UserSerivceInvocationHandler。

```
    //调用处理器类
01  public class UserSerivceInvocationHandler implements Invocation Handler {
02    private Object obj;                //被代理的对象
03    UserSerivceInvocationHandler(Object obj) {
04      this.obj = obj;
05    }
06    @Override
07    public Object invoke(Object proxy, Method method, Object[] args) throws
       Throwable {
08      System.out.println("前置代理");
09      Object ret = method.invoke(obj, args);
10      System.out.println("后置代理");
11      return ret;
12    }
13  }
```

该调用处理器类有一个构造函数，形参是需要代理的对象，实现了接口的 invoke()方法，在该方法中，使用反射机制的 method.invoke(obj, args)方法调用实际的类方法，在该方法的调用前后实现其他需要执行的代码。调用代码如下：

```
01 IUserService userService= new UserService();
   //调用处理器对象
02 UserSerivceInvocationHandler invocationHandler=
            new UserSerivceInvocationHandler(userService);
   //创建代理对象
03 IUserService userServiceProxy =
            (IUserService) Proxy.newProxyInstance(UserService.class.
            getClassLoader(),new Class[] { IUserService.class },
            invocationHandler);
04 userServiceProxy.add();
```

代理类型的对象中包含了一个 invocationHandler 对象，该对象维护实际的实现类，如图 17.3 所示。

proxy	$Proxy0 (id=356)	
h	UserSerivceInvocationHandler (id=355)	
obj	UserService (id=370)	
method	Method (id=366)	
args	null	

cn.osxm.ssmi.chp08.aop.UserService@1593948d

图 17.3　JDK 代理对象的数据结构

注意： 使用 Proxy 创建动态代理也需要使用接口作为参数，即要求基于接口的开发。

17.1.3　CGLIB 动态代理库

JDK 使用 Proxy 进行代理，但要求代理类需要实现一个或多个接口。虽然基于接口编程是推荐的编程风格，但有时还是存在不继承接口的类需要使用动态代理的状况。CGLIB 全称为 Code Generation Library，是一个功能强大的第三方动态代理库，可以在运行期扩展 Java 的类和接口。此外，CGLIB 通过字节码操作生成类，具有较高的性能。使用 Maven 导入 CGLIB 库的配置如下：

```
01 <dependency>
02    <groupId>cglib</groupId>
03    <artifactId>cglib</artifactId>
04    <version>3.2.12</version>
05 </dependency>
```

基于 CGLIB 的动态代理实现，需要继承方法拦截器接口（MethodInterceptor），实现接口方法，最后使用 Enhancer 类创建代理，以达成方法级别的拦截。下面对一个没有接口继承的类 UserServiceImpl 进行动态代理实现，演示 CGLIB 的使用。

（1）UserServiceImpl 服务类定义，不需要继承任何接口。

```
01 public class UserServiceImpl {
02   public void add() {
03       System.out.println("Add User");
```

```
04    }
05  }
```

（2）定义方法拦截器 AddMethodInterceptor，实现 MethodInterceptor 接口。

```
01  public class AddMethodInterceptor implements MethodInterceptor{
02    @Override
03    public Object intercept(Object obj, Method method, Object[] args,
      MethodProxy proxy)
        throws Throwable {
04        System.out.println("前置处理:" + method);
05        Object object = proxy.invokeSuper(obj, args);
06        System.out.println("后置处理:" + method);
07        return object;
08    }
09  }
```

在上面的 intercept()方法中，可以根据 obj 和 method 参数对需要代理的类和方法进行过滤。

（3）创建代理对象，调用方法如下：

```
01   Enhancer enhancer = new Enhancer();
02   enhancer.setSuperclass(UserServiceImpl.class);
03   enhancer.setCallback(new AddMethodInterceptor());
04   UserServiceImpl userService = (UserServiceImpl)enhancer.create();
05   userService.add();
```

Enhancer 是字节码增强器，使用 setSuperclass()方法设置被代理的类型，setCallback ()方法设置回调的方法拦截器对象。Callback（回调）是 CGLIB 中的重要概念，其作用是当被代理类的方法执行时，会同步触发调用。此处代理类的类型如下：

```
cn.osxm.ssmi.chp08.aop.UserServiceImpl$$EnhancerByCGLIB$$28cef285
```

Spring 在核心模板中封装了 CGLIB 的相关实现，提供了和 CGLIB 相同的接口和方法，如图 17.4 所示。

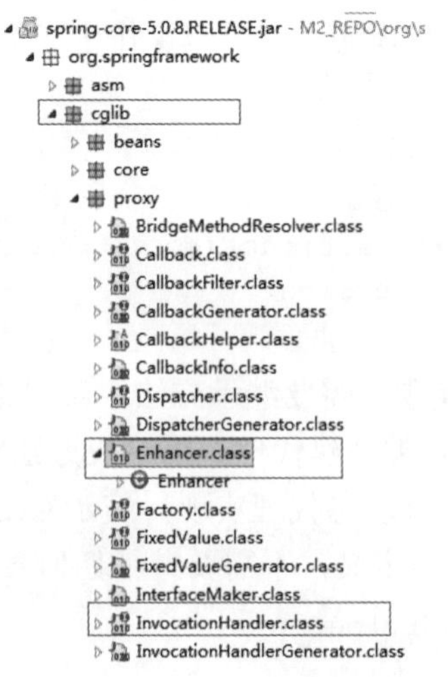

图 17.4　Spring AOP 模块对 CGLIB 的封装

17.2 Java AOP 框架——AspectJ

JDK 的反射与代理特性及第三方动态代理框架提供了 AOP 实现的基础，但是与实际的 AOP 开发需要的功能还相差甚远。在 Java 代理技术的基础上，出现了一些 AOP 的框架，包括 Aspect、Javassist 及 Spring AOP 等。其中，AspectJ 是目前使用较为广泛的 Java AOP 框架，Spring AOP 框架与其有着一定的关系。

AspectJ 是 Eclipse 基金会的项目，使用 AspectJ 开发需要下载 AspectJ 运行环境和 AspectJ 依赖包。AspectJ 开发工具包的下载地址是 https://www.eclipse.org/aspectj/。下载完成后是一个.jar 的压缩档，双击该文档进行安装，安装过程需要选择 JRE 的路径，安装完成之后就使用 ajc 命名来替换 javac 命令进行源文件的编译。

基于 Eclipse IDE 的开发，安装 AJDT（AspectJ Development Tools）插件可以简化 AspectJ AOP 开发。该插件在线安装地址是 http://download.eclipse.org/tools/ajdt/47/dev/update。安装完成之后重启 Eclipse。

AspectJ 对编译期静态织入和运行期动态织入都提供支持。不同阶段的实现方式如下：

- 编译时：使用 ajc 编译器替代 javac 编译器，在源文件编译成.class 文件时织入增强代码。
- 编译后：利用 ajc 编译器向.class 文件和 .jar 文件中织入增强代码。
- 加载时：利用 aspectjweaver.jar，使用动态代理的方式在类加载期间将切面织入。

17.2.1 使用 Eclipse AJDT 开发 AspectJ 实例

下面演示在 Eclipse IDE 中，使用 AJDT 插件进行 AspectJ 开发。开发步骤如下：

（1）在 Eclipse 中建立 AspectJ 类型项目，具体操作是在菜单栏选择 New | Other | AspectJ | AspectJ Project 命令。

（2）定义被代理类，这里使用上面的 UserServiceImpl，这个类可以不继承接口。

（3）创建 AspectJ 的切面文件 UserServiceAspect，后缀名是.aj。内容如下：

```
01  package cn.osxm.ssmi.chp08.aop.aspect;
02  public aspect UserServiceAspect {   //定义切面
      //定义切入点
03    pointcut UserServicePointCut() : execution(* cn.osxm..*.add(..));
04   before() : UserServicePointCut(){ //前置增强，在 add()方法执行之前执行
05      System.out.println("begin intercept");
06   }
07   after() : UserServicePointCut(){   //后置增强，在 add()方法执行之后执行
08      System.out.println("end intercept");
09   }
10  }
```

上面定义的这个文件类似于 Java 的类文件，使用 aspect 关键字定义切面，PointCut 定义切点的切点表达式，before()和 after()定义前置和后置增强。

注意：.aj 是 AspectJ 格式的文件，如果不安装 AJDT，则 Eclipse 无法识别。

（4）调用测试，测试方法和普通的 Java 测试方法类似，只需要调用原始类的方法即可。

```
01 public static void main(String[] args) {
02     UserService userService = new UserService();
03     userService.add();
04     userService.update();
05 }
```

右击测试类，在弹出的快捷菜单中选择 Run As | AspectJ/Java Application 命令运行测试程序。使用 AJDT 进行开发，在源码中的增强会自动标识，如图 17.5 所示。

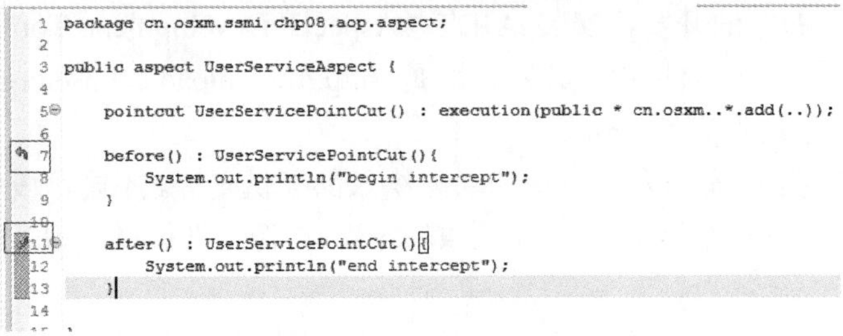

```
1  package cn.osxm.ssmi.chp08.aop.aspect;
2
3  public aspect UserServiceAspect {
4
5      pointcut UserServicePointCut() : execution(public * cn.osxm..*.add(..));
6
7      before() : UserServicePointCut(){
8          System.out.println("begin intercept");
9      }
10
11     after() : UserServicePointCut(){
12         System.out.println("end intercept");
13     }
14
```

图 17.5　在 Eclipse 中开发 AspectJ 自动标识增强

17.2.2　AspectJ 切点执行表达式

前面的 execution()函数用来指定切点表达式，类似 execution(public * cn.osxm..*.add(..))。AspectJ 提供了一套切点表达式，该表达式也被 Spring 所沿用，表达式语法如图 17.6 所示。

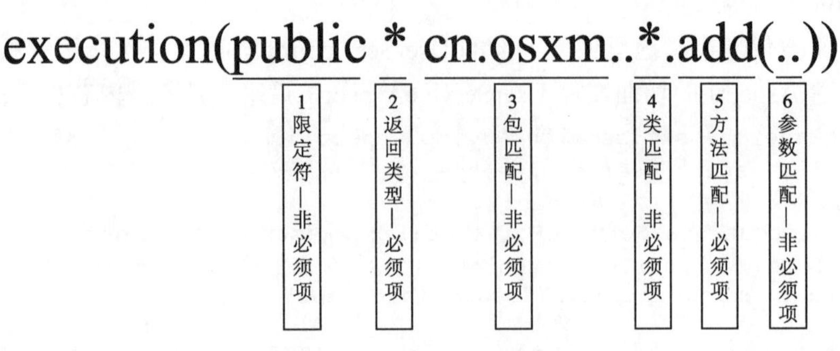

execution(public * cn.osxm..*.add(..))

1 限定符—非必须项
2 返回类型—必须项
3 包匹配—非必须项
4 类匹配—非必须项
5 方法匹配—必须项
6 参数匹配—非必须项

图 17.6　AspectJ 切点表达式语法

- 位置 1 是限定符，是非必须项，代表匹配 public；

- 位置 2 是返回类型，*号表示所有类型；
- 位置 3 是拦截的包名，..表示当前包及所有的子包；
- 位置 4 是类的名字，*号代表所有的类；
- 位置 5 是匹配的方法名；
- 位置 6 是匹配的参数。..代表所有的参数。..不限个数，不限类型。

在切点表达式中，可以使用星号（*）和双点（..）匹配符。常见的 AspectJ 切点表达式示例如下：

- execution(public * *(..)) ：所有 public 的方法；
- execution(* *add(..))：所有 add 后缀的方法；
- execution(* cn...Service.add*(..))：匹配所有 Service 为后缀类名、add 为前缀的方法名；
- execution(* *add(String,*))：匹配有两个参数的 add 方法，第一个参数是 String 类型，第二个参数是任意类型。

17.2.3 AspectJ 注解开发

除了使用.aj 文件进行切面定义，AspectJ 从 1.5 版本开始提供了注解的开发方式，使用在 Bean 类和方法中。注解包括：

- @Apsect：切面类；
- @Pointcut：切点及表达式定义；
- @Before：前置增强；
- @After：后置增强；
- @Around：环绕增强；
- @AfterReturning：方法返回结果之后执行；
- @AfterThrowing：方法抛出异常之后执行。

以上注解使用的示例代码如下：

```
01 @Aspect                                        //切面
02 public class UserServiceAspectAnno {
03   @Pointcut("execution(* cn.osxm..*.add(..))")
04   public void userServicePointCut() {
05   }
06   //@Before("userServicePointCut()")
07   public void beforeAdvice() throws Throwable {
08     System.out.println("[UserServiceAspectAnno][beforeAdvice]前置增强");
09   }
10   @After("userServicePointCut()")
11   public void afterAdvice() throws Throwable {
12     System.out.println("[UserServiceAspectAnno][afterAdvice]后置增强");
13   }
14   @Around("userServicePointCut()")
15   public Object aroundAdvice(ProceedingJoinPoint joinPoint) throws
      Throwable {
```

```
16        System.out.println("[UserServiceAspectAnno][Around]环绕增强，执行方
          法前");
17        Object result = joinPoint.proceed();
18        System.out.println("[UserServiceAspectAnno][Around]环绕增强，执行方
          法后");
19        return result;
20      }
21      @AfterReturning("userServicePointCut()")
22      public void afterRunningAdvice() throws Throwable {
23        System.out.println("[UserServiceAspectAnno][AfterReturning]返回结
          果之后");
24      }
25      @AfterThrowing("userServicePointCut()")
26      public void afterThrowingAdvice() throws Throwable {
27        System.out.println("[UserServiceAspectAnno][afterThrowingAdvice]
          抛出异常之后");
28      }
29    }
```

UserServiceAspectAnno 使用注解标识为一个切面类，在 userServicePointCut()方法中使用@Pointcut 注解及定义切点表达式来定义拦截的类和方法的切点，在 beforeAdvice()和 afterAdvice()方法中使用@Before("切点方法()")和@After("切点方法()")")对@Pointcut 注解的切点进行增强。joinPoint.proceed()用来执行原始方法。

注意：@Before 和@Around 不能同时使用。

17.3 Spring AOP 框架解密

AOP 和 IoC 是 Spring 框架的两个核心编程思想。Spring IoC 容器将对象间的依赖从对象本身转移到外部容器进行控制，Spring AOP 模块则可以将非业务逻辑代码从业务代码中分离出来，进行统一、灵活的处理，这些非业务逻辑功能包括：日志记录、异常处理、安全控制和事务处理等。使用 Spring IoC 容器，AOP 不是必要的，但 Spring 自身的很多特性与功能是基于 AOP 的方式实现，比如声明式事务管理。

Spring AOP 同时支持基于接口的 JDK 代理和基于类的 CGLIB 代理，两种方式各有优劣。CGLIB 创建的动态代理对象的性能比 JDK 所创建的要好，但 CGLIB 创建代理对象所花费的时间比 JDK 动态代理要多，所以 CGLIB 适合单例对象或者对象池对象的代理，因为无须频繁创建新实例，反之则适用于 JDK 动态代理技术。

17.3.1 Spring AOP 框架及代理实现

如果使用 Maven 管理依赖，spring-aop 模块会在导入 spring-context 模块时一并导入，

AOP 模块目录结构如图 17.7 所示。

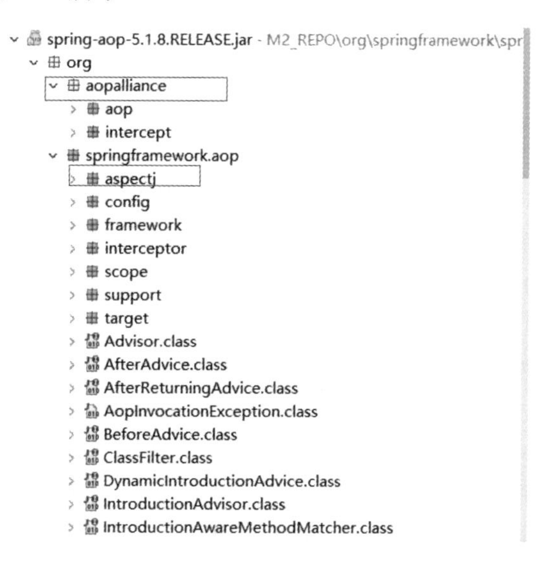

图 17.7　Spring AOP 模块的目录结构

从图 17.7 中可以看到，Spring AOP 模块主要包括三部分内容：

- Spring AOP 框架核心，包含 org.springframework.aop 目录下的接口类及除 aspectj 子目录中的其他接口和类。
- AspectJ 的支持，包括 AspectJ 类型的代理对象、切点和增强等支持。此外，Spring 还提供了单独的 AspectJ 的集成模块 spring-aspects。
- aopalliance 接口的包装。aopalliance 是 AOP 联盟为了规范 AOP 开发而定义的规范接口，Spring AOP 框架基于该规范接口提供实现。

1. Spring AOP框架的主要接口和类

aopalliance 定义的主要接口包括：

- org.aopalliance.aop.Advice：增强接口。
- org.aopalliance.intercept.Interceptor：拦截器接口。该接口继承自 Advice。拦截器是增强的一个子集，关注的是某些特定的连接点（比如属性访问、构造器调用及方法调用）时的动作。
- org.aopalliance.intercept.Joinpoint：连接点接口。
- org.aopalliance.intercept.Invocation：调用接口。继承自 Joinpoint 接口，Invocation 是可以被拦截器拦截的 Joinpoint。

Spring AOP 基于 Advice、Interceptor 和 Joinpoint 等接口提供了子接口及实现类，通过代理实现 AOP 功能，AopProxy 是代理对象接口，ProxyFactoryBean 用于对单个目标对象代理。

（1）Spring AOP 提供的增强接口及实现类

Spring 继承 aopalliance 的 Advice 和 Interceptor，定义了一系列增强和拦截器子接口，如图 17.8 所示。

应用程序实现上面的增强接口完成自身的增强逻辑类的定义，常用的增强接口类型如下：

- MethodBeforeAdvice 接口：目标方法执行前增强。实现类完成 before()方法。
- AfterReturningAdvice 接口：目标方法执行后增强（无异常状况下）。实现类完成 afterReturning()方法。
- ThrowsAdvice 接口：抛出异常时增强。
- IntroductionAdvice 接口：引介增强，在不改变目标类的状况下，动态增加新的属性和方法。
- MethodInterceptor 接口：方法拦截器，相当于环绕增强，在方法执行前后执行增强。
- ConstructorInterceptor 接口：构造器拦截器。

（2）Spring AOP 提供的切点（Pointcut）接口

aopalliance 定义了连接点接口（Joinpoint），但没有提供切点（Pointcut）接口，于是 Spring 定义了该类型的接口 org.springframework.aop.Pointcut，该接口包含两个方法 getClassFilter()和 getMethodMatcher()，分别对应类层级和方法层级的匹配。Spring 基于切点接口实现类结构如图 17.9 所示。

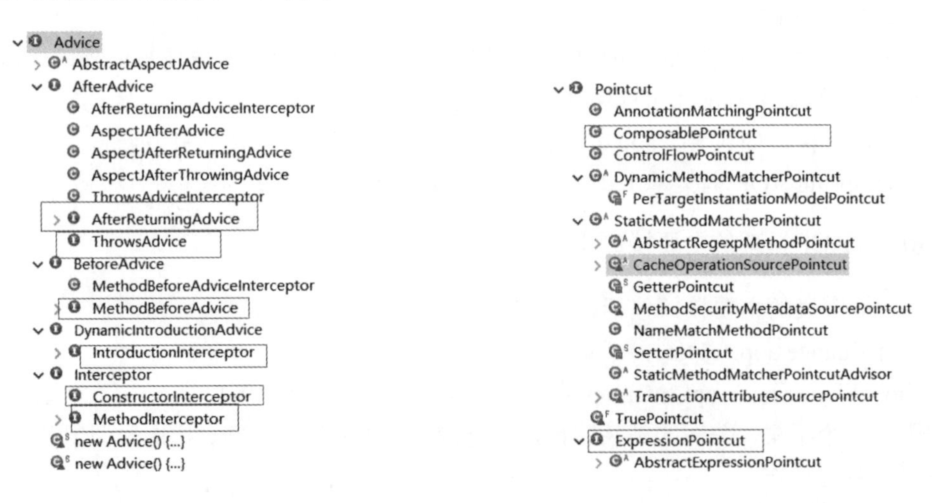

图 17.8　Spring AOP 增强接口及实现类结构　　　图 17.9　Spring AOP 切点（Pointcut）类结构

切点 Bean 的配置可以使用 ComposablePointcut 或 NameMatchMethodPointcut 等，但使用 AspectJ 表达式定义切点的方式更为简单。

（3）AOP（AopProxy）代理接口

AopProxy 是 Spring AOP 提供的用于获取代理对象的接口，该接口定义了获取代理对象的方法 getProxy()。框架默认提供的接口实现类包括 JdkDynamicAopProxy 和 CglibAopProxy 及其子类 ObjenesisCglibAopProxy，分别对应 JDK 和 CGLIB 的动态代理。Objenesis 是一个小型的 Java 类库，用于实现不使用构造函数实例化类对象，Spring AOP 对其进行了封装，并扩展了 SpringObjenesis 类用于对象实例化。

在 Spring AOP 框架中，类的代理对象不会直接使用 JdkDynamicAopProxy 或 ObjenesisCglibAopProxy 创建，而是统一通过代理工厂 Bean（ProxyFactoryBean）创建。

（4）通过 ProxyFactoryBean 代理对象

ProxyFactoryBean 实现了 FactoryBean<Object>、BeanClassLoaderAware 和 BeanFactoryAware 接口，同时继承自 ProxyCreatorSupport 类。

- 实现 FactoryBean 接口，具备工厂 Bean 特性，通过 getObject()方法得到实际对象。工厂 Bean 可以更灵活地扩展该类的功能。
- 实现 BeanClassLoaderAware 接口，可以使用类加载器的功能。
- 实现 BeanFactoryAware 接口，具备 Spring 容器对象（BeanFactory）的功能。
- ProxyCreatorSupport 类实现了代理创建、增强等功能，在该类中使用 DefaultAopProxyFactory 的 createAopProxy()创建代理对象。默认使用 JDK 代理（JdkDynamicAopProxy），也可以指定使用 CGLIB 代理（ObjenesisCglibAopProxy）。

ProxyFactoryBean 实现的逻辑结构如图 17.10 所示。

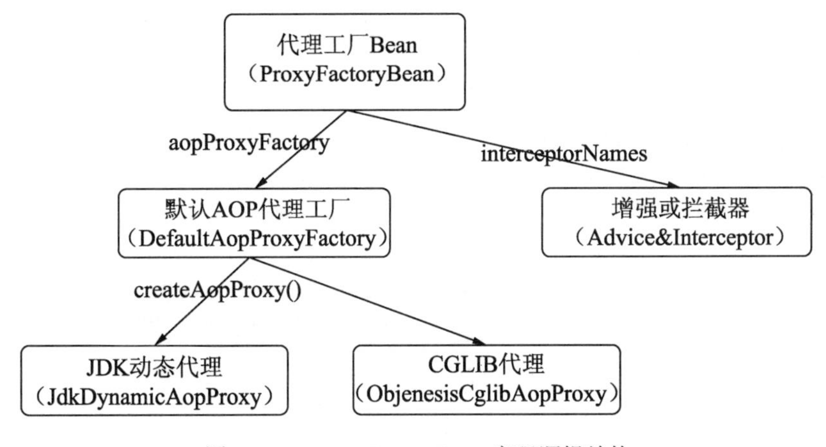

图 17.10　ProxyFactoryBean 实现逻辑结构

17.3.2　代理工厂 Bean：ProxyFactoryBean

ProxyFactoryBean 可以实现单个 Bean 的代理并织入增强功能，通过在配置文件中配置代理 Bean 的目标对象及拦截器即可。目标对象类可以继承接口，也可以不继承接口，框架可以自动选择代理实现方式。下面以示例演示 ProxyFactoryBean 的使用。

1. 基于接口的代理

定义用户服务接口（IUserService）、用户服务实现类（UserService）及实现 MethodBefore-Advice 接口的增强类 MyMethodBeforeAdvice。开发步骤及代码如下：

（1）用户服务接口 IuserService，该接口仅定义一个 add()方法。

```
01  public interface IUserService {
02    public void add();
03  }
```

（2）继承接口的用户服务类 UserService。

```
01  public class UserService implements IUserService {
02    @Override
03    public void add() {
04        System.out.println("Add User");
05    }
06  }
```

（3）方法增强实现类 MyMethodBeforeAdvice，此处的增强功能仅在方法执行时打印一行输出。

```
01  public class MyMethodBeforeAdvice implements MethodBeforeAdvice {
02    @Override
03    public void before(Method method, Object[] args, Object target) throws
       Throwable {
04      System.out.println("======方法前置增强=======");
05    }
06  }
```

（4）Bean 配置，包括服务类 Bean、增强实现类 Bean 和代理工厂 Bean 配置。

```
01  <bean id="userService" class="cn.osxm.ssmi.chp17.UserService" />
02  <bean id="myBeforeAdvice" class="cn.osxm.ssmi.chp17.advice.MyMethod
     BeforeAdvice"/>
03  <bean id="userServiceProxy"
      class="org.springframework.aop.framework.ProxyFactoryBean">
04      <property name="interfaces" value="cn.osxm.ssmi.chp17.IUserService"/>
05      <property name="target">
06         <ref bean="userService"/>
07      </property>
08      <property name="interceptorNames">
09          <list>
10               <value>myBeforeAdvice</value>
11            </list>
12       </property>
13  </bean>
```

以上代理工厂 Bean（ userServiceProxy）的配置属性含义如下：

- Interfaces：代理的接口。基于 JDK 接口的代理时配置，不配置容器也可以自行处理。
- target：被代理的 Bean。
- interceptorNames：代理对象绑定的增强或拦截器的 Bean。

（5）测试验证，加载 Spring 配置文件，从容器中获取目标对象的代理 Bean，调用目标对象的方法就可以看到执行的效果。测试代码如下：

```
01 ApplicationContext context=
      new ClassPathXmlApplicationContext("cn/osxm/ssmi/chp17/proxyFactory
      Bean.xml");
02 IUserService userService= (IUserService) context.getBean("userService
   Proxy");
03 userService.add();
```

2. 基于类的代理

如果目标对象没有实现任何接口，ProxyFactoryBean 会自动使用 CGLIB 代理，也可以设置 proxyTargetClass 属性值为 ture 的方式强制指定。配置示例如下：

```
01 <bean id="userServiceProxy"
          class="org.springframework.aop.framework.ProxyFactoryBean">
02     <property name="targetName" value="userService" />
03     <property name="interceptorNames" value="myBeforeAdvice" />
04     <property name="proxyTargetClass" value="true"/>
05 </bean
```

除了 targetName、interceptorNames 和 proxyTargetClass 等属性，ProxyFactoryBean 可配置的属性还有：

- singleton：生成的代理 Bean 是否单例，默认是单例。
- autodetectInterfaces：自动侦测接口，默认值为 true，上面基于接口的代理中不强制要求配置接口的原因就是为此。

3. 使用拦截器替代增强

使用拦截器的实现类可以代替上面的方法增强实现类，自定义拦截器需要实现 MethodInterceptor 接口，定义示例如下：

```
01 public class MyMethodInterceptor implements MethodInterceptor {
02    @Override
03    public Object invoke(MethodInvocation invocation) throws Throwable {
04       System.out.println("方法执行前");
05       Object object = invocation.proceed();
06       System.out.println("方法执行后");
07       return object;
08    }
09 }
```

代理 Bean 的配置和前面类似，配置拦截器 Bean，代理 Bean 的 interceptorNames 使用拦截器的 Bean 的 id。

17.3.3 增强器：Advisor

上面的 ProxyFactoryBean 代理中没有任何过滤条件，所有方法执行都会调用

interceptorNames 属性配置的增强功能。interceptorNames 除了可以指定 Advice 类型的 Bean，还可以用来指定 Advisor 类型的 Bean。

Advisor 是切点（Pointcut）和增强（Advice）的适配器，即 Advisor 用来指定满足切点定义的方法增强。

1.自定义切点类型

切点的类型有很多种，这里以匹配方法名的切点类型为例，可以直接使用 NameMatchMethodPointcut，也可以继承该类实现自定义的匹配逻辑。继承方式的示例如下：

```
01 public class MyNameMatchPointCut extends NameMatchMethodPointcut {
02   public boolean matches(Method method, Class targetClass) {
03       this.setMappedName("add");                    //匹配方法名
04       // this.setMappedName("add*");                //使用通配符匹配方法名
05       return super.matches(method, targetClass);
06   }
07 }
```

setMappedName()方法设置需要拦截的方法名（比如 add），也可以使用*作为通配符，类似 this.setMappedName("add*")将会拦截所有 add 前缀的方法。

2. 增强器Bean配置

配置 Pointcut 类型 Bean 后，使用切点 Bean 和增强 Bean 作为属性，就可以配置增强器的 Bean，配置示例如下：

```
01 <bean id="myBeforeAdvice" class="cn.osxm.ssmi.chp17.advice.MyMethod
   BeforeAdvice"/>
02 <bean id="myNamePointCut" class="cn.osxm.ssmi.chp17.pointcut.MyName
   MatchPointCut"/>
03 <bean id="myDefaultAdvisor" <!--增强器 Bean 配置 -->
       class="org.springframework.aop.support.DefaultPointcutAdvisor">
04     <property name="pointcut"> <!--切点-->
05        <ref bean="myNamePointCut"/>
06     </property>
07     <property name="advice"> <!--增强 -->
08        <ref bean="myBeforeAdvice"/>
09     </property>
10 </bean>
```

通过以上配置，在执行增强代码之前，都会首先调用切点的 matches 方法来判断是否应该拦截该方法，当 matches 方法返回 true 时，表明当前方法应该被拦截。

3. 增强器的类型

Advisor 是增强器的接口，对应两个子接口 IntroductionAdvisor（引介增强器）和 PointcutAdvisor（切入点增强器）。Advisor 子接口及实现类的层级结构如图 17.11 所示。

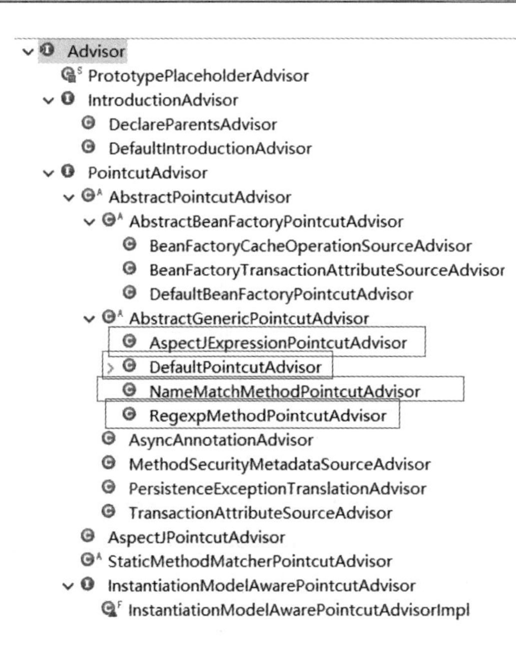

图 17.11 Advisor（增强器）接口及类的结构

在以上的切点增强器实现类中，常用的是 DefaultPointcutAdvisor、RegexpMethod-PointcutAdvisor、NameMatchMethodPointcutAdvisor 和 AspectJExpressionPointcutAdvisor。

（1）DefaultPointcutAdvisor：默认的切点增强器，该类型实现切点 Bean 配置拦截规则，开发较为烦琐，但比较灵活。

（2）RegexpMethodPointcutAdvisor：方法名正则表达式切点增强器，使用 patterns 属性配置正则表达式匹配拦截的方法，配置示例如下：

```
01  <bean id="regexpAdvisor"
         class="org.springframework.aop.support.RegexpMethodPointcut
         Advisor">
02      <property name="patterns">  <!--正则表达式匹配方法名的列表-->
03        <list>
04          <value>.*add</value>
05        </list>
06      </property>
07      <property name="advice">
08         <ref local="myAdvice"/>
09      </property>
10  </bean
```

（3）NameMatchMethodPointcutAdvisor：方法名匹配切点增强器，直接通过 mapped-Names 属性设置需要拦截的方法名匹配，也可以用*通配符。配置示例如下：

```
01  <bean id="nameMatchAdvisor"
         class="org.springframework.aop.support.NameMatchMethodPointcut
         Advisor">
02      <property name="mappedNames">  <!--匹配的方法列表 -->
```

```
03        <list>
04          <value>add*</value>
05        </list>
06      </property>
07      <property name="advice">
08        <ref local="myAdvice" />
09      </property>
10    </bean>
```

（4）AspectJExpressionPointcutAdvisor：AspectJ 表达式切点增强器，该类型一般在框架内部使用，对于开发者而言，使用 AOP 相关的标签即可，比如<aop:advisor>。

17.3.4　基于 XML 的 AOP 配置

Spring AOP 的实现虽然与 AspectJ 无关，但是使用了 aspectjweaver 的一些功能，所以 Spring AOP 需要导入 aspectjweaver 依赖包。aspectjweaver 主要提供类加载期织入切面（Load time weaving）的功能，使用 Mavan 导入方式如下：

```
01 <dependency>
02     <groupId>aspectj</groupId>
03     <artifactId>aspectjweaver</artifactId>
04     <version>1.9.4</version>
05 </dependency>
```

Spring 提供了 AOP 的标签来简化 Spring AOP 的开发，导入 Spring AOP 和 aspectjweaver 包并在配置文件的根节点加入 aop 命名空间之后，就可以在配置文件中使用<aop:config>标签进行 AOP 配置。在<aop:config>标签下使用<aop:aspect>配置切面，在切面标签下使用<aop:advisor>织入增强。

1．<aop:aspect>切面标签

<aop:aspect>用来配置切面，在切面标签中使用<aop:pointcut>配置切点及表达式，使用<aop:before>、<aop:after>等配置织入的方位，配置语法如下：

```
01 <aop:config> <!--AOP 配置根标签 -->
02   <aop:aspect ref="切面 Bean Id"><!--切面-->
03     <aop:pointcut id="切点 id" expression="切点表达式"/> <!--切点-->
       <!--前置增强-->
04     <aop:before pointcut-ref="切点 id " method="切面类中的方法名" />
       <!--后置增强-->
05     <aop:after pointcut-ref="切点 id " method="切面类中的方法名" />
       <!--环绕增强-->
06     <aop:around pointcut-ref="log" method="切面类中的方法名"/>
07     <aop:after-returning pointcut-ref="" method=""/><!--返回之后-->
08     <aop:after-throwing pointcut-ref="" method=""/><!--抛出异常后-->
09   </aop:aspect>
10 </aop:config>
```

切面类不需要继承特定的接口和类，定义简单的 Java 类即可，唯一要求是增强方法需要包含一个 org.aspectj.lang.JoinPoint 类型的参数。JoinPoint 用于获取被切入点传入的参数，任何切入方法的第一个参数都可以是 JoinPoint，该参数对象可以获取目标对象和方法名等信息，代码如下：

```
Object object = joinPoint.getTarget();
String methodName = joinPoint.getSignature().getName();
```

简单切面类的定义示例如下：

```
01  public class MyAspect {
02    public void myBeforeMethod(JoinPoint joinPoint) {
03        System.out.println("前置执行");
04    }
05  }
```

使用该类 Bean 作为切面的 AOP 配置示例如下：

```
01  <bean id="myAspect" class="cn.osxm.ssmi.chp17.springaspect.MyAspect" />
02  <aop:config>
03  <aop:aspect ref="myAspect">
04      <aop:pointcut id="myPointcut" expression="execution(* cn.osxm..
        *Service.add(..))"/>
05      <aop:before pointcut-ref="myPointcut" method="myBeforeMethod" />
06      </aop:aspect>
07  </aop:config>
```

以上配置的效果是：cn.osxm 包及子包下，所有以 Service 结尾的类的 add()方法执行前，会调用 myAspect Bean 的 myBeforeMethod()方法。

2．< aop:pointcut >切点标签

- <aop:pointcut >标签用来配置切点，id 属性指定该切点的名字，expression 属性配置切点表达式。示例可参考上面的代码。
- <aop:pointcut >可以配置在<aop:aspect>标签下，作为该切面的切点，也可以直接配置在<aop:config>标签下，作为全局切点使用。

3．<aop:advisor>增强器标签

增强器（Advisor）包括切点和增强两部分，所以在<aop:advisor>标签中需要使用 advice-ref 和 pointcut-ref 属性配置增强 Bean 和切点 Bean 的引用。Pointcut-ref 配置全局<aop:pointcut >的 id，另外还可以使用 pointcut 直接配置切点表达式。配置格式如下：

```
<aop:advisor pointcut-ref="切点 ID" advice-ref="实现 Advice 接口类的 Bean"/>
```

<aop:advisor>可以看成是<aop:aspect>一种特殊类型，同样配置在<aop:config>的 AOP 根标签下。对应切点引用和切点表达式的配置如下：

（1）advice-ref+ pointcut-ref，增强引用和切点引用配置。

```
01  <aop:config>
```

```
02    <aop:pointcut id="myPointcut" expression="execution(* cn.osxm..
      *Service.add(..))"/>
03    <aop:advisor advice-ref="myBeforeAdvice" pointcut-ref="myPointcut" />
04  </aop:config>
```

（2）advice-ref+ pointcut，增强引用和切点表达式配置。

```
01  <aop:config>
02     <aop:advisor advice-ref="myBeforeAdvice"
                    pointcut ="execution(* cn.osxm..*Service.add(..))"/>
03  </aop:config>
```

配置全局<aop:pointcut >的好处是可以重用，如果不需要重用，直接使用 pointcut 配置切点表达式即可。

4．<aop:aspect>与<aop:advisor> 的比较

<aop:aspect>与<aop:advisor>的作用类似，都是结合切点和增强实现 AOP 功能，<aop:aspect>标签的 ref 属性指定增强 Bean 的 Id，该 Bean 类没有特别要求，但<aop:advisor>标签的 advice-ref 属性的 Bean 就需要实现 Advice 接口。两者的最终实现逻辑是一样的。不过需要注意，如果同一个<aop:config>标签下同时定义了<aop:advisor>和<aop:aspect>，则<aop:advisor>需要放在前面。

两者在使用场景上也略有差别，<aop:advisor>一般使用在事务处理中，<aop:aspect>则多应用在缓存和日志等功能中。下面来回顾一下事务处理的 AOP 配置，配置示例如下：

```
01  <tx:advice id="txAdvice" transaction-manager="transactionManager">
02   <tx:attributes>
03     <tx:method name="*" timeout="120" propagation="REQUIRED" rollback-
       for="Exception" />
04   </tx:attributes>
05  </tx:advice>
06  <aop:config proxy-target-class="true">
07     <aop:pointcut id="txPointCut" expression="..."/>
08     <aop:advisor advice-ref="txAdvice" pointcut-ref="txPointCut" />
09  </aop:config>
```

17.3.5　基于注解的 AOP 配置

在使用组件扫描的组件注解开发方式下，使用 AspectJ 提供的注解可以完全替代<aop:aspect>和<aop:advisor>等标签配置。结合组件扫描的配置，只需要在配置文件中加上<aop:aspectj-autoproxy/>标签，配置示例如下：

```
<context:component-scan base-package="cn.osxm.ssmi.chp17.anno" />
<aop:aspectj-autoproxy proxy-target-class="true"/>
```

以上配置中，proxy-target-class 属性设置为 true 的作用是强制使用 CGLIB 的类代理，该属性不设置，则框架可以根据该类是否继承接口自动选择代理方式。

对应 AOP 的标签配置元素，Spring AOP 支持的 AspectJ 注解包括：

- @Aspect：切面类注解，注解在类上，作用类似<aop:config>；
- @Pointcut：注解在方法上，使该方法成为一个切入点，对应<aop:pointcut >；
- @Before：前置增强注解，切入方法之前执行；
- @After：后置增强注解，切入方法之后执行，不论执行成功或失败（抛出异常）都执行；
- @AfterReturning：成功执行后置注解，执行成功后执行，异常不执行；
- @Around：环绕增强注解，执行前、执行后都执行；
- @AfterThrowing：异常增强注解，发生异常执行。该注解支持指定一个 throwing 的返回值形参名，通过该参数名来访问目标方法中所抛出的异常对象。

@Aspect 仅仅是切面注解，不会自动注册 Bean，所以需要结合@Component 及其子注解使用。来看示例：

```
01  @Aspect
02  @Component
03  public class MyApsect {
04    @Pointcut("execution(public * cn.osxm..*Service.add(..))")
05    public void myPointcut(){
06    }
07    @Before("myPointcut()")
08    public void beforeAdd(JoinPoint joinPoint) {
09        String methodName = joinPoint.getSignature().getName();
10        System.out.println("方法" + methodName+"之前执行");
11    }
12  }
```

上面的代码中，使用@Aspect 和@Component 的组合注解一个切面组件，在 myPointcut()方法中使用@Pointcut 注解标识该方法作为切入点，注解后面的切点表达式的意思是切入 cn.osxm 包及子包下以 Service 结尾的 add 方法。在 beforeAdd()方法中使用前置增强注解@Before，该注解括号中的内容是切点方法名，增强注解方法包含一个 JoinPoint 类型的参数。

@Before 等增强注解也像@Pointcut 注解一样，后面直接加上切点表达式。在切点方法不需要共用时，可以省去切点方法的定义，示例代码如下：

```
01  @Aspect
02  @Component
03  public class MyApsect {
04    @Before("execution(public * cn.osxm..*Service.add(..))")
05    public void beforeAdd(JoinPoint joinPoint){
06        String methodName = joinPoint.getSignature().getName();
07        System.out.println("在方法： " + methodName+"之前执行");
08    }
09  }
```

注意： 如果一个类被@Aspect 标注，则这个类就不能作为目标类进行增强，因为使用@Aspect 注解后，这个类就会被排除在 auto-proxying 机制之外。

在完全注解的开发中，使用代码实现<aop:aspectj-autoproxy/>的功能，注解代码如下：

```
@Configuration
@EnableAspectJAutoProxy
public class AppConfig {
}
```

17.3.6　Spring AOP 与 AspectJ 的关系

AOP 的实现方式有预编译和运行期动态代理两种，Spring AOP 仅支持动态代理，在类加载中动态织入。Spring AOP 使用了 AspectJ 的切面语法（比如切点表达式及切面、切点等注解），需要导入 aspectjweaver 库，Spring AOP 的实现和 AspectJ 无关，其参照 AspectJ 实现了自身的 AOP 功能。

Spring AOP 支持方法层级的功能切入，但对于更细粒度的对象却无法支持，此时就需要借助 AspectJ 来完成。Spring 也提供了与 Aspect J 的集成 Spring-aspects.jar，可以通过其来使用完整的 Aspect J 的功能。但在一般应用中，Spring AOP 就足够使用了。

17.4　MVC 拦截器与过滤器

Spring MVC 中定义了对请求处理拦截的接口 HandlerInterceptor，但这个接口并非继承 aopalliance 的 Interceptor，也就是 MVC 的映射器不是使用 AOP 方式，而是通过 DispatcherServlet 调用处理器执行链（HandlerExecutionChain）实现对请求方法调用的拦截。

Filter 是 Java Servlet 的接口，实现该接口可以对 Servlet 请求和响应进行拦截与处理。Spring 继承该接口，提供了很多常用的 Filter 实现类。

本节以上一章的 Daport 项目为例，在请求服务时，通过读取 Session 对象中的 username 属性，对用户是否登录进行验证，如果没有验证成功，则跳转到 login 登录页面，下面会分别使用拦截器和过滤器实现该需求。

17.4.1　Spring MVC 拦截器

org.springframework.web.servlet.HandlerInterceptor 接口位于 spring-mvc 模块中，该接口定义了 preHandle()、postHandle()和 afterCompletion() 3 个方法。

- preHandle()：请求处理方法执行前调用。可以用在登录验证、权限控制、参数验证和编码转码等场景。
- postHandle()：请求处理方法执行之后调用，如果返回类型是视图模型，则在视图渲染之前执行。在该方法中可以设置特定的模型数据用于显示。
- afterCompletion()：在视图渲染之后执行，该方法中可以编写资源释放或异常记录的代码。

HandlerInterceptor 还有一个子接口 AsyncHandlerInterceptor 用于异步请求的拦截处理，HandlerInterceptorAdapter 抽象类（处理拦截器适配器）继承自 AsyncHandlerInterceptor。

DispatcherServlet 使用 HandlerExecutionChain 处理请求，HandlerExecutionChain 包括拦截器和处理器，在 DispatcherServlet 的 doDispatch()处理方法中，会依次调用 preHandle()、控制器映射方法、postHandle()和 afterCompletion()进行处理。HandlerInterceptor 接口虽然定义了 3 个接口方法，但实现类对这 3 个方法的实现是非强制的，可以根据需要选择一个或多个。

下面以请求 Daport 项目的"/users"服务为例进行介绍，如果没有登录则跳转到 login.jsp 页面。该功能开发只需要两步：开发拦截器实现类和配置 MVC 拦截器。

1. MVC拦截器实现

```
01 public class SessionCheckInterceptor implements HandlerInterceptor
   {0101
02   @Override
03   public boolean preHandle(HttpServletRequest request,
             HttpServletResponse response, Object handler) throws Exception {
04     // 方法处理前参数、登录、权限验证等
05     if (request.getSession().getAttribute("username") == null) {
06         response.sendRedirect("/daport/login.jsp");
07     }
       // true 方法给予执行，false 方法不执行（return 前通过 reponse 返回接口）
08     return true;
09   }
10   @Override
11   public void postHandle(HttpServletRequest request,
          HttpServletResponse response, Object handler,
          @Nullable ModelAndView modelAndView) throws Exception {
12     // 处理完成，返回结果之前，可以对 request 和 reponse 进行处理
13   }
14   @Override
15   public void afterCompletion(HttpServletRequest request,
          HttpServletResponse response, Object handler,
          @Nullable Exception ex) throws Exception {
16     // 请求处理完毕，即将要销毁的时候执行，可以做一些资源释放等工作
17   }
18 }
```

该示例只需要在请求处理之前验证即可，所以只需要实现 preHandle()方法。以上示例加上其他两种方法仅为演示的目的。此外，在 Daport 实际项目中返回的是 JSON 格式的信息，这里为简化，直接跳转至登录页面。

2. MVC拦截器配置

MVC 拦截器有多种配置方式，包括配置处理器映射器(HandlerMapping)的 interceptors 属性、使用<mvc:interceptors>配置拦截所有请求、在<mvc:interceptors>下使用<mvc:interceptor>

对匹配的 URL 进行拦截。

方式 1：HandlerMapping 拦截器配置。

在处理器映射器的 Bean 配置中，使用 interceptors 属性配置拦截器的列表，这里以注解类型的处理器映射器为例，配置如下：

```
01 <bean class="org.springframework.web.servlet.mvc.annotation.
                                    DefaultAnnotationHandlerMapping">
02     <property name="interceptors">
03         <list>
04             <bean class=" com.osxm.daport.aop.PermissionInterceptor"></bean>
05         </list>
06     </property>
07 </bean>
```

方式 2：在<mvc:interceptors>标签下配置拦截器 Bean。

```
01 <mvc:interceptors>
02     <bean class=" com.osxm.daport.aop.PermissionInterceptor" />
03 </mvc:interceptors>
```

<mvc:interceptors/>会为每一个处理器映射器（HandlerMapping）注入一个拦截器，这个拦截器或拦截所有的请求，起到总拦截器的作用。

方式 3：在<mvc:interceptors>下使用<mvc:interceptor>子标签。

在<mvc:interceptor>标签内部，使用<mvc:mapping>可以配置请求地址的匹配，满足此匹配的请求才会被拦截，这里拦截“/users”开头的请求，配置如下：

```
01 <mvc:interceptors >
02     <mvc:interceptor>
03         <mvc:mapping path="/users/**" />
04         <bean class=" com.osxm.daport.aop.PermissionInterceptor"></bean>
05     </mvc:interceptor>
06 </mvc:interceptors>
```

在基于 Java 代码注解的项目中，定义继承 WebMvcConfigurationSupport 类的注解配置类，通过覆写 addInterceptors()方法进行拦截器的添加及匹配路径的设置。示例如下：

```
01 @Configuration
02 public class MvcConfiguration extends WebMvcConfigurationSupport {
03     @Override
04     public void addInterceptors(InterceptorRegistry registry) {
05         registry.addInterceptor(new SessionCheckInterceptor()).addPath
           Patterns("/users/**");
06     }
07 }
```

17.4.2　Servlet 过滤器与 Spring 实现的过滤器

Filter 是 Servlet 2.3 开始提供的接口，其实现对 Servlet 请求及响应的拦截、过滤和预处理，应用场景包括：登录验证、数据压缩、加密或字符转码。Filter 接口定义了 3 个方法：init()、doFilter()和 destroy()。

- init()：初始化参数；
- doFilter()，对拦截到的请求预处理，预处理完成调用 chain.doFilter(request, response) 交给其他过滤器或交还给 Servlet 处理；
- destroy()：用于资源回收。

过滤器的处理流程如下：

（1）过滤器在 Servlet 处理之前拦截请求（ServletRequest）。

（2）在 doFilter()方法中对请求进行预处理，决定是否放行。放行后调用 chain.doFilter (request, response)继续处理。也可以中断请求，转发或重定向到其他 Servlet 或页面进行处理（错误页面）。

（3）Servlet 处理请求并返回响应。

（4）过滤器拦截响应返回（ServletResponse）并可对响应进行处理。

（5）响应返回给客户端。

1. Filter开发示例

过滤器开发继承 Filter 接口并实现 doFilter()方法，init()和 destroy()方法是非必需项。过滤器类需要在 web.xml 中配置，配置方式与 Servlet 类似，使用<filter>标签配置过滤器，使用<filter-mapping>配置该过滤器拦截的匹配地址。同样以前面的用户登录验证为例，开发步骤也是两步：实现过滤器类 SessionCheckFilter 和在 web.xml 中配置。

（1）Filter 实现类 SessionCheckFilter。

Filter 实现类可以实现自 Filter 接口，也可以继承 HttpFilter 抽象类。HttpFilter 抽象类的 doFilter()方法的参数类型是 HttpServletRequest 和 HttpServletResponse，而 Filter 接口方法的参数是 ServletRequest 和 ServletResponse，HTTP 请求使用 HttpFilter 可以省去类型转换。SessionCheckFilter 的代码如下：

```
    //自定义的 HTTP 类型过滤器
01  public class SessionCheckFilter extends HttpFilter {
02    private static final long serialVersionUID = 1L;
      //过滤器处理方法
03    public void doFilter(HttpServletRequest req, HttpServletResponse
      res, FilterChain chain) throws IOException, ServletException {
04          if (req.getSession().getAttribute("username") == null) {
05              res.sendRedirect("/daport/login.jsp");
06          }
07          chain.doFilter(req, res);
08      }
09  }
```

（2）在 web.xml 中配置过滤器及请求地址匹配。

```
01  <filter> <!--过滤器配置 -->
02      <filter-name>sessionCheckFilter</filter-name>
03      <filter-class>com.osxm.daport.filter.SessionCheckFilter</filter-
        class>
04  </filter>
```

```
05 <filter-mapping>  <!--过滤器映射配置-->
06    <filter-name>sessionCheckFilter</filter-name>
07     <url-pattern>/users/*</url-pattern>
08 </filter-mapping>
```

<filter>标签配置过滤器组件，<filter-mapping>配置该过滤器过滤的请求地址匹配。Filter 可以配置多个，形成过滤器链。在请求处理中按照配置的顺序依次处理，响应按照逆序处理。

2. Spring提供的Filter实现

spring-mvc 的 org.springframework.web.filter 包中提供了一些常用的过滤器。过滤器类结构如图 17.12 所示。

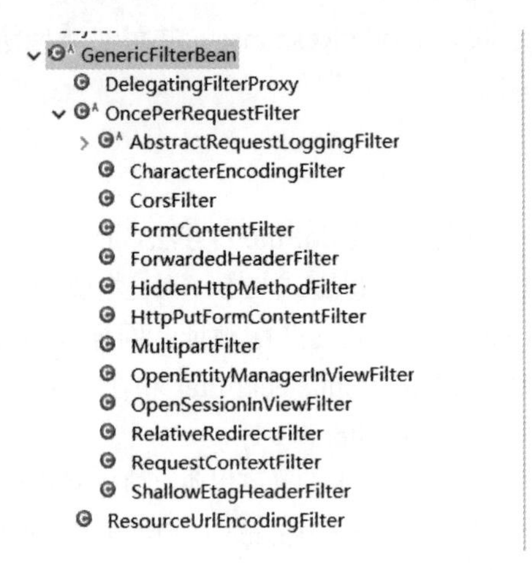

图 17.12　Spring MVC 提供的过滤器类结构

- GenericFilterBean 是 Spring 过滤器实现的通用抽象父类，该类实现的接口包括 Filter、InitializingBean、DisposableBean、EnvironmentCapable、BeanNameAware、EnvironmentAware 和 ServletContextAware。GenericFilterBean 实现 Filter 等接口的作用包括：
  - 实现 Filter 接口，具备 Filter 拦截功能。
  - 实现 InitializingBean 和 DisposableBean 接口，具备 Bean 的 afterPropertiesSet()和 destroy()生命周期回调方法。
  - 实现 Aware 接口，可以获取 Bean 的名称、环境对象和 ServletContext 对象。
- DelegatingFilterProxy：委派过滤器代理。如果配置了这个类的 Bean，则其会作为所有 Filter 的代理，由 Spring 容器管理 Filter 的生命周期。
- ResourceUrlEncodingFilter：资源 URL 编码过滤器，用于将内部资源地址转换为外部地址。
- OncePerRequestFilter：继承自 GenericFilterBean，OncePerRequestFilter 的意思是执

行一次的过滤器。该类是为了解决 Filter 可能被执行多次的问题。此外，该类还处理了 Servlet 版本兼容的问题。在 Servlet 2.3 版本中，Filter 会拦截所有的请求，但在 Servlet 2.4 及之后的版本中，Filter 只会拦截外部请求，对于内部的 forward 和 include 的转发请求不会过滤。为稳妥起见，过滤器实现从该类继承。

- AbstractRequestLoggingFilter：日志处理过滤器抽象类，包括两个子类过滤器：CommonsRequestLoggingFilter 和 ServletContextRequestLoggingFilter。
- CharacterEncodingFilter：字符编码过滤器，可以对 POST 请求的中文字符进行转码，解决中文乱码的问题。
- CorsFilter：跨域过滤器，处理跨域访问配置。
- ForwardedHeaderFilter：转发请求头过滤器，用于获取和处理 Forward 请求头中的信息。
- HiddenHttpMethodFilter：HTML 的 Form 表单仅支持 GET 和 POST 类型的方法，不支持 PUT、DELETE 等请求方法，但 HiddenHttpMethodFilter 过滤器扩展了此功能。
- HttpPutFormContentFilter：拦截 application/x-www-form-urlencoded 的 PUT 和 PATCH 类型请求，获取表单数据。
- MultipartFilter：文件上传过滤器。
- OpenEntityManagerInViewFilter：将 JPASession 与请求的线程绑定，用于解决数据层延迟加载异常。在 Service 层从数据库中读取数据到 JSP 页面中展示，如果 JSP 访问延迟加载属性，此时 EntityManager 已经关闭，就会报懒加载异常。
- OpenSessionInViewFilter：将数据库 Session 和一次完整请求过程对应的线程绑定。在 request 期间保持 Session 是打开的，当 View 层逻辑完成后，再通过 Filter 关闭 Session。
- RelativeRedirectFilter：防止 Servlet 容器将相对重定向 URL 重写为绝对 URL。
- RequestContextFilter：主要用于第三方 Servlet，例如 JSF FacesServlet。
- ShallowEtagHeaderFilter：支持 ETag 过滤器。ETag（entity tag）是 HTTP 响应头中用来判断对应响应结果是否修改，该值可以通过 Hash 算法计算。

17.4.3　过滤器与拦截器的关系

在前面的实例中，过滤器和拦截器应用于请求处理前的登录验证，两者可以使用的场景还包括权限控制和日志写入等。虽然两者的应用场景和作用类似，但属于完全不同的组件，主要区别如下：

- 技术实现：MVC Interceptor 是 Spring MVC 的功能，Filter 是 Servlet 的机制；
- 适用范围：MVC Interceptor 可以用在 Web 应用和桌面应用中，Filter 只能使用在 Java Web 项目中；
- 配置方式：MVC Interceptor 配置在 Spring MVC 配置文件中，Filter 配置在 web.xml

文件中。

- 管理方式：MVC 拦截器由 Spring 容器管理，可以获取容器中的对象。Filter 默认不由容器控管，可以配置容器进行生命周期管理，但无法取到容器对象。

MVC 拦截器、过滤器及 Spring AOP 的增强和拦截器可以在项目中同时使用，逻辑结构及处理流程如图 17.13 所示。

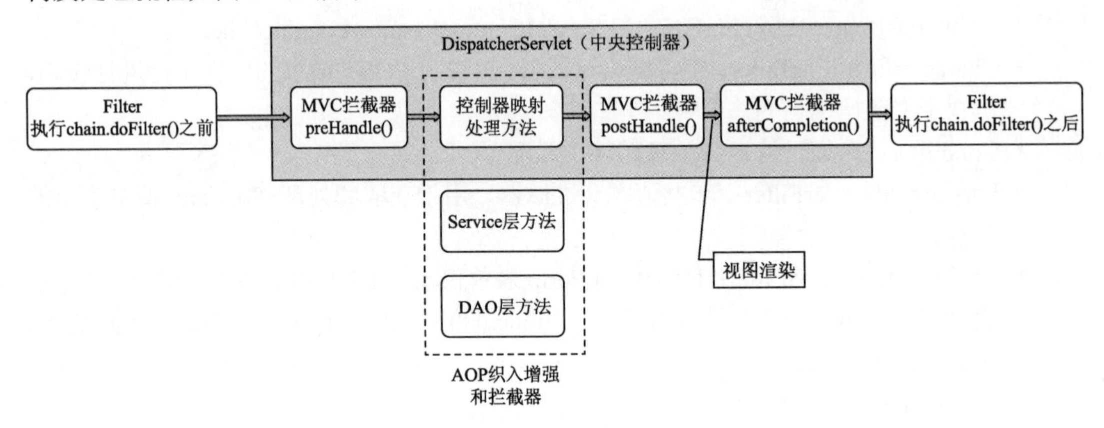

图 17.13　MVC 拦截器、过滤器及 Spring AOP 同时使用的处理流程

在不考虑中断请求的状况下，请求首先会由过滤器拦截进行前置处理（在 web.xm 配置中，Filter 的配置需要位于 DispatcherServlet 之上），放行之后由 DispatcherServlet 进行转发，中央控制器转发处理时，会先调用 MVC 拦截器的 preHandle()方法，再调用实际的处理方法，最后调用 MVC 过滤器的 postHandle()和 afterCompletion()方法。中央控制器处理完成并返回响应后，再回到 Filter 中进行后置处理。

第 18 章　Spring Security 框架与多线程

权限代码混在业务逻辑代码中会造成业务代码冗余、混乱，并且容易出错。Spring Security 是 Spring 提供的安全框架，它可以实现在不影响原有业务逻辑代码的前提下，使用过滤器（Filter）对资源层级进行保护，以及使用 Spring AOP 实现对方法层级的权限控制。本章主要介绍 Spring Security 框架的内容及用法，另外还会对 Java 多线程及其在 Spring 中的应用做简单介绍。

18.1　Spring Security 概述与 Web 请求认证

应用系统的安全性包括两部分：用户认证（Authentication）和用户授权（Authorization），俗称 AA。

- 用户认证验证账号是否存在或有效，认证方式包括用户名密码认证、LDAP 认证及 OAuth2 认证等。
- 用户授权是在用户认证通过后，对某些数据或操作的权限控制，常见的就是增、删、改、查权限。为降低权限设定的烦琐度，用户授权一般结合角色和群组进行设定。

Spring Security 是基于 Spring 和 Spring MVC 的声明式安全性框架，它实现了 Web 请求级别和方法调用级别的身份验证与访问授权。安全框架本身充分使用了 Spring 容器、Spring AOP 及 Spring 过滤器等技术。Spring Security 的开发需要导入 spring-security-web 和 spring-security-config 模块。Maven 的导入方式如下：

```
01 <dependency>
02   <groupId>org.springframework.security</groupId>
03   <artifactId>spring-security-web</artifactId>
04   <version>${springsecurity.version}</version>
05 </dependency>
06 <dependency>
07     <groupId>org.springframework.security</groupId>
08     <artifactId>spring-security-config</artifactId>
09     <version>${springsecurity.version}</version>
10 </dependency>
```

18.1.1　Spring Security 快速入门示例

在对 Spring Security 做详细介绍之前，先通过一个简单示例了解该框架的大体使用。

以第 16 章的项目为例，在 index.jsp 中读取 Session 对象的属性判断用户是否登录，在 JSP 页面中混入了用户认证的代码，这个部分完全可以使用 Spring Security 替换。下面的示例使用 Spring Security 框架对 index 前缀的请求进行拦截和验证。开发包括两步：配置 Spring Security 的配置文件（这里的文件名是 spring-security.xml）和配置 web.xml 文件。

1．spring-security.xml的配置

新建 spring-security.xml 文件，配置内容如下：

```
    <!--默认的命名空间-->
01  <beans:beans xmlns=http://www.springframework.org/schema/security
        xmlns:beans=http://www.springframework.org/schema/beans
        xmlns:xsi="http://www.w3.org/2001/XMLSchema-instance"
        xsi:schemaLocation="http://www.springframework.org/schema/beans
        http://www.springframework.org/schema/beans/spring-beans.xsd
        http://www.springframework.org/schema/security
        http://www.springframework.org/schema/security/spring-security.xsd">
02    <beans:bean id="passwordEncoder"  <!--密码加密器 -->
        class="org.springframework.security.crypto.password.NoOpPassword
        Encoder"/>
03    <http auto-config="true"> <!--开启认证功能-->
        <!--请求与权限-->
04      <intercept-url pattern="/index*" access="hasRole('ROLE_USER')" />
05    </http>
06    <authentication-manager> <!--认证管理器-->
07      <authentication-provider><!--认证器-->
08          <user-service><!--内存用户与角色-->
09              <user name="wukong" password="1" authorities="ROLE_USER" />
10          </user-service>
11      </authentication-provider>
12    </authentication-manager>
13  </beans:beans>
```

简单说明如下：

- 根元素<beans>使用 xmlns=http://www.springframework.org/schema/security 作为默认命名空间是为了简化安全标签的配置，省去安全标签的前缀。但要配置一般的组件 Bean 标签，就需要加上前缀，格式是<beans:bean>。也可以使用 beans 作为默认的命名空间，给 security 的命名空间加上一个前缀，如 sec，配置标签类似于<sec:http>。
- 名称为 passwordEncoder 的 Bean 用于密码加密，这里使用的加密类是 NoOpPasswordEncoder，也就是不加密（NoOpPasswordEncoder 已经废弃，此处为了演示而沿用）。
- <http>标签配置用户认证和访问控制，<intercept-url>子标签用于配置访问拦截的 URL 需要具备的权限。以上示例的功能是：ROLE_USER 角色的登录用户才可以访问以 index 为前缀的地址。如果当前用户没有登录，则会转到安全框架内置的登录页面。

- <authentication-manager>用于配置用户及角色信息，这里使用内存的用户信息，包括用户名、密码和授权的角色。

2. web.xml的配置

将 spring-security.xml 添加到 contextConfigLocation 的上下文参数中，再配置名称为 springSecurityFilterChain 的过滤器及映射。配置片段如下：

```
01  <context-param>
        <!--核心与安全配置文件 -->
02      <param-name>contextConfigLocation</param-name>
03      <param-value>classpath:application.xml,classpath:spring-security.
        xml</param-value>
04  </context-param>
05  <filter>
06      <filter-name>springSecurityFilterChain</filter-name>!—委托过滤器代理 -->
07      <filter-class>org.springframework.web.filter.DelegatingFilterProxy
        </filter-class>
08  </filter>
09  <filter-mapping>
10      <filter-name>springSecurityFilterChain</filter-name>
11      <url-pattern>/*</url-pattern>
12  </filter-mapping>
```

3. 效果测试

以上配置完成后，启动服务器测试后访问系统主页，会自动弹出 Spring Security 框架自带的登录页面，效果如图 18.1 所示。

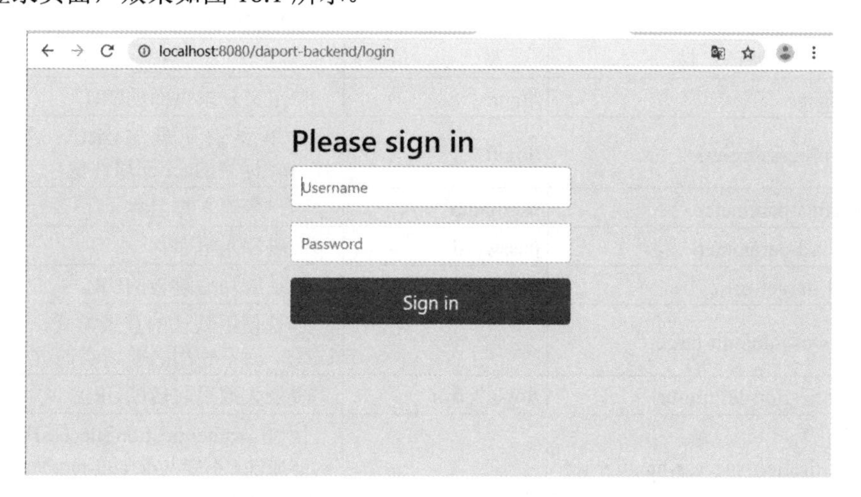

图 18.1 Spring Security 自带的登录页面效果

以上页面样式使用在线 Bootstrap 的 CSS，如果开发机器没有连接网络，则无法显示样式。输入 spring-security.xml 中配置的用户名和密码登录后，即进入主页面。

18.1.2 Spring Security 用户认证配置标签

<http>标签用于配置 HTTP 认证，支持表单登录认证和 Basic 认证等多种认证方式。上面的示例中设置 auto-config 值为 true 的作用类似于如下配置：

```
01 <http>
02     <form-login />
03    <http-basic/>
04    <intercept-url pattern="/**" access="hasRole('ROLE_USER')" />
05 </http>
```

1. <form-login />配置

Spring Security 表单登录认证自带一个默认登录页面。登录页面和登录请求处理的地址都是/login，但对应不同的请求方法。登录相关的默认请求地址如下：

- /login：GET 请求方法，登录页面；
- /login：PSOT 请求方法，登录处理；
- /login?error：登录错误页面，用户名或密码错误时将跳转到该页面；
- /logout：注销页面；
- /login?logout：注销成功后的跳转页面。

用户名和密码输入框的名称分别是 username 和 password，包含登录地址、用户名和密码等默认值，可以通过<form-login />标签支持的属性进行修改，具体如表 18.1 所示。

表 18.1　<form-login />标签支持的属性及默认值

编号	属　性	默 认 值	描　述
1	login-page	/login	自定义登录页面的URL
2	login-processing-url	/login	表单登录处理的URL，也就是页面<form>标签的action属性值
3	username-parameter	username	用户名输入框名称
4	password-parameter	password	密码输入框名称
5	default-target-url	登录前访问的页面	登录成功后跳转的URL
6	always-use-default-target		总是使用默认的登录方式，成功后跳转URL，而不使用之前请求的页面
7	authentication-failure-url	/login?error	登录失败后跳转的URL
8	authentication-success-handler-ref		使用AuthenticationSuccessHandler处理认证成功，不能与default-target-url和always-use-default-target同时使用
9	authentication-success-forward-url		用于authentication-failure-handler-ref
10	authentication-failure-handler-ref		AuthenticationFailureHandler处理失败的认证请求
11	authentication-failure-forward-url		用于authentication-failure-handler-ref

注意：在 spring-security 4.x 及之前的版本中，验证地址是 j_spring_security_check，用户名和密码框是 j_username、j_password。

2. < intercept-url />标签配置

<intercept-url>标签的 pattern 属性设置拦截的 URL 匹配，access 属性设置有权限访问的 SpEL 权限表达式。hasRole('ROLE_USER')表示登录用户是 ROLE_USER 角色时，返回 true，否则返回 false。hasRole 还有一个类似的表达式 hasAuthority，只是 hasAuthority 的括号内不需要包含 ROLE_的前缀，也就是 hasAuthority('USER')等价于 hasRole('ROLE_USER')。框架支持的访问权限表达式如表 18.2 所示。

表 18.2　访问权限表达式

编号	表　达　式	说　　明	示　　例
1	hasRole（带前缀角色名）	用户被授予指定角色时返回true	hasRole('ROLE_USER')
2	hasAnyRole（带前缀角色名列表）	用户拥有角色列表中的任意一个角色时返回true	hasRole('ROLE_USER','ROLE_ADMIN')
3	hasAuthority（角色名）	与hasRole相同，不需要带ROLE_前缀	hasAuthority('ADMIN')
4	hasAnyAuthority（角色名列表）	与hasAnyRole作用相同，不需要带ROLE_前缀	hasAnyAuthority('ADMIN','USER')
5	permitAll()	始终返回true	
6	denyAll()	始终返回false	
7	isAnonymous()	当前用户是anonymous	
8	isRememberMe()	当前用户是rememberMe时返回true	
9	isAuthenticated()	不是匿名用户时返回true	
10	isFullyAuthenticated()	当前用户既不是anonymous，也不是rememberMe用户时返回true	
11	hasIpAddress（IP地址）	客户端请求IP匹配时返回true	
12	authentication	用户认证对象	authentication.name
13	principal	用户信息对象	principal.username.equals('user1')

3. <authentication-manager>认证管理器标签配置

<authentication-manager>用于配置认证管理器，子标签<authentication-provider>配置认证器。在该标签下，可以配置不同类型的用户信息服务，包括内存用户、JDBC 查询用户服务及自定义的用户认证服务。

（1）内存用户

内存用户通过配置的方式保存在内存中，使用<user-service>及<user>子标签配置用户名、密码及用户授权的权限。配置示例如下：

```
01  <authentication-manager>
02      <authentication-provider>
03          <user-service>   <!--配置内存中的用户-->
04              <user name="wukong" password="1" authorities="ROLE_USER" />
05          </user-service>
06      </authentication-provider>
07  </authentication-manager>
```

（2）JDBC 查询的用户服务

使用<jdbc-user-service>标签，可以指定数据源、用户及角色查询的 SQL 实现用户认证。配置示例如下：

```
01  <authentication-manager>
02    <authentication-provider>
03        <jdbc-user-service data-source-ref="dataSource" users-by-username-
           query=
                "select user_name ,password, true from user where user_name=?"
              authorities-by-username-query="select u.user_name ,r.role_
              name from user u
                 left join (select user_role.user_id,user_role.role_id,role.
                 role_name from
                 role,user_role where role.id=user_role.role_id) r
                      on u.id=r.user_id where user_name=?" >
04        </jdbc-user-service>
05    </authentication-provider>
06  </authentication-manager>
```

在以上配置中，data-source-ref 是数据源 Bean 的 ID，users-by-username-query 根据用户名从表中查询用户名、密码和可用状态。authorities-by-username-query 指定用户名查询和授权的权限。另外，使用 group-authorities-by-username-query 可以根据用户名查询用户组的权限。查询的用户列名一般使用 username，使用 user_name 也可以。

（3）自定义用户信息服务

除了配置内存用户和 JDBC 查询用户之外，也可以继承 UserDetailsService 接口实现自定义的用户服务。实现 loadUserByUsername()方法通过用户名获取 UserDetails 类型的用户账号对象。示例代码如下：

```
    //自定义用户账号服务
01  public class UserDetailServiceImpl implements UserDetailsService {
02    @Override
03    public UserDetails loadUserByUsername(String userName)
                 throws UsernameNotFoundException {
04      List<GrantedAuthority> authsList = new ArrayList<GrantedAuthority>();
05         authsList.add(new SimpleGrantedAuthority("USER"));
06      User userdetail = new User("Wukong", "1", authsList);
07      return userdetail;
08    }
09  }
```

以上示例代码仅为了演示。在实际开发中，用户账号可以从数据库中查询，在容器中配置以上类的 Bean 之后，可以替代<jdbc-user-service>的配置方式。配置代码如下：

```
01  <beans:bean id="userDetailService"
            class="com.osxm.daport.security.UserDetailServiceImpl"/>
02  <security:authentication-manager><!--认证管理器-->
03      <security:authentication-provider user-service-ref="userDetails
        Service"/>
04  </security:authentication-manager>
```

18.1.3　Spring Security 密码加密

Spring Security 5.0 及以上的版本，强制要求密码加密，所以需要配置名称是 password-Encoder 的 Bean，否则会出现如下错误。

```
java.lang.IllegalArgumentException: There is no PasswordEncoder mapped for
the id "null"
```

在本章开始的示例中，使用的加密实现类是 NoOpPasswordEncoder，也就是不加密，而使用明码，但是这个类已经被废弃，不推荐使用。框架默认使用 bcrypt 加密算法，推荐使用 BCryptPasswordEncoder 加密器类进行加密，通过统一加密工厂 PasswordEncoder-Factories 获取加密器进行加密的代码如下：

```
    //初始加密器
01  org.springframework.security.crypto.password.PasswordEncoder encoder =
            PasswordEncoderFactories.createDelegatingPasswordEncoder();
02  encryptPassword = encoder.encode("1");          //加密
```

以上对字符串“1”加密的结果如下：

```
{bcrypt}$2a$10$lk6FdrtCay.RwPBZ6YncPunoiaPMW1F5aMigenOKm.WJC8YA.3vYG
```

PasswordEncoderFactories 创建的加密器加密的结果带有大括号括起来的加密算法前缀，这里是{bcrypt}，也可以直接使用 BCryptPasswordEncoder 加密。代码如下：

```
01  BCryptPasswordEncoder bCryptPasswordEncoder = new BCryptPasswordEncoder();
02  encryptPassword=bCryptPasswordEncoder.encode("1");
```

直接加密的方式不会带{bcrypt}算法的前缀。此外，Spring 还提供了 BCrypt 工具类，可以更方便地使用 bcrypt 算法进行加密。调用方式如下：

```
encryptPassword = BCrypt.hashpw(originPassword, BCrypt.gensalt());
```

BCrypt 算法加密的密码每次都不一样，但使用一次加密的密码就可以验证通过。该类型的 passwordEncoder 的配置如下：

```
<beans:bean id="passwordEncoder"
       class="org.springframework.security.crypto.bcrypt.BCryptPassword
Encoder" />
```

也可以不配置加密器 Bean，而在密码上直接加上加密算法前缀。配置如下：

```
<user name="wukong"
    password="{bcrypt}$2a$10$0V0EvC1GonNtASrpG7UBI.ClthtKJAJ3.ibPMs3vGUz
wU4Cab/.IS"
    authorities="ROLE_USER" />
```

除了不加密和 bcrypt 加密算法之外，Spring Security 支持的加密算法及实现类汇总如表 18.3 所示。

表 18.3　Spring Security支持的加密算法及加密器类

编　号	加 密 算 法	实　现　类
1	bcrypt	BCryptPasswordEncoder
2	MD4	Md4PasswordEncoder
3	MD5	MessageDigestPasswordEncoder("MD5")
4	noop	NoOpPasswordEncoder
5	pbkdf2	Pbkdf2PasswordEncoder
6	scrypt	SCryptPasswordEncoder
7	SHA-1	MessageDigestPasswordEncoder("SHA-1")
8	SHA-256	new MessageDigestPasswordEncoder("SHA-256")
9	sha256	StandardPasswordEncoder

18.2　Spring Security 方法层级授权

Spring Security 使用 Spring AOP 实现方法层级的权限控制，使用方式有 3 种：使用<intercept-methods>标签对单个 Bean 的方法访问控制进行设定；使用<protect-pointcut>配置权限控制方法的切点；在类和方法中使用 Spring 安全注解或 JSR-250 注解进行细粒度控制。<intercept-methods>的使用场景较少，<protect-pointcut>用于集中和全局控制，注解方式则相对灵活。

18.2.1　单个 Bean 方法保护的配置

在 Bean 的配置中使用<intercept-methods>标签对当前 Bean 中的方法进行权限控制。示例配置如下：

```
01  <beans:bean id="userService" class="com.osxm.daport.service.impl.
    UserServiceImpl">
02      <intercept-methods><!--拦截需要权限验证的方法-->
03          <protect access="ROLE_USER" method="get*"/>
04      </intercept-methods>
05  </beans:bean>
```

以上配置的作用是 UserServiceImpl 类中以 get 为前缀的方法被调用时，需要登录并且登录账号具备 ROLE_USER 的角色。<protect>标签定义方法和权限的对应，method 属性配置需要拦截的方法名匹配。access 的值是执行该方法需要的权限，多个角色使用逗号分隔。在页面中使用/users/1 请求地址调用该方法时，如果没有登录则会首先转到登录页面，如果登录失败，返回 403 错误；登录成功，则转到结果页面。

注意：这里的 Bean 配置在独立的安全配置文件中（spring-security.xml），其默认的命名空间是 security，所以 Bean 的配置需要带前缀 beans 。如果以上 Bean 配置在容器的主配置文件中（application.xml），则 Bean 的配置不需要前缀，但安全标签需要带 security 等，比如<security:intercept-methods>。

18.2.2　方法的安全注解

在类和方法中使用安全注解可以简化 XML 的配置，同时可以对方法安全进行更灵活的控制。Spring 提供及支持的安全注解有三类：

- JSR-250 注解，这是 Java 的标准安全注解，主要是@RelosAllowed。使用标准注解可以实现与 Spring 框架解耦。
- @Secured，Spring 提供的一般性安全注解。
- 方法调用前和调用后的安全控制注解，支持 SpEL，功能更为强大，包括以下 4 个注解。
  - @PreAuthorize：在方法调用前检查权限；
  - @PostAuthorize：在方法调用后检查权限，如果没有权限则无法返回结果；
  - @PreFilter：在方法调用前对集合类型参数进行过滤；
  - @PostFilter：在方法执行后，对集合类型的返回结果进行过滤。

安全注解的功能默认没有开启，需要通过设置<global-method-security>标签及对应属性启动，以上三种注解标签对应的属性分别是 jsr250-annotations、secured-annotations 和 pre-post-annotations。安全注解较多地使用在服务层的类方法中。

（1）@RelosAllowed（JSR-250 注解）

@RelosAllowed 属于 JSR-250 注解，使用前需要确认是否导入了 Java 标签库 javax.annotation-api，使用 Maven 导入如下：

```
01 <dependency>
02  <groupId>javax.annotation</groupId>
03  <artifactId>javax.annotation-api</artifactId>
04  <version>1.3.2</version>
05 </dependency>
```

@RelosAllowed 注解功能启用的配置如下：

```
<global-method-security jsr250-annotations="enabled"/>
```

@RelosAllowed 注解可以使用在类和方法中，在注解后加上授权的角色。标注在类中时，该类所有方法的执行都需要对应的角色。如果同时使用在类和方法中，则方法中的注解会覆盖类中的注解。在方法中的使用示例如下：

```
01  @RolesAllowed("ROLE_USER")              //允许 ROLE_USER 角色的用户访问
02  public List<User> list(User user){
03      return userDao.list(user);
04  }
```

除了@RelosAllowed 之外，JSR-250 安全注解还有@PermitAll 和@DenyAll。@PermitAll 允许任何角色访问，也就是不控制权限。@DenyAll 则是拒绝所有角色访问。

@PermitAll 和@DenyAll 同样可以使用在类和方法中，同时使用时以方法为准。如果一个方法同时使用了这两个注解，则先定义的有效；如果同时使用在类中则正好相反，后定义的生效。

（2）@Secured 安全注解

@Secured 注解需要设置<global-method-security>标签的 secured-annotations 属性值为 enabled 才能开启。

```
<global-method-security secured-annotations="enabled" />
```

@Secured 注解支持在类和方法中使用，使用方式和@RelosAllowed 类似，示例如下：

```
01  @Secured("ROLE_USER")
02  public List<User> list(User user){
03     return userDao.list(user);
04  }
```

（3）方法调用前后的安全注解

该类型注解的启动配置如下：

```
<global-method-security pre-post-annotations="enabled"/>
```

@PreAuthorize 和@PostAuthorize 用于方法调用前后进行权限检查，@PreFilter 和@PostFilter 则是对集合类型参数及返回值进行过滤，这 4 个注解支持 Spring 表达式，比如 hasRole('ROLE_USER')或者 principal.username.equals(#username)等。

@PreAuthorize 使用场景之一就是登录账号只能查询自己的账号信息，注解示例如下：

```
    //认证账号只能查询自己的信息
01  @PreAuthorize("principal.username.equals(#username)")
02  @Override
03  public User get(String username) {
04      return userDao.get(username);
05  }
```

@PostAuthorize 使用在方法执行完成后的权限检查，实际使用场景较为少见。该注解不控制方法是否执行，而是控制方法执行后的结果返回。如果表达式的结果为 false 则抛出 AccessDeniedException 异常。

在@PreFilter 和@PostFilter 注解的表达式中，使用内置表达式变量 filterObject 对集合进行过滤，其代表集合的当前元素。以删除用户 ID 是偶数的方法为例，示例代码如下：

```
01  @PreFilter("filterObject%2==0")          //只取偶数的 ID，排除奇数的 ID
02  public void delete(List<Integer> ids) {
03     for(Integer id:ids) {
04         userDao.delete(id);
05     }
06  }
```

如果存在多个集合类型参数，可以通过 filterTarget 属性指定参数名，例如：

```
    //指定过滤的属性
01  @PreFilter(filterTarget="ids", value="filterObject%2==0")
02   public void delete(List<Integer> ids,List<String> userNames) {
03       for(Integer id:ids) {
04           userDao.delete(id);
05       }
06  }
```

@PostFilter 用于对返回结果过滤，以下查询方法仅返回用户的部门 ID 是 1 的用户信息：

```
    //对返回结果过滤，只返回部门 ID 是 1 的用户
01  @PostFilter("filterObject.deptId==1")
02   public List<User> list(User user){
03      return userDao.list(user);
04  }
```

18.2.3　<protect-pointcut>全局安全切点配置

<global-method-security>标签配置全局的方法保护，在该标签中使用<protect-pointcut>配置表达式匹配的方法和授权的对应。配置示例如下：

```
01  <global-method-security>
02     <protect-pointcut access="ROLE_USER"
          expression="execution(* com.osxm.*..*ServiceImpl.*(..))"/>
03  </global-method-security>
```

以上配置的效果是对 com.osxm 包及子包下所有以 ServiceImpl 结尾的类的所有方法进行拦截，具备 ROLE_USER 角色的登录用户才能进行访问。<protect-pointcut>可以配置多个，按照配置的顺序匹配。

18.3　Spring Security 机制解密

Spring Security 通过对 Web 请求的过滤和方法调用的拦截，实现用户认证和用户授权的安全性控制。其内部定义了很多安全概念模型和组件类，开发者通过安全标签简易配置和初始化即可，不过其也提供了外部配置的弹性。

18.3.1　Spring Security 实现机制

安全拦截器（SecurityInterceptor）用来拦截 Web 请求和方法，分别对应拦截器类

FilterSecurityInterceptor 和 MethodSecurityInterceptor，这两个类继承自 AbstractSecurity-Interceptor 抽象类。AbstractSecurityInterceptor 并没有继承 AOP 的 Interceptor 接口，但 MethodSecurityInterceptor 继承了 Spring AOP 的 MethodInterceptor 接口，FilterSecurity-Interceptor 则继承自 Servlet 的 Filter 接口。Spring Security 的组件关系及实现机制如图 18.2 所示。

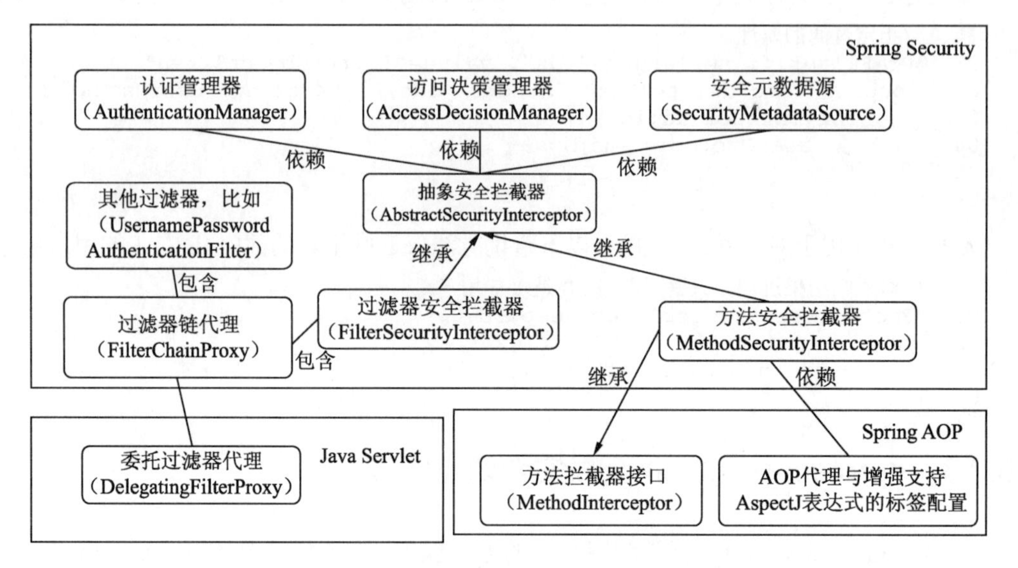

图 18.2　Spring Security 组件关系及实现机制

从图 18.2 中类的继承关系可以看出，通过拦截 Web 请求实现用户认证和授权使用的是 Filter 技术，方法层级拦截的权限处理使用 Spring AOP 技术。这两种方式都需要的安全认证组件包括认证管理器（AuthenticationManager）、访问决策管理器（AccessDecision-Manager）和安全元数据源（SecurityMetadataSource）等。

- 认证管理器（AuthenticationManager）用于用户认证，比如根据用户名、密码进行认证。
- 访问决策管理器（AccessDecisionManager）用于决策当前用户是否有权限访问请求的 Web 资源或执行某个方法。
- 安全元数据源（SecurityMetadataSource）用于定义哪些角色具备访问哪些 Web 请求或者执行哪些匹配方法的对应表。

18.3.2 AuthenticationManager（认证管理器）核心接口及运作原理

认证管理器相关的主要接口有：

- Authentication：认证主体的接口，通过该接口可以获取账号的主要信息（Principal）、被授予的权限（GrantedAuthority，比如角色）等，该接口的实现类有 Anonymous-

AuthenticationToken（匿名认证）、RememberMeAuthenticationToken（RememberMe 认证）、UsernamePasswordAuthenticationToken（用户名密码认证）和 Testing-AuthenticationToken（单元测试认证）等。
- AuthenticationProvider：认证器接口，用来进行用户认证。DaoAuthenticationProvider 是该接口的主要实现类，其根据用户名和密码进行认证。
- UserDetailsService：用户账号服务接口，由认证器调用，用来进行实际账号认证。框架内置了两种实现：在配置文件中配置的内存账号（InMemoryUserDetails-Manager）、使用 JDBC 在数据库中查找的账号（JdbcUserDetailsManager），也可以继承该接口自定义实现。
- AuthenticationManager：认证管理器接口。对认证器进行管理，可以包含多个 AuthenticationProvider。

认证管理器相关的接口和类的关系如图 18.3 所示。

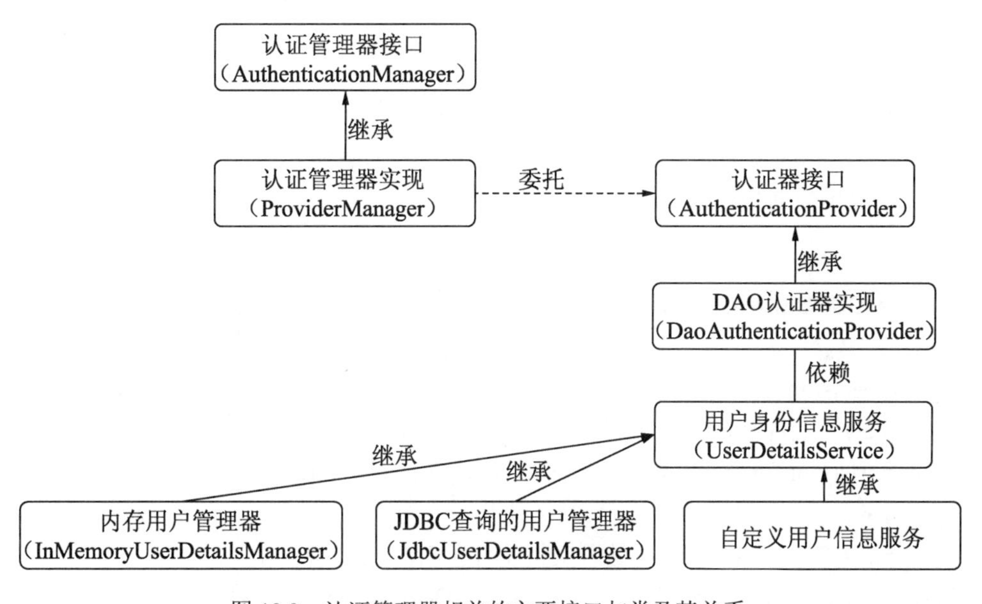

图 18.3　认证管理器相关的主要接口与类及其关系

ProviderManager 是 AuthenticationManager 的默认实现，但它并不能直接处理身份认证，而是委托给 AuthenticationProvider。AuthenticationProvider 检查身份认证，如果成功则返回 Authentication 对象，如果失败则抛出异常。DaoAuthenticationProvider 是 AuthenticationProvider 的实现类之一，它利用 UserDetailsService 验证用户名、密码和授权。

UserDetailsService 管理 UserDetails 类型的用户信息列表，每个 UserDetails 对象包含用户名、密码和授予权限列表等信息。GrantedAuthority 是授予权限的列表，对应了多种实现方式，最常见的就是 SimpleGrantedAuthority，它可以用于角色授权。创建 AuthenticationManager 类型对象的示例代码如下：

```
    //授权对象
01  GrantedAuthority grantedAuthority = new SimpleGrantedAuthority("USER");
    //授权列表
02  List<GrantedAuthority> authorities = new ArrayList<GrantedAuthority>();
03  authorities.add(grantedAuthority);                //授权列表添加
    //用户账号信息
04  UserDetails userDetails = new User("wukong", "1", authorities);
05  UserDetailsService userDetailsService = new InMemoryUserDetailsManager
    (userDetails);
    //DAO 类型认证器
06  DaoAuthenticationProvider provider = new DaoAuthenticationProvider();
    //设置认证器的用户信息服务
07  provider.setUserDetailsService(userDetailsService);
    //设置认证器的加密器
08  provider.setPasswordEncoder(NoOpPasswordEncoder.getInstance());
09  List<AuthenticationProvider> providers = new ArrayList<Authentication
    Provider>();
10  providers.add(provider);
11  AuthenticationManager authenticationManager = new ProviderManager
    (providers);
```

注意：在实际开发中，Spring Security 相关的组件会由<http>标签或者 Java 配置类自动产生，仅需要开发配置用户服务及拦截请求与权限对应。本节所有的 Security 组件的模拟创建仅为演示。

18.3.3　AccessDecisionManager（访问决策管理器）

AccessDecisionManager 是访问决策管理器接口，该接口定义了 3 个方法：

- decide()：是否符合受保护对象的要求，用来决定是否有访问受保护对象的权限；
- supports(ConfigAttribute attribute)：是否支持对应的配置属性（ConfigAttribute）对象；
- supports(Class<?> clazz)：是否支持受保护对象的类型。

Spring Security 框架默认提供了 3 种 AccessDecisionManager 接口实现：

- AffirmativeBased：一票通过。只要有一个投票是 ACCESS_GRANTED 则允许访问。全部弃权也表示通过，如果有人投反对票，则抛出 AccessDeniedException。
- UnanimousBased：一票反对。如果某一个 ConfigAttribute 被任意的 AccessDecision-Voter 反对了，则抛出 AccessDeniedException。如果没有反对票，但是有赞成票，则表示通过。
- ConsensusBased：少数服从多数。赞成票多于反对票则表示通过，反对票多于赞成票则抛出 AccessDeniedException。

访问决策管理器使用投票的方式决定是否有访问权限，AccessDecisionVoter 是访问决策投票的接口，该接口也有多种实现类型，包括 AuthenticatedVoter、RoleVoter、Jsr250Voter、

PreInvocationAuthorizationAdviceVoter 和 WebExpressionVoter 等。

- AuthenticatedVoter：认证投票器，如果 ConfigAttribute 对象的 getAttribute()方法的值是 IS_AUTHENTICATED_FULLY、IS_AUTHENTICATED_REMEMBERED、IS_AUTHENTICATED_ANONYMOUSLY 时进行投票，分别对应是否是匿名用户、Remembe-Me 认证的用户和通过登录入口进行成功登录认证的用户。
- RoleVoter：角色投票器，如果 ConfigAttribute 对象的 getAttribute()方法获取的值是以 ROLE_开头的，则将使用 RoleVoter 进行投票。当用户拥有的权限中有一个或多个能匹配受保护对象配置的以 ROLE_开头的 ConfigAttribute 时其将投赞成票；如果用户拥有的权限中没有一个能匹配受保护对象配置的以 ROLE_开头的 ConfigAttribute，则 RoleVoter 将投反对票；如果受保护对象配置的 ConfigAttribute 中没有以 ROLE_开头的，则 RoleVoter 将弃权。ROLE_是默认的角色前缀，也可以进行修改。
- Jsr250Voter：是 JSR 250 安全注解的投票器，用来处理@RelosAllowed 等注解。
- PreInvocationAuthorizationAdviceVoter：用来对@PreFilter 和@PreAuthorize 的注解方法进行访问权限投票。
- WebExpressionVoter：解析 Web 请求的 SpEL 表达式进行投票。

以 RoleVoter 和 AffirmativeBased 为例，初始化访问决策器的代码示例如下：

```
01  AccessDecisionVoter roleVoter = new RoleVoter(); //访问决策投票器初始化
    //访问决策投票器列表初始化
02  List<AccessDecisionVoter<? extends Object>> decisionVoters =
                 new ArrayList<AccessDecisionVoter<? extends Object>>();
03  decisionVoters.add(roleVoter);      //添加到列表后，初始化访问决策器
04  AccessDecisionManager accessDecisionManager = new AffirmativeBased
    (decisionVoters);
```

18.3.4　SecurityMetadataSource（安全元数据源）

SecurityMetadataSource 用来存储请求与权限的对应关系，相当于一个资源和权限的映射表。其使用 RequestMatcher 匹配请求，使用 ConfigAttribute 配置可以访问的权限。RequestMatcher 是请求匹配的接口，它内置了很多实现类，主要包括：

- AntPathRequestMatcher：根据 Ant 风格匹配 URL；
- MvcRequestMatcher：匹配 Spring MVC 的请求及变量；
- RegexRequestMatcher：根据正则表达式进行匹配；
- AnyRequestMatcher：匹配所有请求；
- MediaTypeRequestMatcher：根据媒体内容类型进行匹配；
- ELRequestMatcher：根据 SpEL 表达式进行匹配；
- AndRequestMatcher、OrRequestMatcher、NegatedRequestMatcher：逻辑运算请求匹配。AndRequestMatcher 是所有的匹配即匹配，OrRequestMatcher 代表有一个匹配

即匹配，NegatedRequestMatcher 则是反向，即原 RequestMatcher 返回 true，则 NegatedRequestMatcher 返回 false。

ConfigAttribute 是配置属性接口，有多个内置实现类。SecurityConfig 可以用来配置角色的属性；WebExpressionConfigAttribute 对应 Web 请求的表达式配置；SecurityConfig Jsr250SecurityConfig、PreInvocationExpressionAttribute 和 PostInvocationExpressionAttribute 正好对应方法层级的标签。SecurityMetadataSource 类型对象创建的示例代码如下：

```
01 RequestMatcher antPathRequestMatcher = new AntPathRequestMatcher("/users/**");
02 ArrayList<ConfigAttribute> configAttributes = new ArrayList<>();
   //角色安全配置
03 SecurityConfig configAttribute = new SecurityConfig("ROLE_USER");
04 configAttributes.add(configAttribute);
05 LinkedHashMap<RequestMatcher, Collection<ConfigAttribute>> requestMap =
       new LinkedHashMap<RequestMatcher, Collection<ConfigAttribute>>();
   //请求匹配与配置属性列表映射
06 requestMap.put(antPathRequestMatcher, configAttributes);
07 SecurityMetadataSource securityMetadataSource =
         new DefaultFilterInvocationSecurityMetadataSource(requestMap);
```

18.3.5　SecurityInterceptor（安全拦截器）

安全拦截器首先调用认证服务器认证用户信息，如果通过认证，则进一步调用决策管理器结合 SecurityMetadataSource 验证用户是否有访问权限。针对 Web 请求权限和方法调用权限，对应两种安全拦截器 FilterSecurityInterceptor 和 MethodSecurityInterceptor，这两种拦截器都需要结合 AccessDecisionManager、AuthenticationManager 和 SecurityMetadataSource，以实现对当前请求或方法的安全性验证。

从代码层级来看，FilterSecurityInterceptor 和 MethodSecurityInterceptor 初始化的演示代码如下：

```
01 FilterSecurityInterceptor filterSecurityInterceptor = new Filter
   SecurityInterceptor();          //过滤器安全拦截器初始化
02 filterSecurityInterceptor.setAuthenticationManager(authentication
   Manager);
03 filterSecurityInterceptor.setAccessDecisionManager(accessDecision
   Manager);
04 filterSecurityInterceptor.setSecurityMetadataSource(securityMetadata
   Source);
05 MethodSecurityInterceptor methodSecurityInterceptor = new MethodSecurity
   Interceptor();                  //方法安全拦截器初始化
06 methodSecurityInterceptor.setAuthenticationManager(authentication
   Manager);
07 methodSecurityInterceptor.setAccessDecisionManager(accessDecision
   Manager);
08 methodSecurityInterceptor.setSecurityMetadataSource(securityMetadata
   Source);
```

1．FilterSecurityInterceptor与Web请求过滤

FilterSecurityInterceptor 继承自 Filter 接口，其拦截 Web 请求，结合认证管理器等对 Web 请求进行认证，该类型过滤器由 Spring 容器管理，由配置在 XML 中的 Delegating-FilterProxy 过滤器进行代理。

DelegatingFilterProxy 所代理的 Bean 的名字与该过滤器的名字相同，都是 spring-SecurityFilterChain，但这个 Bean 一般不需要在 Spring 配置文件中配置，而是通过<http>标签的配置进行初始化。<http>标签的解析类是 HttpSecurityBeanDefinitionParser，在该解析器的 registerFilterChainProxyIfNecessary()方法中初始化和注册该 Bean，如图 18.4 所示。

```
388    static void registerFilterChainProxyIfNecessary(ParserContext pc, Object source) {
389        if (pc.getRegistry().containsBeanDefinition(BeanIds.FILTER_CHAIN_PROXY)) {
390            return;
391        }
392        // Not already registered, so register the list of filter chains and the
393        // FilterChainProxy
394        BeanDefinition listFactoryBean = new RootBeanDefinition(ListFactoryBean.class);
395        listFactoryBean.getPropertyValues().add("sourceList", new ManagedList());
396        pc.registerBeanComponent(new BeanComponentDefinition(listFactoryBean,
397                BeanIds.FILTER_CHAINS));
398
399        BeanDefinitionBuilder fcpBldr = BeanDefinitionBuilder
400                .rootBeanDefinition(FilterChainProxy.class);
401        fcpBldr.getRawBeanDefinition().setSource(source);
402        fcpBldr.addConstructorArgReference(BeanIds.FILTER_CHAINS);
403        fcpBldr.addPropertyValue("filterChainValidator", new RootBeanDefinition(
404                DefaultFilterChainValidator.class));
405        BeanDefinition fcpBean = fcpBldr.getBeanDefinition();
406        pc.registerBeanComponent(new BeanComponentDefinition(fcpBean,
407                BeanIds.FILTER_CHAIN_PROXY));
408        pc.getRegistry().registerAlias(BeanIds.FILTER_CHAIN_PROXY,
409                BeanIds.SPRING_SECURITY_FILTER_CHAIN);
410    }
411
412 }
```

图 18.4 标签解析器初始化和注册 springSecurityFilterChain

以上代码中注册的 Bean 的名称是 org.springframework.security.filterChainProxy，同时注册了一个别名 springSecurityFilterChain。被代理的 Bean 的类型是 org.springframework.security.web.FilterChainProxy，该类继承自 GenericFilterBean 抽象类，所以具备过滤器、容器 Bean 及获取容器对象等功能。该类型过滤器可以包含多个不同的过滤器形成过滤器链。FilterSecurityInterceptor 就是其代理的过滤器之一，除此之外的过滤器类型还有：

- UsernamePasswordAuthenticationFilter
- BasicAuthenticationFilter
- WebAsyncManagerIntegrationFilter
- SecurityContextPersistenceFilter
- HeaderWriterFilter
- RequestCacheAwareFilter
- SecurityContextHolderAwareRequestFilter
- AnonymousAuthenticationFilter

- SessionManagementFilter
- ExceptionTranslationFilter
- FilterSecurityInterceptor

2. MethodSecurityInterceptor（方法安全拦截器）

方法拦截使用 AOP 技术实现。初始化 MethodSecurityInterceptor 之后，就可以使用 AOP 的 BeanNameAutoProxyCreator 对需要拦截的组件配置代理，配置示例如下：

```
01 < bean class=
     "org.springframework.aop.framework.autoproxy.BeanNameAutoProxy
     Creator">
02   <property name="interceptorNames">
03     <list>
04       <value>methodSecurityInterceptor</beans:value>
05     </list>
06   </property>
07   <property name="beanNames">
08     <:list>
09       <value>userService</value>
10     </list>
11   </property>
12 </bean>
```

MethodSecurityInterceptor 的组件也不需要手动创建，通过<global-method-security>标签进行初始化，使用<intercept-methods>标签可以替代代理的方式对指定 Bean 添加方法拦截的权限控制，配置如下：

```
01 <beans:bean id="userService" class="com.osxm.daport.service.impl.
   UserServiceImpl">
02   <intercept-methods>
03     <protect access="ROLE_USER" method="get*"/>
04   </intercept-methods>
05 </beans:bean>
```

以上是对单个服务组件（userService）进行方法拦截的安全控制，如果针对多个类，可以使用 Spring AOP 标签和 AspectJ 切点表达式。但一般的用法是使用 Spring Secuity 提供的对单个 Bean（<intercept-methods>）配置及全局的切面标签（<global-method-security>和<protect-pointcut>）实现安全拦截，详细内容参见前面章节的介绍。

18.4　Spring Security 代码配置与测试

除了 XML 配置方式之外，Spring Security 也可以使用 Java 代码进行配置，包括安全相关的组件的自动初始化和拦截的请求、方法，以及用户认证和访问权限的代码配置。针对单元测试，Spring Security 也提供了专门的测试模块。

18.4.1　Spring Security 基于代码配置

在继承 WebSecurityConfigurerAdapter 的配置类中使用@Configuration 和@EnableWeb-Security 注解，开启用户认证和请求授权功能。@EnableWebSecurity 是一个组合注解，主要作用包括：

- 创建 springSecurityFilterChain 的过滤器链 Bean。
- 创建认证管理器构建器（AuthenticationManagerBuilder），该构建器以建造者模式创建认证管理器（AuthenticationManager）。

注意：Spring Security 也提供了开启 MVC 应用的安全功能的注解@EnableWebMvc-Security，不过这个注解已经弃用，已全部使用@EnableWebSecurity 替代。

WebSecurityConfigurer 是 Spring Security 环境及组件的配置器接口，其实现类是 Web-SecurityConfigurerAdapter，该适配器类实现了默认的与安全相关的组件和配置，提供了多个 configure()重载方法用于安全相关配置。配置方法包括：

- configure(AuthenticationManagerBuilder auth)：使用认证管理器构建器可以配置认证管理器，包括用户账户服务（UserDetailsService）、密码加密器（PasswordEncoder）等。
- configure(HttpSecurity http)：相当于<http auto-config="true">标签中的配置，可以用来配置表单验证和 Basic 验证等细节。
- configure(WebSecurity web)：功能类似于<http security="none">配置。可以用来设置忽略的静态资源等特性。

1．configure(AuthenticationManagerBuilder auth)配置方法

认证管理器的代码配置示例代码如下：

```
01  @Configuration                              //配置组件注解
02  @EnableWebSecurity                          //开发 Web 安全认证
03  public class MyWebSecurityConfig extends WebSecurityConfigurerAdapter {
04  @Override
05  public void configure(AuthenticationManagerBuilder auth) throws
    Exception {
06      auth.inMemoryAuthentication()           //认证用户服务类型
07      .passwordEncoder(new BCryptPasswordEncoder())       //加密器配置
08      .withUser("wukong").password(           //内存用户名、密码及角色
09              new BCryptPasswordEncoder().encode("1")). roles("USER");
10  }
11  }
```

以上覆写的 configure(AuthenticationManagerBuilder auth)方法用于添加内存认证器的账号及角色。除了使用内存的用户，也可以使用数据库账号。

注意：需要配置 passwordEncoder 的 Bean，角色不需要加 ROLE_前缀，因为框架会自动加上。

2．configure(HttpSecurity http)配置方法

configure(HttpSecurity http)类似于 XML 中的<http>标签，用来进行 HTTP 请求的基本配置。

在配置类中重写 configure(HttpSecurity http)方法可以改变默认的配置。配置的作用类似于<http auto-config="true">，用来进行登录地址、用户名、密码输入框名、认证拦截地址及跨域等配置，完整的配置示例如下：

```
01 @Autowired
02 protected void configure(HttpSecurity http) throws Exception {
03    http.authorizeRequests()          // 配置权限
04    .anyRequest().authenticated()    // 任意请求都需要认证后才能访问
05    .and().formLogin()               // 开启 formLogin 默认配置
06    .loginPage("/seclogin.jsp").permitAll()      // 请求时未登录跳转接口
07    .failureUrl("/seclogin.jsp")     // 用户密码错误跳转接口
08    .defaultSuccessUrl("/index", true)           // 登录成功跳转接口
09    .loginProcessingUrl("/login")    // post 登录接口，登录验证由系统实现
10    .usernameParameter("username")  // 要认证的用户参数名，默认 username
11    .passwordParameter("password")  // 要认证的密码参数名，默认 password
12    .and().logout()                  // 配置注销
13    .logoutUrl("/logout")            // 注销接口
14    .logoutSuccessUrl("/seclogin.jsp").permitAll()  // 注销成功跳转接口
15    .deleteCookies("myCookie")       // 删除自定义的 cookie
16    .and().csrf().disable();         // 禁用 csrf
17 }
```

3．configure(WebSecurity web)配置方法

WebSecurity 是实际创建 springSecurityFilterChain 的类，主要的配置方法有：

- ignoring()：忽略对静态资源拦截的配置；
- httpFirewall()：防火墙配置；
- debug(boolean debugEnabled) ：Spring Security 调试控制。

以不拦截 resources 路径下的静态文件及 JS 文件为例，代码如下：

```
01  @Override
02  public void configure(WebSecurity web) throws Exception {
        // 设置不拦截规则
03      web.ignoring().antMatchers("/resources/**", "*.js");
04  }
```

4．方法授权的注解功能开启

在 XML 配置中，使用<global-method-security>注解开启方法的权限注解，在代码配置

方式中使用@EnableGlobalMethodSecurity 开启方法注解。对应 JSR250、@Secured 和方法前后注解，分别设置 jsr250Enabled、securedEnabled 和 prePostEnabled 属性的值。例如：

```
@EnableGlobalMethodSecurity(jsr250Enabled=true)
```

18.4.2　Spring Security 单元测试

Spring MVC 项目的测试分为两类，一类是对服务层及以下层级方法的测试，这部分使用 Spring 的基础测试框架就足够；另一类是模拟 HTTP 请求，对 Web 请求进行测试，这部分需要使用 MVC 测试框架。Spring Security 也提供了专用的测试模块，结合测试框架可以简化安全功能的测试。使用 Maven 导入 spring-security-test 测试模块的方式如下：

```
01  <dependency>
02      <groupId>org.springframework.security</groupId>
03      <artifactId>spring-security-test</artifactId>
04      <version>5.1.5.RELEASE</version>
05  </dependency>
```

Spring Security 测试模块的主要类包括：

- SecurityMockMvcConfigurers：添加 springSecurityFilterChain 的 Bean 作为过滤器；
- SecurityMockMvcRequestBuilders：构造模拟的安全请求，比如表单登录、Basic 认证及登出等；
- SecurityMockMvcRequestPostProcessors：对模拟请求的后置处理，主要是添加请求的验证用户及用户的角色等；
- SecurityMockMvcResultMatchers：安全相关对象的结果匹配，比如是否认证成功或断言登录用户名及角色等。

1．方法的安全测试

对服务层及以下层级的方法测试不需要读取 Spring MVC 配置，仅需要获取组件并调用方法即可。以 Daport 项目中的文件服务测试为例，根据 ID 获取某个文件对象的方法如下：

```
01  @PreAuthorize("hasRole('ROLE_USER')")        //方法执行前权限检查
02  public DaportFile get(int id) {
03      DaportFile file = new DaportFile();
04      file.setId(id);
05      List<DaportFile> list = list(file);
06      return list != null ? list.get(0) : null;
07  }
```

以上方法使用执行前授权注解@PreAuthorize 标注，限定需要 ROLE_USER 的角色才能执行该方法。对该方法的一般测试如下：

```
    //测试类组合注解
01  @SpringJUnitWebConfig(locations = { "classpath:application.xml"})
```

```
02 public class SpringMethodSecurityTest {
03   @Autowired
04   private DaportFileService fileService;
05   @Test
06   public void get() {
07     DaportFile file = fileService.get(1);
08     System.out.print(file.getFileName());
09   }
10 }
```

如果开启方法的安全注解功能，以上测试会失败并抛出没有认证对象的异常，错误信息如下：

```
An Authentication object was not found in the SecurityContext
```

在测试方法中使用@WithMockUser 注解指定模拟的认证用户，username 属性指定用户名，roles 属性指定该用户被分配的角色。注解代码如下：

```
@WithMockUser(username="wukong",roles={"USER"})
```

@WithMockUser 可以使用在方法和类中，使用在类中则代表对该类所有的测试方法都会生效。

注意：roles 中的角色名不需要加 ROLE_前缀。

除了@WithMockUser 注解之外，还可以在类和方法中使用@WithAnonymousUser 注解匿名用户登录；使用@WithUserDetails 注解使用默认的 UserDetailsService 类型 Bean 管理的用户，该注解的 value 属性指定用户名，也可以使用 userDetailsServiceBeanName 指定 UserDetailsService 的 Bean 名称。

2. Web请求的安全测试

Spring Web 安全测试除了需要读取 Spring 核心及 MVC 容器配置之外，还需要创建 web.xml 中 FilterChainProxy 类型的过滤器。SecurityMockMvcConfigurers 的 springSecurity() 方法实现了创建该过滤器及其他测试需要的组件。首先导入 SecurityMockMvcConfigurers 静态方法。

```
import static org.springframework.security.test.web.servlet.setup.Security
MockMvcConfigurers.*;
```

测试类及 MockMvc 对象的创建示例如下：

```
   //配置文件加载及测试注解
01 @SpringJUnitWebConfig(locations =
       { "classpath:application.xml", "classpath:spring-mvc.xml" })
02 public class SpringMvcSecurityTest {
03   protected MockMvc mockMvc;
04   @BeforeAll
05   void setup(WebApplicationContext wac) {        //初始化 MockMvc 对象
06     this.mockMvc =
07       MockMvcBuilders.webAppContextSetup(wac).apply(springSecurity()).
```

```
            build();
08    }
09  }
```

Spring MVC 测试框架的模拟请求构造器（MockHttpServletRequestBuilder）提供了with()方法用于请求的后置处理，结合 Spring Security 的 SecurityMockMvcRequestPostProcessors 的 user()方法构造该请求的认证用户，测试方法示例如下：

```
01   @Test
02   public void listFiles() throws Exception {     //设置模拟认证账号测试
03       MvcResult mvcResult = mockMvc.perform(get("/files").with(user
         ("wukong")));
04   }
```

注意：以上简写方式需要导入 Spring Security 相关静态类的方法，导入方法如下：

```
import static org.springframework.test.web.servlet.request.MockMvc
RequestBuilders.*;
import static org.springframework.security.test.web.servlet.setup.
SecurityMockMvcConfigurers.*;
import static org.springframework.security.test.web.servlet.
request.SecurityMockMvcRequestPostProcessors.*;
```

除了用户名之外，还可以指定密码和角色等，示例如下：

```
mockMvc.perform(get("/files").with(user("wukong").password("1").roles("
USER","ADMIN")));
```

匿名用户的代码如下：

```
mvc.perform(get("/files").with(anonymous()))
```

结合测试框架的 defaultRequest()方法可以指定该测试类所有测试方法的模拟认证用户，代码如下：

```
01   @BeforeAll
02   static void setup(WebApplicationContext wac) {
03      mockMvc = MockMvcBuilders.webAppContextSetup(wac)
04               .defaultRequest(get("/files").with(user("user").roles
                 ("ADMIN")))
05               .apply(springSecurity()).build();
06   }
```

除了 user()方法之外，在 Web 测试中也可以使用@WithMockUser 注解指定认证用户。另外，还可以使用 formLogin()或者 httpBasic()方法模拟表单登录认证和 Basic 认证，代码如下：

```
mvc.perform(get("/").with(httpBasic("user","password")));
mvc.perform(formLogin().user("wukong")).andExpect(authenticated().withR
oles("USER"));
```

3. 安全测试断言

SecurityMockMvcResultMatchers 提供了安全认证相关的断言方法，比如是否认证成功的 authenticated()，以及没有认证或认证失败的 unauthenticated()。authenticated()还可以进一步对认证用户名、认证用户的权限和角色进行断言，方法包括 withUsername()和 withRoles()等。示例代码如下：

```
mvc.perform(formLogin().andExpect(authenticated());    //认证成功
//没有认证
mvc.perform(formLogin().password("invalid")).andExpect(unauthenticated());
mvc.perform(formLogin().user("admin")).andExpect(authenticated().withUs
ername("username"));
mvc.perform(formLogin().user("admin")).andExpect(authenticated().withRo
les("USER"));
```

18.5　Spring Security 实战

使用 Spring Security，仅需要简单地配置就能实现用户认证和授权。不过在实际项目中，一般较少直接使用默认登录页面，本节对使用自定义登录页面的开发进行介绍，另外汇总一些 Spring Security 开发中的常见错误及解决方法。

18.5.1　自定义登录页面

Spring Security 的表单登录验证内置了一个登录页面，如果需要使用自定义的页面，可以结合<form-login>标签进行配置，本节以前面的 Daport 项目为例，实现自定义登录页面的功能，主要包括登录页面和<form-login>标签配置。

1．自定义登录页面

项目原来使用 login.jsp 页面自定义登录，为了区别，新建 seclogin.jsp 登录页面用于 Spring Security 的登录验证。两个页面基本相同，差别只是登录表单的 action 属性不同，此外，Spring Security 对用户名和密码输入框的名字也有要求。

也可以保持登录页面的 action、用户名、密码输入框的所有设定不变，通过修改<form-login>的 login-processing-url、username-parameter 和 password-parameter 属性进行匹配。这里为了简化 XML 配置，尽量避免修改默认设置。登录页面的表单部分代码如下：

```
01 <form action="/${项目名}/login" method="post"> <!--登录表单-->
02   <label id="login-label" for="login">User Name:</label>
03   <input type="text" id="username" name="username"> <!--用户名输入框-->
04   <label id="password-label" for="password">Password</label>
     <!--密码输入框-->
05   <input type="password" id="password" name="password">
06   <button id="button-submit" type="submit">Sign in</button>
07 </form>
```

2. <form-login>标签配置

在<http>标签中，使用<intercept-url>配置需要拦截的地址，拦截需要排除登录页面和静态资源，主页及服务的访问都需要登录认证并具有 ROLE_USER 或 ROLE_ADMIN 权限。配置片段如下：

```
    <!--resources 目录下不需要检查权限 -->
01  <http security="none" pattern="/resources/**"/>
02  <http security="none" pattern="*.js"/> <!--所有的 JS 文件不需要检查权限 -->
03  <http auto-config="true">
       <!--登录页面所有人都可以访问 -->
04     <intercept-url pattern="/*login*" access="permitAll()" />
05     <intercept-url pattern="/**" access="hasAnyRole('ROLE_USER','ROLE_
       ADMIN')" />
06     <form-login login-page="/seclogin.jsp"  <!--指定登录页面-->
07         default-target-url="/index"     <!--默认的登录跳转主页-->
           <!--验证失败页面，处理异常显示 -->
08         authentication-failure-url="/seclogin?error" />
09     <logout logout-success-url="/seclogin.jsp" /><!--成功登出页面-->
10     <csrf disabled="true" />
11  </http>
```

在以上配置中，使用“/**”拦截所有的请求，排除需要登录验证的方式有多种：

（1）使用<http security="none" pattern="/resources/**"/>，该设置的匹配地址 Spring Security 不会处理，需要注意的是不能配置 pattern="*login*"，因为这样会导致登录页面找不到。

（2）在<http auto-config="true">中使用<intercept-url>匹配可以匿名访问的请求地址，也就是设置 access 的值为 isAnonymous()。

（3）access 的值为 permitAll()。

18.5.2　常见错误及解决方法

1. 找不到springSecurityFilterChain的Bean

错误信息：

```
org.springframework.beans.factory.NoSuchBeanDefinitionException:
                        No bean named 'springSecurityFilterChain' available
```

原因及解决方法：

没有初始化 springSecurityFilterChain，在 XML 配置方式下，该 Bean 通过<http>标签配置自动产生；Java 配置则是通过@EnableWebSecurity 注解的配置类产生。XML 配置有可能是在 web.xml 中没有加入 spring-security.xml 到上下文变量中，例如：

```
<context-param>
```

```
    <param-name>contextConfigLocation</param-name>
    <param-value>classpath:application.xml,classpath:spring-security.xml
</param-value>
</context-param>
```

2．服务拒绝认证

错误信息：The server understood the request but refuses to authorize it。

原因及解决方法：

错误原因之一：Spring 默认开启了 CRSF，跨域调用，所以需要跨域的参数。

解决方法有两种：

方式 1：在登录页面加上_csf 隐藏输入框。

```
<input type="hidden" name="${_csrf.parameterName}" value="${_csrf.token}"/>
```

方式 2：在<http>中禁用 CRSF。

```
<csrf disabled="true" />
```

跨域在前后端完全分离的框架中需要用到。

3．没有密码加密器

错误信息：There is no PasswordEncoder mapped for the id "null"。

原因及解决方法：Spring Security 5.0 及以上版本对密码加密有强制要求，推荐使用安全性较高的 bcrypt 算法加密，所以需要在配置文件中配置该 Bean。

```
<beans:bean id="passwordEncoder"
      class="org.springframework.security.crypto.bcrypt.BCryptPassword
Encoder" />
```

如果是 Java 代码配置，则在 configure(AuthenticationManagerBuilder auth)中使用 passwordEncoder()方法加入该 Bean，代码如下：

```
01  @Override
02  public void configure(AuthenticationManagerBuilder auth) throws
    Exception {
03      auth.inMemoryAuthentication()
04      .passwordEncoder(new BCryptPasswordEncoder())
05      .withUser("wukong").password(
06              new BCryptPasswordEncoder().encode("1")). roles("USER");
07  }
```

18.6　多线程与线程安全

进程是指操作系统运行的任务，是一个动态的概念，表示应用程序的执行过程。一般状况下，一个应用程序对应一个进程。一个进程可以包含一个或多个线程，进程是资源分配的基本单位，线程是运行和调度的基本单位，同一个进程中的线程共享资源。

在Web应用中，Web服务器是一个进程，位于其中的Web应用使用线程提供服务。在Spring框架中，大部分的框架组件都是Single作用域，即在应用运行时，只会维持一个该类实例，但某些资源在不同的线程中使用时需要考虑线程安全。

18.6.1　Java线程创建与执行

线程对象可以使用Thread匿名内部类方式创建，也可以结合Runnable接口分离功能代码进行创建。如需扩展更多的功能，也可以继承Thread或Runnable实现自定义类。

1．使用Thread类创建线程对象

在功能简单或没有共用要求的状况下，可以使用Thread匿名内部类的方式创建线程对象，在内部类中实现run()方法，调用线程对象的start()方法启动线程。示例代码如下：

```
01 Thread thread = new Thread() {             //匿名内部类的线程初始化
02     @Override
03     public void run() {
04         System.out.println("线程执行");
05     }
06  };
07  thread.start();                           //启动线程
```

继承Thread类自定义线程类的方式与前面基本类似，这里定义一个类名是MyThread的线程类，定义如下：

```
01 public class MyThread extends Thread { //自定义线程类
02   @Override
03   public void run() {
04       System.out.println("线程执行");
05   }
06 }
```

2．实现Runnable接口

Runnable接口用来定义线程执行的代码，该接口定义了一个接口方法run()，Thread类本身也实现了这个接口和run()方法，前面实例中覆写的run()方法即来自于该接口。Runnable接口分离了线程代码和需要执行的代码，如果不需要线程的相关功能而只需要覆盖run()方法逻辑，则推荐使用Runnable接口方式进行线程开发。

Runnable同样可以使用匿名类的方式初始化，将该类型的对象作为参数构造Thread线程对象，该线程对象执行时实际调用的就是Runnable的run()方法，匿名内部类创建及启动代码如下：

```
01 Runnable r = new Runnable() {              //Runnable对象初始化
02     public void run() {                    //运行方法
03         System.out.println("Runnable运行");
04     }
```

```
05 };
06 Thread thread = new Thread(r);                    //使用 Runnable 对象创建对象
07 thread.start();                                   //线程启动
```

实现 Runnable 接口的实现类示例如下：

```
01 public class MyRunnable implements Runnable { //继承 Runnable 接口的实现类
02     @Override
03     public void run() {
04       System.out.println("自定义 Runnable 运行");
05     }
06 }
```

18.6.2　Java 线程安全问题

线程之间可以共享资源，也就是共用的变量，不同的线程都可以访问并修改。下面以一个秒杀手机的线程为例，演示多线程共享变量的场景及问题。假定有 10 部手机，定义一个整型变量 iTotal=10，启动 3 个线程进行秒杀，某个线程抢到一个，则数量减 1。代码如下：

```
01 public class SecKillPhone {
02   int iTotal = 10;
03   public void secKill() {
04       Runnable task = new Runnable() {
05          public void run() {
06             while (iTotal > 0) {
07                iTotal--;
08                System.out.println(Thread.currentThread().getName()
                                  + ",抢了 1 个手机,还剩" + iTotal + "个.");
09             }
10          }
11       };
12       Thread thread1 = new Thread(task, "秒杀线程 1");
13       Thread thread2 = new Thread(task, "秒杀线程 2");
14       Thread thread3 = new Thread(task, "秒杀线程 3");
15       thread1.start();
16       thread2.start();
17       thread3.start();
18   }
19   public static void main(String[] args) {
20       SecKillPhone secKillPhone = new SecKillPhone();
21       secKillPhone.secKill();
22   }
23 }
```

执行以上代码的效果如图 18.5 所示。

从执行效果来看，初始数量是 1+8=9，剩余手机数量被抢的顺序并不是严格递减，甚至出现了倒序的状况，原因就是线程的并发执行，在某个线程尚未执行完成时，另外一个线程已经开始执行了。此外，这个结果是随机的，每次执行的结果都可能不一样。以上就是典型线程不安全的场景。使用同步（synchronized）和锁（Lock）的机制，可以解决变量共享的线程安全问题。

```
秒杀线程1,抢了1个手机,还剩7个.
秒杀线程1,抢了1个手机,还剩6个.
秒杀线程1,抢了1个手机,还剩5个.
秒杀线程1,抢了1个手机,还剩4个.
秒杀线程3,抢了1个手机,还剩7个.
秒杀线程3,抢了1个手机,还剩2个.
秒杀线程3,抢了1个手机,还剩1个.
秒杀线程3,抢了1个手机,还剩0个.
秒杀线程2,抢了1个手机,还剩7个.
秒杀线程1,抢了1个手机,还剩3个.
```

图 18.5 多线程共享变量状况下秒杀手机执行效果

18.6.3 共享变量的线程安全解决方式

同步和锁的实现原理相似，都是限制共享的变量或资源在某一时刻只允许一个线程使用。这个机制类似于自动取款机，有人进入之后，门自动锁住，其他人想使用就需要等待，等前面的人出来之后才可以继续使用。Java 中使用 synchronized 关键字或 Lock 锁对象实现共享变量的多线程安全。

1. synchronized同步

将需要同步的代码使用 synchronized 关键字包含起来，以上面的秒杀手机为例，修改 Runnable 接口的 run()方法，使用 synchronized 关键字包含对手机总数的变量 iTotal 操作的代码段，修改如下：

```
01  public void run() {
02    while (iTotal > 0) {
03        synchronized (this) {
04          iTotal--;
05          System.out.println(Thread.currentThread().getName() +
                                            ",抢了 1 个手机,还剩" + iTotal + "个.");
06        }
07    }
08  }
```

修改后执行的输出效果如图 18.6 所示。

以上执行效果中，总数是从 10 开始，也是按照顺序递减，但最后两行多抢了两个，原因是剩余数量是 1 时，线程 1、线程 2、线程 3 同时执行，但线程 1 抢到了，线程 2 和线程 3 等待，等线程 1 执行完成，手机也没有了，但等待的线程 2 和线程 3 会继续完成剩余的部分。所以在同步的代码中需要判断手机的数量是否小于 1，如果

```
秒杀线程1,抢了1个手机,还剩9个.
秒杀线程1,抢了1个手机,还剩8个.
秒杀线程1,抢了1个手机,还剩7个.
秒杀线程1,抢了1个手机,还剩6个.
秒杀线程1,抢了1个手机,还剩5个.
秒杀线程1,抢了1个手机,还剩4个.
秒杀线程1,抢了1个手机,还剩3个.
秒杀线程1,抢了1个手机,还剩2个.
秒杀线程1,抢了1个手机,还剩1个.
秒杀线程1,抢了1个手机,还剩0个.
秒杀线程3,抢了1个手机,还剩-1个.
秒杀线程2,抢了1个手机,还剩-2个.
```

图 18.6 使用 synchronized 同步的秒杀手机执行效果

小于 1，就不能抢了。运行方法修改如下：

```
01 public void run() {
02  while (iTotal > 0) {
03    synchronized (this) {
04      if(iTotal<1) {
05        System.out.println("手机抢完了.");
06        break;
07      }
08      iTotal--;
09      System.out.println(Thread.currentThread().getName() +
                                 ",抢了 1 个手机,还剩" + iTotal + "个.");
10    }
11  }
12 }
```

2．锁同步

ReentrantLock 是 JDK 1.5 之后提供的互斥锁类，通过 lock()和 unlock()方法对需要执行的代码块进行加锁和解锁。该方式需要配合 try/finally 语句块一起使用，同样以前面的秒杀手机为例，实现代码如下：

```
01 Runnable task = new Runnable() {
02   Lock lock = new ReentrantLock();
03   public void run() {
04     while (iTotal > 0) {
05       try {
06         lock.lock();                    //添加锁
07         if (iTotal < 1) {
08             System.out.println("手机抢完了.");
09             break;
10         }
11         iTotal--;
12         System.out.println(Thread.currentThread().getName() +
                                 ",抢了 1 个手机,还剩" + iTotal + "个.");
13       } catch (Exception e) {
14       } finally {
15         lock.unlock();                  //是否锁
16       }
17     }
18   }
19 };
```

同步可以解决变量、资源共享的线程安全问题，但同步会降低系统的并发性能，而且在开发中某些资源是不适合共享的。比如多个线程使用同一个数据库连接对象时，如果在某个线程中关闭了此连接，则其他线程中的数据操作就都无法提交。此类型就需要使用 ThreadLocal 来解决线程安全。

18.6.4　ThreadLocal 解决线程安全

ThreadLocal 的字面意思是线程的本地化对象，是用来解决多线程中数据安全的另一种思路。该类型变量为每个使用该变量的线程分配一个独立的副本，每个变量副本由各线程单独使用，不影响其他线程。

1. ThreadLocal变量的初始化和使用

可能有开发者会有这种疑问：直接在线程执行中初始化不同的变量或 Java 对象不就可以了吗？为什么还要定义 ThreadLocal 类型的变量呢？原因是在 Java 应用中，为提升性能，避免频繁的创建和销毁对象，会使用单例模式或者对象连接池的方式创建和管理对象（特别是在 Spring 等框架中）。

在多线程开发中，就会出现多个线程使用到同一个对象的场景。如果这些对象类是非线程安全的，应用程序就会出现较难预期的错误。

ThreadLocal<T>是泛型类，可以用来定义与线程绑定的不同对象类型，通过线程变量的 get()和 set()方法获取和设置变量的值。以定义整型的 ThreadLocal 变量为例：

```
//线程本地变量
ThreadLocal<Integer> iThreadLocal = new ThreadLocal<Integer>() ;
iThreadLocal.set(10);                    //设置变量值
iThreadLocal.get();                      //获取变量值
```

覆写 initialValue()方法可以设置该变量的初始值，以匿名内部类的定义方式为例，代码如下：

```
01  private ThreadLocal<Integer> iTotalThreadLocal = new ThreadLocal<Integer>() {
02      @Override
03      public Integer initialValue() {
04          return 10;
05      }
06  };
```

2. ThreadLocal的作用机制

ThreadLocal 类中包含一个静态内部类 ThreadLocalMap，这是一个键值对结构的 Map 类型，其键是 ThreadLocal 类型的对象，值是对应变量的值。Thread 类维护了 ThreadLocal.ThreadLocalMap 类型的成员变量。设置和获取变量值的机制如图 18.7 所示。

调用 ThreadLocal 的 get()方法获取变量值时，执行步骤是获取当前线程对象→获取当前线程的 ThreadLocalMap 对象→从 ThreadLocalMap 以 ThreadLocal 为键获取变量值。

调用 ThreadLocal 对象的 get()方法设置参数值时，步骤和上面类似，分别获取当前线程对象，通过当前线程的 ThreadLocalMap 值，以 ThreadLocal 为键设置变量值。

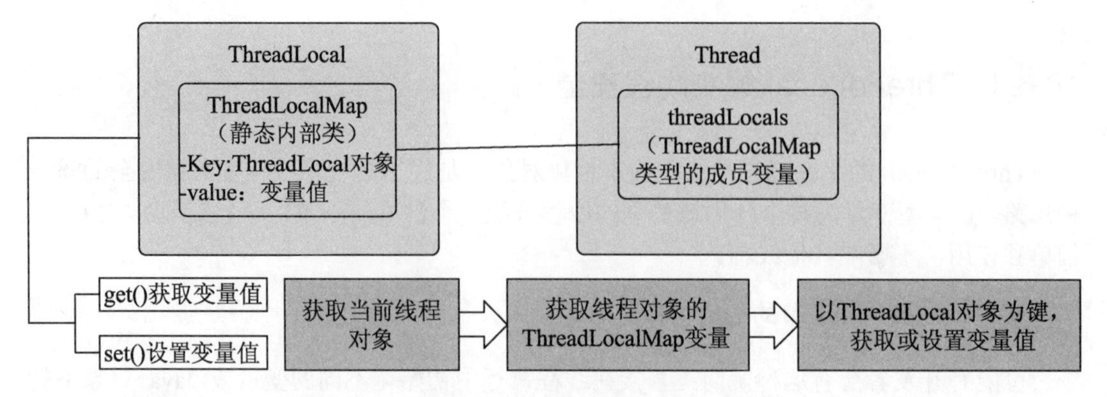

图 18.7　ThreadLocal 对象获取或设置变量值的机制

3．ThreadLocal使用实例

上面秒杀手机共享手机数量变量的实例并不适合 ThreadLocal 场景。这里以 JDBC 的数据连接为例，定义一个 ThreadLocal<Connection>类型的线程变量，每个线程都会新开一个连接，彼此互不影响。示例代码如下：

```
01 ThreadLocal<Connection> connThreadLocal = new ThreadLocal<Connection>();
02 Runnable task = new Runnable() {
03   public void run() {
04     try {
05       Connection conn = connThreadLocal.get();
06             //数据更新代码（略）
07             conn.commit();          //提交改动
08             conn.close();           //关闭连接
09         } catch (SQLException e) {
10             // TODO Auto-generated catch block
11             e.printStackTrace();
12         }
13       }
14   };
15  public void secKill() {
16       Thread thread1 = new Thread(task, "使用 Connection 的进程 1");
17       Thread thread2 = new Thread(task, "使用 Connection 的进程 2");
18       Thread thread3 = new Thread(task, "使用 Connection 的进程 3");
19       thread1.start();
20       thread2.start();
21       thread3.start();
22 }
```

4．同步与ThreadLocal的比较

同步和 ThreadLocal 都可以实现多线程安全，但两者的思路和适用场景不同。同步通过数据共享，访问串行化，如果有线程占用共享资源，则其他线程需要等待。ThreadLocal 则是隔离数据，每个线程维护独立的变量副本，互不影响，对象独享，并行访问。

同步是以时间换空间，ThreadLocal 是以空间换时间。ThreadLocal 无法解决共享变量的问题，不是为了协调线程同步而存在，而是为了方便每个线程处理自己的状态而引入的一个机制。ThreadLocal 的典型实例就是数据库连接共享，如果在某个线程中关闭了数据库连接，则其他的连接就无法提交，所以每个线程中需要使用独立的连接对象。

18.6.5　Spring 中 ThreadLocal 的使用

JDBC 规范没有要求 Connection 是线程安全的，但第三方的 ORM 框架实现了线程安全，比如 Hibernate 的 SessionFactory 中的 Session 就是线程安全的。在 SSM 的框架组合中，Bean 创建、数据库连接和事务处理、Web 请求处理等都使用 ThreadLocal 实现线程安全。

1. Spring框架的线程安全

默认状况下，Spring 中配置的 Bean 的作用域都是 singleton，也就是应用中只维护一个该类的实例。对于一些非线程安全的“状态性对象”，Spring 采用 ThreadLocal 进行封装，以保证线程安全，这样就实现了状态 Bean 使用 singleton 的方式在多线程应用中运作。

Spring 中扩展了一个继承 ThreadLocal 的类 NamedThreadLocal，该类新增了一个属性 name，用于给 ThreadLocal 类型的对象起个名字。在 SSM 组合框架中，基于该类型实现线程安全的功能包括 Bean 创建、事务管理、MVC 请求和 AOP 等模块，具体的组件类有：

- AbstractAutowireCapableBeanFactory：在这个类中，Bean 的名字（currentlyCreatedBean）是线程安全的；
- LocaleContextHolder：获取当前线程的语言环境上下文；
- DateTimeContextHolder：获取线程的时间格式上下文；
- TransactionSynchronizationManager：事务同步管理器，获取当前线程的数据库连接句柄进行事务提交，包括事务名字、事务是否只读、事务隔离级别；
- RequestContextHolder：Spring MVC 请求对象的上下文容器 RequestAttributes；
- ProxyCreationContext：创建的代理对象的名称是线程安全的；
- AbstractBeanFactory：当前创建的 Bean 的名称是线程安全的（对应属性 prototypesCurrentlyInCreation）；
- XmlBeanDefinitionReader：使用 XML 配置装载 Bean 时保证线程安全（使用属性 resourcesCurrentlyBeingLoaded）；
- ThreadLocalTargetSource：AOP 模块，线程安全的对象，用于替代对象池，每个线程都有独立的对象；
- UserCredentialsDataSourceAdapter：JDBC 用户认证，每个 JdbcUserCredentials 都是线程安全的。

2. MyBatis-Spring线程安全

MyBatis 的 DefaultSqlSession 不是线程安全的，但 MyBatis-Spring 中的 SqlSession-Template 是线程安全的。在 SqlSessionTemplate 中创建 SqlSession 代理类对象，代码片段如图 18.8 所示。

```
121  public SqlSessionTemplate(SqlSessionFactory sqlSessionFactory, ExecutorType executorType,
122      PersistenceExceptionTranslator exceptionTranslator) {
123
124    notNull(sqlSessionFactory, "Property 'sqlSessionFactory' is required");
125    notNull(executorType, "Property 'executorType' is required");
126
127    this.sqlSessionFactory = sqlSessionFactory;
128    this.executorType = executorType;
129    this.exceptionTranslator = exceptionTranslator;
130    this.sqlSessionProxy = (SqlSession) newProxyInstance(SqlSessionFactory.class.getClassLoader(),
131        new Class[] { SqlSession.class }, new SqlSessionInterceptor());
132  }
133
```

图 18.8　SqlSessionTemplate 创建 SqlSession 对象代码段

以上的代理类型是内部代理类 SqlSessionInterceptor，该代理方法最终会调用 TransactionSynchronizationManager.getResource(sessionFactory)获取 SqlSessionHolder 类型对象，SqlSessionHolder 包含 SqlSession 及事务和异常进行转换等功能。线程安全的就是通过 TransactionSynchronizationManager 实现，该类的代码如图 18.9 所示。

```
77  public abstract class TransactionSynchronizationManager {
78
79      private static final Log logger = LogFactory.getLog(TransactionSynchronizationManager.class);
80
81      private static final ThreadLocal<Map<Object, Object>> resources =
82              new NamedThreadLocal<>("Transactional resources");
83
84      private static final ThreadLocal<Set<TransactionSynchronization>> synchronizations =
85              new NamedThreadLocal<>("Transaction synchronizations");
86
87      private static final ThreadLocal<String> currentTransactionName =
88              new NamedThreadLocal<>("Current transaction name");
89
90      private static final ThreadLocal<Boolean> currentTransactionReadOnly =
91              new NamedThreadLocal<>("Current transaction read-only status");
92
93      private static final ThreadLocal<Integer> currentTransactionIsolationLevel =
94              new NamedThreadLocal<>("Current transaction isolation level");
95
96      private static final ThreadLocal<Boolean> actualTransactionActive =
97              new NamedThreadLocal<>("Actual transaction active");
98
99
```

图 18.9　Spring 事务线程安全处理代码段

3. ThreadLocal与Web

普通 Java Web 项目中，Servlet 使用的是单实例、多线程的方式处理请求，容器只会创建一个 Servlet 实例，每个请求创建单独的线程处理。

Spring MVC 基于方法拦截，每个 Controller 默认都是单例类，每个请求都是使用同一个控制器实例处理。此外，Service 层和 DAO 层的组件大部分也都是单例。

以上 Web 应用的特性，在多线程、高并发的状况下，如果组件存在实例变量，就很容易出现不同线程对同一个对象的变量修改，导致线程不安全问题。所以，在开发中可以考虑如下处理方式：

（1）尽量避免定义实例变量。

```
01  @Controller
02  public class MyController {
03     private boolean success = true;  //如果是高并发应用，尽量避免这样定义
04     @RequestMapping("/test")
05     public void test() {
06     }
07  }
```

（2）如果需要定义，使用 ThreadLocal。

```
private ThreadLocal<Boolean> successThreadLocal = new ThreadLocal<Boolean>();
```

（3）如有必要，可以设置 scope="prototype"。

```
01  @Controller
02  @Scope("prototype")
03  public class MyController {
04  }
```

推荐阅读

Spring Boot
从入门到实战
解承凯○编著

Spring Boot
整合开发实战
晁海○编著

Java程序
性能优化实战

深入剖析
Java虚拟机
源码剖析与实例详解
（基础卷）

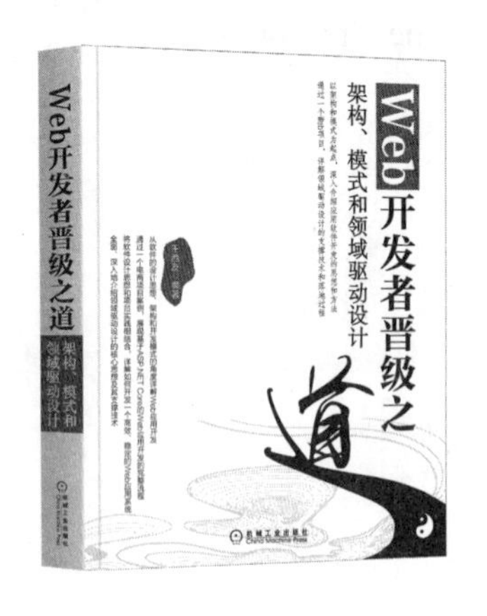
Web开发者晋级之道
架构、模式和领域驱动设计

微信
小程序
项目开发实战

Vue.js+Node.js开发实战
从入门到项目上线
张帆○编著

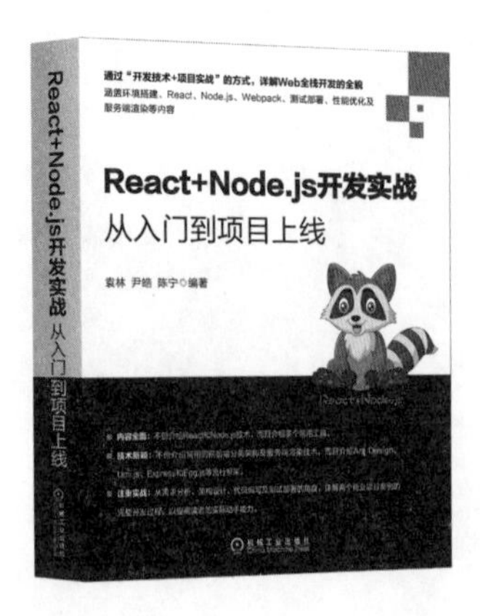
React+Node.js开发实战
从入门到项目上线

MySQL
技术大全
开发、优化与运维实战
（视频教学版）